高等职业教育"十三五"系列教材

高等职业院校建筑工程技术专业推荐教材

钢 结 构

（第 六 版）

刘声扬　主编

中国建筑工业出版社

图书在版编目（CIP）数据

钢结构/刘声扬主编. —6 版. —北京：中国建筑工业出版
社，2019.12（2023.12重印）
高等职业教育"十三五"系列教材　高等职业院校建筑工
程技术专业推荐教材
ISBN 978-7-112-24376-1

Ⅰ.①钢…　Ⅱ.①刘…　Ⅲ.①钢结构-高等职业教育-教材
Ⅳ.①TU391

中国版本图书馆 CIP 数据核字（2019）第 233344 号

　　本书系根据高等专科及高等职业技术学院房屋建筑工程专业"钢结构"课
程要求编写的教材，按我国现行的《钢结构设计标准》GB 50017—2017 和
《钢结构施工质量验收规范》GB 50205—2001 编写。全书内容包括绪论，钢结
构的材料，钢结构体系和设计方法，钢结构的连接，轴心受力构件，受弯构
件，拉弯构件和压弯构件，屋盖结构，（轻钢）门式刚架和平板网架以及钢结
构的制作、安装和质量控制等。
　　本书除作为高等专科及高等职业技术学院房屋建筑工程专业教材外，还可
作为土建类非房屋建筑工程专业的本、专科教材，以及从事钢结构的工程技术
人员的参考书和培训教材。

　　责任编辑：刘平平　朱首明
　　责任校对：芦欣甜

高等职业教育"十三五"系列教材
高等职业院校建筑工程技术专业推荐教材
钢结构（第六版）
刘声扬　主编

*

中国建筑工业出版社出版、发行（北京海淀三里河路9号）
各地新华书店、建筑书店经销
北京科地亚盟排版公司制版
建工社（河北）印刷有限公司印刷

*

开本：787×1092 毫米　1/16　印张：23¼　字数：582 千字
2020 年 6 月第六版　　2023 年 12 月第三十五次印刷
定价：**55.00** 元
ISBN 978-7-112-24376-1
（34864）

前　言

（第六版）

光阴荏苒，自本书出版至今已三十余载，印数也近 40 万册，这与本书初心——与时俱进，与钢结构发展同步，不断将钢结构的最新内容纳入，紧密结合工程实践，使其具有强大生命力。

随着我国近年来有关钢结构的材料、设计和施工的标准、规范、规程又有了更新，尤其是《钢结构设计标准》GB 50017—2017 于 2018 年 7 月 1 日正式实施，它标志着施行已十五年的原《钢结构设计规范》GB 50017—2003 历史告一段落，同时它也表示我国钢结构规范与国际接轨，从构件规范成为真正的结构标准，做到切实指导从事钢结构的人员进行设计与施工。

有鉴上述，本版做了大幅度修订，使其更紧密结合有关钢结构的最新设计标准、施工规范和钢材标准等，以紧跟市场，理论联系实际。

本书第六版修订的主要内容为：新增钢结构体系、分列轴心受力构件与拉弯构件和压弯构件为两章。在具体内容中增加截面板件宽厚比等级和限值、将稳定计算公式由强度计算式改为稳定计算形式、将板件屈曲计算用的通用高厚比改称正则化高厚比等等。在钢材中新增 Q460 和 Q345GJ 钢和其焊缝的强度设计值，并对其他钢材按新标准对强度设计值作了修订。另外对施工工艺和施工管理采用国际最新 ISO 质量管理体系论证加以补充。

再次衷心希望读者不吝指正，关爱本书。衷心感谢。

前　　言

（第五版）

　　基于读者长期一贯的关护支持，本书从出版至今，已逾 20 余载，销量也达 30 余万册。其间，虽数度修订再版，但仍难尽善。

　　钢结构是一门很具生命力的学科，恰如本书第四版前言所述，与时俱进，与钢结构的发展同步，不断将钢结构的最新内容纳入教材，奉献给读者，乃本书之宗旨。因此，结合近来广大读者对本书反馈的中肯建议，特修订为第五版。

　　本版对书中一些内容作了较大幅度增删。对设计原理部分作了适度精减，对钢结构材料和施工（制作、安装）部分则作了必要增加。通过本版学习，能全面系统掌握从钢结构的材料、连接（焊接、紧固件连接）和基本构件（梁、柱、屋架）的设计基本原理和计算、轻钢门式刚架和平板网架的基本内容，以及钢结构制造和安装的系统实用工艺，从而达到培养技术应用能力，以适应我国当前钢结构技术人才的大量需求。

　　另外，本版结合一系列新国家标准如《碳素结构钢》《低合金高强度结构钢》《建筑结构用钢板》（GJ 钢板）《耐候结构钢》（NH 钢）《热轧 H 型钢和剖分 T 型钢》《热轧型钢》（含工字钢、槽钢、角钢）、高强度螺栓等的相继修订和颁发实施，对这方面内容作了较大幅度的细致修改（包括附录钢材规格表及截面特性等），以使读者学习内容紧密跟进市场，不致脱离实际。

　　最后，衷心希望读者一如既往地关爱本书，多加指正，以使其更臻完善，不胜感谢。

目　录

第一章 绪 论

随着我国经济的高速发展，钢结构在我国现代化建设中的地位正日益突出，在国民经济的各个领域都得到了大量应用。加之近年来我国钢产量的持续增长，遥遥领先于世界各国，今后钢结构的发展前景和应用范围将更加宽广。

第一节 钢结构概况

近百余年来，随着欧洲产业革命的兴起，钢结构在欧美各国的工业与民用建筑中得到广泛应用，其规模和数量已远超过人类数千年的历史记载。

随着国民经济和钢产量的增长，我国钢结构也得到了前所未有的发展。钢结构的制造能力已超过每年千万吨，冷弯型钢产量也达年产 100 万 t。在大型钢铁基地——上海宝钢、武钢、鞍钢、包钢、攀钢等都采用了数以百万 m^2 计的全钢结构厂房。除冶金工业外，钢结构在石油、化工、机械、电力、煤炭、轻工、造船等工业上的应用更是不胜枚举。在桥梁建筑上，更是数不胜数，超大跨度的公路、铁路两用桥——武汉天兴洲长江大桥（4 条火车道，主跨度 480m，双塔钢桁梁斜拉桥）已在近年建成，而世界最大跨度的双层公路桥——武汉杨泗港长江大桥（主跨 1700m，一跨过江）也于近日建成。在高耸钢结构方面，高达 600m（塔身 454m、天线桅杆 146m）的我国第一高塔——广州电视塔（外号"小蛮腰"，塔顶设有摩天轮和极速云霄速降等游乐设施）已于 2010 年建成。另外，数座全钢结构的大型石油平台已相继在近海投入工作。在钢结构超高层建筑方面，继 1980 年首批建成的深圳发展中心（地上 48 层，地下 2 层，高 153.98m）和北京京广中心（地上 57 层，地下 3 层，高 208m）后，又相继建成了百余幢，其中尤以上海金茂大厦（88 层，高 420.5m）、上海环球金融中心（101 层，高 492m）和上海中心大厦（121 层，高 632 层）令人瞩目。另外在大跨度建筑方面也取得了很大成绩，如国家体育馆（鸟巢，333m×297m），长春体育馆网架（120m×166m）等。在轻型钢结构方面，门式刚架配上彩涂钢板的屋面板和墙板，其建造面积已达每年数千万 m^2 以上。另外，近年来异军突起的彩钢板拱形波纹屋面，年建成面积也达数百万 m^2 以上。

图 1-1～图 1-5 所示为我国历年来新建的几个有代表性的钢结构建筑。图 1-1 为武钢第三炼钢厂房。图 1-2 为国家大剧院网壳（212.24m×143.64m，重 6750t）。图 1-3 为上海金茂大厦、上海环球金融中心和上海中心大厦。图 1-4 为广州电视塔。图 1-5 为武汉铁路局武昌客车技术整备所彩色拱形波纹屋面（跨度 27m，长 516m）。

图 1-1　武钢第三炼钢厂房

图 1-2　国家大剧院网壳

图 1-3　上海中心大厦、上海金茂大厦
　　　　　和上海环球金融中心（右起）

图 1-4　广州电视塔

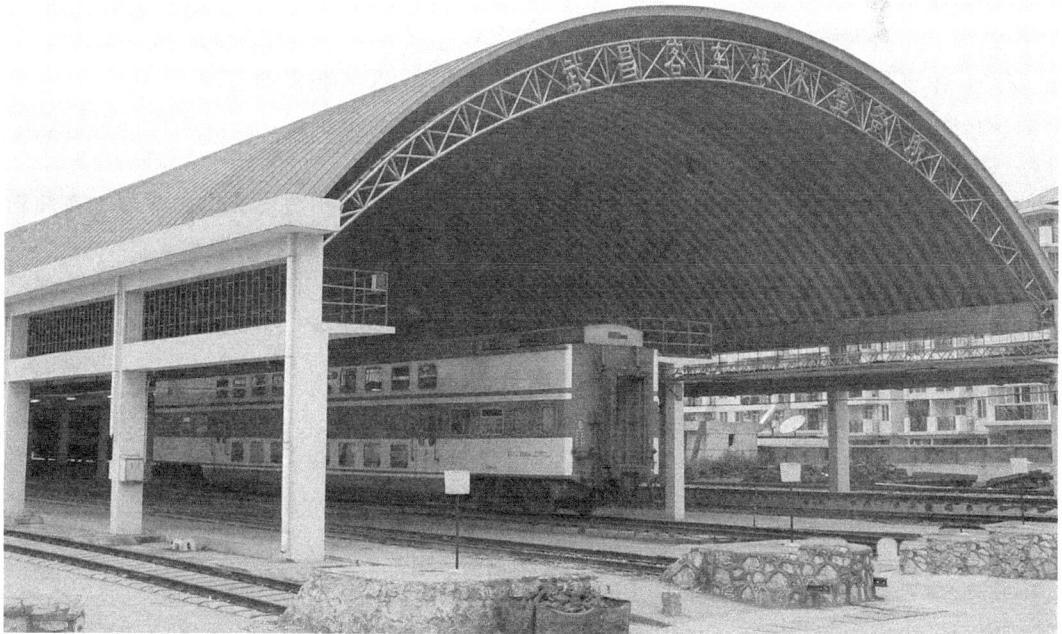

图 1-5　武昌客车技术整备所彩色拱形波纹屋面

第二节 钢结构的特点和应用

一、钢结构的特点

钢结构是以钢材（钢板和型钢等）为主制作的结构，和其他材料的结构相比，钢结构具有如下特点：

（一）强度高、重量轻——钢比混凝土、砌体和木材的强度和弹性模量要高出很多倍，因此，钢结构的自重常较轻。例如在跨度和荷载都相同时，普通钢屋架的重量只有钢筋混凝土屋架的1/4～1/3，若采用冷弯薄壁型钢屋架，只约1/10，轻得更多。由于自重小、刚度大，钢结构特别适宜于建造大跨度和超高、超重型的建筑物。由于质量轻，钢结构也便于运输和吊装，且可减轻下部结构和基础的负担，降低造价。

（二）材质均匀——钢材的内部组织均匀，接近于各向同性体，且在一定的应力范围内，属于理想弹—塑性体，符合工程力学所采用的基本假定。因此，钢结构的计算方法可根据力学理论进行，经验公式较少，计算结果准确可靠。

（三）塑性、韧性好——钢材具有良好的塑性，钢结构在一般情况下，不会发生突发性破坏，而是在事先有较大变形作预兆。此外，钢材还具有良好的韧性，能很好地承受动力荷载和地震作用。这些都为钢结构的安全应用提供了可靠保证。

（四）工业化程度高——钢结构是用各种型材（H 型钢、T 型钢、工字钢、槽钢、角钢、钢管）和钢板，经切割、焊接等工序制造成钢构件，然后运至工地安装。钢构件一般都可在金属结构厂专业化生产，其机械化程度高、精确度也高，制造周期短。对一些轻型屋面结构（压型钢板屋面、彩板拱形波纹屋面等），甚至可在工地边压制边安装。钢结构的安装，由于是装配化作业，故效率也很高，建造期短，发挥投资效益快。

（五）拆迁方便——钢结构由于强度高，故适宜于建造重量轻、连接简便的可拆迁结构。对已经使用的钢结构，也便于加固、改建，甚至拆迁。

（六）密闭性好——焊接的钢结构可以做到完全密闭，因此适宜于建造要求气密性和水密性好的气罐、油罐和高压容器。

（七）耐腐蚀性差——一般钢材较易锈蚀、特别是在湿度大和有侵蚀性介质的环境中更甚，因此须采取除锈、刷油漆等防护措施，而且还须定期维修，需要一定的维护费用。

（八）抗火性差——当辐射热温度低于 100℃时，钢材的主要性能变化很小，其屈服强度和弹性模量均降低不多，因此其耐热性能较好。但当温度超过 250℃时，其材质变化较大，故当结构表面长期受辐射热达 150℃以上或在短时间内可能受到火焰作用时，须采取隔热和抗火措施。

二、钢结构的应用

钢结构由于具有强度高、自重轻、施工速度快等优点，故一直是人们喜爱采用的一种结构，近百年来得到了快速的发展。尤其是在 20 世纪下半叶，随着世界钢产量的大幅度增加，钢结构也相应扩展了应用领域。

重工业建筑属钢结构的传统应用领域，如冶金工厂的炼钢车间、轧钢车间，重型机械厂的铸钢车间、水压机车间，造船厂的船体车间，发电厂等。近年来，随着生产水平的高速发展、生产工艺的不断革新，厂房更加大型化，柱距、跨度、高度和起重能力都日趋扩大，同时对建厂投产工期却要求尽可能缩短，这些都促使钢结构发挥其特点，继续保持并扩大其应用领域。

在构筑物方面，除传统的冶金炉体（高炉、热风炉）、石油化学工业的塔架罐体、电厂锅炉刚架、输电铁塔、水工闸门、栈桥通廊、贮仓漏斗、起重机架（桥式吊、塔式起重机、龙门吊、汽车吊等）、输油输气管道等仍为钢结构的应用领域，在新开发的构筑物中，如近海石油平台、无线电塔桅、卫星和导弹发射架等，现在也都是钢结构应用的专属领域。

在大跨度结构方面，由于网架、塔架、悬索结构等的应用，使钢结构不仅在飞机制造厂的装配车间、飞机库、贮煤库等工业建筑中得到广泛的应用，而且在公共建筑方面，如各种大跨度的体育馆和会议展览中心也是钢结构的应用领域。

在高层建筑方面，钢结构以往仅在工业建筑（如发电厂主厂房）中有所应用，但现在在高层和超高层的商贸、金融等建筑中，钢结构已不再罕见。

在桥梁方面，虽然公路桥梁可用混凝土结构，但大型铁路桥梁和公路铁路两用桥梁仍是钢结构的专属领域。

以上所述的钢结构应用主要还是在大（跨度）、高（耸）、重（型）、动（力荷载）结构范围。但是，随着轻型钢材的发展（热轧轻型型钢、冷弯型钢、压型钢板等），轻型钢结构的应用范围已扩大到轻工业厂房和公用与民用房屋，如大型超市、停车场、住宅、餐厅、旅游、科学考察和建筑工地活动房屋等。

第三节　钢结构课程的主要内容、特点和学习方法

一、钢结构课程的主要内容

钢结构课程的主要内容包括材料、连接（包括构件的连接）、基本构件（受弯构件、轴心受力构件和拉弯、压弯构件）和结构设计、制作、安装等部分。前面几部分内容是钢结构的基础，结构设计部分是它们的综合应用，而制作和安装部分则是讲述由设计达到使用的最终钢结构产品的过程。

二、钢结构课程的特点

钢结构是一门理论性较强的课程，但其理论密切联系实践，须结合实验和工程检验才能完善和发展。钢结构还是一门很有生命力的课程，随着各种高效钢材和新型结构的开发，计算技术和试验手段的现代化，钢结构技术也在随着更新和发展，各种有关标准和规范也在不断修订改进，而钢结构课程的内容则相应不断更改完善，如本书自第一版至今三十余年，已是第六版修订。

三、钢结构课程的学习方法

对钢结构课程的学习首先应将基本理论和基本概念放在重要位置，并要对材料、连接、基本构件和结构设计等内容，善于归纳、分析和比较，并不断加深理解。同时，还须联系工程实践，吸取感性知识。另外，在设计和做习题时，应条理清晰，步骤分明，计量单位采用得当，以避免计算中的遗漏和失误。

小 结

（1）钢结构具有强度高，自重轻，材质均匀，塑性、韧性好，施工速度快等优点。

（2）钢结构最适合于大（跨度）、高（耸）、重（型）、动（力荷载）结构，但是随着轻型钢结构的发展，钢结构的应用范围也扩大到轻工业厂房和公用与民用房屋等。

（3）钢结构是一门理论性较强但又密切联系实践的课程。学习时应掌握好基本理论，学好基本概念，并吸取感性知识，联系工程实践，总结经验。

思 考 题

1. 钢结构有哪些特点？结合这些特点，应怎样选择其合理应用范围？
2. 钢结构课程有哪些主要内容和特点？你准备怎样进行学习？

习 题

1-1 根据你所知道的钢结构工程，试述其特点。

1-2 查阅互联网有关钢结构的网站，了解当前国内外钢结构的动态，如材料、设计、制造、安装、典型工程、相关企业……并加以论述，以丰富知识面。

第二章　钢结构的材料

> 钢结构的材料——钢材，密切关系到钢结构的计算理论，同时还对钢结构的制造、安装、使用、造价、安全等均有直接联系。所以，本章内容是学习钢结构的基础。学习时，应全面了解钢材的性能，从而做到正确选用尤其要防止脆性破坏。

钢结构的主材是钢材。钢材种类繁多，性能各异，价格不同。适于建筑钢结构使用的钢材须具有良好的力学性能（强度、塑性、韧性等）和加工工艺性能（冷加工、热加工、焊接等），同时还须货源充足，价格较低。因此，能满足上述要求的仅是钢材品种中的很小一部分，如碳素结构钢和低合金高强度结构钢中的几个牌号。

另外，钢材在受力破坏时，表现为塑性破坏和脆性破坏两种特征，其产生原因除涉及钢材自身的性质外，还与一些外在的使用条件有关。脆性破坏是钢结构应该严加防止的，因此，研究和掌握钢材在各种应力状态下的工作性能、产生脆性破坏的原因和影响钢材性能的因素，从而在实际工程中合理而经济地选择钢材和进行结构设计，编制制造、安装和焊接工艺是钢结构非常重要的内容。

第一节　钢材的塑性破坏和脆性破坏

取两种拉伸试件：一种是标准圆棒试件；另一种是比标准试件加粗但在中部车有小槽，其净截面面积仍与标准试件截面面积相同的试件。当两种试件分别在拉力试验机上均匀地加荷直至拉断时，其受力性能和破坏特征呈现出非常明显的区别。

标准的光滑试件拉断时有比较大的伸长和变细，加荷的延续时间长，断口呈纤维状，色发暗，有时还能看到滑移的痕迹，断口与作用力的方向约呈 45°。由于此种破坏的塑性特征明显，故称塑性破坏。钢材在塑性破坏时有大量变形，很容易及时发现和采取措施进行补救，因而不致引起严重后果。另外，塑性变形后出现的内力重分布，会使结构中原先应力不均匀的部分趋于均匀，同时也可提高结构的承载能力。

带小槽试件的抗拉强度比光滑试件的高，但在拉断前塑性变形很小，且几乎无任何迹象而突然断裂，其断口平齐，呈有光泽的晶粒状，故此种破坏形式称为脆性破坏。由于脆性破坏的突然性要比塑性破坏危险得多，因此，在钢结构的设计、制造和安装中，均应采取适当措施严加防止。

第二节　钢材的性能

钢材的性能通常用力学性能、工艺性能和可焊性能表述。专用钢材则另外附加特种性能，如抗火、耐候性能等。

一、钢材的力学性能和工艺性能

钢材的力学性能和工艺性能是钢材在各种作用下反映的各种特性，它包括强度、塑性、韧性和冷弯等方面，可用钢材在标准条件下的单向拉伸、冲击和冷弯等试验测定。

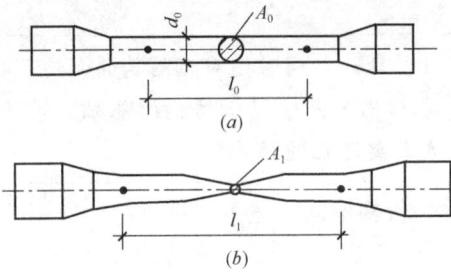

图 2-1　静力拉伸试验的标准试件
(a) 试验前；(b) 试验后

（一）强度

在静载、常温（20±5℃）条件下，对钢材标准圆形试件（图 2-1）的一次单向均匀拉伸试验是力学性能试验中最具有代表性的。它比压缩、剪切等试验简单易行，可得到反映钢材强度和塑性的几项主要力学性能指标，且对其他受力状态（受压、受剪）也有代表性（其应力-应变曲线相似，强度指标压缩与拉伸的相同，剪切的较低，见第三节）。图 2-2 (a) 为低碳钢（碳含量 C≤0.25％）单向均匀拉伸试验的应力-应变（$\sigma\varepsilon$）曲线（图 2-2b 为曲线的局部放大），从中可看出钢材受力的几个阶段和强度、塑性的几项指标。

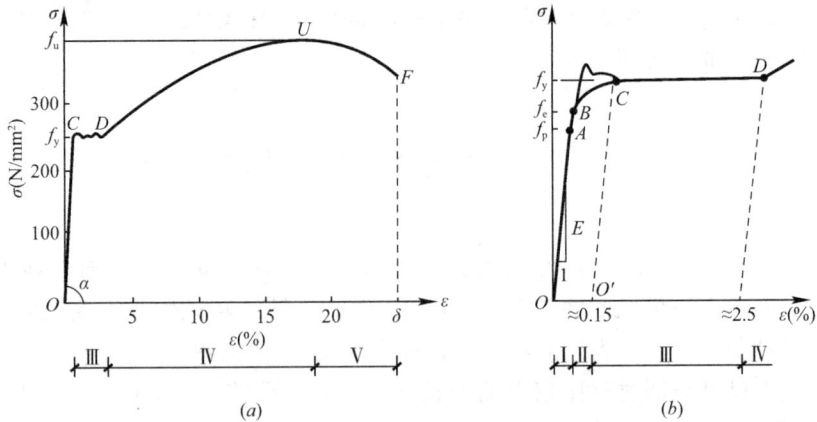

图 2-2　低碳钢单向均匀拉伸的应力-应变曲线

下面对图 2-2 的曲线进行分析：

1. 弹性阶段（OB 段）

曲线开始的斜直线终点 A 所对应的最大应力称为比例极限 f_p。当试件横截面上的应力 $\sigma=N/A\leqslant f_p$ 时（N 为试件承受的轴心拉力，A 为试件的横截面面积），应力和应变 $\varepsilon=\Delta l/l_0$（l_0 为原标距长度，Δl 为其伸长量）成正比，符合虎克定律，即 $\sigma=E\varepsilon$。$E=\tan\alpha$，为斜直线的斜率，称为钢材的弹性模量，一般可统一取 $E=206\times10^3 N/mm^2$。当 $\sigma>f_p$ 以后，曲线弯曲，应力-应变关系呈非线性，但钢材仍具有弹性性质，即此时若卸荷（N 回零），则应变也降至零，不出现残余变形，这称为钢材受力的弹性阶段。弹性阶段（图 2-2b 中区段Ⅰ）终点 B 对应的应力称为弹性极限 f_e，它常同 f_p 十分接近，一般可不加区分。

2. 弹塑性阶段（BC 段）

当 $\sigma>f_e$ 后，钢材受力进入弹塑性阶段［图 2-2b 中区段Ⅱ］，其变形包括弹性变形和塑性变形两部分，即后者在卸荷后不会消失而成为残余变形。如在此时卸荷，将产生由 C 点沿平行于 OA 线向下的虚线至 O' 点，而不是沿原曲线回归 O 点，OO' 即残余变形。

由于 AC 段曲线呈非线性，故此段的模量应改用瞬时切线模量或简称切线模量 $E_t = d\sigma/d\varepsilon$，其值随 σ 的增加而逐渐减少，直至 C 点时趋近于 0。

3. 塑性阶段（屈服阶段、CD 段）

经弹塑性阶段后，$\sigma\varepsilon$ 曲线出现一段锯齿形波动，其后，σ 逐渐趋于平稳，此时即使应力保持不变，应变仍持续增大，这称为钢材受力的塑性流动阶段（图 2-2 中区段Ⅲ），也就是钢材屈服于外力的屈服阶段。对应于 C 点的应力称为屈服点或屈服强度 f_y。屈服阶段曲线的最高点和最低点分别称为上屈服强度和下屈服强度，国际钢材标准以 R_{eH} 和 R_{eL} 表示。下屈服强度比较稳定，故通常取其值作为屈服强度代表值。[①]

4. 强化阶段（DU 段）

屈服阶段后，钢材内部组织经重新调整，又部分恢复了继续承载能力，曲线有所上升，此称为钢材受力的强化阶段［图 2-2（a）中区段Ⅳ］。但在此阶段变形增长较快，直至曲线最高点 U，该点对应的应力即钢材能承受的最大拉应力，称为钢材的抗拉强度 f_u，国标钢材标准以 R_m 表示。

5. 颈缩阶段（UF 段）

当应力达到 f_u 时，试件局部出现横向收缩变细——颈缩，变形亦随之剧增，荷载下降，直至 F 点断裂，此称为颈缩阶段［图 2-2（a）中区段Ⅴ］。

从上述静力拉伸试验可见，有代表性的强度指标为比例极限 f_p、弹性极限 f_e、屈服强度 f_y 和抗拉强度 f_u。但钢材内常存在残余应力（因轧制、切割、焊接、冷弯、矫正等原因在钢材内部形成的初应力），在其影响下，f_e 和 f_p 很难区公，且二者与 f_y 也很接近，另外 f_y 之前应变又很小（$\varepsilon \approx 0.15\%$），$f_y$ 之后应变却急剧增长（流幅 $\varepsilon \approx 0.15\% \sim 2.5\%$），故通常均简化为 f_y 之前材料为完全弹性性，f_y 之后则为完全塑性体（忽略应变硬化作用），从而将钢材视为理想的弹-塑性材料，即其 $\sigma\varepsilon$ 曲线简化为如图 2-3 所示的双直线。因此，当 $\sigma > f_y$ 时，由于钢材将暂时丧失继续承受荷载的能力，且同时产生不适于继续使用的过大变形，故钢结构设计时，均取屈服强度 f_y 作为承载能力极限状态强度计算的限值，即钢材强度的标准值 f_k，并以之确定钢材的（抗拉、抗压和抗弯）强度设计值 f。

对没有明显屈服强度和塑性平台的钢材（如制造高强度螺栓的经热处理高强度钢材），可以卸荷后试件残余应变 $\varepsilon = 0.2\%$ 所对应的应力为其屈服强度，称为条件屈服强度 $f_{0.2}$（图 2-4）。

抗拉强度 f_u 是钢材破坏前能承受的最大应力，但这时钢材产生了巨量塑性变形（约为弹性变形的 200 倍），所以其实用意义不大。然而它可直接反映钢材内部组织的优劣，同时还可作为钢材的强度储备，故在要求 f_y 的同时，还应要求钢材具有一定的 f_u，即 f_y/f_u——屈强比。屈强比愈小，强度储备愈大，愈安全，但若过小，则强度利用率低，不经济。屈强比愈大，则塑性较低，容易产生脆性破坏。因此 GJ 钢材规定钢号 Q235GJ、Q345GJ 的屈强比范围为 $\leqslant 0.80$。

综上所述可见，屈强强度 f_y 和抗拉强度 f_u 是钢材强度的两项重要指标。

---

① 屈服强度的统计代表值，2006 年发布的国际《碳素结构钢》改用 R_{eH}。2015 年发布的《建筑结构用钢板》（GJ 钢板）采用 R_{eL}，并规定了屈强比。而 2018 年发布的《低合金高强度结构钢》则修改为 R_{eH}。

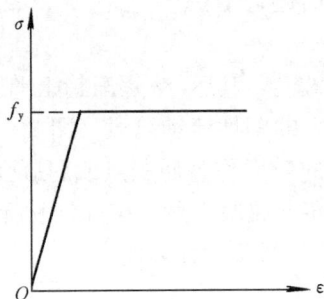

图 2-3　理想弹塑性材料的应力-应变曲线　　图 2-4　钢材的条件屈服强度

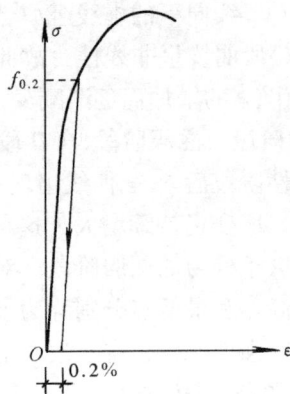

(二) 塑性

塑性是指钢材破坏前产生塑性变形的能力，可由静力拉伸试验得到的力学性能指标断后伸长率 δ 和截面收缩率 ψ 来衡量。δ 和 ψ 数值愈大，表明钢材塑性愈好。

断后伸长率 δ 等于试件拉断后的原标距的塑性变形（即伸长值）和原标距的比值，以百分数表示，即：

$$\delta = \frac{l_1 - l_0}{l_0} \times 100\% \tag{2-1}$$

式中　l_0——试件原标距长度（图 2-1）；

　　　　l_1——试件拉断后标距的长度。

δ 随试件的标距长度与试件直径 d_0（对圆形试件为 d_0；对板式试件可取等效直径 $d_0 = \sqrt{4A_0/\pi}$，A_0 为其截面面积）的比值 l_0/d_0 增大而减小。标准试件一般取 $l_0 = 5d_0$，所得伸长率用 δ_5 表示。

碳素结构钢 Q235 的厚度 $t < 60\text{mm}$ 时，其 δ_5 可达 25% 以上，塑性较好。低合金高强度结构钢 Q345、Q390 在 $t \leqslant 40\text{mm}$ 时 δ_5 可大于 20%，而在 $t > 40\text{mm}$ 时，则小于 20%。Q420、Q460 的 δ_5 则都小于 20%，塑性较差（有抗震设防要求的钢结构，其钢材 δ_5 应不小于 20%）。

截面收缩率 ψ 等于颈缩断口处截面面积的缩减值与原截面面积的比值，以百分数表示，即：

$$\psi = \frac{A_0 - A_1}{A_0} \times 100\% \tag{2-2}$$

式中　　　　$A_0 = \dfrac{\pi d_0^2}{4}$——试件原截面面积；

　　$A_1 = \dfrac{\pi}{4}\left(\dfrac{d_1 + d_2}{2}\right)^2$——试件断口处截面面积；

　　　　　　d_1、d_2——试件断口处两个互相垂直的直径的测量值。若断面为椭圆形，则 d_1 和 d_2 为椭圆的两根轴。

ψ 可反映钢材（颈缩部分）在三向同号拉应力状态下的最大塑性变形而不致断裂的能

力，这对用于高层钢结构的钢板须考虑 Z 向（厚度方向）抗层状撕裂性能时更为重要。

（三）Z 向性能

Z 向性能即钢板在厚度方向抗层状撕裂性能，可用厚度方向的截面收缩率 ψ_z 进行衡量。试验时，试件应取厚度方向，并采用摩擦焊将试件两端加长，以便于夹持。

根据《建筑结构用钢板》GB/T 19879—2015 的规定，对于厚度方向性能的钢板分 3 种厚度方向性能级别，即 Z15、Z25 和 Z35，它们分别表示为 $\psi_z \geqslant 15\%$、25% 和 35%。

（四）冷弯性能（工艺性能）

冷弯性能可衡量钢材在常温下冷加工弯曲时抵抗产生裂缝的能力。冷弯性能试验是用弯心直径为 d（d 与试件厚度成一定比例，参见附表 1-2、附表 2-3、附表 3-3）的冲头对试件加压，使其弯曲 $180°$（图 2-5），然后检查试件表面，以不出现裂纹和分层为合格。

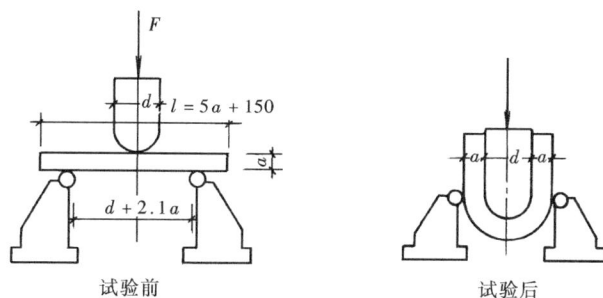

图 2-5　冷弯性能试验

冷弯性能是钢材工艺性能的一项指标，但它也是比单向拉伸试验更为严格的一种试验方法，故常作为拉伸试验和冲击试验的补充试验方法。它不仅能表达钢材的冷加工性能，而且也能暴露钢材内部的缺陷（如非金属夹杂和分层等），因此是一项衡量钢材综合性能的指标。

（五）韧性

前述的单向拉伸试验测得的强度和塑性属钢材的静力性能，而钢材的韧性需由冲击试验测定，故它是钢材的动力性能。

韧性是衡量钢材抵抗脆性破坏的力学性能指标，可用钢材在断裂过程中吸收的总能量（弹性阶段和非弹性阶段）量度，如图 2-2（a）中 $\sigma\epsilon$ 曲线与横坐标包围的总面积。面积愈大，则韧性愈好。由此可见，韧性也是钢材强度和塑性的综合指标。通常钢材强度增高，其塑性、韧性降低，脆性增加。

韧性常用标准试件由冲击试验测定。由于钢材的脆断常从有拉应力（双向或三向）集中处的裂纹和缺口处产生，故为了具有代表性，冲击试验一般采用截面 $10\text{mm} \times 10\text{mm}$、长 55mm 且中间开有 V 形缺口的试件，放在摆式冲击试验机上用摆锤击断（图 2-6），得出其吸收（消耗）的冲击功 A_{kv}（单位 J）值以作为冲击韧性指标。A_{kv} 值愈大，则钢材的韧性愈好。

冲击韧性除与钢材的质量密切相关外，还与钢材的轧制方向有关。由于顺着轧制方向（纵向）的内部组织较好，故在这个方向切取的试件冲击韧性较高，横向则较低。现钢材标准规定按纵向采用。

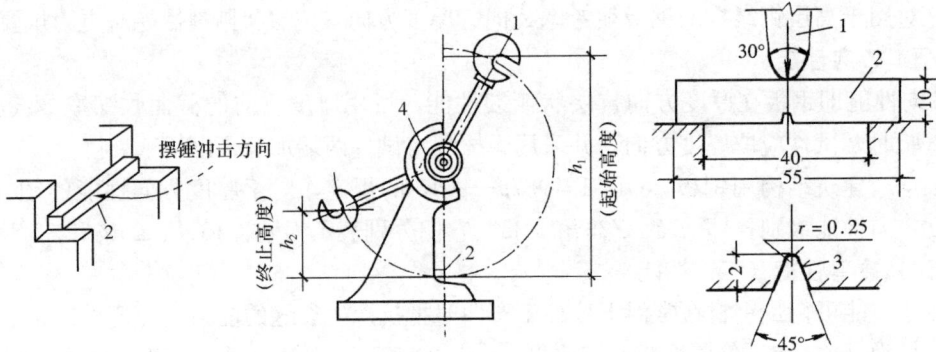

图 2-6 冲击韧性试验及试件缺口形式

1—摆锤；2—试件；3—V 形缺口；4—刻度盘

冲击韧性还与温度特别是负温有关。当达到一定负温时，冲击韧性急剧降低。故钢材的冲击韧性根据钢材质量等级的不同，相应有 20℃（常温）、0℃、−20℃ 和 −40℃ 等不同指标。钢材质量等级越高，则其可保证冲击韧性的温度越低（参见附表 1-2、附表 2-3 和附表 3-3）。

二、钢材的可焊性能

钢结构的制作和安装，现在几乎全部采用焊接。因此，钢材是否具备可焊性能，是其能否应用的重要条件。

钢材的焊接是将焊缝及其附近母材金属经升温熔化，然后再冷却凝结成一体的过程。钢材的可焊性能则指在一定的焊接工艺条件下，能保证所施焊的焊缝熔敷金属和母材金属冷却后均不产生裂纹，且焊接接头的力学性能不低于母材的力学性能。

影响钢材可焊性能的因素很多，除与钢材品种（非合金钢、低合金钢、合金钢）、化学成分（碳、锰含量高低及合金元素成分，有害元素硫、磷的含量等）及规格（厚板还是薄板）等自身因素外，还与节点复杂程度（简单对接还是复杂节点）、约束程度（焊缝能自由收缩还是不能）、焊接的环境温度（常温还是负温）、焊接材料（焊条、焊剂等是否与母材匹配等）和焊接工艺（焊接方法、坡口形式和尺寸、焊前预热和焊后热处理等）等众多外在因素有关。因此，钢材的可焊性能优劣应根据上述各种因素对焊接难易的影响程度进行区分。易焊钢材的可焊性能好。反之，难焊钢材的可焊性能差。

《钢结构焊接规范》GB 50661—2011[①] 根据节点的复杂程度，焊缝的约束程度和板厚（按 $t \leqslant 30mm$、$30mm < t \leqslant 60mm$、$60mm < t \leqslant 100mm$ 和 $t > 100mm$ 划分）、钢材的碳当量（按 $C_{eq} \leqslant 0.38\%$、$0.38\% < C_{eq} \leqslant 0.45\%$、$0.45\% < C_{eq} \leqslant 0.50\%$ 和 $C_{eq} > 0.50\%$ 划分），将焊接难度区分为 A（易）、B（一般）、C（较难）和 D（难）4 个等级。

厚钢板因冶金缺陷较多，化学成分偏析也较严重，且焊接时产生的残余应力分布很复杂（参见图 4-33），故其焊接难度较薄板高。

---

① 《钢结构焊接规范》GB 50661—2011 于 2011 年 12 月 5 日发布，2012 年 8 月实施。该规范是在原《建筑结构焊接技术规程》JGJ 81—2002 基础上制定的（JGJ 代表建筑工业行业标准）。本书以下对其简称《焊接规范》。GB 表示强制性国家标准，即必须执行，一般是涉及安全、卫生等的标准。GB/T 表示推荐性国家标准，即可以选择执行或不执行，但是一经选用（要明示）就必须强制执行。GB 数量较少，GB/T 则是大量的。

钢材化学成分的碳含量对焊接难度的影响最大，高碳钢（C＞0.45％）属于难焊钢材。钢材中的其他合金元素（锰、铬、钼、钒、铜、镍等）对焊接难度也有不同程度的影响，一般可采用国际焊接学会（IIW）的公式将其折算为碳当量进行衡量，即

$$C_{eq} = C + \frac{Mn}{6} + \frac{Cr + Mo + V}{5} + \frac{Cu + Ni}{15} \quad (\%) \tag{2-3}$$

C_{eq} 小，表明钢材焊接难度较小，反之则较大。钢结构常用的 Q235 钢和 Q345 钢（钢的牌号含义见第四节），其 C_{eq} 一般不超过 0.38％，故属于易焊钢。Q390 钢和 Q420 钢，其 C_{eq} 一般为 0.45％左右，而 Q460 钢，其 C_{eq} 甚至可达 0.50％左右，故均属于较难焊钢材。因此，为了不致过大加剧焊接难度，钢材标准对低合金高强度结构钢和 GJ 钢的各种牌号，均按不同轧制和热处理工艺，根据板厚规定了 C_{eq} 的限值（详见附表 2-2 和附表 3-2）。

另外，衡量钢材焊接难度还可采用焊接裂纹敏感性指数 P_{cm}，它也是综合考虑各种化学成分对焊接难度影响的另外一个指标，即

$$P_{cm} = C + \frac{Si}{30} + \frac{Mn}{20} + \frac{Cu}{20} + \frac{Ni}{60} + \frac{Cr}{20} + \frac{Mo}{15} + \frac{V}{10} + 5B \quad (\%) \tag{2-4}$$

同样，对低合金高强度结构钢和 GJ 钢，也按不同轧制和热处理工艺，根据板厚规定了 P_{cm} 的限值（参见附表 2-2 和附表 3-2），一般不大于 0.20％。

由附表 2-2 和附表 3-2 可见，对 C_{eq} 和 P_{cm} 的限值以 TMCP 或 TMCP＋T，即以热机械轧制（温度-形变控轧控冷）或热机械轧制加回火工艺可达最低值。因此，对重要结构采用的 GJ 板，可提出按此状态交货（轧制和热处理工艺内容详见第三节）。

由于钢材的可焊性能还涉及众多因素，但对可焊性能较差的较难焊钢材，采用合理的焊缝构造和有针对性的工艺措施，也能达到良好的焊接质量。反之，对可焊性能好的易焊钢材，若焊缝构造和工艺措施不当，则焊接质量也有可能达不到要求。

三、钢材的抗火、耐候性能

抗火、耐候性能是针对某些专用钢材所具有的附加性能。

（一）抗火性能

对建筑钢材的抗火性能要求，不同于对有长时间高温强度要求的耐热钢（用于工业生产）。它只需满足在一定高温下，保持结构在一定时间内不致垮塌（911 纽约世贸大楼钢结构在遭受飞机撞击后起火燃烧致强度丧失而倒塌），以保证人员和重要物资安全撤离火灾现场。因此，它不需要在钢中添加大量贵重的耐热性高的合金元素（如铬、钼），而只需添加少量较便宜的合金元素，即可具备一定的抗火性能。

建筑钢材的抗火性能指标应满足下式要求，即

$$f_{y(600℃)} \geq \frac{2}{3} f_y \tag{2-5}$$

上式表示钢材在 600℃高温时的屈服强度应具有高于常温时屈服强度的 2/3，这也是保证建筑防火安全性的一个许用指标。

抗火钢一般是在低碳钢或低合金钢中添加 V（钒）、Ti（钛）、Nb（铌）合金元素，组成 Nb-V-Ti 合金体系。或再加少量 Cr（铬）、Mo（钼）合金元素。

具有抗火性能的钢材，可根据抗火要求的需要，不用或减薄防火涂料，故有良好的经济效果，且可加大建筑的使用空间。

（二）耐候性能

在自然环境下，普通钢材每 5 年的腐蚀厚度可达 0.1～1mm。若处于腐蚀气体环境，则更为严重。

对建筑钢材的耐候性能要求，不需要像对不锈钢那样的高要求，它只需满足在自然环境下可裸露使用（如输电铁塔等），其耐候性能提高到普通钢材的 6～8 倍，即可获得良好效果。

耐候钢一般也是在低碳钢或低合金钢中添加合金元素，如 Cu、P、Cr、Ni 等，以提高抗腐蚀性能。在大气作用下，耐候钢表面可形成致密的稳定保护锈层，以阻绝氧气和水的渗入而产生的电化学腐蚀过程。若在耐候钢上再涂装防腐涂料，其使用年限将远高于一般钢材。

钢材还可在钢厂将其表面镀锌或镀铝锌，然后再在上面辊涂彩色聚酯类涂料，以使其具有优良的耐候性能，但这种工艺只能生产彩涂薄钢板。

从以上关于钢材的抗火、耐候性能的叙述中可见，为取得这些性能，一般均是在低碳钢或低合金钢中添加与其相关的合金元素，且添加的合金元素可综合提高数种性能（包括力学性能、Z 向性能和可焊性能等）。因此，这类钢种可兼具一定的抗火、耐候和 Z 向性能。

第三节　影响钢材性能和产生脆性破坏的因素

影响钢材性能和产生脆性破坏的因素众多，如钢材的化学成分、成材过程（冶炼、浇铸、轧制、热处理）、结构建造（设计、制造、安装）和使用（维护检修）等，其中如化学成分超标、偏析、夹杂、钢材的硬化、微裂纹，应力集中，残余应力，低温工作环境，较大动力荷载重复作用……都有较大影响，下面分别加以论述。

一、化学成分的影响

钢的化学成分直接影响钢的颗粒组织和结晶构造，并与钢材力学性能关系密切。钢的基本元素是铁（Fe）和少量的碳（C）。碳素结构钢中纯铁约占 99%，其余是碳和硅（Si）、锰（Mn）等有利元素以及在冶炼过程不易除尽的有害杂质元素硫（S）、磷（P）、氧（O）、氮（N）等。在低合金高强度结构钢中，除上述元素外，还含有改善钢的某些性能的合金元素，主要有钒（V）、钛（Ti）、铌（Nb）和铝（Al），以及铬（Cr）、镍（Ni）、钼（Mo）、稀土元素（RE）等。其总含量一般低于 3%。在钢中碳和其他元素的含量尽管不大，但对钢的力学性能却有着决定性的影响，现分述如下：

碳是除纯铁外的最主要元素，其含量直接影响钢材的强度、塑性、韧性和可焊性能等。随着碳含量的增加，钢材的屈服强度和抗拉强度提高，而塑性和冲击韧性尤其是低温冲击韧性下降，冷弯性能、可焊性能和抗锈蚀性能等也明显恶化容易脆断。因此，钢结构采用的钢材碳含量不宜太高，故钢材标准对各牌号钢规定其上限值不超过 0.17%～0.22%，即在低碳钢范围（见附表 1-1、附表 2-1）。

硅是作为强脱氧剂而加入钢中，以制成质量较优的镇静钢。适量的硅可提高钢的强度，而对塑性、冲击韧性、冷弯性能及可焊性能无明显不良影响。碳素结构钢中硅含量应不大于 0.35%，低合金高强度结构钢应不大于 0.50%～0.60%，GJ 钢板则应不大于 0.35%～0.55%。

锰是一种较弱的脱氧剂。当锰含量不太多时可有效地提高钢材的屈服强度和抗拉强度，降低硫、氧对钢材的热脆影响，改善钢材的热加工性能和冷脆倾向，且对钢材的塑性和冲击韧性无明显降低。但随着锰含量的增加，钢材的可焊性能将随之降低，故对各牌号钢规定其上限值为：碳素结构钢应不大于 1.4%，低合金高强度结构钢应不大于 1.7%～1.8%，GJ 钢板则应不大于 1.2%～1.6%。

硫是有害元素，硫与铁的化合物硫化铁（FeS）一般散布于纯铁体的间层中，在高温（800～1200℃）时会熔化而使钢材变脆，可焊性能变差，故在焊接或热加工过程有可能引起裂纹——热脆。此外，硫还会降低钢的塑性、冲击韧性和抗锈蚀性能。因此，应严格控制钢材中硫含量，且质量等级愈高，即钢材对韧性要求愈高，其含量控制愈严格。碳素结构钢一般应不大于 0.050%～0.035%。低合金高强度结构钢应不大于 0.035%～0.020%。对 GJ 钢板则应不大于 0.015%，若为 Z 向性能钢板则更严格，应不大于 0.01%～0.005%。

磷能提高钢的强度和抗锈蚀能力，但严重地降低钢的塑性、冲击韧性、冷弯性能和可焊性能，特别是在低温时使钢材变脆——冷脆。因此钢材中磷含量也要严格控制。同样，质量等级愈高，控制亦愈严。碳素结构钢一般应不大于 0.045%～0.035%，低合金高强度结构钢应不大于 0.035%～0.025%。对 GJ 钢板则应不大于 0.025%～0.020%。Z 向性能钢板则一律应不大于 0.020%。

氧和氮也属于有害杂质。氧的影响与硫相似，使钢"热脆"。氮的影响则与磷相似，使钢"冷脆"。因此，氧和氮的含量也应严加控制，一般氧含量应不大于 0.05%，氮含量应不大于 0.008%。

合金元素可明显提高钢的综合性能。如钒、钛、铌能细化钢的晶粒，提高钢的韧性和抗火、耐蚀、Z 向性能。稀土元素有利于脱氧、脱硫，改善钢的性能。铬、镍、钼能发挥微合金沉淀强化作用，提高钢的冲击韧性，尤其是低温冲击韧性，且提高抗火性。另外铜能提高钢的耐蚀性能，但降低可焊性能。铝能很好地细化钢的晶粒，提高钢的冲击韧性，故低合金高强度结构钢各牌号的高质量等级（C、D、E 级）和 GJ 钢板均规定铝含量应不小于 0.015%。

二、冶炼、浇铸、轧制和热处理的影响

钢材的生产要经过冶炼、浇铸和轧制等工艺过程，在这些过程中，可能出现化学成分偏析、夹杂、裂纹、分层等缺陷而影响钢材性能。

冶炼是将生铁水、废钢和石灰石等原料加入炼钢炉（氧气转炉、电炉等）炉膛，再用燃料（纯氧、煤气或重油等）加热燃烧至温度约 1650℃，使铁水中多余的碳和硫、磷等元素，在高温下经过熔化、氧化、还原等物理化学反应过程而被除去，从而炼成化学成分合乎要求的各类钢种。轧制工艺目前分为两种：一种是有百余年历史的传统方法，即在钢炼好后，将钢液浇铸于钢锭模中成为体积较大的钢锭，经脱锭车间脱模后运至初轧厂再经均热炉加温，然后在初轧机中开坯，轧成厚度较小且长、宽适当的各种钢坯供应给各钢厂（轨梁厂、轧板厂、无缝钢管厂等），轧成各种钢材。另一种是近年来快速发展的连（续）铸（锭）连（续）轧（钢）方法，它省去了铸锭开坯工序，直接将炼好的钢水在钢厂连铸机中浇铸成近终型的钢坯（薄板坯、中厚板坯、方坯、圆坯、异形坯等），然后经轧机连续轧制成各种钢材。

（一）冶炼的影响

钢在冶炼的冶金过程，由于原料、冶炼工艺等众多因素影响，其金相组织结构、化学成分等都有可能存在不同程度的冶金缺陷，如在氧化过程中生成的氧化铁夹杂、化学成分偏析、气泡等。

（二）浇铸的影响

钢在熔炼时的氧化过程会生成氧化铁等夹杂，使钢的性能变坏，因而在浇铸过程需用与氧亲和力比铁高的脱氧剂加入钢液中脱氧。常用的脱氧剂为锰、硅和铝等，由于它们对钢的脱氧方式和脱氧程度不同，从而区分为沸腾钢、镇静钢和特殊镇静钢。

沸腾钢是因采用锰作脱氧剂，其脱氧作用低，故在传统的模铸钢锭时，仍有较多的氧化铁和碳生成一氧化碳（CO）气体大量逸出，引起钢的剧烈沸腾而得名。沸腾钢冷却速度快，氧、氮等杂质气体不能全部逸出，并易在钢中形成气泡。同时也可能使钢中的化学元素分布不均匀，出现偏析现象。另外，气泡内的杂质（硫化物和氧化物）还可能生成非金属夹杂、裂纹、分层等缺陷。

化学成分偏析使钢材的塑性、冷弯性能、冲击韧性及可焊性能变坏。非金属夹杂中的硫化物使钢材"热脆"，氧化物则严重地降低钢材的力学性能和工艺性能。裂纹使钢材的冷弯性能、冲击韧性和抗脆性破坏的能力大大降低。钢材在厚度方向若存在不密合的分层，虽各层间仍相互连接，并不脱离，但它将严重降低冷弯性能。分层的夹缝处还易锈蚀，甚至形成裂纹，这将极度降低钢材的冲击韧性及抗脆断能力，尤其是在承受垂直于板面的拉力时，易产生层状撕裂。

镇静钢是因采用硅作脱氧剂，其脱氧作用强，因而脱氧较充分，钢液不产生沸腾，表面较平静而得名。硅在脱氧过程中还放出很多热量，故钢液冷却速度较慢，气体能充分逸出，钢中气泡少，晶粒细，组织致密，偏析小，故冲击韧性及抗脆断能力强。

特殊镇静钢是在用硅脱氧后加铝（或钛）进行补充脱氧，故其晶粒更细，塑性和低温性能更好，尤其是可焊性能显著提高。

连铸方法浇铸的钢坯体积均较小，不但改变了传统模铸的钢锭单个体积较大形式，而且能充分脱氧，浇铸过程没有沸腾现象，材质均匀，故产品均为镇静钢。

（三）轧制影响

钢材的轧制是将钢锭（坯）加热至 $1200\sim1300℃$，然后经轧机热轧。热轧可改善钢锭（坯）的铸造组织，使结晶致密，从而将冶炼浇铸过程中的气泡、裂纹等缺陷锻焊密合。尤其是轧制压缩比大的小型钢材，如薄板，小型钢等，其强度、塑性、冲击韧性均优于压缩比小的大型钢材，故钢材的力学性能标准按厚度进行了分段（见附表 1-2、附表 2-3 和附表 3-3）。另外，钢材性能还与轧制方向有关，顺着轧制方向（纵向）较好，横向较差。

（四）热处理的影响

钢材的热处理一般采用正火、淬火和回火。其作用是通过改变钢的组织，细化晶粒，消除残余应力来改善钢的性能。正火是将钢材加热至 $900℃$ 以上并保温一定时间，然后在空气中冷却。普通热轧钢材轧制后在空气中自然冷却，可以说也是处于正火状态，但往往因停轧温度过低或过高，而使钢的组织改变，降低了钢材性能。故对质量要求高的钢材（Q390、Q420、Q460 钢和 GJ 钢等），常需正火处理或控（制停）轧（控制停轧温度为

850～900℃）。淬火是将钢材加热至 900℃以上并保温一定时间后，放入水或油中快速冷却。淬火后钢材强度大幅提高，但塑性、冲击韧性显著降低，故淬火后要及时回火，即将钢材加温至 500～600℃，经保温后在空气中冷却。采用淬火后回火的调质工艺处理，可显著地提高钢材强度，且能保持一定的塑性和冲击韧性。高强度螺栓用钢即采用这种热处理方法。

三、钢材的硬化

（一）时效硬化 钢材性能可能随着时间增长而变脆，这是因为冶炼时留在纯铁体中的少量氮和碳的固溶体，随着时间的增长将逐渐析出，并形成氮化物和碳化物，它们对纯铁体的塑性变形起着阻碍作用，从而使钢材的强度提高，塑性和韧性下降。

时效硬化的过程有短有长（几天至几十年），但在材料经冷加工塑性变形（将试件拉伸 10%）后加热到 250℃的高温条件下，可使时效硬化加速发展，只需几小时即可完成，这称为人工时效。它一般被用于对特别重要结构使用的钢材时效，然后测定其冲击韧性，以确定其长期的抗脆断能力。

（二）冷作硬化（应变硬化） 前已述及，钢材在弹性阶段卸荷后，不产生残余变形，也不影响工作性能。但是，在弹塑性阶段或塑性阶段卸荷后再重复加荷时，其屈服强度将提高，即弹性范围增大，而塑性和冲击韧性降低，这种现象称为冷作硬化。钢结构在制造时一般须经冷弯、冲孔、剪切、辊压等冷加工过程，这些工序的性质都是使钢材产生很大的塑性变形，甚至断裂，对强度而言，就是超过钢材的屈服强度，甚至抗拉强度，这必然引起钢材的硬化，降低塑性和冲击韧性，增加脆性破坏的危险，这对直接承受动力荷载的结构尤其不利。因此，钢结构一般不利用冷作硬化所提高的屈服强度，且为消除冷作硬化的影响，对重要结构用材还须刨边（将冷作硬化的板边刨除）。

四、温度的影响

前面所讨论的均是钢材在常温下的工作性能。当温度升高至约 100℃时，钢材的抗拉强度 f_u、屈服强度 f_y 及弹性模量 E 均有变化。总的情况是强度降低，塑性增大，但数值不大（图 2-7）。然而在 250℃左右时，f_u 却有提高，而塑性和冲击韧性则下降，出现脆性破坏特征，这种现象称为"蓝脆"（因表面氧化膜呈现蓝色）。在蓝脆温度范围内进行热加工，钢材易发生裂纹。当温度超过 250～350℃时，f_y 和 f_u 显著下降，而伸长率 δ 却明显增大，产生徐变现象。当温度达 600℃时，强度接近为零。因此，当结构的表面长期受辐射热达 150℃以上，

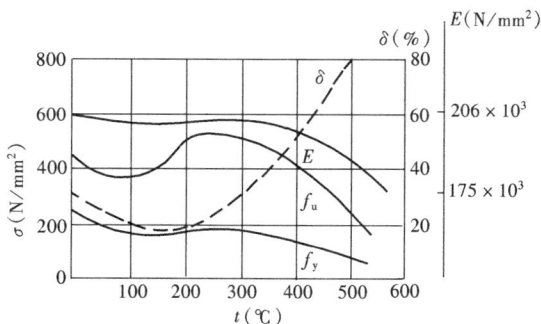

图 2-7 温度对钢材性能的影响

或可能受到炽热熔化金属的侵害时，应采用砖或耐热材料做成的隔热层加以防护。

当温度从常温下降时，钢材的强度将略有提高，但塑性和冲击韧性降低，脆性增大，尤其是当温度下降到负温某一区间时，其冲击韧性急剧降低，破坏特征明显地由塑性破坏

转变为脆性破坏，出现低温脆断。因此，在低温（计算温度≤0℃）工作的结构，特别是需要验算疲劳的构件以及承受静态荷载的重要受拉和受弯焊接构件，钢材须具有0℃冲击韧性或负温（-20℃或-40℃）冲击韧性的合格保证，以提高抗低温脆断的能力。

五、复杂应力作用的影响

钢材在单向应力作用时，是以屈服强度 f_y 作为由弹性工作状态转入塑性工作状态的界标。但当钢材受复杂应力作用，即在双向或三向应力作用时，此时钢材的屈服不能以某一方向的应力达到 f_y 来判别，而是应按材料力学中的形状改变能量强度理论所表达的屈服条件，用折算应力 σ_{eq} 与钢材在单向应力时的 f_y 比较来判别。即：

当用主应力表示时（图 2-8a）：

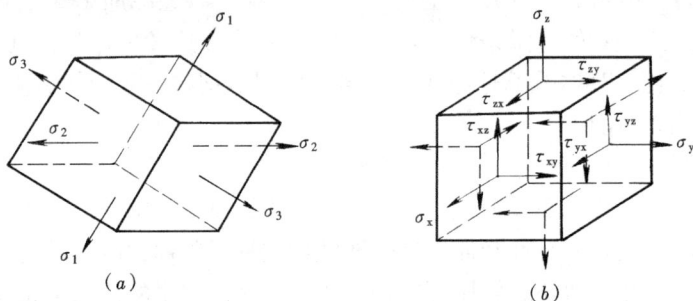

图 2-8　复杂应力作用状态

$$\sigma_{eq} = \sqrt{\frac{1}{2}\left[(\sigma_1 - \sigma_2)^2 + (\sigma_2 - \sigma_3)^2 + (\sigma_3 - \sigma_1)^2\right]} \tag{2-6}$$

当用应力分量表示时（图 2-8b）：

$$\sigma_{eq} = \sqrt{\sigma_x^2 + \sigma_y^2 + \sigma_z^2 - (\sigma_x\sigma_y + \sigma_y\sigma_z + \sigma_z\sigma_x) + 3(\tau_{xy}^2 + \tau_{yz}^2 + \tau_{zx}^2)} \tag{2-7}$$

若　$\sigma_{eq} < f_y$——弹性状态；

$\sigma_{eq} \geq f_y$——塑性状态。

当三向应力中有一向应力很小（如钢材厚度较薄时，厚度方向的应力可忽略不计）或等于零时，则为平面应力状态，式（2-6）、式（2-7）可简化为：

$$\sigma_{eq} = \sqrt{\sigma_1^2 + \sigma_2^2 - \sigma_1\sigma_2} \tag{2-8}$$

$$\sigma_{eq} = \sqrt{\sigma_x^2 + \sigma_y^2 - \sigma_x\sigma_y + 3\tau_{xy}^2} \tag{2-9}$$

在普通梁中，一般只有正应力 σ 和剪应力 τ 作用，即 $\sigma_x = \sigma$、$\tau_{xy} = \tau$ 和 $\sigma_y = 0$，则上式可简化为：

$$\sigma_{eq} = \sqrt{\sigma^2 + 3\tau^2} \tag{2-10}$$

当受纯剪时，只有剪应力 τ，$\sigma = 0$，则：

$$\sigma_{eq} = \sqrt{3\tau^2} \tag{2-11}$$

取 $\sigma_{eq} = f_y$，则得：

$$\tau = \frac{f_y}{\sqrt{3}} = 0.58 f_y \tag{2-12}$$

即剪应力达到 f_y 的 0.58 倍时，钢材进入塑性状态。因此，《钢结构设计标准》GB 50017—2017[1]对钢材的抗剪强度设计值 f_v 取 $0.58f$（见表 3-3），f 为抗拉强度设计值。

由式（2-6）可见，三个主应力 σ_1、σ_2、σ_3 同号且差值又很小时，即使各自都远超过 f_y，材料也很难进入塑性状态，甚至到破坏时也没有明显的塑性变形，呈现脆性破坏。但是当有一向为异号应力，且另外两个同号应力相差又较大时，材料即比较容易进入塑性状态，破坏呈塑性特征。

六、应力集中的影响

在钢构件中一般会有孔洞、缺口、凹角，以及截面的厚度或宽度变化等，由于截面的突然改变，致使应力线曲折、密集，故在孔洞边缘或缺口尖端等处，将局部出现高峰应力，而其他部位应力则较低，截面应力分布很不均匀，这种现象称为应力集中（图 2-9a，σ_m 为净截面平均应力，σ_{max} 为孔洞边缘高峰应力）。

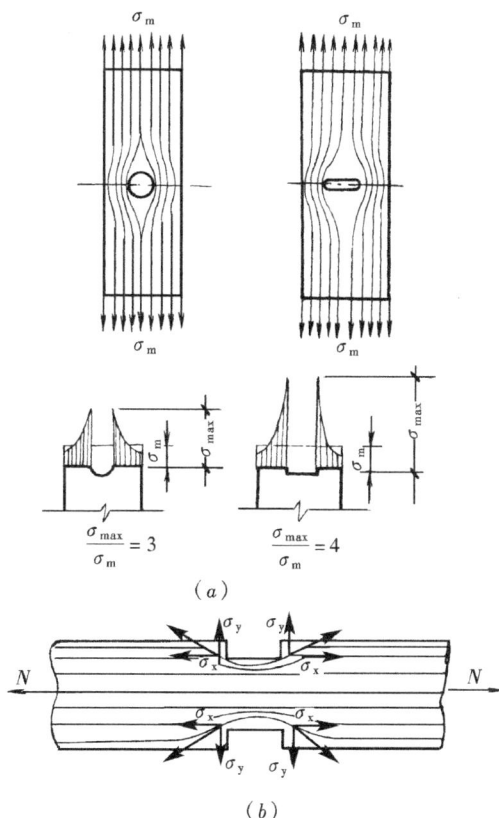

图 2-9　应力集中对钢材性能的影响（一）

---

① 本书以下对《钢结构设计标准》GB 50017—2017 简称《设计标准》。

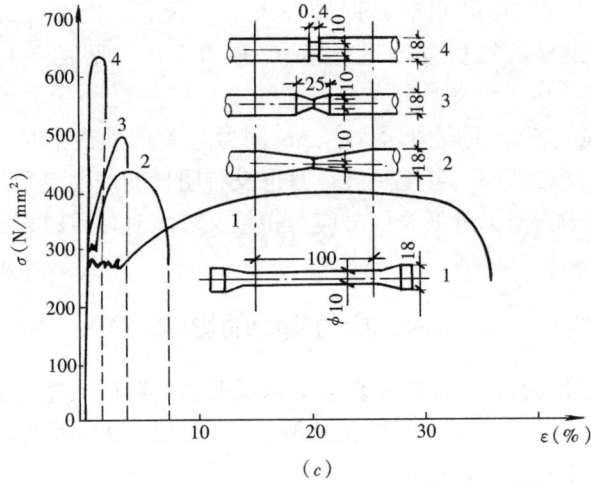

图 2-9 应力集中对钢材性能的影响（二）

在应力集中处，由于应力线曲折，与构件受力方向不一致，因此将产生横向应力 σ_y（图 2-9b）。若构件较厚时，还将产生 σ_z。由于 σ_y、σ_z 和 σ_x 同号，故构件处于同号的双向或三向应力场的复杂应力状态，从而使钢材沿受力方向的变形受到约束，以致塑性降低而产生脆性破坏。

图 2-9（c）所示为 4 个开槽不同的拉伸试件的应力-应变曲线，它显示应力集中的程度取决于槽口形状的变化。若槽口变化越剧烈，则应力越集中，抗拉强度增长越多，而钢材的塑性降低也越多，脆性破坏的危险性也越大。

由于钢结构采用的钢材塑性一般较好，随着内力增大时，在一定程度上应力将重分布，应力不均匀现象会逐渐趋于平缓，故不影响截面的极限承载能力。因此，对承受静力作用在常温下工作的构件，设计时可不考虑应力集中的影响。但是，对低温下直接承受动力作用的构件，若应力集中严重，加上冷作硬化等不利因素，则是脆性破坏的重要因素。故在设计时，应采取避免截面急剧改变等构造措施，以减小应力集中。

七、残余应力的影响

残余应力是钢材在热轧、氧割、焊接时的加热和冷却过程中产生的，在先冷却部分常形成压应力，而后冷却部分则形成拉应力。残余应力对构件的刚度和稳定性都有降低，其详情将在以后诸章中论述。

八、动力荷载重复作用的影响（钢材的疲劳）

人们有这样的体验：一根细小的钢（铁）丝很不容易拉断，但将其连续反复地弯折时则较易断裂，若在其上用手钳夹一缺口，则只需反复数次即可折断。实践证明，钢材在连续重复荷载的作用下，虽然应力低于抗拉强度，甚至低于屈服强度，也有可能发生破坏，这种现象称为钢材的疲劳。在某些有缺陷（微观裂纹）的部位，其疲劳强度更低。疲劳破坏往往很突然，事先没有明显的征兆，破坏形式类似于脆性断裂。由此可见，钢材的疲劳破坏是微观裂纹在连续重复荷载作用下不断扩展直至断裂的脆性破坏。

《设计标准》规定对直接承受动力荷载重复作用的钢结构构件及其连接，当应力循环次数 $n \geqslant 5 \times 10^4$ 次时，应进行疲劳计算。一般仅重级工作制吊车梁和重级、中级工作制吊车桁架需作疲劳计算，具体计算方法可参阅相关书籍[①]。

第四节　钢和钢材的种类及选用

一、钢结构用钢的种类

钢的种类繁多。参照 ISO（国际标准化组织）的相关标准，国标《钢分类第一部分：按化学成分分类》GB/T 13304.1—2008 首先将钢分为非合金钢、低合金钢和合金钢三大类。然后，再依照《钢分类第二部分：按主要质量等级和主要性能或使用特性的分类》GB/T 13304.2—2008 将三类钢进行细分。适合钢结构采用的一般钢种只是非合金钢中的碳素结构钢和低合金钢中的低合金高强度结构钢。另外，针对某些专门的使用要求，还有对上述两种钢附加上一些特殊性能的专用结构钢种，如高性能建筑结构钢（简称 GJ 钢。GJ 为其汉语拼音的首位字母）、抗大气腐蚀的耐候结构钢（简称 NH 或 GNH 钢。NH 或 GNH 为耐候或高耐候汉语拼音的首位字母）等。

碳素结构钢按主要特性分类隶属于规定最低强度的非合金钢。其中 Q235 钢的 A 和 B 级属于普通质量非合金钢，C 和 D 级属于优质非合金钢。

低合金高强度结构钢按主要特性分类隶属于可焊接低合金高强度结构钢。其中 Q345A 属于一般用途的普通质量低合金结构钢；Q345 的 B～D 级和 Q390 的 A～D 级属于一般用途的优质低合金结构钢；Q345E、Q390E、Q420 和 Q460 则属于一般用途的特殊质量低合金结构钢。

GJ 钢亦按上述进行分类，但均为特殊质量等级。如其中的 Q235GJ 的 B～E 级属于特殊质量非合金钢；Q345GJ、Q390GJ、Q420GJ、Q460GJ 的 B～E 级则属于特殊质量低合金钢。NH 或 GNH 钢的所有牌号均属于特殊质量低合金钢。

另外，用于钢结构连接的普通螺栓、高强度螺栓以及焊条等的钢材种类，除碳素结构钢、低合金高强度结构钢外，还有合金钢类，其特性和使用将在第四章中分别介绍。

二、钢结构用钢的牌号

钢结构用钢的一般牌号，是采用国家标准《碳素结构钢》GB/T 700—2006 和《低合金高强度结构钢》GB/T 1591—2018[②] 的表示方法。它由代表屈服强度的字母、屈服强度的数值（按厚度≤16mm 钢材）、质量等级符号、脱氧方法符号等四个部分按顺序组成。

---

① 可参阅《钢结构——原理与设计》（精编本）第三版。刘声扬主编，武汉理工大学出版社出版。

② 新国标《低合金高强度结构钢》GB/T 1591—2018 于 2018 年 5 月 14 日发布，2019 年 2 月 1 日实施。其修订内容主要为：以 Q355 代替 Q345；增加了 Q500、Q550、Q620、Q690 强度级别；加强了 P、S 控制；增加了 C_{eq} 和 P_{cm} 计算公式及规定；修订了力学性能及厚度组距；屈服强度由下屈服强度修改为上屈服强度；提高了冲击功值；增加了厚度方向性能要求。

所采用的符号分别用下列字母表示：

    Q——钢材屈服强度"屈"字汉语拼音首位字母；

 A、B、C、D、E——质量等级；

    F——沸腾钢"沸"字汉语拼音首位字母；

    Z——镇静钢"镇"字汉语拼音首位字母；

   TZ——特殊镇静钢"特镇"两字汉语拼音首位字母。

  在牌号组成表示方法中，"Z"与"TZ"符号予以省略。根据上述牌号表示方法，如碳素结构钢的 Q235AF 表示屈服强度为 235N/mm²、质量等级为 A 级的沸腾钢；Q235B 表示屈服强度为 235N/mm²、质量等级为 B 级的镇静钢；低合金高强度结构钢的 Q345C 表示屈服强度为 345N/mm²、质量等级为 C 级的镇静钢；Q420E 表示屈服强度为 420 N/mm²、质量等级为 E 级的特殊镇静钢（低合金高强度结构钢全为镇静钢或特殊镇静钢，故 Z 与 TZ 符号均省略）。

  GJ 钢和 NH 钢的牌号是在一般牌号中屈服强度数值后面插入 GJ 或 NH 符号。对于厚度方向性能钢板，则在质量等级符号后面加上厚度方向性能级别符号 Z15、Z25、Z35。如 Q420GJD、Q345GJCZ15、Q420NHE 等。

  《碳素结构钢》GB/T 700—2006 的牌号共分 4 种，即 Q195、Q215、Q235 和 Q275。其中 Q235 钢是《设计标准》推荐采用的钢材，它的质量等级分为 A、B、C、D 四级，各级的化学成分和力学、工艺性能相应有所不同（附表 1-1、附表 1-2）。另外，A、B 级钢分沸腾钢或镇静钢，而 C 级钢全为镇静钢，D 级钢则全为特殊镇静钢。在力学性能中，A 级钢保证 f_u（R_m）、f_y（R_{eH}）、δ_5 和冷弯试验 4 项指标，不要求冲击韧性，而 B、C、D 级钢均保证 f_u（R_m）、f_y（R_{eH}）、δ_5、冷弯和冲击韧性（温度分别为：B 级 20℃、C 级 0℃、D 级－20℃）5 项指标。

  《低合金高强度结构钢》GB/T 1591—2018 的牌号共分 8 种，即 Q355、Q390、Q420、Q460、Q500、Q550、Q620 和 Q690。前面 4 个牌号是《设计标准》推荐采用的钢材，其化学成分、碳当量 C_{eq}、焊接裂纹敏感性指数 P_{cm} 和力学性能分别见附表 2-1、附表 2-2 和附表 2-3。从表中可见，4 个牌号的合金元素均以锰为主，另外至少再加入钒、铌、钛、铝中的一种，以细化钢晶粒。再还可加入稀土元素和钼、氮等，以便更进一步改善钢的性能。4 个牌号全为镇静钢或特殊镇静钢。在力学性能方面，除 A 级钢不要求冲击韧性外，其余级别均保证 f_y（R_{eH}）、f_u（R_m）、δ_5、冷弯和冲击韧性（温度分别为：B 级 20℃、C 级 0℃、D 级－20℃、E 级－40℃）5 项指标。

  《建筑结构用钢板》GB/T 19879—2015 的牌号共分 9 种，即 Q235GJ、Q345GJ、Q390GJ、Q420GJ、Q460GJ、Q500GJ、Q550GJ、Q620GJ、Q690GJ，其中 Q345GJ 是《设计标准》推荐采用的钢材，其化学成分、碳当量 C_{eq} 和焊接裂纹敏感性指数 P_{cm} 及力学性能分别见附表 3-1、附表 3-2 和附表 3-3。从表中可见，比较相同强度等级的碳素结构钢或低合金高强度结构钢，其力学性能指标相近，但化学成分均有一定程度调整，尤其是降低了 S、P 含量。对于厚度方向性能钢板，S、P 含量降低更多。在力学性能方面，GJ 钢板采用上屈服强度 R_{eH}（f_y），但规定了屈服强度波动范围和较低的屈强比，以保证强度指标的稳定和较多的强度储备。

国标《耐候结构钢》GB/T 4171—2008[①] 分焊接耐候钢（NH）和高耐候钢（GNH）两类，前者因可焊性好而命名。其牌号也按屈服强度数值排序：即 NH 类为 Q235NH、Q295NH、Q355NH、Q415NH、Q460NH、Q500NH 和 Q550NH 共 7 种；GNH 类为 Q265GNH、Q295GNH、Q310GNH 和 Q355GNH 共 4 种。各牌号的质量等级有 A～E 共 5 级。其中 Q235NH、Q355NH、Q415NH 和 Q460NH 为《设计标准》推荐采用的钢材。

三、钢材的选用

钢材的选用原则是：保证结构安全可靠，同时要经济合理，节约钢材，降低造价。

如前所述，钢材可用其强度和质量等级来衡量，即力学性能中的 f_y（屈服强度）、f_u（抗拉强度）、δ_5（断后伸长率）、180°冷弯和 A_{kv}（常温及负温冲击韧性）等指标和化学成分中的碳、锰、硅、硫、磷和合金元素的含量是否符合规定，以及脱氧方法（沸腾钢、镇静钢、特镇钢）等。现就须考虑的主要因素分述如下：

（一）结构的重要性和结构形式

根据《建筑结构可靠性设计统一标准》GB 50068—2018[②] 的规定，建筑物（及其构件）按其破坏后果的严重性，分为重要的、一般的和次要的三类，相应的安全等级为一、二和三级。因此，对安全等级为一级的重要的房屋（及其构件），如重型厂房钢结构、大跨钢结构、高层钢结构等，应选用质量好的钢材。对一般或次要的房屋及其构件可按其性质，选用普通质量的钢材。另外，对构件，若其破坏产生的后果严重（如导致结构不能正常使用时），也应对其选用质量好的钢材。反之，可选普通质量的钢材。

（二）荷载特征

结构所受荷载分静力荷载和动力荷载两种，对直接承受动力荷载的构件如吊车梁，应选用综合质量和韧性较好的钢材。如需验算疲劳时，则应选用更好的钢材。对承受静力荷载的结构，可选用普通质量的钢材。

（三）应力状态

拉应力易使构件产生断裂，后果严重，故对受拉和受弯构件应选用较好质量的钢材。而对受压构件可选用普通质量的钢材。

（四）连接方法

钢结构的连接方法有焊接和非焊接（采用紧固件连接）之分。焊接结构由于焊接过程的不均匀加热和冷却，会对钢材产生许多不利影响（详见第四章），因此，其钢材质量应高于非焊接结构，需选择碳、硫、磷含量较低，塑性和韧性指标较高，可焊性能较好的钢材。

（五）工作环境

结构的工作环境对钢材有很大影响，如钢材处于低温工作环境时易产生低温冷脆，此时应选用抗低温脆断性能较好的镇静钢。钢材处于高温工作环境（温度超过 100℃）时，强度降低，除应采取隔热措施外，必要时应选用抗火钢。另外，对周围环境有腐蚀性介质

---

① 国标《耐候结构钢》GB/T 4171—2008 整合修订了相关标准，重新制定了牌号和化学成分、力学性能以代替《高耐候结构钢》TB/T 4171—2000、《焊接结构用耐候钢》GB/T 4172—2000 和《集装箱用耐腐蚀钢板及钢带》GB/T 18983—2003。耐候结构钢适用于铁塔、车辆、集装箱等。

② 本书以下对《建筑结构可靠性设计统一标准》GB 50068—2018 简称《可靠性标准》。

或处于露天的结构，易引起锈蚀，则应选择具有相应抗腐蚀性能的耐候钢材。

（六）钢材厚度

厚度大的钢材不仅强度、塑性、冲击韧性较差，而且其可焊性能和沿厚度方向的受力性能亦较差。故在需要采用大厚度（$t \geqslant 40mm$）钢板时，应选择 Z 向性能钢板。

（七）价格

显然，不论何种构件，一律采用强度和质量等级高的钢材或 GJ、NH 钢材是不合理的，而且钢材强度等级高（如 Q345、Q390、Q420 钢）或质量等级高（C、D、E 级）以及 GJ 钢或 Z 向性能，其价格亦增高。因此，钢材的选用应结合需要全面考虑，合理选择、对比，不要造成浪费。

根据以上各种因素，《设计标准》规定承重结构采用的钢材应具有屈服强度、抗拉强度、断后伸长率（合称 3 项力学性能合格保证）和硫、磷含量的合格保证，对焊接结构尚应具有碳当量的合格保证。焊接承重结构以及重要的非焊接承重结构采用的钢材还应具有冷弯试验的合格保证（合称 4 项力学性能保证）。对直接承接动力荷载或需验算疲劳的构件所用钢材尚应具有冲击韧性的合格保证（合称 5 项力学性能保证）。上述规定为《设计标准》强制性条文，必须严格执行。

《设计标准》结合我国多年来的工程实践和钢材生产情况，推荐承重结构的钢材宜采用 Q235、Q345、Q390、Q420、Q460 和 Q345GJ 钢，其质量等级选用则按表 2-1 的规定。

钢材质量等级选用 表 2-1

工作条件		工作温度（℃）		
		$t>0$	$-20<t \leqslant 0$	$-40<t \leqslant -20$
不需验算疲劳	非焊接结构	B 级（允许用 A 级）	B	B
	焊接结构	B 级（允许用 Q345A、Q390、Q420A）		
需验算疲劳	非焊接结构	B 级	Q235、Q345B、Q390C、Q420C、Q460C、Q345GJC	Q235C、Q345C、Q390D、Q420D、Q460D、Q345GJC
	焊接结构	B 级	Q235C、Q345C、Q390D、Q420D、Q460D、Q345GJC	Q235D、Q345D、Q390E、Q420E、Q460E、Q345GJD

受拉构件及承重结构的受拉板件：
1. 板厚及直径小于 40mm：C；
2. 板厚及直径大于 40mm：D；
3. 重要承重结构的受拉板材宜选用 GJ 钢板

由表 2-1 可见，对负温（$t \leqslant 0℃$）工作条件下的焊接结构的钢材质量等级均在 C 级以上，即均有冲击韧性的要求。另外对受拉构件要采用更高质量等级。

以上所述是承重结构钢材应具有的强度和塑性性能的基本保证及可焊性能保证。表 2-1 中不需验算疲劳的结构是指承受静力荷载或间接承受动力荷载的结构，如一般屋架、托架、梁、柱、天窗架、操作平台等以及类似结构。需验算疲劳的结构则是指直接承受较大动力荷载重复作用的结构，如重级工作制（A6、A7、A8 级别）吊车梁和重级、中级工作制（A4、A5 级别）吊车桁架。[1]

---

[1] 按《起重机设计规范》GB/T 3811—2008，起重机的工作级别根据吊车的荷重状态（较轻、中等、较重、重）、使用频率、载重量达到额定起重量的频率计算其荷重谱系数 K_p 确定。共分 8 级，A1~A3 级相当于轻级工作制，A4、A5 级相当于中级工作制，A6~A8 级相当于重级工作制，其中 A8 级相当于特重级工作制。

对于超高层建筑、大跨度结构等的重要承重构件或承受重大动力荷载的构件，应选用 GJ 钢。对大厚度钢板应选用厚度方向性能钢板，附加 Z 向性能。对于露天结构或处于腐蚀环境的结构，应选用 NH 钢。

钢材强度等级的选用还应结合构件的类别（受拉、受压或受弯等）、几何尺寸（跨度或长度）、荷载大小和其他因素进行。应将强度等级高的钢材的高强度优点，用在能充分发挥这一优点的构件（或部位），做到优材优用，经济合理。由于钢结构承重构件的设计，一般均应满足 4 个条件的要求（详见以后各章），强度仅是其中一个条件，其他还有刚度（长细比或挠度）、整体稳定性和局部稳定性条件的要求。若使设计的构件能同时达到这 4 个条件的限值将是最理想的设计，然而这是不可能完全做到的。因此，一般是以其中 1～2 个主要条件的限值作为设计依据，同时亦相应满足其他条件的要求。下面针对各类构件采用不同强度等级钢材可能出现的情况加以分析：

轴心受拉构件——主要由强度条件控制，故钢材强度等级越高，截面可越缩小，越省钢材。但当截面太小时，则有可能构件的长细比超过容许长细比，此时还得加大截面以满足刚度要求，故不能充分发挥强度高的优点。因此，当内力较小而杆又较长，可能由长细比控制设计时，钢材强度等级高不是决定因素。

轴心受压构件——主要由整体稳定性条件控制。当为长细比较大的细长杆时，将在弹性阶段屈曲，其承载能力与钢材的强度关系不大，故宜用 Q235 钢。当为长细比较小的中长杆或短杆时，将在弹塑性阶段屈曲，其承载能力与钢材的强度相关，且随长细比 λ 减小其差别愈大，故宜用 Q345 钢等强度等级较高的钢材，但还须考虑局部稳定性条件，对强度等级愈高的板件其宽厚比要求愈小（见第五章）。因此，若内力不大时，不一定完全有利。

受弯构件——主要由强度、整体稳定性和刚度条件控制。当采用 Q235 钢时，在一般情况均由抗弯强度控制截面，由于需要的截面尺寸相对较高较厚，故有可能挠度和局部稳定性富余较多。当采用 Q345 钢时，由于需要的截面尺寸一般比较适中，故有可能抗弯强度和挠度均能达到限值，且腹板的高厚比亦可调整在一定范围，使局部稳定性得到适当保证。当采用强度等级更高的钢材时，由于需要的截面尺寸相对较矮较薄，故有可能由挠度和局部稳定性条件控制截面，而强度不能充分发挥。若由整体稳定性条件控制截面，强度亦不能充分发挥，更宜采用强度等级低的钢材。再者，随着钢材强度等级的增加，梁板件的宽厚比或高厚比的要求愈小（见第六章），这对截面宜尽量开展，使材料充分发挥作用亦不一定有利。

拉弯、压弯构件——拉弯、压弯构件的受力性质介于轴心受拉、轴心受压构件和受弯构件之间。当轴心拉力、轴心压力相对较大时，相近于轴心受拉、轴心受压构件的条件。当弯矩相对较大时，则相近于受弯构件的条件。

需要验算疲劳构件——由于钢材的疲劳强度与其静力强度无关，故由疲劳强度控制设计的构件，宜采用强度等级低的钢材。

另外，从经济角度考虑，一般钢结构应选用 Q235 钢或 Q345 钢，质量等级也按需选用。对于选用更高强度等级钢材，则应作经济效益比较。近年来成功使用的 Q460 钢现已纳入新《设计标准》推荐钢材，且已在鸟巢等工程中使用。另外，GJ 钢性能的各项指标均优于同级别的普通钢材，其可靠性更高，故对重要结构宜优先采用。

四、钢材的品种和规格

钢结构采用的钢材品种主要为热轧型材（钢板、钢带和型钢）以及冷轧钢板、钢带和用薄钢板加工成型的冷弯薄壁型钢及压型钢板。

（一）钢板和钢带（或称带钢）

钢板和钢带分热轧和冷轧两种。其规格用符号"—"和宽度×厚度×长度的毫米数表示。如—300×10×3000 表示宽度 300mm、厚度 10mm、长度 3000mm 的钢板或钢带。厚钢带可直接用于焊接 H 型钢的翼缘或腹板和焊接钢管（圆管或方管），而薄钢带可用于冷弯薄壁型钢结构。

热轧钢板和钢带的国标为《热轧钢板和钢带的尺寸、外形、重量及允许偏差》GB/T 709—2019，其规格为：

热轧钢板：厚度 3～450mm（小于 30mm，间隔 0.5mm；大于 30mm，间隔 1mm），宽度 600～5300mm（按 10mm 或 50mm 间隔），长度 2000～25000mm（按 50mm 或 100mm 间隔）。

热轧钢带：厚度 0.8～25.4mm（按 0.1mm 间隔），宽度 600～2200mm（按 10mm 间隔），长度 4200～6000 或卷板（对薄钢带）。

冷轧钢板和钢带的国标为《冷轧钢板和钢带的尺寸、外形、重量及允许偏差》GB/T 708—2019，其规格为：

冷轧钢板：厚度 0.3～4mm（小于 1mm 间隔 0.05mm，大于 1mm 间隔 0.1mm），宽度 600～2150mm（按 10mm 间隔），长度 1000～6000mm（按 50mm 间隔）。

冷轧钢带：厚度 0.3～4mm（小于 1mm 间隔 0.05mm，大于 1mm 间隔 0.1mm），宽度 600～2150mm（按 10mm 间隔），长度卷板。

（二）热轧型钢

常用的热轧型钢有 H 型钢、T 型钢、工字钢、槽钢、角钢和钢管（图 2-10）。

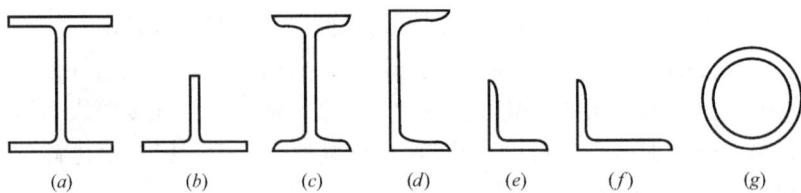

图 2-10 热轧型钢

(a) H 型钢；(b) T 型钢；(c) 工字钢；(d) 槽钢；
(e) 等边角钢；(f) 不等边角钢；(g) 钢管

H 型钢和 T 型钢（全称为剖分 T 型钢，因其由 H 型钢对半分割而成）国标为《热轧 H 型钢和剖分 T 型钢》GB/T 11263—2017。H 型钢和 T 型钢的截面形状较之于传统型钢（工、槽、角钢）合理，能使钢材更高地发挥效能（与工字钢比较，两者重量相近时，H 型钢不仅高度方向抵抗矩 W_x 要大 5%～10%，且宽度方向的惯性矩 I_y 要大 1～1.3 倍），且其内、外表面平行，便于和其他构件连接，因此只需少量加工，便可直接用做柱、梁和屋架杆件。H 型钢和 T 型钢均分为宽、中、窄三种类别，而 H 型钢还增列有薄壁（轻型）系列，其代号分别为 HW、HM、HN、HT（附表 10。附表 11 为 HN 型钢与工字钢型号及截面特性参数对比表）和 TW、TM、TN（附表 12），W、H、N、T 为其英语的首位字母。宽翼缘 HW 型的翼缘宽度 B 与其截面高度 H 一般相等，适用于制作柱；中翼缘 HM 型的 $B \approx (2/3 \sim 1/2)H$，适用于制作柱或梁；窄翼缘 HN 型的 $B = (1/2 \sim 1/3)H$，适用于制作梁；薄壁 HT 型则适用于制作轻型房屋的柱、梁、檩条等。H 型钢和 T 型钢的规格标记均采用：高度 $H \times$ 宽度 $B \times$ 腹板厚度 $t_1 \times$ 翼缘厚度 t_2。如 HM482×300×11×15 表示 500×300 型号中的一种（另外一种为 HM488×300×11×18，同型号 H 型钢的内侧净空相等），用其剖分的 T 型钢为 250×300 型号中的 TM241×300×11×15。

工字钢、槽钢、角钢为用于钢结构的传统热轧型钢，至今已有百余年历史，其国标为《热轧型钢》（GB/T 706—2016）。

工字钢型号用符号"I"及号数表示（附表 12），号数代表截面高度的厘米数。20 号和 30 号以上的工字钢，同一号数中又分 a、b 和 a、b、c 类型，b 和 c 型腹板厚度和翼缘宽度均较 a 型递增 2mm。如 I36a 表示截面高度为 360mm、腹板厚度为 a 类的工字钢。工字钢宜尽量选用腹板厚度最薄的 a 类，这是因其重量轻，而截面惯性矩相对却较大。最大工字钢为 63 号，长度为 5～19m。工字钢由于宽度方向的惯性矩和回转半径比高度方向的小得多，因而在应用上有一定的局限性，一般宜用于单向受弯构件。

槽钢型号用符号"["及号数表示（附表 13），号数也代表截面高度的厘米数。14 号和 24 号以上的槽钢，同一号数中又分 a、b 和 a、b、c 类型，b 和 c 型腹板厚度和翼缘宽度较 a 型均分别递增 2mm。如 [36a 表示截面高度为 360mm、腹板厚度为 a 类的槽钢。最大槽钢为 40 号，长度为 5～19m。

角钢分等边角钢和不等边角钢两种（附表 14、附表 15）。等边角钢的型号用符号"L"和肢宽×肢厚的毫米数表示，如 L 100×10 为肢宽 100mm、肢厚 10mm 的等边角钢。不等边角钢的型号用符号"L"和长肢宽×短肢宽×肢厚的毫米数表示。如 L 100×80×8 为长肢宽 100mm、短肢宽 80mm、肢厚 8mm 的不等边角钢。最大等边角钢的肢宽为 250mm，最大不等边角钢的两个肢宽为 200mm×125mm。长度为 3～19m。

钢管分无缝钢管和焊接钢管两种，型号用"ϕ"和外径×壁厚的毫米数表示，如 ϕ219×14 为外径 219mm 壁厚 14mm 的钢管。最大无缝钢管为 ϕ1016×120，最大焊接钢管为 ϕ2540×65。

（三）冷弯型钢和压型钢板

建筑中使用的冷弯型钢常用厚度为 1.5～5mm 薄钢板或钢带经冷轧（弯）或模压而成，故也称冷弯薄壁型钢（图 2-11）。另外还有用厚钢板（大于 6mm）冷弯成的方管、长方管、圆管等称为冷弯厚壁型钢。压型钢板是冷弯型钢的另一种形式，它是用厚度为 0.3～2mm 的镀锌或镀铝锌钢板、彩色涂层钢板经冷轧（压）成的各种类型的波形板，图 2-12 所示为其中数种。冷弯型钢和压型钢板分别适用于轻钢结构的承重构件和屋面、墙面构件。

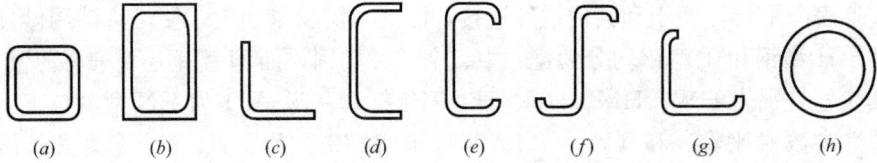

图 2-11 冷弯薄壁型钢

(a) 方钢管；(b) 长方管；(c) 等肢角钢；(d) 槽钢；(e) 卷边槽钢；
(f) 卷边 Z 形钢；(g) 卷边等肢角钢；(h) 焊接薄壁钢管

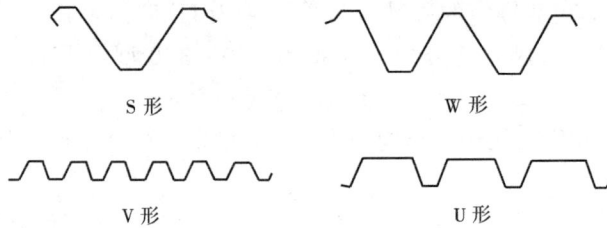

图 2-12 压型钢板部分板型

冷弯型钢和压型钢板都属于高效经济截面，由于壁薄，截面几何形状开展，截面惯性矩大，刚度好，故能高效地发挥材料的作用，节约钢材。

小 结

(1) 钢材在受力破坏时有塑性破坏和脆性破坏两种形式。后者为变形小的突然性断裂，危险性大，应在设计、制造、安装中严加防止。

(2) 钢材的力学和工艺性能包括强度、塑性、韧性和弯曲性能等方面。它们可由单向均匀拉伸试验、冲击试验和 180℃冷弯试验获取。强度指标为屈服强度 f_y 和抗拉强度 f_u，塑性指标为断后伸长率 δ_5、截面收缩率 ψ 及 ψ_z，韧性指标为 A_{kV}。弯曲性能可检验钢材工艺性能，同时也是衡量钢材力学性能更为严格的一种补充试验方法。

(3) 钢材的可焊性能优劣用焊接难易程度进行区分，它涉及的因素众多，其中包括化学成分、钢材厚度、节点复杂程度、约束程度、焊接的环境温度、焊接材料和焊接工艺等。碳含量只是化学成分中一个较重要因素，其他合金元素也有一定影响，应按式 (2-3) 或式 (2-4) 折算成碳当量 C_{eq} 或焊接裂纹敏感性系数 P_{cm} 进行衡量。一般 $C_{eq} \leqslant 0.38\%$ 属于易焊钢材，Q235、Q345 钢的 C_{eq} 在此范围，而 Q390、Q420、Q460 钢的 C_{eq} 在 $0.45\% \sim 0.50\%$ 左右，故均属于较难焊钢材。对低合金高强度合金钢和 GJ 钢板，P_{cm} 一般应不大于 $0.20\% \sim 0.30\%$。另外，硫、磷含量超标将使焊接性能极度变坏。

(4) 碳素结构钢的化学成分中基本元素铁约占 99%，其他为碳、硅、锰等有利元素和硫、磷、氧、氮等杂质元素。在低合金高强度结构钢中则还含有总量低于 3% 以改善钢的某些性能的合金元素，如锰、钒、铌、钛及稀土元素等。所有化学元素的含量均应符合标准规定，尤其是碳和硫、磷的含量更应严格要求，否则会影响钢材的强度、塑性、韧性和可焊性能，增加脆性断裂的危险。

(5) 影响钢材性能和脆性破坏的因素除化学成分最为主要外，其他因素还有冶炼、浇铸、轧制和热处理等工艺（脱氧方法，是镇静钢还是沸腾钢，是否产生偏析、非金属夹杂、裂纹、分层）；加工工艺（冷作硬化、焊接和氧割等产生的残余应力会使构件的刚度和稳定性能降低）；受力状态（三向同号应力会导致脆断）；构造（孔洞、截面突变等使应力集中会引起脆断）；重复荷载（引起疲劳破坏）和环境温度（低温冷脆、高温蓝脆和强度降低）等。

（6）《设计标准》推荐采用的钢材为 Q235、Q345、Q390、Q420、Q460 和 Q345GJ 钢。

Q235 钢分 A、B、C、D 4 个质量等级，A、B 级按脱氧方法还分沸腾钢（F）和镇静钢（Z），而 C、D 级则分别为镇静钢和特殊镇静钢（TZ）。Q345、Q390、Q420、Q460 和 Q345GJ 钢全为镇静钢或特殊镇静钢，且分 A、B、C、D、E 5 个质量等级。

（7）钢材应根据结构的重要性、荷载特征、应力状态、连接方法、工作环境、钢材厚度和造价等因素选用，一般需按重要的（安全等级一级）建筑物高于一般的（安全等级二级）和次要的（安全等级三级）建筑物。重要构件（吊车梁等）高于一般构件（屋架、梁、柱等）和次要构件（梯子、栏杆等）。受拉、受弯和拉弯构件高于受压和压弯构件。承受动力荷载的构件高于承受静力荷载的构件。需要计算疲劳的重级工作制吊车梁和重级、中级工作制吊车桁架高于中级、轻级工作制吊车梁。焊接结构高于非焊接结构。低温结构（工作温度等于或低于 0℃ 或 −20℃）高于常温结构。受侵蚀介质作用的结构高于正常工作环境的结构。厚钢板结构高于薄钢板结构。

（8）焊接承重结构采用的钢材一般应具有 f_y、f_u、δ_5、冲击韧性、冷弯 5 项力学性能和 C、S、P 的合格保证。

钢材强度等级应结合构件的类别（受拉、受压、受弯等）、几何尺寸（跨度、长度）、荷载大小和其他因素选用。由于钢结构承重构件的设计，强度仅是需满足的一个条件，其他还有刚度、整体稳定性、局部稳定性或还有疲劳强度等，因此，一概选用强度等级高的钢材，不一定合理。

钢材的质量等级应根据是否需要验算疲劳，并结合是否焊接结构和结构工作温度按表 2-1 选用。

（9）一般钢结构宜选用 Q235 钢或 Q345 钢，质量等级也宜按需选用。对于超高层建筑、大跨度结构等的重要承重构件或承受重大动力荷载的构件，应选用 GJ 钢。需要厚度方向性能时，则应附加 Z 向性能。选用更高强度钢材或 GJ 钢、Z 向性能钢材，应作经济效益比较，因随着强度、质量等级和性能的提高，其价格亦增高。

（10）一般应多选用热轧型钢，且宜优先选用 H 型钢和 T 型钢。热轧型钢较焊接截面价格低、加工简便、生产耗能少，且质量稳定。

思 考 题

1. 钢结构对钢材性能有哪些要求？

2. 钢结构产生脆性破坏的因素有哪些？在化学成分中以哪几种元素的影响最大？

3. 钢材的可焊性能是否仅与碳含量有关？其他还有哪些因素对钢材焊接的难易程度有影响？

4. 钢材有哪几项主要力学性能指标？各项指标可用来衡量钢材哪些方面的性能？钢结构设计是以其中哪一项指标来确定钢材的强度设计值 f 的？

5. 钢材的力学性能为什么要按厚度或直径进行划分？试比较 Q235 钢中不同厚度钢材的屈服强度。

6. 碳、锰、硫、磷对碳素结构钢的力学性能分别有哪些影响？

7. Q235 钢中 4 个质量等级的钢材在脱氧方法和力学性能上有何不同?

8. 钢材在复杂应力作用下是否仅产生脆性破坏?是否可能还产生塑性破坏?为什么?

9. 碳素结构钢、低合金高强度结构钢、GJ 钢、NH 和 GNH 钢牌号中的符号分别表示什么意义?

10. 应力集中对钢材的力学性能有哪些影响?为什么?

11. 钢材的选用原则有哪些?选择时需考虑哪些主要因素?

12. 焊接承重结构的钢材应保证哪几项力学性能和化学成分?

13.《设计标准》规定的承重结构钢材宜采用哪几种牌号(强度等级)?设计时应如何结合结构的具体情况选用?质量等级选用时应考虑哪些因素?

第三章 钢结构体系和设计方法

> 钢结构设计首先应对其结构体系合理选择。结构体系有排架、框架、门式刚架、筒体、网架、网壳、拱和悬索结构等。它们多以钢材制作成杆件及由杆件构成柱、梁、桁架等形式作为基本构件——轴心受力构件，受弯构件，拉弯或压弯构件，然后采用焊缝和螺栓连接成为整体结构。本书后续各章将分别讲述这些基本构件和连接的设计，最后选择屋盖结构、平板网架和门式刚架作代表，介绍整体结构的设计。
>
> 钢结构的设计方法也应遵循《可靠性标准》规定的以概率理论为基础的极限状态设计法，故有与其他建筑结构设计方法的共性，也有钢结构的专业性，如采用分项系数设计表达式、疲劳计算按容许应力幅等。涉及共性的内容，读者可根据已掌握的程度酌量学习。
>
> 概率极限状态设计法应掌握承载能力极限状态荷载效应基本组合和正常使用极限状态荷载效应标准组合的设计表达式。

第一节 钢结构体系

钢结构体系众多，一般可归纳为排架、框架、门式刚架、筒体、网壳、拱和悬索结构等。下面按其在单层钢结构，多、高层钢结构和大跨度钢结构中的应用，对其进行分类并加以简述。

一、单层钢结构体系分类

单层钢结构体系按其使用的材料一般可分为普通钢结构和轻型钢结构两类。两类的划分没有严格的定义，在构成形式和设计上也无很大不同，但因后者采用薄壁构件（热轧轻型型钢、焊接轻型型钢）、轻型屋盖和轻型围护结构（压型钢板、夹芯板等），质量较小，不需不必要的抗震构造即能满足地震的弹性要求，从而降低造价，因此《设计标准》将其从普通钢结构中独立列出。

单层钢结构体系多采用由承重柱和横梁（实腹梁或桁架式梁）组成一系列横向框架或门式刚架（见第九章），然后在框架或门式刚架间沿纵向设置支撑从而构成整体空间结构。但在分析时，仍将其视为横向和纵向分别抵抗侧向力（水平力）的横向和纵向两个抗侧力结构体系所组成。

横向抗侧力结构体系由横向框架构成，其计算简图简化为平面结构，且按柱与横梁和基础都为刚性连接的框（刚）架结构体系（图 3-1a）、柱与基础刚接而与横梁铰接的排架结构体系（图 3-1b）和柱与基础铰接而与横梁刚接的铰接基础的框（刚）架结构体系

（图 3-1c）进行分类。另外，横向抗侧力体系还可采用以上结构体系的混合形式，如门式刚架和框架（图 3-1d）、排架和框架（图 3-1e）和门式刚架和排架（图 3-1f）等。不论框架和排架，均可建成单跨、双跨、多跨、高低跨等不同形式。

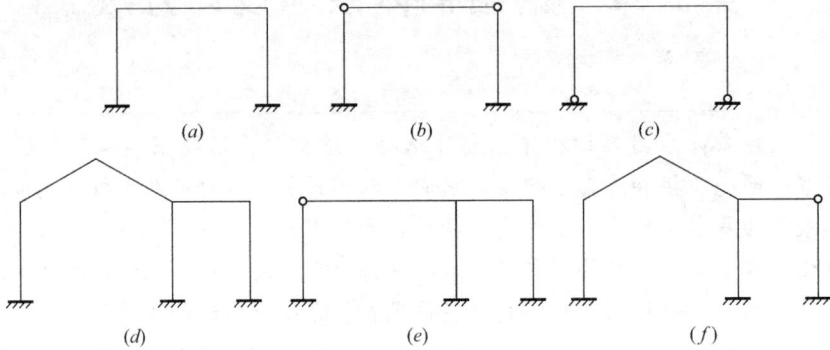

图 3-1　单层钢结构体系

框（刚）架刚度较大，在横向侧力作用下的变形较小，但其对基础的不均匀沉降较敏感，且在计算和施工上稍复杂。排架和柱与基础铰接的框架的刚度较小，在横向侧力作用下的变形较大（采用双跨、多跨或排架与刚架混合形式可改善），但其对基础的不均匀沉降能较好地适应，在计算和构造上较简单。

纵向抗侧力结构体系，一般宜采用中心支撑体系，也可采用框架结构体系。

二、多、高层钢结构体系分类

《设计标准》将 10 层以下总高度小于 24m 的民用建筑、6 层以下总高度小于 40m 的工业建筑称为多层钢结构。超过上述值为高层钢结构。

按抗侧力结构体系的特点，多、高层钢结构体系的结构形式，可分为框架、框架-支撑、框架-剪力墙和筒体等。《设计标准》对多、高层钢结构体系的分类及其支撑、墙体和筒的形式见表 3-1。

多、高层钢结构体系分类

表 3-1

结构体系		支撑、墙体和筒形式
框架		
支撑结构	中心支撑	普通钢支撑、屈曲约束支撑
框架-支撑	中心支撑	普通钢支撑、屈曲约束支撑
	偏心支撑	普通钢支撑
框架-剪刀墙板		钢板墙、延性墙板
筒体结构	筒体	普通桁架筒 密柱深梁筒 斜交网格筒 剪刀墙板筒
	框架-筒体	
	筒中筒	
	束筒	

（一）框架结构体系

多、高层钢结构框架结构体系的形式可视为众多单层钢结构框架的叠加（图 3-2），其平面布置较灵活、延性好，自震周期较长，具有较好的抗震性。但其侧向刚度小，在侧向力作用下的变形较大，故其一般仅适用于 30 层以下的高层钢结构，如多层民用建筑（住宅）或楼面等效活荷载小于 $8kN/m^2$ 且建筑高度小于 20m 的工业建筑，通常称这类框架结构为轻型框架结构。

（二）框-排架结构体系

框-排架结构体系是由框架和排架组合而成。它可由排架和框架侧向组合为侧向框-排架，且可等高或不等高组合（图 3-3a、b）。也可由上部为排架下部为框架组合为竖向框-排架（图 3-3c）。

（三）框架-支撑结构体系

框架-支撑结构体系是在框架中布置支撑系统构成。支撑一般在某一柱间沿竖向连续布置形成桁架（图 3-4a），对巨型结构，还可增设多道横向支撑（图 3-4b）。由于框架和支撑系统能协同工作，整体受力性能好，能有效抵抗侧向力作用，其抗震性能也好，故在 40～60 层高层结构中最常用。

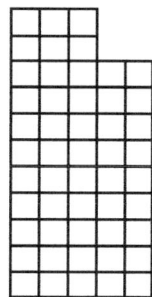

图 3-2　多、高层框架结构体系

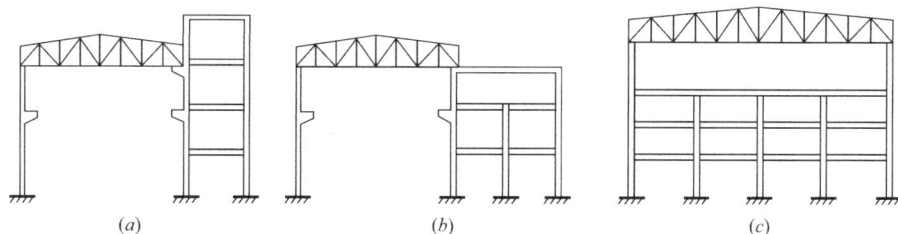

图 3-3　框-排架结构体系

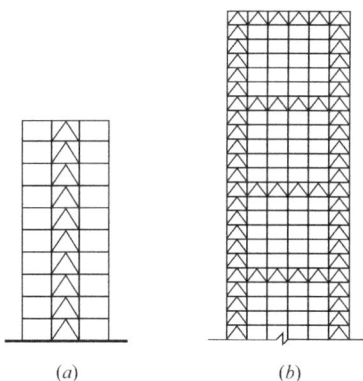

图 3-4　框架-支撑结构体系

（四）框架-剪力墙板结构体系

框架-剪刀墙板结构体系是在框架中设置一定数量的钢板（或钢筋混凝土）墙，以抵抗侧向力（剪力）的作用。剪刀墙板使框架形成刚性构件，刚度增大，抗震性能增强，且平面布置灵活，不影响室内空间（墙上可开洞）。其用钢量和钢支撑相当，重量则比钢筋混凝土剪力墙轻很多。钢板剪力墙在我国已多有采用，《设计标准》也列入专章相关条文。其适用范围以 40～60 层高层钢结构为宜。

（五）筒体结构体系

筒体结构体系是将设置于框架中的剪刀墙板形成四面封闭的筒体，以更好地抵抗侧向水平力以及扭力的作用。当筒体设置于框架内部称为外框内筒结构（图 3-5a），但其刚度有限。为了增大刚度，当筒体设置于框架外围称为外筒内框结构。当内外套置筒体称为筒中筒结构（图 3-5b）。相邻设置称为束筒结构（图 3-5c）。多个筒体设置称为多筒结构。筒体结构具有超强空间结构的整体性能。因此适用于 90 层以上超高层钢结构。

钢板剪力墙筒在天津环球金融中心（天津津塔，高 336.9m、地上 75 层、地下 4 层）已得到应用，是世界上目前采用钢板剪刀墙的最高建筑。

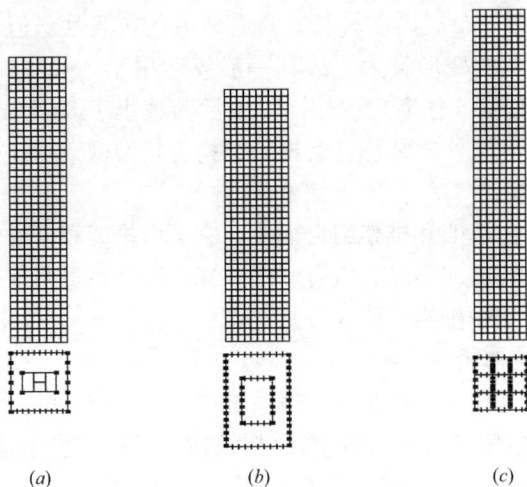

图 3-5 筒体结构的体系

(*a*) 外框内筒结构；(*b*) 筒中筒结构；(*c*) 束筒结构

斜交网格筒是全部由交叉斜杆组成筒状，在广州电视塔外筒得到应用（图 1-4）。

三、大跨度钢结构体系分类

大跨度钢结构体系的结构形式众多，常用的有桁架、拱（图 1-5）、网架（见第九章）、网壳（图 1-2）悬索结构等。对其分类有不同方法，其一为按传力途径分为平面结构（含桁架、拱、悬索结构等）和空间结构（含主体桁架、网架、网壳等），另一为按结构受力特点分为整体受弯、整体受压和整体受拉为主的结构体系。由于后者比较简单明确，能够体现整体结构的受力特征，故《设计标准》采用为对大跨度钢结构体系进行分类（表 3-2）。

大跨度钢结构体系分类　　　　　　　　　　　　　　　　　　　　表 3-2

结构体系	常见形式
以整体受弯为主的结构	平面桁架、立体桁架、空腹桁架、网架、组合网架以及与钢索组合形成的各种预应力钢结构
以整体受压为主的结构	实腹钢拱、平面或立体桁架形式的拱形结构、网壳、组合网壳钢结构以及与钢索组合形成的各种预应力钢结构
以整体受拉为主的结构	悬索结构、索桁架结构、索穹顶等

四、钢结构体系的选用原则

钢结构体系选用时应对技术经济问题，进行综合全面考虑。一般应遵循下列原则：

（1）结构的合理性，宜优先选用成熟的结构体系；

（2）满足建筑及工艺要求、环境条件（包括地质条件及其他）；

（3）节约投资和资源，做到经济合理；

（4）材料供应充足、施工（制作、安装）便利。

钢结构体系的构成，不论其是单层钢结构，还是多、高层钢结构，甚至是大跨度钢结构，绝大多数都是以用钢材制作成杆件形式作为基本构件：轴心受压或轴心受拉构件（柱，桁架、网架、网壳中的杆件等）、受弯构件（梁等）及拉弯构件、压弯构件（框架柱、桁架和网架中的有节间荷载构件等），然后用焊缝和螺栓连接成为整体结构。因此，本书后续各章将逐一讲述各种基本构件及连接的设计原理和计算方法。对整体结构的设计，因限于篇幅，仅选择屋盖结构、平板网架和（轻钢）门式刚架加以介绍。

第二节　钢结构的设计方法

一、钢结构设计的目的

钢结构设计的目的是使所建造的结构能充分满足建筑方案各种预定的功能要求，从根本上保证结构安全，做到技术先进、经济合理、安全适用和确保质量。

二、钢结构设计的内容

钢结构设计的内容应包括：

（1）结构方案设计，包括结构体系造型、构件布置等；

（2）材料选用及截面选择；

（3）作用及作用效应（内力）分析；

（4）结构的极限状态验算；

（5）结构、构件及连接的构造；

（6）制作、运输、安装的要求（如运输和拼装单元的划分等）和防腐、防火等要求；

（7）满足特殊要求结构的专门性能设计（如抗震设计等）。

三、结构的功能要求

结构的功能要求按《可靠性标准》的规定为：

（一）安全性　在正常施工和正常使用时能承受可能出现的各种作用（包括直接施加在结构上的各种荷载，或引起结构外加变形或约束变形的其他间接作用，如地震、温度变化等）和在设计规定的偶然事件发生时及发生后，仍能保持必须的整体稳定性，如仅产生局部损坏而不致发生连续倒塌。

（二）适用性　在正常使用时具有良好的工作性能，如不出现影响正常使用的过大变形等。

（三）耐久性　结构在正常维护下具有足够的耐久性能，如不产生影响结构能够正常使用到规定的设计使用年限的严重锈蚀等。

四、结构的可靠性和可靠度

结构功能要求规定的安全性、适用性和耐久性三者总括起来，可称为结构的可靠性。也可以说它是关于三者的概称，是指结构在规定的时间（设计使用年限，见表3-3）内，在规定的条件（正常设计、正常施工、正常使用）下，完成预定功能（安全性、适用性、耐久性）的能力。

用来度量结构可靠性的指标称为可靠度，是对结构可靠性的定量描述，它直接关系到人身安全和经济效益等问题。

设计使用年限分类　　　　　　　　　　　　　　　　表 3-3

项次	类别	设计使用年限（年）
1	临时性建筑	5
2	易于替换的结构构件	25
3	普通房屋和构筑物	50
4	标志性建筑和特别重要的建筑结构	100

影响结构可靠性的因素很多，如荷载、材料性能、施工质量和计算方法等，而这些因素一般又都是随机变量，在设计时对其数据的取值与结构的实际状况常有一定的出入。例如：荷载采用的计算值和结构实际承受的数值不可能完全一致；钢材力学性能的取值和材料的实际数值也不会完全相同；其他还有计算截面和实际截面尺寸之间、计算所得应力和结构实际应力数值之间，以及预计的制造、安装质量和实际的工程质量之间等，都会存在一定的差异。而且这些因素都是随机的，不能事先确定，故较科学的方法是用概率来描述。因此，结构可靠性可定义为"结构在规定的时间内，在规定的条件下，完成预定功能的概率"，它是对结构可靠性的概率度量，是从统计数学观点出发的比较科学的定义。

根据以上所述可见，结构可靠性应采用以概率理论为基础的极限状态设计方法分析确定。《设计标准》即采用此设计方法，虽然它仍有一定的近似性并有待完善。

五、概率极限状态设计法

概率极限状态设计法是将影响结构功能的诸因素作为设计变量，因而对所设计的结构的预定功能亦只作一定的概率保证，即认为任何设计都不能保证绝对安全，而是存在着一定风险。但是，只要其失效概率小到人们可以接受的程度，便可认为所设计的结构是安全的。根据这种认识，在结构的可靠与经济之间选择一种合理的平衡的设计方法，即称为概率极限状态设计法。

（一）结构的极限状态

若整个结构或结构的一部分超过某一特定状态就不能满足设计规定的某一功能要求，此特定状态称为该功能的极限状态。换言之，结构的极限状态系指结构或结构构件能满足设计规定的某一功能要求的临界状态。

根据功能要求，结构的极限状态可分为下列两类：

1. 承载能力极限状态

系指当结构或结构构件达到最大承载能力或达到不适于继续承载的变形时的极限状态。它可理解为结构或结构构件发挥允许的最大承载功能的状态，如倾覆、强度破坏、丧失稳定性、疲劳破坏、结构变为机动体系等。另外，结构或结构构件由于过度的塑性变形而使几何形状发生显著改变，虽未达到最大承载能力，但已彻底不能使用，也属于达到承载能力极限状态（轴心受拉构件强度的计算方法中就考虑了此状态，见第五章）。

2. 正常使用极限状态

系指结构或结构构件达到正常使用或耐久性能的某项规定限值时的极限状态。当达到此限值时，虽然结构或结构构件仍具备继续承载的能力，但在正常荷载作用下产生的变形已使结构或结构构件不适于继续使用，其中包括在静力荷载作用下产生过大的变形和局部损坏（如粉刷脱落、填充墙开裂、屋面积水等）或在动力荷载作用下产生剧烈的振动等，故止常使用极限状态也称为变形极限状态。同时，过大的变形也使人们在心理上产生不安全感。

（二）失效概率 P_f

度量结构的可靠性可以采用可靠概率 P_s（即能完成预定功能的概率）或失效概率 P_f（即不能完成预定功能的概率），两者互补，即 $P_s + P_f = 1$。由于以 P_f 度量的物理意义明确，能够较好地反映问题的实质，故一般常采用 P_f 度量。

设结构或结构构件的承载能力用 R 表示，它取决于材料性能和结构构件的几何特征（如截面面积或截面模量等），R 亦称为结构的抗力。设作用对结构构件产生的效应（内力的总和）用作用效应 S 表示。组成结构抗力 R 的各种因素和产生作用效应 S 的各种作用，都是独立的随机变量，应该按照它们各自的统计数值应用概率理论来确定它们各自的设计值。当然，结构抗力 R 和作用效应 S 也是独立的随机变量，也应该用概率理论进行分析。

结构设计过程是进行 R 和 S 的概率运算，设计原则是要求结构抗力 R 不小于作用效应 S。但是，R 小于 S 的可能性还是必然存在的，其大小可用失效概率 P_f 表示。

设影响结构可靠性的几个相互独立的随机变量为 X_i（$i = 1, 2, \cdots, n$），其函数关系为：

$$Z = g(X_1, X_2, \cdots, X_n) \tag{3-1}$$

现将其简化为用 R 与 S 两个基本随机变量表达的函数并定义为结构的功能函数，即：

$$Z = g(R, S) = R - S \tag{3-2}$$

随着条件的不同，Z 有三种可能性：

当 $Z > 0$ 时，即 $R > S$，表示结构处于可靠状态；

当 $Z < 0$ 时，即 $R < S$，表示结构处于失效状态；

当 $Z = 0$ 时，即 $R = S$，表示结构处于极限状态。

因此，结构或构件的失效概率 P_f，可用下列公式表示：

$$P_f = P(Z < 0) = P(R - S < 0) \tag{3-3}$$

通过上式计算出结构或结构构件的失效概率是否小到人们可以接受的程度（$P_f = 0$ 即绝对安全的结构是没有的），以此作为衡量结构可靠性的定量尺度。经校准分析，按《设计标准》采用可靠指标 $\beta \approx 3.2$，即满足《可靠性标准》规定的对于按承载能力极限状态、安全等级（见表 3-2）为二级的延性破坏的可靠指标 $\beta = 3.2$（$\beta = 3.2$ 相应于 $P_f = 6.9 \times 10^{-4} = 1/1450$，若按普通房屋规定的设计使用年限 50 年计算，即每年 $P_f = 1/72500$，可认为已足够小）的规定。

（三）概率极限状态设计法设计表达式

考虑到直接应用结构可靠度或结构失效概率进行概率运算比较复杂，为了方便工程设计，因此在概率极限状态设计法的基础上，《设计标准》将其用优化方法等效转化为工程技术人员长期习惯地用基本变量标准值和分项系数形式的概率极限状态设计表达式。设计表达式中的分项系数根据规定的可靠指标按概率极限状态设计法确定。

对结构或结构构件产生作用效应 S 的各种作用主要是永久荷载和可变荷载，其标准值 G_k、Q_{ik} 可由设计基准期最大荷载的概率分布确定，然后采用不同的分项系数 γ_G、γ_Q 来考虑不正常的或未预计到的作用及影响等。

另外，结构在使用期间可能承受两种以上的可变荷载，如活荷载、风荷载、雪荷载等，这几种可变荷载在设计基准期内同时出现最大值的概率极小，因此必须考虑各个荷载效应组合的概率分布，根据结构可能同时承受的可变荷载进行荷载效应组合，并取其中最不利的组合进行设计，故设计表达式中应采用组合值系数 ψ 来计及可变荷载的荷载效应组合。

再者，结构可靠性还与结构的使用年限长短有关。因此，《可靠性标准》参照国际标准化组织 ISO 2394—2015《结构可靠性的一般原则》，根据各种建筑结构的性质，规定了其设计使用年限（表3-3）。设计使用年限明确了设计规定的一个时期，即房屋建筑在正常设计、正常施工、正常使用和维护下所应达到的使用年限。在这一规定时期内，结构或结构构件只需进行正常的维护而不需进行大修，就能按预期目的使用，完成预定的功能。结构的可靠性是建立在规定的设计使用年限内的，当结构的使用年限超过设计使用年限，结构的失效概率将可能较设计预期值大。同时，钢结构设计还应根据结构破坏可能产生的后果（危及人的生命、造成经济损失、产生社会或环境影响等）的严重性，采用不同的安全等级（表3-4）。故设计表达式中还要用结构重要性系数 γ_0 以区分不同的设计使用年限和安全等级的要求。

钢结构的安全等级 表 3-4

安全等级	破坏后果
一级	很严重：对人的生命、经济、社会或环境影响很大
二级	严重：对人的生命、经济、社会或环境影响较大
三级	不严重：对人的生命、经济、社会或环境影响较小

综上所述，荷载效应 S 可用下列公式表示：

$$S = \gamma_0 \left(S_G + S_{Q_1} + \sum_{i=2}^{n} \psi_{c_i} S_{Q_i} \right) \tag{3-4}$$

式中　S_G、S_{Q_1}、S_{Q_i}——永久荷载、第 1 个可变荷载和其他第 i 个可变荷载的荷载效应。

组成结构抗力 R 的材料（焊缝为熔敷金属）性能标准值 f_k 为结构构件或连接的材料特征强度（钢材为屈服强度 f_y），分项系数 γ_R 则用来考虑结构构件或连接材料的强度与试件强度的差别、施工质量的局部缺陷、计算公式的不精确等。γ_R 的数值在 γ_G、γ_Q 确定后，根据可靠指标 β 进行匹配求出。对 Q235 钢：$\gamma_R = 1.090$；Q345、Q390 钢：$\gamma_R = 1.125$；Q420、Q460 钢，厚度 6～40mm：$\gamma_R = 1.125$、>40，$\leqslant 100$mm：$\gamma_R = 1.180$；Q345GJ 钢厚度 6～56mm：$\gamma_R = 1.059$、>50，$\leqslant 100$mm：$\gamma_R = 1.120$。

现以 α_k 表示截面面积或截面模量等几何参数的标准值，则结构抗力 R 可用下列公式表达：

$$R = \alpha_k \frac{f_k}{\gamma_R} \tag{3-5}$$

按概率极限状态设计法应满足 $S \leqslant R$，即：

$$\gamma_0 \left(S_G + S_{Q_1} + \sum_{i=2}^{n} \psi_{c_i} S_{Q_i} \right) \leqslant \alpha_k \frac{f_k}{\gamma_R}$$

按钢结构设计习惯采用的应力表达形式，将上式等号两侧同除以 α_k，可得对于承载能力极限状态荷载效应的基本组合的下列设计表达式，并按两式中最不利值确定：

（1）由可变荷载效应控制的组合：

$$\gamma_0 \left(\gamma_G \sigma_{G_k} + \gamma_{Q_1} \sigma_{Q_{1k}} + \sum_{i=2}^{n} \gamma_{Q_i} \psi_{c_i} \sigma_{Q_{ik}} \right) \leqslant f \tag{3-6}$$

（2）由永久荷载效应控制的组合：

$$\gamma_0 \left(\gamma_G \sigma_{G_k} + \sum_{i=1}^{n} \gamma_{Q_i} \psi_{c_i} \sigma_{Q_{ik}} \right) \leqslant f \tag{3-7}$$

式中　γ_0——结构重要性系数。对安全等级为一级或设计使用年限为 100 年及以上的结构构件，不应小于 1.1，对安全等级为二级或设计使用年限为 50 年的结构构件，不应小于 1.0，对安全等级为三级或设计使用年限为 5 年的结构构件，不应小于 0.9；

σ_{G_k}——永久荷载标准值 G_k 在结构构件截面或连接中产生的应力；

γ_G——永久荷载分项系数，当其效应对结构构件的承载力不利时对式（3-6）取 1.3[①]，对式（3-7）取 1.35；当其效应对结构构件的承载力有利时，取 $\leqslant$ 1.0；

$\sigma_{Q_{1k}}$——在基本组合中起控制作用的第一个可变荷载标准值 Q_{1k} 在结构构件截面或连接中产生的应力（该应力使计算结果为最大）；

$\sigma_{Q_{ik}}$——其他第 i 个可变荷载标准值 Q_{ik} 在结构构件截面或连接中产生的应力；

γ_{Q_1}、γ_{Q_i}——第 1 个和其他第 i 个可变荷载分项系数，当可变荷载效应对结构构件的承载能力不利时，在一般情况下取 1.5，在楼面活荷载标准值大于 4.0kN/m² 时取 1.3；当其有利时，取为 0；

ψ_{c_i}——第 i 个可变荷载的组合值系数，其值不大于 1（按《建筑结构荷载规范》GB 50009—2012[②] 选取）；

f——结构构件和连接的强度设计值，$f = f_k / \gamma_R$（钢材的强度设计值见表 3-5）；

γ_R——抗力分项系数；

f_k——材料（焊缝为熔敷金属）强度的标准值。

对于一般排架、框架结构，由可变荷载效应控制的组合可采用下列简化的设计表达式，并仍与式（3-7）同时使用：

$$\gamma_0 \left(\gamma_G \sigma_{G_k} + \psi \sum_{i=1}^{n} \gamma_{Q_i} \sigma_{Q_{ik}} \right) \leqslant f \tag{3-8}$$

式中　ψ——简化式中采用的荷载组合系数，一般情况下取 0.9，当只有一个可变荷载时取 1.0。

在一般情况，采用由可变荷载效应控制的组合较不利。采用由永久荷载效应控制的组合并取 $\gamma_G = 1.35$ 的式（3-7），只可能出现在第 1 个可变荷载组合值系数 ψ_{c_1} 很大的情况。如 $\psi_{c_1} = 1.0$ 的工业建筑中的金工车间、仪器仪表车间仓库、轮胎厂准备车间、粮食加工车间等的楼面活荷载（见《荷载规范》）。其他的可能是出现在屋面荷载较大的重型屋盖，如钢筋混凝土大型屋面板屋盖、高炉邻近的屋面积灰荷载屋盖以及其他少量特殊情况。

---

① 根据于 2019.4.1 实施的 2018 版《可靠性标准》，将 γ_G 由 2001 版中的 1.2 提高至 1.3，γ_Q 由 1.4 提高至 1.5。对永久荷载效应控制的组合 γ_G 取 1.35 和楼面活荷载标准值大于 4.0kN/m² 时 γ_Q 取 1.3 则按《荷载规范》。

② 本书以下对《建筑结构荷载规范》（GB 50009—2012）简称《荷载规范》。

钢材的设计用强度指标（N/mm²）　　　　表 3-5

| 钢号 | 厚度或直径 (mm) | 强度设计值 | | | 屈服强度 f_y | 抗拉强度 f_u |
		抗拉、抗压和抗弯 f	抗剪 f_v	端面承压（刨平顶紧）f_{cc}		
Q235	≤16	215	125	320	235	370
	>16，≤40	205	120		225	
	>40，≤100	200	115		215	
Q345①	≤16	305	175	400	345	470
	>16，≤40	295	170		335	
	>40，≤63	290	165		325	
	>63，≤80	280	160		315	
	>80，≤100	270	155		305	
Q390	≤16	345	200	415	390	490
	>16，≤40	330	190		370	
	>40，≤63	310	180		350	
	>63，≤100	295	170		330	
Q420	≤16	375	215	440	420	520
	>16，≤40	355	205		400	
	>40，≤63	320	185		380	
	>63，≤100	305	175		360	
Q460	≤16	410	235	470	460	550
	>16，≤40	390	225		440	
	>40，≤63	355	205		420	
	>63，≤100	340	195		400	
Q345GJ	>16，≤50	325	190	415	345	490
	>50，≤100	300	175		335	

注：1. 表中直径指实芯棒材直径，厚度指计算点的钢材或钢管壁厚度，对轴心受拉和轴心受压构件系指截面中较厚板件的厚度；

2. 冷弯型材和冷弯钢管强度设计值按其有关标准的规定采用。

对荷载效应的偶然组合，极限状态设计表达式宜按下列原则确定：偶然作用的代表值不乘分项系数；与偶然作用同时出现的可变荷载，应根据观测资料和工程经验采用适当的代表值。具体的设计表达式及各种系数，应符合专门规范的规定。

还应指出，《设计标准》在采用分项系数概率极限状态设计表达式时，对各类构件的具体计算公式左边均用各自的应力形式，但不出现荷载分项系数和组合值系数，以及结构重要性系数等。如单向受弯构件抗弯强度弹性计算公式为：

$$\frac{M}{W_n} \leq f$$

式中 W_n 为净截面模量，M 为由不同荷载计算的弯矩，所以粗看起来公式的形式和以往容许应力计算公式没太大区别。但是，应注意在计算 M 时，对自重等永久荷载应乘以 γ_G，对可变荷载应乘以 γ_Q，必要时还应乘以组合值系数，另外 f 与以往容许应力 $[\sigma]$ 数值亦不相同。不仅如此，最重要的是公式的实质是完全不同的。

对于正常使用极限状态，按《可靠性标准》结构构件应根据不同的设计要求采用荷载效应的标准组合、频遇组合和准永久值组合进行设计，使其变形值等不超过容许值。根据

---

① 新修订的《低合金高强度结构钢》GB/T 1591—2018 将 Q345 提高到 Q355。按 Q355 计算，厚度≤16mm 钢材 $f = f_y/\gamma_R = 355/1.125 = 315$N/mm² 较表 3-5 中的 $f = 305$N/mm² 略高。但本书仍按 2017 年版《设计标准》规定数值。对表 4-2 焊缝的强度指标也按《设计标准》取值。

多年来的经验，钢结构只考虑标准组合，且用荷载的标准值计算，使结构或结构构件的变形值不超过其容许变形值，其设计表达式为：

$$v = v_{G_k} + v_{Q_{1k}} + \sum_{i=2}^{n} \psi_{c_i} v_{Q_{ik}} \leqslant [v] \tag{3-9}$$

式中　v_{G_k}——永久荷载的标准值 G_k 在结构或结构构件中产生的变形值；

$v_{Q_{1k}}$——起控制作用的第一个可变荷载标准值 Q_{1k} 在结构或结构构件中产生的变形值（该值使计算结果为最大）；

$v_{Q_{ik}}$——其他第 i 个可变荷载标准值 Q_{ik} 在结构或结构构件中产生的变形值；

$[v]$——结构或结构构件的容许变形值。

小　　结

（1）钢结构体系和具体形式众多，其分类也有多种不同方法。《设计标准》采用单层钢结构和多、高层钢结构及大跨度钢结构对其进行分类（表 3-1、表 3-2）。单层钢结构体系多为排架、框架或门式刚架，多、高层钢结构体系则多为框架加支撑或剪力墙板、筒体等，大跨度钢结构体系除为平面或立体桁架、网架、网壳、拱及悬索结构外，还有与钢索组合成各种预应力结构。

（2）钢结构宜优先选用成熟的结构体系。选用时应对技术经济问题，全面综合考虑。

（3）钢结构采用的设计方法是概率极限状态设计法，它是在结构的可靠与经济之间选择一种合理、平衡的设计方法。

（4）概率极限状态设计法是将影响结构功能的诸因素作为设计变量，因而对所设计的结构预定功能只作一定的概率保证，即保证其失效概率 P_f 小到人们可以接受的程度时，便认为是安全可靠的。

（5）结构的极限状态分承载能力极限状态和正常使用极限状态两类。前者包括强度破坏、丧失稳定性、疲劳破坏和达到不适于继续承载的过度塑性变形等。后者为在正常荷载作用下结构产生的变形使其不适于继续使用。

（6）为了便于设计应用，《设计标准》采用基本变量标准值和分项系数形式的概率极限状态设计表达式（3-6）～式（3-9）。分项系数 γ_G、γ_Q、γ_R 和基本变量标准值（永久荷载 G_k、可变荷载 Q_{ik}、材料强度 f_y）等都是按概率分布确定，并用优化方法等效转化而得到的。

思　考　题

1. 钢结构体系有哪些？如何分类？你能举出你见到的能代表各种结构体系的钢结构工程吗？

2. 何谓概率极限状态设计法？

3. 如何理解结构的"极限状态"？承载能力极限状态和正常使用极限状态怎样区别？在计算时两种极限状态为什么要采用不同的荷载值？

4. 什么是结构的可靠性？

5. 钢材的强度设计值和标准值有何区别？设计值应如何选用？

6. 分项系数 γ_G、γ_Q、γ_R 分别代表什么？应如何取值？

7. 对于承载能力极限状态，应采用哪些荷载效应组合进行设计？

第四章　钢结构的连接

钢结构的连接是钢结构的重要组成部分，钢结构的建造（制作和安装）工作量大部分都在连接上。连接设计的合理与否，关系到结构的使用性能、施工难易和造价等诸多方面。

钢结构是以钢材（钢板、型钢等）为主制作的结构。制作时，一般须将钢材通过连接手段先组合成能共同工作的构件（柱、梁、屋架等），然后再进一步用连接手段将各种构件组成整体结构。因此，连接也是钢结构的重要组成部分，占有重要地位，故应予以高度重视。

第一节　钢结构的连接方法及其应用

钢结构的连接方法关系结构的传力和使用要求，同时还对结构的构造和加工方法、工程造价等有着直接影响。另外，连接在整个钢结构的制造和安装作业中通常占的工作量最大，且很多工序的机械化程度不高，需要大量的人工操作。因此，应对钢结构的连接方法合理地进行选择，要做到传力明确、简捷，强度可靠，保证安全，同时还需使构造简单，材料节约，施工简便，造价降低。

钢结构的连接方法一般采用焊接和紧固件连接。后者主要用栓接和铆接。下面对其特点和应用分别加以介绍。

一、焊　　接

焊接是对焊缝连接的简称。其操作方法一般是通过焊条与焊件间产生的电弧热量使焊条和焊件局部熔化，然后经冷却凝结成焊缝，从而使焊件连接成为一体。

焊接的优点较多，如焊件间一般可不设连接板而直接传力，且不需在钢材上开孔削弱焊件截面，故构造简单，节省材料，操作简便省工，生产效率高，在一定条件下还可采用自动化作业。另外，焊接的刚度大，密闭性能好。但是焊接也有一定缺点，如焊缝附近热影响区的材质变脆；焊接产生的焊接应力和焊接变形对结构有不利影响（详见第五节）；再者，焊接结构因刚度大，故对裂纹很敏感，一旦产生局部裂纹时便易扩展到整体，尤其在低温下更易产生冷脆。

焊接自 20 世纪下半叶以来，由于焊接技术的改进提高，目前已在钢结构连接中处于主宰地位，不仅是制造构件的基本连接方法，同时也是构件安装连接的一种重要方法。

二．栓　　接

栓接是对螺栓连接的简称。其操作方法是通过扳手施拧，使螺栓产生紧固力，从而使被连接件连接成为一体。

栓接因开孔而对构件截面有一定削弱，在构造上常需增设辅助连接板（或角钢），故构造较繁，用料增加。再栓接制孔较费工，且被连接件在拼接和安装时须对孔，故对制造的精度要求较高，必要时还需将构件组装套钻。但是，栓接的紧固工具和工艺均较简便，易于实施，进度和质量也容易保证，且不需要高级技工操作，加之拆装维护方便，故栓接仍是钢结构安装连接的一种重要方法。

栓接根据螺栓使用的钢材性能等级分为普通螺栓连接和高强度螺栓连接两种。

（一）普通螺栓连接

普通螺栓的材料为碳素结构钢。按国标《六角头螺栓——A 级和 B 级》GB/T 5782—2016 和《六角头螺栓——C 级》GB/T 5780—2016 分为 A、B 和 C 三级。A 级和 B 级螺栓采用钢材性能等级 5.6 级或 8.8 级制造，C 级螺栓则用 4.6 级或 4.8 级制造（"·"前数字表示公称抗拉强度 f_u 的 1/100，"·"后数字表示公称屈服强度 f_y 与 f_u 之比（屈强比）的 10 倍。如 4.6 级表示 f_u 不小于 $400N/mm^2$，而最低 $f_y=0.6\times400=240N/mm^2$，4.8 级的最低 $f_y=320N/mm^2$）。

A 级和 B 级螺栓表面须经车床加工，故其尺寸准确，精度较高，且需配用孔的精度和孔壁表面粗糙度也较高的 I 类孔（一般须先钻小孔，组装后再扩钻成设计孔径）。设计孔径与螺栓杆径应相等。根据螺栓粗细，螺栓杆径只允许有 $-0.18\sim-0.25mm$ 的负偏差、孔径则只允许有 $0.18\sim0.25mm$ 的正偏差。因此，栓杆和螺孔间的最大空隙约 $0.36\sim0.5mm$，为紧配合，故螺栓受剪性能良好。但其制造和安装过于费工，加之现在高强度螺栓已可替代用于受剪连接，所以目前已极少采用。

C 级螺栓一般用圆钢冷镦压制而成。表面不加工，尺寸不很准确，只需配用孔的精度和孔壁表面粗糙度不太高的 II 类孔（一般为一次冲成或钻成设计孔径），孔径允许偏差 $0\sim+1mm$。另外，设计孔径比螺栓杆径大 $1\sim1.5mm$，故栓杆和螺孔间空隙较大，加之螺栓强度较低，对其栓杆施加的紧固预拉力不能太大，这样在被连接件间所施加的压紧力不大，故其间的摩擦力也不大。因此，当用于受剪连接时，在摩擦力克服后将出现较大的滑移变形，直到栓杆和螺栓孔壁接触承压而继续传力，故其性能较差。但是，C 级螺栓在沿其杆轴方向的受拉性能较好，可用于受拉螺栓连接。对于受剪连接，只宜用在承受静力荷载或间接承受动力荷载结构中的次要连接（如次梁和主梁、檩条与屋架的连接等），或临时固定构件用的安装连接（螺栓仅作定位或夹紧，以便于施焊），以及承受静力荷载的可拆卸结构（活动房屋、流动式展览馆等）的连接等。

（二）高强度螺栓连接

高强度螺栓的材料为合金结构钢，采用的钢材性能等级按其热处理后强度划分为 10.9S 和 8.8S 级（S 表示高强度螺栓），配合使用的螺母性能等级分别为 10H 和 8H 级（10 和 8 亦表示 f_u 的 1/100、H 表示螺母）、垫圈为 HRC35～HRC45（HRC 表示表面淬火硬度）。螺栓的性能等级、推荐材料及其力学性能、化学成分和适用的螺栓规格见附表 7。螺母的材料 10H 级的为 45 号、35 号或 15MnVB 钢；8H 级的为 35 号钢。垫圈的材料为 45 号、35 号钢。

由于高强度螺栓采用的钢材强度约为 C 级普通螺栓的 3～4 倍，故对其栓杆可施拧强大的紧固预拉力，使被连接的板叠压得很紧。因此，利用板叠间的摩擦力即可有效地传递剪力，这种连接类型称为高强度螺栓摩擦型连接，其特点是变形小、不松动、耐疲劳。若允许板叠间的摩擦力被克服并产生滑移，然后利用栓杆和螺栓孔壁靠紧传递剪力，这种连接类型称为高强度螺栓承压型连接，因其后期特点和普通螺栓类似，也是由栓杆受剪和孔壁承压方式继续传力。不过由于其强度高，故承载力要比 C 级普通螺栓的高，但剪切变形比摩擦型的大。

高强度螺栓可广泛应用于厂房、高层建筑和桥梁等钢结构重要部位的安装连接，但根据摩擦型连接和承压型连接的不同特点，其应用应有所区别。摩擦型连接以用于直接承受动力荷载的结构最佳，如吊车梁的工地拼接、重级工作制吊车梁与柱的连接等。承压型连接则用于承受静力荷载或间接承受动力荷载的结构连接，以能发挥其高承载力的优点为宜。

三、铆　　接

铆接是铆钉连接的简称。其操作方法是将一端带有半圆形钉头的铆钉，经将钉杆烧红后迅速插入被连接件的钉孔中，然后用铆钉枪将另一端也打铆成钉头，与此同时，钉杆也胀满钉孔使连接达到紧固。铆接传力可靠，塑性、韧性均较好，在 20 世纪上半叶以前曾经是钢结构的主要连接方法，但其制造费工费料，且劳动强度高，故目前已基本被焊接和高强度螺栓连接所取代，仅在老旧结构修复中偶有应用。

下面对焊接、栓接的构造、受力性能和计算等分专节加以介绍。铆接因其特性类似栓接，故其构造、计算可参照栓接内容，本书不另论述。

第二节　焊接方法、焊缝形式和质量等级

一、焊　接　方　法

焊接方法较多，钢结构主要采用电弧焊，它设备简单，易于操作，且焊缝质量可靠，优点较多。根据操作的自动化程度和焊接时用以保护熔敷金属的焊剂种类，电弧焊可分为手工电弧焊、自动或半自动埋弧焊和 CO_2 气体保护焊等。

（一）手工电弧焊

图 4-1 所示为手工电弧焊原理图，它由焊件、焊条、焊钳、电焊机和导线组成电路。施焊时，首先使分接电焊机两极的焊条和焊件瞬间短路打火，然后迅即将焊条提起少许，此时强大电流即通过焊条端部与焊件间的空隙，使空气离子化引发出电弧，其温度高达 3000℃左右，从而使焊条和焊件迅速熔化。熔化的焊条金属与焊件金属结合成为焊缝金属。同时，由焊条药皮形成的气体和熔渣则覆盖熔池，起着保护电弧使其稳定并隔绝空气中的氧、氮等有害气体与液体金属接触的作用，以避免形成脆性易裂化合物。随着熔池中金属的冷却、结晶形成焊缝，将焊件连成整体。

手工电弧焊由于设备简单，使用方便，只需将焊条钳持往焊接部位即可施焊，适用于空间全方位焊接，故应用广泛，且特别适用于工地安装焊缝、短焊缝和曲折焊缝。但它生产效率低，且劳动条件差，弧光眩目，焊接质量在一定程度上取决于焊工水平，容易波动。

（二）自动或半自动埋弧焊

图 4-2 所示为自动或半自动埋弧焊原理图。光焊丝埋在焊剂层下，当通电引弧后，使焊丝、焊件和焊剂熔化。焊剂熔化后形成熔渣浮在熔化的焊缝金属表面，使其与空气隔绝，并供给必要的合金元素以改善焊缝质量。当焊丝随着焊机的自动移动而随着下降和熔化，颗粒状的焊剂亦不断由漏斗漏下埋住眩目电弧。当全部焊接过程自动进行时，称为自动埋弧焊。焊机移动由手工操纵时，称为半自动埋弧焊。

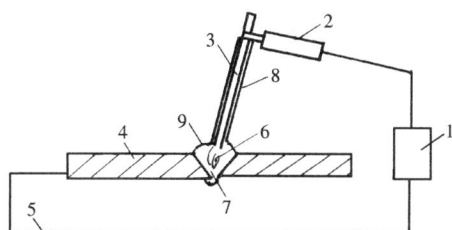

图 4-1 手工电弧焊

1—电焊机；2—焊钳；3—焊条；4—焊件；5—导线；
6—电弧；7—熔池；8—药皮；9—保护气体

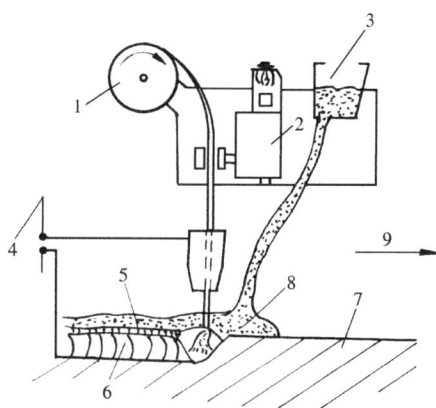

图 4-2 自动或半自动埋弧焊

1—焊丝转盘；2—转动焊丝的电动机；3—焊剂漏斗；
4—电源；5—熔渣；6—熔敷金属；7—焊件；
8—焊剂；9—移动方向

埋弧焊由于电流较大，电弧热量集中，故熔深大，焊缝质量均匀，内部缺陷少，塑性和冲击韧性都好，因而优于手工焊。另外，埋弧焊的焊接速度快，生产效率高，成本低，劳动条件好。然而，由于焊机须在沿着顺焊缝的导轨上移动，故要有一定的操作条件，因此特别适用于梁、柱、板等的大长度拼装制造焊缝。

（三）CO_2 气体保护焊

CO_2 气体保护焊是用喷枪喷出 CO_2 气体作为电弧的保护介质，使熔化金属与空气隔绝，以保持焊接过程稳定。由于焊接时没有焊剂产生的熔渣，故便于观察焊缝的成型过程，但操作时须在室内避风处，在工地则须搭设防风棚。气体保护焊电弧加热集中，焊接速度快，熔深大，故焊缝强度比手工焊的高，且塑性和抗腐蚀性好，很适合厚钢板或特厚钢板（$t > 100mm$）的焊接。

二、焊接接头及焊缝的形式

不论焊接或栓接，根据被连接构件间的相互位置，钢结构连接均可分为对接、搭接、T 形和角接等接头形式。当采用焊接时，根据焊缝的截面形状，又可分为对接焊缝和角焊缝以及由这两种形式焊缝组合成的对接与角接组合焊缝（图 4-3）。在具体应用时，应根据连接的受力情况，结合制造、安装和焊接条件进行选择。

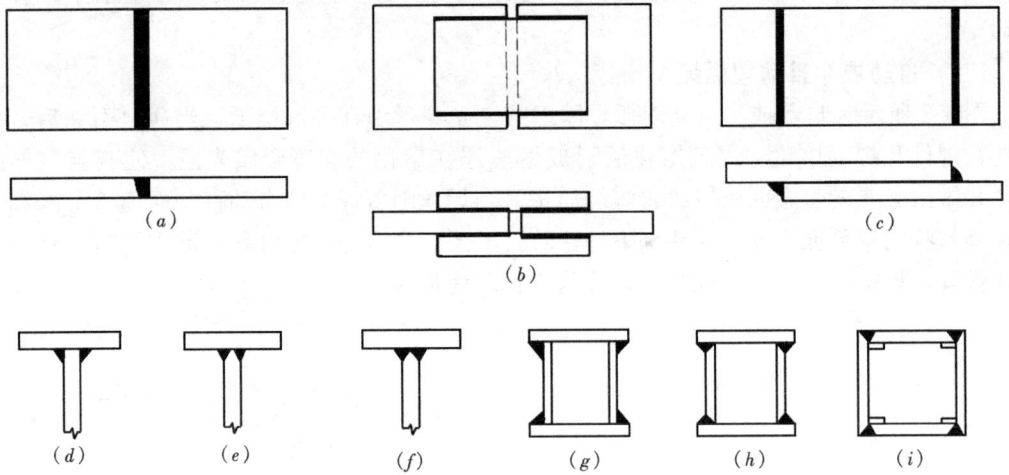

图 4-3 焊接接头及焊缝的形式

(a)、(b) 对接接头；(c) 搭接接头；(d)、(e)、(f) T 形接头；(g)、(h)、(i) 角接接头；(a) 对接焊缝；(b)、(c)、(d)、(g) 角焊缝；(e)、(h) 部分熔透对接与角接组合焊缝；(f)、(i) 全熔透对接与角接组合焊缝

对接焊缝又称坡口焊缝，因为在施焊时，焊件间须具有适合于焊条或焊丝操作的空间，以使焊件能够熔透，故一般均将焊件边缘开成坡口，焊缝则焊在两焊件的坡口面间或一焊件的坡口与另一焊件的表面间（图 4-3a）。对接焊缝按是否熔透还分为全熔透和部分熔透两种。全熔透的对接焊缝强度高，受力性能好，故应用广泛，对接焊缝一词通常即指这种焊缝，本书将对其构造和计算加以论述。

角焊缝为沿两直交或斜交焊件的交线边缘焊接的焊缝（图 4-3b、c、d、g）。直交（夹角 $\alpha=90°$）的称为直角角焊缝，斜交的则称为斜角角焊缝。后者除因构造需要有所采用外，一般不宜用作受力焊缝（钢管结构除外）。前者受力性能较好，应用广泛，角焊缝一词通常即指这种焊缝，本书将对其构造和计算加以论述。

对接与角接组合焊缝的形式是在部分熔透或全熔透的对接焊缝外再增焊一定焊脚尺寸的角焊缝（图 4-3e、f、h、i）。全熔透的对接与角接组合焊缝相对于（无焊脚的）对接焊缝，增加的角焊缝可减少应力集中，改善焊缝受力性能，尤其是疲劳性能。而部分熔透的对接与角接组合焊缝则可减小坡口或焊脚尺寸，节约焊缝金属。

对接焊缝由于和焊件处在同一平面，截面也一样，故其受力性能好于角焊缝，且用料省，但制造较费工，角焊缝则反之，对接与角接组合焊缝的受力性能则更优于对接焊缝。下面结合它们在几种接头中的应用进一步加以讨论。

图 4-3（a）所示为采用对接焊缝的对接接头，其特点是用料省，传力简捷、均匀，受力性能好，疲劳强度高，但焊件边缘须开坡口且尺寸要求准确，故制造较费工。图 4-3（b)所示为采用加盖板的角焊缝对接接头，其特点是对焊件边缘尺寸要求较低，制造较易，但通过盖板传力，应力集中严重，疲劳强度低，且用料较多。图 4-3（c）所示为采用角焊缝的搭接接头，其特点和加盖板的对接接头相似，但由于构造简单，施工方便，

故应用广泛。图 4-3（d）、（e）、（f）分别为采用角焊缝和部分熔透及全熔透的对接与角接组合焊缝的 T 形接头。角焊缝的受力性能较差，但因构造简单，省工省料，故应用较多。部分熔透的对接与角接组合焊缝适用于腹板较厚（$t > 20mm$）的焊接工字形截面梁或柱的 T 形接头。全熔透的对接与角接组合焊缝则适用于要求验算疲劳的结构，如重级工作制（A6～A8 级）吊车梁的腹板与上翼缘的 T 形接头。图 4-3（g）、（h）、（i）分别为采用角焊缝、部分熔透及全熔透的对接与角接组合焊缝的角接接头，它们主要用于箱形截面梁、柱的纵向组合焊缝，其特点分别和 T 形接头的相似。

　　角焊缝按沿长度方向的布置，还可分为连续角焊缝和断续角焊缝两种形式（图 4-4）。前者为基本形式，其受力性能好，应用广泛。后者因在焊缝分段的两端应力集中严重，故一般只用在次要构件或次要焊缝连接中。断续角焊缝之间的净距不宜过大，以免连接不紧密，导致潮气侵入引起锈蚀，故一般应不大于 $15t$（对受压构件）或 $30t$（对受拉构件），t 为较薄焊件厚度。断续角焊缝焊段的长度不得小于 $10h_f$ 或 50mm，h_f 为角焊缝的焊脚尺寸。

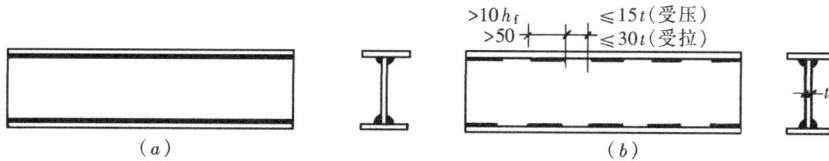

图 4-4　连续角焊缝和断续角焊缝
（a）连续角焊缝；（b）断续角焊缝

　　焊缝按施焊位置可分为平焊、立焊、横焊和仰焊四种形式。平焊（图 4-5a）亦称俯焊，其施焊方便，质量易于保证，故应尽量采用。立焊、横焊（图 4-5b、c）施焊较难，焊缝质量和效率均较平焊低。仰焊（图 4-5d）的施焊条件最差，焊缝质量不易保证，故应从设计构造上尽量避免。图 4-5（e）所示为 T 形接头角焊缝在工厂采用将焊件放在支架上的船形焊，它也属于平焊形式。

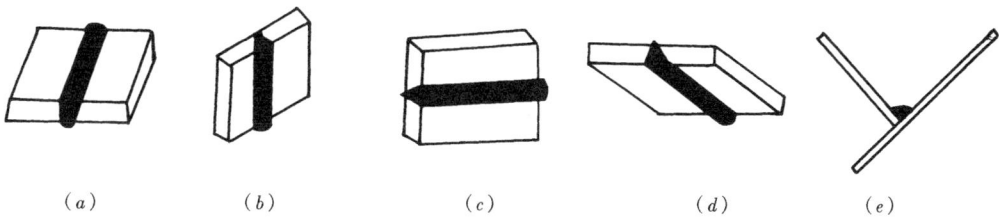

图 4-5　焊缝的施焊位置
（a）平焊；（b）立焊；（c）横焊；（d）仰焊；（e）船形焊

三、焊缝符号及标注方法

　　焊缝一般应按《建筑结构制图标准》GB/T 50105—2010 和《焊缝符号表示法》GB/T 324—2008 的规定，采用焊缝符号在钢结构施工图中标注。

　　表 4-1 所列为部分常用焊缝符号，另外图 4-7 也列有对接焊缝的符号，它们主要由图形符号、辅助符号和引出线等部分组成。图形符号表示焊缝截面的基本形式，如△表示角

47

焊缝（竖线在左、斜线向右），V 表示 V 形坡口的对接焊缝等。辅助符号表示焊缝的辅助要求，如涂黑的三角形旗号表示安装焊缝、3/4 圆弧表示相同焊缝、匚形表示三面焊等，均绘在引出线的转折处。引出线由横线、斜线及箭头组成，横线的上方和下方用来标注各种符号和尺寸等。角焊缝的尺寸（以 mm 计）一般标注在△左边，如 $h_f - l_f$（焊脚尺寸-焊缝长度）。斜线和箭头用来将整个焊缝符号指到图形上的有关焊缝处。对单面焊缝，当箭头指在焊缝所在的一面时，应将图形符号和尺寸标注在横线的上方；当箭头指在焊缝所在的另一面时，则应将图形符号和尺寸标注在横线的下方。必要时，还可在横线的末端加一尾部，以作其他辅助说明之用，如标注焊条型号等。

焊缝符号　　　　　　　　　　　　　　　　　　　　　　　　　　　表 4-1

	角焊缝				对接焊缝	塞焊缝	三面围焊
	单面焊缝	双面焊缝	安装焊缝	相同焊缝			
型式							
标注方法							

当焊缝分布不规则时，在标注焊缝符号的同时，宜在焊缝处加粗线以表示可见焊缝，加栅线以表示不可见焊缝，加×符号以表示工地安装焊缝（图 4-6）。

图 4-6　焊缝标注图形
(a) 可见焊缝；(b) 不可见焊缝；(c) 安装焊缝

四、焊缝质量等级

焊缝质量的好坏直接影响连接的强度，如质量优良的对接焊缝，试验证明其强度高于母材，受拉试件的破坏部位多位于焊缝附近热影响区的母材上。但是，当焊缝存在气孔、夹渣、咬边等缺陷时，它们不但使焊缝的受力面积削弱，而且还在缺陷处引起应力集中，易于形成裂纹。在受拉连接中，裂纹更易扩展延伸，从而使焊缝在低于母材强度的情况下破坏。同样，缺陷也降低连接的疲劳强度。因此，应对焊缝质量严格检验并予以分级。

根据焊缝的受力性质和所处部位的重要性，《设计标准》将焊缝质量分为三个等级，《钢结构工程施工质量验收规范》GB 50205—2001[①] 亦相应对此三个等级制定了不同的质

---

① 本书以下对《钢结构工程施工质量验收规范》GB 50205—2001 简称《施工验收规范》。对钢结构施工的国标《钢结构工程施工规范》GB 50755—2012 则简称《施工规范》。

量标准，有关焊缝缺陷和焊缝质量等级详见第十章。

另外，《设计标准》还规定焊缝应根据结构的重要性、荷载特性、焊缝形式、工作环境以及应力状态等情况，按下列原则分别选用不同的质量等级。

（1）在承受动荷载且需要进行疲劳检算的构件中，凡要求与母材等强连接的焊缝应全熔透，其质量等级应符合下述规定：① 作用力垂直于焊缝长度方向的横向对接焊缝或 T 形对接与角接组合焊缝，受拉时应为一级，受压时不应低于二级；②作用力平行于焊缝长度方向的纵向对接焊缝不应低于二级。③重级工作制（A6～A8 级）和起重量 $Q \geqslant 50t$ 的中级工作制（A4、A5 级）吊车梁的腹板与上翼缘之间，以及吊车桁架上弦杆与节点板之间的 T 形连接部位焊缝应焊透，焊缝形式宜为对接与角接的组合焊缝，其质量等级不应低于二级。

（2）不需要验算疲劳的构件中，凡要求与母材等强的对接焊缝，宜焊透，其质量等级当受拉时不应低于二级，受压时不宜低于二级。

（3）部分熔透的对接焊缝、采用角焊缝或部分熔透的对接与角接组合焊缝的 T 形连接部位，以及搭接连接角焊缝，其质量等级：①直接承受动荷载且需要疲劳验算的结构和吊车起重量 $Q \geqslant 50t$ 的中级工作制吊车梁以及梁、柱、牛腿等重要节点，其质量等级不应低于二级。②其他结构可为三级。

（4）在工作温度等于或低于 $-20℃$ 的地区，构件焊缝的质量等级不得低于二级。

从以上 4 条原则可以看出焊缝质量等级选用的基本规律是：受拉焊缝高于受压焊缝。直接承受动荷载焊缝高于承受静荷载焊缝。对接焊缝一般都要求熔透并与母材等强，需要作无损探伤，质量等级不得低于二级。角焊缝一般为外观质量三级。低温环境质量等级不得低于二级。

第三节 （全熔透）对接焊缝和对接与角接组合焊缝的构造和计算

一、（全熔透）对接焊缝和对接与角接组合焊缝的构造

（全熔透）对接焊缝和对接与角接组合焊缝的坡口形状与尺寸应结合焊件厚度和工艺条件，按照保证焊缝质量、便于施焊和减小焊缝截面面积的原则，根据《焊接规范》中推荐的手工电弧焊、埋弧焊和气体保护焊的坡口形状和尺寸选用。

对接接头的对接焊缝的坡口形状，可分为 I 形、L 形（单边 V 形）、V 形、K 形、X 形、J 型（单边 U 形）、U 形等。一般当焊件厚度较小（手工焊 $t \leqslant 6mm$，埋弧焊 $t \leqslant 12mm$）时，可不开坡口，即采用 I 形坡口（图 4-7a）。对于中等厚度焊件（手工焊 $t = 6$～$16mm$，埋弧焊 $t = 10$～$20mm$），宜采用 L 形、V 形或 J 形坡口（图 4-7b、c、d）。图中 p 称为钝边（手工焊 0～$3mm$，埋弧焊 2～$6mm$），可起托住熔化金属的作用。b 称为间隙（手工焊 0～$3mm$、埋弧焊一般为 0），可使焊缝有收缩余地且可和斜坡口组成一个施焊空间，使焊条得以运转，焊缝能够焊透。对于较厚焊件（手工焊 $t > 16mm$，埋弧焊 $t > 20mm$），则宜采用 U 形、K 形或 X 形坡口（图 4-7e、f、g）。相对而言，它们的截面面积均较 V 形坡口的小，但其坡口加工较费工。V 形和 U 形坡口焊缝主要为正面焊，但对反

面焊根应清根补焊，以达到焊透。若不具备这种条件，或因装配条件限制间隙过大时，则应在坡口下面预设垫板(图 4-7h)，以阻止熔化金属流淌和使根部焊透。K 形和 X 形坡口焊缝均应清根并双面施焊。

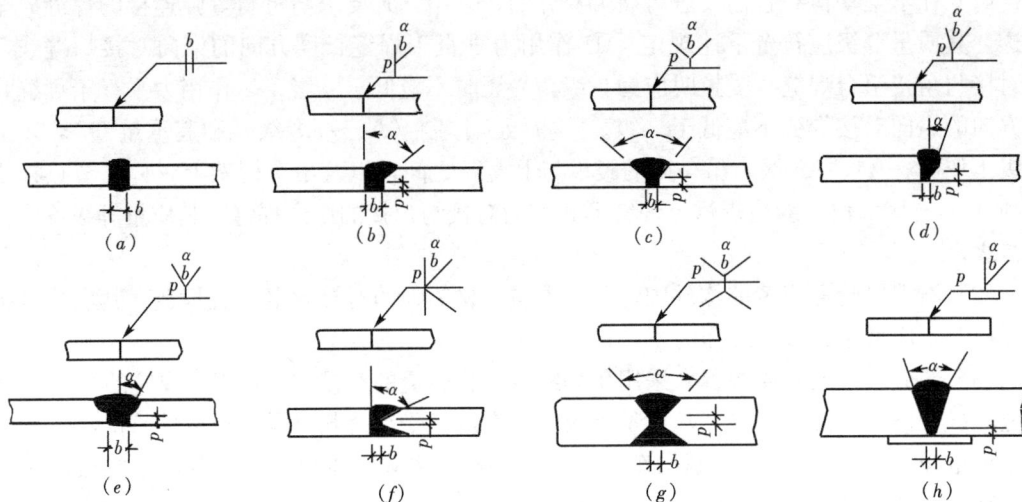

图 4-7　对接焊缝的坡口形式和符号、尺寸标注

(a) I 形；(b) L 形；(c) V 形；(d) J 形；

(e) U 形；(f) K 形；(g) X 形；(h) 加垫板的 V 形

对接与角接组合焊缝不论是 T 形、角接还是十字形接头，其坡口形状亦须根据焊件厚度和施焊条件等参照前述对接接头的对接焊缝的坡口形式确定。对接焊缝外增焊的焊脚尺寸，对一般结构的 T 形接头、十字形接头和角接接头，可按图 4-8 (a)、(b)、(c) 所示的形式，即焊脚尺寸不小于 $t/4$ (t 为腹板厚度)；对要求验算疲劳的结构，如重级工作制（A6～A8）级吊车梁的腹板与上翼缘之间的 T 形接头焊缝等，则须按图 4-8 (d) 所示，即加大为 $t/2$，但不超过 10mm，以使其焊脚较平但尺寸又不致过大。

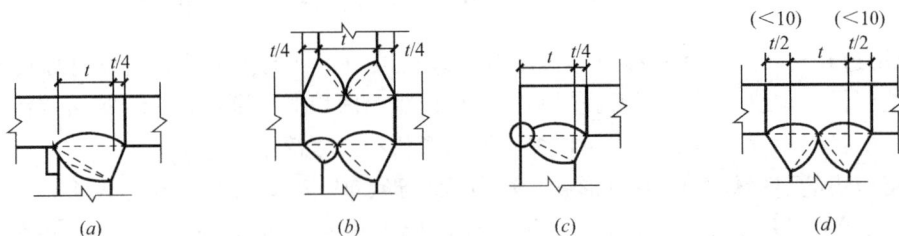

图 4-8　对接与角接组合焊缝的焊脚尺寸

当对接焊缝拼接的焊件宽度不同或厚度相差 4mm 以上时，应分别在宽度或厚度方向从一侧或两侧做成坡度不大于 1：2.5 或 1：4（对承受动力荷载且需要计算疲劳的结构）的斜角（图 4-9），以使截面平缓过渡，减少应力集中。当厚度相差不大（当较薄钢板的厚度≥5～9mm 时为 2mm、10～12mm 时为 3mm、>12mm 时为 4mm）时，可不加工斜坡，因焊缝表面形成的斜度即可满足平缓过渡的要求。

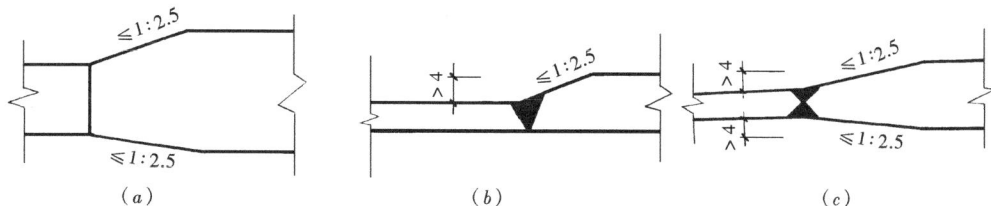

图 4-9　变截面钢板拼接

(a) 变宽度；(b)、(c) 变厚度

在对接焊缝的起弧收弧处，常出现弧坑等缺陷，以致引起应力集中并易产生裂纹，这对承受动力荷载的结构尤为不利。因此，各种接头的对接焊缝均应在焊缝的两端设置引弧板和收弧板（图 4-10），其材质和坡口形式应与焊件的相同。焊缝引出的长度为：埋弧焊应大于 80mm，手工电弧焊及气体保护焊应大于 25mm，并应在焊接完毕用气割切除后修磨平整。对某些承受静力荷载结构的焊缝无法采用引弧板和收弧板时，则应在计算中将每条焊缝的长度减去 $2t$。

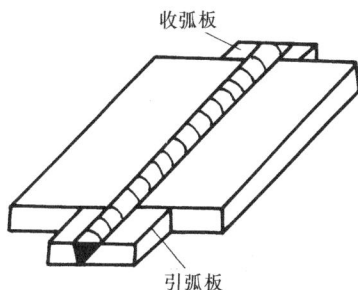

图 4-10　焊缝施焊用的引弧板和收弧板

二、（全熔透）对接焊缝和对接与角接组合焊缝的计算

（全熔透）对接焊缝和对接与角接组合焊缝可视为焊件截面的延续组成部分，焊缝中的应力分布与焊件原有的基本相同，故计算时可利用材料力学中各种受力状态下构件强度的计算公式。

（一）轴心力（拉力或压力）作用时的对接焊缝和对接与角接组合焊缝计算

对接焊缝和对接与角接组合焊缝受垂直于焊缝的轴心拉力或轴心压力作用时（图 4-11a），其强度按下式计算：

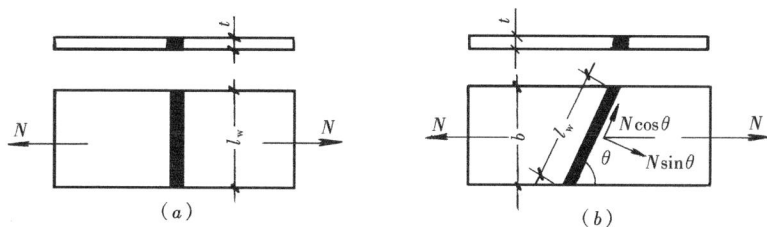

图 4-11　轴心力作用时的对接焊缝

(a) 直焊缝；(b) 斜焊缝

$$\sigma = \frac{N}{l_{\mathrm{w}} h_{\mathrm{e}}} \leqslant f_{\mathrm{t}}^{\mathrm{w}} \text{ 或 } f_{\mathrm{c}}^{\mathrm{w}} \tag{4-1}$$

式中　N——轴心拉力或轴心压力[1]（N）；

---

[1]　本书以后凡公式中内力和应力在未加说明时均为设计值。

l_w——焊缝长度（当未采用引弧板和收弧板时，取实际长度减去 $2t$）（mm）；

h_e——对接焊缝的计算厚度（mm），在对接连接节点中取连接件的较小厚度；在 T 形连接节点中取腹板的厚度；

f_t^w、f_c^w——对接焊缝的抗拉、抗压强度设计值（N/mm²），按表 4-2 选用。

对接焊缝的抗压及抗剪强度设计值均和钢材的相同，而抗拉强度设计值也只在焊缝质量为三级时的才较低。这是因为在对接焊缝中，即使有缺陷，在承受压力或剪力作用时，对焊缝强度无明显影响，但在承受拉力作用时则影响显著。由于一、二级焊缝的缺陷较少，其影响亦小，而三级焊缝的缺陷一般较多，其抗拉强度通常只能达钢材的 85%，故设计值亦相应按此比例取用。因此，对（有引弧板和收弧板的）对接焊缝不需计算即可用于构件的任何部位，只在三级焊缝且受拉力作用时才须按式（4-1）进行计算。如直焊缝经计算不满足强度要求时，可采用斜焊缝（图 4-11b），以加长焊缝长度和减小法向应力，提高抗拉能力，但其较费钢材。当斜焊缝与作用力间的夹角 θ 符合 $\tan\theta \leqslant 1.5$（$\theta \leqslant 56°$）时，其强度超过母材，可不作计算。

（二）弯矩和剪力共同作用时的对接焊缝和对接与角接组合焊缝的计算

（1）矩形截面：如图 4-12（a）所示，焊缝中的最大正应力和剪应力应分别符合下列公式的要求：

$$\sigma_{max} = \frac{M}{W_w} \leqslant f_t^w \tag{4-2}$$

$$\tau_{max} = \frac{VS_w}{I_w h_e} \leqslant f_v^w \tag{4-3}$$

式中　W_w——焊缝截面模量。对矩形截面 $W_w = l_w^2 h_e / 6$（mm³）；

$\quad\quad S_w$——焊缝截面计算剪应力处以上部分对中和轴的面积矩（mm³）；

$\quad\quad I_w$——焊缝截面惯性矩（mm⁴）；

$\quad\quad h_e$——同式（4-1）；

$\quad\quad f_v^w$——对接焊缝的抗剪强度设计值（N/mm²），按表 4-2 选用。

（2）工字形截面：如图 4-12（b）所示，焊缝中的最大正应力和剪应力除应分别符合式（4-2）和式（4-3）的要求外，在同时受有较大正应力 σ_1 和剪应力 τ_1 的梁腹板横向对接焊缝受拉区的端部"1"点，还应按下式计算折算应力：

$$\sqrt{\sigma_1^2 + 3\tau_1^2} \leqslant 1.1 f_t^w \tag{4-4}$$

式中　σ_1——腹板对接焊缝"1"点处的正应力，$\sigma_1 = \dfrac{M}{I_w} \cdot \dfrac{h_0}{2}$（N/mm²）；

$\quad\quad \tau_1$——腹板对接焊缝"1"点处的剪应力，$\tau_1 = \dfrac{VS_{w1}}{I_w t_w}$（N/mm²）；

$\quad\quad S_{w1}$——受拉翼缘对中和轴的面积矩（mm³）；

$\quad\quad t_w$——腹板厚度（mm）；

$\quad\quad 1.1$——考虑最大折算应力只在焊缝的局部产生，因而将焊缝强度设计值提高的系数。

【例 4-1】　计算图 4-13 所示牛腿与柱连接的对接焊缝。已知 $F=270$kN（设计值），钢材 Q235B，焊条 E43 系列，手工焊，无引弧板和收弧板，焊缝质量三级。

焊缝的强度指标（N/mm²） 表 4-2

钢材牌号、规格		焊接方法和焊条型号	对接焊缝强度设计值				角焊缝强度设计值	对接焊缝抗拉强度 f_u^w	角焊缝抗拉、抗压和抗剪强度 f_u^f
牌号	厚度或直径 (mm)		抗压 f_c^w	抗拉 f_t^w 焊缝质量为下列等级时		抗剪 f_v^w	抗拉、抗压和抗剪 f_f^w		
				一、二级	三级				
Q235	≤16	自动焊、半自动焊和E43型焊条手工焊	215	215	185	125	160	415	240
	>16、≤40		205	205	175	120			
	>40、≤100		200	200	170	115			
Q345	≤16	自动焊、半自动焊和E50、E55型焊条手工焊	305	305	260	175	200	480（E50）540（E55）	280（E50）315（E55）
	>16、≤40		295	295	250	170			
	>40、≤63		290	290	245	165			
	>63、≤80		280	280	240	160			
	>80、≤100		270	270	230	155			
Q390	≤16	自动焊、半自动焊和E50、E55型焊条手工焊	345	345	295	200	220（E50）220（E55）	480（E50）540（E55）	280（E50）315（E55）
	>16≤40		330	330	280	190			
	>40、≤63		310	310	265	180			
	>63、≤80		295	295	250	170			
Q420	≤16	自动焊、半自动焊和E55、E60型焊条手工焊	375	375	320	215	220（E55）240（E60）	540（E55）590（E60）	315（E55）340（E60）
	>16、≤40		355	355	300	205			
	>40、≤63		320	320	270	185			
	>63、≤100		305	305	260	175			
Q460	≤16	自动焊、半自动焊和E50、E60型焊条手工焊	410	410	350	235	220（E55）240（E60）	540（E55）590（E60）	315（E55）340（E60）
	>16、≤40		390	390	330	225			
	>40、≤63		355	355	300	205			
	>63、≤100		340	340	290	195			
Q345GJ	>16、≤35	自动焊、半自动焊和E50、E55型焊条手工焊	310	310	265	180	200	480（E50）540（E55）	280（E50）315（E55）
	>35、≤50		290	290	245	170			
	>50、≤100		285	285	240	165			

注：1. 自动焊和半自动焊所采用的焊丝和焊剂，应保证其熔敷金属的力学性能不低于母材的性能。

2. 焊缝质量等级应符合《焊接规范》规定，其检验方法应符合《施工验收规范》的规定。其中厚度 $t<6mm$ 钢材的对接焊缝，不应采用超声波探伤确定焊缝质量等级。

3. 对接焊缝在受压区的抗弯强度设计值取 f_c^w，在受拉区的抗弯强度设计值取 f_t^w。

4. 表中厚度系指计算点的钢材厚度，对轴心受拉和轴心受压构件指截面中较厚板件的厚度；

5. 进行无垫板的单面施焊对接焊缝的连接计算时，应乘折减系数 0.85。

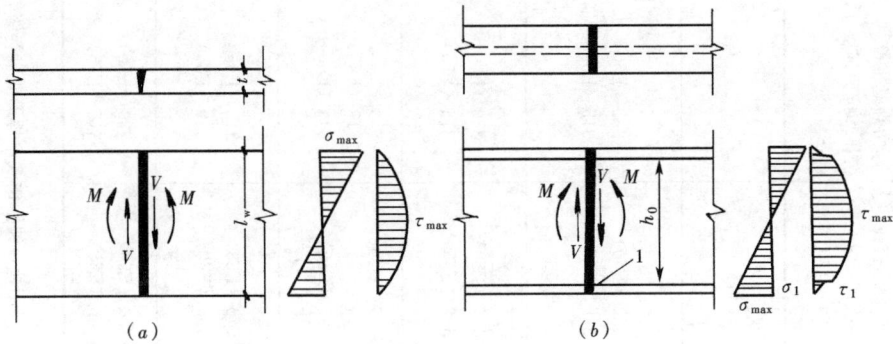

图 4-12　弯矩和剪力共同作用时的对接焊缝

（a）矩形截面；（b）工字形截面

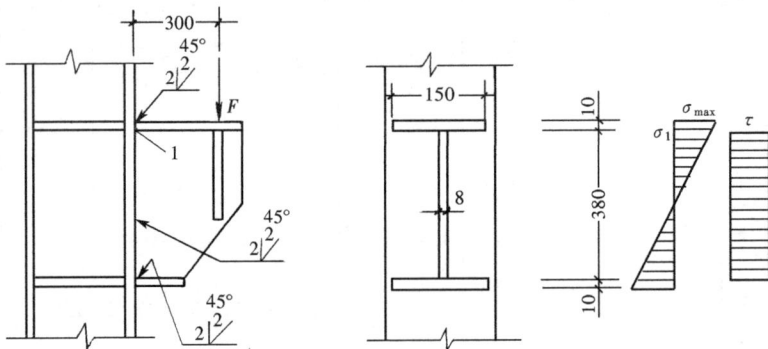

图 4-13　例 4-1 附图

【解】　工字形（或 T 形）截面牛腿与柱连接的对接焊缝有着不同于一般工字形截面梁的特点。当其在邻近的竖向剪力作用下，由于翼缘在此方向的抗剪刚度很低，故一般不宜考虑其承受剪力，即在计算时假定剪力全部由腹板上的焊缝平均承受，弯矩则由整个截面焊缝承受。

一、焊缝计算截面的几何特性

焊缝的截面与牛腿的相等，但因无引弧板和收弧板，故须将每条焊缝长度在计算时减去 $2t$。

$$I_{\mathrm{w}} = \frac{1}{12} \times 0.8(38 - 2 \times 0.8)^3 + 2 \times 1(15 - 2 \times 1)19.5^2 = 13102 \mathrm{cm}^4$$

（由于翼缘焊缝厚度较小，故算式中忽略了对其自身轴的惯性矩一项。凡类似情况，本书以后皆同，包括对构件截面）

$$W_{\mathrm{w}} = \frac{13102}{20} = 655 \mathrm{cm}^3$$

$$A_{\mathrm{w}}^{\mathrm{w}} = 0.8(38 - 2 \times 0.8) = 29.1 \mathrm{cm}^2$$

二、焊缝强度计算

按式（4-2）～式（4-4）：

最大正应力　　$\sigma_{\max} = \dfrac{M}{W_{\mathrm{w}}} = \dfrac{270 \times 30 \times 10^4}{655 \times 10^3} = 124 \mathrm{N/mm}^2 < f_{\mathrm{t}}^{\mathrm{w}} = 185 \mathrm{N/mm}^2$（满足）

剪应力 $\quad \tau = \dfrac{V}{A_w^w} = \dfrac{270 \times 10^3}{29.1 \times 10^2} = 93 \text{N/mm}^2 < f_v^w = 125 \text{N/mm}^2$ （满足）

"1"点的折算应力

$$\sigma_1 = 124 \times \frac{380}{400} = 118 \text{N/mm}^2$$

$$\sqrt{\sigma_1^2 + 3\tau^2} = \sqrt{118^2 + 3 \times 93^2} = 200 \text{N/mm}^2 < 1.1 f_t^w$$
$$= 1.1 \times 185 = 204 \text{N/mm}^2 \text{（满足）}$$

第四节　角焊缝的构造和计算

一、角焊缝的构造

（一）角焊缝的形式

角焊缝按其长度方向和外力作用方向的不同可分为平行于力作用方向的侧面角焊缝、垂直于力作用方向的正面角焊缝（图 4-14）和与力作用方向成斜角的斜向角焊缝。

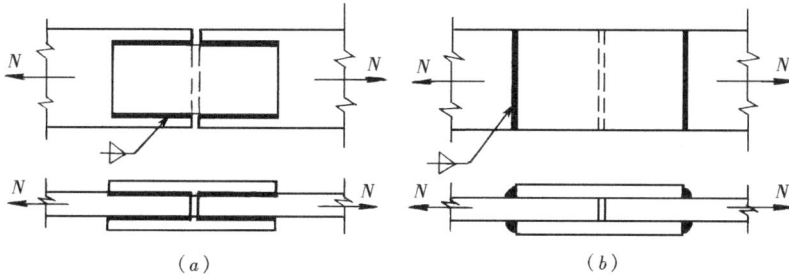

图 4-14　角焊缝的形式
（a）侧面角焊缝；（b）正面角焊缝

角焊缝的截面形式按其表面形状可分为凸形和凹形，按其两焊脚尺寸比例则可分为 1:1 等边（普通）型和 1:1.5 不等边形（图 4-15）。图中 h_f 称为角焊缝的焊脚尺寸。钢结构

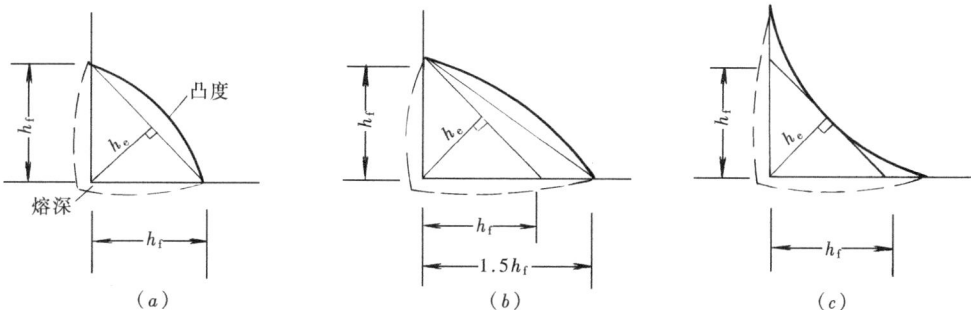

图 4-15　直角角焊缝截面形式
（a）等边（普通）型；（b）不等边型；（c）等边凹型

一般采用表面微凸的等边型截面，但其近似于等腰直角三角形，故力线弯折较多，应力集中严重。对直接承受动力荷载的结构，为使传力平缓，正面角焊缝宜采用不等边型截面（长边顺内力方向），侧面角焊缝则宜采用等边凹面型。

（二）角焊缝的尺寸要求

1. 最小焊脚尺寸：角焊缝的焊脚尺寸与焊件的厚度有关，当焊件较厚而焊脚又过小时，焊缝内部将因冷却过快而产生淬硬组织，容易形成裂纹。因此，角焊缝最小焊脚尺寸 h_{fmin}（mm）应符合表 4-3 要求：

角焊缝最小焊脚尺寸 h_{fmin}　　　　　　　　　　　　　表 4-3

母材厚度 t（mm）	$t\leqslant6$	$6<t\leqslant12$	$12<t\leqslant20$	$t>20$
h_{fmin}（mm）	3	5	6	8

注：承受动荷载的 h_{fmin} 不得小于 5mm。

2. 最大焊脚尺寸：角焊缝的焊脚过大，易使焊件形成烧伤烧穿等"过烧"现象，且使焊件产生较大的焊接残余应力和焊接变形（见第五节）。因此，角焊缝的最大焊脚尺寸 h_{fmax} 应符合以下要求（图 4-16）：

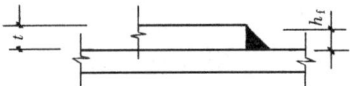

$t\leqslant6mm$ 时　$h_{fmax}\leqslant t$
$t>6mm$ 时　$h_{fmax}\leqslant t-(1\sim2)mm$

图 4-16　角焊缝的最大焊脚尺寸

（1）当 $t>6mm$ 时，$h_{fmax}\leqslant t-（1\sim2）$ mm；

（2）当 $t\leqslant6mm$ 时，$h_{fmax}\leqslant t$。

对位于焊件边缘的角焊缝，施焊时一般难以焊满整个厚度，且容易产生"咬边"，故 h_{fmax} 应比焊件厚度稍小。但薄焊件一般用较细焊条施焊，焊接电流小，操作较易掌握，故 h_{fmax} 可与焊件等厚。

3. 最小计算长度：角焊缝焊脚尺寸大而长度过小时，将使焊件局部受热严重，且焊缝起落弧的弧坑相距太近，加上可能产生的其他缺陷，也使焊缝不够可靠。因此，角焊缝的计算长度不宜小于 $8h_f$ 和 40mm，另外还应扣除引弧收弧长度，即其最小实际长度应为 $8h_f+2h_f$；当 $h_f\leqslant5mm$ 时，则应为 50mm（小于上述数值时不应用作受力焊缝）。

4. 最大计算长度：侧面角焊缝沿长度方向的剪应力分布很不均匀（见图 4-20），两端大，中间小，且随焊缝长度与其焊脚之比值增大而差别越大。当此比值过大时，焊缝两端将首先出现裂纹，而此时焊缝中部还未充分发挥其承载能力。因此，侧面角焊缝的计算长度不宜大于 $60h_f$。若内力沿侧面角焊缝全长分布时，其计算长度不受此限，如工字形截面柱或梁的翼缘与腹板的连接焊缝等。

5. 当型钢杆件的端部仅有两侧面角焊缝连接时（图 4-17），为了避免应力传递过分弯折而使构件中应力过分不均，应使每条侧面角焊缝长度大于它们之间的距离，即 $l_w\geqslant b$。再为了避免焊缝收缩时引起板件的拱曲过大，还宜使 $b\leqslant200mm$。当不满足此规定时，则应加正面角焊缝。

6. 型钢杆件搭接连接采用围焊，当角焊缝的端部在构件转角处时，为避免起落弧的缺陷发生在此应力集中较大部位，宜作长度为 $2h_f$ 的绕角焊（图 4-18），且转角处必须连续施焊，不能断弧。

7. 在传递轴向力的搭接连接中，搭接长度不得小于焊件较小厚度的 5 倍，并不得小于 25mm，以减小因焊缝收缩产生的残余应力及因偏心产生的附加弯矩而产生偏转（图 4-19）。

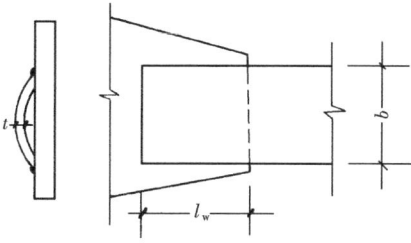

图 4-17　侧面角焊缝引起焊件拱曲

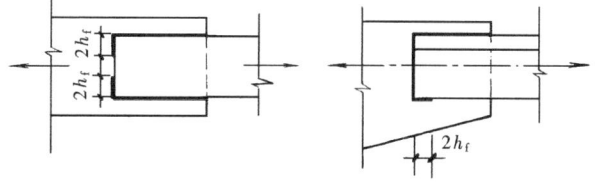

图 4-18　角焊缝的绕角焊

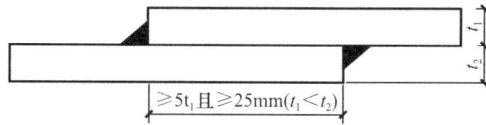

图 4-19　搭接连接的搭接长度

二、角焊缝的计算

(一) 角焊缝的应力状态和强度

1. 侧面角焊缝：如图 4-20 (a) 所示的轴心力 N 作用下，侧面角焊缝主要承受平行于焊缝长度方向的剪应力 $\tau_{//}$。由于构件的内力传递集中到侧面，力线产生弯折，故在弹性阶段，$\tau_{//}$ 沿焊缝长度方向分布不均匀，两端大，中间小，但侧面角焊缝塑性较好，在长度适当的情况下，应力经重分布可趋于均匀。侧面角焊缝的破坏常由两端开始，在出现裂纹后，通常即沿 45°喉部截面迅速断裂。

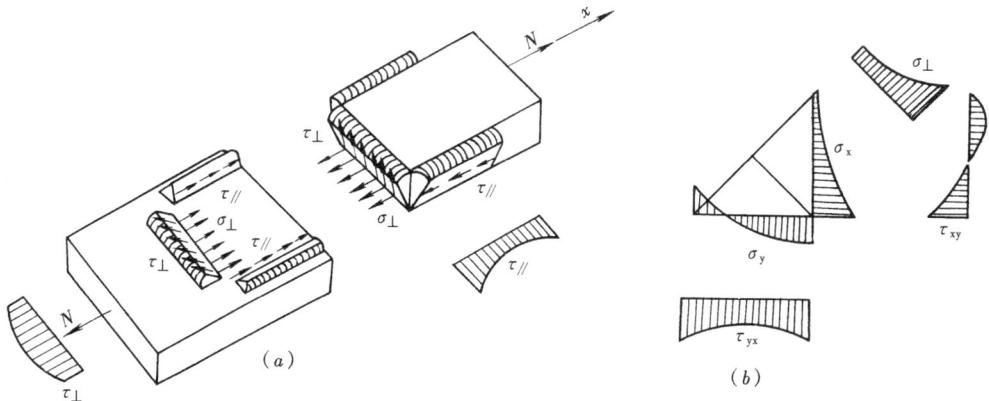

图 4-20　角焊缝的应力状态

2. 正面角焊缝：在轴心力 N 作用下，正面角焊缝中应力沿焊缝长度方向分布比较均匀，两端比中间略低，但应力状态比侧面角焊缝复杂。两焊脚边均有正应力和剪应力，且分布不均匀 (图 4-20b)，在 45°喉部截面上则有剪应力 $\tau_\perp$ 和正应力 $\sigma_\perp$ (图 4-20a)。由于在焊缝根部应力集中严重，故裂纹首先在此处产生，随即整条焊缝断裂，破坏面不太规则，除常沿 45°喉部截面外，亦可能沿焊缝的两熔合边破坏。正面角焊缝刚度大、塑性较差，破坏时变形小，但强度较高，其平均破坏强度约为侧面角焊缝的 $1.35\sim$ 1.55 倍。

（二）角焊缝强度条件的基本表达式

现假定角焊缝的破坏面均位于 $45°$ 喉部截面，但不计熔深和凸度，称为有效截面（参见图 4-21）。其宽度 $h_e = h_f\cos 45° = 0.7h_f$ 称为角焊缝的计算厚度（当两焊件间隙 $b \leqslant$ 1.5mm 时，$h_e = 0.7h_f$；当 $1.5\text{mm} < b \leqslant 5\text{mm}$ 时，$h_e = 0.7(h_f - b)$）。另外还假定截面上的应力均匀分布。

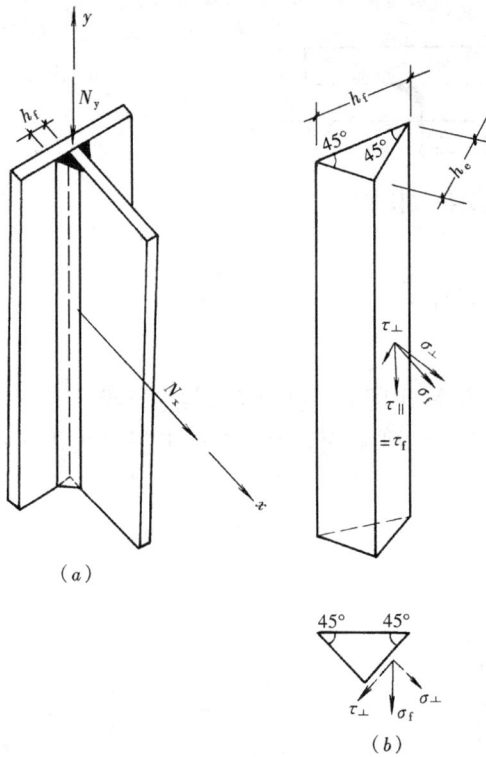

（a）

（b）

图 4-21　角焊缝的应力分析

图 4-21（a）所示为一受有垂直于焊缝长度方向的轴心力 N_x 和平行于焊缝长度方向的轴心力 N_y 作用的角焊缝连接。在焊缝有效截面上产生的应力如图 4-21（b）所示，其中由 N_x 引起的垂直于焊缝长度方向按焊缝有效截面计算的应力 σ_f 为：

$$\sigma_f = \frac{N_x}{h_e \sum l_w} \qquad (4\text{-}5)$$

式中　$\sum l_w$——角焊缝的总计算长度。对每条焊缝取其实际长度减去 $2h_f$（每端 $1h_f$，以考虑起落弧缺陷）。

在此处，σ_f 不是正应力，也不是剪应力，故须将其分解为垂直于焊缝有效截面的正应力 $\sigma_\perp$ 和垂直于焊缝长度方向的剪应力 $\tau_\perp$，即：

$$\sigma_\perp = \frac{\sigma_f}{\sqrt{2}}, \qquad (4\text{-}6)$$

$$\tau_\perp = \frac{\sigma_f}{\sqrt{2}} \qquad (4\text{-}7)$$

此外，由 N_y 引起的平行于焊缝长度方向按焊缝有效截面计算的剪应力 $\tau_{/\!/}(=\tau_f)$ 为：

$$\tau_{/\!/} = \tau_f = \frac{N_y}{h_e \sum l_w} \qquad (4\text{-}8)$$

在 $\sigma_\perp$、$\tau_\perp$ 和 $\tau_{/\!/}$ 综合作用下，角焊缝处于复杂应力状态，故按强度理论的折算应力公式，其不破坏的强度条件为：

$$\sigma_{f_{eq}} = \sqrt{\sigma_\perp^2 + 3(\tau_\perp^2 + \tau_{/\!/}^2)} \leqslant f_t^w = \sqrt{3} f_f^w \qquad (4\text{-}9)$$

式中　f_f^w——角焊缝的强度设计值（见表 4-2）。（f_f^w 系按侧面角焊缝受剪确定的，故须按式（2-12）乘以 $\sqrt{3}$ 换成角焊缝的抗拉强度设计值）

将前述 $\sigma_\perp$、$\tau_\perp$ 和 $\tau_{/\!/}$ 值代入式（4-9），得：

$$\sqrt{\left(\frac{\sigma_f}{\sqrt{2}}\right)^2 + 3\left[\left(\frac{\sigma_f}{\sqrt{2}}\right)^2 + \tau_f^2\right]} \leqslant \sqrt{3} f_f^w$$

或

$$\sqrt{\left(\frac{\sigma_f}{1.22}\right)^2 + \tau_f^2} \leqslant f_f^w$$

若令 $\beta_f=1.22$（β_f 为正面角焊缝的强度设计值增大系数），则上式可改写为：

$$\sqrt{\left(\frac{\sigma_f}{\beta_f}\right)^2+\tau_f^2}\leqslant f_f^w \tag{4-10}$$

此式即《设计标准》的角焊缝基本计算式。对承受静力荷载和间接承受动力荷载的结构，取 $\beta_f=1.22$；对直接承受动力荷载的结构，考虑到正面角焊缝强度虽高，但刚度较大，韧性差，同时应力集中也较严重，故应取 $\beta_f=1.0$，即不考虑其强度增大，和侧面角焊缝一样对待。

（三）轴心力作用时的角焊缝计算

当作用力（拉力、压力、剪力）通过角焊缝群的形心时，可认为焊缝的应力为均匀分布。但由于作用力与焊缝长度方向间关系的不同，故在应用式（4-10）计算时应分别为：

1. 当作用力垂直于焊缝长度方向时（图 4-14b）

此种情况相当于正面角焊缝受力，此时式（4-10）中 $\tau_f=0$，故得

$$\sigma_f=\frac{N}{h_e\sum l_w}\leqslant\beta_f f_f^w \tag{4-11}$$

2. 当作用力平行于焊缝长度方向时（图 4-14a）

此种情况相当于侧面角焊缝受力，此时式（4-10）中 $\sigma_f=0$，故得

$$\tau_f=\frac{N}{h_e\sum l_w}\leqslant f_f^w \tag{4-12}$$

3. 当两方向力综合作用时

如图 4-22 所示三面围焊连接，其水平焊缝受垂直于焊缝长度方向的分力 N_y 和平行于焊缝长度方向的分力 N_x 的综合作用，而垂直焊缝则相反，因此应按式（4-10）分别计算各焊缝在各自的 σ_f 和 τ_f 共同作用下的强度，即：

$$\sqrt{\left(\frac{\sigma_f}{\beta_f}\right)^2+\tau_f^2}\leqslant f_f^w$$

式中 $$\sigma_f=\frac{N_x}{h_e\sum l_w}、\ \tau_f=\frac{N_y}{h_e\sum l_w}\quad（对垂直焊缝）；$$

$$\sigma_f=\frac{N_y}{h_e\sum l_w}、\ \tau_f=\frac{N_x}{h_e\sum l_w}\quad（对水平焊缝）；$$

$\sum l_w$——焊缝群的总计算长度。

4. 当作用力斜向于焊缝长度方向时

当作用力与焊缝长度方向成 θ 角时称为斜向角焊缝（图 4-23）。除可先将作用力分解为垂直于和平行于焊缝长度方向的分力 N_x、N_y，求出 σ_f、τ_f，然后代入式（4-10）进行计算外，也可不将作用力分解，而改用斜向角焊缝的强度设计值增大系数 $\beta_{f\theta}$，按下面导出的公式计算：

由图 4-23 可求得

$$\sigma_f=\frac{N\sin\theta}{h_e\sum l_w},\qquad \tau_f=\frac{N\cos\theta}{h_e\sum l_w}$$

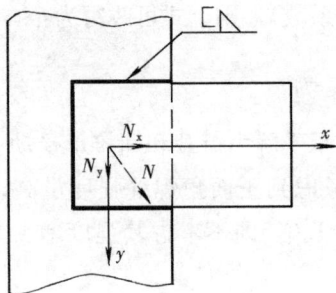

图 4-22　受两方向力综合作用的三面围焊　　图 4-23　与轴心力成夹角的斜向角焊缝

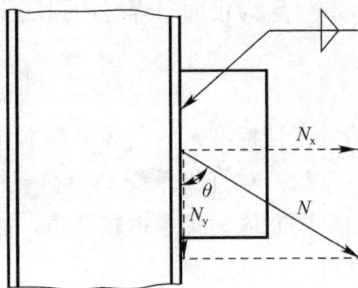

将以上两式代入式（4-10）得

$$\sqrt{\left(\frac{N\sin\theta}{\beta_\mathrm{f}h_\mathrm{e}\sum l_\mathrm{w}}\right)^2+\left(\frac{N\cos\theta}{h_\mathrm{e}\sum l_\mathrm{w}}\right)^2}\leqslant f_\mathrm{t}^\mathrm{w} \tag{4-13}$$

取式中 $\beta_\mathrm{f}=1.22$（正面角焊缝的强度设计值增大系数）并简化之，得

$$\frac{N}{h_\mathrm{e}\sum l_\mathrm{w}}\sqrt{\frac{\sin^2\theta}{1.5}+\cos^2\theta}=\frac{N}{h_\mathrm{e}\sum l_\mathrm{w}}\sqrt{1-\frac{\sin^2\theta}{3}}\leqslant f_\mathrm{f}^\mathrm{w}$$

令

$$\beta_{\mathrm{f}\theta}=\frac{1}{\sqrt{1-\frac{\sin^2\theta}{3}}} \tag{4-14}$$

则上式可写为

$$\frac{N}{\beta_{\mathrm{f}\theta}h_\mathrm{e}\sum l_\mathrm{w}}\leqslant f_\mathrm{f}^\mathrm{w} \tag{4-15}$$

此式即斜向角焊缝受轴心力作用时的计算公式。

根据式（4-14）可将 $\beta_{\mathrm{f}\theta}$ 按 θ（$0°\leqslant\theta\leqslant90°$）列于表 4-4 以便于应用。表中 $\theta=0°$ 即侧面角焊缝受轴心力作用情况，其 $\beta_{\mathrm{f}\theta}=1.0$；$\theta=90°$ 即正面角焊缝受轴心力作用情况，其 $\beta_{\mathrm{f}\theta}=\beta_\mathrm{f}=1.22$；其他情况 $\beta_{\mathrm{f}\theta}$ 则介于 $1.0\sim1.22$。

斜向角焊缝的强度设计值增大系数 $\beta_{\mathrm{f}\theta}$　　　　　　表 4-4

θ	0°	10°	20°	30°	40°	50°	60°	70°	80°	90°
$\beta_{\mathrm{f}\theta}$	1.00	1.01	1.02	1.04	1.08	1.12	1.15	1.20	1.22	1.22

5. 侧面长角焊缝的计算

前已述及，侧面角焊缝的最大计算长度不宜大于 $60h_\mathrm{f}$（针对搭接接头），若超过此值，可不计算超出部分的长度。若要加入计算时，应将角焊缝的强度设计值 f_f^w 乘以下式的折减系数 α_f，以考虑长焊缝内力分布不均匀的影响。

$$\alpha_\mathrm{f}=1.5-\frac{l_\mathrm{w}}{120h_\mathrm{f}}\geqslant0.5 \tag{4-16}$$

6. 当角钢用角焊缝连接时（图 4-24）

钢结构常用角钢组成桁架，当角钢与连接板用角焊缝连接时，一般宜采用两面侧焊，也可用三面围焊或 L 形围焊。为避免偏心受力，应使焊缝传递的合力作用线与角钢杆件的轴线重合，由此可计算出各种形式的焊缝内力。下面以双角钢组成的 T 形截面为例（表 4-5 附图）：

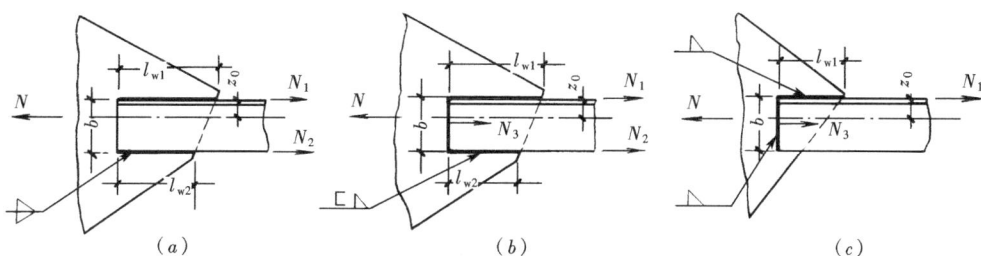

图 4-24 角钢与连接板的角焊缝连接
(a) 两面侧焊；(b) 三面围焊；(c) L 形围焊

（1）当采用两面侧焊时（图 4-24a）：设 N_1、N_2 分别为角钢肢背和肢尖焊缝分担的内力，由 $\sum M = 0$ 平衡条件，可得：

$$N_1 = \frac{b - z_0}{b}N = \eta_1 N \tag{4-17a}$$

$$N_2 = \frac{z_0}{b}N = \eta_2 N \tag{4-17b}$$

式中　b——角钢肢宽；

　　　z_0——角钢形心距（见附表 15、16）；

η_1、η_2——角钢肢背和肢尖焊缝的内力分配系数，可按表 4-5 的近似值取用。

角钢两侧角焊缝的内力分配系数 表 4-5

角钢类型	等边	不等边	不等边
连接情况			
分 配 系 数　角钢肢背 η_1	0.70	0.75	0.65
角钢肢尖 η_2	0.30	0.25	0.35

（2）当采用三面围焊时（图 4-24b）：可先选取正面角焊缝的焊脚尺寸 h_{f3}，并计算其所能承受的内力。由式（4-11）得

$$N_3 = 2 \times 0.7 h_{f3} b \beta_f f_f^w \tag{4-18}$$

再由 $\sum M = 0$ 平衡条件，可得：

$$N_1 = \frac{b - z_0}{b}N - \frac{N_3}{2} = \eta_1 N - \frac{N_3}{2} \tag{4-19a}$$

$$N_2 = \frac{z_0}{b}N - \frac{N_3}{2} = \eta_2 N - \frac{N_3}{2} \tag{4-19b}$$

（3）当采用 L 形围焊时（图 4-24c），不需先假定 h_{f3}，可令式（4-19b）中 $N_2 = 0$，即得：

$$N_3 = 2\eta_2 N \tag{4-20}$$

$$N_1 = N - N_3 \tag{4-21}$$

按上述方法求出各条焊缝分担的内力后，假定角钢肢背和肢尖焊缝的焊脚尺寸 h_{f1} 和 h_{f2}（对三面围焊宜假定 h_{f1}、h_{f2} 和 h_{f3} 相等），即可分别求出其所需的焊缝计算长度：

角钢肢背焊缝 $\qquad\qquad l_{w1} = \dfrac{N_1}{2 \times 0.7 h_{f1} f_f^w} \tag{4-22}$

角钢肢尖焊缝 $\qquad\qquad l_{w2} = \dfrac{N_2}{2 \times 0.7 h_{f2} f_f^w} \tag{4-23}$

对 L 形围焊可按下式先求其正面角焊缝的焊脚尺寸 h_{f3}，然后使 $h_{f1} \approx h_{f3}$，再由式（4-22）即可求得 l_{w1}。

$$h_{f3} = \frac{N_3}{2 \times 0.7 b \beta_f f_f^w} \tag{4-24}$$

采用的每条焊缝实际长度应取其计算长度加 $2h_f$，并取 5mm 的倍数，且在转角处绕角焊。对三面围焊和 L 形围焊，因在转角处必须连续施焊，可视为一条焊缝。

【例 4-2】　试设计一双盖板角焊缝对接接头（图 4-25）。已知钢板截面为 300mm×14mm，承受轴心力设计值 $N = 800$kN（静力荷载）。钢材 Q235B，手工焊，焊条 E43 型。

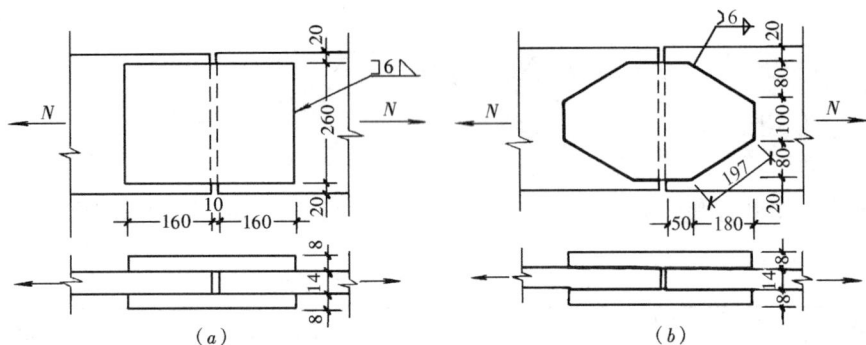

图 4-25　例 4-2 附图

【解】　根据与母材等强原则，取 2—260×8 矩形盖板，钢材 Q235B，其截面面积为

$$A = 2 \times 26 \times 0.8 = 41.6\text{cm}^2 \approx 30 \times 1.4 = 42\text{cm}^2$$

取 $\qquad h_f = 6\text{mm} < h_{f\max} = t - (1 \sim 2) = 8 - (1 \sim 2) = 6 \sim 7\text{mm}$

$$> h_{f\max} = 5\text{mm}（按表 4-3）$$

（1）采用三面围焊

因 $b = 260$mm$ > 200$mm，且侧面焊缝可施焊的长度小于板件的宽度，为防止因仅用侧面角焊缝引起板件拱曲过大，故采用三面围焊。正面角焊缝能承受的内力为［按式（4-11）］

$$N_1 = 2 \times 0.7 \times h_f l_{w1} \beta_f f_f^w = 2 \times 0.7 \times 6 \times 260 \times 1.22 \times 160$$
$$= 426000\text{N} = 426\text{kN}$$

接头一侧需要侧面角焊缝的计算长度为［按式（4-12）］

$$l_{w2} = \frac{N - N_1}{4 \times 0.7 h_f f_f^w} = \frac{(800 - 426) \times 10^3}{4 \times 0.7 \times 6 \times 160} = 139\text{mm}$$

盖板总长：$l = 2(139 + 10 + 6) + 10 = 320$mm，取 330mm（括号中 10mm 系考虑改

善焊缝受力性能，将其起弧处设在离板边大于 h_f 处。6mm 则考虑三面围焊可视为一条焊缝，故仅在焊缝一端减去起落弧缺陷 $1h_f$）。接头布置如图 4-25（a）所示。

（2）采用菱形盖板

为了减少矩形盖板四角处焊缝的应力集中，现改用如图 4-25（b）所示的菱形盖板。并对其连接焊缝的强度进行验算。

正面角焊缝能承受的内力为［按式（4-11）］

$$N_1 = 2 \times 0.7 h_f l_{w1} \beta_f f_f^w = 2 \times 0.7 \times 6 \times 100 \times 1.22 \times 160$$
$$= 16400\text{N} = 164\text{kN}$$

斜向角焊缝能承受的内力为［按式（4-14）和式（4-15）］

$$\beta_{f\theta} = \frac{1}{\sqrt{1 - \frac{\sin^2\theta}{3}}} = \frac{1}{\sqrt{1 - \frac{1}{3}\left(\frac{80}{197}\right)^2}} = 1.03$$

$$N_2 = 2 \times 2 \times 0.7 h_f l_{w2} \beta_{f\theta} f_f^w = 2 \times 2 \times 0.7 \times 6 \times 197 \times 1.03 \times 160$$
$$= 545000\text{N} = 545\text{kN}$$

侧面角焊缝能承受的内力为［按式（4-12）］

$$N_3 = 2 \times 2 \times 0.7 h_f l_{w2} f_f^w = 2 \times 2 \times 0.7 \times 6 \times (50-6) \times 160$$
$$= 118000N = 118\text{kN}$$

接头一侧能承受的内力为

$$\sum N = N_1 + N_2 + N_3 = 164 = 545 + 118 = 827\text{kN} >= 800\text{kN} \quad （满足）$$

改用菱形后盖板长度有所增加，但焊缝受力情况有一定改善。

【例 4-3】　试设计角钢与连接板的连接角焊缝（图 4-26）。轴心力设计值 $N = 830$kN（静力荷载）。角钢为 2∟ $125 \times 80 \times 10$，长肢相连，连接板厚度 $t = 12$mm，钢材 Q235B，手工焊，焊条 E43 型。

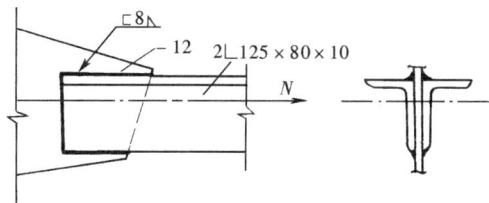

图 4-26　例 4-3 附图

【解】　取 $h_f = 8$mm $< h_{f\max} = t - (1\sim2) = 10 - (1\sim2) = 8 \sim 9$mm

$> h_{f\min} = 5$mm（按表 4-3）

采用三面围焊。正面角焊缝能承受的内力按式（4-18）为：

$$N_3 = 2 \times 0.7 h_f b \beta_f f_f^w = 2 \times 0.7 \times 8 \times 125 \times 1.22 \times 160$$
$$= 273000\text{N} = 273\text{kN}$$

肢背和肢尖焊缝分担的内力，按式（4-19a）、式（4-19b），为：

$$N_1 = \eta_1 N - \frac{N_3}{2} = 0.65 \times 830 - \frac{273}{2} = 403\text{kN}$$

$$N_2 = \eta_2 N - \frac{N_3}{2} = 0.35 \times 830 - \frac{273}{2} = 154\text{kN}$$

肢背和肢尖焊缝需要的焊缝实际长度，按式（4-22）、式（4-23），为：

$$l_{w1} = \frac{N_1}{2 \times 0.7 h_f f_f^w} + h_f = \frac{403 \times 10^3}{2 \times 0.7 \times 8 \times 160} + 8 = 233\text{mm}，取 235\text{mm}$$

$$l_{w2} = \frac{N_2}{2 \times 0.7 h_f f_f^w} + h_f = \frac{154 \times 10^3}{2 \times 0.7 \times 8 \times 160} + 8 = 94\text{mm}, \text{取 } 95\text{mm}$$

（四）弯矩、剪力和轴心力共同作用时 T 形接头的角焊缝计算

图 4-27 （a） 所示为一受斜向拉力 F 作用的角焊缝连接 T 形接头。将 F 力分解并向角焊缝有效截面的形心简化后，可与图 4-27 （b） 所示的 $M = Ve$、V 和 N 共同作用等效。图中焊缝端点 A 为危险点，其所受由 M 和 N 产生的垂直于焊缝长度方向的应力为：

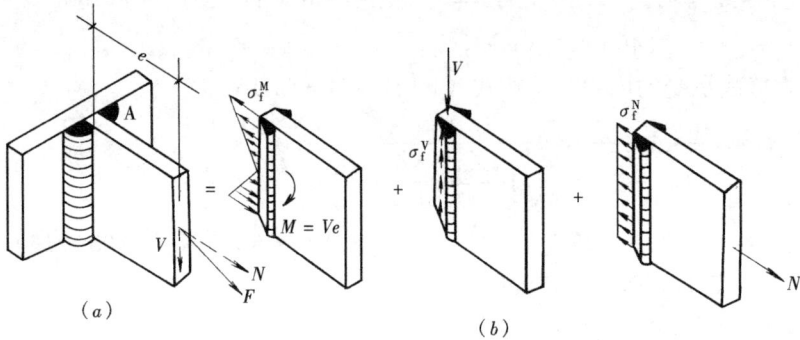

图 4-27　弯矩、剪力和轴心力共同作用时 T 形接头的角焊缝

$$\sigma_f^M = \frac{M}{W_f^w} = \frac{6M}{2 \times 0.7 h_f l_w^2} \tag{4-25}$$

和

$$\sigma_f^N = \frac{N}{A_f^w} = \frac{N}{2 \times 0.7 h_f l_w} \tag{4-26}$$

式中 W_f^w 和 A_f^w 分别为角焊缝有效截面的截面模量和截面面积。

由 V 产生的平行于焊缝长度方向的应力为：

$$\tau_f^V = \frac{V}{A_f^w} = \frac{V}{2 \times 0.7 h_f l_w} \tag{4-27}$$

根据式 （4-10），A 点焊缝应满足：

$$\sqrt{\left(\frac{\sigma_f^M + \sigma_f^N}{\beta_f}\right)^2 + (\tau_f^V)^2} \leqslant f_f^w \tag{4-28}$$

当仅有弯矩和剪力共同作用，即上式中 $\sigma_f^N = 0$ 时，可得：

$$\sqrt{\left(\frac{\sigma_f^M}{\beta_f}\right)^2 + (\tau_f^V)^2} \leqslant f_f^w \tag{4-29}$$

【例 4-4】　试将例 4-1 的牛腿和柱连接的对接焊缝改用角焊缝，其他条件不变，仅 $F = 420\text{kN}$。

【解】　采用如图 4-28 （b） 所示沿牛腿周边围焊的角焊缝，且在转角处连续施焊。为避免焊缝相交的不利影响，将牛腿腹板的上、下角各切去 $r = 15\text{mm}$ 的弧形缺口。因此，可近似取焊缝的有效截面如图 4-28 （c） 所示。

将 F 力向焊缝有效截面的形心简化后，焊缝同时承受由弯矩 $M = Fe = 420 \times 30 = 12600\text{kN·cm}$ 产生的 σ_f^M 和由剪力 $V = F = 420\text{kN}$ 产生的 τ_f^V 的作用。由于牛腿翼缘竖向刚度较低，故一般考虑剪力全部由腹板上的两条竖向焊缝承受，而弯矩则由全部焊缝承受。

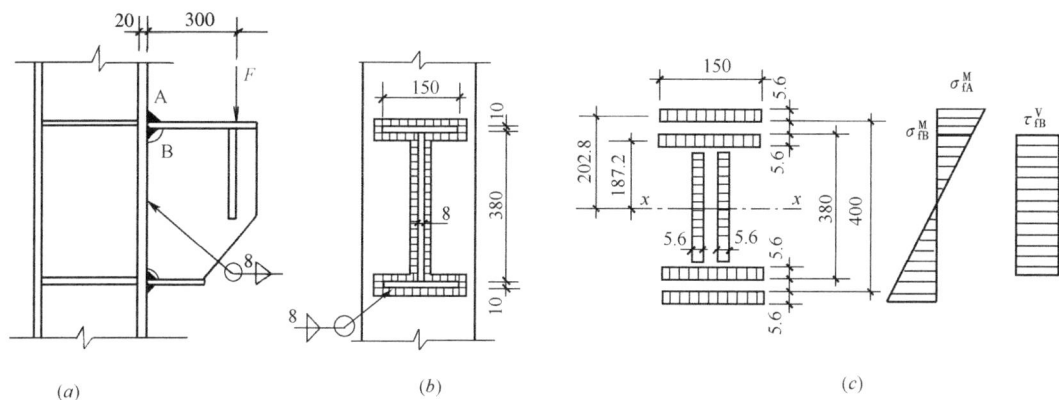

图 4-28　例 4-4 附图

一、焊缝有效截面的几何特性

取 $\qquad h_f = 8\text{mm} > h_{f\min} = 5\text{mm}$ （按表 4-3）

两条竖向焊缝有效截面的面积：

$$A_f^w = 2 \times 0.7 \times 0.8 \times (38 - 2 \times 1.5 - 2 \times 0.8) = 37.4\text{cm}^2$$

全部焊缝有效截面对 x 轴的惯性矩：

$$I_f^w = 2 \times \frac{1}{12} \times 0.7 \times 0.8 \times 33.4^3 + 2 \times 0.7 \times 0.8 \times 15 \times 20.28^2$$
$$+ 2 \times 0.7 \times 0.8 \times 15 \times 18.72^2 = 16270\text{cm}^4$$

二、焊缝强度验算

A 点，承受由弯矩产生的垂直于焊缝长度方向的应力，按式（4-25）计算

$$W_f^w = \frac{16270}{20.56} = 791\text{cm}^3$$

$$\sigma_{fA}^M = \frac{M}{W_f^w} = \frac{12600 \times 10^4}{791 \times 10^3} = 159.3\text{N/mm}^2$$

$$< \beta_f f_f^w = 1.22 \times 160 = 195\text{N/mm}^2 \quad （满足）$$

B 点，承受由弯矩和剪力产生的 σ_{fB}^M 和 τ_{fB}^V 的共同作用，按式（4-29）计算

$$\sigma_{fB}^M = 159.3 \times \frac{17.5}{20.56} = 135.6\text{N/mm}^2$$

$$\tau_{fB}^V = \frac{F}{A_f^w} = \frac{420 \times 10^3}{37.4 \times 10^2} = 112.3\text{N/mm}^2$$

所以 $\qquad \sqrt{\left(\frac{\sigma_{fB}^M}{\beta_f}\right)^2 + (\tau_{fB}^V)^2} = \sqrt{\left(\frac{135.6}{1.22}\right)^2 + 112.3^2} = 158.8\text{N/mm}^2 < f_f^w$

$$= 160\text{N/mm}^2 \quad （满足）$$

（五）扭矩、剪力和轴心力共同作用时搭接接头的角焊缝计算

图 4-29（a）所示为一受斜向拉力 F 作用的角焊缝连接搭接接头。将 F 力分解并向角焊缝有效截面的形心 O 简化后，可与图 4-29（b）所示的 $T=Ve$、V 和 N 共同作用等效。

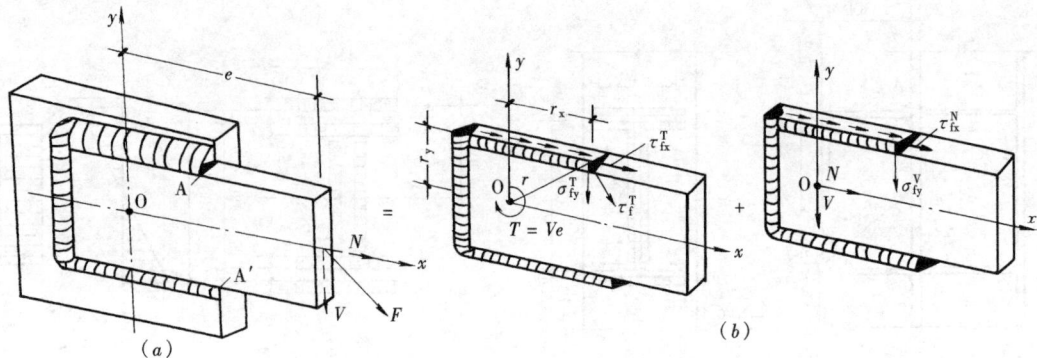

图 4-29　扭矩、剪力和轴心力共同作用时搭接接头的角焊缝

在计算扭矩 T 作用下焊缝产生的应力时，一般假定被连接件是绝对刚性体，而焊缝则是弹性工作。因此，在扭矩作用下，被连接件绕焊缝有效截面形心 O 旋转，焊缝群上任意一点的应力方向垂直于该点与 O 的连线，而其大小则与连线的距离 r 成正比，故最危险点应在 r 最大处，即图中的 A 或 A′点。A 点的应力按下式计算：

$$\tau_{\mathrm{f}}^{\mathrm{T}} = \frac{Tr}{I_{\mathrm{p}}} \tag{4-30}$$

式中　$I_{\mathrm{p}} = I_{\mathrm{x}} + I_{\mathrm{y}}$——角焊缝有效截面的极惯性矩。$I_{\mathrm{x}}$、$I_{\mathrm{y}}$ 分别为角焊缝有效截面对 x 轴和 y 轴的惯性矩。

$\tau_{\mathrm{f}}^{\mathrm{T}}$ 可分解为垂直于水平焊缝长度方向的分应力 $\sigma_{\mathrm{fy}}^{\mathrm{T}}$ 和平行于水平焊缝长度方向的分应力 $\tau_{\mathrm{fx}}^{\mathrm{T}}$：

$$\sigma_{\mathrm{fy}}^{\mathrm{T}} = \tau_{\mathrm{f}}^{\mathrm{T}} \cos\theta = \frac{Tr}{I_{\mathrm{P}}} \cdot \frac{r_{\mathrm{x}}}{r} = \frac{Tr_{\mathrm{x}}}{I_{\mathrm{p}}} \tag{4-31a}$$

$$\tau_{\mathrm{fx}}^{\mathrm{T}} = \tau_{\mathrm{f}}^{\mathrm{T}} \sin\theta = \frac{Tr}{I_{\mathrm{P}}} \cdot \frac{r_{\mathrm{y}}}{r} = \frac{Tr_{\mathrm{y}}}{I_{\mathrm{p}}} \tag{4-31b}$$

式中　r_{x}、r_{y}——r 在 x 轴和 y 轴方向的投影长度。

在剪力 V 作用下产生的垂直于水平焊缝长度方向均匀分布的应力为：

$$\sigma_{\mathrm{fy}}^{\mathrm{V}} = \frac{V}{h_{\mathrm{e}} \sum l_{\mathrm{w}}} \tag{4-32}$$

在轴心力 N 作用下产生的平行于水平焊缝长度方向均匀分布的应力为：

$$\tau_{\mathrm{fx}}^{\mathrm{N}} = \frac{N}{h_{\mathrm{e}} \sum l_{\mathrm{w}}} \tag{4-33}$$

根据式（4-10），A 点焊缝应满足：

$$\sqrt{\left(\frac{\sigma_{\mathrm{fy}}^{\mathrm{T}} + \sigma_{\mathrm{fy}}^{\mathrm{V}}}{\beta_{\mathrm{f}}}\right)^2 + (\tau_{\mathrm{fx}}^{\mathrm{T}} + \tau_{\mathrm{fx}}^{\mathrm{N}})^2} \leqslant f_{\mathrm{f}}^{\mathrm{w}} \tag{4-34}$$

【例 4-5】　试设计图 4-30 所示厚度为 12mm 的支托板（该支托板为牛腿的前面一块板）和 H 型钢柱翼缘搭接接头的角焊缝。作用力设计值 $F = 100$kN（静力荷载），至柱翼缘边距离为 200mm。钢材 Q235B，焊条 E43 型。

【解】　采用图示的三面围焊。

选 $h_{\mathrm{f}} = 10$mm $< h_{\mathrm{fmax}} = t - (1 \sim 2) = 12 - (1 \sim 2) = 10 \sim 11$mm

　　　　　　$> h_{\mathrm{fmin}} = 5$mm

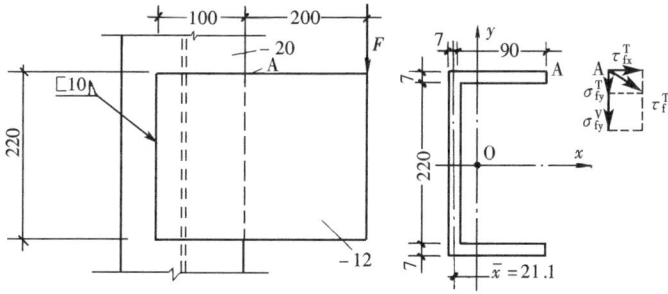

图 4-30　例 4-5 附图

一、焊缝有效截面的几何特性

焊缝有效截面的形心位置

$$\bar{x} = \frac{2 \times 0.7 \times 1 \times 9\left(\frac{1}{2} \times 9 + 0.35\right)}{0.7 \times 1(2 \times 9 + 23.4)} = 2.11\text{cm}$$

$$I_x = \frac{1}{12} \times 0.7 \times 1 \times 23.4^3 + 2 \times 0.7 \times 1 \times 9 \times 11.35^2 = 2371\text{cm}^4$$

$$I_y = 0.7 \times 1 \times 23.4 \times 2.11^2 + 2\left[\frac{1}{12} \times 0.7 \times 1 \times 9^3 + 0.7 \times 1 \times 9\left(\frac{9}{2} + 0.35 - 2.11\right)^2\right]$$

$$= 253\text{cm}^4$$

$$I_p = 2371 + 253 = 2624\text{cm}^4$$

二、焊缝强度验算（A 点）

$$T = 100(20 + 10 + 0.35 - 2.11) = 2824\text{kN} \cdot \text{cm}$$

$$\sigma_{fy}^T = \frac{Tr_x}{I_p} = \frac{2824 \times 7.24 \times 10^5}{2624 \times 10^4} = 78\text{N/mm}^2$$

$$\tau_{fx}^T = \frac{Tr_y}{I_p} = \frac{2824 \times 11.7 \times 10^5}{2624 \times 10^4} = 126\text{N/mm}^2$$

$$\sigma_{fy}^V = \frac{V}{A_f} = \frac{100 \times 10^3}{0.7 \times 1(2 \times 9 + 23.4)10^2} = 35\text{N/mm}^2$$

按式(4-34)：

$$\sqrt{\left(\frac{\sigma_{fy}^T + \sigma_{fy}^V}{\beta_f}\right)^2 + (\tau_{fx}^T)^2} = \sqrt{\left(\frac{78 + 35}{1.22}\right)^2 + 126^2}$$

$$= 156.4\text{N/mm}^2 < f_f^w = 160\text{N/mm}^2（满足）$$

第五节　焊接应力和焊接变形

一、焊接应力和焊接变形的成因

钢结构的焊接过程是在焊件局部区域加热熔化然后又冷却凝固的热过程。由于不均匀的温度场，导致焊件不均匀的膨胀和收缩，从而使焊件内部残存应力并引起变形，此即通称的焊接残余应力和焊接残余变形，或简称焊接应力和焊接变形。

焊接应力和焊接变形的成因可进一步以图 4-31 为例加以说明。图中有三块钢板，其两端均与一刚度极大的挡板连接，且钢板之间互不传热。现若对中间钢板均匀加热，设其自由伸长量为 Δl（图 4-31a），但由于另两块处于常温钢板的约束，故其实际伸长量将仅为 $\Delta l'$。此时，两边板由于伸长了 $\Delta l'$，在板内产生了拉应力，而中间板则因变形受阻产生了压应力。若加热温度很高，此压应力可达钢材的屈服强度 f_y（f_y 因温度增加而有一定程度降低），故板将产生热塑性压缩变形。因此，当热源去掉钢板冷却时，反过来这部分未引起相应压应力的变形将有较大的收缩，但又因受到两边板的限制而不能完全恢复，故最终在中间板内产生较大残余拉应力，而两边板内则产生残余压应力，并相互平衡。钢板则较原长缩短，产生了残余变形 δ（图 4-31b）。

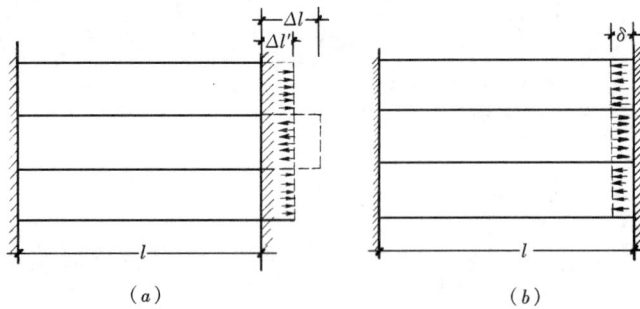

图 4-31　热残余应力和残余变形的成因

二、焊接应力的种类

焊接应力按其方向可分为纵向焊接应力、横向焊接应力和厚度方向焊接应力三种：

（一）纵向焊接应力

图 4-32（a）所示为两块钢板对焊。钢板一边因受热而伸长，但由于不均匀的温度

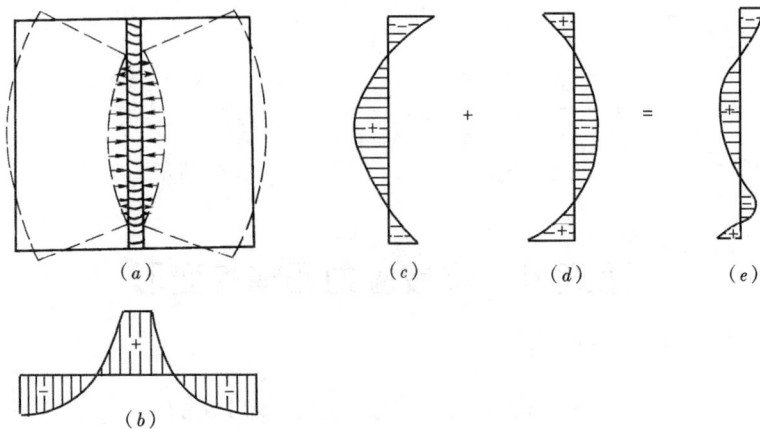

图 4-32　焊缝纵向和横向焊接应力

（a）焊缝的纵向收缩；（b）纵向焊接应力；（c）、（d）、（e）横向焊接应力

场（焊缝附近达 1600℃ 以上，邻近区域则急剧降低），伸长量受到两侧区域的限制而产生热塑性压缩，反过来冷却时收缩也受到限制，其机理和前述图 4-31 中钢板加热情况类似，从而在焊缝及其附近产生平行于焊缝长度方向的纵向拉应力，其大小常可达钢材屈服强度 f_y。由于焊接应力系焊件内部自相平衡的内应力，因而在离焊缝较远的区域将产生纵向压应力（图 4-32b）。

（二）横向焊接应力

焊缝的纵向收缩除产生纵向焊接应力外，同时还使两块钢板有相向弯曲成弓形的趋向（图 4-32a 中虚线），但钢板已被焊缝连成一体，因此在焊缝中部将产生横向拉应力，在焊缝两端则产生横向压应力（图 4-32c）。

另外，焊缝的横向收缩也要产生横向焊接应力。这是由于在施焊过程中焊缝的冷却时间不同（与焊接先后次序有关），当先焊的焊缝经冷固已达一定强度时，后焊的焊缝受热横向膨胀必将受其阻碍而产生横向热塑性压缩。反过来后焊的焊缝在冷却收缩时，又将受其限制，从而产生横向拉应力，而先焊的焊缝则产生横向压应力，远端焊缝则产生横向拉应力（图 4-32d）。

图 4-32（e）所示是上述两种横向焊接应力的合成。

（三）厚度方向焊接应力

厚钢板的焊缝在冷却时，外围焊缝因散热较快而先冷固，故内层焊缝收缩时将受其限制，从而在焊缝内部产生沿焊缝厚度方向的拉应力，而焊缝外部则产生压应力（图 4-33 中 σ_z）。

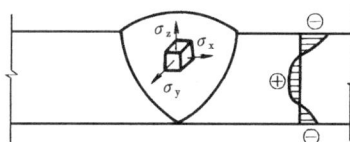

图 4-33　焊缝厚度方向焊接应力

以上所述焊接应力的成因均按焊件在无约束状态下施焊。若焊件在施焊时处于约束状态，如采用强大夹具或焊件本身刚度较大等，焊件将因不能自由伸缩而产生更大的焊接应力，且随约束程度增加而增加。

三、焊　接　变　形

如前述，焊接过程中的局部加热和不均匀的冷却收缩，在使焊件产生焊接应力的同时还将伴生焊接变形，它的主要形式有纵向和横向收缩、弯曲变形、角变形、波浪变形和扭曲变形等（图 4-34）。

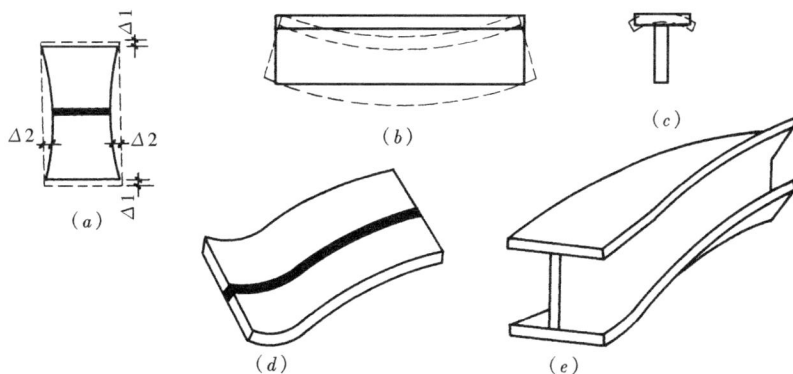

图 4-34　焊接变形

（a）纵向和横向收缩；（b）弯曲变形；（c）角变形；（d）波浪变形；（e）扭曲变形

四、焊接应力和焊接变形对结构的影响

（一）焊接应力对结构性能的影响

1. 静力强度　图 4-35（a）所示为一具有焊接应力且有较好塑性的对接钢板。在轴心拉力（静力荷载）N 作用下，当拉应力 N/A（图 4-35b）和板中纵向焊接拉应力 σ_{rt} 叠加达屈服强度 f_y 时（图 4-35c），钢板提前进入塑性，应力不再增大，继续增加的外力只能由弹性区承担，受压区应力亦逐渐由受压变为受拉，直至全截面达到 f_y（图 4-35d）。由于焊接应力是自相平衡的内应力分布，即焊接压应力 σ_{rc} 的合力和焊接拉应力 σ_{rt} 的合力相等，因此板的承载能力和没有焊接应力时的相同，故焊接应力对结构的静力强度并无影响。

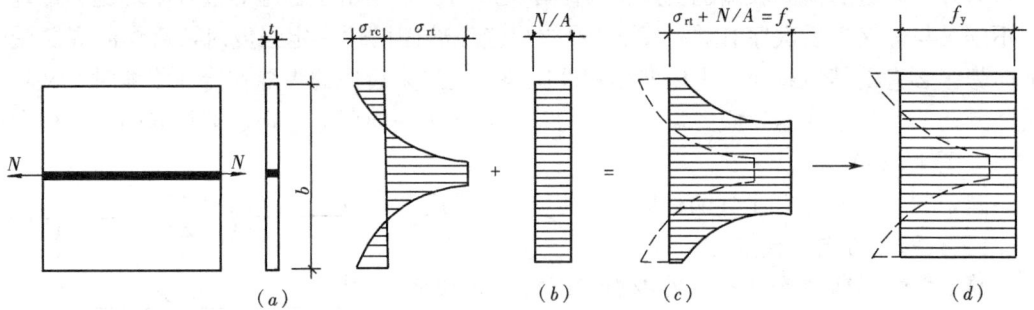

图 4-35　焊接应力对结构静力强度的影响

2. 刚度　如前述图 4-35 所示具有焊接应力的钢板，由于在焊接拉应力区域提前进入塑性状态而刚度降为零，继续增加的外力仅由弹性区承担，因此构件必然变形增大，刚度减小。

3. 压杆的稳定承载力　有焊接应力的压杆，在焊接压应力区将提前进入塑性状态，截面的弹性区缩小，杆件的抗弯刚度也相应减小，因此其稳定承载力将降低（详见第五章第三节）。

4. 疲劳强度和低温冷脆　由于焊缝中存在的双向甚至三向焊接应力（图 4-33，图中 σ_x、σ_y 表示横向和纵向焊接应力），当形成同号应力，尤其是同号拉应力时，塑性变形受到约束，材料变脆，使裂纹容易产生和开展，疲劳强度也因而降低，在低温情况下，更易形成冷脆断裂。

（二）焊接变形对结构的影响

焊接变形不仅影响结构的尺寸，使装配困难，而且使构件产生初偏心和初弯曲等初始缺陷，在受力时引起附加内力，影响其承载能力。

如何防治焊接应力和焊接变形将在第十章论述。

第六节　普通螺栓连接的构造和计算

普通螺栓采用的材料、受力特征以及应用范围，在第一节中已作了一般性叙述，下面进一步对普通螺栓连接的构造、受力性能和计算加以阐述。

一、普通螺栓连接的构造[①]

（一）普通螺栓的形式和规格

钢结构采用的普通螺栓形式为六角头型，粗牙普通螺纹，其代号用字母 M 与公称直径表示，工程中常用 M16、M20、（M22）和 M24，受力较大时可用（M27）、M30（M22 和 M27 为第二选择系列，不常用）。螺栓的最大连接长度随螺栓直径而异，选用时宜控制其不超过螺栓标准中规定的夹紧长度，一般为 4～6 倍螺栓直径（大直径螺栓取大值，反之取小值。高强度螺栓为 5～7 倍），即螺栓直径不宜小于 1/4～1/6（或 1/5～1/7）夹紧长度，以免出现板叠过厚而紧固力不足和螺栓过于细长而受力弯曲的现象，以致影响连接的受力性能。另外，螺栓长度还应考虑螺栓头部及螺母下各设一个垫圈和螺栓拧紧后外露丝扣不少于 2～3 扣。对直接承受动力荷载的普通螺栓应采用双螺母或其他能防止螺母松动的有效措施（设弹簧垫圈、将螺纹打毛或螺母焊死）。

C 级螺栓的孔径比螺栓杆径大 1～1.5mm。具体为 M16 及以下大 1mm；M20 及以上大 1.5mm。

（二）螺栓及孔的图例

钢结构施工图采用的螺栓及孔的图例应按《建筑结构制图标准》（GB/T 50105－2010）的规定，见表 4-6。

螺栓及孔图例　　　　　　　　　　　　　　　　　　表 4-6

名称	永久螺栓	安装螺栓	高强度螺栓	圆形螺栓孔	长圆形螺栓孔
图例					

注：1. 细"+"线表示定位线，M 表示螺栓型号，ϕ 表示螺栓孔直径；
　　2. 采用引出线标注螺栓时，横线上标注螺栓规格，横线下标注螺栓孔直径。

（三）螺栓的排列

螺栓的排列应遵循简单紧凑、整齐划一和便于安装紧固的原则，通常采用并列和错列两种形式（图 4-36）。并列简单，但栓孔削弱截面较大。错列可减少截面削弱，但排列较繁。不论采用哪种排列，螺栓的中距（螺栓中心间距）、端距（顺内力方向螺栓中心至构件边缘距离）和边距（垂直内力方向螺栓中心至构件边缘距离）应满足下列要求：

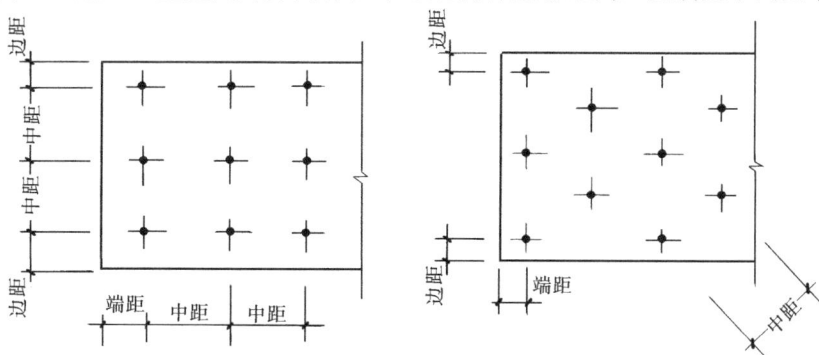

图 4-36　螺栓的并列排列和错列排列

[①]　本段内容还适用于高强度螺栓。

1. 受力要求　螺栓任意方向的中距以及边距和端距均不应过小，以免构件在承受拉力作用时，加剧孔壁周围的应力集中和防止钢板过度削弱而承载力过低，造成沿孔与孔或孔与边间拉断或剪断。当构件承受压力作用时，顺压力方向的中距不应过大，否则螺栓间钢板可能失稳形成鼓曲。

2. 构造要求　螺栓的中距不应过大，否则钢板不能紧密贴合。外排螺栓的中距以及边距和端距更不应过大，以防止潮气侵入引起锈蚀。

3. 施工要求　螺栓间应有足够距离以便于转动扳手，拧紧螺母。

《设计标准》根据上述要求制定的螺栓的最大、最小容许间距见表 4-7。排列螺栓时，宜按最小容许间距取用，且应取 5mm 的倍数，并按等距离布置，以缩小连接的尺寸。最大容许间距一般只在起连系作用的构造连接中采用。

H 型钢、工字钢、槽钢、角钢上螺栓的排列（图 4-37）除应满足表 4-7 规定的最大、最小容许间距外，还应符合各自的线距和最大孔径 d_{omax} 的要求（表 4-8、表 4-9、表 4-10），以使螺栓大小和位置匹配适当并便于拧固。H 型钢腹板上和翼缘上螺栓的线距和最大孔径，可分别参照工字钢腹板和角钢的选用。

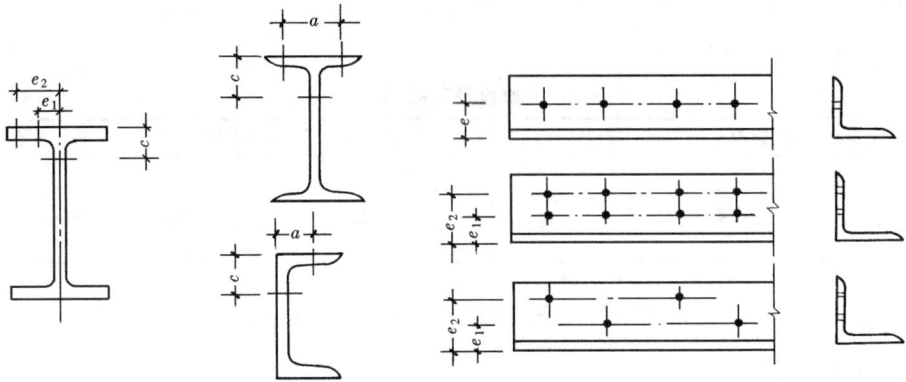

图 4-37　螺栓在 H 型钢、工字钢、槽钢、角钢上的排列

螺栓的孔距、边距和端距容许值　　　　　　　　　　　　　　　表 4-7

名称	位置和方向			最大容许间距 （取两者的较小值）	最小容许间距
中心间距	外排（垂直内力方向或顺内力方向）			$8d_0$ 或 $12t$	$3d_0$
	中间排	垂直内力方向		$16d_0$ 或 $24t$	
		顺内力方向	构件受压力	$12d_0$ 或 $18t$	
			构件受拉力	$16d_0$ 或 $24t$	
	沿对角线方向			—	
中心至构件边缘距离	垂直内力方向	顺内力方向		$4d_0$ 或 $8t$	$2d_0$
		剪切边或手工气割边			$1.5d_0$
		轧制边、自动气割或锯割边	高强度螺栓		
			其他螺栓		$1.2d_0$

注：1. d_0 为螺栓孔直径，对槽孔为短向尺寸 t 为外层较薄板件的厚度；
　　2. 钢板边缘与刚性构件（如角钢、槽钢等）相连的高强度螺栓的最大间距，可按中间排的数值采用；
　　3. 计算螺栓孔引起的截面削弱时可取 $d+4mm$ 和 d_0 的较大者。

工字钢翼缘和腹板上螺栓的最小容许线距和最大孔径　　　　　　　　表 4-8

型号	12.6	14	16	18	20	22	25	28	32	36	40	45	50	56	63
a	40	45	50	50	55	60	65	70	75	80	80	85	90	90	95
c	40	45	45	45	50	50	55	60	60	65	70	75	75	75	75
$d_{0\max}$	11.5	13.5	15.5	17.5	17.5	20	20	20	22	24	24	26	26	26	26

槽钢翼缘和腹板上螺栓的最小容许线距和最大孔径　　　　　　　　表 4-9

型号	12.6	14	16	18	20	22	25	28	32	36	40
a	30	35	35	40	40	45	45	45	50	55	60
c	40	45	50	50	55	55	55	60	65	70	75
$d_{0\max}$	17.5	17.5	20	22	22	22	22	24	24	26	26

角钢上螺栓的最小容许线距和最大孔径　　　　　　　　表 4-10

肢宽		40	45	50	56	63	70	75	80	90	100	110	125	140	160	180	200
单行	e	25	25	30	30	35	40	40	45	50	55	60	70				
	$d_{0\max}$	11.5	13.5	13.5	15.5	17.5	20	22	22	24	24	26	26				
双行错列	e_1												55	60	70	70	80
	e_2												90	100	120	140	160
	$d_{0\max}$												24	24	26	26	26
双行并列	e_1														60	70	80
	e_2														130	140	160
	$d_{0\max}$														24	24	26

二、普通螺栓连接的受力性能和计算

普通螺栓连接按螺栓传力方式可分为受剪螺栓连接、受拉螺栓连接和拉剪螺栓连接三种。受剪螺栓连接是靠栓杆受剪和孔壁承压传力，受拉螺栓连接是靠沿杆轴方向受拉传力，拉剪螺栓连接则是同时兼有上述两种传力方式。

（一）受剪螺栓连接

1. 受力性能　图 4-38 所示为一单个受剪螺栓连接。钢板受拉力 N 作用，钢板间的相对位移为 δ，则 N-δ 曲线 1 可表示 C 级普通螺栓连接受力性能的三个阶段。第一阶段为起始的上升斜直线段，表示连接处在弹性工作状态，靠钢板间的摩擦力传力，无相对位移。由于普通螺栓紧固的预拉力很小，故此阶段不长即出现水平直线段，它表示摩擦力被克服，连接进入钢板相对滑移状态的第二阶段。当滑移至栓杆和螺栓孔壁靠紧，此时栓杆受剪，而孔壁承受挤压，连接的承载力也随之增加，曲线上升，这表示连接进入弹塑性工作状

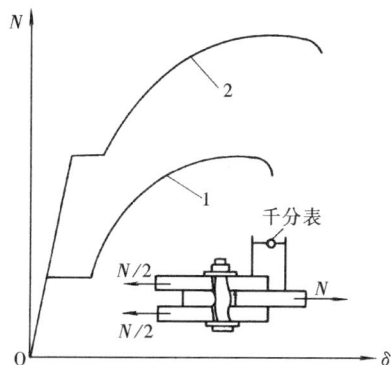

图 4-38　单个受剪螺栓连接的受力性能曲线
1—C 级普通螺栓；2—高强度螺栓

态的第三阶段。随着外拉力的增加，连接变形迅速增大，曲线亦趋于平坦，直至连接承载能力的极限状态——破坏。曲线的最高点即连接的极限承载力。

2. 破坏形式　受剪螺栓连接在达极限承载力时可能出现五种破坏形式：

(1) 栓杆剪断（图 4-39a）——当螺栓直径较小而钢板相对较厚时可能发生。

(2) 孔壁挤压坏（图 4-39b）——当螺栓直径较大而钢板相对较薄时可能发生。

(3) 钢板拉断（图 4-39c）——当钢板因螺孔削弱过多时可能发生。

(4) 端部钢板剪断（图 4-39d）——当顺受力方向的端距过小时可能发生。

(5) 栓杆受弯破坏（图 4-39e）——当螺栓过长时可能发生。

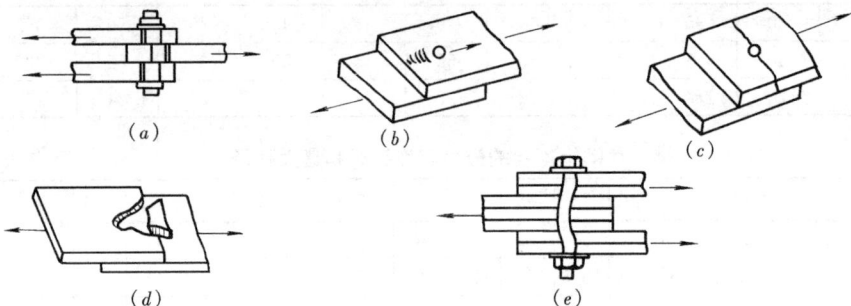

图 4-39　受剪螺栓连接的破坏形式

(a) 栓杆剪断；(b) 孔壁挤压坏；(c) 钢板拉断；(d) 端部钢板剪断；(e) 栓杆受弯破坏

上述破坏形式中的后两种在选用最小容许端距 $2d_0$ 和使螺栓的夹紧长度不超过 4～6 倍螺栓直径的条件下，均不会产生。但对其他三种形式的破坏，则须通过计算来防止。

3. 计算方法　根据上述，受剪螺栓连接按承载能力极限状态须计算栓杆受剪和孔壁承压承载力，以及钢板受拉（或受压）承载力，而后一项属于构件的强度计算。现分述如下：

(1) 单个受剪螺栓的承载力设计值

A. 抗剪承载力设计值——假定螺栓受剪面上的剪应力为均匀分布，单个螺栓的受剪承载力设计值为：

$$N_v^b = n_v \frac{\pi d^2}{4} f_v^b \qquad (4\text{-}35)$$

式中　n_v——受剪面数目，单剪 $n_v=1$、双剪 $n_v=2$、四剪 $n_v=4$（图 4-40）；

　　　d——螺栓杆直径（mm）；

　　　f_v^b——螺栓的抗剪强度设计值（N/mm²），见表 4-11。

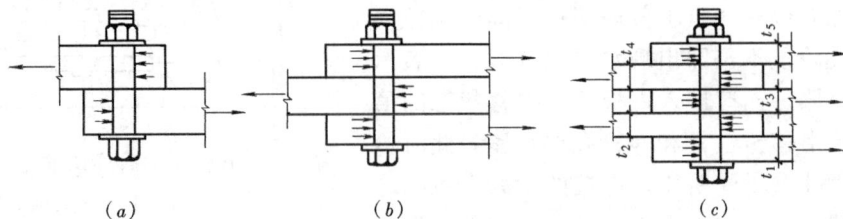

图 4-40　受剪螺栓的计算

(a) 单剪；(b) 双剪；(c) 四剪

螺栓连接的强度指标（N/mm²） 表 4-11

螺栓的性能等级、锚栓和构件钢材的牌号		强度设计值						锚栓	承压型连接或网架用高强度螺栓			高强度螺栓的抗拉强度 f_u^b
		普通螺栓										
		C 级螺栓			A 级、B 级螺栓							
		抗拉 f_t^b	抗剪 f_v^b	承压 f_c^b	抗拉 f_t^b	抗剪 f_v^b	承压 f_c^b	抗拉 f_t^a	抗拉 f_t^b	抗剪 f_v^b	承压 f_c^b	
普通螺栓	4.6级、4.8级	170	140	—	—	—	—	—	—	—	—	—
	5.6级	—	—	—	210	190	—	—	—	—	—	—
	8.8级	—	—	—	400	320	—	—	—	—	—	—
锚 栓	Q235 钢	—	—	—	—	—	—	140	—	—	—	—
	Q345 钢	—	—	—	—	—	—	180	—	—	—	—
	Q390 钢	—	—	—	—	—	—	185	—	—	—	—
承压型连接高强度螺栓	8.8级	—	—	—	—	—	—	—	400	250	—	830
	10.9级	—	—	—	—	—	—	—	500	310	—	1040
构件	Q235 钢	—	—	305	—	—	405	—	—	—	470	—
	Q345 钢	—	—	385	—	—	510	—	—	—	590	—
	Q390 钢	—	—	400	—	—	530	—	—	—	615	—
	Q420 钢	—	—	425	—	—	560	—	—	—	655	—
	Q460 钢	—	—	450	—	—	595	—	—	—	695	—
	Q345GJ	—	—	400	—	—	530	—	—	—	615	—

注：1. A 级螺栓用于 $d\leqslant24$mm 或 $l\leqslant10d$ 或 $l\leqslant150$mm（按较小值）的螺栓；B 级螺栓用于 $d>24$mm 或 $l>10d$ 或 $l>150$mm（按较小值）的螺栓。d 为公称直径，l 为螺杆公称长度；

2. A 级、B 级螺栓孔的精度和孔壁表面粗糙度、C 级螺栓孔的允许偏差和孔壁表面粗糙度，均应符合《施工验收规范》的要求；

3. 用于螺栓球节点网架的高强度螺栓，M12～M36 为 10.9 级，M39～M64 为 9.8 级。

B. 承压承载力设计值——螺栓孔壁的实际承压应力分布很不均匀，为了计算简便，假定承压应力沿螺栓直径的投影面均匀分布，单个螺栓的承压承载力设计值为：

$$N_c^b = d\sum t f_c^b \tag{4-36}$$

式中 $\sum t$——在不同受力方向中一个受力方向承压构件总厚度的较小值（mm）（如图 4-40c 中的四剪，$\sum t$ 取 $t_1+t_3+t_5$ 或 t_2+t_4 中的较小值）；

f_c^b——螺栓的（孔壁）承压强度设计值（N/mm²）。与构件的钢号有关，见表 4-11。

显而易见，单个受剪螺栓的承载力设计值应取 N_v^b 和 N_c^b 中的较小者 N_{min}^b。

（2）螺栓群的受剪螺栓连接计算

按《设计标准》规定，每一杆件在节点上以及拼接接头的一端，永久螺栓数不宜少于两个，因此螺栓连接中的螺栓一般都是以螺栓群的形式出现。

A. 螺栓群受轴心力作用时的受剪螺栓计算

（A）确定螺栓需要数目

图 4-41 所示为一受轴心力 N 作用的螺栓连接双盖板对接接头，尽管 N 通过螺栓群形心，但实验证明，各螺栓在弹性工作阶段受力并不相等，两端大，中间小，但在进入弹塑性工作阶段后，由于内力重分布，各螺栓受力将逐渐趋于相等，故可按平均受力计算。因

此，连接一侧螺栓需要的数目为：

$$n = \frac{N}{N_{min}^b} \qquad (4\text{-}37)$$

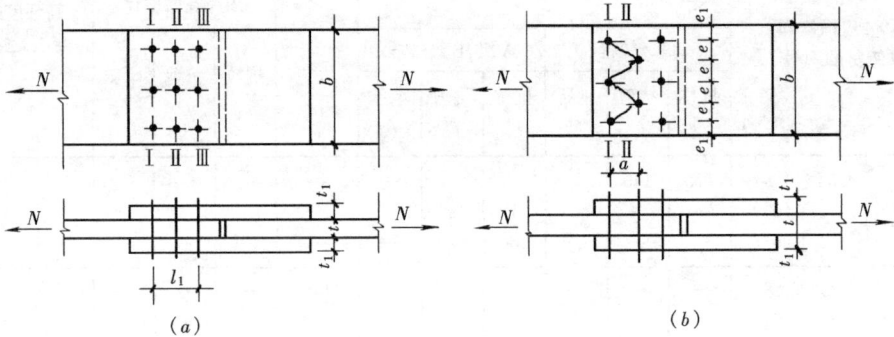

图 4-41　螺栓群受轴心力作用时的受剪螺栓

在构件的节点处或拼接接头的一端，当螺栓沿受力方向的连接长度 l_1（图 4-41a）过大时，根据试验资料，各螺栓的受力将很不均匀，端部螺栓受力最大，往往首先破坏，然后依次逐个向内破坏。因此，《设计标准》规定对 $l_1 > 15d_0$ 时的螺栓（包括高强度螺栓）的承载力设计值 N_v^b 和 N_c^b 应乘以下列折减系数给予降低，即：

当 $l_1 > 15d_0$ 时：$\qquad\qquad \beta = 1.1 - \dfrac{l_1}{150d_0} \qquad (4\text{-}38)$

当 $l_1 \geqslant 60d_0$ 时：$\qquad\qquad \beta = 0.7 \qquad\qquad\quad (4\text{-}39)$

对搭接或用拼接板的单面连接和加填板的连接，由于螺栓偏心受力，其数目应适当增加：

a. 一个构件借助填板或其他中间板件与另一构件连接时（图 4-42（a）），应按计算数目增加 10%。

b. 搭接或用拼接板的单面连接（图 4-42（b）、（c）），应按计算数目增加 10%。

c. 在构件的端部连接中，当利用短角钢连接型钢（角钢或槽钢）的外伸肢以缩短连接的长度时（图 4-42（d）），在角钢两肢中的一肢上所用的螺栓，应按计算数目增加 50%。

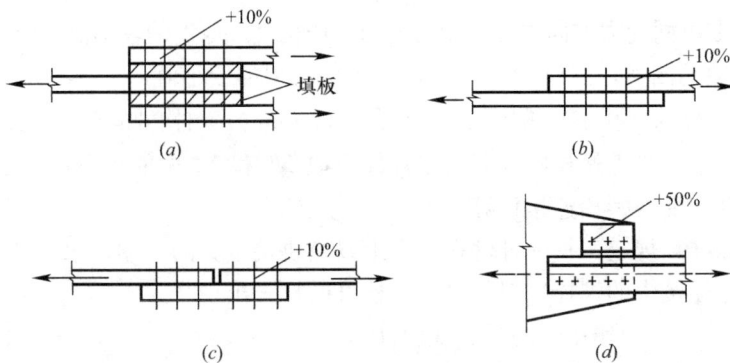

图 4-42　螺栓数目应增加的情况

（B）验算截面

为防止构件或连接板因螺孔削弱而拉（或压）断，或主截面达到屈服强度而变形过大不适于继续承载，还需按下面公式验算连接开孔截面的净截面强度和主截面会否屈服：

$$\sigma = \frac{N}{A_n} \leqslant 0.7 f_u \qquad (4\text{-}40a)$$

$$\sigma = \frac{N}{A} \leqslant f \qquad (4\text{-}40b)$$

式中　A——构件或连接板的毛截面面积（mm^2）；

A_n——构件或连接板的净截面面积（mm^2）；

f——钢材的抗拉（或抗压）强度设计值（N/mm^2），按表 3-5 选用；

f_u——钢材的抗拉强度最小值（N/mm^2），按表 3-5 选用。

净截面强度验算应选择构件或连接板的最不利截面，即内力最大或螺孔较多的截面。如图 4-41（a）所示螺栓为并列布置时，构件最不利截面为截面 I-I，其内力最大为 N。而截面 II-II 和 III-III 因前面螺栓已传递部分力，故内力分别递减为 $N-(n_1/n)N$ 和 $N-[(n_1+n_2)/n]N$（n、n_1、n_2 分别为连接一侧的螺栓总数和截面 I-I、II-II 上的螺栓数），均较截面 I-I 的小，因此，若它们的螺孔数未增多，即可不予计算。但对连接板各截面，因受力相反，截面 III-III 受力最大，亦为 N，故还需按下面公式比较它和构件截面 I-I 的净截面面积，以确定最不利截面：

构件截面 I-I　　　　　　　$A_n = (b-n_1 d_o)t$　　　　　　　（4-41）

连接板截面 III-III　　　　　$A_n = 2(b-n_3 d_o)t_1$　　　　　　（4-42）

式中　n_1、n_3——截面 I-I 和 III-III 上的螺孔数；

t、t_1、b——构件和连接板的厚度及宽度（mm）。

当螺栓为错列布置时（图 4-41b），构件或连接板除可能沿直线截面 I-I 破坏外，还可能沿折线截面 II-II 破坏，因其长度虽较大，但螺孔较多，故还需按下式计算净截面面积，以确定最不利截面：

$$A_n = [2e_1 + (n_2-1)\sqrt{a^2+e^2} - n_2 d_o]t \qquad (4\text{-}43)$$

式中　n_2——折线截面 II-II 上的螺孔数。

【例 4-6】　试设计一 C 级螺栓的角钢拼接。角钢型号 ∟100×10，Q235A 钢。轴心拉力设计值 $N=300$kN。

【解】　**一、确定螺栓需要数目和排列**

试选 M22 螺栓，孔径 $d_o=23.5$mm（符合表 4-10 中最大孔径的规定）。采用拼接角钢型号与构件角钢相同。

单个受剪螺栓的抗剪和承压承载力设计值，按式（4-35）、式（4-36）：

$$N_v^b = n_v \frac{\pi d^2}{4} f_v^b = 1 \times \frac{\pi \times 22^2}{4} \times 140 = 53200\text{N} = 53.2\text{kN}$$

$$N_c^b = d\sum t f_c^b = 22 \times 10 \times 305 = 67100\text{N} = 67.1\text{kN}$$

故取 $N_{min}^b = 53.2$kN。连接一侧螺栓需要的数目，按式（4-37）：

$$n = \frac{N}{N_{min}^b} = \frac{300}{53.2} = 5.64 \text{ 个}$$

本例角钢为单面拼接，螺栓偏心受力，故应按计算数目增加 10%，实际取用 6 个（按图 4-42c）。

为便于紧固螺栓，采用如图 4-43（a）所示的错列布置（螺栓线距取 55mm，符合表

4-10 $e_{min}=55mm$，中距取 80mm＞$3d_0=70.5mm$、边距取 35mm＞$1.2d_0=28.2mm$ 和端距取 45mm≈$2d_0=47mm$ 均符合表 4-7 的规定）。

二、验算角钢截面

为了与角钢靠紧，拼接角钢须进行切角，因此应验算拼接角钢截面。切角尺寸按∟100 ×10 角钢内圆弧 $r=12mm$（见附表 14）确定，取 $A'=\frac{1}{2}\times 12mm\times 12mm=72mm^2$ 三角形。将拼接角钢按中线展开（图 4-43b）。

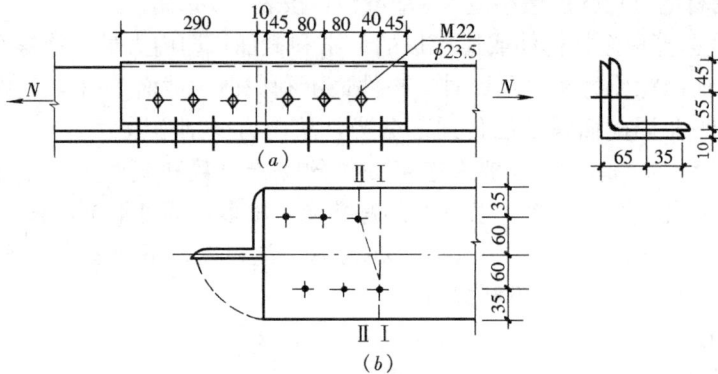

图 4-43 例 4-6 附图

直线截面Ⅰ-Ⅰ净截面面积（查附表 14，角钢毛截面面积 $A=19.26cm^2$），按式（4-41）：

$$A_{nI}=A-n_1 d_o t-A'=19.26-1\times 2.35\times 1-0.72=16.19cm^2$$

折线截面Ⅱ-Ⅱ净截面面积，按式（4-43）：

$$A_{nⅡ}=[2e_1+(n_2-1)\sqrt{a^2+e^2}-n_2 d_o]t-A'$$

$$=[2\times 3.5+(2-1)\sqrt{4^2+12^2}-2\times 2.35]\times 1-0.72=14.23cm^2$$

① 净截面：按式（4-40a）。查表 3-3，$f_u=370N/mm^2$

$$\sigma=\frac{N}{A_{nmin}}=\frac{300\times 10^3}{14.23\times 10^2}=210.8N/mm^2<0.7f_u=0.7\times 370=259N/mm^2 \quad（满足）$$

② 毛截面：按式（4-40b）。查表 3-3，$f=215N/mm^2$

$$\sigma=\frac{N}{A}=\frac{300\times 10^3}{(19.26-0.72)\times 10^2}=161.8N/mm^2<f=215N/mm^2 \quad（满足）$$

B. 螺栓群受偏心力作用时的受剪螺栓计算

图 4-44（a）所示为一受偏心力 F 作用的螺栓连接搭接接头。将 F 力向螺栓群的形心 O 简化后，可与图 4-44（b）所示的 $T=Fe$ 和 $V=F$ 共同作用等效。扭矩 T 和剪力 V 均使螺栓群受剪。在计算 T 作用下螺栓所承受的剪力时，假定被连接件是绝对刚性体，而螺栓则是弹性体，受扭矩作用，所有螺栓均绕螺栓群形心 O 旋转。因此，每个螺栓 i 所受剪力 N_i^T 的方向垂直于该螺栓与 O 的连线，其大小则与此连线的距离 r_i 成正比，即：

$$\frac{N_1^T}{r_1}=\frac{N_2^T}{r_2}=\cdots=\frac{N_i^T}{r_i}=\cdots=\frac{N_n^T}{r_n}$$

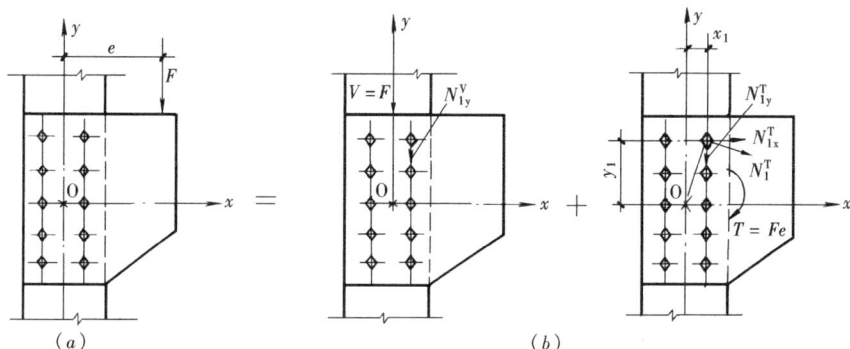

图 4-44 螺栓群受偏心力作用时的受剪螺栓

因而 $N_2^T = \dfrac{r_2}{r_1}N_1^T$、$N_3^T = \dfrac{r_3}{r_1}N_1^T$、$\cdots$、$N_i^T = \dfrac{r_i}{r_1}N_1^T$、$\cdots$、$N_n^T = \dfrac{r_n}{r_1}N_1^T$

由力的平衡条件，并引入上列关系，可得：

$$T = N_1^T r_1 + N_2^T r_2 + \cdots + N_i^T r_i + \cdots + N_n^T r_n$$

$$= \frac{N_1^T}{r_1}(r_1^2 + r_2^2 + \cdots + r_i^2 + \cdots + r_n^2) = \frac{N_1^T}{r_1}\sum r_i^2$$

$$\therefore \qquad N_1^T = \frac{Tr_1}{\sum r_i^2} = \frac{Tr_1}{\sum x_i^2 + \sum y_i^2} \tag{4-44}$$

式中 $\sum x_i^2$、$\sum y_i^2$——螺栓群的全部螺栓的横坐标和纵坐标的平方和。

螺栓"1"距离形心 O 最远，故 N_1^T 最大。现将其按 x 和 y 两方向分解为：

$$N_{1x}^T = N_1^T \frac{y_1}{r_1} = \frac{Ty_1}{\sum x_i^2 + \sum y_i^2} \tag{4-45}$$

和

$$N_{1y}^T = N_1^T \frac{x_1}{r_1} = \frac{Tx_1}{\sum x_i^2 + \sum y_i^2} \tag{4-46}$$

剪力 V 通过螺栓群形心，故每个螺栓均匀受力，螺栓"1"所受的剪力为：

$$N_{1y}^V = \frac{V}{n} \tag{4-47}$$

因此，螺栓群受偏心力作用时最不利受剪螺栓"1"所承受的合力和应满足的强度条件为：

$$N_1 = \sqrt{(N_{1x}^T)^2 + (N_{1y}^T + N_{1y}^V)^2} \leqslant N_{\min}^b \tag{4-48}$$

当螺栓群布置成一狭长带状，且 $y_1 > 3x_1$ 或 $x_1 > 3y_1$ 时，可取式（4-45）中的 $\sum x_i^2 = 0$ 或取式（4-46）中的 $\sum y_i^2 = 0$，即忽略 y 方向或 x 方向的分力。因此，上述两式还可简化为：

当 $y_1 > 3x_1$ 时： $\qquad\qquad N_1^T \approx N_{1x}^T \approx \dfrac{Ty_1}{\sum y_i^2}$ $\qquad\qquad$ (4-49)

当 $x_1 > 3y_1$ 时： $\qquad\qquad N_1^T \approx N_{1y}^T \approx \dfrac{Tx_1}{\sum x_i^2}$ $\qquad\qquad$ (4-50)

设计受偏心力作用的受剪螺栓群，一般先适当布置螺栓，然后用式（4-48）验算。

【例 4-7】 试设计一 C 级螺栓的搭接接头（图 4-45）。作用力设计值 $F = 230\text{kN}$，偏心距 $e = 300\text{mm}$。材料 Q235B 钢。

【解】 试选 M20 螺栓，$d_0 = 21.5\text{mm}$，纵向排列，中距采用 100mm 比最小容许距离 $3d_0 = 64.5\text{mm}$ 稍大，以增长力臂。

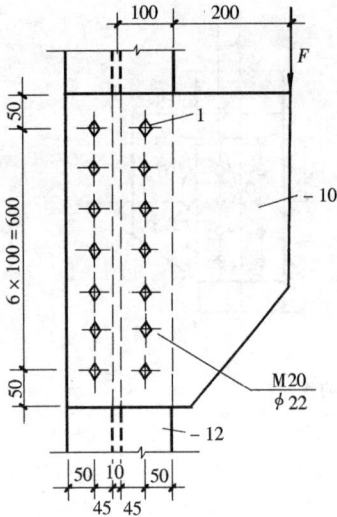

图 4-45　例 4-7 附图

单个受剪螺栓的抗剪和承压承载力设计值，按式（4-35）、式（4-36）：

$$N_v^b = n_v \frac{\pi d^2}{4} f_v^b = 1 \times \frac{\pi \times 20^2}{4} \times 140$$

$$= 43980\text{N} = 43.98\text{kN}$$

$$N_c^b = d \sum t f_c^b = 20 \times 10 \times 305 = 61000\text{N} = 61\text{kN}$$

因 $y_1 = 30\text{cm} > 3x_1 = 3 \times 5 = 15\text{cm}$，故按式（4-49）、式（4-47）、式（4-48）得：

$$N_{1x}^T = \frac{Ty_1}{\sum y_i^2} = \frac{230 \times 30 \times 30}{4\ (10^2 + 20^2 + 30^2)} = 37\text{kN}$$

$$N_{1y}^T = \frac{V}{n} = \frac{230}{14} = 16.4\text{kN}$$

$$N_1 = \sqrt{(N_{1x}^T)^2 + (N_{1y}^T)^2} = \sqrt{37^2 + 16.4^2}$$

$$= 40.5\text{kN} < N_{\min}^b = 43.98\text{kN}（满足）$$

（二）受拉螺栓连接

1. 受力性能和破坏形式

图 4-46 所示为一螺栓连接的 T 形接头。在外力 $N = 2N_t$ 作用下，构件相互间有分离趋势，从而使螺栓沿杆轴方向受拉。受拉螺栓的破坏形式是栓杆被拉断，其部位多在被螺纹削弱的截面处。

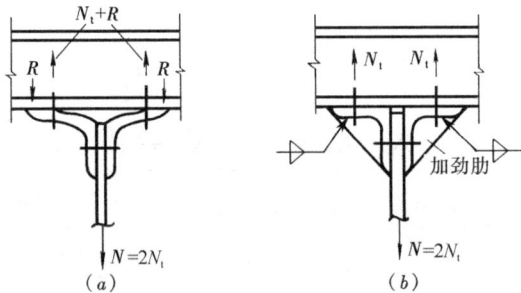

图 4-46　受拉螺栓连接

2. 计算方法

（1）单个受拉螺栓的承载力设计值

假定拉应力在螺栓螺纹处截面上均匀分布，因此单个螺栓的抗拉承载力设计值为：

$$N_t^b = A_e f_t^b = \frac{\pi d_e^2}{4} f_t^b \tag{4-51}$$

式中　A_e、d_e——螺栓螺纹处的有效截面面积和有效直径（mm），按附表 19 选用；

　　　　f_t^b——螺栓的抗拉强度设计值（N/mm²），按表 4-11 选用。

在螺栓连接的 T 形接头中，构造上一般须采用连接件（角钢或钢板），但其刚度通常较小。如图 4-46（a）中的角钢，当受拉时，在与拉力方向垂直的角钢肢会产生较大变形，从而形成撬杠作用，在角钢肢尖处产生撬力 R，并使螺栓增加附加力而导致其所受的拉力增大至 $N_t + R$。若连接件的刚度愈小，R 则愈大。由于 R 的计算较复杂，故《设计标准》

采用简化处理，对其不作计算，而将螺栓的抗拉强度设计值比同钢号钢材的适当降低以作为补偿，即取 $f_t^b = 0.8f$（如表 4-11，C 级螺栓 $f_t^b = 0.8f = 0.8 \times 215 = 170 \text{N/mm}^2$）。此外，在设计时还可采取一些构造措施，如设置图 4-46（b）中所示的加劲肋，以加强连接件的刚度，减小螺栓中因橇力产生的附加力。

（2）螺栓群的受拉螺栓连接计算

A. 螺栓群受轴心力作用时的受拉螺栓计算

当外力 N 通过螺栓群形心时，假定每个螺栓所受的拉力相等，因此连接所需螺栓数目为：

$$n = \frac{N}{N_t^b} \tag{4-52}$$

B. 螺栓群受偏心力作用时的受拉螺栓计算

图 4-47 所示为钢结构中常见的一种普通螺栓连接形式（如屋架下弦端部与柱的连接）。螺栓群受偏心拉力 F（与图中所示的 $M=Fe$ 和 $N=F$ 共同作用等效）和剪力 V 作用。由于有焊在柱上的支托承受剪力 V，故螺栓群只承受偏心拉力的作用。但在计算时还需根据偏心距的大小将其区分为下列两种情况：

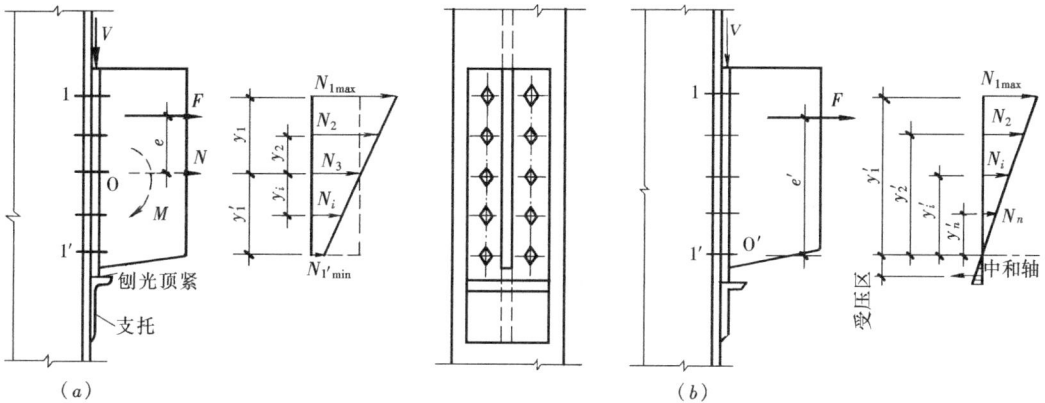

图 4-47　螺栓群受偏心力作用时的受拉螺栓
(a) 小偏心情况；(b) 大偏心情况

（A）小偏心情况——即偏心距 e 不大，弯矩 M 不大，连接以承受轴心拉力 N 为主时（图 4-47a）。在此种情况，螺栓群将全部受拉，端板不出现受压区，故在计算 M 产生的螺栓内力时，中和轴应取在螺栓群的形心轴 O 处，螺栓内力按三角形分布，上部螺栓受拉，下部螺栓受压（实际为端板下部受压），即每个螺栓 i 所受拉力或压力 N_i^M 的大小与该螺栓至中和轴的距离 y_i 成正比，即：

$$\frac{N_1^M}{y_1} = \frac{N_2^M}{y_2} = \cdots = \frac{N_i^M}{y_i} = \cdots = \frac{N_n^M}{y_n}$$

因而 $N_2^M = \frac{y_2}{y_1}N_1^M$，$N_3^M = \frac{y_3}{y_1}N_1^M$，$\cdots$，$N_i^M = \frac{y_i}{y_1}N_1^M$，$\cdots$，$N_n^M = \frac{y_n}{y_1}N_1^M$

由力的平衡条件，并引入上列关系，可得：

$$M = Ne = m(N_1^M y_1 + N_2^M y_2 + \cdots + N_i^M y_i + \cdots + N_n^M y_n)$$

$$= m \frac{N_1^M}{y_1}(y_1^2 + y_2^2 + \cdots + y_i^2 + \cdots + y_n^2) = m \frac{N_1^M}{y_1} \sum y_i^2$$

式中 m——螺栓列数（图 4-47 中 $m=2$）。

由此可得顶端和底端螺栓"1"和"1'"由弯矩产生的拉力和压力为：

$$N_1^M = \frac{Ney_1}{m \sum y_i^2} \quad \text{和} \quad N_1^M = \frac{Ney_{1'}}{m \sum y_i^2} \tag{4-53}$$

式中 y_1 和 $y_{1'}$ 为螺栓"1"和"1'"至中和轴的距离。

在轴心拉力 N 作用下，每个螺栓均匀受力，故螺栓"1"和"1'"所受的拉力为：

$$N_{1(1')}^N = \frac{N}{n} \tag{4-54}$$

将 N_1^N 和 N_1^M、N_1^N 和 N_1^M 叠加，可得连接中受最大和最小拉力的"1"和"1'"螺栓所受的拉力及须满足的计算式为：

$$N_{1max} = \frac{N}{n} + \frac{Ney_1}{m \sum y_i^2} \leqslant N_t^b \tag{4-55a}$$

$$N_{1'min} = \frac{N}{n} - \frac{Ney_{1'}}{m \sum y_i^2} \geqslant 0 \tag{4-55b}$$

式（4-55a）$N_{1max} \leqslant N_t^b$ 是最不利受拉螺栓"1"需要满足的强度条件，而式（4-55b）$N_{1'min} \geqslant 0$ 是采用此计算方法必须具备的条件，它表示螺栓群全部受拉。若 $N_{1'min} < 0$ 或 $e > m \sum y_i^2/ny_{1'}$，则表示最下一排螺栓"1'"为受压（实际是端板底部受压），此时须改用下述大偏心情况计算。

（B）大偏心情况——即偏心距 e 较大，弯矩 M 较大时。在此种情况，端板底部会出现受压区（图 4-47b），中和轴位置将下移。为简化计算，可近似地将中和轴假定在（弯矩指向一侧）最外一排螺栓轴线 O' 处。因此，按小偏心情况相似方法，由力的平衡条件（端板底部压力的力矩因力臂很小可忽略），可得最不利螺栓"1"所受的拉力和应满足的强度条件为：

$$N_{1max} = \frac{Fe'y_1'}{m \sum y_i'^2} \leqslant N_t^b \tag{4-56}$$

式中 e'、y_1'、y_i'——自轴线 O' 计算的偏心距及至螺栓"1"和螺栓 i 的距离。

【例 4-8】 试设计一屋架下弦端板和柱翼缘板的 C 级螺栓连接（图 4-48）。竖向剪力设计值 $V=250kN$ 由支托承受，螺栓只承受水平拉力 $F=420-200=220kN$。

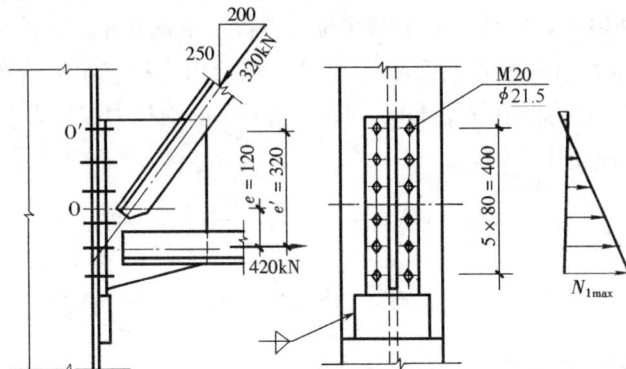

图 4-48 例 4-8 附图

【解】 初选 12 个 M20 螺栓，$d_o = 21.5mm$，并按图中所示尺寸排列，中距 80mm 比最小容许距离 $3d_o = 64.5mm$ 稍大。$e = 12cm$。先按小偏心情况计算，看能否符合式（4-55b）或 $e > m\sum y_i^2 / ny_{1'}$ 的要求：

$$N_{1'min} = \frac{N}{n} - \frac{Ney_{1'}}{m\sum y_i^2} = \frac{220}{12} - \frac{220 \times 12 \times 20}{2 \times 2 \ (4^2 + 12^2 + 20^2)} = 18.3 - 23.6 = -5.3kN < 0$$

或

$$\frac{m\sum y_i^2}{ny_{1'}} = \frac{2 \times 2 \ (4^2 + 12^2 + 20^2)}{12 \times 20} = 9.33cm < e = 12cm$$

无论采用上面哪一式，其结果均表明须改按大偏心情况计算，即假定中和轴在最上一排螺栓轴线 O' 处，$e' = 32cm$。由式（4-56）：

$$N_{1max} = \frac{Fe'y_1'}{m\sum y_i'^2} = \frac{220 \times 32 \times 40}{2 \ (8^2 + 16^2 + 24^2 + 32^2 + 40^2)} = 40kN$$

单个螺栓的抗拉承载力设计值，按式（4-51）：查附表 19，$A_e = 244.8mm^2$

$$N_t^b = A_e f_t^b = 244.8 \times 170$$
$$= 41600N = 41.6kN > N_{1max} = 40kN \ （满足）$$

C. 螺栓群受弯矩作用时的受拉螺栓计算

图 4-49 所示亦为钢结构常见的另一种普通螺栓连接形式，如牛腿或梁端部与柱的连接。螺栓群受偏心力 F 或弯矩 $M(=Fe)$ 和剪力 $V(=F)$ 的共同作用。由于有焊在柱上的支托板承受剪力 V，故螺栓群只承受弯矩的作用。此种情况类似于前述螺栓群受偏心力作用时的大偏心（弯矩较大）状态，即中和轴可近似地取在弯矩指向一侧最外一排螺栓轴线 O' 处，并同样可得类似式（4-56）的计算最不利螺栓"1"所受的拉力和应满足的强度条件为：

$$N_{1max} = \frac{My_1'}{m\sum y_i'^2} \leqslant N_t^b \tag{4-57}$$

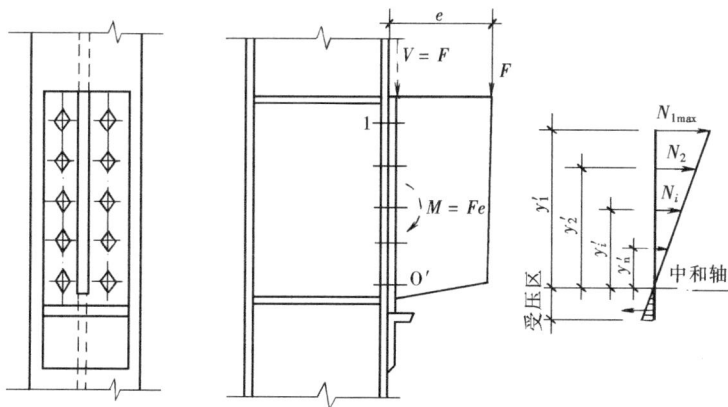

图 4-49　螺栓群受弯矩作用时的受拉螺栓

【例 4-9】 试设计一梁端部和柱翼缘的 C 级螺栓连接，柱上设有支托板（图 4-50）。承受的竖向剪力 $V = 380kN$，弯矩 $M = 60kN \cdot m$（均为设计值）。梁和柱钢材均为 Q235B 钢。

【解】 初选 10 个 M20 螺栓，$d_o = 21.5mm$，并按图中尺寸排列。中距布置较大，以增加抵抗弯矩能力。

单个螺栓的抗拉承载力设计值，按式（4-51）：

$$N_t^b = A_e f_t^b = 244.8 \times 170 = 41600\text{N} = 41.6\text{kN}$$

由式（4-57）：

$$N_1 = \frac{M y_1'}{m \sum y_i'^2} = \frac{60 \times 10^2 \times 40}{2\,(10^2 + 20^2 + 30^2 + 40^2)}$$
$$= 40\text{kN} < N_t^b = 41.6\text{kN（满足）}$$

（三）拉剪螺栓连接

前已述及，C级螺栓的抗剪能力差，故对重要连接一般均应在端板下设置支托以承受剪力。对次要连接，若端板下不设支托，则螺栓将同时承受剪力 N_v（$=V/n$）和沿杆轴方向拉力 N_t（如按前述方法计算的 $N_{1\max}$）的作用。根据试验，拉剪螺栓的强度条件应满足下列圆曲线相关方程（图4-51）：

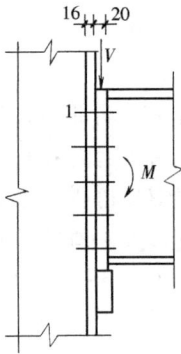

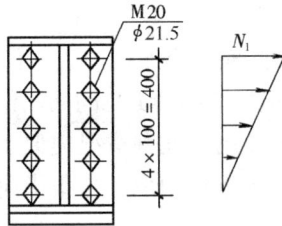

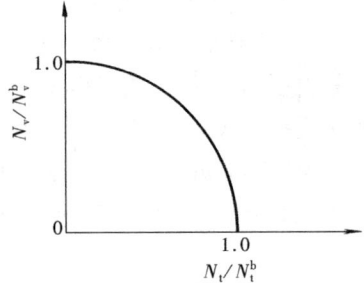

图4-50 例4-9附图　　　　图4-51 拉剪螺栓相关方程曲线

$$\sqrt{\left(\frac{N_v}{N_v^b}\right)^2 + \left(\frac{N_t}{N_t^b}\right)^2} \leqslant 1.0 \tag{4-58a}$$

和
$$N_v \leqslant N_c^b \tag{4-58b}$$

式中　N_v^b、N_t^b、N_c^b——单个普通螺栓的抗剪、抗拉和承压承载力设计值。

式（4-58b）是为了防止当板件较薄时，可能因承压强度不足而产生破坏。由式（4-58）可见，当 $N_v = 0$ 时归结为 $N_t \leqslant N_t^b$，当 $N_t = 0$ 时归结为 $N_v \leqslant N_v^b$。

【例4-10】 若将例4-9螺栓连接中的支托板取消，试验算原连接螺栓的强度还能否满足要求。

【解】 支托板取消后应按拉剪螺栓连接计算。

单个螺栓的抗剪承载力设计值，按式（4-35）：

$$N_v^b = n_v \frac{\pi d^2}{4} f_v^b = 1 \times \frac{\pi \times 20^2}{4} \times 140 = 43980\text{N} = 43.98\text{kN}$$

每个螺栓平均承受的竖向剪力：

$$N_v = \frac{V}{n} = \frac{380}{10} = 38\text{kN}$$

按式（4-58a）：

$$\sqrt{\left(\frac{N_v}{N_v^b}\right)^2 + \left(\frac{N_t}{N_t^b}\right)^2} = \sqrt{\left(\frac{38}{43.98}\right)^2 + \left(\frac{40}{41.6}\right)^2} = 1.29 > 1(不满足)$$

现改选 M24 螺栓，仍按图 4-50 中尺寸排列。

单个螺栓的抗剪、承压、抗拉承载力设计值，按式（4-35）、式（4-36）、式（4-51）：

$$N_v^b = n_v \frac{\pi d^2}{4} f_v^b = 1 \times \frac{\pi \times 24^2}{4} \times 140 = 63300\text{N} = 63.3\text{kN}$$

$$N_c^b = d\sum t f_c^b = 24 \times 16 \times 305 = 117000\text{N} = 117\text{kN}$$

$$N_t^b = A_e f_t^b = 352.5 \times 170 = 59900\text{N} = 59.9\text{kN}$$

按式（4-58a）、式（4-58b）：

$$\sqrt{\left(\frac{N_v}{N_v^b}\right)^2 + \left(\frac{N_t}{N_t^b}\right)^2} = \sqrt{\left(\frac{38}{63.3}\right)^2 + \left(\frac{40}{59.9}\right)^2} = 0.90 < 1.0(满足)$$

$$N_v = 38\text{kN} < N_c^b = 117\text{kN}(满足)$$

第七节　高强度螺栓连接的构造和计算

高强度螺栓采用的材料、受力特征（分摩擦型连接和承压型连接）以及应用范围，在第一节中已作了一般性叙述，下面进一步对高强度螺栓连接的构造、受力性能和计算等加以阐述。

一、高强度螺栓连接副的形式

高强度螺栓和与之配套的螺母和垫圈合称连接副。螺栓的形式除常见的大六角头型外，还有扭剪型（图 4-52），其国家标准分别为《钢结构用高强度大六角头螺栓、大六角螺母、垫圈与技术条件》（GB/T 1231—2006）和《钢结构用扭剪型高强度螺栓连接副》（GB/T 3632—2008）。高强度螺栓连接副须经热处理（淬火和回火）。

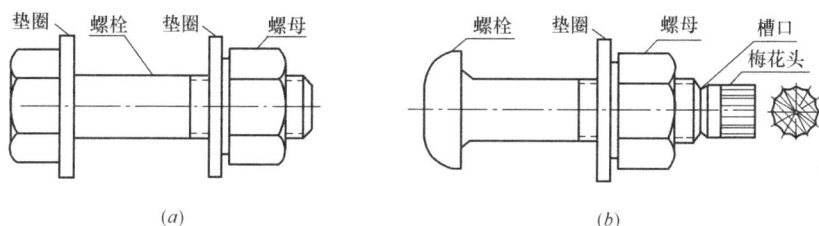

图 4-52　高强度螺栓连接副

（a）大六角头型；（b）扭剪型

高强度螺栓在工程中常用的规格亦为 M16～M30，其最大连接厚度可比普通螺栓的大，一般可取 5～7 倍螺栓直径。大六角头型与普通螺栓一样，需设置两个垫圈，而扭剪型只需在螺母下设置垫圈，螺栓头因拧固时不旋转，故其下面可不设置垫圈（原因见后述）。高强度螺栓不需采用防松动措施。

二、高强度螺栓的孔型

高强度螺栓孔的孔型分标准孔，大圆孔和槽孔 3 种，其孔型尺寸匹配见表 4-12。承压型连接只应采用标准孔。摩擦型连接可采用其中任一种，但同一连接面只能在盖板和芯板其中之一的板上采用大圆孔或槽孔，其余板仍采用标准孔。

高强度螺栓连接的孔型尺寸匹配（mm） 表 4-12

螺栓公称直径			M12	M16	M20	M22	M24	M27	M30
孔型	标准孔	直径	13.5	17.5	22	24	26	30	33
	大圆孔	直径	16	20	24	28	30	35	38
	槽孔	短向	13.5	17.5	22	24	26	30	33
		长向	22	30	37	40	45	50	55

注：当连接盖板采用大圆孔或槽孔时，应增大垫圈厚度或采用连续型垫板，其孔径与标准垫圈相同，厚度应满足：
1. M24 及以下，厚度不宜小于 8mm；
2. M24 以上，厚度不宜小于 10mm。

三、高强度螺栓的预拉力

摩擦型高强度螺栓不论是用于受剪螺栓连接、受拉螺栓连接还是拉剪螺栓连接，其受力都是依靠螺栓对板叠强大的法向压力，即紧固预拉力。承压型高强度螺栓，也要部分地利用这一特性。因此，控制预拉力，即控制螺栓的紧固程度，是保证连接质量的一个关键性因素。

为了使高强螺栓获得尽可能大的预拉力，应最大限度地发挥其材料潜力，将预拉力值最好确定在能使螺栓产生的预拉应力达到容许的最大值，这样方可取得最佳经济效果。由于高强度螺栓没有明显的屈服强度，故其预拉力值应以螺栓经热处理后的最低抗拉强度 f_u 为准并用几个系数折减进行确定。首先引入一个 0.9 系数，对引入的抗拉强度加以折减，以保证安全。另外考虑到材料的不均匀性，再乘以 0.9 材料系数折减。同时为了补偿螺栓紧固后会有一定的松弛，使预拉力有所损失，《施工规范》规定施工时需要超拧 10%，因此还需乘以超拧系数 0.9 折减。另外螺栓在施拧时，除使螺栓在沿其杆轴方向产生拉力外，还在螺栓内产生剪应力，故须用折算应力来考虑其影响，即用（除以）系数 1.2 考虑。综上所述，高强度螺栓的预拉力值应按下式确定，并取 5kN 的倍数值制成设计用表（表 4-13）。

$$P = \frac{0.9 \times 0.9 \times 0.9}{1.2} f_u A_e = 0.6075 f_u A_e \qquad (5-59)$$

式中　f_u——螺栓经热处理后的最低抗拉强度：8.8 级为 830N/mm^2，10.9 级为 1040N/mm^2；

　　　　A_e——螺栓螺纹处的有效截面面积（附表 18）。

1 个高强度螺栓的预拉力设计值 P（kN） 表 4-13

螺栓的承载性能等级	螺栓公称直径（mm）					
	M16	M20	M22	M24	M27	M30
8.8 级	80	125	150	175	230	280
10.9 级	100	155	190	225	290	355

四、高强度螺栓连接的受力性能和计算

和普通螺栓连接一样，高强度螺栓连接按传力方式亦可分为受剪螺栓连接、受拉螺栓连接和拉剪螺栓连接三种。现分别对其受力性能和计算按摩擦型连接和承压型连接两种类型加以叙述。

（一）高强度螺栓摩擦型连接

1. 摩擦型连接受剪高强度螺栓的受力性能和计算

（1）受力性能　高强度螺栓由于预拉力高，对被连接板叠的法向压力大，因而其间的摩擦力也大。由图 4-38 中的曲线 2 可见，其上升斜直线段比普通螺栓的高得多，它表明连接弹性性能好，在相对滑移前承载能力高，且剪切变形小，耐疲劳。摩擦型连接受剪高强度螺栓即以连接板叠间摩擦力刚被克服、连接即将产生相对滑移作为承载能力极限状态。

（2）计算方法

A. 摩擦型连接单个高强度螺栓的抗剪承载力设计值。

高强度螺栓摩擦型连接在被连接板叠间的摩擦力与螺栓的预拉力 P（螺栓对板叠施加的预压力）、摩擦面的抗滑移系数 μ 和传力摩擦面数目 n_f 成正比。因此，单个摩擦型连接高强度螺栓的极限抗剪承载力为 $n_f\mu P$，将其乘以抗力分项系数 1.111 的倒数 0.9 以考虑连接中螺栓可能的不均匀受力、孔型系数 k 以考虑螺栓孔的不同孔型，可得摩擦型连接单个高强度螺栓的抗剪承载力设计值为：

$$N_v^b = 0.9kn_f\mu P \tag{4-60}$$

式中　k——孔型系数。标准孔 1.0；大圆孔取 0.85；槽孔：内力与槽孔长向垂直时取 0.7
内力与槽孔长向平行时取 0.6。

高强度螺栓连接的构件的接触面即摩擦面一般需经处理，以达到洁净并具有适度的粗糙。因此摩擦面的抗滑移系数 μ 值与摩擦面粗糙程度即接触面的处理方法有关。另外，构件采用的钢材的硬度（随钢号增大）对其亦有影响。表 4-14 为《设计标准》规定的数值。

钢材摩擦面的抗滑移系数 μ

表 4-14

在连接处构件接触面的处理方法	构件的钢号		
	Q235	Q345、Q390	Q420、Q460
喷硬质石英砂或铸钢棱角砂	0.45	0.45	0.45
抛丸（喷砂）①	0.35	0.40	0.40
钢丝刷清除浮锈或未经处理的干净轧制面	0.30	0.35	—

注：1. 钢丝刷除锈方向应与受力方向垂直；
　　2. 当连接构件采用不同钢号时，μ 按相应较低强度者取值；
　　3. 采用其他方法处理时，其处理工艺及抗滑系数值均需经试验确定。

表 4-11 构件接触面的处理方法中，钢丝刷清除浮锈或未经处理的干净轧制面，钢材表面覆盖着氧化铁皮或有轻微浮锈，只用钢丝刷进行清除的情况，其 μ 值低，适用于要求不高的连接。抛丸或喷砂是摩擦面常用的处理方法，适用于一般连接。喷硬质石英砂或铸钢棱角砂则适用于重要连接。

B. 摩擦型连接螺栓群的受剪高强度螺栓计算。

螺栓群受轴心力作用（图 4-53a）或受偏心力作用（类似图 4-47）时的摩擦型连接受剪高强度螺栓的受力分析方法和普通螺栓的一样，故前述普通螺栓的计算公式均可加以利用。如受轴心力作用时，确定连接一侧需要的螺栓数目可用式（4-37）计算，只需将式中 N_{min}^b 改为单个摩擦型连接高强度螺栓的抗剪承载力设计值 N_v^b；受偏心力作用时，可用式（4-48）计算最不利受剪螺栓"1"所承受的合力和应满足的强度条件，也只需用摩擦型

---

① 抛丸和喷砂是采用压缩空气带动喷砂机叶轮高速旋转将小钢（铁）丸抛出或将石英砂喷出，以除去钢材表面的氧化铁皮及油污。与此同时撞击后的钢材表面的晶格扭曲变形，硬度将有所增高。

连接高强度螺栓的 N_v^b 代替式中的 N_{min}^b。但是，对受轴心力作用的构件净截面强度验算，却和普通螺栓的稍有不同。由于摩擦型连接高强度螺栓传力所依靠的摩擦力一般可认为均匀分布于螺孔四周，故孔前接触面即已传递每个螺栓所传内力的一半。如图 4-53（b）所示最外列螺栓截面 I-I 处，已孔前传力 $0.5n_1$（N/n）（n 和 n_1 分别为构件一端和截面 I-I 处的高强度螺栓数目），故该处的内力减为 $N'=N-0.5n_1$（N/n），因此摩擦型连接开孔截面的净截面强度应改按下式计算：

$$\sigma = \frac{N'}{A_n} = \left(1 - 0.5\frac{n_1}{n}\right)\frac{N}{A_n} \leqslant f \qquad (4\text{-}61)$$

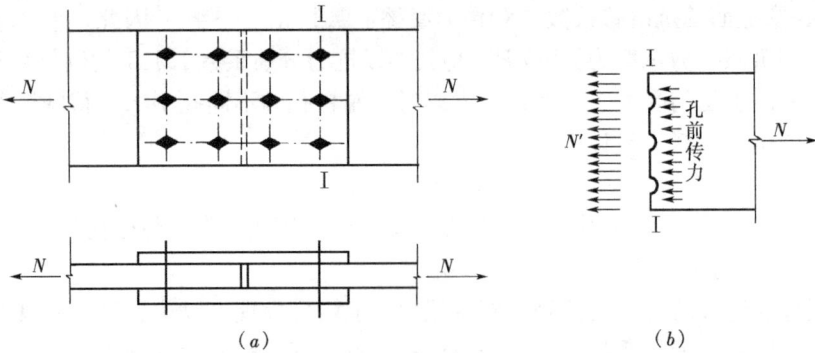

图 4-53 螺栓群受轴心力作用时的摩擦型连接受剪高强度螺栓

和普通螺栓一样，对其他各列螺栓处，若螺孔数未增多，亦可不予验算。但在毛截面处，却承受全部 N 力，故可能比开孔处截面还危险，因此尚应按下式对其强度进行计算：

$$\sigma = \frac{N}{A} \leqslant f \qquad (4\text{-}62)$$

还需要指出，对类似于图 4-42 所示的用普通螺栓或高强度螺栓承压型连接的搭接或用拼接板的单面连接和加填板的连接，由于高强度螺栓摩擦型连接系以摩擦面传递剪力，偏心较小，故对图中（a）（b）（c）三种类型不需增加螺栓数目。但对（d）类型，则仍应按计算数目增加 50%。另外，在构件的节点处或拼接接头的一端，当螺栓沿受力方向的连接长度过大时，亦应按式（4-38）、式（4-39）计算的折减系数将抗剪承载力设计值 N_v^b 降低。

【例 4-11】 试设计如图 4-54 所示的焊接工字形截面梁的工地拼接接头。其截面为：翼缘—380×20，腹板—1020×10，钢号 Q345。采用摩擦型连接高强度螺栓，接触面喷硬质石英砂。接头处的弯矩和剪力设计值为 $M=1150$kN·m、$V=400$kN。

【解】 一、上、下翼缘的拼接接头

按受轴心力作用计算，并采用与翼缘等强度拼接，单面拼接板，截面和翼缘的相同。根据构造要求，每列布置 4 个 10.9 级 M22 螺栓，采用标准圆孔，孔径 $d_o=24$mm。摩擦型连接单个高强度螺栓的抗剪承载力设计值按式（4-60）为：

$$N_v^b = 0.9kn_f\mu P = 0.9 \times 1 \times 0.45 \times 190 = 76.95\text{kN}$$

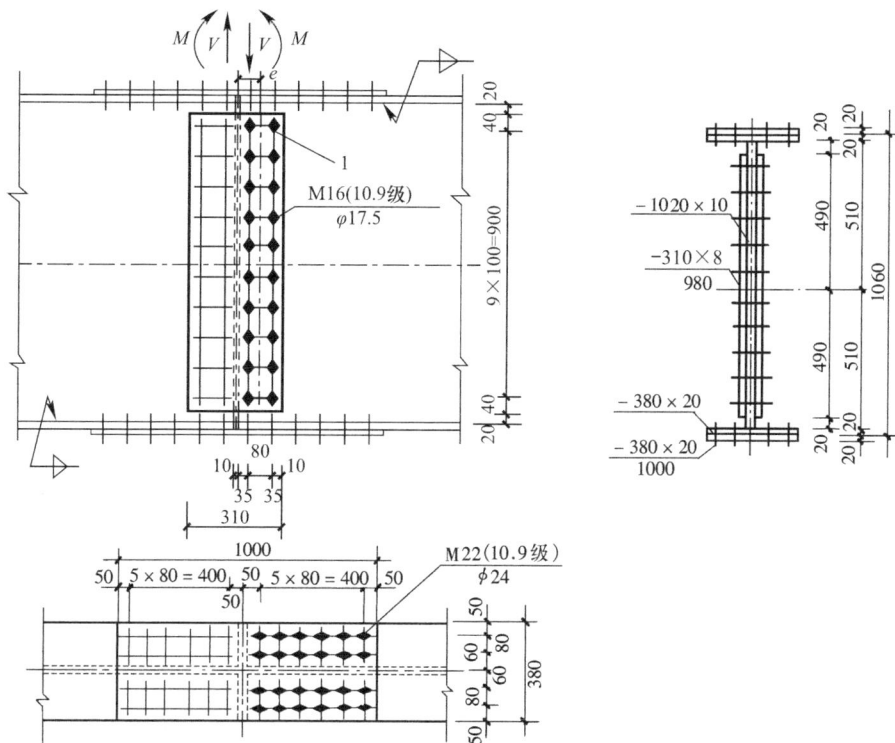

图 4-54　例 4-11 附图

翼缘净截面和毛截面能承受的拉力按式（4-61）、式（4-62）为：

$$N_n = A_n f + 0.5 n_1 N_v^b = (380 \times 20 - 4 \times 24 \times 20) 295 \times 10^{-3} + 0.5 \times 4 \times 76.95$$

$$= 1830 \text{kN}(因翼缘厚度 t = 20 \text{mm} \begin{array}{l} > 16 \text{mm} \\ < 40 \text{mm} \end{array}, 故取 f = 295 \text{N/mm}^2)$$

$$N = Af = 380 \times 20 \times 295 \times 10^{-3} = 2242 \text{kN} > 1830 \text{kN}$$

故取 $N_{min} = N_n = 1830 \text{kN}$ 计算拼接接头一端需要的螺栓数目，按式（4-37）为：

$$n = \frac{N}{N_v^b} = \frac{1830}{76.95} = 23.8 \text{ 个,取 24 个}$$

将螺栓依照孔距、边距、端距的规定，按图示尺寸排列，连接板 $l_1 = 40 \text{cm} > 15 d_o = 15 \times 2.4 = 36 \text{cm}$，故螺栓的承载力设计值须乘以折减系数，按式（4-38）：

$$\beta = 1.1 - \frac{l_1}{150 d_o} = 1.1 - \frac{40}{150 \times 2.4} = 0.989$$

按折减后的螺栓承载力设计值复核需要的螺栓数目：

$$n = \frac{N}{\beta N_v^b} = \frac{1830}{0.989 \times 76.95} = 24 \text{ 个(满足)}$$

二、腹板的拼接接头

采用 2-980×8 拼接盖板和 20 个 10.9 级 M16 螺栓，并将螺栓孔距、边距、端距依照规定按图示尺寸排列然后验算。假定剪力全部由腹板承受，弯矩则按腹板所占的刚度比例分配。梁截面和腹板截面的惯性矩分别为：

$$I = \frac{1}{12} \times 1 \times 102^3 + 2 \times 38 \times 2 \times 52^2 = 499400 \text{cm}^4$$

$$I_{\text{w}} = \frac{1}{12} \times 1 \times 102^3 = 88400 \text{cm}^4$$

$$M_{\text{w}} = \frac{I_{\text{w}}}{I} M = \frac{88400}{499400} \times 1150 = 203.6 \text{kN} \cdot \text{m}$$

由于本例接头不在弯矩最大处，且接头截面与螺旋群形心存在距离 $e = 80$mm，故接头处剪力 V 对螺栓群将产生弯矩 Ve。因此腹板螺栓群承受的弯矩为

$$M_1 = M_{\text{w}} + Ve = 203.6 + 440 \times 0.08 = 238.8 \text{k} \cdot \text{Nm}$$

因 $y_1 > 3x_1$，故可按简化式（4-49）计算由 M 产生的最不利受剪螺栓"1"的剪力：

$$N_{1x}^{\text{T}} = \frac{M y_1}{\sum y_i^2} = \frac{238.8 \times 45 \times 10^2}{4 \ (5^2 + 15^2 + 25^2 + 35^2 + 45^2)} = 65.1 \text{kN}$$

考虑到腹板和翼缘两者上的螺栓受力应互成比例协调，不出现过大差异，故还需符合下式要求：

$$N_{1x}^{\text{T}} = 65.1 \text{kN} < \frac{y_1}{h/2} N_{\text{v}}^{\text{b}} = \frac{45}{53} \times 76.95 = 65.3 \text{kN（满足）}$$

按式（4-47）和式（4-48）

$$N_{1y}^{\text{V}} = \frac{V}{n} = \frac{440}{20} = 22 \text{kN}$$

$$N_1 = \sqrt{(N_{1x}^{\text{T}})^2 + (N_{1y}^{\text{V}})^2} = \sqrt{65.1^2 + 22^2} = 68.7 \text{kN} < N_{\text{vw}}^{\text{b}} = 0.9 k n_{\text{f}} \mu P$$
$$= 0.9 \times 1 \times 2 \times 0.45 \times 100 = 81 \text{kN（满足）}$$

腹板上螺栓强度有一定富余，但螺栓数目已不能减少，因其中距100mm已略超过表4-7中规定的外排最大容许距离 $12t = 12 \times 8 = 96$mm。

（腹板拼接盖板和梁净截面的强度验算略）。

2. 摩擦型连接受拉高强度螺栓的受力性能和计算

（1）受力性能和摩擦型连接单个高强度螺栓的抗拉承载力设计值

高强度螺栓摩擦型连接的受力特点是依靠预拉力使被连接件压紧传力，当连接在沿杆轴方向再承受外拉力时，经试验和计算分析，只要螺栓分担的外拉力设计值 N_t 不超过其预拉力 P 时，螺栓的拉力虽有增加但很少，只会使板叠间的压力减小，对螺栓预拉力没有太大影响。但当 N_t 大于 P 时，螺栓则可能达到材料屈服强度，在卸荷后预拉力会变小使连接产生松弛现象，预拉力降低。因此，《设计标准》偏安全地规定摩擦型连接单个高强度螺栓的抗拉承载力设计值为：

$$N_t^{\text{b}} = 0.8P \tag{4-63}$$

（2）摩擦型连接螺栓群的受拉高强度螺栓计算

螺栓群受轴心力作用时的摩擦型连接受拉高强度螺栓，其受力的分析方法和普通螺栓的一样，故亦可用式（4-52）确定连接所需螺栓数目，只需将式中 N_t^{b} 改为高强度螺栓的 $N_t^{\text{b}} = 0.8P$ 即可。

对螺栓群受偏心力作用时的摩擦型连接受拉高强度螺栓（类似图4-47），由于高强度螺栓受力的特点是构件的接触面须始终保持密合，故应控制螺栓在偏心力作用下的拉力小于 $N_t^{\text{b}} = 0.8P$。在此条件下，接触面可视为受弯构件的一个截面，故中和轴取螺栓群的形

心轴，即按图 4-47（a）所示。因此，不论偏心距大小，均可采用普通螺栓的式（4-55a）计算，但取式中 $N_t^b = 0.8P$。

对螺栓群受弯矩作用时的摩擦型连接受拉高强度螺栓（类似图 4-49），同样应控制螺栓在弯矩作用下的拉力小于 $N_t^b = 0.8P$，因此中和轴亦应取螺栓群的形心轴，故其计算式为

$$N_{1max} = \frac{My_1}{m \sum y_i^2} \leqslant N_t^b = 0.8P \qquad (4\text{-}64)$$

3. 摩擦型连接拉剪高强度螺栓的受力性能和计算

（1）受力性能和摩擦型连接单个拉剪高强度螺栓的抗剪承载力设计值。

当高强度螺栓承受沿杆轴方向的外拉力 N_t 作用时，不但构件摩擦面间的压紧力将由 P 减至 $P - N_t$，且根据试验，此时摩擦面抗滑移系数 μ 值亦随之降低，故螺栓在承受拉力时其受剪承载力也将减小。为计算简便，《设计标准》采取对 μ 仍取原有的定值，但对 N_t 则予以加大 25% 以作为不降低 μ 值的补偿，即将压紧力减至 $P - 1.25N_t$。因此，摩擦型连接单个拉剪高强度螺栓的抗剪承载力设计值为：

$$N_{v(t)}^b = 0.9 n_f \mu (P - 1.25 N_t) \qquad (4\text{-}65)$$

式中 N_t 应满足 $N_t \leqslant 0.8P$。设计时应使螺栓承受的剪力 $N_v \leqslant N_{v(t)}^b$。

（2）摩擦型连接螺栓群的拉剪高强度螺栓计算。

图 4-55 所示为一受偏心力 F 作用的高强度螺栓摩擦型连接的 T 形接头（端板下不设支托）。将 F 力向螺栓群的形心简化后，可与 $M = Fe$ 和 $V = F$ 共同作用等效。因此，在形心轴以上螺栓为同时承受外拉力 $N_{ti} = My_i / m \sum y_i^2$ 和剪力 $N_{vi} = V/n$ 的拉剪螺栓。计算时可采用下列两个公式：

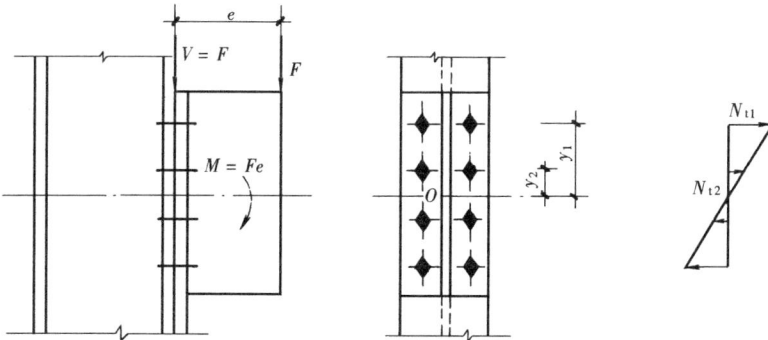

图 4-55　拉剪高强度螺栓连接

$$N_{v1} \leqslant N_{v(t)1}^b = 0.9 k n_f \mu (P - 1.25 N_{t1}) \qquad (4\text{-}66)$$

或 $$V \leqslant \sum_{i=1}^n N_{v(t)i}^b = 0.9 k n_f \mu \left(nP - 1.25 \sum_{i=1}^n N_{ti} \right) \qquad (4\text{-}67)$$

以上两式中 N_{t1} 和 N_{ti} 均应满足 N_{t1}（N_{ti}）$\leqslant 0.8P$。

式（4-66）是仅计算最不利拉剪螺栓"1"在承受拉力 N_{t1} 后降低的抗剪承载力设计值 N_v^b 是否大于或等于其所承受的剪力 N_{v1}，故很保守，但较简单。式（4-67）是考虑连接中其他各排螺栓承受的拉力递减甚至为零（对受压区和中和轴处均按 $N_{ti} = 0$），因此，计算

连接全部螺栓抗剪承载力设计值的总和是否大于或等于连接承受的剪力 V，比较经济合理，但计算量稍大。

【例 4-12】 试设计一梁和柱的高强度螺栓摩擦型连接（图 4-56），采用标准孔承受的弯矩和剪力设计值为 $M=105\text{kN}\cdot\text{m}$、$V=720\text{kN}$。构件材料 Q235B 钢。

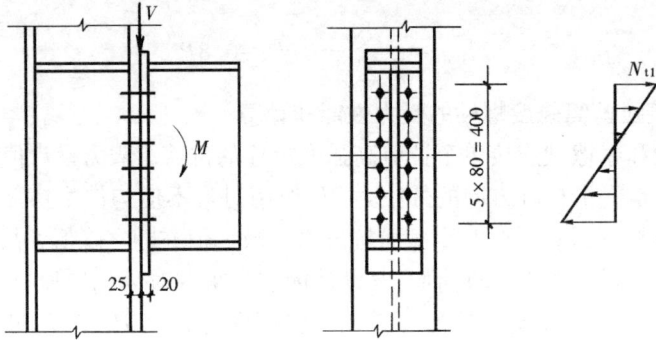

图 4-56　例 4-12 附图

【解】 试选 12 个 20MnTiB 钢 M22 螺栓（10.9 级），并采用图中的尺寸排列。构件接触面的处理方法采用喷硬质石英砂。按式（4-66）对最不利螺栓"1"进行计算。

$$N_{t1}=\frac{My_1}{m\sum y_i^2}=\frac{105\times20\times10^2}{4\ (4^2+12^2+20^2)}=93.75\text{kN}<0.8P=0.8\times190=152\text{kN}$$

$$N_{v1}=\frac{V}{n}=\frac{720}{12}=60\text{kN}>N_{v(t)1}^b=0.9kn_f\mu(P-1.25N_{t1})$$

$$=0.9\times1\times1\times0.45(190-1.25\times93.75)=29.5\text{kN}(\text{不满足})$$

现改按式（4-67）计算。由比例关系可得：$N_{t2}=56.25\text{kN}$、$N_{t3}=18.75\text{kN}$。

$$\therefore\quad V=720\text{kN}<\sum_{i=1}^{n}N_{v(t)i}^b=0.9kn_f\mu\left(nP-1.25\sum_{i=1}^{n}N_{ti}\right)$$

$$=0.9\times1\times1\times0.45[12\times190-1.25\times2(93.75+56.25+18.75)]$$

$$=753\text{kN}(\text{满足})$$

结果表明，按最不利螺栓"1"计算，承载力相差悬殊，按全部螺栓计算则可满足，故后者经济效果显著。

（二）高强度螺栓承压型连接

承压型连接的高强度螺栓的预拉力和摩擦型连接的相同，但对连接处构件接触面的处理只需清除油污及浮锈即可，不必作进一步处理。

1. 承压型连接的受剪高强度螺栓　承压型连接受剪高强度螺栓在后期的受力特性，即产生滑移后由栓杆受剪和孔壁承压直至破坏达到承载能力极限状态，均和普通螺栓连接的相同，故单个承压型连接高强度螺栓的抗剪和承压承载力设计值亦可用式（4-35）和式（4-36）计算，但式中的 f_v^b 和 f_c^b 应按表 4-11 中承压型连接高强度螺栓的取用。当剪切面在螺纹处时，式（4-35）中螺栓直径 d 应取螺纹处有效直径 d_e，即应按螺纹处的有效截面面积计算（普通螺栓的抗剪强度设计值是根据试验数据，且不分剪切面是否在螺纹处均按栓杆面积确定的，故无此规定）。

2. 承压型连接的受拉高强度螺栓　承压型连接高强度螺栓群受轴心拉力作用时的受

力特性也和普通螺栓连接的相同，故单个承压型连接高强度螺栓的抗拉承载力设计值亦用式（4-51）计算，仅式中 f_t^b 应按表 4-11 中承压型高强度螺栓的取用。承压型连接高强度螺栓群受偏心拉力作用时，由于《设计标准》对其采用的抗拉承载力设计值和摩擦型连接采用的 $N_t^b=0.8P$ 相当，故构件的接触面也将始终保持密合，因此中和轴应取螺栓群的形心轴，即只可能出现如图 4-47（a）所示的小偏心情况。

3. 承压型连接的拉剪高强度螺栓　承压型连接高强度螺栓同时承受剪力和沿杆轴方向拉力作用时，在后期的受力特性和普通螺栓的相同，故亦应满足式（4-58a）和式（4-58b）的强度条件。但是，连接的孔壁承压强度还随板叠之间的压紧力变化，当外拉力增加，压紧力降低，孔壁的承压强度也随之减小。为方便计算，《设计标准》规定将承压型连接高强度螺栓的承压承载力设计值用除以系数 1.2 予以降低。因此，将式（4-58b）改写为下式：

$$N_v \leqslant \frac{N_c^b}{1.2} \tag{4-68}$$

【例 4-13】　将例 4-12 的连接改用高强度螺栓承压型连接设计，其他条件不变。

【解】　仍选 12 个 20MnTiB 钢（10.9 级）螺栓，但改用 M20 规格，排列尺寸不变。构件接触面的处理方法改为只清除钢材表面油污及浮锈。

承载力计算（设剪切面不在螺纹处），按式（4-51）、式（4-35）、式（4-36）和表 4-11、附表 18。

$$N_t^b = A_e f_t^b = 244.8 \times 500 = 122400\text{N} = 122.4\text{kN}$$

$$N_v^b = n_v \frac{\pi d^2}{4} f_v^b = 1 \times \frac{\pi \times 20^2}{4} \times 310 = 97400\text{N} = 97.4\text{kN}$$

$$N_c^b = d\sum t f_c^b = 20 \times 20 \times 470 = 188000\text{N} = 188\text{kN}$$

按式（4-68）

$$N_{v1} = \frac{N}{n} = \frac{720}{12} = 60\text{kN} < \frac{N_c^b}{1.2} = \frac{188}{1.2} = 157\text{kN（满足）}$$

按式（4-58a）

$$N_{t1} = 93.75\text{kN（由上例）}$$

$$\sqrt{\left(\frac{N_{v1}}{N_v^b}\right)^2 + \left(\frac{N_{t1}}{N_t^b}\right)^2} = \sqrt{\left(\frac{60}{97.4}\right)^2 + \left(\frac{93.75}{122.4}\right)^2} = 0.98 < 1\text{（满足）}$$

比较上例计算结果可见，按高强度螺栓承压型连接设计有明显的经济效益。若连接承受静力荷载，可予以优先采用。

小　结

（1）钢结构常用的连接方法为焊接和栓接。不论是钢结构的制造或安装，焊接均是主要连接方法。栓接（普通螺栓和高强度螺栓连接）在安装连接中应用较多。普通螺栓宜用于沿其杆轴方向受拉的连接和次要的受剪连接。高强度螺栓适宜于钢结构重要部位安装连接。其摩擦型连接宜用于高层建筑和厂房钢结构主要部位以及直接承受动力荷载的连接，承压型连接则宜用于承受静力荷载或间接承接动力荷载的连接，并发挥其高承载力的优点。

（2）焊接按焊缝的截面形状分角焊缝和对接焊缝（坡口焊缝），以及由这两种形状焊缝组成的对接与角接组合焊缝。角焊缝便于加工但受力性能较差，对接焊缝反之，而对接与角接组合焊缝则受力性能最好，尤其是全熔透的对接与角接组合焊缝适用于要求验算疲劳的结构。除制造时接料和重要部位的连接常采用对接焊缝外，一般多采用角焊缝。

（3）焊接应满足构造要求，还应作必要的强度计算。全熔透的对接焊缝除三级受拉焊缝外，均与母材等强，故一般不须计算。全熔透的对接与角接组合焊缝同样也不须计算。角焊缝应根据作用力与焊缝长度方向间的关系按式（4-10）计算。不论焊缝是受轴心力还是兼受弯矩（扭矩）和剪力，均可按危险点计算其所受的 σ_f（垂直于焊缝长度方向按焊缝有效截面计算的应力）和 τ_f（平行于焊缝长度方向按焊缝有效截面计算的剪应力），然后代入公式计算。

（4）焊接应力和焊接变形是焊接过程中局部加热和冷却，导致焊件不均匀膨胀和收缩而产生的。在焊缝附近的拉应力很高，常可达钢材屈服强度 f_y。焊接应力是自相平衡的内应力，故对结构的静力强度无影响，但使结构的刚度和稳定承载力降低。

（5）普通螺栓连接应满足中距、边距、端距和线距等构造要求，还应作必要的强度计算。对受剪和受拉螺栓连接，均是计算其最不利螺栓所受的力（剪力或拉力）不大于单个螺栓的承载力设计值（N_v^b、N_c^b 或 N_t^b），但轴心受拉连接还需按式（4-40a）、式（4-40b）验算构件因螺孔削弱的净截面断裂和主截面屈服两项；偏心力作用的受拉螺栓连接还需区分大、小偏心情况。对拉剪螺栓连接则是其最不利螺栓的强度应满足相关公式（4-58a）和式（4-58b）。

（6）高强度螺栓摩擦型连接的受剪和受拉的计算与普通螺栓的类似，只需用前者的 N_v^b 或 N_t^b 代之即可，但受剪高强度螺栓连接的构件净截面强度须改用式（4-61）计算，以考虑孔前传力，同时还需验算毛截面强度；偏心力作用或受弯矩作用的受拉高强度螺栓连接不论偏心距大小，因接触面始终密合，其中和轴取螺栓群的形心轴。对拉剪高强度螺栓连接的 $N_{v(t)}^b$ 应按式（4-65）计算，以考虑螺栓承受拉力 N_t 后抗剪承载力的降低。拉剪高强度螺栓连接除按式（4-66）对最不利螺栓计算外，也可按式（4-67）计算连接整体的承载力，用后式计算较经济。

高强度螺栓承压型连接的计算和普通螺栓的基本相同，只需取其抗剪、承压和抗拉强度设计值按普通螺栓的公式计算即可。但对偏心力作用的受拉螺栓连接，只可能出现小偏心情况，即中和轴应取螺栓群的形心轴。对承压型拉剪螺栓的承压承载力设计值须按式（4-68），即除以 1.2 降低。

思 考 题

1. 钢结构常用的连接方法有哪几种？它们各在哪些范围应用较合适？
2. 说明常用焊缝符号表示的意义。
3. 手工焊条型号应根据什么选择？焊接 Q235B 和 Q345 钢的一般结构须分别采用哪种型号焊条？
4. 对接接头采用对接焊缝和采用加盖板的角焊缝各有何特点？
5. 焊缝的质量分几个等级？与钢材等强的受拉对接焊缝须采用几级？
6. 对接焊缝在哪种情况下才须进行计算？
7. 角焊缝的尺寸都有哪些要求？

8. 角焊缝计算公式中为什么有强度设计值增大系数 β_f？在什么情况不考虑 β_f？

9. 角钢用角焊缝连接受轴心力作用时，角钢肢背和肢尖焊缝的内力分配系数为何不同？

10. 搭接接头中的角焊缝受偏心力作用时都是受扭吗？图 4-29 所示连接中的三面围焊，若只有一条竖直焊缝，此焊缝是受扭还是受弯？若只有两条水平焊缝，它们是受弯还是受扭？试分别写出其计算公式。

11. 焊接应力对结构性能有哪些影响？

12. 螺栓在钢板和型钢上的容许距离都有哪些规定？它们是根据哪些要求制定的？

13. 普通螺栓的受剪螺栓连接有哪几种破坏形式？用什么方法可以防止？

14. 普通螺栓群受偏心力作用时的受拉螺栓计算应怎样区分大、小偏心情况？它们的特点有何不同？

15. 高强度螺栓摩擦型连接和承压型连接及普通螺栓连接的受力特点各有何不同？它们在传递剪力和拉力时的单个螺栓承载力设计值的计算公式有何区别？

16. 高强度螺栓预拉力 P 的设计值是根据什么确定的？

17. 高强度螺栓连接摩擦面的抗滑移系数 μ 与哪些因素有关？

18. 在受剪连接中使用普通螺栓或高强度螺栓摩擦型连接，对构件开孔截面净截面强度的影响哪一种较大？为什么？

19. 拉剪普通螺栓连接和拉剪高强度螺栓摩擦型连接的计算方法有何不同？拉剪高强度螺栓承压型连接的又有何不同？

习　题

4-1　试验算图 4-57（a）所示牛腿与柱连接的对接焊缝强度。荷载设计值 $F=200\mathrm{kN}$，钢材 Q235B，焊条 E43 系列，手工焊，无引弧板，焊缝质量三级（提示：假定剪力全部由腹板上的焊缝承受。须验算 A 点的弯曲拉应力和 B、C 点的折算应力。注意 C 点承受弯曲压应力和剪应力，故其折算应力应不大于 $1.1f_c^w$，而承受弯曲拉应力的 B 点，其折算应力应不大于 $1.1f_t^w$）。

（答案：$\sigma_A=88.7\mathrm{N/mm^2}$；B、C 点的折算应力分别为 $147.2\mathrm{N/mm^2}$ 和 $226\mathrm{N/mm^2}$）

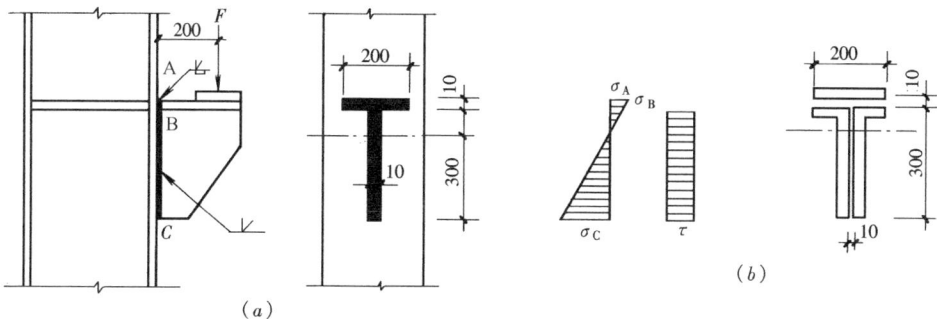

图 4-57　习题 4-1、习题 4-4 附图

4-2　试设计图 4-58 所示连接中的角钢与节点板间的角焊缝。轴心拉力设计值 $N=420\mathrm{kN}$（静力荷载）。钢材 Q235B，手工焊，焊条 E43 系列。

4-3　试验算习题 4-2 连接中节点板与端板间的角焊缝的强度。

（答案：A 点应力 $147.9\mathrm{N/mm^2}$）

4-4　将习题 4-1 的连接改用角焊缝（焊缝部位如图 4-57b），试设计其焊脚尺寸。

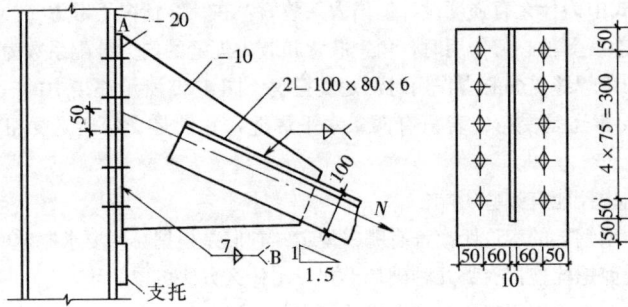

图 4-58　习题 4-2 附图

4-5　试验算图 4-59 所示连接角焊缝的强度。荷载设计值 $F=50\mathrm{kN}$（静力荷载）。钢材 Q235B，手工焊，焊条 E43 系列。（提示：假定焊缝在端部绕角焊起落弧，计算长度不考虑弧坑影响）

（答案：A 点应力 156.9N/mm²）

4-6　试验算图 4-60 所示连接角焊缝的强度。荷载设计值 $F=140\mathrm{kN}$（静力荷载）。钢材 Q235B，手工焊，焊条 E43 系列。（提示：假定焊缝在端部绕角焊起落弧，计算长度不考虑弧坑影响）

（答案：A 点应力 157N/mm²）

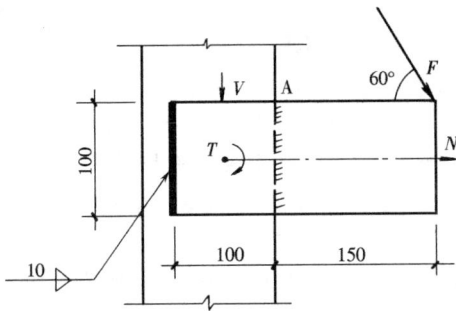

图 4-59　习题 4-5 附图

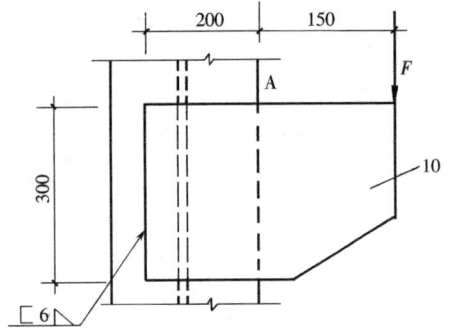

图 4-60　习题 4-6 附图

4-7　图 4-61 示一用 M20C 级螺栓的钢板拼接，钢材 Q235A，$d_0=21.5\mathrm{mm}$。试计算此拼接能承受的最大轴心力设计值 N。

（答案：取 $N_{\mathrm{II\text{-}II}}=633.4\mathrm{kN}$）

4-8　试计算图 4-62 所示连接中 C 级螺栓的强度。荷载设计值 $F=45\mathrm{kN}$，螺栓 M20，钢材 Q235A。

（答案：$N_1=32.2\mathrm{kN}<N_{\mathrm{min}}^{\mathrm{b}}=N_{\mathrm{v}}^{\mathrm{b}}=43.98\mathrm{kN}$）

4-9　试计算习题 4-2 连接中端板和柱连接的 C 级螺栓的强度。螺栓 M22，钢材 Q235B。

（答案：$N_{\mathrm{1max}}=58.2\mathrm{kN}>N_{\mathrm{t}}^{\mathrm{b}}=51.6\mathrm{kN}$）

4-10　若将习题 4-9 中端板和柱连接的螺栓改为 M24，并取消端板下的支托，其强度能否满足要求？

（答案：$\sqrt{(N_{\mathrm{v}}/N_{\mathrm{v}}^{\mathrm{b}})^2+(N_{\mathrm{t}}/N_{\mathrm{t}}^{\mathrm{b}})^2}=1.04$、$N_{\mathrm{v}}=23.3\mathrm{kN}<N_{\mathrm{c}}^{\mathrm{b}}=146.4\mathrm{kN}$）

4-11　若习题 4-7 的钢板拼接改用 10.9 级 M20 高强度螺栓摩擦型连接，接触面处理采用钢丝刷清除浮锈，此拼接能承受的最大轴心力设计值 N 能增至多少？

（答案：取 $N_{\mathrm{1\text{-}1}}=726.6\mathrm{kN}$）

4-12　试将习题 4-9 端板和柱的连接取消端板下的支托，改用高强度螺栓摩擦型连接，需采用哪种级别和规格的高强度螺栓以及接触面处理方法？

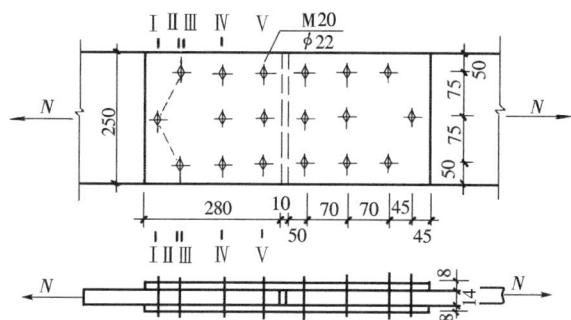

图 4-61　习题 4-7 附图

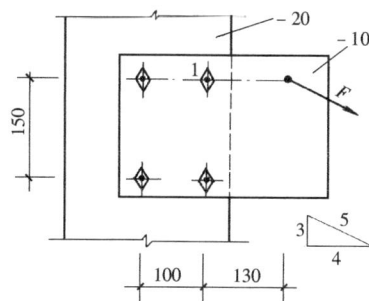

图 4-62　习题 4-8 附图

4-13　试将习题 4-12 端板和柱的连接改按 8.8 级高强度螺栓承压型连接设计。接触面处理方法、螺栓直径和排列尺寸均另行选择。

第五章 轴心受力构件

> 轴心受力构件是指承受轴心拉力或轴心压力的构件。其应用遍及平面和空间桁架（屋架、网架等）的杆件，以及工作平台柱等。轴心受力构件设计按承载能力极限状态，轴心受拉构件的承载力由强度决定，而轴心受压构件则由强度、构件整体稳定性和局部稳定性决定。按正常使用极限状态，其刚度则用容许长细比进行控制。

第一节 轴心受力构件的类型、截面形式和应用

一、轴心受力构件的类型

轴心受力构件是指只受通过构件截面形心轴线的轴向力作用的构件。当这种轴向力为拉力时，称为轴心受拉构件，或简称轴心拉杆（图 5-1a）。同样，当轴向力为压力时，称为轴心受压构件，或简称轴心压杆（图 5-1b）。

钢结构中的桁架、网架和塔架等由杆件组成的构件，一般都是将节点假设为铰接。因此，若荷载作用在节点上，则所有杆件均可作为轴心拉杆或轴心压杆（图 5-1c）。

钢结构中的工作平台柱是用来支承上部结构的受压构件（图 5-1d）。它具有轴心受压构件的性质，但习惯上称它为轴心受压柱。柱和压杆在受力性质和计算方法上是相同的。

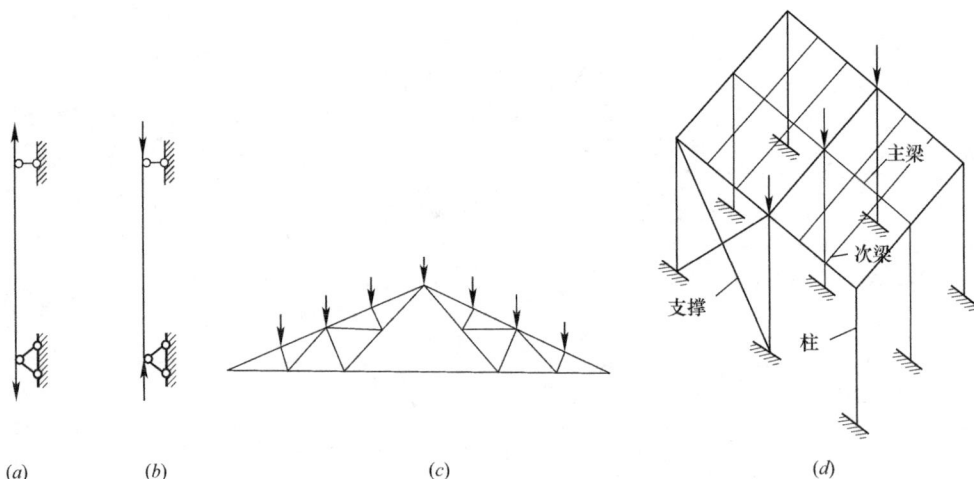

图 5-1 轴心受力构件的类型

二、轴心受力构件的截面形式和应用

轴心受力构件的截面形式甚多，一般可分为型钢截面和组合截面两大类。

型钢截面如图 5-2（a）所示的圆钢、圆管、方管、角钢、槽钢、工字钢、H 型钢、T 型钢等，它们只需经过少量加工就可直接用作构件。由于型钢价格低，制造工作量少，故使用型钢成本较低。

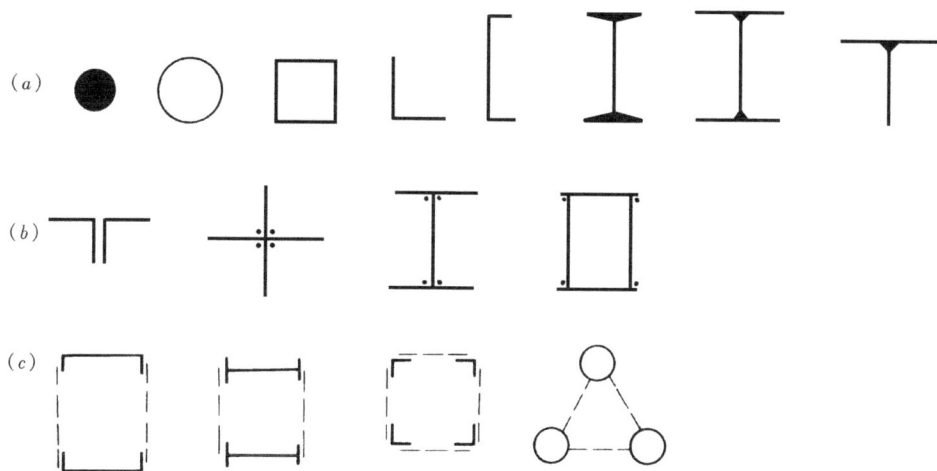

图 5-2　轴心受力构件和拉弯、压弯构件的截面形式
（a）型钢截面；（b）实腹式组合截面；（c）格构式组合截面

组合截面是由型钢或钢板连接而成，按其形式还可分为实腹式组合截面（图 5-2b）和格构式组合截面（图 5-2c）两种。由于组合截面的形状和尺寸几乎不受限制，因此可根据轴心受力构件的受力大小选用合适截面。如轴心拉杆一般由强度条件决定，故只需选用满足强度要求的截面面积并使截面较开展以满足必要的刚度要求即可。但对轴心压杆，除强度和刚度条件外，往往取决于整体稳定性条件，故应使截面尽可能开展以提高其稳定承载能力。格构式截面由于材料集中于分肢，故它与实腹式截面相比，在用料相同的条件下可增大截面惯性矩，提高刚度，节约用钢，但制造比较费工。对受力不大但却较长的构件，为提高刚度，可采用三肢或四肢组成较宽大的格构式截面。

第二节　轴心受力构件的强度和刚度

一、轴心受力构件的强度

轴心受力构件的设计要满足钢结构设计两种极限状态的要求，对承载能力极限状态，轴心受拉构件只有强度问题，而轴心受压构件、则同时有强度和整体稳定性及局部稳定性问题。对正常使用极限状态，两种构件都有刚度方面的要求。本章以下各节将分别加以讨论。

（一）轴心受拉构件的强度

轴心受拉构件一般分无孔拉杆和有孔拉杆两种类型，现分别对其强度加以论述。

对无孔拉杆（如焊接构件的拉杆），虽然残余应力和初弯曲等几何缺陷对其有一些影响，但其受力性能与标准试样的单向均匀拉伸性能基本一样。当拉杆达到屈服时，将产生很大变形（若按 Q235 钢屈服结束时的应变约为 $\varepsilon = 2.5\%$，则 6m 长拉杆的伸长为 $\Delta l = 6 \times 10^3 \times 0.025 = 150\text{mm}$），故其计算方法应以达到不适于继续承载的变形作为承载能力的极限状态，即应控制其毛截面的平均应力 σ 不超过材料的屈服强度 f_y，其计算式为

$$\sigma = \frac{N}{A} \leqslant \frac{f_y}{\gamma_R} = f \tag{5-1}$$

式中　N——所计算截面的拉力（或压力）设计值（N）；

　　　A——构件的毛截面面积（mm^2）；

　　　f——钢材抗拉强度设计值（N/mm^2），按表 3-5 选用。

有孔拉杆在工程上采用较多的为在局部区段上有孔，孔位置多在构件两端的连接处。对这种拉杆，其承载能力极限状态要分两种情况考虑：

1. 毛截面屈服：有孔拉杆达到毛截面屈服时，与前述无孔拉杆一样，其变形将达到不适于继续承载，故应以此作为承载能力的极限状态。其计算式同式（5-1）。

2. 净截面拉断：由于应力集中现象，在弹性阶段，有孔拉杆在孔边缘的应力可能达到毛截面平均应力的数倍［见图 2-9（a）］。当其达屈服强度后，应力不再增加。由于应力重分布，整个净截面的应力仍可均匀地达到屈服强度。此时，由于净截面的塑性变形，将使拉杆有一定的伸长，但孔洞一般在整个杆长中所占的比例较小，故即使净截面都屈服，杆的变形程度亦不会达到像毛截面屈服时那样不适于继续承载，所以有孔拉杆的净截面屈服还不是承载能力的极限状态（若沿杆长有排列较密的孔洞时，应采用净截面屈服控制，即用 A_n 代替式（5-1）中 A 进行计算，以免变形过大）。若拉力继续增加，孔边缘塑形变形将进一步发展而容易导致首先出现裂纹，从而使整个净截面断裂，此时拉杆达到最大承载力。因此，有孔拉杆净截面承载能力的极限状态应以拉断为准，即应控制其净截面的平均应力 σ 不超过材料的抗拉强度 f_u，其计算式为

$$\sigma = \frac{N}{A_n} \leqslant \frac{f_u}{\gamma_{uR}} = 0.7 f_u \tag{5-2}$$

式中　A_n——构件的净截面面积（mm^2），当构件多个截面有孔时，取最不利截面；

　　　f_u——钢材抗拉强度最小值（N/mm^2），按表 3-8 选用。

式（5-2）中 γ_{uR} 为材料拉断的抗力分项系数。考虑杆件拉断后果的严重性比杆件屈服时大得多，因此 γ_{uR} 的数值比一般抗力分项系数 γ_R 增加 25%。

还需指出，对高强度螺栓摩擦型连接轴心受力构件，其强度应按式（4-61）和式（4-62）计算。

（二）轴心受压构件强度

轴心受压构件也分有孔和无孔两种类型。对有孔压杆应对孔洞（虚孔）所在截面按式（5-2）计算其强度，但孔洞内有螺栓填充者，可不计算。对无孔压杆，当构件截面的组成板件在端部连接处和中部拼接处均有连接件可直接传力时，按式（5-1）计算其强度。若该处连接件不能全部直接传力时，应将式中截面面积乘以表 5-1 中的有效截面系数 η，以考虑截面上应力的不均匀分布的影响（此规定亦适用于轴心受拉构件）。

轴心受力构件节点或拼接处危险截面有效截面系数 η 表 5-1

截面面积	角钢	工字形、H 形	
连接形式	单肢连接	翼缘连接	腹板连接
η	$\eta=0.85$	$\eta=0.9$	$\eta=0.70$

二、轴心受拉构件和轴心受压构件的刚度

按正常使用极限状态的要求，轴心受拉构件和轴心受压构件均应具有一定刚度，以避免产生过大的变形和振动。因为构件刚度不足时，在自身重力作用下，会产生过大的挠度，且在运输和安装过程容易造成弯曲，在承受动力荷载的结构中，还会引起较大晃动。《设计标准》根据长期实践经验，对受拉构件和受压构件的刚度均以规定它们的容许长细比进行控制，即应符合下式要求：

$$\lambda = \frac{l_0}{i} \leqslant [\lambda] \tag{5-3}$$

式中 λ——构件最不利方向的长细比，一般为两主轴方向长细比的较大值；

l_0——相应方向的构件计算长度（mm），按各类构件的规定取值；

i——相应方向的截面回转半径（mm）；

$[\lambda]$——受拉构件或受压构件的容许长细比，按表 5-2 或表 5-3 选用。

受拉构件的容许长细比 表 5-2

构件名称	承受静力荷载或间接承受动力荷载的结构			直接承受动力荷载的结构
	一般建筑结构	对腹杆提供平面外支点的弦杆	有重级工作制起重机的厂房	
桁架的杆件	350	250	250	250
吊车梁或吊车桁架以下柱间支撑	300	—	200	—
除张紧的圆钢外的其他拉杆、支撑、系杆等	400	—	350	—

注：1. 除对腹杆提供平面外支点的弦杆外，承受静力荷载的结构受拉构件，可仅计算竖向平面内的长细比；
2. 在直接或间接承受动力荷载的结构中，单角钢受拉构件长细比的计算方法与表 5-3 注（2）相同；
3. 中级、重级工作制吊车桁架下弦杆的长细比不宜超过 200；
4. 在设有夹钳或刚性料耙等硬钩起重机的厂房中，支撑的长细比不宜超过 300；
5. 受拉构件在永久荷载与风荷载组合作用下受压时，其长细比不宜超过 250；
6. 跨度等于或大于 60m 的桁架，其受拉弦杆和腹杆的长细比不宜超过 300，直接承受动力荷载时不宜超过 250；
7. 柱间支撑按拉杆设计时，竖向荷载作用下柱的轴力应按无支撑时考虑。

受压构件的容许长细比 表 5-3

构件名称	容许长细比
轴心受压柱、桁架和天窗架中的压杆	150
柱的缀条、吊车梁或吊车桁架以下的柱间支撑	
支撑	200
用以减小受压构件计算长度的杆件	

注：1. 当杆件内力设计值不大于承载能力的 50% 时，容许长细比值可取 200；
2. 计算单角钢受压构件的长细比时，应采用角钢的最小回转半径；但计算在交叉点相互连接的交叉杆件平面外的长细比时，可采用与角钢肢边平行轴的回转半径；
3. 跨度等于或大于 60m 的桁架，其受压弦杆、端压杆和直接承受动力荷载的受压腹杆的长细比不宜大于 120；
4. 计算长细比时，可不考虑扭转效应。

　　[λ] 值系按构件的受力性质、构件类别和荷载性质制定的。如受压构件的 [λ] 较低是因其刚度不足而产生变形时，所增加的偏心弯矩影响远比受拉构件严重；直接承受动力荷载的受拉构件比承受静力荷载或间接承受动力荷载的受拉构件不利，故其 [λ] 值亦较低。

第三节　轴心受压构件的整体稳定性

　　轴心受压构件除了粗短杆或截面有较大削弱的杆有可能如上节所述，因截面平均应力达到 f_y 而丧失强度承载能力而破坏外，在一般情况均是以整体稳定性为决定性因素。由于钢压杆多数都比较柔细修长，因此保持其整体稳定性更加重要。国内外因压杆突然失稳导致结构物倒塌的重大事故屡有发生，且往往是在其强度有足够保证的情况下，故须特别重视。

一、确定轴心受压构件整体稳定承载力的方法

　　确定轴心受压构件整体稳定承载力的方法有传统方法和现代方法两种：

　　(一) 传统方法

　　自 18 世纪至 20 世纪中期，欧拉等众多科学家对轴心压杆的整体稳定性进行了不断地研究，但限于当时的条件，他们的研究工作基本上都是在如下假定的基础上进行的，即：

　　(1) 杆件为等截面理想直杆；

　　(2) 压力作用线与杆件形心轴重合；

　　(3) 材料为匀质、各向同性，且无限弹性，符合虎克定律。

　　由上述假定可见，这只是一种理想轴心压杆，传统方法即在此基础上研究轴心压杆在弹性状态和弹塑性状态的稳定承载能力。

　　理想轴心压杆失稳以屈曲形式表现，根据其屈曲变形分为弯曲屈曲、扭转屈曲和弯扭屈曲三种形式 (图 5-3)。哪种杆件会产生哪种形式的屈曲与杆件截面的形式和尺寸、杆件的长度以及杆件端部的支承情况有关。

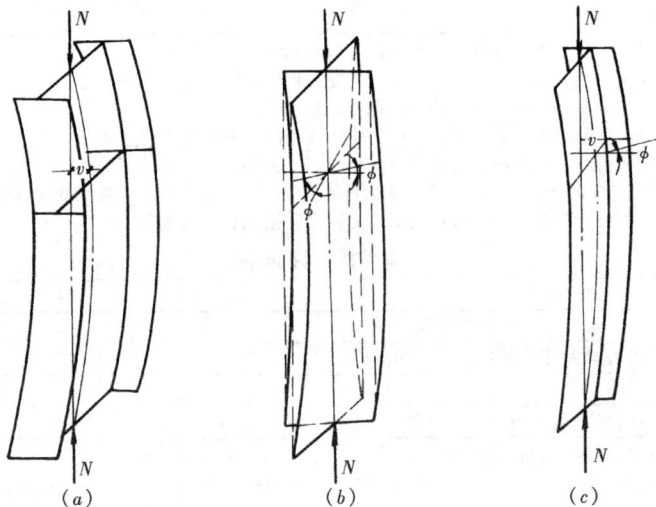

图 5-3　轴心压杆的屈曲形式

(a) 弯曲屈曲；(b) 扭转屈曲；(c) 弯扭屈曲

对于一般双轴对称截面的轴心压杆，其屈曲形式一般为弯曲屈曲，只有某些特殊截面如薄壁十字形截面，在一定条件下才可能产生扭转屈曲。单轴对称截面如角钢、槽钢和 T 型钢或双板 T 形截面等（图 5-4），因其截面只有一个对称轴，截面的形心 O 和剪心 S 不重合，故当杆件绕截面的对称轴弯曲的同时，必然会伴随扭转变形，产生弯扭屈曲。但若是绕截面的非对称轴屈曲，则仍为弯曲屈曲。

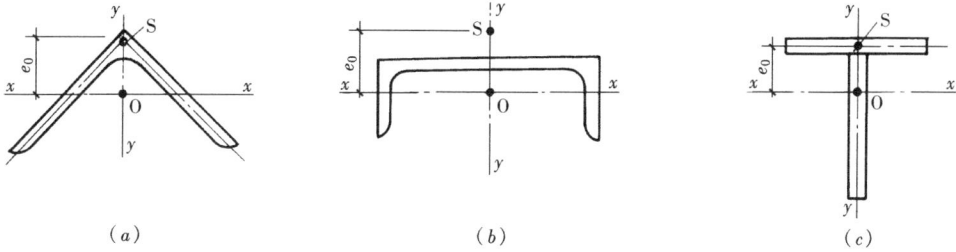

图 5-4 单轴对称截面的形心和弯曲中心

由于常用轴心压杆的屈曲形式主要是弯曲屈曲，因而弯曲屈曲也是确定轴心压杆稳定承载力的主要依据，故本节以这种力学模式作为主要讨论对象。

1. 理想轴心压杆的弹性屈曲

理想轴心压杆在压力小于临界力时保持压而不弯的直线平衡状态，当压力达临界力时处于微弯平衡状态，由此可得出下面著名的欧拉临界力和相应的临界应力公式：

$$N_E = \frac{\pi^2 EI}{l_0^2} = \frac{\pi^2 EI}{(\mu l)^2} \qquad (5\text{-}4a)$$

$$\sigma_E = \frac{N_E}{A} = \frac{\pi^2 E}{\lambda^2} \qquad (5\text{-}4b)$$

式中　E——材料的弹性模量；

　　　I——截面绕主轴的惯性矩；

　　$l、l_0$——构件的几何长度和计算长度；

　　　μ——计算长度系数，根据构件的端部条件确定。对常见的端部条件，按表 5-4 采用；对桁架中的轴心压杆，按第八章的有关规定采用。

轴心受压构件的计算长度系数　　　　　　　　　　　　　　　表 5-4

构件的屈曲形式						
μ 值	0.5	0.7	1.0	1.0	2.0	2.0
端部条件示意	无转动、无侧移　　无转动、自由侧移　　自由转动、无侧移　　自由转动、自由侧移					

注：当上端铰接下端为平板支座柱脚，且底板厚度不小于柱翼缘厚度的 2 倍时，可取 $\mu=0.8$；当为分段柱时，下段柱还可取 $\mu=0.83$。

欧拉公式是基于材料为无限弹性、符合虎克定律，即弹性模量 E 为一常量的假定（理想轴心压杆的第三条假定）。然而，钢材在应力超过比例极限 f_p 后，其应力和应变不再成比例关系，而是一个变量，因此欧拉公式不再能适用。故式（5-4a）和式（5-4b）的应用须满足：

$$\sigma_E = \frac{\pi^2 E}{\lambda^2} \leqslant f_p \tag{5-5}$$

或
$$\lambda \geqslant \lambda_p = \sqrt{\frac{\pi^2 E}{f_p}} \tag{5-6}$$

式中 λ_p——相应于截面应力为比例极限 f_p 时构件的长细比。

对细长杆，其长细比较大，故多能满足上述要求。但对中长杆或粗短杆，则可能其 $\lambda < \lambda_p$，即其截面应力在屈曲前已超过比例极限而进入弹塑性阶段，从而将在此状态下屈曲。

2. 理想轴心压杆的弹塑性屈曲

确定轴心压杆弹塑性状态的整体稳定承载力，传统方法仍然以理想轴心压杆的假定为基础，即除了材料不再为无限弹性体、不符合虎克定律外，其他各条均相同。经恩格塞尔、香莱等人的研究，其中以切线模量理论求得的弹塑性状态临界力能较好地符合试验结果。该理论也采用欧拉理论的力学模式，即压杆在压力小于临界力时处于压而不弯的直线平衡状态，当压力达临界力时处于微弯平衡状态，此时整个截面的应力-应变关系可采用材料应力-应变曲线上对应于临界应力 σ_t 处的切线斜率 $\mathrm{d}\sigma/\mathrm{d}\varepsilon = E_t$——切线模量（图 5-5$a$）。因此，只需在欧拉公式中用 E_t 代替 E，即可求得轴心压杆弹塑性状态的切线模量临界力和相应的临界应力：

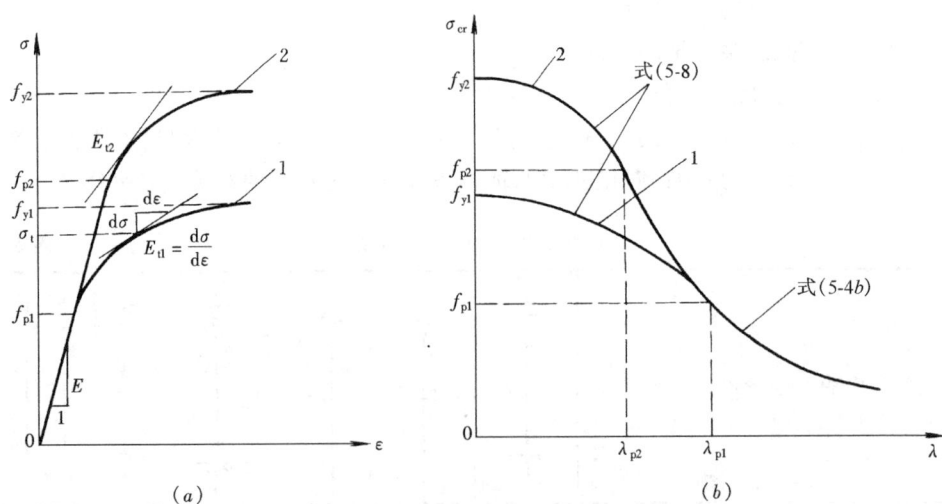

图 5-5 切线模量 E_t 和理想轴心压杆的柱子曲线
1—Q235 钢；2—Q345 钢

$$N_t = \frac{\pi^2 E_t I}{l_0^2} \tag{5-7}$$

$$\sigma_t = \frac{\pi^2 E_t}{\lambda^2} \tag{5-8}$$

根据式（5-4b）和式（5-8）可绘出临界应力 σ_{cr}-λ 关系曲线，即通称的柱子曲线（图 5-5b）。

由图 5-5 可见，理想轴心压杆在弹性阶段由于 E 为一常量，且各类钢材基本相同，故其临界应力 σ_{cr} 只是长细比 λ 的单一函数，与材料的抗压强度无关。因此，细长杆采用高强度钢材并不能提高其稳定承载能力（如图中由式 5-4b 所示的 Q235 钢和 Q345 钢的曲线 1 和 2 重合）。在弹塑性阶段，σ_{cr} 虽然仍是 λ 的函数，但它同时还和 E_t 这一变量互为函数关系，而 E_t 却和材料的抗压强度有关。当材料强度不同时，显然 λ 愈小，其差别愈大，直至 λ→0 时达到各自的 f_y——稳定承载能力的上限值，即强度破坏。

对应于杆件截面两主轴方向的回转半径、几何长度和构件的支承条件均可能不同，故对应于两主轴方向的 λ 亦不相同，λ 大的方向临界应力低，即杆件的屈曲将在这个较弱的方向发生，因此对轴心压杆须同时考虑两主轴方向的整体稳定性。

传统方法的缺点是对实际构件中不可避免的初弯曲、初偏心和残余应力等初始缺陷对轴心压杆稳定承载能力的影响，无法作出科学的分析和判断。然而传统方法也有着不可忽视的优点，它比较简单，而且具有一定精度，在 200 余年的历史中，从理论和试验上都积累了丰富的资料，故它为研究轴心压杆（以及其他构件）的稳定问题奠定基础，仍有很高的价值。

（二）现代方法

理想轴心压杆在实际工程中是不存在的。在实际钢构件中常有各种影响稳定承载力的初始缺陷，如初弯曲、初偏心（由于非主观因素产生的小偏心）和残余应力等。随着现代计算和测试技术的发展，已有可能将轴心压杆按具有残余应力、初弯曲等缺陷的小偏心受压杆件来确定其稳定承载力，这更能反映它受力的实际情况，是现代采用的确定实际轴心压杆稳定承载力的方法。下面先分别讨论各种初始缺陷的影响，然后再介绍确定稳定承载力的具体方法。

1. 残余应力及其对稳定承载力的影响

在钢构件中普遍存在一种在结构受力前就在内部处于自相平衡的初应力，即通称的残余应力。在第四章曾论及焊接残余应力产生的原因、分布规律和对构件强度、刚度等方面的影响，但它仅是残余应力中的一种，其他如钢材轧制、火焰切割、冷弯和变形矫正等过程中产生的塑性变形，同样会形成初应力，故杆件中的残余应力应是它们的总和。下面介绍几种不同加工过程制造的工字形截面的热残余应力分布情况（图 5-6）。

图 5-6（a）示——H 型钢，在热轧成型后的冷却过程中，翼缘尖端由于单位体积的暴露面积大于腹板和翼缘相交处，因此冷却较快。同样，腹板中部也比其两端冷却较快，因此后冷却部分的收缩受到先冷却部分的限制产生了残余拉应力 σ_{rt}，而先冷却部分则产生了与之平衡的残余压应力 σ_{rc}。

图 5-6（b）示——热轧带钢。其两边因冷却较快而产生残余压应力，中部则产生残余拉应力。图 5-6（c）为用这种带钢组成的焊接工字形截面，其残余应力分布类似 H 型钢，但因焊接的热影响较轧制的程度大，故焊缝处的残余拉应力常达屈服点，且使腹板采用的带钢中残余应力相应变号。

图 5-6（d）示——火焰切割边钢板，由于切割时热量集中在切割处不大的范围，故在边缘小范围内可能产生高达屈服点的残余拉应力，且下降梯度很陡。图 5-6（e）为用这种钢板组成的焊接工字形截面，同样，焊缝处的残余拉应力常达屈服点，且使翼缘的残余应力相应变号。

综上所述可见，残余应力的分布、大小与截面的形状、尺寸、制造方法和加工过程等有关，而和钢材的强度等级关系不大。

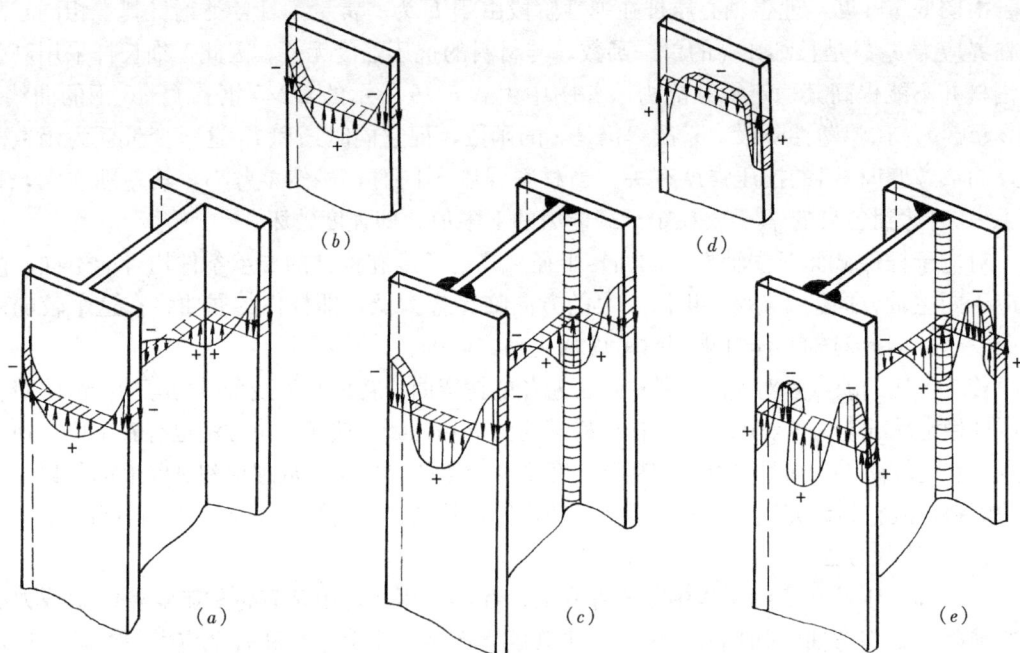

图 5-6　热残余应力的分布

(a) H 型钢；(b) 带钢；(c) 翼缘为轧制边的焊接工字形截面；

(d) 焰切边钢板；(e) 翼缘为焰切边的焊接工字形截面

残余压应力的大小一般在 $(0.32\sim0.57)f_y$ 之间，而残余拉应力则可高达 $(0.5\sim1.0)f_y$。

现仍利用传统方法叙述残余应力对轴心压杆稳定承载力的影响。图 5-7 (a) 示一理想轴心压杆的截面形状和残余应力分布，为使问题简化，忽略了影响不大的腹板部分和其残余应力，并取翼缘部分的如图示的三角形分布。在压力 N 作用后，截面上应力叠加为 $\sigma=\sigma_{rc}+N/A$。当杆件屈曲时，根据临界力 N_{cr} 的大小，可能为下面两种情况：

(1) 若 $N_{cr}/A<f_y-\sigma_{rc}$，杆件处于弹性状态，故可采用欧拉公式（式 5-4a、式 5-4b）计算 N_{cr} 和 σ_{cr}。

(2) 若 $f_y-\sigma_{rc}\leqslant N_{cr}/A\leqslant f_y$，杆件截面因残余应力的影响，在 $N/A=f_y-\sigma_{rc}$ 时提前进入弹塑性（部分截面弹性、部分截面塑性）状态，产生由截面边缘至 y 轴间不同深度的屈服区，从而使其承载能力受此不利影响而降低。由于屈服区的 $E=0$，故不能再简单地按切线模量理论采用式（5-7）、式（5-8）计算 N_{cr} 和 σ_{cr}，而只能取弹性区截面的抗弯刚度 EI_e（I_e——弹性区截面的惯性矩）进行计算，即：

$$N_{cr}=\frac{\pi^2EI_e}{l_0^2}=\frac{\pi^2EI}{l_0^2}\cdot\frac{I_e}{I}=\frac{\pi^2E'_tI}{l_0^2} \tag{5-9}$$

$$\sigma_{cr}=\frac{\pi^2E}{\lambda^2}\cdot\frac{I_e}{I}=\frac{\pi^2E'_t}{\lambda^2} \tag{5-10}$$

式中　$E'_t=E\dfrac{I_e}{I}$——换算切线模量。

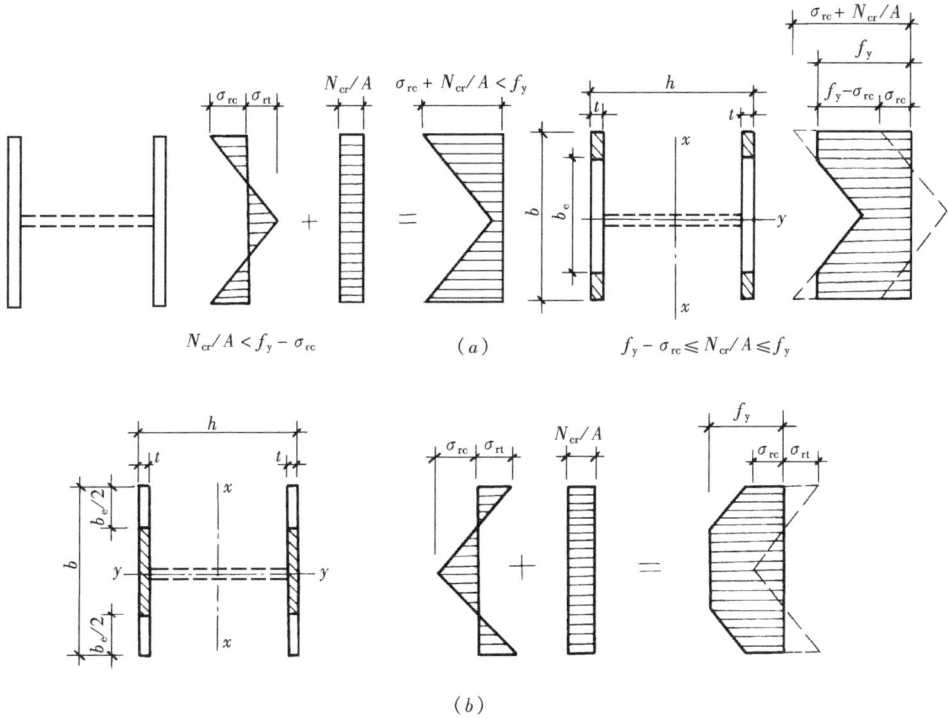

图 5-7　残余应力对轴心压杆稳定承载力的影响

(a) H 型钢或翼缘为轧制边；(b) 翼缘为火焰切割边

如前述，显然 E'_t 与残余应力分布情况和大小有关，同时也因截面形状和屈曲方向不同而有差异。如图 5-7 (a) 代表 H 型钢或翼缘为轧制边的焊接工字形截面，由于残余应力的影响，翼缘四角为塑性区，故对 x-x 轴（强轴）屈曲时：

$$E'_{tx} = E\frac{I_{ex}}{I_x} \approx E\frac{2tb_e(h/2)^2}{2tb(h/2)^2} = E\frac{A_e}{A} = E\eta \tag{5-11}$$

式中 A_e、A 和 η 分别为翼缘的弹性区面积、总面积和两者的比。

对 y-y 轴（弱轴）屈曲时：

$$E'_{ty} = E\frac{I_{ey}}{I_y} = E\frac{2tb_e^3/12}{2tb^3/12} = E\left(\frac{A_e}{A}\right)^3 = E\eta^3 \tag{5-12}$$

由于式（5-11）和式（5-12）中 $\eta < 1$，故 $E'_{ty} \ll E'_{tx}$。由此可见，在远离弱轴的翼缘两端的残余压应力产生的不利影响，在对弱轴屈曲时要比对强轴屈曲时的严重得多。

若残余应力分布为另一种情况，如图 5-7 (b) 所示用火焰切割边钢板焊接的工字形截面。由于残余应力的影响，翼缘中部为塑性区。同样可以证明，对 x-x 轴（强轴）屈曲时，E'_{tx} 与式（5-11）相同，但对 y-y 轴（弱轴）屈曲时：

$$E'_{ty} = E(3\eta - 3\eta^2 + \eta^3) \tag{5-13}$$

上式数值显然比式（5-12）大。由此可见，用火焰切割边钢板焊接的工字形截面，由于在远离弱轴的翼缘两端具有使其推迟发展塑性的残余拉应力，因而对弱轴屈曲时的临界应力比用轧制边钢板焊接的相同工字形截面的高。

2. 初弯曲、初偏心对稳定承载能力的影响

实际轴心压杆在制造、运输和安装过程中，不可避免地会产生微小的初弯曲。一般在杆中点的挠曲矢高约为杆长 l 的 $1/500 \sim 1/2000$。另外，由于构造和施工等方面原因，还可能产生一定程度偶然形成的初偏心。有初弯曲或初偏心的杆件，在压力作用下，其侧向挠度从加载开始就会不断增加，因此沿杆件全长除轴心力作用外，还存在因杆件挠曲而产生的弯矩，而且弯矩比轴心力增加得快，从而降低了杆件的稳定承载力。初偏心和初弯曲的影响在本质上很类似，故一般可采用加大初弯曲的数值以考虑两者的综合影响。下面仅就初弯曲的影响加以讨论。

图 5-8（a）示一在杆件中点沿 y 方向有初挠度 v_{0m} 的两端铰接轴心压杆，假定杆轴的初弯曲为半波正弦曲线，即满足 $y_0 = v_{0m} \sin (\pi z/l)$。经压力 N 作用后，杆轴线侧移，现用 y 表示增加的挠度。按力矩平衡条件可得（由外力产生的力矩为 $N(y_0 + y)$、由应力形成的抵抗矩为 $-EI_x (\mathrm{d}^2 y/\mathrm{d}z^2)$）：

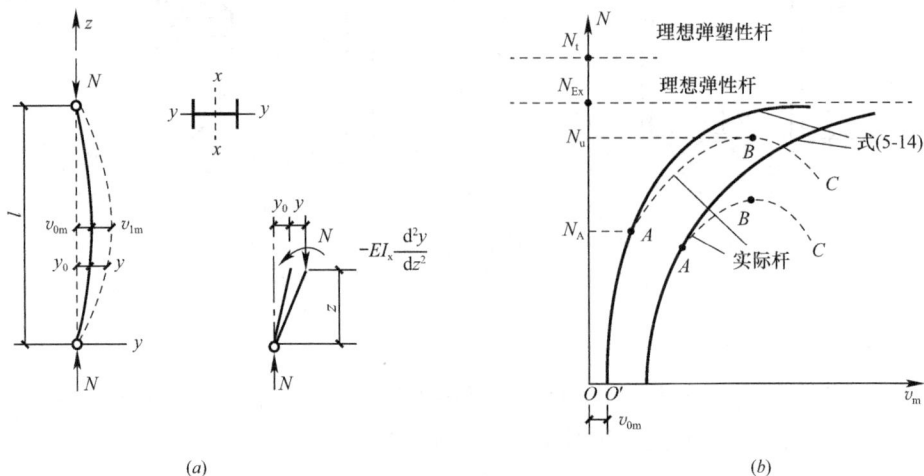

图 5-8　有初弯曲的轴心压杆及其 N-v_m 曲线

$$-EI_x \frac{\mathrm{d}^2 y}{\mathrm{d}z^2} = N(y_0 + y)$$

将 $y_0 = v_{0m} \sin(\pi z/l)$ 代入上式，得

$$EI_x \frac{\mathrm{d}^2 y}{\mathrm{d}z^2} + N\left(v_{0m} \sin \frac{\pi z}{l} + y\right) = 0$$

解此微分方程，可求出杆的弹性总挠曲曲线方程：

$$Y = y_0 + y = \frac{v_{0m}}{1 - N/N_{Ex}} \sin \frac{\pi z}{l}$$

式中　$N_{Ex} = \dfrac{\pi^2 EA}{\lambda_x^2}$——欧拉临界力

当 $z = l/2$ 时，杆中点总挠度为：

$$v_m = v_{0m} + v_{1m} = \frac{v_{0m}}{1 - N/N_{Ex}} \qquad (5\text{-}14)$$

根据式（5-14）可绘出具有不同 v_{0m} 值的轴心压杆的 N-v_m 曲线，图 5-8（b）所示为其中两条。右边一条的初挠度 v_{0m} 较大。由图可见，有初弯曲压杆一开始加压，挠度就增加，但不成比例，开始增加较慢，尔后逐渐加快，当压力达欧拉临界力 N_{Ex} 时，挠度无限增大。它不似理想轴心压杆，在 $N<N_{Ex}$ 时一直保持顺直状态（如 $v_{0m}=0$ 时的纵坐标轴所示）。另外，由两条曲线可见，压杆的初挠度 v_{0m} 愈大，在同等压力下杆的挠度愈大，且不论 v_{0m} 大小，其承载力恒低于欧拉临界力 N_{Ex}。

有初弯曲压杆的附加弯矩 $M=Nv_m=N(v_{0m}+v_{1m})$ 也随挠度增加而增加，将式（5-14）的 v_m 代入可得

$$M = Nv_m = \frac{Nv_{0m}}{1-N/N_{Ex}} \tag{5-15}$$

式中等号右侧的比率 $1/(1-N/N_{Ex})$ 大于1，故可称为弯矩放大系数。

式（5-14）和式（5-15）是建立在材料为无限弹性体的条件下，轴心压杆的承载力在理论上最终可达欧拉临界力，挠度和弯矩均可无限增大，但这实际上是不可能达到的。因为在 N 和 $M=Nv_m$ 的共同作用下，当杆中点截面边缘纤维压应力率先达屈服点 f_y 时，压杆即进入弹塑性状态，承载力也随之降低。对无残余应力压杆边缘纤维屈服可由下式计算：

$$\frac{N}{A} + \frac{Nv_m}{W_{1x}} = \frac{N}{A}\left(1 + \frac{A}{W_{1x}}\cdot\frac{v_{0m}}{1-N/N_{Ex}}\right) = \sigma\left(1 + \varepsilon_0\frac{\sigma_{Ex}}{\sigma_{Ex}-\sigma}\right) = f_y$$

式中　　$\sigma=\dfrac{N}{A}$——杆截面的平均压应力；

$\varepsilon_0=\dfrac{A}{W_{1x}}v_{0m}$——相对初弯曲率（$W_{1x}/A=\rho$ 为截面核心距）；

W_{1x}——较大受压纤维的毛截面模量。

上式为 σ 的一元二次方程，其有效根为：

$$\sigma = \frac{f_y+(1+\varepsilon_0)\sigma_{Ex}}{2} - \sqrt{\left(\frac{f_y+(1+\varepsilon_0)\sigma_{Ex}}{2}\right)^2 - f_y\sigma_{Ex}} \tag{5-16}$$

此式称为柏利公式。根据它计算出的压力 $N=A\sigma$ 相当于图 5-8（b）中曲线上 A 点对应的 N_A，它代表截面边缘纤维屈服时的压力。随着屈服区向截面深处发展，v_m 增加愈来愈快，N-v_m 关系将按曲线的 AB 段，直至达到与曲线上 B 点相应的荷载 N_u 时，即使 N 不再增加，v_m 亦会随屈服区的塑流而增加。为保持内、外力的平衡，N 必须相应减小，故曲线表现为 BC 下降段，此时杆件被压溃而完全丧失承载能力。按极限状态的最大强度理论，N_u 代表有初弯曲轴心压杆的稳定极限承载力，亦称压溃荷载。

现结合图 5-8（b）对轴心压杆的整体稳定性进一步分析。在 $O'AB$ 上升段，若要使 v_m 增大，需要增加 N。若 N 不增加，即使有少许干扰使 v_m 加大，但在干扰消失后，杆亦会恢复原状，因而杆件的内、外力平衡是稳定的。在 BC 下降段，此时若有少许干扰使 v_m 加大，而 N 又不迅速卸荷，则它将大于相应 v_m 增大后的 N 而使杆压溃，因而杆件的内、外力平衡是不稳定的。由稳定平衡状态到不稳定平衡状态的过渡点 B 即为有初弯曲轴心压杆承载力的极限。

图 5-8（b）中还标明用传统方法求得的理想轴心压杆临界力 N_E 和 N_t。从中可见，由于初弯曲（初偏心）的影响，理想杆不论是在弹性屈曲还是在弹塑性屈曲，其 N_u 恒低于 N_E 或 N_t，且理想杆的平衡状态在达临界力时才突然由直变弯。而实际杆的平衡状态则是逐渐改变，在失稳前后不发生突变。研究时为区别上述两种平衡现象，一般称前者为第一类稳定问题，而称后者为第二类稳定问题。

3. 实际轴心压杆稳定极限承载力的确定方法

由前述，理想轴心压杆的临界力在弹性阶段是长细比 λ 的单一函数，在弹塑性阶段按照切线模量理论也只引入和材料强度有一定关系的切线模量 E_t。而实际轴心压杆却有初弯曲、初偏心、残余应力和材质不匀等的综合影响，且影响程度还因截面形状、尺寸和屈曲方向而不同。因此，严格地说，每根压杆都有各自的临界力，即同类型的压杆即使截面尺寸相同，也可能因初始缺陷的影响不同而有各自的柱子曲线。这也表明实际轴心压杆的复杂性。

实际轴心压杆的承载力须按有残余应力的小偏心受压杆件即按照压弯杆件确定，即其稳定性质应按第二类稳定问题，求其荷载-变形曲线的极值点——压溃荷载。由于钢材的弹塑性性质，当杆件处在弹塑性弯曲阶段时，其应力-应变关系不但在同一截面各点上而且在杆件沿纵轴方向各截面都有变化，因此，即使不考虑残余应力，也只能得出压弯杆压溃荷载的近似解，若考虑残余应力的影响，则不可能求得闭合解。20 世纪 60 年代以来，由于电子计算机取代了以前手算无法胜任的繁重计算工作，因此有可能采用有限元概念，根据内、外力平衡条件，用数值法模拟计算压溃荷载。下面以数值积分法加以简述：

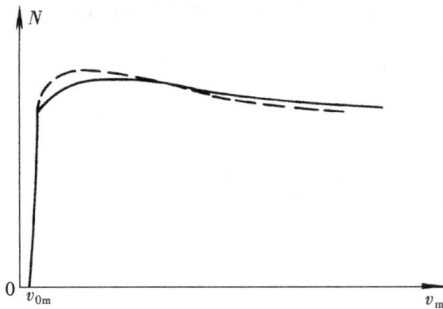

图 5-9　用计算机计算轴心
压杆的稳定极限承载力

首先将压杆的长度分成 m 个计算段（各段长度不一定相等），截面分成 n 块计算单元，同时输入杆件加荷之前实测出的初始数据，如初弯曲轴线的形状和挠曲矢高、残余应力的分布、应力-应变关系等，然后指定一级压力 N，便得到图 5-9 所示 N-v_m 关系曲线中的一个点。若再指定下一级压力，重复上述步骤，即可逐点绘出 N-v_m 曲线。曲线顶点就是实际轴心压杆的稳定极限承载力 N_u。若输入计算机的实测初始数据能较好地反映杆件的实际情况，则模拟出的 N-v_m 曲线与试验曲线（图 5-9 中虚线）极为接近。因此，现在一般都只需做少量试件的试验以验证模拟计算的结果，这样就极大地减少了试验工作量和试验费用。

根据求出的 N_u 和其对应的杆件的长度 l，即可得出 σ_{cr}-λ（$\sigma_{cr} = N_u/A$，$\lambda = l/i$）曲线——柱子曲线中的一点。若再指定其他长度按上述方法计算，即可得出该截面的柱子曲线。

二、轴心受压构件稳定性计算

(一) 计算公式

根据轴心受压构件的稳定极限承载力 N_u，考虑抗力分项系数 γ_R 后，即可得《设计标准》整体稳定性计算公式：

$$\sigma = \frac{N}{A} \leqslant \frac{N_u}{A\gamma_R} = \frac{N_u}{Af_y} \cdot \frac{f_y}{\gamma_R} = \varphi f$$

或
$$\frac{N}{\varphi Af} \leqslant 1.0 \tag{5-17}$$

式中　　　N——轴心压力设计值（N）；

A——构件的毛截面面积（mm²）；

f——钢材的抗压强度设计值（N/mm²），按表 3-5 选用；

$$\varphi = \frac{N_u}{Af_y} = \frac{\sigma_u}{f_y}$$ 轴心受压构件的稳定系数（取截面两主轴稳定系数中的较小者）。根据构件的长细比或换算长细比、钢与修正系数 ε_k 和表 5-5a、表 5-5b 的截面分类查附表 8-1～附表 8-4。

ε_k——钢号修正系数，其值为 235 与采用钢材牌号中屈服强度数值比值的平方根（$\sqrt{235/f_y}$），可按下列数值：Q235 钢 $\varepsilon_k=1$、Q345 钢 $\varepsilon_k=0.825$、Q390 钢 $\varepsilon_k=0.776$、Q420 钢 $\varepsilon_k=0.748$、Q460 钢 $\varepsilon_k=0.715$。

（二）多条柱子曲线和稳定系数 φ 的确定

由于轴心受压构件稳定极限承载力受多种因素的影响，因此它的柱子曲线分布很离散。《设计标准》制定时，根据我国较常用的截面形式，按不同尺寸、不同加工条件及相应的残余应力图式，经过计算和试验研究，共算出 96 条纵坐标用 $\varphi = \sigma_u/f_y$、横坐标用长细比 λ/ε_k 的柱子曲线，图 5-10 中的两条虚线表示这些曲线的分布带范围。从图中可见，其上、下限相差较大，尤其在常用的中等长细比范围更大。显然，用一条柱子曲线作代表用于设计会明显不合理。然而将如此多的柱子曲线用于设计虽很准确，但其烦琐程度可以想见。因此，《设计标准》按照合理、经济和便于设计应用的原则，将分布带相近的柱子曲线按其截面形式、板厚、屈曲方向（对应轴）和加工条件，归纳为 a、b、c、d 四组，并取每组柱子曲线的平均值作为设计曲线，即图 5-10 所示的 a、b、c、d 4 条曲线。在常用范围（$\lambda=40\sim120$），a 曲线的 φ 值最高（比 b 类的高 4%～15%），b 曲线的略低，c 曲线的则较低（比 b 类的低 7%～13%），而 d 曲线的最低，它主要用于 $t>40\text{mm}$ 厚板中的某些截面（见表 5-5b）。

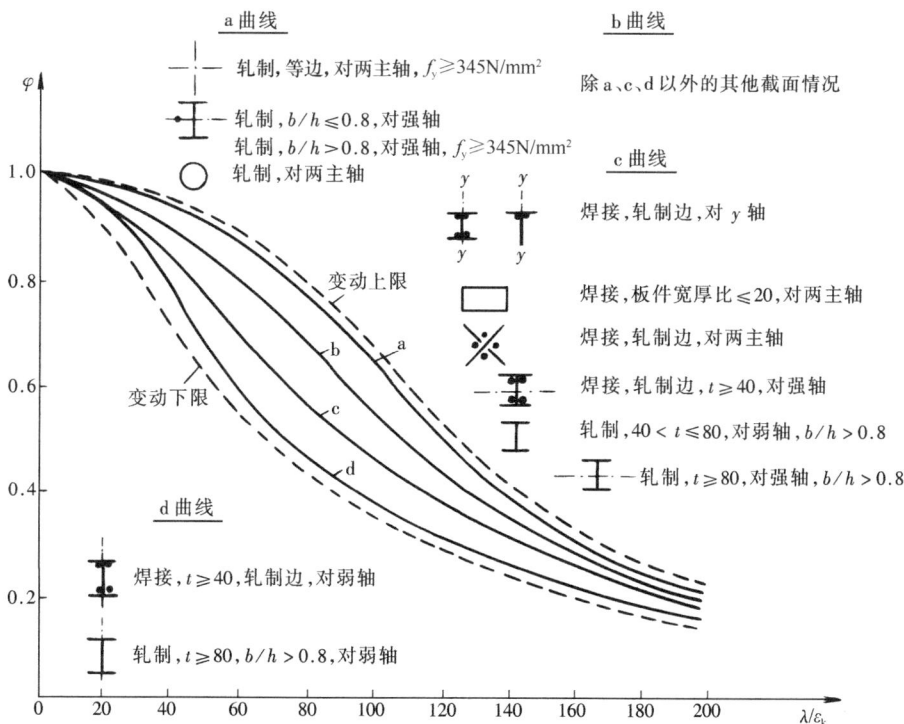

图 5-10　《设计标准》的柱子曲线

　　对应于 a、b、c、d 四条曲线的四种截面分类，《设计标准》按板件厚度 $t<40\mathrm{mm}$ 和 $t\geqslant$ $40\mathrm{mm}$ 分别列入表 5-5a 和表 5-5b。从表中可见，大部分截面形式和对应轴均属于 b 类。

表 5-5a

轴心受压构件的截面分类（板厚 t<40mm）

截面形式			对 x 轴	对 y 轴
轧制			a 类	a 类
轧制		$b/h\leqslant0.8$	a 类	b 类
		$b/h>0.8$	a* 类	b* 类
轧制等边角钢			a* 类	b* 类
焊接、翼缘为焰切边	焊接		b 类	b 类
轧制				
轧制，焊接（板件宽厚比>20）	轧制或焊接			
焊接	轧制截面和翼缘为焰切边的焊接截面			
格构式	焊接，板件边缘焰切			
焊接、翼缘为轧制或剪切边			b 类	c 类
焊接，板件边缘轧制或剪切	焊接，板件宽厚比≤20		c 类	c 类

　　注：1. a* 类含义为 Q235 钢取 b 类，Q345、Q390、Q420 和 Q460 钢取 a 类；b* 类含义为 Q235 钢取 c 类，Q345、Q390、Q420 和 Q460 钢取 b 类。

　　　　2. 无对称轴且剪心和形心不重合的截面，其截面分类可按有对称轴的类似截面确定，如不等边角钢采用等边角钢的类别；当无类似截面时，可取 c 类。

轴心受压构件的截面分类（板厚 $t \geqslant 40$mm）　　　　　　　表 5-5b

截面情况		对 x 轴	对 y 轴
轧制工字形或 H 形截面	$t < 80$mm	b 类	c 类
	$t \geqslant 80$mm	c 类	d 类
焊接工字形截面	翼缘为焰切边	b 类	b 类
	翼缘为轧制或剪切边	c 类	d 类
焊接箱形截面	板件宽厚比 > 20	b 类	b 类
	板件宽厚比 ≤ 20	c 类	c 类

由于热轧型钢的残余应力峰值和钢材强度无关，其不利影响随钢材强度的提高而减弱，因此表中对钢材强度达到和超过 345N/mm^2 的 $b/h > 0.8$ H 型钢和等边角钢提高一类。

a、b、c、d 4 条曲线可拟合成式（5-16）柏利公式的形式来表达，即：

$$\varphi = \frac{\sigma_\mathrm{u}}{f_\mathrm{y}} = \frac{N_\mathrm{u}}{Af_\mathrm{y}} = \frac{1}{2} \left\{ \left[1 + (1 + \varepsilon_0) \frac{\sigma_\mathrm{E}}{f_\mathrm{y}} \right] - \sqrt{\left[1 + (1 + \varepsilon_0) \frac{\sigma_\mathrm{E}}{f_\mathrm{y}} \right]^2 - 4 \frac{\sigma_\mathrm{E}}{f_\mathrm{y}}} \right\} \quad (5\text{-}18a)$$

式中 ε_0 为等效初偏心率，它是由稳定极限承载力 N_u 按式（5-18a）反算出的数值，它表达了初弯曲和残余应力等缺陷的综合影响程度，因此式（5-18a）仅仅是借用了柏利公式的表达形式，而与式（5-16）按截面的边缘屈服为准则的含义截然不同。4 条曲线的 ε_0 数值分别为：

当 $\bar{\lambda} > 0.215$ 时

对 a 类截面　$\varepsilon_0 = 0.152\bar{\lambda} - 0.014$

对 b 类截面　$\varepsilon_0 = 0.300\bar{\lambda} - 0.035$

对 c 类截面

当 $\bar{\lambda} \leqslant 1.05$ 时　$\varepsilon_0 = 0.595\bar{\lambda} - 0.094$

当 $\bar{\lambda} > 1.05$ 时　$\varepsilon_0 = 0.302\bar{\lambda} + 0.216$

对 d 类截面

当 $\bar{\lambda} \leqslant 1.05$ 时　$\varepsilon_0 = 0.915\bar{\lambda} - 0.132$

当 $\bar{\lambda} > 1.05$ 时　$\varepsilon_0 = 0.432\bar{\lambda} + 0.375$

式中　$\bar{\lambda} = \dfrac{\lambda}{\pi} \sqrt{\dfrac{f_\mathrm{y}}{E}}$ ——无量纲长细比。

当 $\bar{\lambda} \leqslant 0.215$（相当于 $\lambda \leqslant 20 \sqrt{235/f_\mathrm{y}}$）时，式（5-18a）不再适用，须采用下面近似曲线公式使 $\bar{\lambda} = 0.215$ 过渡到与 $\bar{\lambda} = 0$（$\varphi = 1.0$）衔接，即：

$$\varphi = 1 - \alpha_1 \bar{\lambda}^2 \quad (5\text{-}18b)$$

式中　α_1——系数，对 a、b、c、d 类截面分别为 0.41、0.65、0.73、1.35。

为了便于应用，《设计标准》将式（5-18a）、式（5-18b）表达的 φ 值，按 a、b、c、d 4 类截面制定 4 个表格，即附表 8-1～附表 8-4。为了适用于不同钢种，构件长细比 λ 采用 $\lambda/\varepsilon_\mathrm{k}$。

（三）构件长细比和换算长细比的确定

构件长细比应根据其屈曲形式确定。下面就不同截面的构件长细比或换算长细比分别论述：

1. 截面形心与剪心重合的构件

（1）构件对主轴 x 和 y 弯曲屈曲时：

$$\left.\begin{array}{l}\lambda_x = l_{0x}/i_x\\\lambda_y = l_{0y}/i_y\end{array}\right\} \tag{5-19}$$

式中 l_{0x}、l_{0y}——构件对截面主轴 x 和 y 的计算长度；

$\quad i_x$、i_y——构件截面对主轴 x 和 y 的回转半径。

对双轴对称十字形截面构件，λ_x 或 λ_y 取值不得小于 $5.07b/t$，其中 b/t 为悬伸板件宽厚比（满足此数值可不考虑扭转屈曲）。

（2）构件对形心轴 z 扭转屈曲时（图 5-3b）

按弹性稳定理论，绕 z 轴扭转屈曲的临界力：

$$N_z = \frac{1}{i_0^2}\left(\frac{\pi^2 E I_\omega}{l_\omega^2} + G I_t\right) \tag{5-20}$$

式中 I_ω——毛截面扇性惯性矩，对 T 形截面（轧制、双板焊接、双角钢组合）、十字形截面和角钢截面可近似取 $I_\omega=0$；

$\quad I_t$——毛截面抗扭惯性矩，$I_t = \frac{\eta}{3}\sum_{i=1}^{n} b_i t_i^3$，$b_i$ 和 t_i 分别为组成截面的各矩形板的宽度和厚度；

$\quad \eta$——板件连成整体的提高系数：角形 $\eta=1.0$、T 形 $\eta=1.15$、槽形 $\eta=1.12$、工字形 $\eta=1.25$。

$\quad l_\omega$——扭转屈曲的计算长度。两端铰支且端截面可自由翘曲者，取几何长度 l；两端嵌固且端部截面的翘曲完全受到约束者，取 $0.5l$；

$\quad i_0$——截面对剪心的极回转半径：$i_0 = \sqrt{I_0/A + y_s^2}$ 或 $i_0^2 = i_x^2 + i_y^2 + y_s^2$；

$\quad y_s$——截面形心至剪心的距离；

$\quad I_0$——截面的极惯性矩，$I_0 = I_x + I_y = A i_0^2$；

I_x、I_y——对主轴 x 和 y 的截面惯性矩；

E、G——钢材的弹性模量和剪变模量。$E=206\times10^3 \text{N/mm}^2$，$G=79\times10^3 \text{N/mm}^2$。

将 $N_z = \pi^2 E A/\lambda_z^2$ 代入上式，可解得

$$\lambda_z = \sqrt{\frac{A i_0^2}{I_\omega/l_\omega^2 + G I_t/\pi^2 E}} = \sqrt{\frac{I_0}{I_\omega/l_\omega^2 + I_t/25.7}} \tag{5-21}$$

还需指出，对双轴对称十字形截面板件宽厚比不超过 $15\varepsilon_k$ 者，可不计算扭转屈曲。

2. 单轴对称截面的构件

（1）单角钢、槽钢和双板组合 T 形截面的构件

单角钢、槽钢和双板组合 T 型截面等单轴对称截面轴心压杆（见图 5-4），虽然绕非对称主轴（设为 x-x 轴）为弯曲屈曲，但在绕对称主轴（设为 y-y 轴）时，由于截面形心与剪心不重合，故在弯曲的同时必然伴随着扭转，产生弯扭屈曲。在相同条件下，弯扭屈曲

的临界力比弯曲屈曲的要低。按弹性稳定理论，其临界力：

$$N_{yz} = \frac{1}{2k}\left[N_z + N_{Ey} - \sqrt{(N_z + N_{Ey})^2 - 4kN_zN_{Ey}}\right] \qquad (5\text{-}22)$$

式中　k——系数，$k = 1 - (y_s/i_0)^2$。

在上式中用 $N_{yz} = \pi^2 EA/\lambda_{yz}^2$、$N_z = \pi^2 EA/\lambda_z^2$、$N_{Ey} = \pi^2 EA/\lambda_y^2$ 代入，从而可得计算弯扭屈曲的换算长细比：

$$\lambda_{yz} = \frac{1}{\sqrt{2}}\left[(\lambda_y^2 + \lambda_z^2) + \sqrt{(\lambda_y^2 + \lambda_z^2)^2 - 4\left(1 - \frac{y_s^2}{i_0^2}\right)\lambda_y^2\lambda_z^2}\right]^{1/2} \qquad (5\text{-}23)$$

需要指出，对等边单角钢轴心受压构件绕两主轴弯曲的计算长度相等时，可不计算弯扭屈曲，因为其绕强轴（对称轴）弯扭屈曲的临界力总是高于绕弱轴弯曲屈曲的临界力。对于单面连接（仅一个肢与节点板连接）的单角钢的计算见第六节。

还须指出，当槽形截面用于格构式构件（见第六节）的分肢，在计算分肢绕对称轴（y 轴）的稳定性时，由于受到缀件的约束，可不必考虑扭转效应，直接用 λ_y 查出 φ_y 的值。

从以上叙述可见。对扭转屈曲和弯扭屈曲的轴心压杆可用换算长细比 λ_z 和 λ_{yz} 进行计算。实质上这是采用的一种近似的简化实用方法，通过将弹性的理想轴心压杆的扭转屈曲和弯扭屈曲的临界力与弯曲屈曲欧拉临界力比较，得出换算长细比，然后用其借用弯曲屈曲的柱子曲线查出 φ 值。由于弯曲屈曲的 φ 值已经包含了各种初始缺陷和钢材弹塑性性能等的影响，所以得出的 φ 值也间接地考虑了这些影响。

（2）双角钢组合 T 形截面的构件

双角钢组合 T 形截面的轴心受压构件绕对称轴的换算长细比 λ_{yz} 可采用表 5-6 中序号 1～3 的简化公式计算。

双角钢组合 T 形截面绕对称轴的换算长细比简化公式　　　　　表 5-6

序号	组合方式		截面形式	计算公式	
1	等边双角钢相并			当 $\lambda_y \geqslant \lambda_z$ 时：$\lambda_{yz} = \lambda_y\left[1 + 0.16\left(\frac{\lambda_z}{\lambda_y}\right)^2\right]$	$(5\text{-}24a)$
				当 $\lambda_y < \lambda_z$ 时：$\lambda_{yz} = \lambda_z\left[1 + 0.16\left(\frac{\lambda_y}{\lambda_z}\right)^2\right]$	$(5\text{-}24b)$
				$\lambda_z = 3.9\dfrac{b}{t}$	
2	不等边双角钢	长肢相并		当 $\lambda_y \geqslant \lambda_z$ 时：$\lambda_{yz} = \lambda_y\left[1 + 0.25\left(\frac{\lambda_z}{\lambda_y}\right)^2\right]$	$(5\text{-}25a)$
				当 $\lambda_y < \lambda_z$ 时：$\lambda_{yz} = \lambda_z\left[1 + 0.25\left(\frac{\lambda_y}{\lambda_z}\right)^2\right]$	$(5\text{-}25b)$
				$\lambda_z = 5.1\dfrac{b_2}{t}$	
3		短肢相并		当 $\lambda_y \geqslant \lambda_z$ 时：$\lambda_{yz} = \lambda_y\left[1 + 0.06\left(\frac{\lambda_z}{\lambda_y}\right)^2\right]$	$(5\text{-}26a)$
				当 $\lambda_y < \lambda_z$ 时：$\lambda_{yz} = \lambda_z\left[1 + 0.06\left(\frac{\lambda_y}{\lambda_z}\right)^2\right]$	$(5\text{-}26b)$
				$\lambda_z = 3.7\dfrac{b_1}{t}$	

第四节 实腹式轴心受压构件的局部稳定性

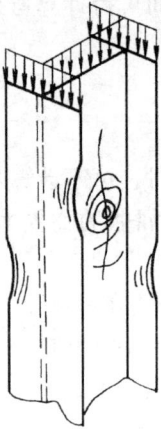

图 5-11 实腹式轴心
压杆的局部屈曲

由板件组成的实腹式轴心受压构件还存在局部稳定性问题。虽然构件局部失稳后可能继续保持着整体平衡状态，但因部分板件在屈曲后退出工作，构件的有效截面减少，从而加速构件整体失稳。

图 5-11 示一工字形截面轴心压杆翼缘与腹板的受力屈曲情况，屈曲时板件产生偏离其平面位置的波状鼓曲。轴心压杆主要受轴心压力作用，故应按均匀受压板计算板件的局部稳定性，并采用板件宽厚比限值进行控制，且将其和杆件的整体稳定性结合在一起考虑，按板的局部失稳不先于杆件的整体失稳的原则，即根据板的屈曲应力 σ_{cr} 和杆件的整体稳定极限承载应力 σ_u 相等（$\sigma_{cr}=\sigma_u$）的等稳定性准则，计算板件宽厚比限值。因此，当 σ_u 愈大（相当于 λ 愈小）时，板件的宽厚比限值将愈小，反之则愈大，这比取用统一定值经济合理。

一、工字形、T 形截面翼缘自由外伸宽厚比限值

工字形、T 形截面翼缘可视为一边自由、三边简支受均匀压应力板计算其屈曲应力 σ_{cr}，然后按等稳定准则确定其宽厚比限值，《设计标准》统一采用下面偏安全的简化直线式：

$$\frac{b_1}{t} \leqslant (10+0.1\lambda)\varepsilon_k \tag{5-27}$$

式中 λ——构件两方向长细比的较大值：当 $\lambda<30$ 时，取 $\lambda=30$（即一律按短柱考虑，取 $[b_1/t]_{min} \leqslant 13\varepsilon_k$，相当于 $\sigma_{cr}=f_y$）；当 $\lambda>100$ 时，取 $\lambda=100$（即一律取 $[b_1/t]_{max} \leqslant 20\varepsilon_k$，以使其不致过大，避免超前局部屈曲）；

b_1、t——翼缘的自由外伸宽度和厚度（图 5-12）。

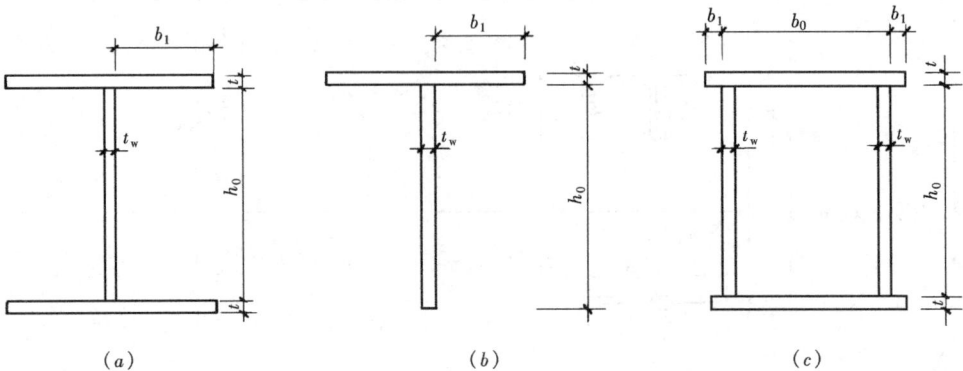

图 5-12 工字形、T 形和箱形截面板件尺寸

二、工字形、T形、箱形截面腹板宽厚比的限值

（一）工字形截面（图 5-12*a*）

工字形截面腹板可视为四边简支、板端受均匀压应力计算其屈曲应力 σ_{cr}，然后按等稳定准则确定其宽厚比限值。为便于设计，《设计标准》亦采用下面偏安全的简化直线式：

$$\frac{h_0}{t_w} \leqslant (25 + 0.5\lambda)\varepsilon_k \qquad (5-28)$$

式中　λ——构件两方向长细比的较大值；当 $\lambda < 30$ 时，取 $\lambda = 30$（即一律取 $[h_0/t_w]_{min} \leqslant 40\varepsilon_k$，当 $\lambda > 100$ 时，取 $\lambda = 100$（即一律取 $[h_0/t_w]_{max} \leqslant 75\varepsilon_k$）；

　　　h_0——腹板计算高度（mm）；对焊接截面取腹板高度 h_w；对热轧构件取腹板平直段长度，简要设计时可取 $h_0 = h_w - t$，但不小于 $h_w - 20mm$。

　　　t_w——腹板厚度（mm）。

（二）T形截面（图 5-12*b*）

采用相似方法推导，《设计标准》采用下面简化公式计算：

热轧 T 型钢　　　　$\dfrac{h_0}{t_w} \leqslant (15 + 0.2\lambda)\varepsilon_k$ 　　　　　(6-29*a*)

焊接 T 形截面　　　$\dfrac{h_0}{t_w} \leqslant (13 + 0.17\lambda)\varepsilon_k$ 　　　　(6-29*b*)

（三）箱形截面（图 5-12*c*）

箱形截面轴心压杆的翼缘和腹板都是均匀受压的四边支承板，但板件之间一般用单侧焊缝连接，嵌固程度较低。虽同样可采用类似式（5-28）计算其宽厚比和高厚比（b_0/t 和 h_0/t_w）限值，但为便于设计，《设计标准》规定偏安全地按下列近似式计算，即取不和长细比关联的定值（相当于工字形截面腹板 $\lambda \leqslant 30$ 时）：

$$\frac{b_0}{t} \quad 或 \quad \frac{h_0}{t_w} \leqslant 40\varepsilon_k \qquad (5-30)$$

三、等边单角钢肢件外伸宽厚比限值

等边单角钢轴心压杆的肢件亦可视为一边自由三边简支板端受均匀压应力板。根据等稳定准则，其肢件外伸宽厚比限值可采用下列公式计算：

当 $\lambda \leqslant 80\varepsilon_k$ 时

$$\frac{b_1}{t} \leqslant 15\varepsilon_k \qquad (5-31a)$$

当 $\lambda > 80\varepsilon_k$ 时

$$\frac{b_1}{t} \leqslant 5\varepsilon_k + 0.125\lambda \qquad (5-31b)$$

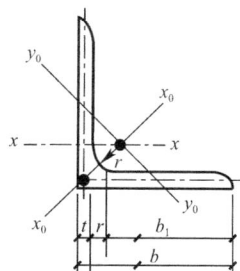

图 5-13　等边单角钢的外伸宽度

式中　b_1、t——角钢肢件的外伸宽度和厚度，$b_1 = b - t - r$，简要计算时可取 $b_1 = b - 2t$（图 5-13）；

　　　λ——角钢绕非对称主轴（y_0-y_0）的长细比。

在现行等边角钢规格表（附表 14）中，肢件宽厚比超过 15 的很少，故在采用 Q235 钢时一般不会超过式（5-31）规定的宽厚比限值，但在采用高强度钢材，如 Q420、Q460

的角钢时则有可能超过限值。

对不等边角钢轴心压杆，因其没有对称轴，故总是呈弯扭屈曲。在其整体稳定性计算式中已包括肢体尺寸的影响，故不需再作肢件的局部稳定性计算。

四、圆管径厚比的限值

根据弹性稳定理论，圆管在均匀轴心压力作用下的弹性屈曲应力：

$$\sigma_{cr} = 1.21 \frac{E_t}{D}$$

式中 D、t——圆管的外径和管壁厚度。

然而，根据试验研究，圆管缺陷（如管壁局部凹陷）对 σ_{cr} 的影响很大，且管壁愈薄影响愈大，其值甚至需降低 30%。另外，圆管局部屈曲常在弹塑性范围，也需对上式的 σ_{cr} 进行修正，故《设计标准》采用下式计算径厚比限值：

$$\frac{D}{t} \leqslant 100\varepsilon_k^2 \tag{5-32}$$

五、实腹式轴心压杆板件宽厚比限值的放大

当轴心压杆的压力 N 小于其稳定承载力 $(\varphi A f)$，即未用足时，根据制定板件宽厚比限值采用的等稳定准则，由于板件的局部屈曲临界应力下降，从而可使板件的宽厚比限值放大，即将式（5-27）～式（5-32）乘以下式的放大系数：

$$\alpha = \sqrt{\varphi A F / N} \tag{5-33}$$

六、腹板纵向加劲肋和腹板屈曲后按有效截面计算

对某些大型工字形截面和箱形截面轴心受压构件的腹板，由于高度 h_0 较大，因此为满足上述局部稳定宽厚比限值的要求，往往须采用较厚钢板，故不够经济。为节约材料，可在采用较薄钢板时，采用设置纵向加劲肋加强或用有效截面计算方法。

纵向加劲肋宜在腹板中央的两侧成对设置且位于横向加劲肋之间，其外伸宽度 $b_s \geqslant 10t_w$，厚度 $t_s \geqslant 3t_w/4$（图 5-14）。设置纵向加劲肋能有效地阻止腹板屈曲时的凹凸变形，因此可取其和翼缘间的距离作为腹板计算高度计算腹板宽厚比。

采用有效截面计算腹板的局部稳定是考虑腹板屈曲后强度的计算方法，即当腹板宽厚比不能满足限值要求时，可认为腹板中间部分因屈曲而退出工作，而仅考虑腹板计算高度边缘范围内的部分和翼缘一起作为有效截面（图 5-15），采用下列公式计算构件的强度和稳定性。但在计算构件的长细比和稳定系数时，仍用全部截面。

强度

$$\frac{N}{A_{ne}} \leqslant f \tag{5-34}$$

稳定性

$$\frac{N}{\varphi A_e f} \leqslant 1.0 \tag{5-35}$$

式中 $A_{ne} = \rho A_n$，A_n、A_{ne}——杆件的净截面面积和有效净截面面积（mm²）；

$A_e = \rho A$，A、A_e——杆件的毛截面面积和有效毛截面面积（mm²）；

φ——稳定系数，按杆件的毛截面计算；

ρ——有效截面系数，按下式公式计算：

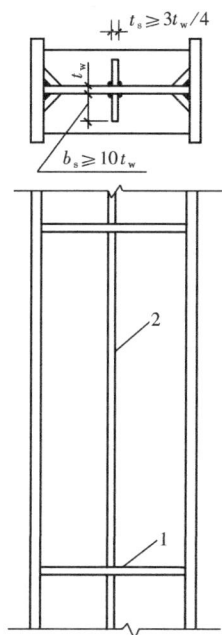

图 5-14 腹板纵向加劲肋
1—横向加劲肋；2—纵向加劲肋

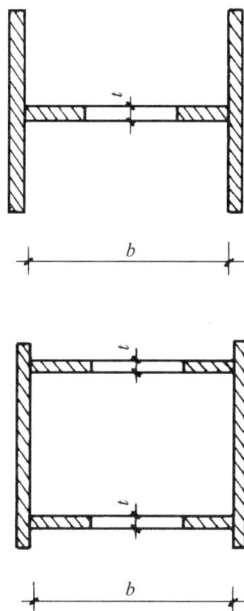

图 5-15 腹板屈曲后的有效截面

（1）工字形、箱形截面腹板

当 $b/t \leqslant 42\varepsilon_k$ 时：

$$\rho = 1.0 \tag{5-36a}$$

当 $b/t > 42\varepsilon_k$ 时：

$$\rho = \frac{1}{\lambda_p}\left(1 - \frac{0.19}{\lambda_p}\right) \tag{5-36b}$$

$$\lambda_p = \frac{b/t}{56.2\varepsilon_k} \tag{5-36c}$$

当 $\lambda > 52\varepsilon_k$ 时：

$$\rho \geqslant (29\varepsilon_k + 0.25\lambda)t/b \tag{5-36d}$$

式中 b、t——腹板或壁板的净宽度和厚度（图 5-15）。

（2）等边单角钢

当 $b_1/t > 15\varepsilon_k$ 时：

$$\rho = \frac{1}{\lambda_p}\left(1 - \frac{0.1}{\lambda_p}\right) \tag{5-37a}$$

$$\lambda_p = \frac{b_1/t}{16.8\varepsilon_k} \tag{5-37b}$$

当 $\lambda > 80\varepsilon_k$ 时：

$$\rho \geqslant (5\varepsilon_k + 0.13\lambda)t/b_1 \tag{5-37c}$$

式中 b_1、t——同式（5-31）。

第五节　实腹式轴心受压构件的截面设计

一、设 计 原 则

实腹式轴心受压构件的截面形式一般可按图 5-2（a）、图 5-2（b）选用其中的型钢截面或实腹式组合截面。为取得合理而经济的效果，设计时可参照下述原则：

（一）等稳定性——使杆件在两个主轴方向的稳定承载力相同，以充分发挥其承载能力。因此应尽可能使其两方向的稳定系数或长细比相等，即 $\varphi_x \approx \varphi_y$ 或 $\lambda_x \approx \lambda_y$。对两方向不属同一类别的截面，稳定系数在长细比相同时亦不同，但一般相差不大，仍可采用 $\lambda_x \approx \lambda_y$ 或作适当调整。

（二）宽肢薄壁——在满足板件宽厚比限值的条件下使截面面积分布尽量远离形心轴，以增大截面的惯性矩和回转半径，提高杆件的整体稳定承载力和刚度，达到用料合理。

（三）制造省工——应使构造简单，能充分利用现代化的制造能力和减少制造工作量。如设计便于采用自动焊的截面（工字形截面等）和尽量使用 H 型钢（HW 型或 HM 型），这样做虽然有时候用钢量会增多，但因制造省工省时和型钢价格较低，故相对而言可能仍比较经济。

（四）连接简便——杆件应便于与其他构件连接。在一般情况，截面以开敞式为宜。对封闭式的箱形和管形截面，由于连接较困难，只在特殊情况下使用。

二、设 计 方 法

前已述及，实腹式轴心受压构件除广泛用于桁架中杆件外，还大量用于柱。前者的设计方法将在第八章中详述，下面介绍实腹式轴心受压柱的截面设计方法。

（一）试选截面

首先根据截面设计原则和使用要求、材料供应、加工方法、轴心压力 N 的大小、两方向的计算长度 l_{0x} 和 l_{0y} 等条件确定截面形式和钢材牌号，然后按下述步骤试选型钢型号或组合截面的尺寸：

1. 确定需要的截面面积 A_{req}、回转半径 i_{xreq} 和 i_{yreq} 以及高度 h_{req}、宽度 b_{req}

可按如下程序：

$$
\text{假定长细比 } \lambda
\begin{cases}
\text{查 } \varphi_x、\varphi_y \rightarrow \text{选其中 } \varphi_{min} \text{ 求需要的截面面积 } A_{req} = \dfrac{N}{\varphi_{min} f} \\[2mm]
\text{求对 } x \text{ 轴需要的回转半径 } i_{xreq} = \dfrac{l_{0x}}{\lambda} \rightarrow \text{由 } i_{xreq} \text{ 求 } h_{req} \approx \dfrac{i_{xreq}}{\alpha_1} \\[2mm]
\text{求对 } y \text{ 轴需要的回转半径 } i_{yreq} = \dfrac{l_{0y}}{\lambda} \rightarrow \text{由 } i_{yreq} \text{ 求 } b_{req} \approx \dfrac{i_{yreq}}{\alpha_2}
\end{cases}
$$

式中 α_1、α_2 分别表示截面高度 h、宽度 b 和回转半径 i_x、i_y 间的近似数值关系的系数，见附表 16。

λ 根据经验一般可在 50～100 范围假定。当 N 大且 l_0 小（$N \geqslant 3000kN$、$l_0 \leqslant 4 \sim 5m$）时取小值，反之（$N \leqslant 1500kN$、$l_0 \geqslant 5 \sim 6m$）取大值。

2. 确定型钢型号或组合截面各板件尺寸

对型钢，根据 A_{req}、i_{xreq}、i_{yreq} 查型钢（H 型钢、工字钢、钢管等）表中相近数值，即可选择合适型号。

对组合截面，应以 A_{req}、h_{req}、b_{req} 为条件，并考虑制造、焊接工艺的需要，以及宽肢薄壁、连接简便等原则，结合钢材规格，调配各板件尺寸。如对焊接工字形截面，为便于采用自动焊，宜取 $b \approx h$；为使用料合理，宜取一个翼缘截面面积 $A_1 = (0.35 \sim 0.40)A$，$t_w = (0.4 \sim 0.7)t$、但不小于 6mm，h_0 和 b 为 10mm 的倍数，t 和 t_w 为 2mm 的倍数。

（二）验算截面

对试选的截面须作如下几方面验算：

1. 强度——按式（5-1）、式（5-2）计算。

2. 刚度——按式（5-3）计算。

3. 整体稳定性——按式（5-17）计算。须同时考虑两主轴方向，但一般可取其中长细比较大者进行计算。

4. 局部稳定性——按式（5-27）～式（5-37）计算。

以上几方面验算若不满足要求，须调整截面重新验算。

三、构 造 规 定

当实腹式柱腹板宽厚比 $h_0/t_w > 80$ 时，有可能在施工过程中产生扭转变形，故应如图 5-16 所示成对配置横向加劲肋，以增加抗扭刚度。其间距不得大于 $3h_0$，截面尺寸则按式（6-56）确定。对大型实腹式柱，为了增加其抗扭刚度，应设置横隔（外伸宽度加宽至翼缘边的横向加劲肋）。横隔的间距不得大于柱截面较大宽度的 9 倍或 8m，且在运输单元的两端均应设置。另外，在受有较大水平力处亦应设置，以防止柱局部弯曲变形（以上规定还适用于实腹式压弯构件）。

实腹式轴心受压柱板件间（如工字形截面翼缘与腹板间）的纵向连接焊缝只承受柱初弯曲或因偶然横向力作用等产生的很小剪力，因此不必计算，焊脚尺寸可按构造要求采用。

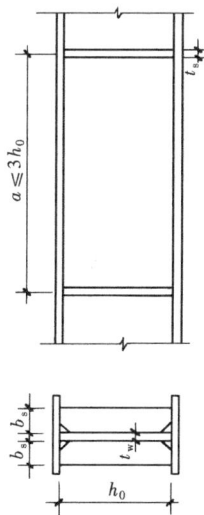

图 5-16 实腹式柱的横向加劲肋

【例 5-1】 图 5-17（a）所示为某炼钢厂工作平台的部分结构。其中支柱 AB 承受轴心压力 $N = 1200$kN，柱下端平板柱脚（底板厚度大于柱翼缘厚度 2 倍），上端铰接。试选择该柱截面：1. 用工字钢；2. 用 H 型钢；3. 用焊接工字形截面，翼缘为剪切边，材料均为 Q345 钢，截面无削弱；4. 若材料改为 Q235 钢，以上选择出的截面是否还可以安全承载？

【解】 由于 AB 柱两方向的几何长度不等，故取如图 5-17（b）、（c）、（d）所示的截面朝向，即将强轴顺 x 轴方向。

柱在 yz 平面按下端平板柱脚且底板厚度大于柱翼缘厚度 2 倍、上端铰接，查表 5-4 可取 $\mu = 0.8$，故计算长度 $l_{0x} = 0.8 \times 700 = 560$cm。在 xz 平面，柱下端不能按固定考虑，因截面的 y 轴为弱轴，其抗弯能力较低，故和支撑点处一样，只能起阻止位移作用，因此均应按铰接计算，其计算长度取柱上段支承点之间的距离，即 $l_{0y} = 350$cm（因下段柱可取 $\mu = 0.83$，故上段柱计算长度较大，见表 5-4 注）。

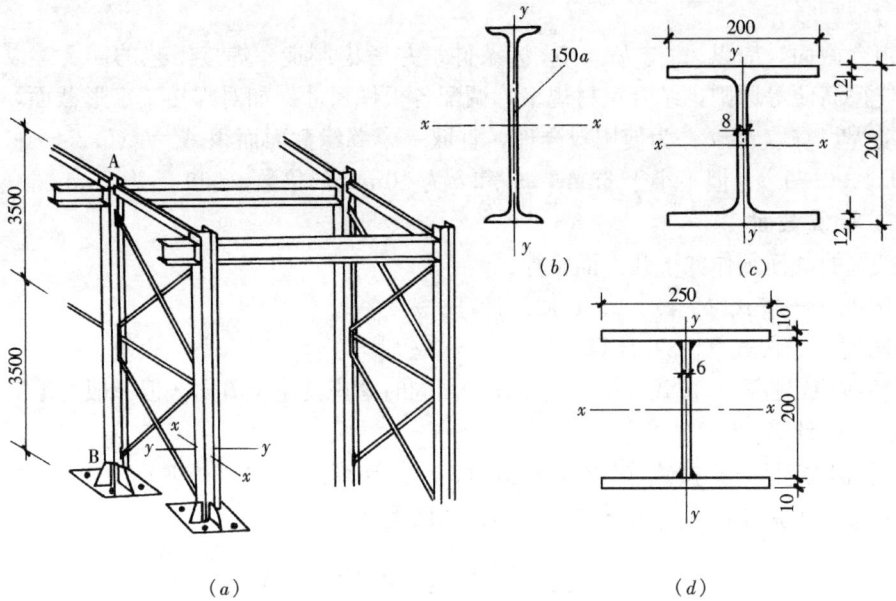

图 5-17 例 5-1 附图

一、工字钢

（一）试选截面

按试选截面程序：

$$假定 \lambda = 100 \rightarrow i_{xrcq} = \frac{l_{0x}}{\lambda} = \frac{560}{100} = 5.6 \text{cm}$$

查附表 8-1：$\varphi_x = 0.487$

查附表 8-2：$\varphi_y = 0.431 \rightarrow A_{req} = \dfrac{N}{\varphi_{min} f} = \dfrac{1200 \times 10^3}{0.431 \times 305 \times 10^2} = 91.3 \text{cm}^2$

$$\left(\begin{array}{l} 按 \lambda/\varepsilon_k \\ = 100/0.825 = 121 \end{array}\right) i_{yreq} = \frac{l_{0y}}{\lambda} = \frac{350}{100} = 3.5 \text{cm}$$

由附表 12 中不可能选择出同时满足 A_{req}、i_{xreq}、i_{yreq} 三值的工字钢，可只在 A_{req} 和 i_{yreq} 两值之间选择适当型号。现试选 I50a（图 5-17b），其 $A = 119.3 \text{cm}^2$，$i_x = 19.7 \text{cm}$，$i_y = 3.07 \text{cm}$，$b/h = 158/500 = 0.32 < 0.8$（按表 5-5a，前面将轧制工字钢 φ 值对 x 轴按 a 类截面查附表 8-1、对 y 轴按 b 类截面查附表 8-2 符合规定）。

（二）验算截面

1. 强度：因截面无削弱，可不验算。

2. 刚度：按式（5-3）：

$$\lambda_x = \frac{l_{0x}}{i_x} = \frac{560}{19.7} = 28.4 < [\lambda] = 150（满足）$$

$$\lambda_y = \frac{l_{0y}}{i_y} = \frac{350}{3.07} = 114 < [\lambda] = 150（满足）$$

3. 整体稳定性：按式（5-17）。由 λ_x（按 $\lambda_x/\varepsilon_k = 28.4/0.825 = 34.4$）、$\lambda_y$（按 $\lambda_y/\varepsilon_k = 114/0.825 = 138.1$）查附表 8-1、附表 8-2 得 $\varphi_x = 0.953$、$\varphi_y = 0.352$。取 $\varphi_{min} = 0.352$ 计算，得：

$$\frac{N}{\varphi A f} = \frac{1200 \times 10^3}{0.352 \times 119.3 \times 10^2 \times 295} = 0.97 < 1.0(满足)$$

（因 I50a 翼缘厚度＞16mm，＜40mm 故取 $f=295\text{N/mm}^2$）

4. 局部稳定性：因工字钢的翼缘和腹板均较厚，可不验算。

二、H 型钢

（一）试选截面

选用宽翼缘 HW 型钢，其截面宽度较大，因此假定长细比可减小。按试选截面程序：

假定 $\lambda = 60$

查附表 8-1，$\varphi_x = 0.825$

查附表 8-2：$\varphi_y = 0.734 \rightarrow A_{req} = \dfrac{N}{\varphi_{min} f} = \dfrac{1200 \times 10^3}{0.734 \times 305 \times 10^2} = 53.6\text{cm}^2$

$i_{xreq} = \dfrac{l_{0x}}{\lambda} = \dfrac{560}{60} = 9.3\text{cm}$

$i_{yreq} = \dfrac{l_{0y}}{\lambda} = \dfrac{350}{60} = 5.8\text{cm}$（按 $60/0.825 = 72.7$）

由附表 10 试选 HW200×200×8×12（图 5-17c），其 $A = 63.53\text{cm}^2$、$i_x = 8.61\text{cm}$、$i_y = 5.02\text{cm}$、$b/h = 200/200 = 1 > 0.8$（按表 5-5a，前面将 Q345 钢的轧制宽翼缘 H 型钢 φ 值对 x 轴按 a* 类截面查附表 8-1，对 y 轴按 b* 类截面查附表 8-2 符合规定）。

（二）验算截面

1. 强度：因截面无削弱，可不验算。

2. 刚度：按式（5-3）：

$$\lambda_x = \frac{l_{0x}}{i_x} = \frac{560}{8.61} = 65 < [\lambda] = 150 \text{（满足）}$$

$$\lambda_y = \frac{l_{0y}}{i_y} = \frac{350}{5.02} = 69.7 < [\lambda] = 150 \text{（满足）}$$

3. 整体稳定性：按式（5-17）。由 $\lambda_x/\varepsilon_k = 65/0.825 = 78.8$，$\lambda_y/\varepsilon_k = 69.7/0.825 = 84.5$ 查附表 8-1、附表 8-2 得 $\varphi_x = 0.79$、$\varphi_y = 0.657$，取 $\varphi_{min} = 0.657$。

$$\frac{N}{\varphi_{min} A f} = \frac{1200 \times 10^3}{0.657 \times 63.53 \times 10^2 \times 305} = 0.94 < 1.0 \text{（满足）}$$

4. 局部稳定性：本例采用的 H 型钢截面较紧凑，翼缘和腹板的宽厚比均较小，可不验算。

三、焊接工字形截面（翼缘为剪切边）

（一）试选截面

按试选截面程序：

假定 $\lambda = 80$

查附表 8-2：$\varphi_x = 0.576$

查附表 8-3：$\varphi_y = 0.478 \rightarrow A_{req} = \dfrac{N}{\varphi_{min} f} = \dfrac{1200 \times 10^3}{0.478 \times 305 \times 10^2} = 82.3\text{cm}^2$

$i_{xreq} = \dfrac{l_{0x}}{\lambda} = \dfrac{560}{80} = 7\text{cm} \rightarrow h_{req} \approx \dfrac{i_{xreq}}{\alpha_1} = \dfrac{7}{0.43} = 16.3\text{cm}$

$i_{yreq} = \dfrac{l_{0y}}{\lambda} = \dfrac{350}{80} = 4.4\text{cm} \rightarrow b_{req} \approx \dfrac{i_{yreq}}{\alpha_2} = \dfrac{4.4}{0.24} = 18.3\text{cm}$（按 $80/0.825 = 96.9$）

试选 $b = h = 180\text{mm}$，按此尺寸粗算翼缘和腹板的平均厚度需要 $t = 82.3 \times 10^2 / (3 \times 180) = 15.2\text{mm}$，这远超过局部稳定宽厚比限值所需要的，故不符合宽肢薄壁的经济原则，它表

明假定 λ 偏大，使 A_{req} 偏大和 h_{req}、b_{req} 偏小，材料集中于形心轴附近。现将假定 λ 适当减小并重新按试选截面程序：

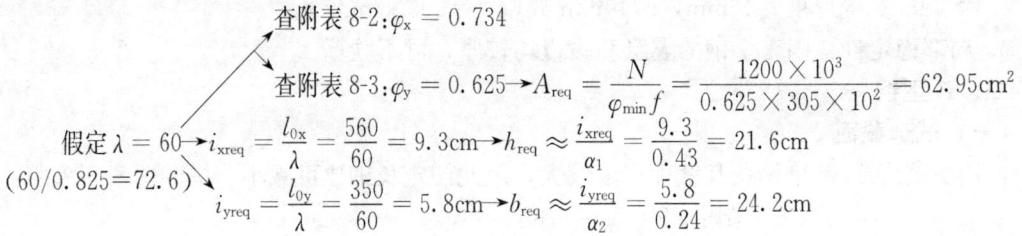

查附表 8-2：$\varphi_x = 0.734$

查附表 8-3：$\varphi_y = 0.625 \rightarrow A_{req} = \dfrac{N}{\varphi_{min}f} = \dfrac{1200 \times 10^3}{0.625 \times 305 \times 10^2} = 62.95\text{cm}^2$

假定 $\lambda = 60 \rightarrow i_{xreq} = \dfrac{l_{0x}}{\lambda} = \dfrac{560}{60} = 9.3\text{cm} \rightarrow h_{req} \approx \dfrac{i_{xreq}}{\alpha_1} = \dfrac{9.3}{0.43} = 21.6\text{cm}$

$(60/0.825 = 72.6)$

$i_{yreq} = \dfrac{l_{0y}}{\lambda} = \dfrac{350}{60} = 5.8\text{cm} \rightarrow b_{req} \approx \dfrac{i_{yreq}}{\alpha_2} = \dfrac{5.8}{0.24} = 24.2\text{cm}$

选用如图 5-17（d）所示尺寸，即：

翼缘：2—250×10　面积：50cm²
腹板：1—200×6　　面积：12cm²
截面面积：$A = 62\text{cm}^2$

（二）验算截面

截面几何特性：

$$I_x = \frac{1}{12} \times 0.6 \times 20^3 + 2 \times 25 \times 1.0 \times 10.5^2 = 5913\text{cm}^4$$

$$I_y = 2 \times \frac{1}{12} \times 1.0 \times 25^3 = 2604\text{cm}^4$$

$$i_x = \sqrt{\frac{I_x}{A}} = \sqrt{\frac{5913}{62}} = 9.77\text{cm}$$

$$i_y = \sqrt{\frac{I_x}{A}} = \sqrt{\frac{2604}{62}} = 6.48\text{cm}$$

1. 强度：因截面无削弱，可不验算。

2. 刚度：按式（5-3）：

$$\lambda_x = \frac{l_{0x}}{i_x} = \frac{560}{9.77} = 57.3 < [\lambda] = 150 \text{（满足）}$$

$$\lambda_y = \frac{l_{0y}}{i_y} = \frac{350}{6.48} = 54.0 < [\lambda] = 150 \text{（满足）}$$

3. 整体稳定性：按式（5-17）。由表 5-5a，焊接工字形截面、翼缘为剪切边，对 x 轴和对 y 轴分属 b 和 c 类截面，故查附表 8-2 和附表 8-3 得（按 $\lambda_x/\varepsilon_k = 57.3/0.825 = 69.4$）$\varphi_x = 0.755$、（按 $\lambda_y/\varepsilon_k = 54/0.825 = 65.4$）$\varphi_y = 0.673$（虽然 $\lambda_y < \lambda_x$，但因对 y 轴属 c 类截面，反而 $\varphi_y < \varphi_x$）。取 $\varphi_{min} = 0.673$ 计算，得

$$\frac{N}{\varphi_{min}Af} = \frac{1200 \times 10^3}{0.673 \times 62 \times 10^2 \times 305} = 0.94 < 1.0 \text{（满足）}$$

4. 局部稳定：按式（5-27）、式（5-28）。虽然整体稳定性系按弱轴 λ_y 计算，但 λ_y 比 λ_x 小不太多，故仍取长细比的较大值 λ_x 计算。

翼缘　$\dfrac{b_1}{t} = \dfrac{122}{10} = 12.2 < (10 + 0.1\lambda)\varepsilon_k = (10 + 0.1 \times 57.3) \times 0.825 = 12.98 \text{（满足）}$

腹板　$\dfrac{h_0}{t_w} = \dfrac{200}{6} = 33.3 < (25 + 0.5\lambda)\varepsilon_k = (25 + 0.5 \times 57.3) \times 0.825 = 44.3 \text{（满足）}$

（本例 $N = 1200\text{kN} < \varphi Af = 0.673 \times 62 \times 10^2 \times 305 \times 10^{-3} = 1273\text{kN}$，故还有将宽厚比

限值乘以式（5-33）放大系数 $\alpha=\sqrt{\varphi Af/N}=\sqrt{1273/1200}=1.03$ 加大的潜力。）

四、原截面改用 Q235 钢

（一）工字钢

由 $\lambda_y=114$ 查附表 8-2 得 $\varphi_y=0.469$，故：

$$\frac{N}{\varphi Af}=\frac{1200\times10^3}{0.469\times119.3\times10^2\times205}=1.05\approx1.0（满足）$$

（二）H 型钢

由 $\lambda_y=69.7$ 查附表 8-3（$b/h>0.8$ 的 H 型钢，Q235 钢按 b* 类取 c 类截面）得 $\varphi=0.644$，故：

$$\frac{N}{\varphi Af}=\frac{1200\times10^3}{0.644\times63.53\times10^2\times215}=1.36>1.0（不满足）$$

（三）焊接工字形截面

由 $\lambda_y=54$ 查附表 8-3 得 $\varphi=0.748$，故：

$$\frac{N}{\varphi Af}=\frac{1200\times10^3}{0.748\times62\times10^2\times215}=1.1>1.0（不满足）$$

由上例计算结果可见：①在上例条件下，工字钢的截面面积比 H 型钢和焊接工字形截面的约大一倍。在强轴方向的计算长度虽较长，但支柱的承载能力却是由弱轴方向所决定，且强轴方向还富余很多。②工字钢在改用 Q235 钢后截面不增大仍可安全承载，而 H 型钢和焊接工字形截面却相差很多，这表明长细比大的压杆由于在弹性状态工作，钢材强度对稳定承载力的影响不大，而长细比小的压杆则因在弹塑性状态工作，钢材强度有较显著影响。③HW 型钢可增强弱轴方向的承载力，不但经济合理，制造省工，且截面选用方便。

第六节　格构式轴心受压构件的设计

一、格构式轴心受压构件的组成形式

格构式轴心受压构件的截面形式可按图 5-2（c）选用，通常以对称双肢组合的较多。分肢用槽钢、H 型钢或工字钢，以缀件——缀条或缀板——将其连成整体（图 5-18），故又称为缀条构件（缀条柱）或缀板构件（缀板柱）。缀件面宽度较大时宜采用缀条柱。

缀条常采用单角钢，一般与构件轴线成 $\alpha=40°\sim70°$ 夹角斜放，此称为斜缀条（图 5-18a），也可同时增设与构件轴线垂直的横缀条。缀板用钢板制造，一律按等距离垂直于构件轴线横放（图 5-18b）。

二、格构式轴心受压构件的整体稳定性

对格构式双肢构件截面，通常将横贯分肢腹板的轴称为实轴（图 5-18 中 y-y 轴），穿过缀件平面的轴则称为虚轴（图 5-18 中 x-x 轴）。

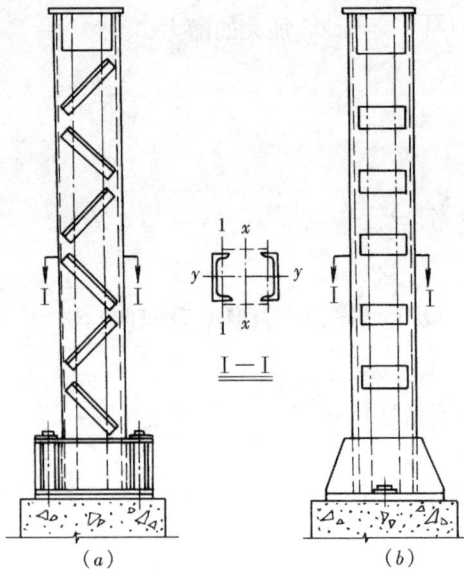

图 5-18　缀条柱与缀板柱

(a) 缀条柱；(b) 缀板柱

(一) 对实轴的整体稳定性

格构式双肢构件相当于两个并列的实腹式杆件，故其对实轴的整体稳定承载力和实腹柱完全相同，因此可用对实轴的长细比 λ_y 查 φ 值由式 (5-17) 计算。

(二) 对虚轴的整体稳定性

格构式受压构件的缀件比较柔细，故对构件因初弯曲、初偏心等缺陷或因屈曲对虚轴弯曲变形产生的横向剪力不能忽略。在这种情况剪切变形较大，从而使构件产生较大的附加变形而降低临界力。按结构稳定理论，两端铰接的双肢缀条构件在弹性阶段对虚轴的临界应力为：

$$\sigma_{cr} = \frac{\pi^2 E}{\lambda_x^2 + \dfrac{\pi^2}{\sin^2\alpha\cos\alpha} \cdot \dfrac{A}{A_{1x}}} = \frac{\pi^2 E}{\lambda_{0x}^2} \quad (5\text{-}38)$$

式中　$\lambda_{0x} = \sqrt{\lambda_x^2 + \dfrac{\pi^2}{\sin^2\alpha\cos\alpha} \cdot \dfrac{A}{A_{1x}}}$——换算长细比；

λ_x——整个构件对 x 轴的长细比；

A——分肢毛截面面积之和；

A_{1x}——构件截面中垂直于 x 轴的各斜缀条毛截面面积之和。

由上式可见，采用加大的换算长细比 λ_{0x} 代替整个构件对虚轴的长细比 λ_x，既能考虑缀条变形对临界应力的降低（根号内第二项即表示此影响），又能利用实腹式轴心受压构件整体稳定性计算公式（式 5-17），在计算时只需用 λ_{0x} 按 b 类截面查 φ 值即可。

考虑到缀条倾角 α 一般在 45°左右（通常为 40°~70°），因此 $\pi^2/(\sin^2\alpha\cos\alpha)$ 值约为 27，故《设计标准》将双肢缀条构件的换算长细比 λ_{0x} 简化为：

$$\lambda_{0x} = \sqrt{\lambda_x^2 + 27\frac{A}{A_{1x}}} \quad (5\text{-}39)$$

对双肢缀板构件，用相同原理可得其换算长细比为：

$$\lambda_{0x} = \sqrt{\lambda_x^2 + \lambda_1^2} \quad (5\text{-}40)$$

式中　$\lambda_1 = l_{01}/i_1$——分肢对最小刚度轴 1-1 的长细比，计算长度 l_{01} 取：焊接时为相邻两缀板的净距离（图 5-21c）；螺栓连接时为相邻两缀板边缘螺栓间的距离；

i_1——分肢对 1-1 轴的回转半径。

由三肢或四肢组合的格构式构件的换算长细比见《设计标准》。

三、分肢的稳定性

格构式受压构件的分肢可看作单独的实腹式轴心受压杆件，因此应保证它不先于构件整体失稳。计算时不能简单地采用 $\lambda_1 < \lambda_{0x}$（或 λ_y），这是因为由于初弯曲等缺陷的影响，

可能使构件受力时呈弯曲状态，从而产生附加弯矩和剪力。附加弯矩使两分肢的内力不等，而附加剪力还使缀板构件的分肢产生弯矩（详见后述）。另外，分肢截面的分类还可能比整体的（b 类）低。这些都使分肢的稳定性降低，所以《设计标准》规定：

缀条构件　　　　　　　　　　$\lambda_1 < 0.7\lambda_{max}$　　　　　　　　　　　　　（5-41）

缀板构件　　　　　　　　　$\lambda_1 < 0.5\lambda_{max}$ 且不应大于 $40\varepsilon_k$　　　　　（5-42）

式中　λ_{max}——构件两方向长细比（对虚轴取换算长细比）的较大值，当 $\lambda_{max} < 50$ 时，取 $\lambda_{max} = 50$；

　　　　λ_1——同式（5-40）的规定。但对缀条构件，l_{01} 取相邻两节点中心间的距离。

四、缀件（缀条、缀板）的计算

（一）缀件面的剪力

格构式轴心受压构件因初弯曲、初偏心等缺陷或因弯曲屈曲，将产生弯曲变形 v 和剪力 $V = dM/dz$（图 5-19a、b），式中 $M = Nv$。因此，须先求出构件的挠曲线 v 才能计算 V。经计算分析，不同钢号的轴心受压构件的剪力均可用下面的实用公式计算：

$$V = \frac{Af}{85\varepsilon_k} \tag{5-43}$$

为便于应用，可认为此 V 值沿构件的全长不变，即为一定值（图 5-19c）。格构式受压构件当绕虚轴弯曲时，上述剪力由缀件承受。对双肢构件，此剪力由双侧缀件面平均，即各分担 $V_1 = V/2$。

（二）缀条计算

缀条构件的每个缀件面如同一竖向的平面平行弦桁架，缀条可看作桁架的腹杆（图 5-20）。因此，可按铰接桁架计算斜缀条的内力：

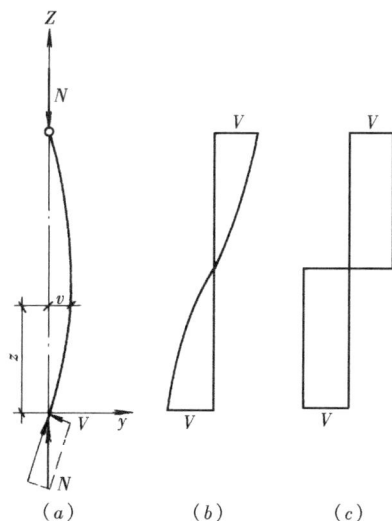

图 5-19　轴心受压构件的剪力

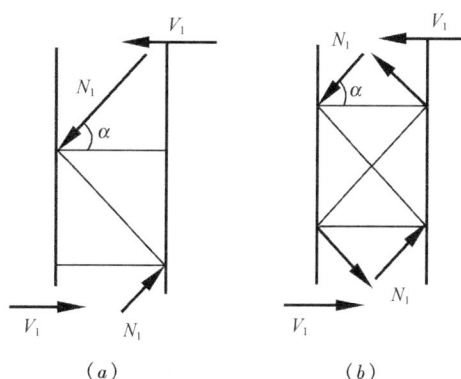

图 5-20　缀条的内力
（a）单杆斜缀条；（b）交叉斜缀条

$$N_1 = \frac{V_1}{n\cos\alpha} \tag{5-44}$$

式中　n——承受剪力 V_1 的斜缀条数，单杆斜缀条 $n=1$，交叉斜缀条 $n=2$；

α——斜缀条的倾角。

由于构件弯曲变形方向可能向左或者向右，因此剪力方向也将随着改变，斜缀条可能受拉或受压，故应按不利情况作为轴心压杆设计。但缀条一般采用单角钢且单面连接在分肢上（图5-18a），故在受力时存在偏心并产生弯扭屈曲。为简化计算，《设计标准》对单面连接的单角钢仍按轴心受力计算，且不考虑扭转效应，但在计算稳定性和强度时乘以下面的折减系数 η 以考虑偏心受力等的不利影响：

1. 在计算稳定性时

等边角钢　　　　　　　　　　$\eta = 0.6 + 0.0015\lambda$，但不大于 1.0　　　　（5-45a）

短边相连的不等边角钢　　　　$\eta = 0.5 + 0.0025\lambda$，但不大于 1.0　　　　（5-45b）

长边相连的不等边角钢　　　　$\eta = 0.70$　　　　（5-45c）

式中　$\lambda = \dfrac{l_0}{i_{y_0}}$——对最小刚度轴 y_0-y_0（见附表14、15）的长细比。i_{y_0} 为角钢最小回转半径，l_0 为计算长度，取节点中心距离。当 $\lambda < 20$ 时，取 $\lambda = 20$。

2. 在计算强度和（与分肢的）连接时

按表5-1中角钢单肢连接

$$\eta = 0.85 \tag{5-46}$$

对单边连接的单角钢，当肢件宽厚比 $b_1/t > 14\varepsilon_k$ 时，还应对其稳定承载力乘以下式的折减系数：

$$\rho_e = 1.3 - \frac{0.3b_1}{14t\varepsilon_k} \tag{5-47}$$

交叉斜缀条体系中的横缀条可按内力 $N = V_1$ 的压杆计算。单杆斜缀条体系中的横缀条主要用于减小分肢的计算长度，一般不作计算，可取与斜缀条相同截面。

（三）缀板计算

缀板构件如同一多层刚架（图5-21a）。假定其在受力弯曲时，反弯点分布在各缀板间分肢的中点和缀板中点，该处弯矩为零，只承受剪力。取如图5-21（b）所示的隔离体，可得缀板的内力为：

剪力　　　　　　　　　　$V_j = \dfrac{V_1 l_1}{b_1}$　　　　（5-48）

弯矩（与分肢连接处）　　$M_j = V_j \dfrac{b_1}{2} = \dfrac{V_1 l_1}{2}$　　　　（5-49）

式中　l_1——相邻两缀板轴线间的距离；

　　　b_1——分肢轴线间的距离。

根据上述内力即可计算缀板强度（与分肢连接处）和与分肢连接的板端角焊缝（图5-21c）。由于角焊缝强度设计值低于钢板，故一般只需计算角焊缝强度，而缀板尺寸则由具有一定刚度的条件决定。当缀板柱在同一截面处缀板的线刚度 I_b/b_1（缀板截面惯性矩 I_b 与 b_1 之比值）之和大于分肢线刚度 I_1/l_1（分肢截面对1-1轴惯性矩 I_1 与 l_1 之比值）的6倍，对双肢缀板柱即满足 $2(I_b/b_1) \geqslant 6(I_1/l_1)$ 一般均能达到刚度要求。通常若取缀板宽度 $b_j \geqslant 2b_1/3$，厚度 $t_j \geqslant b_1/40$ 和 6mm，可达到上述条件。

五、连接节点和构造规定

缀板与肢件的搭接长度一般取 20～30mm（图5-21c）。缀条的轴线与分肢的轴线应尽可能交于一点。为了缩短斜缀条两端的搭接长度，可采用三面围焊。在有横缀条时，还可加设如图 5-22 所示的节点板。

缀条不宜采用小于∟45×4 或∟56×36×4 的角钢。缀板不宜采用厚度小于 5mm 的钢板。

和大型实腹式柱一样，为了增加构件的抗扭刚度，避免截面变形，格构式构件应设置用钢板或角钢做的横隔（图 5-23）。横隔的间距和部位同大型实腹式柱（见第五节）。

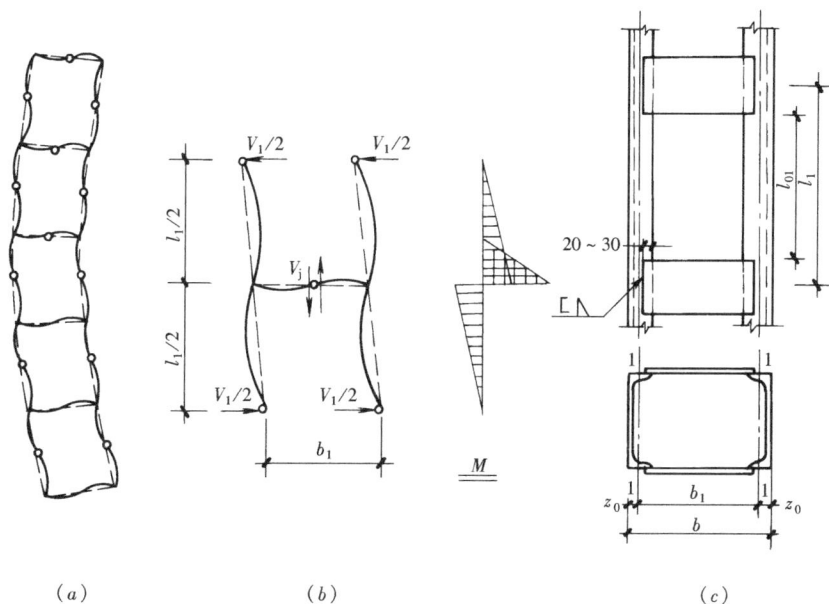

图 5-21　缀板的内力

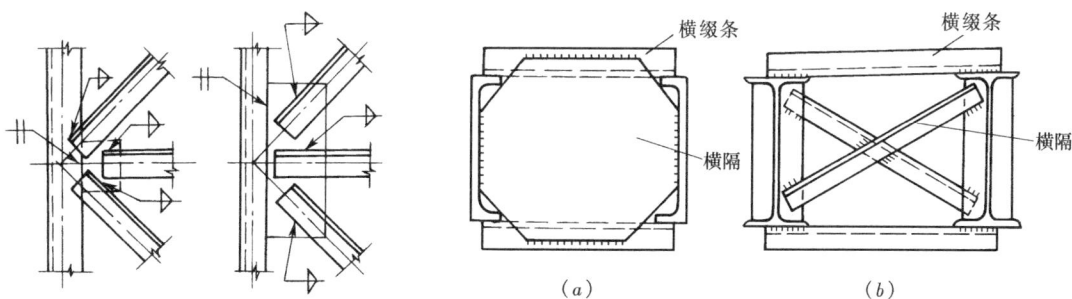

图 5-22　缀条与分肢的连接

图 5-23　格构式构件的横隔
(a) 钢板横隔；(b) 角钢横隔

六、格构式轴心受压构件的设计方法

现以格构式双肢柱的设计方法加以叙述。首先应根据使用要求、材料供应、轴心压力 N 的大小和两方向计算长度 l_{0x}、l_{0y} 等条件确定构件截面形式（中小型柱常用缀板柱，大型柱宜用缀条柱）和钢材牌号，然后可按下述步骤进行设计：

(一) 试选分肢截面（对实轴 y-y 计算）

用和实腹式轴心受压构件相同的方法，即：

$$\text{假定长细比 } \lambda \begin{cases} \nearrow \text{ 查 } \varphi_y \rightarrow \text{求 } A_{\text{req}} = \dfrac{N}{\varphi_y f} \\ \searrow \text{ 求 } i_{\text{yreq}} = \dfrac{l_{0y}}{\lambda} \end{cases}$$

由 A_{req} 和 i_{yreq} 查型钢表试选分肢适用的槽钢、H 型钢或工字钢。

（二）确定两肢间距（对虚轴 _x-x_ 计算）

按试选的分肢截面计算 λ_y，再由等稳定性条件 $\lambda_{0x} = \lambda_y$ 代入式（5-39）或式（5-40），可得对虚轴需要的长细比为：

缀条柱
$$\lambda_{\text{xreq}} = \sqrt{\lambda_{0x}^2 - 27\frac{A}{A_{1x}}} = \sqrt{\lambda_y^2 - 27\frac{A}{A_{1x}}} \qquad (5\text{-}50)$$

缀板柱
$$\lambda_{\text{xreq}} = \sqrt{\lambda_{0x}^2 - \lambda_1^2} = \sqrt{\lambda_y^2 - \lambda_1^2} \qquad (5\text{-}51)$$

然后按下述步骤：

由 λ_{xreq} 求 $i_{\text{xreq}} = \dfrac{l_{0x}}{\lambda_{\text{xreq}}} \rightarrow$ 由 i_{xreq} 求 $b_{\text{req}} \approx \dfrac{i_{\text{xreq}}}{\alpha_2}$，根据 b_{req} 即可确定两肢间距。一般取 b 为 10mm 的倍数，且两肢净距宜大于 100mm，以便于内部油漆。

在用式（5-50）计算时，须先定出 A_{1x}，可大约按 $A_{1x}/2 \approx 0.05A$ 预选斜缀条的角钢型号，并以其面积代入公式计算，以后再按其所受内力进行验算。在用式（5-51）计算时，同样须先定出 λ_1，可先按 $\lambda_1 < 0.5\lambda_y$ 且不大于 40 代入公式计算，以后即按 $l_{01} \leqslant \lambda_1 i_1$ 的缀板净距布置缀板，或者先布置缀板计算 λ_1 亦可。

（三）验算截面

对试选的截面须作如下几方面验算：

（1）强度——按式（5-1）计算。

（2）刚度——按式（5-3）计算。对虚轴须用换算长细比 λ_{0x}。

（3）整体稳定性——按式（5-17）计算，式中 φ 值由 λ_{0x} 和 λ_y 中的较大值查表。

（4）分肢稳定性——按式（5-41）或式（5-42）计算。

（四）缀件（缀条、缀板）、连接节点设计

按本节四、五小节所述进行。

【例 5-2】 将例 5-1 的支柱 AB 设计成：①缀条柱；②缀板柱。材料 Q345 钢。

【解】 一、缀条柱

（一）试选分肢截面（对实轴 _y-y_ 计算）

$$\text{查附表 8-2：} \varphi_y = 0.734 \rightarrow A_{\text{req}} = \frac{A}{\varphi_y f} = \frac{1200 \times 10^3}{0.734 \times 305 \times 10^2} = 53.6 \text{cm}^2$$

假定 $\lambda = 60$

（按 $60/\varepsilon_k = 72.7$）$\quad i_{\text{yreq}} = \dfrac{l_{0y}}{\lambda} = \dfrac{350}{60} = 5.83 \text{cm}$

由附表 13 选用 2 [18a，截面形式如图 5-24 所示。$A = 2 \times 25.7 = 51.4 \text{cm}^2$，$i_y = 7.04 \text{cm}$，$I_1 = 98.6 \text{cm}^4$，$i_1 = 1.96 \text{cm}$，$z_0 = 1.88 \text{cm}$。

（二）确定两肢间距（对虚轴 _x-x_ 计算）

按式（5-50）

$$\lambda_y = \frac{l_{0y}}{i_y} = \frac{350}{7.04} = 49.7$$

$$\lambda_{xreq} = \sqrt{\lambda_y^2 - 27\frac{A}{A_{1x}}} = \sqrt{49.7^2 - 27 \times \frac{51.4}{2 \times 3.49}} = 47.7$$

式中斜缀条角钢系根据 $A_{1x}/2 \approx 0.05A = 0.05 \times 51.4 = 2.6\text{cm}^2$ 预选，并按构造取最小角钢 $\llcorner 45 \times 4$，查附表 14，$A = 3.49\text{cm}^2$。

$$i_{xreq} = \frac{l_{0x}}{\lambda_{xreq}} = \frac{560}{47.7} = 11.74\text{cm} \rightarrow b_{req} \approx \frac{i_{xreq}}{\alpha_2} = \frac{11.74}{0.44} = 26.7\text{cm}$$

取 $b = 27\text{cm}$（α_2 数值由附表 16 查得）

（三）验算截面

整个截面对虚轴 x-x 的惯性矩

$$I_x = 2(98.6 + 25.7 \times 11.5^2) = 6995\text{cm}^4$$

$$i_x = \sqrt{\frac{I_x}{A}} = \sqrt{\frac{6995}{51.4}} = 11.67\text{cm}$$

$$\lambda_x = \frac{l_{0x}}{i_x} = \frac{560}{11.67} = 48$$

$$\lambda_{0x} = \sqrt{\lambda_x^2 + 27\frac{A}{A_{1x}}} = \sqrt{48^2 + 27 \times \frac{51.4}{2 \times 3.49}} = 50$$

（1）强度：因截面无削弱，可不验算。

（2）刚度：按式（5-3）

$$\lambda_y = 49.7 < [\lambda] = 150（满足）$$

$$\lambda_{0x} = 50 < [\lambda] = 150（满足）$$

图 5-24 例 5-2 缀条柱附图

（3）整体稳定性：按式（5-17）。由表 5-5a，格构式截面对 x、y 轴均属 b 类截面，由 $\lambda_{max} = \lambda_{0x} = 50$（按 $50/\varepsilon_k = 60.6$）查附表 8-2，得 $\varphi = 0.804$

$$\frac{N}{\varphi Af} = \frac{1200 \times 10^3}{0.804 \times 51.4 \times 10^2 \times 305} = 0.95 < 1.0（满足）$$

（4）分肢稳定性：按式（5-41）。缀条按 45°布置。

$$\lambda_1 = \frac{l_{01}}{i_1} = \frac{46}{1.96} = 23.5 < 0.7\lambda_{max} = 0.7 \times 50 = 35（满足）$$

（四）缀条计算

由式（5-43）、式（5-44）

缀件面剪力 $V_1 = \frac{1}{2}\left(\frac{Af}{85\varepsilon_k}\right) = \frac{1}{2} \times \frac{51.4 \times 10^2 \times 305}{85 \times 0.825} = 11180\text{N}$

斜缀条内力 $N_1 = \frac{V_1}{\sin\alpha} = \frac{11180}{\sin45°} = 15810\text{N}$

斜缀条角钢 $\llcorner 45 \times 4$（Q235B 钢），由附表 14，$A = 3.49\text{cm}^2$，$i_{y_0} = 0.89\text{cm}$。

$$\lambda = \frac{l_0}{i_{y_0}} = \frac{23}{\sin45° \times 0.89} = 36.6 < [\lambda] = 150（刚度满足）$$

按表 5-5a，轧制等边单角钢截面对 x、y_0 轴均属 a* 类截面，查附表 8-2，$\varphi = 0.912$

$$\frac{N_1}{\eta\varphi Af} = \frac{15810}{0.65 \times 0.912 \times 3.49 \times 10^2 \times 215} = 0.33 < 1.0（满足）$$

式中 折减系数 η 根据式（5-45a）：$\eta = 0.6 + 0.0015\lambda = 0.6 + 0.0015 \times 36.6 = 0.65$

（五）连接焊缝

采用两面侧焊，取 $h_f = 4\text{mm}$，焊条 E43 系列。（焊接不同强度钢材，可按低强度钢材

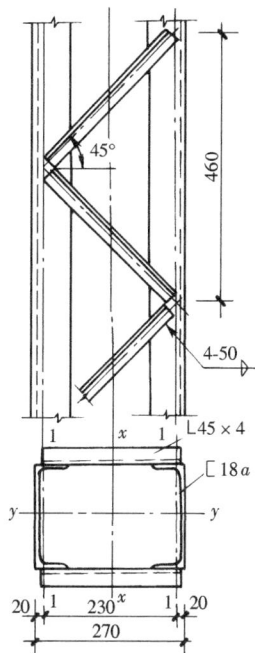

选用焊条型号)。

$$肢背焊缝需要长度 \; l_{w1} = \frac{\eta_1 N_1}{0.7 h_f \cdot \eta f_f^w} + 2 h_f = \frac{0.7 \times 15810}{0.7 \times 4 \times 0.85 \times 160} + 2 \times 4 = 37 \text{mm}$$

$$肢尖焊缝需要长度 \; l_{w2} = \frac{\eta_2 N_1}{0.7 h_f \cdot \eta f_f^w} + 2 h_f = \frac{0.3 \times 15810}{0.7 \times 4 \times 0.85 \times 160} + 2 \times 4 = 20 \text{mm}$$

取 50mm

(按最小长度规定)。式中 $\eta = 0.85$ 根据式 (5-46)。

二、缀板柱

对实轴 y-y 计算同样须选用 2[18a，截面形式如图 5-25 所示。

(一) 确定两肢间距 (对虚轴 x-x 计算)

按式 (5-50)

选 $\lambda_1 = 24$，满足式 (5-42) $\lambda_1 < 0.5 \lambda_y = 0.5 \times 49.7 = 24.85$ 且不大于 40 的分肢稳定性要求。故

$$\lambda_{xreq} = \sqrt{\lambda_y^2 - \lambda_1^2} = \sqrt{49.7^2 - 24^2} = 43.5$$

$$i_{xreq} = \frac{l_{0x}}{\lambda_{xreq}} = \frac{560}{43.5} = 12.87 \text{cm} \rightarrow b_{req}$$

$$= \frac{i_{xreq}}{\alpha_2} = \frac{12.87}{0.44} = 29.3 \text{cm} \; 取 \; b = 30 \text{cm}$$

(二) 验算截面

$$I_x = 2(98.6 + 25.7 \times 13^2) = 8884 \text{cm}^4$$

$$i_x = \sqrt{\frac{I_x}{A}} = \sqrt{\frac{8884}{51.4}} = 13.15 \text{cm}$$

$$\lambda_x = \frac{l_{0x}}{i_x} = \frac{560}{13.15} = 42.6$$

$$\lambda_{0x} = \sqrt{\lambda_x^2 + \lambda_1^2} = \sqrt{42.6^2 + 24^2}$$

$$= 48.9 < [\lambda] = 150 (刚度满足)$$

由 $\lambda_{max} = \lambda_y = 49.7$ (按 $\lambda_y / \varepsilon_k = 49.7 / 0.825 = 60.2$) 查附表 8-2，得 $\varphi = 0.806$。按式 (5-17)

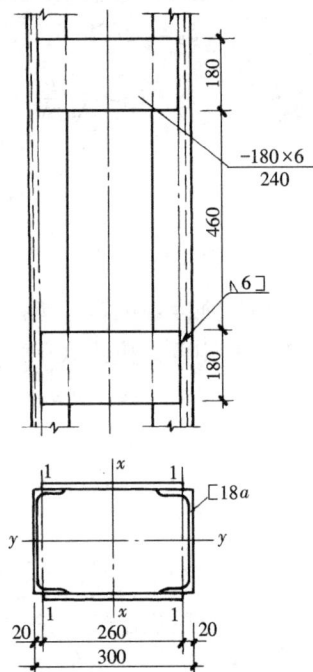

图 5-25　例 5-2 缀条柱附图

$$\frac{N}{\varphi A f} = \frac{1200 \times 10^3}{0.806 \times 51.4 \times 10^2 \times 305} = 0.95 < 1.0 (满足)$$

(三) 缀板设计

缀板间的净距 $l_{01} = \lambda_1 i_1 = 24 \times 1.96 = 47.0 \text{cm}$，取 46cm。预估缀板的宽度 $b_j \geqslant 2 b_1 / 3 = 2 \times 26 / 3 = 17.3 \text{cm}$，取 18cm。厚度 $t_j \geqslant b_1 / 40 = 26 / 40 = 0.65 \text{cm}$，取 6mm。则缀板轴线间距离 $l_1 = l_{01} + b_j = 46 + 18 = 64 \text{cm}$。

缀板线刚度与分肢线刚度之比值为：

$$\frac{2(I_b / b_1)}{I_1 / l_1} = \frac{2(0.6 \times 18^3 / 12) / 26}{98.6 / 64} = 14.6 > 6 (满足)$$

(四) 连接焊缝

缀板和分肢连接处的内力为：按式 (5-48)、式 (5-49)

$$剪力 \quad V_j = \frac{V_1 l_1}{b_1} = \frac{11180 \times 64}{26} = 27520 \text{N}$$

弯矩 $M_{\mathrm{j}} = \dfrac{V_1 l_1}{2} = \dfrac{11180 \times 64}{2} = 357800\mathrm{N \cdot cm}$

采用角焊缝，三面围焊，计算时偏安全地仅考虑竖直焊缝，但不扣除考虑两端缺陷的 $2h_{\mathrm{f}}$。取 $h_{\mathrm{f}} = 6\mathrm{mm}$，焊条 E43 系列（按缀板钢号 Q235B）。

$$A_{\mathrm{f}} = 0.7 \times 0.6 \times 18 = 7.56\mathrm{cm^2}$$

$$W_{\mathrm{f}} = \frac{1}{6} \times 0.7 \times 0.6 \times 18^2 = 22.68\mathrm{cm^3}$$

在 M_{j} 和 V_{j} 共同作用下焊缝的合应力为：按式（4-29）：

$$\sqrt{\left(\frac{\sigma_{\mathrm{f}}^{\mathrm{M}}}{\beta_{\mathrm{f}}}\right)^2 + (\tau_{\mathrm{f}}^{\mathrm{V}})^2} = \sqrt{\left(\frac{357800 \times 10}{1.22 \times 22.68 \times 10^3}\right)^2 + \left(\frac{27520}{7.56 \times 10^2}\right)^2}$$

$$= 134.3\mathrm{N/mm^2} < f_{\mathrm{f}}^{\mathrm{w}} = 160\mathrm{N/mm}(满足)$$

第七节 铰接柱脚

柱脚的作用是将柱身内力传给基础，并和基础固定。由于柱脚的耗钢量大，且制造费工，因此设计时应使其构造简单，传力可靠，符合结构的计算简图，并便于安装固定。

柱脚按其与基础的连接形式可分铰接和刚接两种，轴心受压柱常用铰接柱脚。

一、形式和构造

铰接柱脚主要承受轴心压力。由于基础材料（混凝土）的强度远比钢材低，因此需在柱底设一放大的底板以增加与基础的承压面积。图 5-26 所示为几种平板式柱脚，它们一般由底板和辅助传力零件——靴梁、隔板、肋板——组成，并用埋设于混凝土基础内的锚栓将底板固定。底板标高一般在地平面以下，施工完后用混凝土将柱脚封灌。锚栓一般按构造采用 2 个 M20～M27，并沿底板短轴线设置。由于这种构造在两方向的抗弯能力均有限，故可接近于铰接。

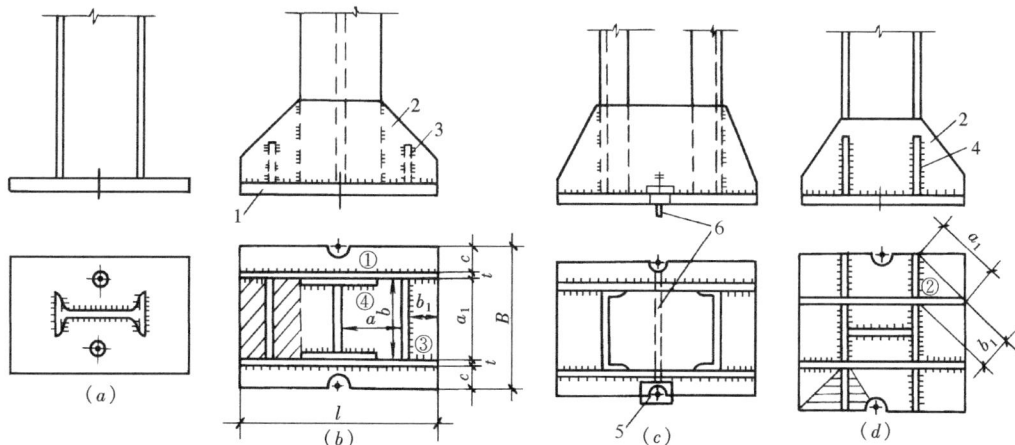

图 5-26 铰接柱脚
1—底板；2—靴梁；3—隔板；4—肋板；5—锚栓垫板；6—抗剪键

图 5-26（a）所示为铰接柱脚的最简单形式，柱身压力通过柱端与底板间的焊缝传递，故当压力大时，焊脚尺寸可能过大，同时底板也可能因抗弯刚度的需要而过厚，因此它只适用于小型柱。图 5-26（b）、（c）、（d）是几种常用的实腹式和格构式柱铰接柱脚形式。由于增设了一些辅助传力零件——靴梁、隔板、肋板，可使柱端和底板间的焊缝长度增加，焊脚尺寸减小。同时，底板因被分成几个较小区格，因而由基础反力作用产生的弯矩将大为减小，其厚度亦可减薄。但须注意，由于隔板等零件的设置，使柱脚一些部位形成封闭状，故在布置焊缝时应考虑施焊的方便和可能，尤其是对受力焊缝更应注意。

底板上锚栓孔的孔径应比锚栓直径大 1～1.5 倍或做成 U 形缺口，以便于柱的安装和调整。最后固定时，应用孔径比锚栓直径大 1～2mm 的锚栓垫板套住锚栓并与底板焊固。

二、 计 算 方 法

铰接柱脚一般只按承受轴心压力计算。当框架柱的铰接柱脚须承受剪力时，可由底板与基础表面的摩擦力传递（摩擦系数可取 0.4），如不满足，可在底板下设置用方钢或其他型钢做成的抗剪键（图 5-26c）。

（一）底板面积

计算时假定底板与基础间的压应力为均匀分布，底板的面积由下式确定：

$$A = lB \geqslant \frac{N}{f_{cc}} + A_o \tag{5-52}$$

式中　l、B——底板的长度和宽度（mm）；

A_o——锚栓孔面积（mm²）；

f_{cc}——基础混凝土考虑局部承压的抗压强度设计值（N/mm²），按《混凝土结构设计规范》。

底板宜做成正方形，或做成 $l \leqslant 2B$ 的长方形。若做成狭长形，底板下的压应力分布则不易均匀，且需设置较多隔板，同时长方向抗弯能力也可能过大，不符合铰接柱的假定。底板尺寸一般按构造要求先定出宽度，然后即可算出需要的长度。

（二）底板厚度

底板的厚度由其抗弯强度确定。将柱端、靴梁、隔板和肋板等视为底板的支承，因此底板形成四边支承板、三边支承板、两相邻边支承板和一边支承（悬臂）板等几种受力状态区格（图 5-26 中④、③、②、①），在均布基础反力的作用下，各区格板单位宽度上的最大弯矩为：

四边支承板　　　　　　　　　　$M_4 = \alpha p a^2$　　　　　　　　　　　　　　（5-53）

三边支承板及两相邻边支承板　　$M_{3、(2)} = \beta p a_1^2$　　　　　　　　　　　　（5-54）

一边支承（悬臂）板　　　　　　$M_1 = \frac{1}{2} p c^2$　　　　　　　　　　　　　（5-55）

上列式中　$p = \dfrac{N}{lB - A_o}$——作用于底板单位面积的均匀压应力（N/mm²）；

a——四边支承板的短边长度（mm）；

a_1　　三边支承板的自由边的长度或两相邻边支承板的对角线长度（mm）；

c——悬臂长度（一般为 3～4 倍锚栓直径）（mm）；

α——系数，由 b/a 查表 5-7。b 为四边支承板的长边长度；

β——系数，由 b_1/a_1 查表 5-8。b_1 为三边支承板中垂直于自由边方向的长度或两相邻边支承板中内角顶点至对角线的垂直距离。

当三边支承板的 $b_1/a_1<0.3$ 时，可按悬臂长为 b_1 的悬臂板计算。

α 表　　　　　　　　　　　　　　表 5-7

b/a	1.0	1.1	1.2	1.3	1.4	1.5	1.6	1.7	1.8	1.9	2.0	3.0	≥4.0
α	0.048	0.055	0.063	0.069	0.075	0.081	0.086	0.091	0.095	0.099	0.101	0.119	0.125

β 表　　　　　　　　　　　　　　表 5-8

b_1/a_1	0.3	0.4	0.5	0.6	0.7	0.8	0.9	1.0	1.2	≥1.4
β	0.027	0.044	0.060	0.075	0.087	0.097	0.105	0.112	0.121	0.125

取由上列各式计算出的各区格板中的最大弯矩 M_{max}，即可按下式确定底板厚度：

$$t=\sqrt{\frac{6M_{max}}{f}} \tag{5-56}$$

显而易见，为使底板厚度的设计合理，应使各区格中弯矩值接近，故在必要时，须调整底板尺寸或重划区格。

底板厚度一般不宜小于翼缘厚度的 1.5 倍或 30mm，轻型钢结构不宜小于 20。以使其具有足够的刚度，符合基础反力为均匀分布的假定。

（三）靴梁、隔板和肋板

靴梁可近似地作为支承在柱身的双悬臂简支梁计算（图 5-27b），承受由底板连接焊缝传来的均匀反力作用。可先按柱的轴心压力 N 计算靴梁与柱身之间需要的竖焊缝长度以确定靴梁高度，并取其厚度略小于柱翼缘，然后对其抗弯和抗剪强度进行验算。

隔板作为底板的支承边，亦应具有一定的刚度。其厚度不应小于宽度的 1/50，但可比靴梁的略薄。隔板高度一般取决于与靴梁连接焊缝长度的需要。在大型柱脚中还需按支承于靴梁的简支梁对其强度进行计算。隔板承受的底板反力可按图 5-26（b）中阴影面积计算。

肋板可按悬臂梁计算其强度和与靴梁的连接焊缝，肋板承受的底板反力可按图 5-26（d）中阴影面积计算。

（四）靴梁、隔板和肋板与底板的水平角焊缝计算

柱身压力一部分通过竖焊缝传给靴梁、隔板或肋板，然后再由水平角焊缝传给底板；另一部分则直接经柱身水平角焊缝传给底板。然而柱在制造时，柱端不一定齐平，且有时为调整柱的长度和垂直度，柱端还可能缩于靴梁里面，从而和底板之间出现较大间隙，故焊缝质量不易保证。而靴梁、隔板和肋板等零件在拼装时可任意调整其下表面，使其与底板接触，焊缝质量可以得到保证。因此，在计算以上水平角焊缝时，通常都偏安全地假定柱端与底板间的焊缝不传力，而只考虑其他焊缝受力。

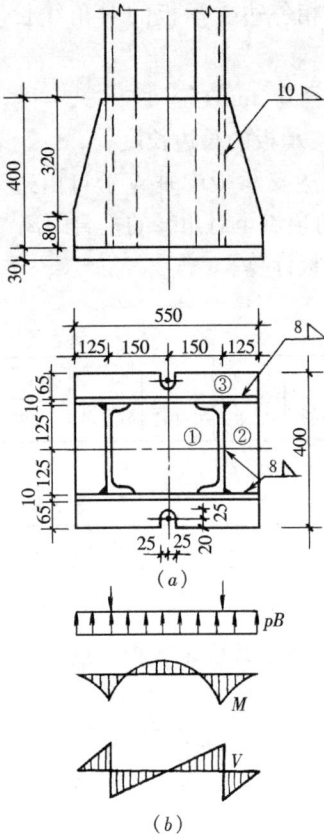

图 5-27 例 5-3 附图

(a) 柱脚形式；(b) 靴梁内力

另外，对大型柱的柱脚宜采用将柱端铣平直接与底板顶紧传力，即在柱身拼装成整体活用端部铣床将端部铣平，因此可与底板密合接触传力。此时可仅按 15% 的柱身压力计算焊缝。

【例 5-3】 试设计一轴心受压格构式柱柱脚。柱截面尺寸如图 5-27 所示。轴心压力设计值 $N=1700\text{kN}$（包括柱自重）。基础混凝土强度等级 C15。钢材 Q235B，焊条 E43 型。

【解】 采用如图 5-27（a）所示的柱脚形式。用 2 个 M20 锚栓。

一、底板尺寸

C15 混凝土 $f_{cc}=7.2\text{N/mm}^2$，局部受压的强度提高系数 $\beta=1.1$，则 $\beta f_{cc}=1.1\times7.2=7.92\text{N/mm}^2$。

螺栓孔面积 $A_o=2\left(5\times2+\dfrac{\pi\times5^2}{8}\right)=39.6\text{cm}^2$

底板需要面积：按式（5-52）

$$A=lB=\frac{N}{f_{cc}}+A_o=\frac{1700\times10^3}{7.92\times10^2}+39.6=2190\text{cm}^2$$

取底板宽度 $B=25+2\times1+2\times6.5=40\text{cm}$

$\therefore$ 底板需要长度 $l=\dfrac{A}{B}=\dfrac{2190}{40}=54.8\text{cm}$ 取 55cm

基础对底板单位面积的压应力

$$p=\frac{N}{lB-A_o}=\frac{1700\times10^3}{(55\times40-39.6)\times10^2}$$

$$=7.87\text{N/mm}^2<\beta f_{cc}=7.92\text{N/mm}^2（满足）$$

按底板的三种区格分别计算其单位宽度上的最大弯矩

区格①为四边支承板。按式（5-53），$b/a=30/25=1.2$，查表 5-7 得 $\alpha=0.063$

$$M_4=\alpha pa^2=0.063\times7.87\times250^2=30990\text{N}\cdot\text{mm/mm}$$

区格②为三边支承板。按式（5-54），$b_1/a_1=12.5/25=0.5$，查表 5-8 得 $\beta=0.060$

$$M_3=\beta pa_1^2=0.060\times7.87\times250^2=29510\text{N}\cdot\text{mm/mm}$$

区格③为悬臂板。按式（5-55）

$$M_1=\frac{1}{2}pc^2=\frac{1}{2}\times7.87\times65^2=16630\text{N}\cdot\text{mm/mm}$$

按最大弯矩 $M_{max}=M_4=30990\text{N}\cdot\text{mm/mm}$ 计算底板厚度，取厚度 $t>16$，$<40\text{mm}$ 的 $f=205\text{N/mm}^2$。由式（5-56）

$$t=\sqrt{\frac{6M_{max}}{f}}=\sqrt{\frac{6\times30990}{205}}=30.1\text{mm}，取\ t=30\text{mm}$$

二、靴梁计算

靴梁与柱身共用 4 条竖直焊缝连接，每条焊缝需要的长度为（设 $h_f=10\text{mm}$）

$$l_w = \frac{N}{4 \times 0.7h_f l_f^w} = \frac{1700 \times 10^3}{4 \times 0.7 \times 10 \times 160} = 379.5mm < l_{wmax} = 60h_f = 60 \times 10 = 600mm（满足）$$

取靴梁高度为 $380 + 2 \times 10 = 400mm$，厚度为 $10mm$。

两块靴梁板承受的线荷载为 $pB = 7.87 \times 400 = 3150N/mm$（图 5-27b）

靴梁板承受的最大弯矩

$$M = \frac{1}{2}pBl^2 = \frac{1}{2} \times 3150 \times 125^2 = 24610000N \cdot mm$$

$$\sigma = \frac{M_{max}}{W} = \frac{6 \times 24610000}{2 \times 10 \times 400^2} = 46.1N/mm^2 < f = 215N/mm^2（满足）$$

靴梁板承受的最大剪力

$$V = pBl = 3150 \times 125 = 393800N$$

$$\tau = 1.5\frac{V}{A} = 1.5 \times \frac{393800}{2 \times 400 \times 10} = 73.8N/mm^2 < f_v = 125N/mm^2（满足）$$

三、靴梁与底板的连接焊缝计算（按式 4-11）

设 $h_f = 8mm$，$\sum l_w = 2（55 - 2 \times 0.8）+ 4（12.5 - 2 \times 0.8）= 150.4cm$

$$\sigma_f = \frac{N}{h_e \sum l_w} = \frac{1700 \times 10^3}{0.7 \times 8 \times 1504} = 201.8N/mm^2 \approx \beta_f f_f^w = 1.22 \times 160 = 195.2N/mm^2 \quad （满足）$$

小　结

（1）轴心受拉构件只需计算强度和刚度，而轴心受压构件则还需计算整体稳定性和局部稳定性。整体稳定性是其中最重要的一项，因压杆整体失稳往往是在其强度有足够保证的情况下突然发生的。

（2）轴心受力构件的强度计算需考虑两种情况。式（5-1）是根据构件毛截面屈服，即毛截面的平均应力 σ 不超过钢材的屈服强度 f_y 制定的，而式（5-2）是根据有孔杆件在净截面拉（或压）断，即净截面的平均应力 σ 不超过钢材的抗拉强度 f_u 制定的。

（3）轴心受力构件的刚度均按式（5-3）计算，即用容许长细比 $[\lambda]$ 控制。

（4）轴心受压构件的整体稳定性涉及构件的几何形状和尺寸（长度和截面几何特性）、杆端的约束程度和与之相关的屈曲形式（弯曲屈曲、扭转屈曲或弯扭屈曲）及屈曲方向、钢材生产和构件加工时存在的初始缺陷（残余应力、初弯曲、初偏心等），以及钢材的强度和弹性、弹塑性不同工作状态等众多因素，《设计标准》据此将其弯曲屈曲的临界力归纳为 4 条柱子曲线并用式（5-17）计算（须同时考虑两主轴方向）。式中 φ 值应根据长细比 λ/ε_k 对照 4 类截面形式和对应轴查附表 8-1～附表 8-4。

实腹式轴心受压构件的扭转屈曲，可用其临界力与弯曲屈曲的欧拉临界力比较得到的式（5-21）换算长细比 λ_z 进行计算。对双轴对称十字形截面板件宽厚比不超过 $15\varepsilon_k$ 时，可不计算扭转屈曲。

单轴对称截面（双板组合 T 形、槽钢、单角钢和双角钢组合 T 形截面等）轴心受压构件的弯扭屈曲，也是通过其临界力与弯曲屈曲的欧拉临界力比较得到的式（5-23）的换算长细比 λ_{yz}，然后借用弯曲屈曲的 φ 值进行计算。但双角钢组合 T 形截面的 λ_{yz} 可采用简化式（5-24）～式（5-26）计算。

格构式轴心受压构件对实轴（y-y 轴）的整体稳定性计算与实腹式轴心受压构件的相同。对虚轴（x-x 轴）的整体稳定性则要考虑剪力引起的附加剪切变形的影响，其临界力较实腹式轴心受压构件的低。双肢缀条构件和缀板构件可通过与实腹式的欧拉临界力比较得到的式（5-50）和式（5-51）换算长细比 λ_{0x} 查 φ 值进行计算。另外，格构式轴心受压构件还须保证其分肢不先于构件失稳，即应按式（5-41）或式（5-42）计算。同时还必须对缀条或缀板及与分肢的连接焊缝进行计算。

（5）实腹式轴心受压构件的局部稳定性是根据板件的局部失稳不先于构件的整体失稳的等稳定性准则，采用板件的宽厚比限值，即用式（5-27）～式（5-32）计算。当承受的压力 N 小于其稳定承载力 φAf 时，还可乘以式（5-33）的放大系数 α 放大。

（6）轴心受压构件用计算长度来反映构件端部的约束程度，即将不同支撑情况的构件长度代换为等效铰接支承的长度，并用计算长度系数 μ 表达，可按表 5-4 选用。

（7）轴心受压柱一般采用铰接柱脚。通常只按承受轴心压力计算，在构造上应符合结构的计算简图，使传力路线明确简捷，便于制造和安装。

（8）轴心受压构件的设计原则：①等稳定性，尽可能使 $\lambda_x = \lambda_y$；②宽肢薄壁；③制造省工；④连接简便。

思　考　题

1. 轴心受力构件有孔杆件强度的计算公式，承载能力极限状态为什么要分毛截面屈服和净截面拉断两种情况考虑？

2. 轴心受压构件整体失稳时有哪几种屈曲形式？双轴对称截面的屈曲形式是怎样的？

3. 轴心受压构件的整体稳定性与哪些因素有关？其中哪些因素被称为初始缺陷？

4. 提高轴心压杆钢材的强度是否能够提高其整体稳定性？为什么？

5. 轴心压杆屈曲为什么要分为弹性屈曲和弹塑性屈曲？在理想轴心压杆中，这两种屈曲的范围可用什么来划分？

6. 怎样区分研究压杆稳定性时的第一类稳定问题和第二类稳定问题？它们分别适用于哪类压杆的失稳现象？

7. 残余应力、初弯曲和初偏心对轴心压杆整体稳定性的主要影响有哪些？为什么残余应力在截面两个主轴方向对整体稳定性的影响不同？

8. 轴心受压构件的稳定系数 φ 为什么要按截面形式和对应轴分成 4 类？各类适用的截面的基本情况有何异同？

9. 轴心受压构件翼缘和腹板局部稳定性的计算公式中，λ 为什么不取两方向长细比的较小值？

10. 用 Q235 钢的各种型号工字钢、槽钢或角钢组成的轴心压杆是否都能满足局部稳定性的要求？Q345、Q420、Q460 钢的是否一样也都能满足？或是有些型号在一定的长细比范围能满足？

11. 轴心受压柱的整体稳定性不满足时，若不增大截面面积，是否还可采取其他措施提高？

12. 实腹式轴心压杆须作哪几方面验算？计算公式是怎样的？

13. 格构式轴心压杆计算整体稳定性时，对虚轴采用的换算长细比表示什么意义？缀条式与缀板式双肢柱的换算长细比计算公式有何不同？分肢的稳定性怎样保证？

14. 轴心受压柱柱脚的基本构造形式有哪些特点？

习　题

5-1　试验算图 5-28 所示焊接工字形截面柱（翼缘为焰切边）。轴心压力设计值 $N=4500\text{kN}$，柱的计算长度 $l_{0x}=l_{0y}=6\text{m}$。钢材 Q235B，截面无削弱。

[答案：$N/\varphi Af=0.99$，局部稳定性满足]

5-2　若在习题 5-1 柱的中点侧向增加一支承，即改 $l_{0y}=3\text{m}$，其他条件不变。①重新设计此焊接工字形截面；②设计为 H 型钢截面。

5-3　试计算图 5-29 所示截面面积相等的两种工字形截面轴心受压柱所能承受的最大轴心压力设计值。翼缘为剪切边，柱高 10m，两端简支，钢材 Q235B。

[答案：(a) 123kN；(b) 1641kN]

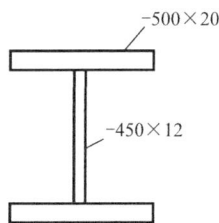

图 5-28　习题 5-1 附图　　　　　图 5-29　习题 5-3 附图

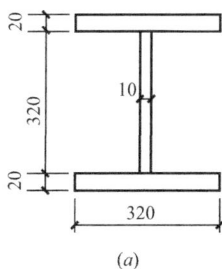

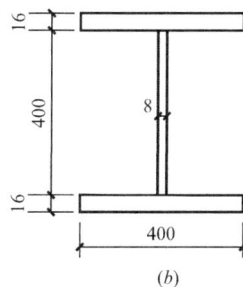

5-4　试设计一桁架的轴心受压杆件，用两等边角钢组成 T 形截面，角钢间距为 12mm。轴心压力设计值 $N=410\text{kN}$。杆长 $l_{x0}=230\text{cm}$，$l_{y0}=287\text{cm}$。钢材 Q235B。

5-5　试设计一双肢缀板柱的截面，分肢采用槽钢，柱高 7.5m，上端铰接，下端固定。承受的轴心压力设计值 $N=1600\text{kN}$。钢材 Q235B。截面无削弱。

5-6　按习题 5-5 条件设计一双肢缀条柱，分肢采用工字钢，缀条采用角钢。

5-7　试设计习题 5-1 的柱脚。基础混凝土的强度等级 C15。

第六章 受弯构件

受弯构件在钢结构中通常是指用型钢或钢板制造的实腹式构件——梁。梁主要承受横向荷载作用，且要凌空跨越较长距离，故对其设计应高度重视。梁的设计按承载能力和正常使用两种极限状态，应对其强度、整体稳定性、局部稳定性、挠度等进行计算。

第一节 受弯构件（梁）的类型和应用

一、受弯构件（梁）的类型

受弯构件是指主要承受横向荷载作用的构件。钢结构中最常用的受弯构件是用型钢或钢板制造的实腹式构件——梁，另外还有用杆件组成的格构式构件——桁架（屋架、网架等都属于桁架体系）。本章主要叙述梁的受力性能和设计方法，在第八章叙述屋架，第九章叙述空间桁架——网架。

梁按使用功能，可分为工作平台梁、楼盖梁、墙梁、檩条等。

梁按支承情况可做成简支梁、连续梁、伸臂梁和框架梁等。简支梁虽耗钢量较多，但制造和安装简便，且支座沉陷和温度变化不产生附加内力，故应用最广。

梁按荷载作用情况，可分为只在一个主平面内受弯的单向弯曲梁和在两个主平面内受弯的双向弯曲梁。工作平台梁、楼盖梁等属于前者，而檩条、墙梁等则属于后者。

二、梁的截面形式和应用

梁的截面形式有型钢和用钢板组合的截面两类，前者称型钢梁，后者则称组合梁。

型钢梁通常采用的型钢为工字钢、槽钢和 H 型钢 [图 6-1 (a)、(b)、(c)]。工字钢截面高而窄，且材料较集中于翼缘，故适合于在其腹板平面内受弯的梁，但由于其侧面刚度低，故在按整体稳定性计算截面时不够理想（见第四节）。窄翼缘 H 型钢（HN 型）的截面分布可较好地适应梁的受力需要，且其翼缘内外平行，便于与其他构件连接，因此是比较理想的梁的截面形式。槽钢截面因其剪心在腹板外侧（见图 5-4），故当荷载作用在翼缘上时，梁除受弯外还将受扭，因此只宜用在构造上能使荷载接近其剪心或能保证截面不产生扭转的情况。但槽钢用于双向弯曲梁如檩条、墙梁时比较理想，且其一侧为平面，便于与其他构件连接（见图 8-3）。

组合梁是由钢板或型钢用焊缝连接组成的，但最常用的是用三块钢板焊成的工字形截面 [图 6-1 (d)] 或由 T 型钢中间加焊钢板组成的工字形截面 [图 6-1 (e)]，由于其构造简单，加工方便，且可根据受力需要调配截面尺寸，故用钢节省。当荷载或跨度较大且梁高又受限制或抗扭要求较高时，可采用双腹板式的箱形截面［图 6-1（f）］，但其制造费工，施焊不易，且较费钢。

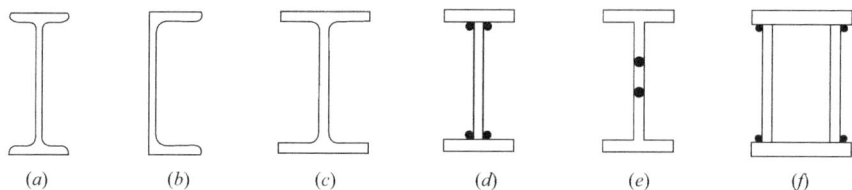

图 6-1 梁的截面形式

总体而言，型钢价格较低，且加工简单，故型钢梁的造价相对较低，因此宜优先选用。当荷载或跨度较大时，则宜采用组合梁。

三、梁的截面板件宽厚比等级及限值

钢结构绝大多数由板件构成，而板件宽厚比大小直接影响构件的承载力和塑性转动变形能力，因此将构件截面按板件宽厚比的大小进行分类，是钢结构设计的基础，在钢结构抗震设计中更显重要。因此，《设计标准》根据截面承载力和塑性转动变形能力将其划分为 5 个等级及限值。

（一）S1 级：截面可达全截面塑形，形成塑性铰具有塑性设计要求的转动能力，且在转动过程中承载能力不降低，称为一级塑性截面，也可称为塑性转动截面（或称特厚实截面）。由图 6-2 中曲线所示弯矩-曲率（M-φ）关系曲线可见，S1 级截面的曲率最大，φ_{p_2} 一般要求达到 φ_p（塑性弯矩 M_p 除以弹性初始刚度的曲率）的 8～15 倍。

（二）S2 级：截面可达全截面塑性，但由于局部屈曲，塑性铰转动能力有限，称为二级塑性截面（或称厚实截面）。由图 6-2 中 S2 级截面所示曲线 2，φ_{p_1} 为 φ_p 的 2～3 倍。

（三）S3 级：截面翼缘全部屈服，腹板可发展不超过 1/4 截面高度的塑性，称为弹性截面（或称半厚实截面）。其 M-φ 关系可示为图 6-2 中曲线 3。

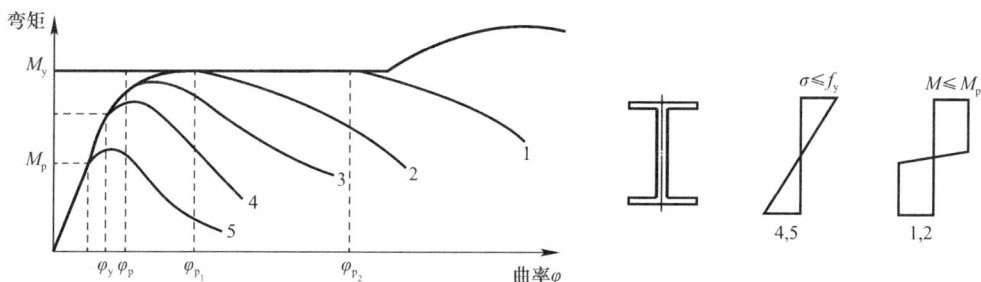

图 6-2 截面的分类及其转动能力（M-φ 曲线）

（四）S4 级：截面边缘纤维刚刚达屈服强度，但由于局部屈曲而不能发展塑性，称为弹性截面。其 M-φ 关系可示为图 6-2 中曲线 4。

（五）S5 级：截面边缘纤维在达屈服强度前，腹板即可能发生局部屈曲，称为薄柔截

面。其 M-φ 关系可示为图 6-2 中曲线 5。

根据上述截面的 5 个等级，《设计标准》对受弯构件工字形和箱形截面制定其各等级的板件宽厚比限值如表 6-1。

受弯构件（梁）的截面板件宽厚比等级及限值　　　　　表 6-1

截面板件宽厚比等级		S1 级	S2 级	S3 级	S4 级	S5 级
工字形截面	翼缘 b_1/t	$9\varepsilon_k$	$11\varepsilon_k$	$13\varepsilon_k$	$15\varepsilon_k$	20
	腹板 h_0/t_w	$65\varepsilon_k$	$72\varepsilon_k$	$93\varepsilon_k$	$124\varepsilon_k$	250
箱形截面	两腹板间翼缘 b_0/t	$25\varepsilon_k$	$32\varepsilon_k$	$37\varepsilon_k$	$42\varepsilon_k$	—

注：1. b_1、t、h_0、t_w、b_0 同图 6-22 所示；
　　2. 箱形截面腹板限值可根据工字形截面腹板限值采用。

第二节　梁 的 强 度

梁的设计也应考虑两种极限状态。对承载能力极限状态，须作强度和稳定性（包括整体稳定性和局部稳定性）的计算；对正常使用极限状态，须作刚度（挠度）计算，使所选截面符合要求。本节将对梁的强度加以论述，刚度、稳定性则在以后各节论述。

梁在承受弯矩作用时，还承受剪力作用，有时还承受扭转和局部压力作用，故在作梁的强度计算时，须包括抗弯强度、抗剪强度，有时还有局部承压强度和其共同作用下的折算应力。

一、 抗 弯 强 度

梁在弯矩作用下，当弯矩逐渐增加时，截面弯曲应力的发展可分为三个工作阶段：

（一）弹性工作阶段

在截面边缘纤维应力 $\sigma < f_y$ 之前，梁截面弯曲应力为三角形分布（图 6-3a），梁处于弹性工作阶段。当 $\sigma = f_y$ 时为梁的弹性工作阶段的极限状态（图 6-3b），其弹性极限弯矩为：

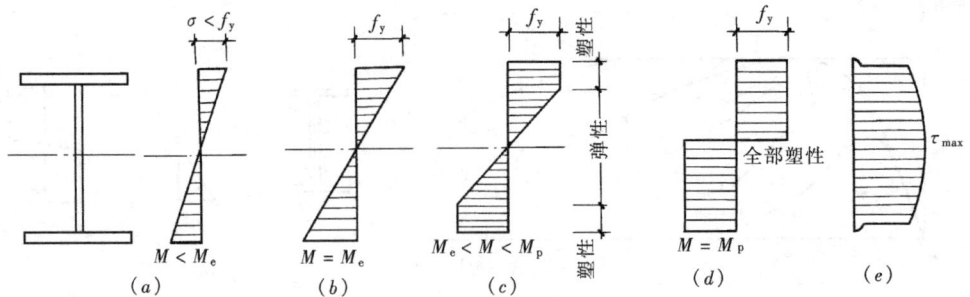

图 6-3　梁的弯曲应力和剪应力

$$M_e = f_y W_n \tag{6-1}$$

式中　W_n——梁的净截面（弹性）模量。

（二）弹塑性工作阶段

当弯矩继续增加，截面边缘部分深度进入塑性，但中间部分仍处于弹性工作状态（图 6-3c）。

（三）塑性工作阶段

当弯矩再继续增加，截面的塑性区发展至全截面，形成塑性铰，梁产生相对转动，变形大量增加，此时为梁的塑性工作阶段的极限状态（图 6-3d），其塑性极限弯矩为：

$$M_p = f_y(S_{1n} + S_{2n}) = f_y W_{pn} \tag{6-2}$$

式中　S_{1n}、S_{2n}——中和轴以上和中和轴以下净截面对中和轴的面积矩；

W_{pn}——梁的净截面塑性模量。

由式（6-1）和式（6-2）可见，梁的塑性铰弯矩 M_p 与弹性极限弯矩 M_e 的比值只与塑性模量 W_{pn} 和弹性模量 W_n 的比值 γ_f 有关。γ_f 称为塑性发展系数或形状系数，它只取决于截面的几何形状，而与材料的强度无关。即：

$$\gamma_f = \frac{W_{pn}}{W_n} \tag{6-3}$$

如矩形截面 $\gamma_f = 1.5$；工字形截面（对强轴）$\gamma_f = 1.17 \sim 1.2$（因翼缘和腹板的面积比而异）。

梁按塑性工作状态设计具有一定的经济效益，但截面上塑性过分发展不仅会导致梁的挠度过大，而且还会对梁的稳定性等方面带来不利。因此《设计标准》规定用定值的截面塑性发展系数 γ 进行控制，以限制截面的塑性发展深度，即只考虑部分截面发展塑性。据此梁的抗弯强度应按下列公式计算：

单向弯曲时

$$\frac{M_x}{\gamma_x W_{nx}} \leqslant f \tag{6-4}$$

双向弯曲时

$$\frac{M_x}{\gamma_x W_{nx}} + \frac{M_y}{\gamma_y W_{ny}} \leqslant f \tag{6-5}$$

式中　M_x、M_y——同一截面处绕 x 轴和 y 轴的弯矩设计值（N・cm）（对工字形截面：x 轴为强轴，y 轴为弱轴）；

W_{nx}、W_{ny}——对 x 轴和 y 轴的净截面模量（mm³），当截面板件宽厚比等级为 S1、S2、S3 或 S4 级时，取全截面模量；为 S5 级时，取有效截面模量，均匀受压翼缘有效外伸宽度取 $b_1 = 15t\varepsilon_k$，腹板有效截面按第七章第四节二分节所述计算；

γ_x、γ_y——截面塑性发展系数：对工字形截面和箱形截面，当截面板件宽厚比等级 S4 或 S5 级时，取 $\gamma_x = \gamma_y = 1.0$；当截面板件宽厚比等级为 S1、S2、S3 级时，工字形截面：$\gamma_x = 1.05$，$\gamma_y = 1.2$；箱形截面 $\gamma_x = \gamma_y = 1.05$，对其他截面，可按表 6-2 采用；

f——钢材的抗弯强度设计值（N/mm²），按表 3-5 选用。

由式（6-5）可见，为保证梁的受压翼缘在部分截面发展塑性时不致产生局部失稳，应使其 b_1/t 不能过大，应控制 $b_1/t \leqslant 13\varepsilon_k$，即截面板件宽厚比等级为 S1、S2、S3 级，故可取 $\gamma_x = 1.05$。若 $b_1/t > 13\varepsilon_k$ 的 S4、S5 级，则应取 $\gamma_x = 1.0$，即按弹性工作状态设计（见第七节）。

截面塑性发展系数 γ_x、γ_y 表 6-2

项次	截面形式	γ_x	γ_y
1	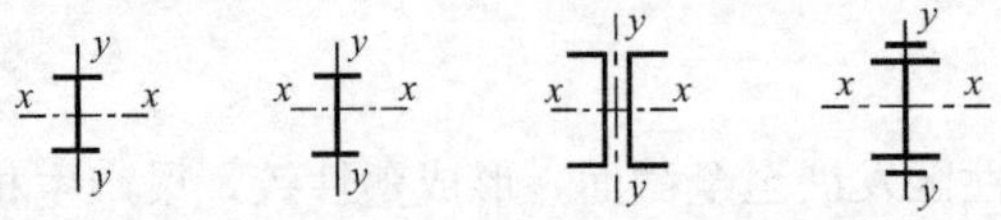		1.2
2	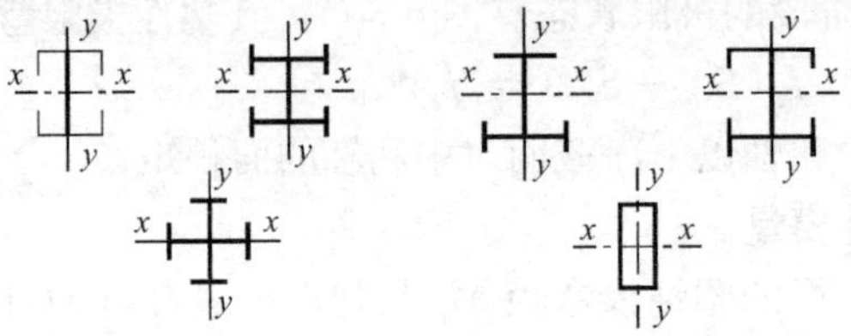	1.05	1.05
3		$\gamma_{x1}=1.05$ $\gamma_{x2}=1.2$	1.2
4			1.05
5	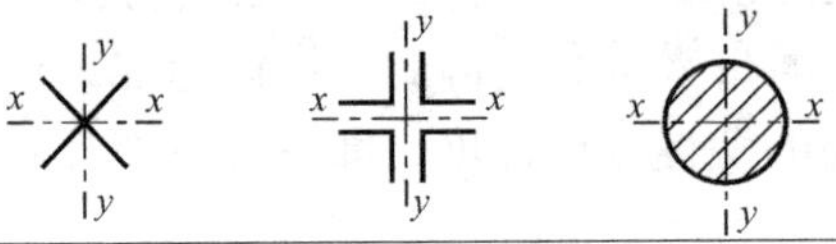	1.2	1.2
6	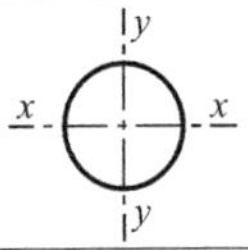	1.15	1.15
7		1.0	1.05
8			1.0

二、抗剪强度

梁的抗剪强度按弹性设计，以截面的最大剪应力达钢材的抗剪屈服强度作为抗剪承载能力的极限状态，据此，梁的抗剪强度应按下式计算：

$$\tau = \frac{VS}{It_w} \leqslant f_v \tag{6-6}$$

式中 V——计算截面沿腹板平面作用的剪力设计值（N）；

$\quad\quad I$——毛截面惯性矩（mm^4）；

$\quad\quad S$——计算剪应力处以上或以下毛截面对中和轴的面积矩（mm^3）；

$\quad\quad t_w$——腹板厚度（mm）；

f_v——钢材的抗剪强度设计值（N/mm²），按表 3-5 选用。

由式（6-6）可见，最大剪应力 τ_{max} 在中和轴处（图 6-3e）。对工字形截面 $I/S \approx h/(1.1\sim1.2)$，可得 $\tau_{max} \approx (1.1\sim1.2)V/ht_w \leqslant f_v$，故可偏安全地取系数为 1.2，即取腹板平均剪应力的 1.2 倍来近似地估算 τ_{max}。

三、局部承压强度

当梁上翼缘受有沿腹板平面作用的固定集中荷载，且该处又未设支承加劲肋时（图 6-4a），或承受移动集中荷载（如吊车轮压）作用时（图 6-4b），翼缘或和轨道一起，类似于支承在腹板上的弹性地基梁，腹板上边缘局部范围的压应力 σ_c，可能达到钢材的抗压屈服强度，其分布如图 6-4c 所示。沿腹板高度范围，σ_c 则逐渐向下递减（图 6-4d）。

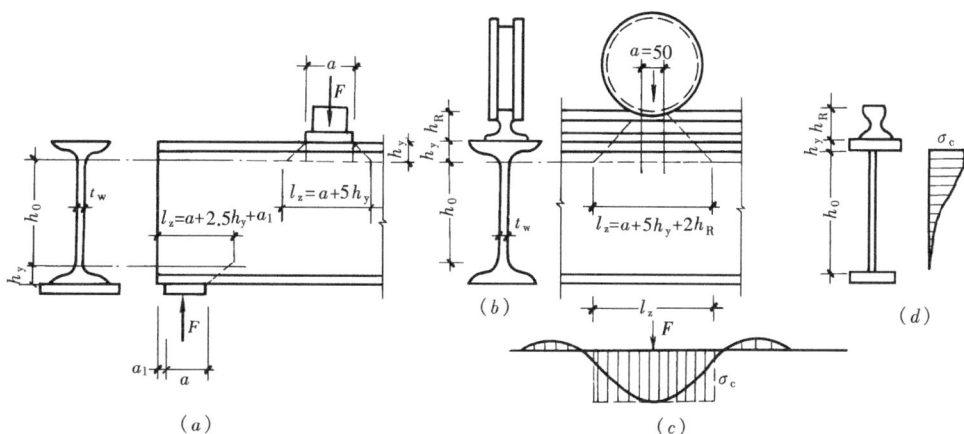

图 6-4　局部承压强度

集中荷载的传递可假定在梁顶部至腹板计算高度边缘范围按 1:2.5 扩散，因此，腹板计算高度上边缘的局部承压强度应按下式计算：

$$\sigma_c = \frac{\psi F}{t_w l_z} \leqslant f \tag{6-7}$$

式中　F——集中荷载设计值（N），对动力荷载应考虑动力系数；

　　　ψ——集中荷载增大系数：对重级工作制吊车梁，$\psi=1.35$；对其他梁，$\psi=1.0$；

　　　f——钢材的抗压强度设计值（N/mm²）；

　　　l_z——集中荷载在腹板计算高度上边缘的假定分布长度（mm），按下列简化公式计算：

$$l_z = a + 5h_y + 2h_R \tag{6-8}$$

　　　a——集中荷载沿梁跨度方向的支承长度（mm），对钢轨上的轮压可取 50mm；

　　　h_y——自梁顶面至腹板计算高度上边缘的距离（mm）；

　　　h_R——轨道的高度（mm），对梁顶无轨道的梁 $h_R=0$。

腹板的计算高度 h_0：对型钢梁为腹板与上、下翼缘相接处两内弧起点间的距离；对焊接组合梁为腹板高度。

在梁的支座处，当不设置支承加劲肋时，也应按式（6-7）计算腹板计算高度下边缘的局部承压强度，但 ψ 取 1.0。支座集中反力的假定分布长度，应根据支座具体尺寸参照式（6-8）计算，如图 6-4a 的 $l_z = a + 2.5h_y + a_1$，a_1 为支座外缘至梁端的距离，但不大于 h_y。

当局部承压强度不满足式（6-7）的要求时，在固定集中荷载处（包括支座处），应设置支承加劲肋（见第七节）；对移动集中荷载，则应增加腹板厚度。

四、折 算 应 力

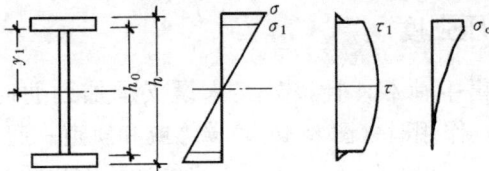

图6-5　梁截面的 σ、τ、σ_c 应力分布

在组合梁的腹板计算高度边缘处若同时受有较大的正应力 σ_1、剪应力 τ_1 和局部压应力 σ_c，或同时受有较大的正应力 σ_1 和剪应力 τ_1（如连续梁中部支座处或梁的翼缘截面改变处等）时（图6-5），应按复杂应力状态用下式计算其折算应力：

$$\sqrt{\sigma_1^2+\sigma_c^2-\sigma_1\sigma_c+3\tau_1^2}\leqslant\beta_1 f \tag{6-9}$$

式中　　β_1——计算折算应力的强度设计值增大系数：当 σ_1 与 σ_c 异号时，取 $\beta_1=1.2$；当 σ_1 与 σ_c 同号或 $\sigma_c=0$ 时，取 $\beta_1=1.1$。

σ_1、τ_1、σ_c——腹板计算高度边缘同一点上同时产生的正应力、剪应力和局部压应力（N/mm²），τ_1 和 σ_c 按式（6-6）和式（6-7）计算，σ_1 按下式计算：

$$\sigma_1=\frac{My_1}{I_n} \tag{6-10}$$

σ_1 和 σ_c 以拉应力为正值，压应力为负值；

I_n——梁净截面惯性矩（mm⁴）；

y_1——所计算点至梁中和轴的距离（mm）。

β_1 系考虑最大折算应力的部位只是腹板边缘的局部区域，且几种应力同时以较大值出现在同一点的概率很小，故用其增大强度设计值。再者，σ_1 与 σ_c 异号时比同号时钢材易于塑性变形，故 β_1 取值较大。

第三节　梁 的 刚 度

梁必须具有一定的刚度才能保证正常的使用和观感。梁的刚度可用荷载作用下的挠度进行衡量，若刚度不足将出现挠度过大，给人感觉不舒适和不安全，同时还可能使某些附着物如顶棚抹灰脱落。因此对梁的挠度 v 或相对挠度 v/l 应分别按全部（永久和可变）荷载或可变荷载用下列公式计算，但对楼（屋）盖梁或桁架等则全部荷载和可变荷载两项都需计算。全部荷载的挠度容许值 $[v_T]$ 主要是考虑观感，因在一般情况，$[v_T]>l/250$ 将影响视觉，而可变荷载的 $[v_Q]$，则是保证正常使用条件，故两者均应计算。

$$v\leqslant[v_T] \text{ 或}[v_Q] \tag{6-11}$$

或
$$\frac{v}{l}\leqslant\frac{[v_T]}{l} \text{ 或}\frac{[v_Q]}{l} \tag{6-12}$$

式中　v——根据表6-3中的 $[v_T]$ 或 $[v_Q]$ 对应的荷载（全部荷载或可变荷载）的标准值产生的梁的最大挠度；

$[v_T]$——由永久和可变荷载标准值产生的挠度（如有起拱应减去拱度）容许值；

$[v_Q]$——由可变荷载标准值产生的挠度容许值。

梁的刚度属于正常使用极限状态，故计算时应采用正常使用荷载，即取荷载标准值，不乘荷载分项系数，且可不考虑螺栓孔引起的截面削弱。对动力荷载标准值不乘动力系数。

受弯构件的挠度容许值 表 6-3

项次	构件类别	挠度容许值	
		$[v_T]$	$[v_Q]$
1	吊车梁和吊车要桁架（按自重和起重量最大的一台起重机计算挠度） （1）手动起重机和单梁起重机（含悬挂起重机） （2）轻级工作制桥式起重机 （3）中级工作制桥式起重机 （4）重级工作制桥式起重机	$l/500$ $l/750$ $l/900$ $l/1000$	— — — —
2	手动或电动葫芦的轨道梁	$l/400$	—
3	有重轨（重量等于或大于 38kg/m）轨道的工作平台梁 有轻轨（重量等于或小于 24kg/m）轨道的工作平台梁	$l/600$ $l/400$	— —
4	楼（屋）盖梁或桁架、工作平台梁（第3项除外）和平台板 （1）主梁或桁架（包括设有悬挂起重设备的梁和桁架） （2）仅支撑压型金属板屋面和冷弯型钢檩条 （3）除支撑压型金属板屋面和冷弯型钢檩条外，尚有吊顶 （4）抹灰顶棚的次梁 （5）除（1）、（2）款外的其他梁（包括楼梯梁） （6）屋盖檩条 　　支承压型金属板屋面者 　　支承其他屋面材料者 　　有吊顶 （7）平台板	 $l/400$ $l/180$ $l/240$ $l/250$ $l/250$ $l/150$ $l/200$ $l/240$ $l/150$	 $l/500$ — — $l/350$ $l/300$ — — — —
5	墙架构件（风荷载不考虑阵风系数） （1）支柱（水平方向） （2）抗风桁架（作为连续支柱的支承时，水平位移） （3）砌体墙的横梁（水平方向） （4）支承压型金属板的横梁（水平方向） （5）支承其他墙面材料的横梁（水平方向） （6）带有玻璃窗的横梁（竖直和水平方向）	 — — — — — $l/200$	 $l/400$ $l/1000$ $l/300$ $l/100$ $l/200$ $l/200$

注：l 为受弯构件的跨度（对悬臂梁和伸臂梁为伸出长度的 2 倍）。

表 6-4 所列为简支梁在几种常用荷载作用下的最大挠度计算公式。

简支梁最大挠度的计算公式 表 6-4

荷载类型				
计算公式	$\dfrac{5}{384} \cdot \dfrac{ql^4}{EI}$	$\dfrac{1}{48} \cdot \dfrac{Fl^3}{EI}$	$\dfrac{23}{648} \cdot \dfrac{Fl^3}{EI}$	$\dfrac{19}{384} \cdot \dfrac{Fl^3}{EI}$

第四节　梁的整体稳定性

一、梁的整体稳定性概念

为了有效地利用材料，梁一般都设计成高而窄且壁厚较薄的开口截面，故其抗弯能力较强，但抗扭和侧向抗弯能力则较差。当在最大刚度平面内受弯时，若弯矩较小，梁仅在弯矩作用平面内弯曲，无侧向位移。即便此时有外界偶然的侧向干扰力作用，产生一定的侧向位移和扭转，但当干扰力消失后，梁仍能恢复原来的稳定平衡状态，这种现象称为梁整体稳定。然而，当弯矩逐渐增加使梁受压翼缘的最大弯曲压应力达到某一数值时，梁在偶然的很小侧向干扰力作用下，会突然向刚度较小的侧向弯曲，并伴随扭转。此时若除去侧向干扰力，侧向弯扭变形也不再消失。若弯矩再略增加，则弯扭变形将迅速增大，梁也随之失去承载能力，这种现象称为梁丧失整体稳定性。因此梁的失稳是从稳定平衡状态转变为不稳定平稳状态，并产生侧向弯扭屈曲。两种平衡状态过渡时梁所能承受的最大弯矩和截面的最大弯曲压应力称为临界弯矩 M_{cr} 和临界应力 σ_{cr}。

如前所述，梁的整体失稳是突然发生的，且在强度未充分发挥之前，往往事先又无明显征兆，故必须特别予以注意。

现以双轴对称工字形截面为例对梁的整体稳定性概念进一步加以描述（图6-6）。从受力特性上，可将梁视为以中和轴分界的部分受压和部分受拉的组合构件，其受压翼缘则类似于一轴心压杆（图中阴影部分）。当压应力达某一数值时，按理应在其刚度较小方向（绕图6-6c中1-1轴）弯曲屈曲，但由于其和腹板连成一体，腹板起着支承作用，此种情况不可能产生，故最终将延至一个更高的压应力，使其沿侧向（绕图6-6c中2-2轴）压屈，并带动梁整个截面一起侧向位移，即整体失稳。由于梁的受拉部分受弯曲拉应力的作用是趋向于拉直，从而对受压区的侧向变形施加牵制，故梁失稳时表现为不同程度（受压翼缘大，受拉翼缘小）侧向变形的弯扭屈曲。

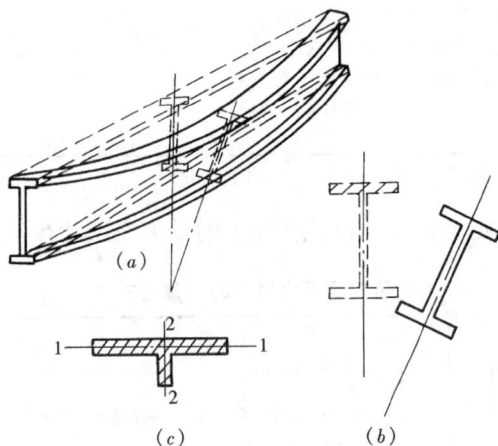

图6-6　梁丧失整体稳定的变形情况

二、梁的整体稳定性计算公式

根据临界应力 σ_{cr}，可制定保证梁整体稳定性的计算公式，即按梁的最大弯曲压应力 σ 不超过 σ_{cr}。因此，在考虑抗力分项系数 γ_R 后，可得：

（一）在最大刚度主平面内单向受弯的梁

$$\sigma = \frac{M_x}{W_x} \leqslant \frac{\sigma_{cr}}{\gamma_R} = \frac{\sigma_{cr}}{f_y} \cdot \frac{f_y}{\gamma_R} = \varphi_b f$$

或
$$\frac{M_x}{\varphi_b W_x f} \leqslant 1.0 \tag{6-13}$$

式中　$\varphi_b = \sigma_{cr}/f_y$——梁的整体稳定性系数；

M_x——绕强轴（x 轴）作用的最大弯矩设计值（N·mm）；

W_x——按受压最大纤维确定的对 x 轴毛截面模量（mm³），当截面板件宽厚比等级为 S1、S2、S3 或 S4 级时，取全截面模量；当为 S5 级时，取有效截面模量。均匀受压翼缘有效外伸宽度取 $b_1 = 15t\varepsilon_k$，腹板有效截面按第七章第四节二分节所述计算。

（二）在两个主平面受弯的 H 型钢或工字形截面梁

$$\frac{M_x}{\varphi_b W_x f} + \frac{M_y}{\gamma_y W_y f} \leqslant 1.0 \tag{6-14}$$

式中　M_y——绕弱轴（y 轴）作用的弯矩设计值（N·mm）；

W_y——按受压纤维确定的对 y 轴毛截面模量（mm³）。

式（6-14）为一经验公式。式中第二项表示绕弱轴弯曲的影响，但分母中 γ_y 在此处仅起适当降低此项影响的作用，并不表示截面允许发展塑性。

三、梁的整体稳定性系数 φ_b

（一）等截面焊接工字形和 H 型钢简支梁

根据弹性稳定理论，等截面焊接工字形和 H 型钢简支梁的整体稳定性系数 φ_b 的计算公式为：

$$\varphi_b = \beta_b \frac{4320}{\lambda_y^2} \cdot \frac{Ah}{W_x} \left[\sqrt{1 + \left(\frac{\lambda_y t}{4.4h} \right)^2} + \eta_b \right] \varepsilon_k^2 \tag{6-15}$$

式中　β_b——梁整体稳定性的等效临界弯矩系数（表 6-5）；

λ_y——梁对 y 轴的长细比，$\lambda_y = l_1/i_y$。i_y 为梁毛截面对 y 轴的回转半径（mm）；

l_1——梁受压翼缘的侧向自由长度（mm）：对跨中无侧向支承点的梁为其跨度；对跨中有侧向支承点的梁为受压翼缘侧向支承点间的距离（梁的支座处可视为有侧向支承）；

A——梁的毛截面面积（mm²）；

h，t——梁截面的全高和受压翼缘厚度 mm。

η_b——截面不对称影响系数：

对双轴对称工字形截面和 H 型钢（图 6-7a）$\eta_b = 0$

对单轴对称工字形截面（图 6-7b、c）

加强受压翼缘　$\eta_b = 0.8(2\alpha_b - 1)$

加强受拉翼缘　$\eta_b = 2\alpha_b - 1$

H 型钢和等截面工字形简支梁的系数 β_b　　　表 6-5

项次	侧向支承	荷　载		$\xi=\dfrac{l_1 t}{bh}$		适用范围
				$\xi\leqslant2.0$	$\xi>2.0$	
1	跨中无侧向支承	均布荷载作用在	上翼缘	$0.69+0.13\xi$	0.95	图 6-7 (a)、(b) 的截面和 H 型钢截面
2			下翼缘	$1.73-0.20\xi$	1.33	
3		集中荷载作用在	上翼缘	$0.73+0.18\xi$	1.09	
4			下翼缘	$2.23-0.28\xi$	1.67	
5	跨度中点有一个侧向支承点	均布荷载作用在	上翼缘	1.15		图 6-7 中的所有截面和 H 型钢截面
6			下翼缘	1.40		
7		集中荷载作用在截面高度上任意位置		1.75		
8	跨中有不少于两个等距离侧向支承点	任意荷载作用在	上翼缘	1.20		
9			下翼缘	1.40		
10	梁端有弯矩、但跨中无荷载作用			$1.75-1.05\left(\dfrac{M_2}{M_1}\right)$ $+0.3\left(\dfrac{M_2}{M_1}\right)^2$，但 $\leqslant2.3$		

注：1. $\xi=\dfrac{l_1 t}{bh}$——系数，其中 b 和 l_1 为梁的受压翼缘宽度和其侧向自由长度。

2. M_1、M_2 为梁端弯矩，使梁产生同向曲率时 M_1 和 M_2 取同号，产生反向曲率时取异号，$|M_1|\geqslant|M_2|$。

3. 表中项次 3、4 和 7 的集中荷载是指一个或少数几个集中荷载位于跨中央附近的情况，对其他情况的集中荷载，应按表中项次 1、2、5、6 内的数值采用。

4. 表中项次 8、9 的 β_b，当集中荷载作用在侧向支承点处时，取 $\beta_b=1.20$。

5. 荷载作用在上翼缘系指荷载作用点在翼缘表面，方向指向截面形心；

荷载作用在下翼缘系指荷载作用点在翼缘表面，方向背向截面形心。

6. 对 $\alpha_b>0.8$ 的加强受压翼缘工字形截面，下列情况的 β_b 值应乘以相应的系数：

项次 1：当 $\xi\leqslant1.0$ 时，乘以 0.95；

项次 3：当 $\xi\leqslant0.5$ 时，乘以 0.90；

当 $0.5<\xi\leqslant1.0$ 时，乘以 0.95。

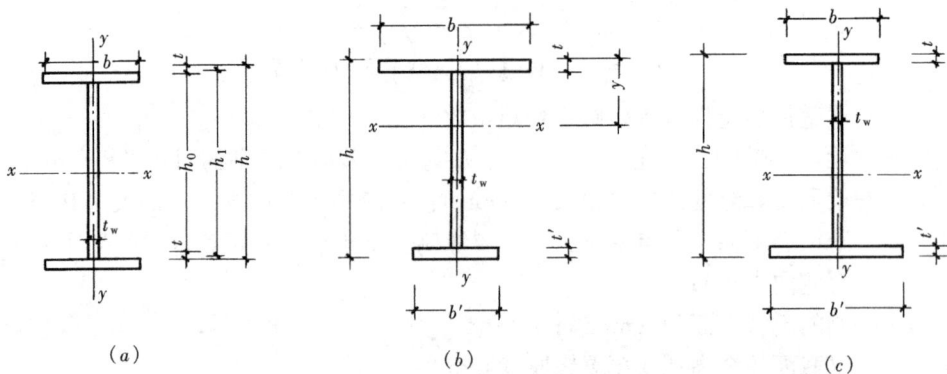

(a)　　　　　　　　　(b)　　　　　　　　　(c)

图 6-7　工字形截面

(a) 双轴对称；(b) 加强受压翼缘；(c) 加强受拉翼缘

$\alpha_b=\dfrac{I_1}{I_1+I_2}$——$I_1$ 和 I_2 分别为受压翼缘和受拉翼缘对 y 轴的惯性矩。

由式（6-15）可见，影响 φ_b 的因素众多，其中主要有：1. 截面形式及其尺寸（抗扭和侧向抗弯能力较强的截面和较宽的受压翼缘其值较大）；2. 荷载类型及其沿梁跨度分布情况（两端受弯矩作用的纯弯曲梁的值最低，因其使上翼缘的压应力沿梁全长不变，而均布荷载和跨中央一个集中荷载仅在跨度中点压应力最大，两端渐小，且后者减小更快，故其值也最高）；3. 荷载作用点在截面上的位置（梁在发生扭转时，荷载作用于上翼缘会加剧扭转，助长屈曲，降低临界弯矩；反之，荷载作用于下翼缘，则会减缓扭转，提高临界弯矩）；4. 梁受压翼缘侧向支承点间的距离（距离愈小，其值愈大）。

　　式（6-15）的整体稳定性系数 φ_b 是按弹性稳定理论推导的，故只适用于弹性阶段，而大量中等跨度的梁失稳时常处于弹塑性阶段。经研究分析，在残余应力等因素影响下，梁进入弹塑性阶段明显提前，约相当于在 $\varphi_b=0.6$ 时，其后，临界应力显著降低。因此，当 $\varphi_b>0.6$ 时，应采用一个较小的 φ'_b 代替 φ_b。根据试验研究，φ'_b 可按下式计算：

$$\varphi'_b = 1.07 - \frac{0.282}{\varphi_b} \leqslant 1.0 \qquad (6-16)$$

（二）工字钢简支梁

　　工字钢简支梁由于其翼缘有斜坡，且在与腹板交接处为圆角，因此其截面特性不能按三块钢板的组合工字形截面计算，故不能采用式（6-15）计算其 φ_b，否则误差较大。考虑到工字钢为国家标准，规格统一，因此可将其 φ_b 制成表格以方便应用。故《设计标准》按理论公式根据侧向支承情况、荷载类型和作用位置、受压翼缘侧向自由长度，结合工字钢型号计算，然后进行适当归并成表 6-6，以便直接查用。当查得 $\varphi_b>0.6$ 时，亦应按式（6-16）计算相应的 φ'_b 代替 φ_b。

工字钢简支梁的 φ_b　　　　　　　　　　表 6-6

项次	荷载情况		工字钢型号	自由长度 l_1（m）								
				2	3	4	5	6	7	8	9	10
1	跨中无侧向支承点的梁	集中荷载作用于 上翼缘	10～20	2.00	1.30	0.99	0.80	0.68	0.58	0.53	0.48	0.43
			22～32	2.40	1.48	1.09	0.86	0.72	0.62	0.54	0.49	0.45
			36～63	2.80	1.60	1.07	0.83	0.68	0.56	0.50	0.45	0.40
2		集中荷载作用于 下翼缘	10～20	3.10	1.95	1.34	1.01	0.82	0.69	0.63	0.57	0.52
			22～40	5.50	2.80	1.84	1.37	1.07	0.86	0.73	0.64	0.56
			45～63	7.30	3.60	2.30	1.62	1.20	0.96	0.80	0.69	0.60
3		均布荷载作用于 上翼缘	10～20	1.70	1.12	0.84	0.68	0.57	0.50	0.45	0.41	0.37
			22～40	2.10	1.30	0.93	0.73	0.60	0.51	0.45	0.40	0.36
			45～63	2.60	1.45	0.97	0.73	0.59	0.50	0.44	0.38	0.35
4		均布荷载作用于 下翼缘	10～20	2.50	1.55	1.08	0.83	0.68	0.56	0.52	0.47	0.42
			22～40	4.00	2.20	1.45	1.10	0.85	0.70	0.60	0.52	0.46
			45～63	5.60	2.80	1.80	1.25	0.95	0.78	0.65	0.55	0.49
5	跨中有侧向支承点的梁（不论荷载作用点在截面高度上的位置）		10～20	2.20	1.39	1.01	0.79	0.66	0.57	0.52	0.47	0.42
			22～40	3.00	1.80	1.24	0.96	0.76	0.65	0.56	0.49	0.43
			45～63	4.00	2.20	1.38	1.01	0.80	0.66	0.56	0.49	0.43

　　注：1. 同表 6-5 的注 3、5；

　　　　2. 表中的 φ_b 适用于 Q235 钢，对其他钢号，表中数值应乘以 ε_k^2。

（三）槽钢简支梁

　　槽钢简支梁是单轴对称截面，其理论的整体稳定系数计算繁杂，《设计标准》采用近似简化方法，即不论荷载形式和荷载作用点在截面高度上的位置，均可按下式计算。当算得的 φ_b 大于 0.6 时，亦应按式（6-16）计算相应的 φ_b' 代替 φ_b：

$$\varphi_b = \frac{570bt}{l_1 h} \cdot \frac{235}{f_y} \tag{6-17}$$

式中 h、b、t——槽钢的高度、翼缘宽度和平均厚度。

（四）双轴对称工字形等截面（含 H 型钢）悬臂梁

双轴对称工字形等截面（含 H 型钢）悬臂梁的 φ_b 也按式（6-15）计算，但式中 β_b 应按表 6-7 查得，$\lambda_y = l_1/i_y$ 中的 l_1 取悬臂梁的悬伸长度，并取 $\eta_b = 0$。当求得的 $\varphi_b > 0.6$ 时亦应按式（6-16）计算相应的 φ_b' 代替 φ_b。

双轴对称工字形等截面（含 H 型钢）悬臂梁的系数 β_b 表 6-7

项次	荷载情况		$\xi = l_1 t/bh$		
			$0.6 \leqslant \xi \leqslant 1.24$	$1.24 < \xi \leqslant 1.96$	$1.96 < \xi \leqslant 3.10$
1	自由端一个集中荷载作用在	上翼缘	$0.21 + 0.67\xi$	$0.72 + 0.26\xi$	$1.17 + 0.03\xi$
2		下翼缘	$2.94 - 0.65\xi$	$2.64 - 0.40\xi$	$2.15 - 0.15\xi$
3	均布荷载作用在上翼缘		$0.62 + 0.82\xi$	$1.25 + 0.31\xi$	$1.66 + 0.10\xi$

注：本表是按支承端为固定的情况确定的，当用于由邻跨延伸出来的伸臂梁时，应在构造上采取措施加强支承处的抗扭能力。

四、均匀弯曲的受弯构件整体稳定系数 φ_b 的近似计算（适用于 $\lambda_y \leqslant 120\varepsilon_k$）

由于 λ_y 小的受弯构件均在弹塑性阶段屈曲，大多数 $\varphi_b > 0.7$，经换算后的 $\varphi_b' = 0.65 \sim 1$，故可采用下面更简单的近似公式，以方便计算，且误差较小。由于近似公式实际已是由 φ_b 换成 φ_b' 的表达式，故当用其算得的 $\varphi_b > 0.6$ 时不必再按式（6-16）换算为 φ_b'。

（一）工字形截面（含 H 型钢）

双轴对称时：$\varphi_b = 1.07 - \dfrac{\lambda_y^2}{44000\varepsilon_k^2}$，不大于 1.0； $\tag{6-18}$

单轴对称时：$\varphi_b = 1.07 - \dfrac{W_{1x}}{(2\alpha_b + 0.1)Ah} \cdot \dfrac{\lambda_y^2}{14000\varepsilon_k^2}$，不大于 1.0。 $\tag{6-19}$

（二）T 形截面（弯矩作用在对称轴平面，绕 x 轴）

1. 弯矩使翼缘受压时：

双角钢 T 形截面 $\qquad\qquad \varphi_b = 1 - 0.0017\lambda_y/\varepsilon_k$ $\tag{6-20}$

T 型钢和两板组合 T 形截面 $\quad \varphi_b = 1 - 0.0022\lambda_y/\varepsilon_k$ $\tag{6-21}$

2. 弯矩使翼缘受拉且腹板宽厚比不大于 $18\varepsilon_k$ 时：

$$\varphi_b = 1 - 0.0005\lambda_y/\varepsilon_k \tag{6-22}$$

（三）箱形截面 $\qquad\qquad\qquad \varphi_b = 1.0$ $\tag{6-23}$

五、不需计算整体稳定性的梁

实际工程中单独的梁很少，它一般都是与其他构件连接在一起组成结构体系。因此将这些构件（刚性铺板、次梁、支撑等）与梁受压翼缘牢固连接，是保证梁整体稳定性的良好措施。所以，当符合下列情况之一时，梁已具有足够的侧向抗弯和抗扭能力，可不必计算其整体稳定性：

（一）有铺板（各种钢筋混凝土板和钢板）密铺在梁的受压翼缘上并与其牢固相连，能阻止梁受压翼缘的侧向位移时。

（二）箱形截面简支梁的截面尺寸（图 6-8）$h/b_0 \leqslant 6$ 且 $l_1/b_0 \leqslant 95\varepsilon_k^2$ 时（此数值箱形截面一般较易满足）。

必须注意，所有上述整体稳定计算公式均是根据梁的端部截面不产生扭转变形（扭转角等于零）。因此，在梁端处须采取构造措施防止端部截面扭转（一般在支座处对梁上翼缘设置侧向支承固定、高度较小的梁可设置横向加劲肋），否则梁的整体稳定性能将会降低。

【例 6-1】　一焊接工字形等截面简支梁，跨度 12m，在跨度中点和梁两端均连有次梁可作梁的侧向支承点（图 6-9）。集中荷载 $F_1 = 105\mathrm{kN}$，自重 1.6kN/m（均为设计值）。材料 Q235B 钢。试验算此梁的整体稳定性。

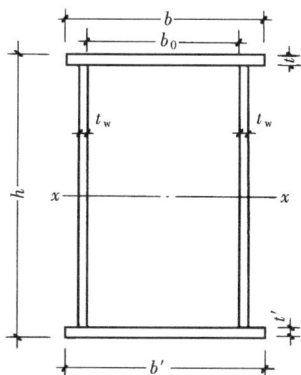

图 6-8　箱形截面

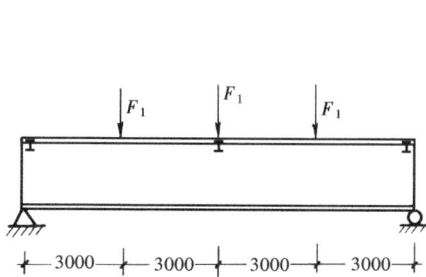

图 6-9　例 6-1 附图

【解】

截面几何特性：

$$A = 100 \times 0.6 + 2 \times 27 \times 1 = 114\mathrm{cm}^2$$

$$I_x = \frac{1}{12} \times 0.6 \times 100^3 + 2 \times 27 \times 1 \times 50.5^2 = 187700\mathrm{cm}^4$$

$$I_y = 2 \times \frac{1}{12} \times 1 \times 27^3 = 3281\mathrm{cm}^4$$

$$W_x = \frac{187700}{51} = 3680\mathrm{cm}^3$$

$$i_y = \sqrt{\frac{I_y}{A}} = \sqrt{\frac{3281}{114}} = 5.36\mathrm{cm}$$

$$\lambda_y = \frac{l_1}{i_y} = \frac{600}{5.36} = 112$$

按表 6-5 跨度中点有一个侧向支承点情况，但 3 个集中荷载不全位于跨中央附近，故根据注 3，应取表中项次 5，即按均布荷载作用在上翼缘的 $\beta_b = 1.15$。

双轴对称工字形截面　　　　　　　$\eta_b = 0$

整体稳定系数：按式（6-15）：

$$\varphi_b = \beta_b \frac{4320}{\lambda_y^2} \cdot \frac{Ah}{W_x} \left[\sqrt{1 + \left(\frac{\lambda_y t}{4.4h} \right)^2} + \eta_b \right] \varepsilon_k^2$$

$$= 1.15 \times \frac{4320}{112^2} \times \frac{114 \times 10^2}{3680} \left[\sqrt{1 + \left(\frac{112 \times 1}{4.4 \times 10^2} \right)^2} \right] \times 1^2$$

$$= 1.29 > 0.6$$

按式（6-16）：

$$\varphi_b' = 1.07 - \frac{0.282}{\varphi_b} = 1.07 - \frac{0.282}{1.29} = 0.851$$

最大弯矩设计值

$$M_{max} = \frac{1}{8} \times 1.6 \times 12^2 + \frac{1}{2} \times 3 \times 105 \times 6 - 105 \times 3 = 658.8 \text{kN} \cdot \text{m}$$

$$\frac{M_{max}}{\varphi_b' W_x f} = \frac{658.8 \times 10^6}{0.851 \times 3680 \times 10^3 \times 215} = 0.98 < 1.0 （满足）$$

第五节　型钢梁设计

一、单向弯曲型钢梁

型钢梁的设计包括截面选择和验算两个内容，可按下列步骤进行：

（一）根据梁的荷载、跨度和支承情况，计算梁的最大弯矩设计值 M_{max}，并按所选的钢号确定抗弯强度设计值 f。

（二）按抗弯强度或整体稳定性要求计算型钢需要的截面模量（$l_1 = 5 \sim 6 \text{m}$，公式中 φ_b 可按 $0.6 \sim 0.8$ 预估）：

$$W_{nxreq} = \frac{M_{max}}{\gamma_x f} \quad 或 \quad W_{xreq} = \frac{M_{max}}{\varphi_b f}$$

然后由 W_{nxreq} 或 W_{xreq} 查型钢表，选择与其相近的型钢（尽量选用 a 类）。

（三）截面验算

1. 强度

（1）抗弯强度——按式（6-4）计算，式中 M_x 应加上自重产生的弯矩。

（2）抗剪强度——按式（6-6）计算。

（3）局部承压强度——按式（6-7）计算。

由于型钢梁的腹板较厚，故一般均能满足抗剪强度和局部承压强度的要求，因此，若在最大剪力处截面无太大削弱，一般均可不作验算。折算应力亦可不作验算。

2. 整体稳定性

若没有能足够阻止梁受压翼缘侧向位移的密铺铺板或支承时，应按式（6-13）计算整体稳定性。

3. 刚度

按式（6-11）式（6-12）计算。

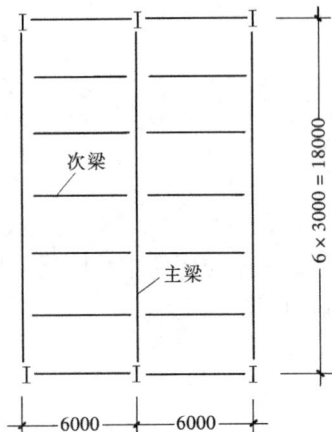

图 6-10　例 6-2 附图

【例 6-2】　有一工作平台梁格布置如图 6-10 所示。

梁上密铺预制钢筋混凝土平台板和水泥砂浆面层，设其重量（标准值）为 $2kN/m^2$，活荷载标准值为 $20kN/m^2$（静力荷载）。试按下列两种情况选择次梁截面：(a) 平台板与次梁焊接；(b) 平台板与次梁不焊接。钢材 Q345 钢。

【解】 **(a) 平台板与次梁焊接。** 此种情况可保证梁的整体稳定性，故只需按强度和刚度选择截面。

一、最大弯矩设计值

本例应按式（3-6）由可变荷载效应控制的组合计算，且因平台活荷载大于 $4.0kN/m^2$，故取式中的 $\gamma_G = 1.3$、$\gamma_Q = 1.3$，则次梁承受的线荷载标准值 q_k 和设计值 q 为：

平台板恒荷载	$2 \times 3 = 6kN/m$	$\times 1.3 = 7.8kN/m$
平台板活荷载	$20 \times 3 = 60kN/m$	$\times 1.3 = 78kN/m$
	$q_k = 66kN/m$	$q = 85.8kN/m$

$$M_{max} = \frac{1}{8} \times 85.8 \times 6^2 = 386.1kN \cdot m$$

二、选择截面

按抗弯强度计算型钢需要的截面模量

$$W_{nxreq} = \frac{M_{max}}{\gamma_x f} = \frac{386.1 \times 10^6}{1.05 \times 310} = 1186000mm^3 = 1186cm^3$$

采用窄翼缘 H 型钢。查附表 10，选 HN446×199×8×12，$W_x = 1260cm^3$，$I_x = 28100cm^4$，自重 $q_0 = 65.1 \times 9.8 = 638N/m = 0.64kN/m$。

三、截面验算

加上自重后的最大弯矩设计值：

$$M_{max} = 386.1 + \frac{1}{8} \times 1.3 \times 0.64 \times 6^2 = 389.8kN \cdot m$$

（一）抗弯强度

按式（6-4）：$b_1/t = 95.5/12 = 7.96 < 11\varepsilon_k = 11 \times 0.825 = 9.08$，按表 6-1，截面属于 S2 级，可取 W_{nx} 全截面模量和 $\gamma_x = 1.05$。

$$\frac{M_{max}}{\gamma_x W_{nx}} = \frac{389.8 \times 10^6}{1.05 \times 1260 \times 10^3} = 294.6N/mm^2 < f = 305N/mm^2（满足）$$

（二）刚度

按式（6-12），加上自重后的线荷载标准值：

$$q_k = 66 + 0.64 = 66.64kN/m$$

$$\frac{v_{Tmax}}{l} = \frac{5}{384} \cdot \frac{q_k l^3}{EI_x} = \frac{5}{384} \times \frac{66.64 \times 6000^3}{206 \times 10^3 \times 28100 \times 10^4} = \frac{1}{309}$$

$$< \frac{[v_T]}{l} = \frac{1}{250}（满足）$$

$$\frac{v_Q}{l} = \frac{1}{309} \times \frac{60}{66.64} = \frac{1}{343} < \frac{[v_Q]}{l} = \frac{1}{300}（满足）$$

（三）局部承压强度

按式（6-7）。若次梁叠接于主梁上，则应验算支座处即腹板下边缘的局部承压强度

（若次梁与主梁采用如图 6-45b、c 所示的平接，则不须验算）。

支座反力：
$$R = \frac{1}{2} \times (85.8 + 1.3 \times 0.64) \times 6 = 259.9\text{kN}$$

设支承长度 $a = 80\text{mm}$，$a_1 = 0$。查附表 10，得 $h_y = r + t = 13 + 12 = 25\text{mm}$，$t_w = 8\text{mm}$。
$$l_z = a + 2.5h_y + a_1 = 80 + 2.5 \times 25 = 142.5\text{mm}$$

$$\sigma_c = \frac{\psi R}{t_w l_z} = \frac{1 \times 259.9 \times 10^3}{8 \times 142.5} = 227.9\text{N/mm}^2 < f = 305\text{N/mm}^2 \text{（满足）}$$

由计算结果可见，若截面无太大削弱时，σ_c 一般可不计算（剪应力和折算应力同样可不计算，读者可试之）。

（b）**平台板与次梁不焊接。**此种情况对梁的整体稳定性无可靠保证，故须按整体稳定性选择截面。

查表 6-5（按跨中无侧向支承点的梁，均布荷载作用于上翼缘，$l_1 = 6\text{m}$，参考工字钢型号45~63预估），得 $\varphi_b = 0.59$。型钢需要的截面模量：

$$W_{xreq} = \frac{M_{max}}{\varphi_b f} = \frac{386.1 \times 10^6}{0.59 \times 305} = 2146000\text{mm}^3 = 2146\text{cm}^3$$

查附表 10，选 HN506×201×11×19，$W_x = 2190\text{cm}^3$，$i_y = 4.46\text{cm}$，$A = 129.3\text{cm}^2$，自重 $g_0 = 102 \times 9.8 = 999\text{N/m} = 1\text{kN/m}$。

加上自重后的最大弯矩设计值：

$$M_{max} = 386.1 + \frac{1}{8} \times 1.3 \times 1 \times 6^2 = 391.9\text{kN} \cdot \text{m}$$

验算梁的整体稳定性：

前面选择梁截面时采用的 φ_b 是借用工字钢的，现在验算应按式（6-15）计算 H 型钢的 φ_b。

$$\xi = \frac{l_1 t}{bh} = \frac{6000 \times 19}{201 \times 506} = 1.12 < 2.0$$

查表 6-4 项次 1：
$$\beta_b = 0.69 + 0.13\xi = 0.69 + 0.13 \times 1.12 = 0.836$$

$$\lambda_y = \frac{l_1}{i_y} = \frac{600}{4.46} = 135$$

$$\varphi_b = \beta_b \frac{4320}{\lambda_y^2} \cdot \frac{Ah}{W_x} \left[\sqrt{1 + \left(\frac{\lambda_y t}{4.4h}\right)^2} + \eta_b \right] \varepsilon_k^2$$

$$= 0.836 \times \frac{4320}{135^2} \times \frac{129.3 \times 50.6}{2190} \sqrt{1 + \left(\frac{135 \times 1.9}{4.4 \times 50.6}\right)^2} \times 0.825^2 = 0.615 > 0.6$$

按式（5-16）：
$$\varphi_b' = 1.07 - \frac{0.282}{\varphi_b} = 1.07 - \frac{0.282}{0.615} = 0.611$$

$$\frac{M_{xmax}}{\varphi_b W_x f} = \frac{391.9 \times 10^6}{0.611 \times 2190 \times 10^3 \times 305} = 0.96 < 1.0 \text{（满足）}$$

比较（a）、（b）两种情况所选截面可见，后者用钢量增大较多，故设计时一般应尽量采取能保证梁整体稳定性的措施，以节约用钢。

另外，本例若选用工字钢，情况（a）至少须选 I40c，其 $g_0 = 80.1 \mathrm{kg/m}$，较 H 型钢增加用钢量达 23%。

二、双向弯曲型钢梁

双向弯曲型钢梁较广泛地用于屋面檩条和墙梁。一般将檩条采用的型钢腹板垂直于屋面放置，故其在两个主平面受弯。墙梁因兼受墙体材料的重力和墙面传来的水平风荷载，故也是双向受弯梁。现以檩条为例对双向弯曲型钢梁加以论述。

（一）檩条的形式和构造

檩条常采用槽钢、角钢、H 型钢和 Z 形或槽形（亦称 C 形）冷弯薄壁型钢。槽钢檩条（图 6-11a）应用普遍，但其壁较厚，强度不能充分利用，用钢量较大。H 型钢（HN型）檩条（图 6-11b）适用于跨度较大情况，能较好地满足强度和刚度要求。Z 形或槽形薄壁型钢檩条适用于轻型屋面（压型钢板、夹芯保温板等），尤其是 Z 形钢檩条（图 6-11c）受力合理，荷载方向靠近主轴的弱轴，故基本上为强轴（x 轴）受弯，其用钢量可比槽钢檩条少得多。

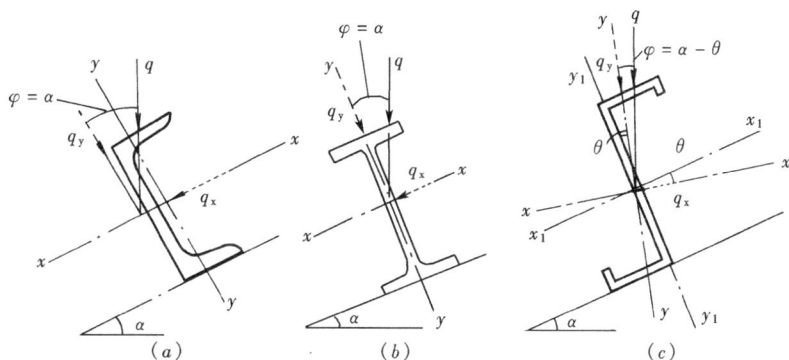

图 6-11　檩条截面形式

槽钢和 Z 形薄壁型钢檩条的侧向刚度较小，当跨度较大时，可在其跨中设置 1～2 道拉条（拉条设置及构造详见第八章第二节），以减小侧向弯矩。

（二）檩条的计算

1. 强度

檩条型钢的腹板由于与屋面垂直放置，故在屋面竖向荷载 q 的作用下，其截面的两个主轴方向分别承受 $q_x = q\sin\varphi$ 和 $q_y = q\cos\varphi$ 分力的作用（φ 为 q 与主轴 y 的夹角），从而产生双向弯曲。如荷载偏离截面的剪心，还要产生扭转。但一般偏心不大，且屋面和拉条对阻止檩条扭转能起一定作用，故扭矩的影响可不考虑，只需按双向受弯构件作强度计算。另外，型钢檩条的壁厚较大，其抗剪和局部承压强度可不计算，因此仅须按式（6-5）计算抗弯强度。式中 M_y，在无拉条时，按简支梁计算；在有拉条时，按多跨连续梁计算（图 6-12）。

2. 整体稳定性

当檩条有拉条时，一般可不计算整体稳定性。当无拉条且屋面材料刚性较弱（如石棉瓦、瓦楞铁等），在构造上不能阻止受压翼缘侧向位移时，对 H 型钢或工字钢檩条可按式（6-14）计算整体稳定性。

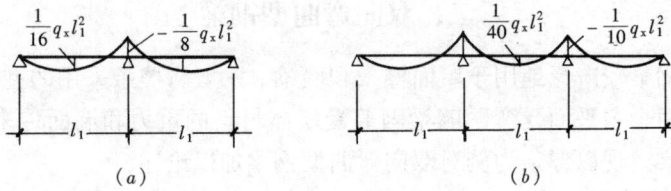

图 6-12　有拉条时的 M_y

(a) 一根拉条；(b) 二根拉条；

3. 刚度

有拉条时，檩条一般只计算垂直于屋面方向的最大挠度不超过挠度容许值，以保证屋面的平整，即：

$$v = \frac{5}{384} \cdot \frac{q_{ky} l^4}{EI_x} \leqslant [v] \qquad (6\text{-}24)$$

式中　q_{ky}——檩条沿 y 方向的线荷载标准值；

$[v]$——檩条的挠度容许值，按表 6-3 选用。

无拉条时，应计算总挠度不超过挠度容许值，即：

$$\sqrt{v_x^2 + v_y^2} \leqslant [v] \qquad (6\text{-}25)$$

式中　v_x、v_y——x 方向和 y 方向的分挠度。

（三）檩条的截面选择

檩条和屋面材料的连接在构造上应牢固，或在檩条跨度较大时设置拉条，以使檩条的整体稳定性得以保证，这样可仅按抗弯强度计算型钢需要的净截面模量 W_{nxreq} 选择截面。由式（6-5）可得：

$$W_{nxreq} = \frac{M_x}{\gamma_x f} \left(1 + \frac{\gamma_x}{\gamma_y} \cdot \frac{W_{nx}}{W_{ny}} \cdot \frac{M_y}{M_x} \right) \qquad (6\text{-}26)$$

对型钢檩条，$\gamma_x / \gamma_y = 1.05/1.2 = 0.875$，$W_x / W_y \approx 3 \sim 6$（槽钢 [5~ [16)、或 $W_x / W_y \approx 7$（HN 型钢 100×50~300×150 型号），故利用上式可较方便地求得 W_{nxreq}。然后查型钢表选择与其相近的型钢，再按前述作必要的强度和刚度等计算。

【例 6-3】　试设计一槽钢檩条。跨度 6m，跨中设一根拉条，屋面坡度 1：2.5（图 6-13）。檩条承受的屋面材料重量 0.4kN/m，活荷载 0.5kN/m（均为标准值），材料 Q235A 钢，挠度容许值 $[v] = l/150$。

【解】　一、选择截面

屋面倾角 $\alpha = \arctan 1/2.5 = 21°48'$，$\sin\alpha = 0.371$，$\cos\alpha = 0.929$。

设檩条和拉条自重 0.1kN/m，

檩条线荷载设计值：

$$g + q = 1.3(0.4 + 0.1) + 1.5 \times 0.5 = 1.4 \text{kN/m}$$

$$M_x = \frac{1}{8}(g + q)\cos\alpha \cdot l^2 = \frac{1}{8} \times 1.4 \times 0.929 \times 6^2 = 5.85 \text{kN/m}$$

$$M_y = -\frac{1}{8}(g+q)\sin\alpha \cdot l_1^2 = -\frac{1}{8} \times 1.4 \times 0.371 \times 3^2 = -0.58\text{kN/m}$$

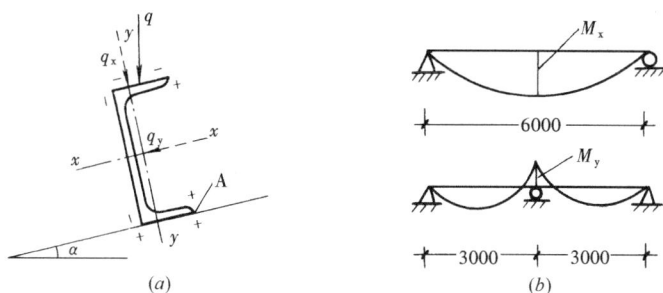

图 6-13　例 5-3 附图

型钢需要的截面模量：按式（6-26），取 $W_x/W_y = 5$

$$W_{nxreq} = \frac{M_x}{\gamma_x f}\left(1 + \frac{\gamma_x}{\gamma_y} \cdot \frac{W_x}{W_y} \cdot \frac{M_y}{M_x}\right)$$

$$= \frac{5.85 \times 10^6}{1.05 \times 215}\left(1 + 0.875 \times 5 \times \frac{0.58 \times 10^6}{5.85 \times 10^6}\right) = 37200\text{mm}^3 = 37.2\text{cm}^3$$

查附表 13，选 [10，自重 $g_0 \approx 0.1\text{kN/m}$，$W_x = 39.7\text{cm}^3$，$W_y = 7.8\text{cm}^3$，$I_x = 198\text{cm}^4$，$i_x = 3.95\text{cm}$，$i_y = 1.41\text{cm}$。考虑到计算截面（跨中截面）处有连接拉条的孔洞削弱，故将截面模量乘以 0.9 的折减系数，即 $W_{nx} = 0.9 \times 39.7 = 35.7\text{cm}^3$，$W_{ny} = 0.9 \times 7.8 = 7\text{cm}^3$。

二、截面验算

（一）抗弯强度

最大应力（拉应力）位于跨中截面肢尖 A 点（图 6-13a），按式（6-5）：

$$\frac{M_x}{\gamma_x W_{nx}} + \frac{M_y}{\gamma_y W_{ny}} = \frac{5.85 \times 10^6}{1.05 \times 35.7 \times 10^3} + \frac{0.58 \times 10^6}{1.2 \times 7 \times 10^3} = 156.1 + 69.1$$

$$= 225.2\text{N/mm}^2 \approx f = 215\text{N/mm}^2\text{（满足）}$$

（二）刚度

验算垂直于屋面方向的挠度，按式（6-24）

檩条均布荷载标准值：

$$g_k + q_k = 0.4 + 0.1 + 0.5 = 1.0\text{kN/m}$$

$$(g_k + q_k)_y = (g_k + q_k)\cos\alpha = 1.0 \times 0.9285 = 0.93\text{kN/m}$$

$$\frac{v}{l} = \frac{5}{384} \cdot \frac{(g_k + q_k)_y l^3}{EI_x} = \frac{5}{384} \times \frac{0.93 \times 6000^3}{206 \times 10^3 \times 198 \times 10^4} = \frac{1}{156} < \frac{[v]}{l}$$

$$= \frac{1}{150}\text{（满足）}$$

（三）长细比

对兼任屋架上弦平面支撑的横杆和系杆的檩条，需作长细比计算（详见第八章第二节）。

$$\lambda_x = \frac{l_{0x}}{i_x} = \frac{600}{3.95} = 152 < [\lambda]_压 = 200$$

$$\lambda_y = \frac{l_{0y}}{i_y} = \frac{300}{1.41} = 213 \begin{array}{l} > [\lambda]_压 = 200 \\ < [\lambda]_拉 = 400 \end{array}$$

该檩条在屋面坡向的刚度稍小，故不宜兼作支撑横杆或刚性系杆，只可兼作柔性系杆。

第六节　焊接组合梁设计

一、截面选择

组合梁的截面选择一般均按设计条件，依下述方法先估算梁的高度、腹板厚度和翼缘尺寸，然后验算。下面以双轴对称焊接工字形组合梁截面为例加以说明。

（一）截面高度 h 和腹板高度 h_0

梁的截面高度 h 应根据建筑设计容许的最大高度、刚度要求的最小高度和用钢最省的经济高度三方面条件确定。

建筑设计容许的最大高度是指梁底空间在满足使用要求所需要的最小净空条件下，梁的最大容许高度 h_{max}。

刚度要求的最小高度是指在正常使用时，梁的挠度不超过挠度容许值的最小高度 h_{min}，可按下式计算：

$$h_{min} \geqslant \frac{\sigma_{max} l}{1285000} \cdot \frac{l}{[v_T]} \tag{6-27}$$

若梁的挠度在达到挠度容许值的同时，梁的抗弯强度亦达到钢材的抗弯强度设计值 f，即令 $\sigma_{max} = f$，则可充分利用钢材强度，由此，可得不同 $[v_T]/l$ 所对应的 h_{min}（表6-8）。

均布荷载作用下简支梁的 h_{min}　　　　　表 6-8

$\dfrac{[v_T]}{l}$	$\dfrac{1}{1200}$	$\dfrac{1}{1000}$	$\dfrac{1}{800}$	$\dfrac{1}{600}$	$\dfrac{1}{500}$	$\dfrac{1}{400}$	$\dfrac{1}{350}$	$\dfrac{1}{300}$	$\dfrac{1}{250}$
Q235 钢	$\dfrac{l}{5.2}$	$\dfrac{l}{6.3}$	$\dfrac{l}{7.8}$	$\dfrac{l}{10.4}$	$\dfrac{l}{12.5}$	$\dfrac{l}{15.7}$	$\dfrac{l}{17.9}$	$\dfrac{l}{20.9}$	$\dfrac{l}{25.1}$
Q345 钢	$\dfrac{l}{3.6}$	$\dfrac{l}{4.4}$	$\dfrac{l}{5.4}$	$\dfrac{l}{7.3}$	$\dfrac{l}{8.7}$	$\dfrac{l}{10.8}$	$\dfrac{l}{12.4}$	$\dfrac{l}{14.5}$	$\dfrac{l}{17.4}$
Q390 钢	$\dfrac{l}{3.2}$	$\dfrac{l}{3.8}$	$\dfrac{l}{4.8}$	$\dfrac{l}{6.4}$	$\dfrac{l}{7.7}$	$\dfrac{l}{9.6}$	$\dfrac{l}{11.0}$	$\dfrac{l}{12.8}$	$\dfrac{l}{15.3}$
Q420 钢	$\dfrac{l}{3.0}$	$\dfrac{l}{3.6}$	$\dfrac{l}{4.5}$	$\dfrac{l}{5.9}$	$\dfrac{l}{7.1}$	$\dfrac{l}{8.9}$	$\dfrac{l}{10.2}$	$\dfrac{l}{11.9}$	$\dfrac{l}{14.3}$

注：计算本表时的 f 取值为：Q235 钢按 $t > 16$，$\leqslant 40$mm 取 205N/mm²，Q345、Q390、Q420 钢按 $t > 16$，$\leqslant 40$mm分别取 295N/mm²、330N/mm²、355N/mm²。

由表6-8可见，若要充分利用钢材强度，则强度高的钢材，需要的梁高亦大（如 $l = 24$m，$[v_T]/l = 1/400$ 时，Q235 钢的 $h_{min} = l/15.7 \approx 1.5$m，Q420 钢的 $h_{min} = l/8.9 \approx 2.7$m）。因此，当梁的荷载不大而跨度较大，其高度由刚度要求决定时，选用强度高的钢材是不合理的。同理，若抗弯强度未用足，h_{min} 可相应减小。

式（6-27）和表6-8也可参照用于集中荷载作用下简支梁的 h_{min}。

用钢最省的经济高度是指使梁的用钢量最小而决定的高度，称为经济高度 h_e。选用较大的梁高，虽可减少翼缘的用钢量，但腹板的用钢量却要增加，而选用较小的梁高，则相反。因此，使翼缘与腹板的总用钢量最小的梁高才是经济高度，可按下式估算：

$$h_e \approx h_0 = 2W_x^{0.4} \text{（单位 mm）} \tag{6-28}$$

式中　W_x——满足抗弯强度需要的截面模量：

$$W_x = \frac{M}{\gamma_x f} = \frac{M}{1.05 f}$$

梁的经济高度也可用改写的下列近似公式计算，它能方便地用于各种尺寸单位：

$$h_e = 7\sqrt[3]{W_x} - 300 \tag{6-29}$$

实际选用的 h 应在满足 h_{max} 和 h_{min} 要求的基础上，尽可能等于或略小于 h_e，即 $h_{max} \geqslant h \geqslant h_{min}$，且 $h \approx h_e$。

确定腹板高度时还应结合腹板厚度一起考虑。一般宜将腹板的高厚比控制在 170 以内，以避免设置纵向加劲肋而引起构造复杂（详见第七节）。同时 h_0 宜取为 50mm 的倍数。

（二）腹板厚度 t_w

腹板厚度应满足抗剪强度要求。可近似地假定最大剪应力为腹板平均剪应力的 1.2 倍，即：

$$\tau_{max} = 1.2 \frac{V_{max}}{h_0 t_w} \leqslant f_v$$

∴

$$t_w \geqslant 1.2 \frac{V_{max}}{h_0 f_v} \tag{6-30}$$

由上式计算的 t_w 往往较小，为了局部稳定和构造需要，还宜用下列经验公式估算：

$$t_w = \frac{\sqrt{h_0}}{3.5} \quad \text{（单位 mm）} \tag{6-31}$$

腹板厚度 t_w 的增加对截面的惯性矩影响不显著，但腹板平面面积却相对较大，故 t_w 的少量增加都将使整个梁的用钢量有较多的增加。因此，t_w 应结合腹板加劲肋的配置全面考虑，宜尽量偏薄，以节约钢材，但一般不小于 8mm，跨度小时不小于 6mm。通常用 6~22mm，并取 2mm 的倍数。

（三）翼缘宽度 b 和厚度 t

腹板尺寸确定后，可按下式求出需要的翼缘面积 A_1，然后选定翼缘宽度 b 或厚度 t 中的任一值，即可确定另一值。

$$A_1 = \frac{W_x}{h_0} - \frac{t_w h_0}{6} \tag{6-32}$$

一般可取 $b = (1/5 \sim 1/3)h$，且不小于 180mm。翼缘宽度太小，将不便于放置铺板和连接其他构件，也不利于梁的整体稳定性。另外，翼缘宽度也不宜太大，否则翼缘中应力分布不均匀的程度增大。翼缘宽度与厚度的比值还需符合局部稳定性的要求，即受压翼缘自由外伸宽度不得超过 $15t\varepsilon_k$（板件宽厚比等级 S4、S5），考虑塑性发展时不超过 $13t\varepsilon_k$（板件宽厚比等级 S1~S3）。

翼缘厚度不应小于 8mm，板过薄容易翘曲变形。翼缘宽度宜取 10mm 的倍数，厚度取 2mm 的倍数。

根据以上所述，对双轴对称工字形组合梁截面尺寸的主要要求如图 6-14 所示。

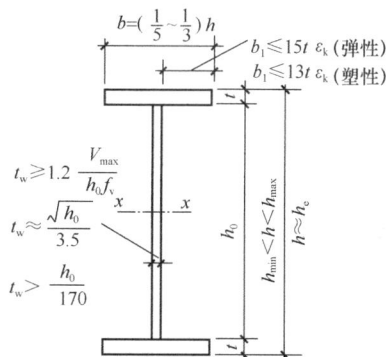

图 6-14　双轴对称工字形组合梁截面尺寸

二、截面验算

根据试选截面，计算截面各种几何特性，然后进行强度、刚度和整体稳定性验算。验算方法与型钢梁相似，可按有关公式进行。局部稳定（腹板加劲肋的配置）则按第七节计算。

三、梁截面沿长度的改变

梁的弯矩沿梁的长度变化，简支梁通常是两端小中间大。因此，如将梁的截面随弯矩变化而加以改变，则可节约钢材。但对于跨度较小的梁，改变截面的经济效果不大。

梁截面的改变一般宜采用改变翼缘的宽度（图 6-15）。改变翼缘的厚度会在截面变更处产生较大的应力集中，且上翼缘不平不利于搁置吊车轨道或其他构件。

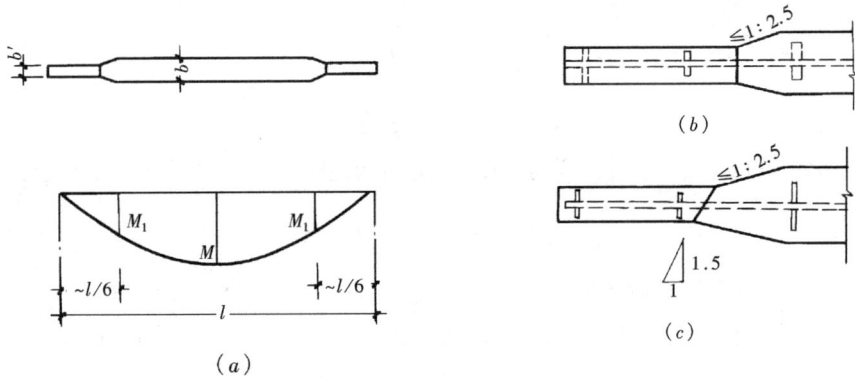

图 6-15　梁翼缘宽度的改变

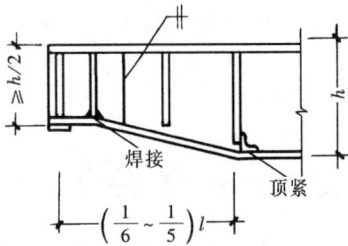

图 6-16　变高度梁

通常在每个半跨内改变一次截面可节约钢材 10%～12%，而改变两次截面的经济效果不显著，且给制造增加工作量。

截面改变设在离两端支座约 $l/6$ 处（图 6-15a）较为经济，较窄的翼缘宽度 b' 应由截面改变处的弯矩 M_1 确定。为了减少应力集中，宽板应从截面改变处的两边以不大于 1：2.5 的角度斜向弯矩减小的一方，然后与窄板对接。受压翼缘的对接焊缝可用直缝（图 6-15b），受拉翼缘的亦可用直缝，但当焊缝质量为三级时，须用斜缝（图 6-15c）。

当需要降低梁的空间高度时，简支梁可在靠近支座处降低（图 6-16）。梁端部高度应满足抗剪强度要求，但不宜小于跨中高度的一半。

截面改变的梁，应对改变截面处的强度进行验算，其中应包括对腹板计算高度边缘的折算应力验算。

变截面梁的挠度计算比较复杂。对翼缘截面改变的简支梁，可采用下列近似公式计算：

$$\frac{v}{l} = \frac{M_k l}{10EI_x}\left(1 + \frac{3}{25} \cdot \frac{I_x - I'_x}{I_x}\right) \leqslant \frac{[v_T]}{l} \ 或 \ \frac{[v_Q]}{l} \tag{6-33}$$

式中　M_k——根据表 6-3 中的 $[v_T]$ 或 $[v_Q]$ 所对应的荷载（全部荷载或可变荷载）标准值产生的最大弯矩；

　　　I_x——跨中毛截面惯性矩；

　　　I_x'——端部毛截面惯性矩。

四、翼缘焊缝的计算

当梁弯曲时，由于在相邻截面作用于翼缘的弯曲应力有差值，翼缘与腹板间将产生水平剪应力 τ_1（图 6-17）。因此沿梁单位长度的水平剪力为：

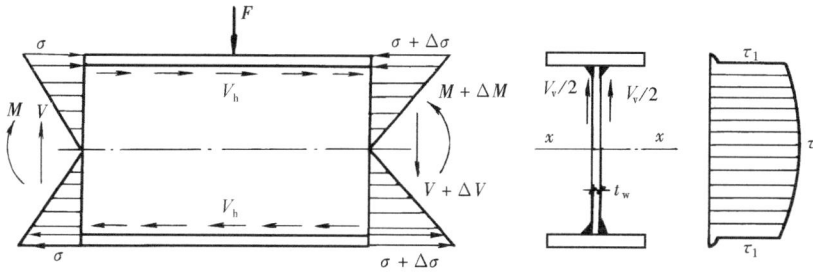

图 6-17　翼缘与腹板间的剪力

$$V_h = \tau_1 t_w = \frac{VS_f}{I_x t_w} t_w = \frac{VS_f}{I_x}$$

式中　S_f——翼缘毛截面对梁中和轴的面积矩。

此剪力由翼缘（与腹板的连接）焊缝承受，故当采用双面角焊缝时，其引起的平行于焊缝长度方向的剪应力 τ_f 应满足：

$$\tau_f = \frac{V_h}{2 \times 0.7 h_f} = \frac{1}{1.4 h_f} \cdot \frac{VS_f}{I_x} \leqslant f_f^w$$

因此需要的角焊缝焊脚尺寸为：

$$h_f \geqslant \frac{1}{1.4 f_f^w} \cdot \frac{VS_f}{I_x} \tag{6-34}$$

当梁的翼缘上承受移动集中荷载（如吊车轮压），或承受固定集中荷载 F 而未设置支承加劲肋时，翼缘焊缝则不仅承受 V_h 的作用，同时还承受由局部压力产生的垂直剪力 V_v 的作用。沿梁单位长度的垂直剪力为：

$$V_v = \sigma_c t_w = \frac{\psi F}{t_w l_z} t_w = \frac{\psi F}{l_z}$$

式中　σ_c——由式（6-7）计算的局部压应力。

此剪力同样由翼缘焊缝承受，其引起的垂直于焊缝长度方向的局部压应力 σ_f 为：

$$\sigma_f = \frac{V_v}{2 \times 0.7 h_f} = \frac{1}{1.4 h_f} \cdot \frac{\psi F}{l_z}$$

根据式（4-10），焊缝强度应满足：

$$\sqrt{\left(\frac{\sigma_f}{\beta_f}\right)^2 + \tau_f^2} = \frac{1}{1.4 h_f} \sqrt{\left(\frac{\psi F}{\beta_f l_z}\right)^2 + \left(\frac{VS_f}{I_x}\right)^2} \leqslant f_f^w$$

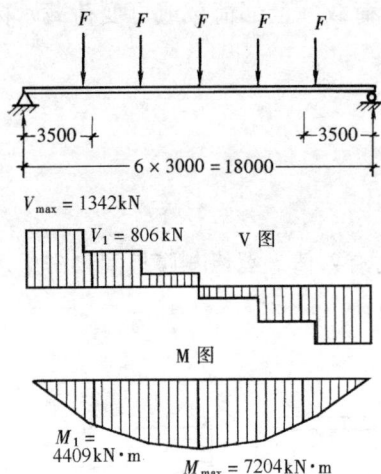

$V_{\max}=1342\text{kN}$

$V_1=806\text{kN}$　　V 图

M 图

$M_1=4409\text{kN}\cdot\text{m}$

$M_{\max}=7204\text{kN}\cdot\text{m}$

图 6-18　例 6-4 附图

因此需要的角焊缝焊脚尺寸为：

$$h_f\geqslant\frac{1}{1.4f_f^w}\sqrt{\left(\frac{\psi F}{\beta_f l_z}\right)^2+\left(\frac{VS_f}{I_x}\right)^2}\qquad(6\text{-}35)$$

【例 6-4】　试设计例 6-2 中的平台主梁（次梁按该例中情况（a）选用的 H 型钢）。采用焊接工字形截面组合梁，改变翼缘宽度一次。材料 Q345 钢，E50 系列焊条。

【解】　一、跨中截面选择

次梁传来的集中荷载设计值和主梁内力（图 6-18）：

$$F=2R=2\times259.9=519.8\text{kN}$$

最大剪力设计值（不包括自重）：$V_{\max}=2.5\times519.8=1300\text{kN}$

最大弯矩设计值（不包括自重）：

$$M_{\max}=\frac{1}{2}\times5\times519.8\times9-519.8(6+3)=7017\text{kN}\cdot\text{m}$$

需要的截面模量：设翼缘厚度 $t>16$，$<40\text{mm}$，由表 3-5 取 $f=295\text{N/mm}^2$。

$$W_x=\frac{M_{\max}}{\gamma_x f}=\frac{7017\times10^6}{1.05\times295}=22653000\text{mm}^3$$

（一）梁高

1. 梁的最小高度：根据表 6-3 主梁容许挠度 $[v]/l=1/400$，按 Q345 钢查表 6-8，得

$$h_{\min}=\frac{l}{10.8}=\frac{18000}{10.8}=1667\text{mm}$$

2. 梁的经济高度：按式（6-28）或式（6-29）

$$h_e=2W_x^{0.4}=2(22653000)^{0.4}=1750\text{mm}$$

$$h_e=7\sqrt[3]{W_x}-300=7\sqrt[3]{22653000}-300=1681\text{mm}$$

取腹板高度 $h_0=1700\text{mm}$，梁高约为 1750mm。

（二）腹板厚度

按式（6-30）、式（6-31）：设腹板厚度 $t_w<16\text{mm}$，由表 3-5 取 $f_v=175\text{N/mm}^2$。

$$t_w=1.2\frac{V_{\max}}{h_0 f_v}=1.2\times\frac{1300\times10^3}{1700\times175}=5.2\text{mm}$$

$$t_w=\frac{\sqrt{h_0}}{3.5}=\frac{\sqrt{1700}}{3.5}=11.8\text{mm}$$

取 $t_w=12\text{mm}$

（三）翼缘尺寸

按式（6-32）：

$$A_1=bt=\frac{W_x}{h_0}-\frac{t_w h_0}{6}=\frac{22653000}{1700}-\frac{12\times1700}{6}=9925\text{mm}^2$$

$$b=\left(\frac{1}{5}\sim\frac{1}{3}\right)h=\left(\frac{1}{5}\sim\frac{1}{3}\right)1750=350\sim583\text{mm}，取 b=450\text{mm}$$

$$t = \frac{9925}{450} = 22.1\text{mm}, \text{ 取 } t = 24\text{mm}$$

梁截面如图 6-19（a）所示。

翼缘外伸宽度与其厚度之比：

$$\frac{b_1}{t} = \frac{225-6}{24} = 9.1 < 13\varepsilon_k = 13 \times 0.825 = 10.7$$

按表 6-1，截面属于 S3 级，抗弯强度计算可考虑部分截面发展塑性取 $\gamma_x = 1.05$。

二、跨中截面验算

截面面积：$A = 170 \times 1.2 + 2 \times 45 \times 2.4 = 420\text{cm}^2$

梁自重：$g_k = 1.1 \times 420 \times 10^{-4} \times 76.98 = 3.56\text{kN/m}$

（式中 1.1 为考虑加劲肋等的重量而采用的构造系数，76.98kN/m^3 为钢的重力密度——重度）。

最大剪力设计值（加上自重后）：

$$V_{max} = 1300 + 1.3 \times 3.56 \times 9 = 1342\text{kN}$$

最大弯矩设计值（加上自重后）：（M、V 图见图 6-18）：

$$M_{max} = 7017 + \frac{1}{8} \times 1.3 \times 3.56 \times 18^2 = 7204\text{kN} \cdot \text{m}$$

$$I_x = \frac{1}{12} \times 1.2 \times 170^3 + 2 \times 45 \times 2.4 \times 86.2^2 = 2096300\text{cm}^4$$

$$W_x = \frac{2096300}{87.4} = 23990\text{cm}^3$$

（一）抗弯强度：按式（6-4）

$$\frac{M_x}{\gamma_x W_{nx}} = \frac{7204 \times 10^6}{1.05 \times 23990 \times 10^3} = 285.9\text{N/mm}^2 < f = 295\text{N/mm}^2 \text{（满足）}$$

（二）整体稳定性

跨中梁段和支座梁段受压翼缘侧向支承长度均为 3m，但其翼缘宽度较大，虽弯矩也较大，但整体稳定性一般仍强于后者，故从略（读者也可参照后述支座梁段整体稳定性进行计算）。

（三）抗剪强度、刚度等的验算待截面改变后进行。

三、改变截面计算

（一）改变截面的位置和截面的尺寸

设改变截面的位置距离支座 $a = \frac{l}{6} = \frac{18}{6} = 3\text{m}$。

改变截面处的弯矩设计值：

$$M_1 = 1342 \times 3 - \frac{1}{2} \times 1.3 \times 3.56 \times 3^2 = 4005\text{kN} \cdot \text{m}$$

需要的截面模量：

$$W_{1x} = \frac{M_1}{\gamma_x f} = \frac{4005 \times 10^6}{1.05 \times 295} = 12930000\text{mm}^3$$

翼缘尺寸，按式（6-33）：

$$A'_1 = b't = \frac{W_x}{h_0} - \frac{t_w h_0}{6} = \frac{12930000}{1700} - \frac{12 \times 1700}{6} = 4206 \text{mm}^2$$

不改变翼缘厚度，即仍为 24mm，因此需要 $b' = 4206/24 = 175$mm。若按此值取 $b' = 180$mm，约为梁高的 1/10，较窄，且不利于整体稳定，故取 $b' = 240$mm（图 6-19b）。因较需要的宽，可将改变截面的位置向跨中稍移。现求其位置：

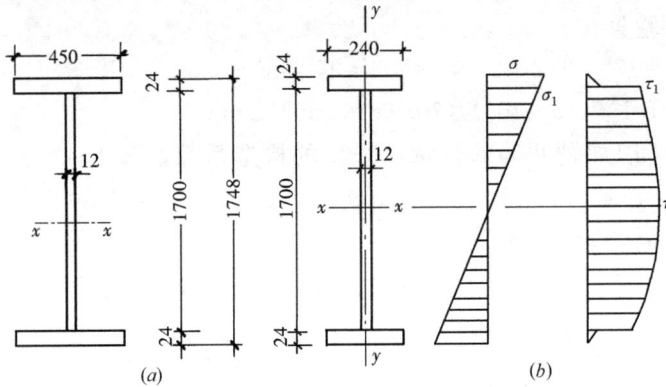

图 6-19 例 6-4 附图

(a) 主梁跨中截面；(b) 主梁支座截面

截面特性：$I_1 = \frac{1}{12} \times 1.2 \times 170^3 + 2 \times 24 \times 2.4 \times 86.2^2 = 1347300 \text{cm}^4$

$$W_{1x} = \frac{1347300}{87.4} = 15420 \text{cm}^3$$

可承受弯矩：$M_x = \gamma_x W_1 f = 1.05 \times 15420 \times 10^3 \times 295 = 4776 \times 10^6 \text{N} \cdot \text{mm}$
$$= 4776 \text{kN} \cdot \text{m}$$

改变截面的理论位置：

$$1342x - 519.8(x-3) - \frac{1}{2} \times 1.3 \times 3.56x^2 = 4776$$

解之得 $x = 3.96$m，取 $x = 3.5$m。从此处开始将跨中截面的翼缘按 1：2.5 斜度向两支座端缩小与改变截面的翼缘对接，故改变截面的实际位置为距支座 $3.5 - 2.5 \times 0.105 = 3.24$m。

（二）改变截面的验算

1. 抗弯强度（改变截面处）：按式（6-4）

$$M_1 = 1342 \times 3.5 - 519.8 \times 0.5 - \frac{1}{2} \times 1.3 \times 3.56 \times 3.5^2 = 4409 \text{kN} \cdot \text{m}$$

$$\sigma = \frac{M_1}{\gamma_x W_{1x}} = \frac{4409 \times 10^6}{1.05 \times 15420 \times 10^3} = 272.3 \text{N/mm}^2 < f = 295 \text{N/mm}^2 （满足）$$

2. 折算应力（改变截面的腹板计算高度边缘处）：按式（6-9）

$$V_1 = 1342 - 519.8 - 1.3 \times 3.56 \times 3.5 = 806 \text{kN}$$

$$\sigma_1 = \sigma \frac{h_0}{h} = 272.3 \times \frac{170}{174.8} = 264.8 \text{N/mm}^2$$

$$S_1 = 24 \times 2.4 \times 86.2 = 4965 \text{cm}^3$$

$$\tau_1 = \frac{V_1 S_1}{I_1 t_w} = \frac{806 \times 10^3 \times 4965 \times 10^3}{1347300 \times 10^4 \times 12} = 24.8 \text{N/mm}^2$$

$$\sqrt{\sigma_1^2 + 3\tau_1^2} = \sqrt{264.8^2 + 3 \times 24.8^2} = 268.3 \text{N/mm}^2 < \beta_1 f$$
$$= 1.1 \times 305 = 336 \text{N/mm}^2 \text{（满足）}$$

3. 抗剪强度（支座处）：按式（6-6）

$$S = S_1 + S_w = 4965 + 85 \times 1.2 \times 42.5 = 9300 \text{cm}^3$$

$$\tau = \frac{V_{\max} S}{I_1 t_w} = \frac{1342 \times 10^3 \times 9300 \times 10^3}{1347300 \times 10^4 \times 12} = 77.2 \text{N/mm}^2 < f_v = 175 \text{N/mm}^2 \text{（满足）}$$

4. 整体稳定性（取支座至第 1 根次梁间 3m 梁段）

该梁段属于梁端有弯矩但跨中无荷载作用情况，由表 6-5 项次 10

$$\beta_b = 1.75 - 1.05\left(\frac{M_2}{M_1}\right) + 0.3\left(\frac{M_2}{M_1}\right)^2$$

其中 M_1 为第 1 根次梁处弯矩，$M_2 = 0$ 为支座处弯矩，故 $\beta_b = 1.75$

$$I_y = \frac{2 \times 2.4 \times 24^3}{12} = 5530 \text{cm}^4$$

$$A = 2 \times 24 \times 2.4 + 170 \times 1.2 = 319.2 \text{cm}^2$$

$$i_y = \sqrt{\frac{I_y}{A}} = \sqrt{\frac{5530}{319.2}} = 4.16 \text{cm}$$

$$\lambda_y = \frac{l_1}{i_y} = \frac{300}{4.16} = 72.1$$

$$\varphi_b = \beta_b \frac{4320}{\lambda_y^2} \cdot \frac{Ah}{W_x}\left[\sqrt{1 + \left(\frac{\lambda_y t_1}{4.4h}\right)^2} + \eta_b\right]\varepsilon_k^2$$

$$= 1.75 \times \frac{4320}{72.1^2} \times \frac{319.2 \times 174.8}{15420} \times \left[\sqrt{1 + \left(\frac{72.1 \times 2.4}{4.4 \times 174.8}\right)^2} + 0\right] \times 0.825^2$$

$$= 3.67 > 0.6$$

故需按式（6-16）计算

$$\varphi_b' = 1.07 - \frac{0.282}{\varphi_b} = 1.07 - \frac{0.282}{3.67} = 0.99$$

整体稳定性按式（6-13）计算，并取改变截面处弯矩 M_1：

$$\frac{M_1}{\varphi_b' W_{1x} f} = \frac{4409 \times 10^6}{0.99 \times 15420 \times 10^3 \times 295} = 0.98 < 1.0 \quad \text{（满足）}$$

5. 刚度：按式（6-33）分别计算全部荷载标准值和可变荷载标准值作用产生的挠度。
按表 6-1，$[v_T] = l/400$、$[v_Q] = l/500$。

$$F_{kT} = 6(66 + 0.64) = 399.8 \text{kN}$$

$$F_{kQ} = 6 \times 60 = 360 \text{kN}$$

$$M_{kT} = \frac{1}{2} \times 5 \times 399.8 \times 9 - 399.8(6 + 3) + \frac{1}{8} \times 3.56 \times 18^2 = 5541 \text{kN} \cdot \text{m}$$

$$M_{kQ} = \frac{1}{2} \times 5 \times 360 \times 9 - 360(6 + 3) = 4860 \text{kN} \cdot \text{m}$$

$$\frac{v_\text{T}}{l} = \frac{M_\text{kT}l}{10EI_\text{x}}\left(1 + \frac{3}{25} \cdot \frac{I_\text{x} - I_1}{I_\text{x}}\right)$$

$$= \frac{5541 \times 10^6 \times 18 \times 10^3}{10 \times 206 \times 10^3 \times 2096300 \times 10^4}\left(1 + \frac{3}{25} \times \frac{2096300 - 1347300}{2096300}\right)$$

$$= \frac{1}{415} < \frac{[v_\text{T}]}{l} = \frac{1}{400}（满足）$$

$$\frac{v_\text{Q}}{l} = \frac{1}{415} \times \frac{4860}{5541} = \frac{1}{473} \approx \frac{[v_\text{Q}]}{l} = \frac{1}{500}（满足）$$

四、翼缘焊缝：按式（6-34）

$$h_\text{f} = \frac{1}{1.4f_\text{f}^\text{w}} \cdot \frac{V_\text{max}S_\text{f}}{I_\text{x}} = \frac{1}{1.4 \times 200} \times \frac{1342 \times 10^3 \times 4965 \times 10^3}{1347300 \times 10^4} = 1.8\text{mm}$$

取 $h_\text{f} = 8\text{mm}$，符合表 4-3h_fmin 的规定。

第七节　梁的局部稳定性和腹板加劲肋设计

为提高梁的抗弯强度、刚度和整体稳定性，组合梁的腹板常选用高而薄的钢板，而翼缘则选用宽而薄的钢板。然而，当它们的高厚比（或宽厚比）过大时，有可能在弯曲压应力 σ、剪应力 τ 和局部压应力 σ_c 作用下，出现偏离其平面位置的波状屈曲（图 6-20），这称为梁丧失局部稳定性。

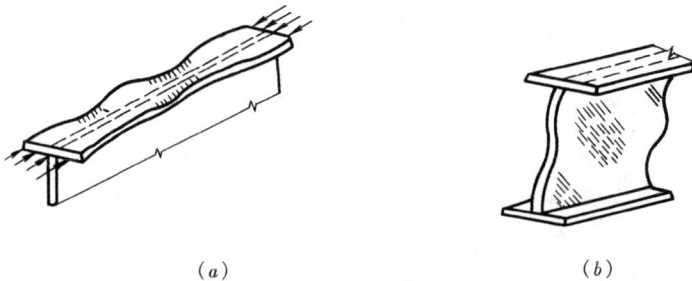

（a）　　　　　　　　　　　　　　　（b）

图 6-20　梁翼缘和腹板的失稳变形

翼缘或腹板出现局部失稳，虽不会使梁立即失去承载能力，但是板局部屈曲部位退出工作后，将使梁的刚度减小，强度和整体稳定性降低。

梁的局部稳定性问题，其实质是组成梁的矩形薄板在各种应力如 σ、τ、σ_c 作用下的屈曲问题（图 6-21）。板在各种应力单独作用下保持稳定所能承受的最大应力称为临界应力 σ_cr、τ_cr、$\sigma_\text{c,cr}$。按弹性稳定理论，临界应力除与其所受应力、支承情况和板的长宽比（a/b）有关外，还与板的宽厚比（b/t）的平方成反比。因此，减小板宽可有效地提高 σ_cr 或 τ_cr、$\sigma_\text{c,cr}$，而减小板长的效果不大。另外，σ_cr 或 τ_cr、$\sigma_\text{c,cr}$ 与钢材强度无关，采用高强度钢材并不能提高板的局部稳定性。

在本章第一节对梁的截面宽厚比等级及限值已有所叙述，本节下面还将作进一步阐述。

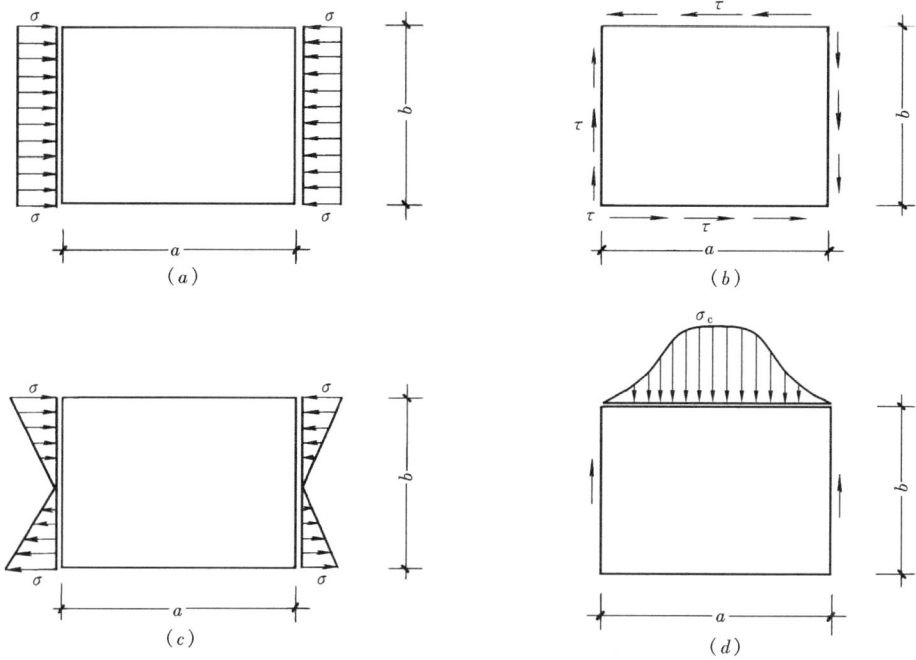

图 6-21 各种应力单独作用下的矩形板

（a）受纵向均匀压应力作用；（b）受剪应力作用；（c）受弯曲正应力作用；（d）上边缘受横向局部压应力作用

一、梁受压翼缘的宽厚比限值

（一）工字形截面

工字形截面梁受压翼缘的外伸部分可视为三边简支、一边自由的两端受纵向均匀压应力板。为了使翼缘的局部稳定能有最大限度地保证，应使其不先于强度破坏，根据此原则可得梁受压翼缘自由外伸宽度 b_1 与其厚度 t 之比的限值为（图 6-22a）：

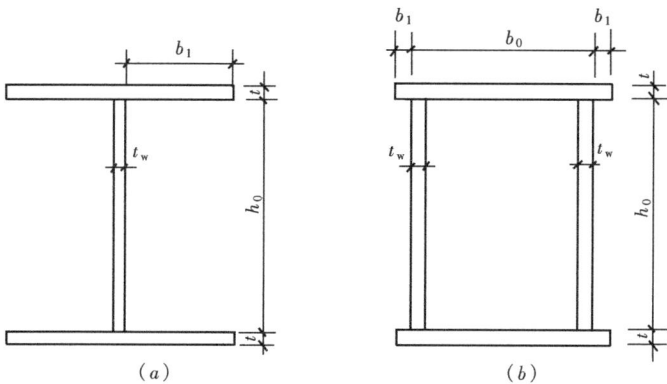

图 6-22 工字形和箱形截面

$$\frac{b_1}{t} \leqslant 15\varepsilon_k \tag{6-36}$$

式中翼缘自由外伸宽度 b_1 的取值为：对焊接梁，取腹板边至翼缘边缘的距离；对型钢梁，取内圆弧起点至翼缘边缘的距离。

从上式可见，此限值即表 6-1 工字形截面宽厚比等级中的 S4 级弹性截面，在计算梁的抗弯强度时应取 $\gamma_x = \gamma_y = 1.0$。

另外，为了板件不致过于柔软，梁受压翼缘的最大宽厚比限值应符合下式规定：

$$\left[\frac{b_1}{t}\right]_{\max} \leqslant 20 \tag{6-37}$$

此限值即表 6-1 工字形截面宽厚比等级中的 S5 级薄柔截面，它不分钢材牌号均统一取此定值。

如考虑部分截面发展塑性时，为保证局部稳定性，翼缘宽厚比限值应加严，即：

$$\frac{b_1}{t} \leqslant 13\varepsilon_k \tag{6-38}$$

此限值即表 6-1 工字形截面宽厚比等级中的 S1 级、S2 级、S3 级截面，在计算梁的抗弯强度时，可取 $\gamma_x = 1.05$ 和 $\gamma_y = 1.2$。

（二）箱形截面

箱形截面在两腹板间的受压翼缘（宽度为 b_0，厚度为 t）可视为四边支承的纵向均匀受压板，根据保证局部稳定的原则，同样可得其宽厚比限值为（图 6-22b）：

$$\frac{b_0}{t} \leqslant 42\varepsilon_k \tag{6-39a}$$

$$\frac{b_0}{t} \leqslant 37\varepsilon_k \tag{6-39b}$$

以上两式限值即表 6-1 箱形截面宽厚比等级中的 S4 级截面和 S1 级、S2 级、S3 级截面，分属弹性和塑性截面范围，在计算梁的抗弯强度时应分别取 $\gamma_x = \gamma_y = 1.0$ 和 $\gamma_x = \gamma_y = 1.05$。

二、梁腹板的屈曲

如上所述，翼缘系按其主要承受弯曲压应力 σ 而采用宽厚比限值来保证局部稳定性，但是，腹板除承受 σ 作用外，还有剪应力 τ 和局部压应力 σ_c 的共同作用，且在各区域的分布和大小不尽相同，加之其面积又相对较大，如果同样采用高厚比限值，当不能满足时，则在腹板高度一定的情况下，只有增加腹板厚度，这明显是不经济的。然而若从构造上采取在腹板上设置一些横向和纵向加劲肋，即将腹板分隔成若干小尺寸的矩形区格（图 6-23），这样各区格的四周由于翼缘和加劲肋构成支承，就能有效地提高腹板的临界应力，从而使其局部稳定性得到保证。

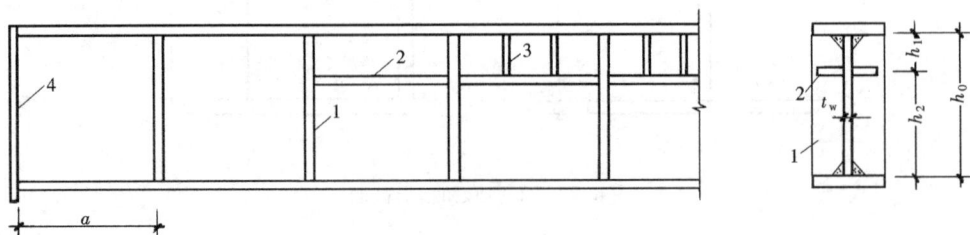

图 6-23 腹板加劲肋的布置

1—横向加劲肋；2—纵向加劲肋；3—短加劲肋；4—支承加劲肋

　　按照简支梁的受力情况，端部区格一般以承受剪应力 τ 为主，跨中区格则以承受弯曲压应力 σ 为主。若有较大集中荷载时，还同时承受局部压应力 σ_c。不同的区格，依其部位，均承受相应的 τ、σ 或 σ_c 的共同作用。下面先分别叙述各种应力单独作用时腹板屈曲的临界应力。

（一）腹板受剪应力屈曲

　　当腹板四周只受均布剪应力 τ 作用时，板内产生呈 $45°$ 斜方向的主应力，并在主压应力（图 6-24a 中 σ_2）作用下屈曲，故屈曲时呈大约 $45°$ 倾斜的波形凹凸（图 6-24b）。根据计算，当腹板受剪局部失稳不会先于其受剪强度破坏时，可得：

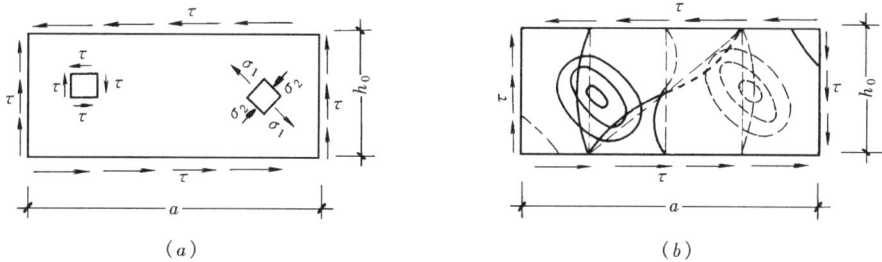

图 6-24　腹板纯剪屈曲

$$\frac{h_0}{t_w} \leqslant 85\varepsilon_k \tag{6-40}$$

当满足上式时，腹板即使不设加劲肋亦不致因受纯剪而局部失稳。

（二）腹板受弯曲压应力屈曲

　　梁弯曲时，沿腹板高度方向有一部分受三角形分布的弯曲压应力作用，因而可能在此区域使腹板屈曲，产生沿梁的高度方向呈一个半波，沿梁的长度方向呈多个半波的凹凸（图 6-25）。根据计算，当受压翼缘扭转受到约束（如翼缘上连有刚性铺板、制动板或焊有钢轨），腹板不致因受弯曲压应力失去局部稳定，即其不先于强度破坏时，可得：

$$\frac{h_0}{t_w} \leqslant 177\varepsilon_k \tag{6-41}$$

若受压翼缘扭转未受到约束时，同样可得：

$$\frac{h_0}{t_w} \leqslant 138\varepsilon_k \tag{6-42}$$

　　由式（6-41）或式（6-42）可见，腹板受弯曲压应力屈曲只与 h_0/t_w 有关，而与 a/h_0 无关，故当 $h_0/t_w > 177\varepsilon_k$ 或 $138\varepsilon_k$ 时，即使减小 a（加密横向加劲肋），也不能提高板的纯弯临界应力。

（三）腹板受局部压应力屈曲

　　腹板上边缘承受较大局部压应力时，可能产生横向屈曲，在纵横方向均产生一个半波（图 6-26）。腹板上边缘的局部压应力由板段两侧的剪力平衡，故其稳定性比上、下边缘同时受均匀压应力作用时的好。根据计算，腹板受局部压应力屈曲不先于其强度破坏时，可得

$$\frac{h_0}{t_w} \leqslant 84\varepsilon_k \tag{6-43}$$

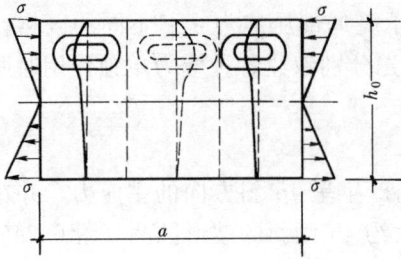

图 6-25　腹板纯弯曲屈曲　　　　　　　　图 6-26　腹板受局部压应力屈曲

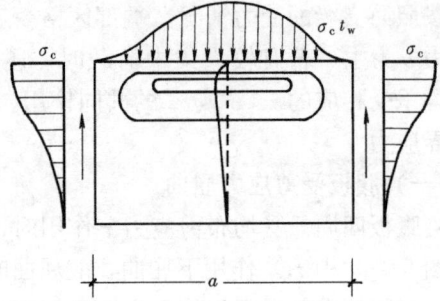

三、梁腹板加劲肋的配置规定

根据以上所述可见，当腹板高厚比 $h_0/t_w \leqslant 85\varepsilon_k$ 时，腹板在剪应力 τ 作用下不会失稳；当 $h_0/t_w \leqslant 177\varepsilon_k$（受压翼缘扭转受到约束时）或 $\leqslant 138\varepsilon_k$（受压翼缘扭转未受到约束时），在弯曲压应力 σ 作用下不会失稳；当 $h_0/t_w \leqslant 84\varepsilon_k$ 时，在局部压应力 σ_c 作用下不会失稳。由此可见，当 $h_0/t_w \leqslant 84\varepsilon_k$ 时，在三种应力的单独作用下腹板均不会丧失局部稳定性。而且，在三者中 τ 和 σ_c 对腹板的局部稳定起主要作用，但一般还是以 τ 更为主要，尤其在无局部压应力（$\sigma_c = 0$）的一般梁中更是如此。因为 τ 在腹板内接近于均匀分布，而 σ 则为三角形分布，仅边缘最大，且另一半还为弯曲拉应力。因此，根据腹板高厚比 h_0/t_w 的比值，采取配置加劲肋是最有效的方法。具体做法是根据腹板在各种应力作用下的屈曲特征，在相应的凹凸变形部位，设置横向加劲肋或纵向加劲肋、短加劲肋以及支承加劲肋等。

还需指出，设置加劲肋虽可有效防止腹板屈曲，但要多用钢材，增加造价。故对承受静力荷载和间接承受动力荷载的组合梁，最好是考虑利用腹板屈曲后强度进行设计（见第八节）。若不考虑利用，当 $h_0/t_w > 80\varepsilon_k$ 时，宜按下述配置加劲肋：

参考各种应力单独作用时的临界高厚比，以及考虑同时可能还有其他应力的作用，《设计标准》规定（见图 6-23）：

（一）当 $h_0/t_w \leqslant 80\varepsilon_k$ 时，对有局部压应力（$\sigma_c \neq 0$）的梁，宜按构造配置横向加劲肋，其间距不大于 $2h_0$。当局部压应力较小时，可不配置加劲肋。

（二）当 $h_0/t_w > 80\varepsilon_k$ 时，应配置横向加劲肋（用来防止因剪应力产生的屈曲）。其中，当 $h_0/t_w > 170\varepsilon_k$（受压翼缘扭转受到约束时），或 $h_0/t_w > 150\varepsilon_k$（受压翼缘扭转未受到约束时），或按计算需要时，应在弯曲应力较大区格的受压区增加配置纵向加劲肋（用来防止因弯曲压应力产生的屈曲）。局部压应力很大的梁，必要时尚宜在受压区配置短加劲肋。

在任何情况下，h_0/t_w 均不宜超过 250。

上述的 h_0 均为腹板的计算高度。但对单轴对称截面，当用于确定是否要增配纵向加劲肋时，h_0 应取腹板受压区高度 h_c 的 2 倍。对双轴对称截面，$2h_c = h_0$。

（三）梁的支座处和上翼缘受有较大固定集中荷载处，宜设置支承加劲肋。

配置的横向加劲肋的最小间距应为 $0.5h_0$，最大间距应为 $2h_0$；对 $\sigma_c = 0$ 的梁，当 $h_0/t_w \leqslant 100$ 时，可采用 $2.5h_0$。纵向加劲肋至腹板计算高度受压边缘的距离 h_1 应在 $h_c/2.5 \sim$

$h_c/2$ 范围内。短加劲肋最小间距为 $0.75h_1$。

四、腹板局部稳定性的计算

当 $h_0/t_w > 80\varepsilon_k$ 时，尚应对配置加劲肋的腹板的稳定性进行计算。首先，应根据上述梁腹板加劲肋的配置规定，预先将横向加劲肋或增配的纵向加劲肋（短加劲肋一般较少应用）按适当间距布置好，然后按以下所述方法验算各区格腹板的稳定性。当不满足要求或富余过多时，则需调整间距重新计算。

（一）仅配置横向加劲肋的腹板

此种情况，腹板在沿梁跨度方向被横向加劲肋分成多个区格，各区格腹板可能承受不同大小的弯曲正应力 σ、剪应力 τ 或上边缘局部压应力 σ_c 的共同作用（图 6-27）。其屈曲临界条件应采用下面相关公式计算，即计算在它们的组合作用下，是否满足公式中规定的腹板不丧失局部稳定性的限值。

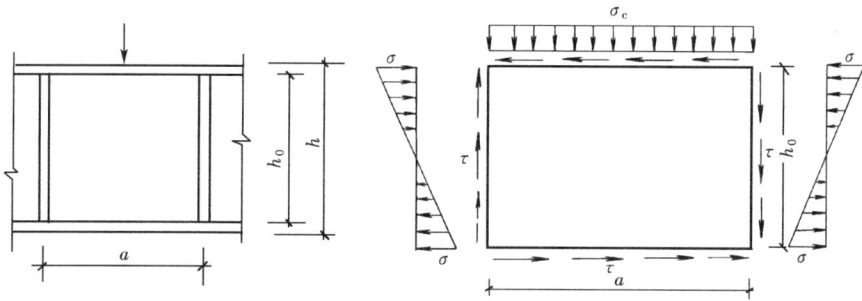

图 6-27 配置横向加劲肋的腹板

$$\left(\frac{\sigma}{\sigma_{cr}}\right)^2 + \left(\frac{\tau}{\tau_{cr}}\right)^2 + \frac{\sigma_c}{\sigma_{c,cr}} \leqslant 1.0 \qquad (6\text{-}44)$$

式中 σ——所计算腹板区格内，由平均弯矩产生的腹板计算高度边缘的弯曲压应力（N/mm²）；

     τ——所计算腹板区格内，由平均剪力产生的腹板平均剪应力，$\tau = V/h_0 t_w$（N/mm²）；

     σ_c——腹板计算高度边缘的局部压应力，按式（6-7）计算，但取式中的 $\psi = 1.0$（N/mm²）。

σ_{cr}、τ_{cr} 和 $\sigma_{c,cr}$（N/mm²）为在 σ、τ 和 σ_c 单独作用下腹板区格的临界应力。现将其计算公式汇入表 6-9。对公式的意义和应用则分别阐述如下：

1. σ_{cr} 的计算式

和梁的整体稳定性一样，腹板在 σ 作用下，除了可能在弹性阶段屈曲外，也可能在弹塑性阶段屈曲。因此，计算 σ_{cr} 须引入一个能与其关联的参数 $\lambda_{n,b}$——受弯计算用的腹板正则化高厚比——来进行区分和计算。$\lambda_{n,b}$ 由 $\lambda_{n,b} = \sqrt{f_y/\sigma_{cr}}$ 求得，即表 6-9 中式（6-45a）和式（6-45b），这样可使同一公式通用于各个牌号钢材。

在弹性范围内，$\lambda_{n,b}$ 和 σ_{cr} 有 $\sigma_{cr} = f_y/\lambda_{n,b}^2$ 函数关系。按 $f_y = 1.1f$，故 $\sigma_{cr} = 1.1f/\lambda_{n,b}^2$，即表 6-9 中的式（6-46$c$）。

计算腹板局部稳定性用的各类临界应力计算公式

表 6-9

区格情况	临界应力类别	正则化高厚比	计算公式
仅配置横向加劲肋时	σ_{cr}	当受压翼缘扭转受到约束时： $\lambda_{n,b}=\dfrac{2h_c/t_w}{177}\cdot\dfrac{1}{\varepsilon_k}$ (6-45a) 当受压翼缘扭转未受到约束时： $\lambda_{n,b}=\dfrac{2h_c/t_w}{138}\cdot\dfrac{1}{\varepsilon_k}$ (6-45b) 式中 h_c——腹板受压区高度。对双轴对称截面，$h_c=h_0/2$	当 $\lambda_{n,b}\leqslant0.85$ 时 $\sigma_{cr}=f$ (6-46a) 当 $0.85<\lambda_{n,b}\leqslant1.25$ 时 $\sigma_{cr}=[1-0.75(\lambda_{n,b}-0.85)]f$ (6-46b) 当 $\lambda_{n,b}>1.25$ 时 $\sigma_{cr}=1.1f/\lambda_{n,b}^2$ (6-46c)
	τ_{cr}	当 $a/h_0\leqslant1.0$ 时： $\lambda_{n,s}=\dfrac{h_0/t_w}{37\eta\sqrt{4+5.34(h_0/a)^2}}\cdot\dfrac{1}{\varepsilon_k}$ (6-47a) 当 $a/h_0>1.0$ 时： $\lambda_{n,s}=\dfrac{h_0/t_w}{37\eta\sqrt{5.34+4(h_0/a)^2}}\cdot\dfrac{1}{\varepsilon_k}$ (6-47b) 式中 η——系数：简支梁取 1.11；框架梁梁端最大应力区取 1。	当 $\lambda_{n,s}\leqslant0.8$ 时 $\tau_{cr}=f_v$ (6-48a) 当 $0.8<\lambda_{n,s}\leqslant1.2$ 时 $\tau_{cr}=[1-0.59(\lambda_{n,s}-0.8)]f_v$ (6-48b) 当 $\lambda_{n,s}>1.2$ 时 $\tau_{cr}=1.1f_v/\lambda_{n,s}^2$ (6-48c)
	$\sigma_{c,cr}$	当 $0.5\leqslant a/h_0\leqslant1.5$ 时： $\lambda_{n,c}=\dfrac{h_0/t_w}{28\sqrt{10.9+13.4(1.83-a/h_0)^3}}\cdot\dfrac{1}{\varepsilon_k}$ (6-49a) 当 $1.5<a/h_0\leqslant2$ 时： $\lambda_{n,c}=\dfrac{h_0/t_w}{28\sqrt{18.9-5a/h_0}}\cdot\dfrac{1}{\varepsilon_k}$ (6-49b)	当 $\lambda_{n,c}=0.9$ 时 $\sigma_{c,cr}=f$ (6-50a) 当 $0.9<\lambda_{n,c}\leqslant1.2$ 时 $\sigma_{c,cr}=[1-0.79(\lambda_{n,c}-0.9)]f$ (6-50b) 当 $\lambda_{n,c}>1.2$ 时 $\sigma_{c,cr}=1.1f/\lambda_{n,c}^2$ (6-50c)
同时配置横向和纵向加劲肋时 区格 Ⅰ	σ_{cr1}	当受压翼缘扭转受到约束时： $\lambda_{n,b1}=\dfrac{h_1/t_w}{75}\cdot\dfrac{1}{\varepsilon_k}$ (6-51a) 当受压翼缘扭转未受到约束时： $\lambda_{n,b1}=\dfrac{h_1/t_w}{64}\cdot\dfrac{1}{\varepsilon_k}$ (6-51b)	用 $\lambda_{n,b1}$ 代替 $\lambda_{n,b}$ 代入式 (6-46) 计算
	τ_{cr1}	用 h_1 代替 h_0 代入式 (6-47a) 或式 (6-47b) 计算 $\lambda_{n,s}$	按式 (6-48) 计算
	$\sigma_{c,cr1}$	当受压翼缘扭转受到约束时： $\lambda_{n,c1}=\dfrac{h_1/t_w}{56}\cdot\dfrac{1}{\varepsilon_k}$ (6-52a) 当受压翼缘扭转未受到约束时： $\lambda_{n,c1}=\dfrac{h_1/t_w}{40}\cdot\dfrac{1}{\varepsilon_k}$ (6-52b)	借用式 (6-46) 计算，但用 $\lambda_{n,c1}$ 代替式中 $\lambda_{n,b}$
区格 Ⅱ	σ_{cr2}	$\lambda_{n,b2}=\dfrac{h_2/t_w}{194}\cdot\dfrac{1}{\varepsilon_k}$ (6-53)	用 $\lambda_{n,b2}$ 代替 $\lambda_{n,b}$ 代入式 (6-46) 计算
	τ_{cr2}	用 h_2 代替 h_0 代入式 (6-47a) 或式 (6-47b) 计算 $\lambda_{n,s}$	按式 (6-48) 计算
	$\sigma_{c,cr2}$	用 h_2 代替 h_0 代入式 (6-49a) 或式 (6-49b) 计算 $\lambda_{n,c}$，但当 $a/h_2>2$ 时，取 $a/h_2=2$	按式 (6-50) 计算

由 $\lambda_{n,b}$ 和 σ_{cr} 的关系可以看出，$\lambda_{n,b}$ 愈大，即 h_0/t_w 或 $2h_c/t_w$ 愈大，则 σ_{cr} 愈小。反之则相反。故当 $\lambda_{n,b}$ 很大时，腹板为弹性屈曲。在 $\lambda_{n,b}$ 较小时，则为弹塑性屈曲。参照梁的整体稳定性，取两者的分界值即弹性界限为 $0.6f_y$，因此与其相应的 $\lambda_{n,b}=\sqrt{f_y/\sigma_{cr}}=\sqrt{f_y/0.6f_y}=1.29$。腹板中的残余应力对其局部稳定性也有影响，但较整体稳定性的轻，故 $\lambda_{n,b}$ 取值可略小，即取 $\lambda_{n,b}=1.25$。与此值相应在图 6-28 中与式（6-46c）表示的弹性曲线的交点 A，即为由弹性屈曲进入弹塑性屈曲的下起始点。

当 $\lambda_{n,b}$ 很小时，临界应力达到弹塑性屈曲的上限值，即产生强度破坏，此时 $\sigma_{cr}=f_y$，相应的 $\lambda_{n,b}=1$，但这只能在没有缺陷的板中才能达到。考虑到实际板中均存在残余应力和几何缺陷的影响，故在应用时取 $\lambda_{n,b}=0.85$，并取 $\sigma_{cr}=f$，即图 6-28 中的弹塑性屈曲的上起始点 B 和表 6-9 中式（6-46a）。

由 A 点至 B 点，即 $1.25>\lambda_{n,b}>0.85$ 的弹塑性屈曲范围，σ_{cr} 采用直线式过渡，即表 6-9 中式（6-46b）：$\sigma_{cr}=[1-0.75(\lambda_{n,b}-0.85)]f$。

2. τ_{cr} 的计算式

和引入 $\lambda_{n,b}$ 计算 σ_{cr} 一样，引入受剪计算用的腹板正则化高厚比 $\lambda_{n,s}$，$\lambda_{n,s}$ 由 $\lambda_{n,s}=\sqrt{f_{vy}/\tau_{cr}}$ 求出，即表 6-9 中式（6-47a）和式（6-47b）。

在弹性范围，$\lambda_{n,s}$ 和 τ_{cr} 有 $\tau_{cr}=f_{vy}/\lambda_{n,s}^2$ 函数关系（$f_{vy}=f_y/\sqrt{3}$——剪切屈服强度）。按 $f_{vy}=1.1f_v$，故 $\tau_{cr}=1.1f_v/\lambda_{n,s}^2$，即表 6-9 中的式（6-48$c$）。

当 τ_{cr} 达到剪切比例极限 $f_{vp}=0.8f_{vy}$（对 Q235 钢，$f_{vp}=108.5N/mm^2$）时，即进入弹塑性阶段。与其对应的 $\lambda_{n,s}=\sqrt{f_{vy}/\tau_{cr}}=\sqrt{f_{vy}/0.8f_{vy}}=1.12$，考虑到残余应力等的影响，取 $\lambda_{n,s}=1.2$。与此值相应在图 6-29 中与式（6-48c）表示的弹性曲线的交点 A，即为由弹性屈曲进入弹塑性屈曲的下起始点。

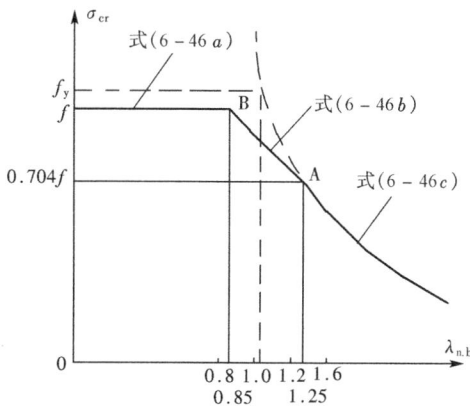

图 6-28 $\sigma_{cr}-\lambda_{n,b}$ 曲线

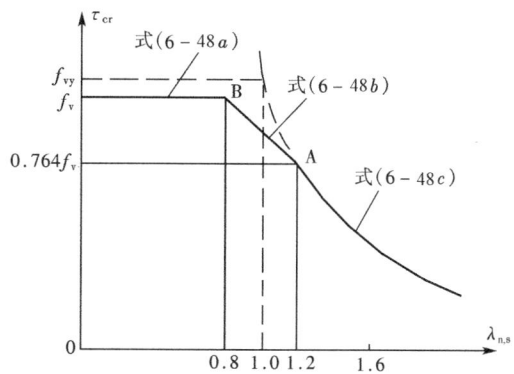

图 6-29 $\tau_{cr}-\lambda_{n,s}$ 曲线

弹塑性屈曲 τ_{cr} 的上限值为 f_{vy}，实际应用时取 $\lambda_{n,s}=0.8$ 和 $\tau_{cr}=f_v$，即图 6-29 中交点 B 和表 6-9 中式（6-48a）。

由 A 点至 B 点，即 $1.2\geqslant\lambda_{n,s}>0.8$ 弹塑性屈曲范围，τ_{cr} 也采用直线式过渡，即表 6-9 中的式（6-48b）：$\tau_{cr}=[1-0.59(\lambda_{n,s}-0.8)]f_v$。

3. $\sigma_{c,cr}$ 计算式

引入受局部压应力计算用的腹板正则化高厚比 $\lambda_{n,c}$，$\lambda_{n,c}$ 按 $\lambda_{n,c}=\sqrt{f_y/\sigma_{c,cr}}$ 求出，即表

6-8 中式（6-49a）和式（6-49b）。

和 σ_{cr} 及 τ_{cr} 一样，$\sigma_{c,cr}$ 的计算公式也分弹性、弹塑性和塑性三段，即表 6-9 中式（6-50a）～式（6-50c）。

（二）同时配置横向加劲肋和纵向加劲肋的腹板

在此种情况，纵向加劲肋又将横向加劲肋之间的区格，分成高度为 h_1、h_2 的上、下两个区格（图 6-30a）。区格Ⅰ和区格Ⅱ的受力情况不同，故应分别计算其局部稳定性。

1. 受压翼缘与纵向加劲肋之间的区格Ⅰ （图 6-30b）

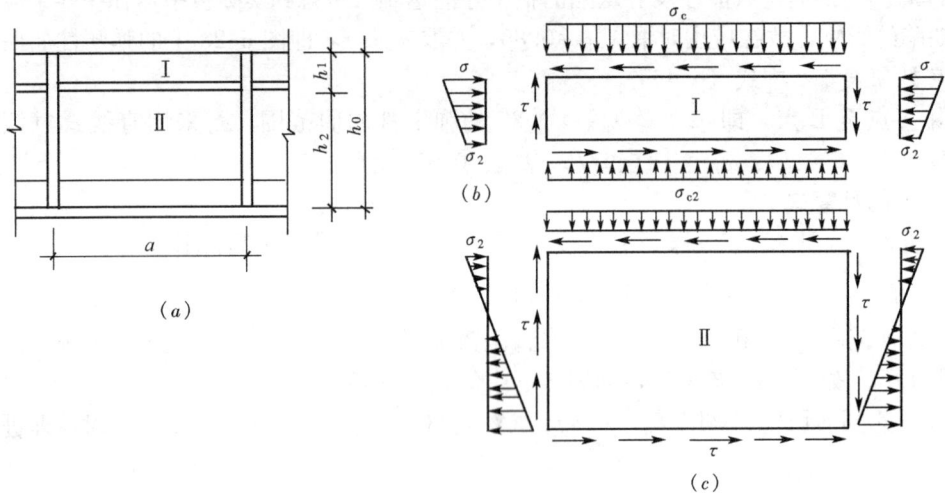

图 6-30　同时配置横向加劲肋和纵向加劲肋的腹板

该区格靠近受压翼缘，因此可近似地视为以承受弯曲压应力 σ 为主的均匀受压板。另外该区格还可能受有均布剪应力 τ 和上、下两边缘的横向压应力 σ_c 及 $\sigma_{c2} = 0.3\sigma_c$。因此，其屈曲临界条件采用下面形式的相关公式计算：

$$\frac{\sigma}{\sigma_{cr1}} + \left(\frac{\tau}{\tau_{cr1}}\right)^2 + \left(\frac{\sigma_c}{\sigma_{c,cr1}}\right)^2 \leqslant 1.0 \tag{6-54}$$

式中的 σ_{cr1}、τ_{cr1} 和 $\sigma_{c,cr1}$ 按表 6-9 中所列公式计算。

由于区格Ⅰ腹板在受弯曲压应力和剪应力屈曲的情况与仅配置横向加劲肋腹板的相似，故 σ_{cr1} 和 τ_{cr1} 亦可采用式（6-46）和式（6-48）计算，仅需用 h_1（$h_1 \approx h_0/4 \sim h_0/5$）代替 h_0 用式（6-51a）或式（6-51b）和式（6-47a）或式（6-47b）计算 $\lambda_{n,b1}$ 和 $\lambda_{n,s}$。$\sigma_{c,cr1}$ 则因区格Ⅰ的宽厚比 a/h_1 一般较大，正常均超过 4，其受力状况接近于上、下两端支承的均匀受压板，故其可借用式（6-46）承受弯曲压应力腹板屈曲的 σ_{cr} 计算式，但需用式（6-52a）或式（6-52b）计算的 $\lambda_{n,c1}$ 代替式中的 $\lambda_{n,b}$。

2. 受拉翼缘与纵向加劲肋之间的区格Ⅱ （图 6-30c）

该区格的受力状况与仅配置横向加劲肋的腹板近似，因此其屈曲临界条件可按式（6-44）的形式采用下式计算：

$$\left(\frac{\sigma_2}{\sigma_{cr2}}\right)^2 + \left(\frac{\tau}{\tau_{cr2}}\right)^2 + \frac{\sigma_{c2}}{\sigma_{c,cr2}} \leqslant 1.0 \tag{6-55}$$

式中　σ_2——所计算腹板区格内，由平均弯矩产生的腹板在纵向加劲肋处的弯曲压应力

(N/mm^2)；

σ_{c2}——腹板在纵向加劲肋处的横向压应力，取 $\sigma_{c2}=0.3\sigma_c$（N/mm^2）；

σ_{cr2}、τ_{cr2}、$\sigma_{c,cr2}$ 按表 6-9 中所列公式计算。

五、加劲肋的截面选择和构造要求

加劲肋宜在腹板两侧成对配置（图 6-31a），对一般梁，为节约钢材，也可单侧配置（图 6-31b），但对支承加劲肋不应单侧配置。

加劲肋作为腹板的支承边，故应具有足够的刚度。当仅设置横向加劲肋时，在腹板两侧成对配置的钢板横向加劲肋，其截面尺寸应符合下列公式要求（图 6-32）：

外伸宽度

$$b_s \geqslant \frac{h_0}{30}+40mm \tag{6-56a}$$

厚度

$$t_s \geqslant \frac{b_s}{15} \quad (承压加劲肋) \tag{6-56b}$$

$$t_s \geqslant \frac{b_s}{19} \quad (不受力加劲肋) \tag{6-56c}$$

在腹板单侧配置的钢板横向加劲肋，其外伸宽度应取式（6-56a）算得的值的 1.2 倍，厚度则同样不应小于其外伸宽度的 1/15 或 1/19。

在同时用横向加劲肋和纵向加劲肋加强的腹板中，横向加劲肋还作为纵向加劲肋的支承，故其截面尺寸除应符合上述规定外，其对腹板水平轴（z 轴）的截面惯性矩 I_z 尚应满足下式要求：

$$I_z \geqslant 3h_0 t_w^3 \tag{6-57}$$

纵向加劲肋对腹板竖直轴（y 轴）的截面惯性矩 I_y 应满足下列公式要求：

当 $a/h_0 \leqslant 0.85$ 时

$$I_y \geqslant 1.5 h_0 t_w^3 \tag{6-58a}$$

当 $a/h_0 > 0.85$ 时

$$I_y \geqslant \left(2.5-0.45\frac{a}{h_0}\right)\left(\frac{a}{h_0}\right)^2 h_0 t_w^3 \tag{6-58b}$$

当加劲肋为单侧配置时，上列各式中的 I_z、I_y 应以与加劲肋相连的腹板边缘为轴线进行计算（图 6-31b、d 中 0-0 线）。

对于大型梁，亦可采用角钢做加劲肋（图 6-31c、d），但其截面惯性矩不得小于相应钢板加劲肋的惯性矩。

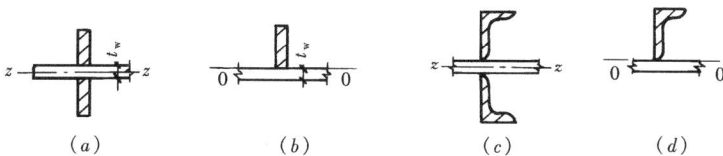

| (a) | (b) | (c) | (d) |

图 6-31 加劲肋的截面

在同时用横向加劲肋和纵向加劲肋加强的腹板中，应保持横向加劲肋连续，而在相交处切断纵向加劲肋（图 6-32）。

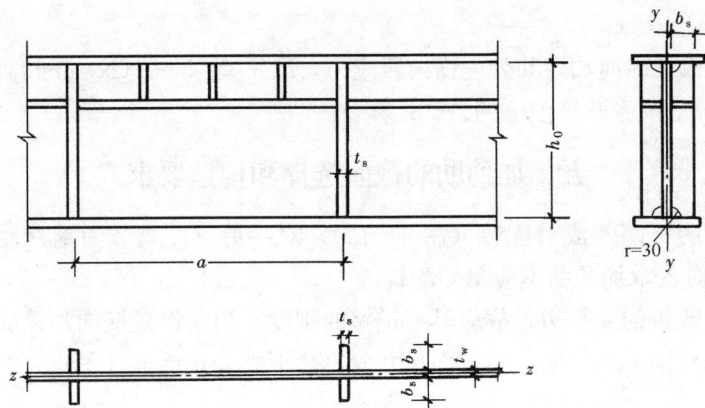

图 6-32 腹板加劲肋的截面尺寸和构造

为了避免焊缝交叉，减少焊接应力，横向加劲肋与翼缘相接处应切角，当作为焊接工艺孔时，切角宜采用半径 $r=30\text{mm}$ 的 1/4 圆弧。加劲肋采用构造焊缝与腹板和上、下翼缘焊接。

六、支承加劲肋的计算

支承加劲肋（图 6-33）实际是承受固定集中荷载或支座反力的横向加劲肋，一般在腹板两侧成对配置或做成突缘式加劲板（图 6-33b）。同样，加劲肋（或加劲板）从腹板边的自由外伸宽度与其厚度之比不得大于 $15\varepsilon_k$，突缘的长度则不得大于其厚度的 2 倍。加劲肋受力端一般应刨平并顶紧于翼缘或柱顶，有时也可采用焊接。加劲肋截面除需满足式（6-56）规定的刚度要求外，还应按轴心受压构件进行计算：

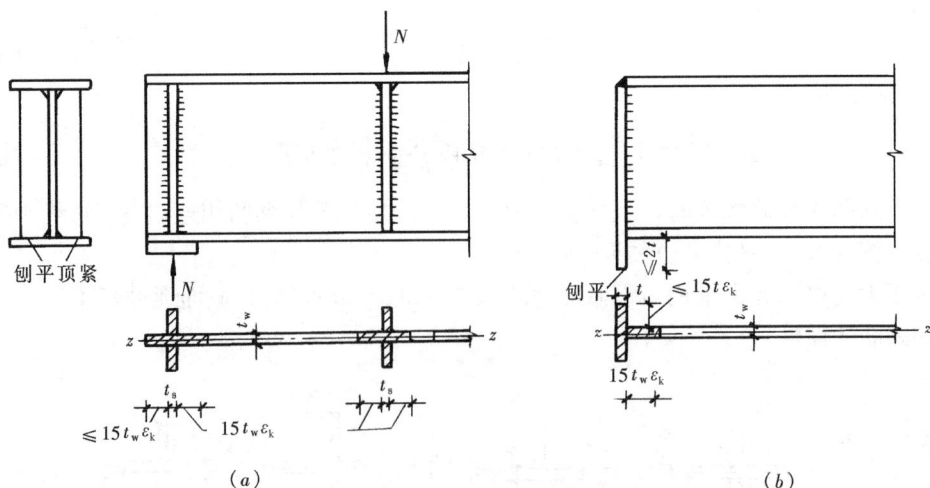

图 6-33 支承加劲肋

（一）腹板平面外的稳定性

取轴心受压构件截面为加劲肋和加劲肋每侧 $15t_w\varepsilon_k$ 范围的腹板，在梁端若不足此数时，可取实际长度（图 6-33 中画阴影线的十字形或 T 形截面）。计算长度取腹板高度 h_0。由于在腹板平面内不可能失稳，故仅按下面公式计算其在腹板平面外的稳定性：

$$\frac{N}{\varphi A f} \leqslant 1.0 \tag{6-59}$$

式中　　N——集中荷载或支座反力；

　　　　φ——轴心受压构件的稳定系数，由 $\lambda_z = h_0/i_z$ 按 b 类或 c 类（对突缘式加劲板为轧制或剪切边时，见表 5-5）截面查附表 8-2 或附表 8-3（不考虑扭转效应）；

　　　　$i_z = \sqrt{I_z/A}$——绕腹板水平轴（z 轴）的回转半径。

（二）端面承压强度

当支承加劲肋的端部为刨平顶紧时，应按所承受的支座反力或固定集中荷载，按下式计算其端面承压应力：

$$\sigma_{ce} = \frac{N}{A_{ce}} \leqslant f_{ce} \tag{6-60}$$

式中　A_{ce}——端面承压面积，即支承加劲肋与翼缘或突缘式加劲板与柱顶的接触面积；

　　　f_{ce}——钢材端面承压（刨平顶紧）强度设计值，按表 3-5 选用。

当支承加劲肋的端部为焊接时，应计算焊缝强度。

（三）支承加劲肋与腹板的连接焊缝

按承受的支座反力或集中荷载进行计算，并假定应力沿焊缝全长均匀分布。

【例 6-5】 试设计例 6-4 平台主梁的腹板加劲肋和端部支承加劲肋。

【解】　一、加劲肋布置

已知梁截面尺寸：腹板为 1700mm×12mm，翼缘为 450mm×24mm（跨中），240mm×24mm（端部）

$$\frac{h_0}{t_w} = \frac{1700}{12} = 142 > 80\varepsilon_k = 80 \times 0.825 = 66$$

$$\approx 170\varepsilon_k = 170 \times 0.825 = 140.3$$

故只需设置横向加劲肋。取横向加劲肋间距 $a = 3000\text{mm} < 2h_0 = 2 \times 1700 = 3400\text{mm}$，即在每个次梁处设置，且可兼作次梁集中荷载处的支承加劲肋（图 6-34）。

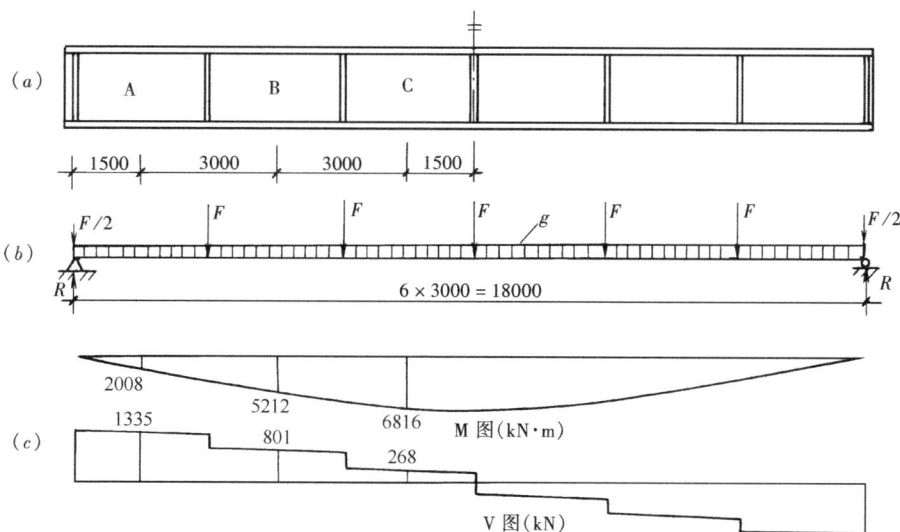

图 6-34　例 6-5 平台主梁腹板加劲肋

二、横向加劲肋间各区格的局部稳定计算

取各区格中央的弯矩和剪力作为该区格的平均弯矩和剪力。

(一) 各区格的平均弯矩（图 6-34b）

$$M_A = 1342 \times 1.5 - \frac{1}{2} \times 1.3 \times 3.56 \times 1.5^2 = 2008 \text{kN} \cdot \text{m}$$

$$M_B = 1342 \times 4.5 - 519.8 \times 1.5 - \frac{1}{2} \times 1.3 \times 3.56 \times 4.5^2 = 5212 \text{kN} \cdot \text{m}$$

$$M_C = 1342 \times 7.5 - 519.8(1.5 + 4.5) - \frac{1}{2} \times 1.3 \times 3.56 \times 7.5^2 = 6816 \text{kN} \cdot \text{m}$$

(二) 各区格的平均剪力（图 6-34c）

$$V_A = 1342 - 1.3 \times 3.56 \times 1.5 = 1335 \text{kN}$$

$$V_B = 1342 - 519.8 - 1.3 \times 3.56 \times 4.5 = 801 \text{kN}$$

$$V_C = 1342 - 2 \times 519.8 - 1.3 \times 3.56 \times 7.5 = 268 \text{kN}$$

(三) 各区格平均弯矩产生的腹板计算高度边缘的弯曲压应力

$$\sigma_A = \frac{M_A}{W_1} \cdot \frac{h_0}{h} = \frac{2008 \times 10^6}{15420 \times 10^3} \times \frac{1700}{1748} = 126.6 \text{N/mm}^2$$

$$\sigma_B = \frac{M_B}{W} \cdot \frac{h_0}{h} = \frac{5212 \times 10^6}{23990 \times 10^3} \times \frac{1700}{1748} = 211.3 \text{N/mm}^2$$

$$\sigma_C = \frac{M_C}{W} \cdot \frac{h_0}{h} = \frac{6816 \times 10^6}{23990 \times 10^3} \times \frac{1700}{1748} = 276.3 \text{N/mm}^2$$

(四) 各区格平均剪力产生的腹板平均剪应力

$$\tau_A = \frac{V_A}{h_0 t_w} = \frac{1335 \times 10^3}{1700 \times 12} = 65.4 \text{N/mm}^2$$

$$\tau_B = \frac{V_B}{h_0 t_w} = \frac{801 \times 10^3}{1700 \times 12} = 39.3 \text{N/mm}^2$$

$$\tau_C = \frac{V_C}{h_0 t_w} = \frac{268 \times 10^3}{1700 \times 12} = 13.1 \text{N/mm}^2$$

(五) 各区格的临界弯曲压应力

用于受弯计算的腹板正则化高厚比：按梁受压翼缘扭转受到约束，由式（6-45a）

$$\lambda_{n,b} = \frac{2h_c/t_w}{177} \cdot \frac{1}{\varepsilon_k} = \frac{1700/12}{177} \times \frac{1}{0.825} = 0.97 \begin{matrix} >0.85 \\ <1.25 \end{matrix}$$

故按式（6-46b）：

$$\sigma_{cr} = [1 - 0.75(\lambda_{n,b} - 0.85)]f = [1 - 0.75(0.97 - 0.85)]305 = 278.6 \text{N/mm}^2$$

(六) 各区格的临界剪应力

用于抗剪计算的腹板正则化高厚比：

$a/h_0 = 3000/1700 = 1.76 > 1.0$，故按式（6-47b）：

$$\lambda_{n,s} = \frac{2h_c/t_w}{37\eta \sqrt{5.34 + 4 (h_0/a)^2}} \cdot \frac{1}{\varepsilon_k} = \frac{1700/12}{37 \times 1.11 \sqrt{5.34 + 4 (1700/3000)^2}} \times 0.825 = 1.63 > 1.2$$

故按式（6-48c）：

$$\tau_{cr} = \frac{1.1 f_v}{\lambda_{n,s}^2} = \frac{1.1 \times 180}{1.63^3} = 74.5 \text{N/mm}^2$$

（七）各区格的局部稳定计算

按式（6-44）

A 区格：$\left(\dfrac{\sigma_A}{\sigma_{cr}}\right)^2 + \left(\dfrac{\tau_A}{\tau_{cr}}\right)^2 = \left(\dfrac{126.6}{278.6}\right)^2 + \left(\dfrac{65.4}{74.5}\right)^2 = 0.21 + 0.77 = 0.98 < 1.0$（满足）

B 区格：$\left(\dfrac{\sigma_B}{\sigma_{cr}}\right)^2 + \left(\dfrac{\tau_B}{\tau_{cr}}\right)^2 = \left(\dfrac{211.3}{278.6}\right)^2 + \left(\dfrac{39.3}{74.5}\right)^2 = 0.58 + 0.28 = 0.86 < 1.0$（满足）

C 区格：$\left(\dfrac{\sigma_C}{\sigma_{cr}}\right)^2 + \left(\dfrac{\tau_C}{\tau_{cr}}\right)^2 = \left(\dfrac{276.3}{278.6}\right)^2 + \left(\dfrac{13.1}{74.5}\right)^2 = 0.98 + 0.03 = 1.01 \approx 1.0$（满足）

三、横向加劲肋截面选择

横向加劲肋虽兼作次梁处的支承加劲肋，但该荷载不大，故按式（6-56）刚度要求选择截面。

$b_s = \dfrac{h_0}{30} + 40 = \dfrac{1700}{30} + 40 = 96.7 \text{mm}$，取 $b_s = 100 \text{mm}$

$t_s = \dfrac{b_s}{15} = \dfrac{100}{15} = 6.7 \text{mm}$，取 $t_s = 8 \text{mm}$

四、横向加劲肋与腹板连接焊缝

按表 4-3 取 $h_{fmin} = 5 \text{mm}$

五、端部支承加劲肋

采用如图 6-35 所示的截面和构造。

支座反力 R 应加上直接传至主梁的端部次梁支座反力 $F/2$，故 $R = 1342 + 519.8/2 = 1602 \text{kN}$。

（一）腹板平面外整体稳定

按十字形截面计算。腹板取加劲肋每侧 $15t_w \varepsilon_k = 15 \times 12 \times 0.825 = 149 \text{mm}$，梁端因不足此数，取实际长度 120mm。

$I_z = \dfrac{1}{12} \times 2.4 \times 24.2^3 = 2834 \text{cm}^4$

$A = 2 \times 11.5 \times 2.4 + 29.3 \times 1.2 = 90.4 \text{cm}^2$

$i_z = \sqrt{\dfrac{I_z}{A}} = \sqrt{\dfrac{2834}{90.4}} = 5.6 \text{cm}$

$\lambda_z = \dfrac{h_0}{i_z} = \dfrac{170}{5.6} = 30.4$

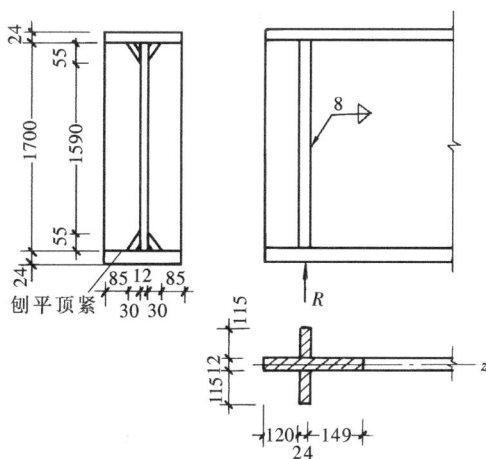

图 6-35 例 6-5 平台主梁端部加劲肋

按 $\lambda_y / \varepsilon_k = 30.4 / 0.825 = 36.8$ 查附表 8-2，$\varphi = 0.911$。按式（6-59）

$$\frac{R}{\varphi A f} = \frac{1602 \times 10^3}{0.911 \times 90.4 \times 10^2 \times 295} = 0.66 < 1.0 \text{(满足)}$$

（二）端面承压强度：按式（6-60）

$$\sigma_{ce} = \frac{R}{A_{ce}} = \frac{1602 \times 10^3}{2 \times 85 \times 24} = 392.6 \text{N/mm}^2 < f_{ce} = 400 \text{N/mm}^2 \text{（满足）}$$

（三）与腹板连接焊缝（共 4 条焊缝）

按表 4-3 取 $h_{f_{min}} = 8 \text{mm}$

$$\tau_f = \frac{R}{4 \times 0.7 h_f l_w} = \frac{1602 \times 10^3}{4 \times 0.7 \times 8(1590 - 2 \times 8)} = 45 \text{N/mm}^2 < f_f^w = 200 \text{N/mm}^2 \text{（满足）}$$

平台主梁施工图如图 6-36 所示。

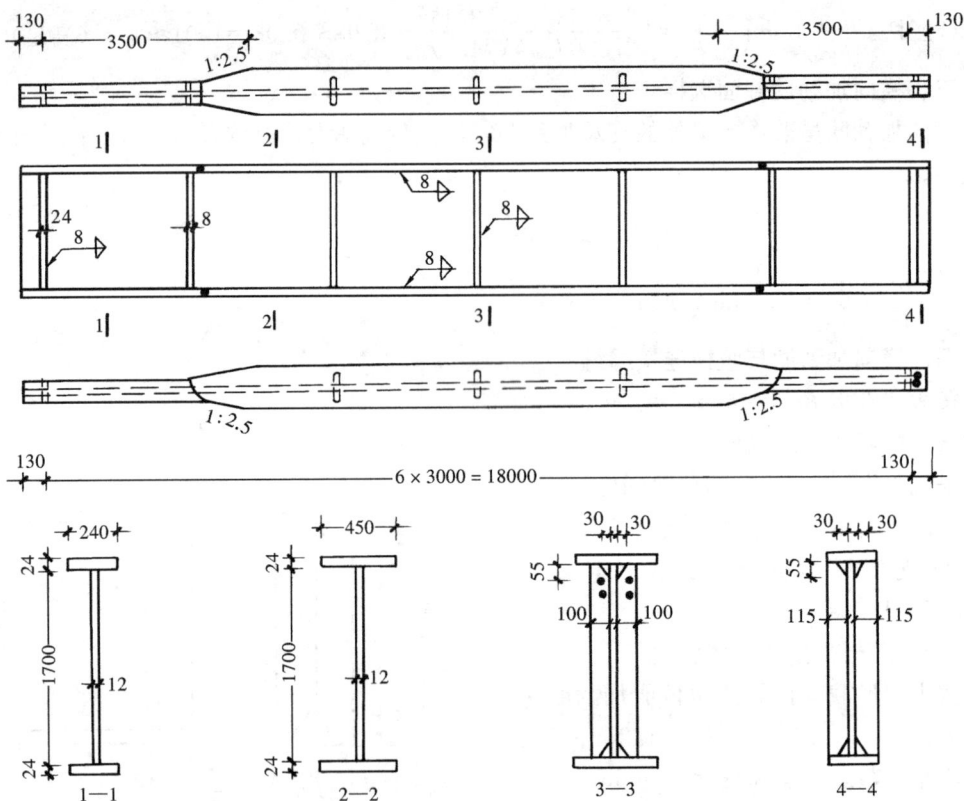

图 6-36 平台主梁施工图

第八节 考虑腹板屈曲后强度时梁的设计

一、梁腹板屈曲后的工作性能

上节关于腹板局部稳定性的计算方法是基于临界状态为小挠度的理论建立的，故其高厚比不能太大。然而，一般梁的腹板都做的薄而高，并采取配置横向加劲肋加强，因此和相对较厚的翼缘一起对腹板形成四边支承。故当腹板屈曲后产生挠度较大的出平面变形时，将对腹板牵制形成薄膜效应，产生薄膜拉应力，且使梁的内力重分布，使梁能承受更大的荷载。如腹板在剪力作用下屈曲产生波形变形时，在顺波向即主压应力方向（见图 6-24a）不再能承受压力的作用，但在主拉应力方向却未达到屈服强度，还可承受更大的拉力，即存在通称的张力场作用。它可和翼缘及加劲肋一起，使梁屈曲后形同一个桁架工作（图 6-37）。上、下翼缘类似于桁架的上、下弦杆，横向加劲肋类似于桁架的竖腹杆（压杆），而腹板的张力场带则类似于桁架的斜拉杆。因此腹板还有着较高的屈曲后强度。

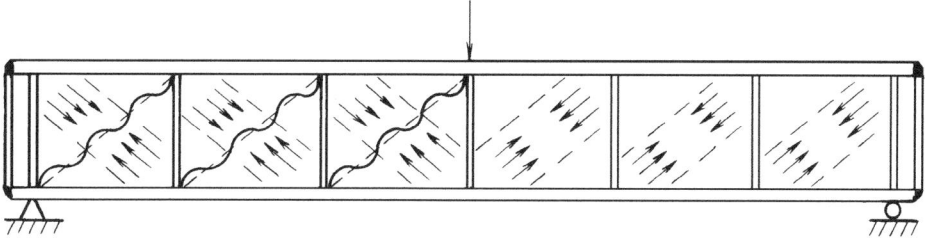

图 6-37 腹板屈曲后的张力场作用

利用腹板屈曲后强度的梁，其腹板高厚比可放宽至 250，都不需设置纵向加劲肋，这对大型组合梁有着较好的经济效益。因此，《设计标准》推荐将其用于承受静力荷载或间接承受动力荷载的组合梁。

下面就《设计标准》规定的考虑腹板屈曲后强度时梁的实用计算方法和横向加劲肋的设计分别加以介绍。

二、考虑腹板屈曲后强度时梁的计算

（一）腹板屈曲后的抗剪承载力 V_u

由于张力场的作用提高了腹板屈曲后的抗剪强度，其能承担的极限剪力 V_u 可用屈曲时临界剪力和张力场剪力之和来表达。另外，区格板的几何尺寸即高厚比（h_w/t_w）和宽高比（a/h_0）与 V_u 有着密切关系，它们直接影响 V_u 值的大小，故计算 V_u 时亦应和计算腹板局部稳定性的 τ_{cr} 一样，引入与其关联的参数——腹板受剪计算的正则化高厚比 $\lambda_{n,s}$。因此，根据 V_u 的理论计算式并结合实验研究，《设计标准》采用下列三段公式计算：

当 $\lambda_{n,s} \leq 0.8$ 时　　　　　　　$V_u = h_w t_w f_v$ 　　　　　　　(6-61a)

当 $0.8 < \lambda_{n,s} \leq 1.2$ 时　　　$V_u = h_w t_w f_v [1 - 0.5(\lambda_{n,s} - 0.8)]$ 　　(6-61b)

当 $\lambda_{n,s} > 1.2$ 时　　　　　　　$V_u = h_w t_w f_v / \lambda_{n,s}^{1.2}$ 　　　　(6-61c)

上式中 $\lambda_{n,s}$ 按表 6-9 中式（6-47）计算。当仅设置支承加劲肋（a 很大）时，可取式（6-47b）中 $h_0/a = 0$。

现对上述计算式所表达的腹板抗剪性能，结合图 6-38 显示的 τ_u-$\lambda_{n,s}$（$\tau_u = V_u/h_w t_w$）曲线和图 6-29 的 τ_{cr}-$\lambda_{n,s}$ 曲线加以比较分析：

1. 当 $\lambda_{n,s} \leq 0.8$ 时，相对于 h_0/t_w 或 a/h_0 很小，此时 τ_u 和 τ_{cr} 相等，均等于 f_v，即腹板不会屈曲，故也不存在考虑屈曲后强度。

2. 当 $0.8 < \lambda_{n,s} \leq 1.2$ 时，τ_u 随 $\lambda_{n,s}$ 增大呈线性关系减小，但比 τ_{cr} 减小的少。如 $\lambda_{n,s} = 1.2$ 时，$\tau_u = 0.8 f_v$，而 $\tau_{cr} = 0.764 f_v$。这表明屈曲后的抗剪承载力因张力场的作用较屈曲时的大，但因在此范围的 h_0/t_w 或 a/h_0 还较小，故增大幅度还不是很大。

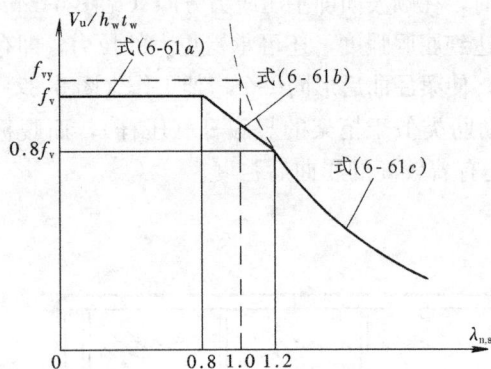

图 6-38　$V_u/h_w t_w - \lambda_{n,s}$ 曲线

3. 当 $\lambda_{n,s} > 1.2$ 时，τ_u 和 τ_{cr} 的差值随 $\lambda_{n,s}$ 的增大而显著增加。如 $\lambda_{n,s} = 2$ 时，$\tau_u = 0.435 f_v$，$\tau_{cr} = 0.275 f_v$，增加达 58%。这表明张力场的作用随着 h_0/t_w 或 a/h_0 的增加而愈明显。因此，利用腹板屈曲后的抗剪承载能力以 $\lambda_{n,s} > 1.2$ 的弹性屈曲范围最佳。

（二）腹板屈曲后梁的抗弯承载力 M_{eu}

如前述，对腹板高厚比较大的梁，若考虑屈曲后张力场的作用，抗剪承载力会有一定增加，然而抗弯承载力却会降低，但不是很多（一般约 5% 以内）。这是因为未设置纵向加劲肋，故在弯矩作用下，腹板受压区可能屈曲，从而使部分截面产生凹凸变形退出工作。

腹板屈曲后梁的抗弯承载力 M_{eu} 可采用有效截面概念进行计算。如图 6-39（a）、（b）腹板屈曲前后的应力分布所示，梁在腹板屈曲后仍可继续承受更大的弯矩，但腹板受压区的应力不再像屈曲前呈线性分布，而是呈非线性分布。计算时，可取腹板边缘屈服，其正应力达到 $\sigma = f_y$ 作为承载力的极限状态，并假定此时腹板受压区的部分截面无效，受压区高度 h_c 只剩下有效高度 ρh_c（ρ——腹板受压区有效高度系数），受拉区截面则全部有效，故梁的有效截面和应力分布如图 6-39（c）所示，中和轴略有下降。

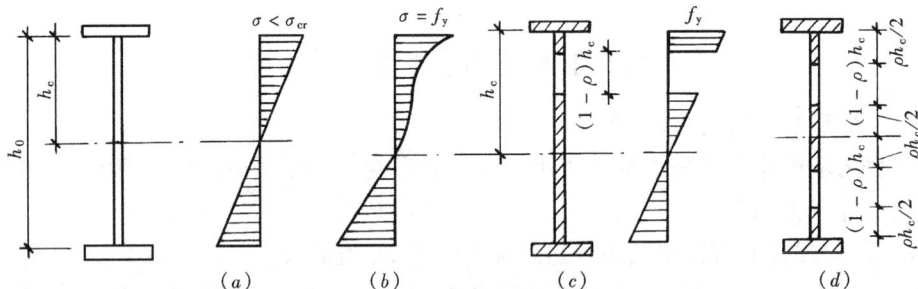

图 6-39　腹板屈曲前后的应力分布和有效高度

为了便于计算有效截面的几何特性，现将有效高度的位置分布作图 6-39（d）所示的简化，即假定腹板受压区的有效高度 ρh_c 等分于受压区的两边，并将受拉区作相同处理，也在中部扣除 $(1-\rho) h_c$ 高度，以保持中和轴位置不变。从而可得：

梁有效截面的惯性矩（不计扣除截面绕自身形心轴的惯性矩）

$$I_{xe} = I_x - 2(1-\rho) h_c t_w \left(\frac{h_c}{2}\right)^2 = I_x - \frac{1}{2}(1-\rho) h_c^3 t_w$$

梁截面模量的折减系数（有效截面的截面模量和全部截面模量之比）

$$\alpha_e = \frac{W_{xe}}{W_x} = \frac{I_{xe}}{I_x} = 1 - \frac{(1-\rho)\, h_c^3 t_w}{2 I_x} \tag{6-62}$$

上式虽是按双轴对称截面且按截面塑性发展系数 $\gamma_x = 1.0$ 推导而得的近似公式，但偏于安全，故也可将其用于单轴对称截面和 $\gamma_x = 1.05$ 的情况。因此，腹板屈曲后梁的抗弯承载力设计值可用下面公式表达：

$$M_{eu} = \gamma_x \alpha_e W_x f \tag{6-63}$$

以上两式中的 I_x、W_x 和 h_c 均按梁截面全部有效计算，而有效高度系数 ρ 因和腹板受弯曲压应力作用时的临界应力 σ_{cr} 有关，故同样与腹板的高厚比 h_0/t_w 有着密切关系，因此也须引入与其相关联的参数，即按表 6-9 中式（6-45）计算的腹板正则化高厚比 $\lambda_{n,b}$，分成三段式计算：

当 $\lambda_{n,b} \leqslant 0.85$ 时 $\qquad \rho = 1.0$ $\qquad\qquad\qquad$ (6-64a)

当 $0.85 < \lambda_{n,b} \leqslant 1.25$ 时 $\qquad \rho = 1 - 0.82(\lambda_{n,b} - 0.85)$ $\qquad$ (6-64b)

当 $\lambda_{n,b} > 1.25$ 时 $\qquad \rho = \dfrac{1}{\lambda_{n,b}}\left(1 - \dfrac{0.2}{\lambda_{n,b}}\right)$ $\qquad\qquad$ (6-64c)

综合式（6-62）～式（6-64）进行分析，从中可以看出梁的抗弯承载力有如下特点：

1. 当 $\lambda_{n,b} \leqslant 0.85$ 时，相对于 h_0/t_w 很小，此时 $\rho = 1.0$，即 $\alpha_e = 1$，表明截面全部有效，腹板不会屈曲，故梁的抗弯承载力不会降低，等于受弯屈服时的承载力 $M_{eu} = \gamma_x W_x f$。

2. 当 $\lambda_{n,b} > 0.85$ 后，腹板屈曲，且 ρ 随 $\lambda_{n,b}$ 递增（相当于 h_0/t_w 递增）而递减，截面模量折减系数 α_e 则相应递增，故梁的抗弯承载力也随之降低，但较屈曲时的降低不多，约 5% 以内。

3. 由式（6-62）可见，α_e 除随 ρ 减小（$\lambda_{n,b}$ 或 h_0/t_w 增大）而增大外，还随腹板截面（被减数分子）在整个梁截面（被减数分母）所占的几何比例有关，比例越大，则屈曲后梁的抗弯承载力降低越多。

（三）考虑腹板屈曲后强度时梁的计算公式

以上两小节是分析单独承受剪力和弯矩的腹板屈曲后的受力性能和计算，但配置横向加劲肋的腹板各区格，通常均承受弯矩 M 和剪力 V 的共同作用，要精确计算这种受力情况下腹板屈曲后梁的抗弯和抗剪承载力十分复杂，故一般采用 V、M 和 V_u、M_{eu} 匹配的无量纲化相关关系公式进行计算。下面是《设计标准》采用的公式：

当 $M/M_f \leqslant 1.0$ 时 $\qquad V \leqslant V_u$ $\qquad\qquad\qquad\qquad$ (6-65a)

当 $V/V_u \leqslant 0.5$ 时 $\qquad M \leqslant M_{eu}$ $\qquad\qquad\qquad\qquad$ (6-65b)

其他情况时 $\qquad \left(\dfrac{V}{0.5V_u} - 1\right)^2 + \dfrac{M - M_f}{M_{eu} - M_f} \leqslant 1.0$ $\qquad$ (6-65c)

式中 $\quad M$、V——所计算区格内同一截面处梁的弯矩设计值（N·mm）和剪力设计值（N）；计算时，当 $V < 0.5V_u$，取 $V = 0.5V_u$；当 $M < M_f$，取 $M = M_f$；

$\qquad\quad M_f$——梁两翼缘所承担的弯矩设计值（N·mm）：对双轴对称工字形截面，$M_f = A_f h_1 f$（A_f——一个翼缘截面面积（mm²），h_1——上、下翼缘形心间的距离（mm））；对单轴对称工字形截面按下式计算：

$$M_f = \left(A_{f1}\dfrac{h_1^2}{h_2^2} + A_{f2}h_2\right)f \tag{6-66}$$

A_{f1}、h_1——较大翼缘的截面面积（mm²）及其形心至梁中和轴的距离（mm）；

A_{f2}、h_2——较小翼缘的截面面积（mm²）及其形心至梁中和轴的距离（mm）。

由于式（6-65）是梁的强度计算公式，故应取所计算区格内同一截面处的 M 和 V，不能像计算腹板稳定时取所计算区格内 M 和 V 的平均值。现再结合图 6-40 所示的 $V/V_u - M/M_{eu}$ 相关关系曲线对式（6-65）加以分析：

1. 当 $M/M_f \leqslant 1.0$，即弯矩 M 较小不超过梁两翼缘所能承担的弯矩设计值 M_f 时，认

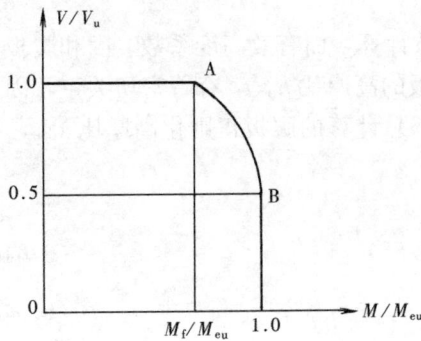

图 6-40 $V/V_u - M/M_{eu}$ 相关曲线

为腹板不用参与承担弯矩的工作，只需按其单独承受剪力 V 是否超过其屈曲后的抗剪承载力 V_u 进行计算，即应满足 $V \leqslant V_u$ 或 $V/V_u \leqslant 1.0$，因此图中呈一水平线。

2. 求解 M_{eu} 时，是以腹板边缘正应力 σ 达到屈服强度 f_y 作为极限状态，此时腹板不仅承受正应力，而且还能承受剪力约 $0.6V_u$。因此，可偏安全地取为能承受 $0.5V_u$ 剪力，故当剪力 V 不超过 V_u 的 0.5 倍（$V/V_u < 0.5$）时，只需计算弯矩 M 是否超过屈曲后梁的抗弯承载力 M_{eu}，即 $M \leqslant M_{eu}$ 或 $M/M_{eu} \leqslant 1.0$，因此图中呈一竖直线。

3. 在水平线和竖直线间的过渡连线 AB，即式（6-65c）所示的抛物线，它表示 $M > M_f$ 和 $V > 0.5V_u$ 的其他情况时，在 M、V 共同作用下应满足的条件式。

另外，由式（6-63）可见，由于式中梁截面模量折减系数 α_e 的影响，考虑腹板屈曲后强度时梁的抗弯承载能力恒低于按全截面有效时的 $M = \gamma_x W_x f$。因此，在用式（6-65b）计算时，即使验算截面处的剪力 $V \leqslant 0.5V_u$（如简支梁跨中区格），但若弯矩 M 较大，且在选用截面时抗弯强度已用足没有富余，则计算腹板屈曲后梁的强度将不易满足 $M \leqslant M_{eu}$ 要求。此时若采取加大截面以提高 M_{eu}，可能经济效果不大。所以利用腹板屈曲后强度，梁的抗弯强度应有一定富余。

三、考虑腹板屈曲后强度时梁的加劲肋设计

考虑腹板屈曲后强度的梁，一般只在支座处和固定集中荷载处设置横向（支承）加劲肋，或增设经计算需要的中间横向加劲肋。加劲肋应在腹板两侧成对布置，其截面尺寸除应符合式（6-56）的要求外，尚应按下述方法作受力计算：

（一）中间横向加劲肋的计算

中间横向加劲肋在考虑腹板屈曲后强度的薄腹板梁中有着更大的作用。它不仅应在屈曲前提高屈曲荷载，而且还能在屈曲后起着如同桁架竖杆的作用，能承受张力场剪力引起的竖向分力 N_s。张力场引起的水平分力由于在其两侧区格均有分布，其中大部分可相互抵消和由翼缘承受，故影响不大，可采取将轴心压力 N_s 加大进行考虑，即取

$$N_s = V_u - h_w t_w \tau_{cr} \tag{6-67}$$

上式实际上是取 N_s 为腹板屈曲后的极限剪力 V_u 减去腹板屈曲时的临界剪力 V_{cr}，即相当于将 N_s 加大为采用张力场剪力。

当中间横向加劲肋兼作承受固定集中荷载 F 的支承加劲肋时，N_s 中还应加上 F。

中间横向加劲肋的计算方法按第七节所述，即取十字形截面按承受 N_s 的轴心压杆，计算其在腹板平面外的稳定性。

（二）支座加劲肋的计算

支座加劲肋相当于位于梁端部的横向支承加劲肋，故仅在加劲肋一侧有张力场作用。因此，当支座旁端区格的 $\lambda_{n,s} > 0.8$，且按考虑腹板屈曲后强度设计时，支座加劲肋除承受梁的支座反力 R 外，还应考虑在靠梁内一侧距上翼缘 $h_0/4$ 处承受斜向张力场引起的水平

分力（图6-41）：

$$H = \left(V_u - \tau_{cr} h_w t_w\right)\sqrt{1+\left(\frac{a}{h_0}\right)^2} \tag{6-68}$$

式中　a——对设中间横向加劲肋的腹板为支座端区格的加劲肋间距；对不设中间加劲肋的腹板为支座至跨内剪力为零点的距离（mm）。

另外，对中间横向加劲肋间距较大（$a > 2.5h_0$）和不设中间横向加劲肋的腹板，当满足式（6-44）（即不丧失局部稳定性）时，可取$H = 0$。

支座加劲肋处于压弯受力状况，故应按第七章压弯构件所述，计算其强度和在腹板平面外的稳定。所取截面和计算长度同第七节所述。

为了改善支座加劲肋的压弯受力状况，通常还用下面两种方法处理（图6-41）：

1. 在梁端头增焊封头板。经此处理后，支座加劲肋的抗弯能力大为增加，故对其可仍按承受支座反力R的轴心压杆按第七节所述方法计算。

封头板的截面面积A_c应不小于按下式计算的数值：

$$A_c = \frac{3h_0 H}{16ef} \tag{6-69}$$

式中　e——支座加劲肋至封头板的距离；

　　　f——钢材的强度设计值（N/mm²）。

2. 缩小端区格的宽度（图6-41中a_1）达到$\lambda_{n,s} \leqslant 0.8$，即使该区格的$\tau_{cr} \geqslant f_v$，因此不会产生屈曲，当然也不存在$H$力。

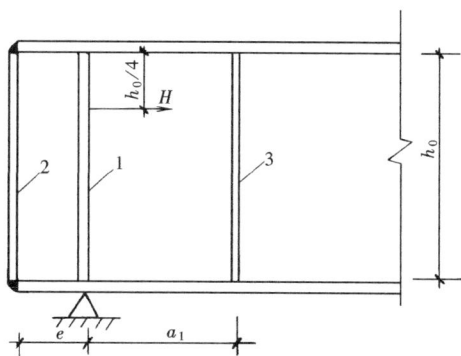

图6-41　梁端构造

1—支座加劲肋；2—封头板；3—横向加劲肋

【例6-6】 试将例6-4的平台主梁按考虑腹板屈曲后强度改选截面。

【解】 一、截面选择

由于考虑腹板屈曲后强度时其高厚比可放宽，故将例6-4所选截面的腹板减薄加高，并将翼缘改小，改选成如图6-42所示的等截面梁。

$h_0/t_w = 200/1 = 200 < [h_0/t_w]_{max} = 250$

$A = 200 \times 1 + 2 \times 42 \times 2.2 = 384.8 \text{cm}^2$（较原截面缩小约8.4%）

$I_x = \frac{1}{12} \times 1 \times 200^3 + 2 \times 42 \times 2.2 \times 101.1^2 = 2555500 \text{cm}^4$

$W_x = \frac{2555500}{102.2} = 25000 \text{cm}^3$

$g_k = 1.1 \times 384.8 \times 10^{-4} \times 76.98 = 3.26 \text{kN/m}$

$V_{max} = 1300 + 1.3 \times 3.26 \times 9 = 1338 \text{kN}$

$M_{max} = 7017 + \frac{1}{8} \times 1.3 \times 3.26 \times 18^2 = 7189 \text{kN·m}$

$M_{kT} = \frac{1}{2} \times 5 \times 399.8 \times 9 - 399.8(6+3) + \frac{1}{8} \times 3.26 \times 18^2 = 5529 \text{kN·m}$

$M_{kQ} = 4860 \text{kN·m}$

二、截面验算

（一）抗弯强度

$$\frac{M_{max}}{\gamma_x W_{nx}} = \frac{7189 \times 10^6}{1.05 \times 25000 \times 10^3} = 273.9 \text{N/mm}^2 < f = 295 \text{N/mm}^2 \text{（满足）}$$

（二）刚度

$$\frac{v_T}{l} = \frac{M_{kT} l}{10EI_x} = \frac{5529 \times 10^6 \times 18 \times 10^3}{10 \times 206 \times 10^3 \times 2555500 \times 10^4} = \frac{1}{529} < \frac{[v_T]}{l} = \frac{1}{400} \text{（满足）}$$

v_T/l 已小于 $[v_Q]/l = 1/500$ 的挠度容许值，故可变荷载作用下的挠度不再验算。另外剪应力和整体稳定亦不必验算。

三、腹板屈曲后梁的强度验算

加劲肋布置和加劲肋处的弯矩、剪力如图 6-42 所示。需计算截面除 A 区格左侧和 C 区格右侧的剪力和弯矩最大处外，还需考虑 A、B 两区格右侧的弯矩和剪力均较大处。

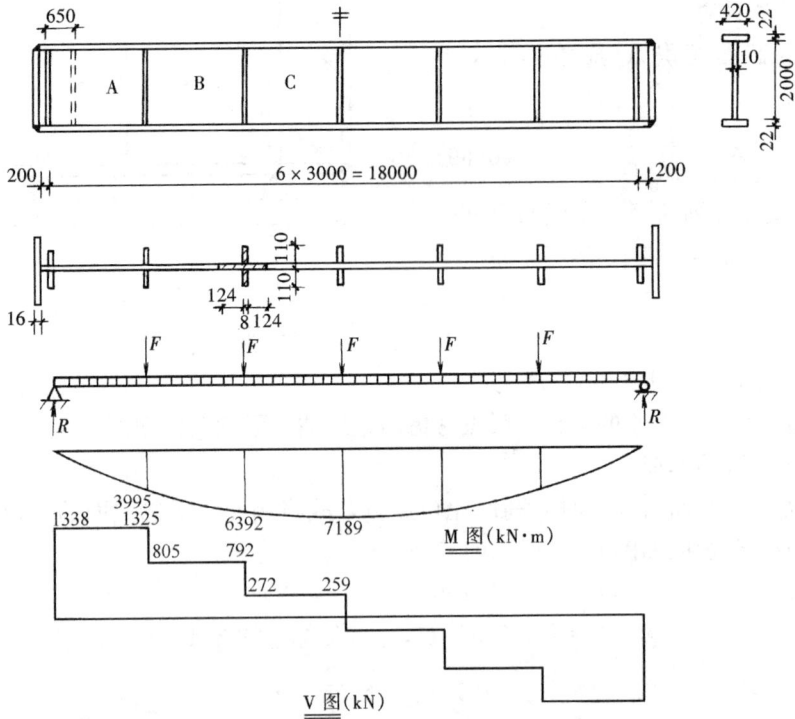

图 6-42 例 6-6 附图

（一）计算 M_f、V_u、M_{eu}

1. M_f：按式（6-65）

$M_f = A_f h_f f = 420 \times 22 \times 2022 \times 295 = 5512 \times 10^6 \text{N} \cdot \text{mm} = 5512 \text{kN} \cdot \text{m}$

2. V_u：$a/h_0 = 300/200 = 1.5 > 1.0$，故按式（6-47b）

$$\lambda_{n,s} = \frac{h_0/t_w}{37\eta \sqrt{5.34 + 4(h_0/a)^2}} \cdot \frac{1}{\varepsilon_k} = \frac{200/1}{37 \times 1.11 \sqrt{5.34 + 4(200/300)^2}} \times \frac{1}{0.825} = 2.22 > 1.2$$

故按式（6-61c）：

$$V_u = \frac{h_w t_w f_v}{\lambda_{n,s}^{1.2}} = \frac{2000 \times 10 \times 180}{2.22^{1.2}} = 1383000N = 1383kN$$

3. M_{eu}：次梁与主梁采用等高连接（见图 6-46b），并将铺板与梁翼缘焊牢使其扭转受到约束。按式（6-45a）

$$\lambda_{n,b} = \frac{h_0/t_w}{177} \cdot \frac{1}{\varepsilon_k} = \frac{200/1}{177} \times \frac{1}{0.825} = 1.37 > 1.25$$

故按式（6-64c）、式（6-62）、式（6-63）

$$\rho = \frac{1}{\lambda_{n,b}} \left(1 - \frac{0.2}{\lambda_{n,b}} \right) = \frac{1}{1.37} \left(1 - \frac{0.2}{1.37} \right) = 0.623$$

$$\alpha_e = 1 - \frac{(1-\rho)}{2I_x} \frac{h_c^3 t_w}{} = 1 - \frac{(1-0.623)}{2 \times 2555500} \frac{100^3 \times 1}{} = 0.926$$

$$M_{eu} = \gamma_x \alpha_e W_x f = 1.05 \times 0.926 \times 25000 \times 10^3 \times 295 = 7171 \times 10^6 N \cdot mm = 7171kN \cdot m$$

（二）各区格的强度计算

1. 区格 A 左侧：$V = 1338kN$、$M = 0$

因 $M = 0 < M_f = 5512kN \cdot m$，故按式（6-65a）

$$V = 1338kN < V_u = 1383kN （满足）$$

2. 区格 A 右侧：$V = 1325kN$、$M = 3995kN \cdot m$

因 $M = 3995kN \cdot m < M_f = 5512kN \cdot m$，故按式（6-65a）

$$V = 1325kN < V_u = 1383kN （满足）$$

3. 区格 B 右侧：$V = 792kN$、$M = 6392kN \cdot m$

因为 $V = 792kN > 0.5V_u = 0.5 \times 1383 = 691.5kN$、$M = 6392kN \cdot m > M_f = 5512kN \cdot m$，故按式（6-65c）：

$$\left(\frac{V}{0.5V_u} - 1 \right)^2 + \frac{M - M_f}{M_{eu} - M_f} = \left(\frac{792}{0.5 \times 1383} - 1 \right)^2 + \frac{6392 - 5512}{7171 - 5512}$$

$$= 0.021 + 0.530 = 0.551 < 1.0（满足）$$

4. 区格 C 右侧：$V = 259kN$、$M = 7189kN \cdot m$

因 $V = 259kN < 0.5V_u = 0.5 \times 1383 = 691.5kN$，故按式（6-65b）

$$M = 7189kN \cdot m \approx M_{eu} = 7171kN \cdot m （满足）$$

（三）中间横向加劲肋计算

1. 加劲肋承受的轴心压力

根据各区格的 $\lambda_{n,s} = 2.22 > 1.2$，故按式（6-48c）：

$$\tau_{cr} = \frac{1.1 f_v}{\lambda_{n,s}^2} = \frac{1.1 \times 180}{2.22^2} = 40.2N/mm^2$$

按式（6-67）：

$$N_s = V_u - \tau_{cr} h_w t_w + F = 1383 - 40.2 \times 2000 \times 10 \times 10^{-3} + 519.8 = 1099kN$$

2. 加劲肋在腹板平面外的整体稳定

先按式（6-56）的刚度要求选加劲肋截面：

$$b_s = \frac{h_0}{30} + 40 = \frac{2000}{30} + 40 = 106.7mm，取 b_s = 110mm$$

$$t_{\mathrm{s}}=\frac{bs}{15}=\frac{110}{15}=7.3\mathrm{mm},\ \text{取}\ t_{\mathrm{s}}=8\mathrm{mm}$$

取加劲肋的计算截面如图 6-42 中阴影线所示的十字形截面，即加劲肋每侧各取 $15t_{\mathrm{w}}\varepsilon_{\mathrm{k}}=15\times10\times0.825=124\mathrm{mm}$。

$$A=2\times11\times0.8+25.6\times1=43.2\mathrm{cm}^2$$

$$I_{\mathrm{z}}=\frac{1}{12}\times0.8\times23^3=811\mathrm{cm}^4$$

$$i_{\mathrm{z}}=\sqrt{\frac{I_{\mathrm{z}}}{A}}=\sqrt{\frac{811}{43.2}}=4.3\mathrm{cm}$$

$$\lambda_{\mathrm{z}}=\frac{h_0}{i_{\mathrm{z}}}=\frac{200}{4.3}=46.5$$

按 $\lambda_{\mathrm{y}}/\varepsilon_{\mathrm{k}}=46.5\div0.825=56.3$ 查附表 8-2，$\varphi=0.826$

$$\frac{N_{\mathrm{s}}}{\varphi A f}=\frac{1099\times10^3}{0.826\times43.2\times10^2\times305}=1.01\approx1.0\ （满足）$$

（四）支座加劲肋和封头板计算

采用加封头板增强（图 6-42），故支座加劲肋的计算仍按承受支座反力 R 的轴心压杆，可参照例 6-5 进行，本例从略。现只对封头板需要的截面面积加以计算。先按式（6-68）计算张力场水平分力：

$$H=(V_{\mathrm{u}}-\tau_{\mathrm{cr}}h_{\mathrm{w}}t_{\mathrm{w}})\sqrt{1+(a/h_0)^2}$$

$$=(1383-40.2\times2000\times10\times10^{-3})\sqrt{1+(3000/2000)^2}=1044\mathrm{kN}$$

按式（6-69）

$$A_{\mathrm{c}}=\frac{3h_0 H}{16ef}=\frac{3\times2000\times1044\times10^3}{16\times200\times310}=6315\mathrm{mm}^2$$

取 -420×16，$A=420\times16=6720\mathrm{mm}^2>A_{\mathrm{c}}$（满足）

增强支座处的另一种方法是缩小端区格的宽度。现在距支座加劲肋 650mm 处增设一中间横向加劲肋（图 6-42 中虚线所示），此时 $a/h_0=650/2000=0.325<1.0$，故按式（6-47a）

$$\lambda_{\mathrm{n,s}}=\frac{h_0/t_{\mathrm{w}}}{37\eta\sqrt{4+5.34\ (h_0/a)^2}}\cdot\frac{1}{\varepsilon_{\mathrm{k}}}=\frac{2000/10}{37\times1.11\sqrt{4+5.34\ (2000/650)^2}}\times\frac{1}{0.825}=0.80=0.8$$

因此，端区格不会产生屈曲，不存在 H 力。

第九节 梁 的 拼 接

梁的拼接分工厂拼接和工地拼接两种。由于钢材尺寸限制，梁的翼缘或腹板一般需要接长或加宽，这类拼接常在制造厂进行，故称为工厂拼接。由于运输或安装条件限制，梁有时须分段制造，然后在工地拼装，这称为工地拼接。

型钢梁常在同一截面用对接焊缝或加盖板用角焊缝拼接，其位置宜放在弯矩较小处。

组合梁工厂拼接的位置常由钢材尺寸决定。翼缘与腹板的拼接位置宜错开，并避免与加劲肋或次梁连结处重合，以防止焊缝密集与交叉。腹板的拼接焊缝与横向加劲肋之间至少应相距 $10t_{\mathrm{w}}$（图 6-43）。

腹板与翼缘的拼接宜用一级或二级对接直焊缝，并在施焊时设置引弧板和收弧板。对于三级焊缝，因焊缝的抗拉强度低于钢材强度，故应将受拉翼缘和腹板的拼接位置布置在弯矩较小的区域，或采用斜焊缝。

工地拼接的位置由运输及安装条件决定，但宜布置在弯矩较小处。梁的翼缘与腹板一般宜在同一截面处断开（图6-44a），以减少运输碰损。当采用对接焊缝时，上、下翼缘宜加工成朝上的V形坡口，以便于工地平焊。为了减少焊接应力，应将翼缘和腹板的工厂焊缝在端部留约500mm长度不焊，以使工地焊接时有较多的收缩余地。另外还宜按图6-44（a）所示的施焊顺序，以减少焊接应力。即对拼接处的对接焊缝，要先焊腹板，再焊受拉翼缘，然后焊受压翼缘，预留的角焊缝最后补焊。图6-44（b）所示为翼缘与腹板的拼接位置略为错开，以改善受力情况，但在运输时需要对端头突出部位加以保护，以免碰伤。

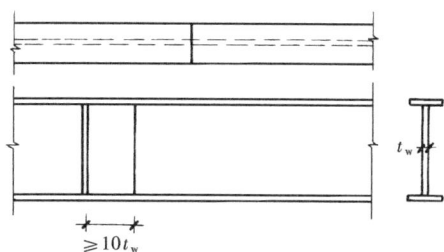

图 6-43　焊接梁的工厂拼接

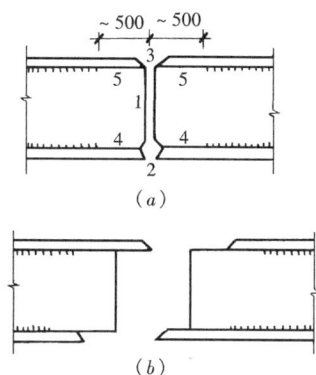

图 6-44　焊接梁的工地拼接

工地施焊条件较差，焊缝质量难以保证，故对较重要的或受动力荷载的大型组合梁，宜用高强度螺栓摩擦型连接（图6-45）。

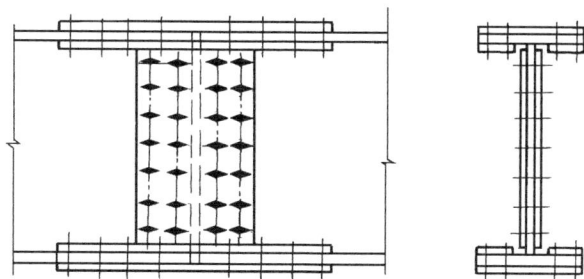

图 6-45　梁采用高强度螺栓的工地拼接

翼缘拼接板和其每侧的高强度螺栓，通常由等强度条件确定，即拼接板的净截面面积应不小于翼缘的净截面面积，高强度螺栓则应能承受按翼缘净截面面积计算的轴向力。腹板拼接板及其每侧的高强度螺栓，主要承受拼接截面的全部剪力及按刚度分配到腹板上的弯矩。具体计算方法可参阅例4-11。

为了使拼接处的应力分布接近于梁截面中的应力分布，防止拼接处的翼缘受超额应力，应使腹板拼接板的高度尽量接近腹板的高度。

第十节 主次梁的连接

次梁和主梁的连接分铰接和刚接两种。铰接应用较多，刚接只在次梁设计成连续梁时采用。

一、铰 接 连 接

铰接连接按构造可分为叠接和平接两种。叠接是将次梁直接搁在主梁上，并用焊缝或螺栓连接（图 6-46a）。叠接需要较大的结构高度，故应用常受到限制，但其构造简单，便于施工。平接是将次梁连接于主梁侧面，次梁顶面可略高于或低于主梁顶面，或两者等高，因此结构高度较小。但为了将次梁连接于主梁的加劲肋或连接角钢上，须将次梁端部的上翼缘切割一小段（图 6-46b、c）和下翼缘切去一肢（图 6-46b），故制造较费工。

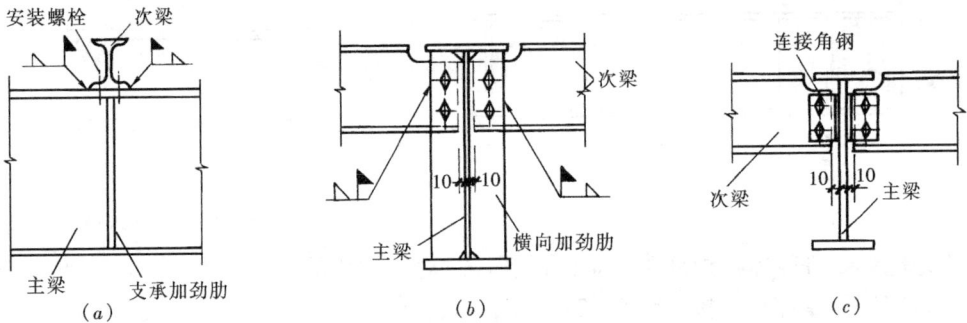

图 6-46 次梁与主梁铰接

铰接连接需要的焊缝或螺栓数量应按次梁的反力计算，考虑到连接并非理想铰接，会有一定的弯矩作用，故计算时宜将次梁反力增加 20%～30%。

二、刚 性 连 接

刚性连接也可做成叠接和平接。叠接可使次梁在主梁上连续贯通，施工较简便，缺点也是结构高度较大。平接的构造如图 6-47 所示，次梁的支座反力 R 由承托传至主梁，端部的负弯矩则由上、下翼缘承受，设置在上翼缘的连接盖板和承托的顶板，分别传递弯矩 M 分解的水平拉力和压力 $F=M/h$（h 为次梁高度）。连接盖板的截面及其与次梁上翼缘的连接焊缝、次梁下翼缘与承托顶板的连接焊缝，以及承托顶板与主梁腹板的连接焊缝，均按承受此水平力 F 进行计算。盖板与主梁上翼缘的连接焊缝采用构造焊缝。为了避免仰焊，连接盖板的宽度应比次梁上翼缘稍窄，承托顶板的宽度则应比下翼缘稍宽。

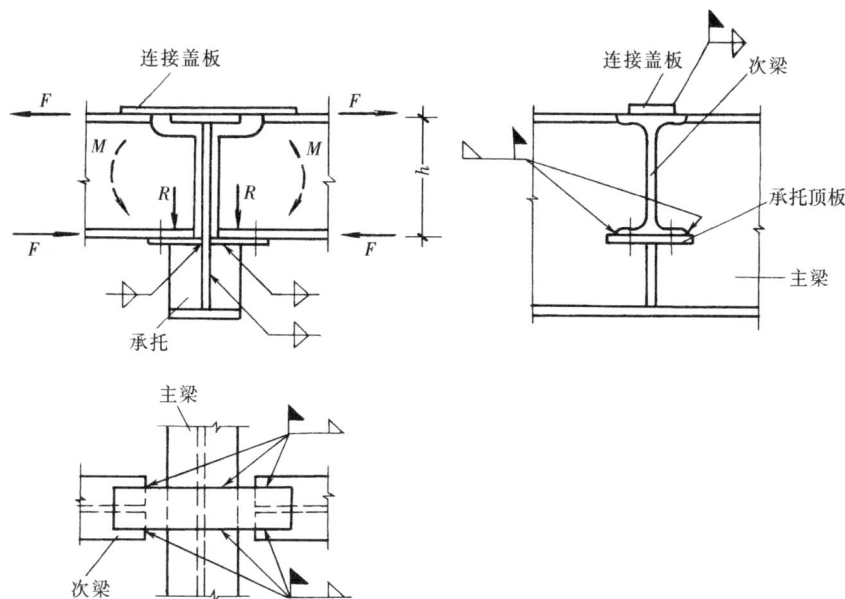

图 6-47　次梁与主梁刚接

小　结

（1）钢结构中最常用的受弯构件是用型钢或钢板制造的实腹式构件——梁。

（2）梁的计算包括强度、刚度、整体稳定性和局部稳定性。

（3）梁的强度包括抗弯强度 σ、抗剪强度 τ、局部承压强度 σ_c 和折算应力四项，其中 σ 必须计算，后三项则视情况而定。如型钢梁若截面无太大削弱可不计算 τ，且可不计算 σ_c 和折算应力。组合梁在固定集中荷载处设有支承加劲肋时也不须计算 σ_c。

（4）梁的抗弯强度在单向弯曲时按式（6-4）计算，双向弯曲时按式（6-5）计算。式中 γ_x 和 γ_y 是用来考虑部分截面发展塑性，其值因截面宽厚比等级（表6-1）和截面形状而不同。

（5）梁的抗剪强度、局部承压强度和折算应力分别按式（6-6）、式（6-7）和式（6-9）计算。折算应力只在同时受有较大弯曲应力 σ_1 和剪应力 τ_1 或还有局部压应力 σ_c 的部位才作计算（如梁截面改变处的腹板计算高度边缘）。

（6）梁的刚度按式（6-11）或式（6-12）计算。荷载应采用标准值，即不乘荷载分项系数，动力荷载也不乘动力系数。计算时取用的荷载（全部荷载或可变荷载）应与表6-3的 $[v_T]$ 或 $[v_Q]$ 对应。

（7）梁的整体稳定性应特别重视，因失稳是在强度破坏前突然发生的，往往事先无明显征兆。应尽量采取构造措施以提高整体稳定性能，如将密铺的铺板与受压翼缘焊牢、增设受压翼缘的侧向支承等。

（8）梁的整体稳定性计算按式（6-13），双向弯曲梁则按式（6-14）。式中 φ_b 为梁的整体稳定性系数，其值小于1。对等截面工字形简支梁、H型钢简支梁和双轴对称工字形等截面悬臂梁的 φ_b 按式（6-15）计算，式中系数 β_b 分别按表6-4、表6-5和表6-6选用。

工字钢简支梁的 φ_b 可直接查表 6-5，槽钢简支梁的 φ_b 则按式（6-17）计算。当以上算出的 $\varphi_b > 0.6$ 时，均须按式（6-16）将 φ_b 换算成 φ_b'——弹塑性阶段整体稳定性系数——计算。

（9）梁失稳的临界应力和梁截面的几何形状及尺寸（受压翼缘宽有利）、受压翼缘的侧向自由长度（长度短有利）、荷载类型（均布荷载比集中荷载不利）和作用位置（作用在上翼缘比在下翼缘不利）等因素有关，故梁整体稳定性计算公式中的有关系数（如 φ_b、β_b、η_b）也和上述因素有关。另外，在梁端处须采取构造措施防止端部截面扭转，否则梁的整体稳定性能将会降低。

（10）梁的局部稳定性对型钢梁可不考虑。对工字形组合梁以板件宽厚比控制。受压翼缘自由外伸宽度 b_1 与其厚度 t 之比应满足 $b_1/t \leq 15\varepsilon_k$，当考虑梁部分截面发展塑性时，则应满足 $b_1/t \leq 13\varepsilon_k$。

腹板应按其高度 h_0 和厚度 t_w 之比 h_0/t_w 的数值配置加劲肋。当 $h_0/t_w \leq 80\varepsilon_k$ 时，对 $\sigma_c = 0$ 的梁，可不设加劲肋；对 $\sigma_c \neq 0$ 的梁（一般为吊车梁）则按构造配置横向加劲肋，其间距为 $0.5h_0 \leq a \leq 2h_0$。当 $80\varepsilon_k < h_0/t_w \leq 170\varepsilon_k$ 时，此时腹板会在剪应力作用下呈 $45°$ 斜向波形屈曲，故应设置横向加劲肋。当 $h_0/t_w > 170\varepsilon_k$（受压翼缘扭转受到约束时）或 $h_0/t_w > 150\varepsilon_k$（受压翼缘扭转未受到约束时），腹板还会在弯曲压应力较大区域屈曲，故除横向加劲肋外，还应在此区域（距腹板计算高度受压边缘 $h_c/2.5 \sim h_c/2$ 范围）配置纵向加劲肋。

对 $h_0/t_w > 80\varepsilon_k$ 的配有加劲肋的腹板，尚应按式（6-44）、式（6-54）和式（6-55）计算各区格的稳定性是否符合要求。

（11）对承受静力荷载或间接承受动力荷载的组合梁，宜考虑腹板屈曲后强度进行设计，以节约钢材。按屈曲后强度设计时，腹板可仅配置横向加劲肋，且 h_0/t_w 可放宽至 250 以内。考虑腹板屈曲后强度的梁，应按式（6-65）验算其抗弯和抗剪承载能力。

（12）横向加劲肋截面应满足刚度要求，即应符合式（6-56）。在同时还配置纵向加劲肋时，尚应符合式（6-57）。对考虑腹板屈曲后强度的横向加劲肋，还需按承受式（6-67）计算的 N_s 的轴心压杆，验算其在腹板平面外的整体稳定。

纵向加劲肋截面亦应满足刚度要求，即应符合式（6-58）。

支承加劲肋受力端应刨平并顶紧，其截面除应符合横向加劲肋的刚度要求外，还应按轴心压杆用式（6-59）、式（6-60）计算其在腹板平面外的整体稳定性和端面承压强度。对考虑腹板屈曲后强度的梁，若梁端区格间距较大时（$\lambda_{n,s} > 0.8$）须加设封头板，并用式（6-68）、式（6-69）计算其所需截面。

思 考 题

1. 简支梁需满足哪些条件才能按部分截面发展塑性计算抗弯强度？

2. 组合梁在什么情况下需进行折算应力计算？计算公式中的符号分别代表什么意义？

3. 梁整体稳定性的临界弯矩与哪些因素有关？$\varphi_b > 0.6$ 时为什么要用 φ_b' 代替？

4. 梁的整体稳定性和局部稳定性在概念上有何不同？如何判别它们是否有了可靠保证？如不能保证，须采取哪些有效措施防止失稳？

5. 为什么腹板屈曲后的梁，其抗剪承载能力会比屈曲时的增加，且 $\lambda_{n,s}$ 愈大增加愈多。而其抗弯承载能力则比屈曲时的减小，且 $\lambda_{n,b}$ 愈大减小愈多？

6. 试比较型钢梁和组合梁在截面选择方法上的不同。

7. 组合梁的截面高度由哪些条件确定？是否都必须满足？当 $h_e < h_{min}$ 时，梁高如何确定？

8. 组合梁翼缘焊缝承受什么力的作用？这种力是怎样产生的？

9. 组合梁腹板沿长度方向的各个部位，可能分别以哪种形式局部失稳？

10. 组合梁腹板配置加劲肋的原则有哪些？这些原则是根据什么因素决定的？

11. 组合梁承受固定集中荷载时，若局部承压强度不满足，是采用增加腹板厚度还是采取其他措施？

12. 组合梁腹板横向加劲肋、纵向加劲肋分别设置于何处？纵向加劲肋沿纵向为何不设于中和轴处？

13. 梁的工厂拼接和工地拼接有何不同？应用时需注意哪些问题？

14. 主次梁的铰接连接和刚性连接有何不同？设计时应考虑哪些问题？

习　题

6-1　试验算图 6-48 所示双轴对称工字形截面简支梁的整体稳定性。梁跨度 7.2m。在跨中央，一集中荷载设计值 650kN 作用于梁的上翼缘。跨中无侧向支承。材料 Q235B 钢。　（答案：$M/\varphi_b W_x f = 0.96$）

6-2　试选择图 6-49 所示平台梁格中的次梁截面，采用工字钢。与次梁焊接的钢筋混凝土板和面层的自重为 $3kN/m^2$（标准值），活荷载标准值为 $30kN/m^2$（静力荷载）。钢材 Q235B 钢。

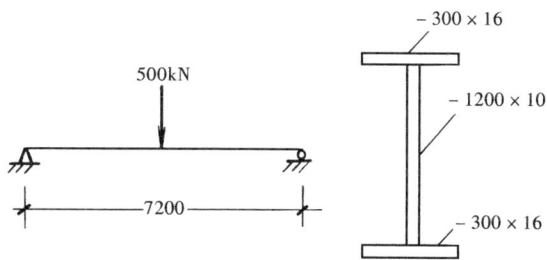

图 6-48　习题 6-1 附图

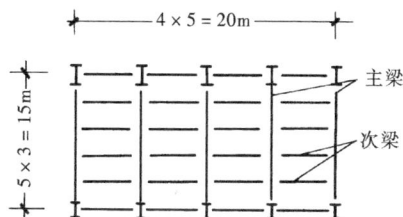

图 6-49　习题 6-2 附图

6-3　试设计一彩涂压型钢板屋面的 H 型钢檩条，材料 Q235B 钢。檩条跨度 12m，水平间距 5m，屋面坡度 1∶10。彩涂压型钢板重 $0.13kN/m^2$。雪荷载 $0.4kN/m^2$，屋面均布活荷载 $0.5kN/m^2$（按两者中的较大值取用）。

6-4　试设计习题 6-2 平台梁格中的主梁。采用焊接组合梁，按保持腹板局部稳定和考虑腹板屈曲后强度两种情况进行设计。设计内容包括截面选择、梁截面沿长度的改变、翼缘焊缝和腹板加劲肋。材料 Q345 钢，E50 型焊条。

第七章 拉弯构件和压弯构件

拉弯构件和压弯构件是指在受轴心拉力或轴心压力的同时还受弯的构件，故本章内容和前两章密切相关。其应用遍及单层及多层框架柱和作用有节间荷载的桁架上、下弦杆等。按承载能力极限状态，拉弯构件的承载力应由截面强度决定，而压弯构件一般应由构件在弯矩作用平面内或平面外的稳定性和局部稳定性决定。按正常使用极限状态，其刚度也用容许长细比进行控制。

第一节　拉弯构件和压弯构件的类型和应用

一、拉弯构件和压弯构件的类型

构件在承受轴心拉力或轴心压力的同时，还承受横向力产生的弯矩或端弯矩的作用，称为拉弯构件或压弯构件，也简称拉弯杆或压弯杆［图 7-1（a）、（b）］。偏心受拉或偏心受压构件也属拉弯构件或压弯构件［图 7-1（c）］。

在钢结构工程中，若桁架作用有非节点的节间荷载，则受该荷载作用的上弦杆为压弯杆，下弦杆为拉弯杆［图 7-1（d）］。

单层厂房的框架柱、高层建筑的框架柱，除承受轴心压力或偏心压力外，还可能承受弯矩，也具有压弯构件性质，或称为偏心受压柱［图 7-1（e）、（f）］。柱和压杆在受力性质和计算方法上是相同的。

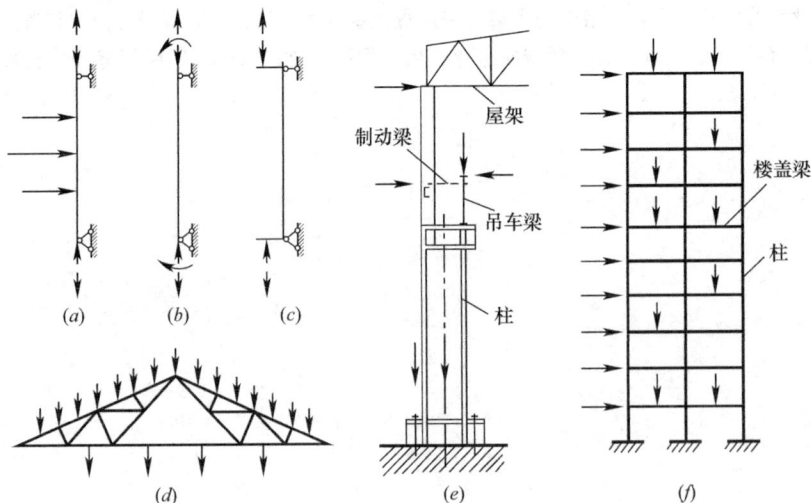

图 7-1　拉弯构件和压弯构件的类型

二、拉弯构件和压弯构件的截面形式和应用

当作用的弯矩较小时，拉弯构件或压弯构件可选用和一般轴心受力构件相同的截面形式（见图 5-2）。当弯矩较大时，为提高在弯矩作用平面内的承载能力，应在此方向采用较大的截面高度。如仅在一个方向受的弯矩较大时，还可采用单轴对称截面，使压力较大一侧的截面面积较大（图 7-2）。

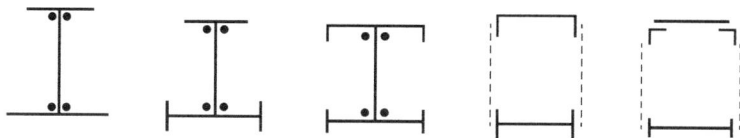

图 7-2　拉弯构件和压弯构件的单轴对称截面形式

三、压弯构件截面板件宽厚比等级及限值

和受弯构件一样，《设计标准》对压弯构件的工字形、箱形截面以及圆管截面也制定其各等级板件宽厚比限值如表 7-1。

压弯构件的截面板件宽厚比等级及限值　　　　　　　表 7-1

截面板件宽厚比等级		S1 级	S2 级	S3 级	S4 级	S5 级
工字形截面	翼缘 b_1/t	$9\varepsilon_k$	$11\varepsilon_k$	$13\varepsilon_k$	$15\varepsilon_k$	20
	腹板 h_0/t_w	$(33+13\alpha_0^{1.3})\varepsilon_k$	$(38+13\alpha_0^{1.39})\varepsilon_k$	$(40+18\alpha_0^{1.5})\varepsilon_k$	$(45+25\alpha_0^{1.66})\varepsilon_k$	250
箱形截面	两腹板间翼缘 b_0/t	$30\varepsilon_k$	$35\varepsilon_k$	$40\varepsilon_k$	$45\varepsilon_k$	—
圆管截面	径厚比 D/t	$50\varepsilon_k^2$	$70\varepsilon_k^2$	$90\varepsilon_k^2$	$100\varepsilon_k^2$	—

注：1. α_0——参数，同式 (7-1)；
　　2. D——圆管截面外径；
　　3. 其他同表 6-1 注 1、注 2。

从表 7-1 中可见，压弯构件截面的宽厚比等级及限值划分与受弯构件的相似，工字形截面翼缘的因受力情况类似则完全相同（见表 6-1），腹板因压弯荷载应力状况不同而有所区别，现简述如下：

图 7-3 (b) 所示为工字形截面压弯构件的腹板在非均匀压应力（$0<\alpha_0<1$）和剪应力作用下的情况，它介于图 7-3 (a) 和图 7-3 (c) 所示的两极端情况之间。前者类似于受弯构件腹板受弯曲应力（$\alpha_0=2$）和剪应力的联合作用，后者则类似于受均匀压应力（$\alpha_0=0$）和剪应力的联合作用。α_0 表示应力梯度，其计算式为：

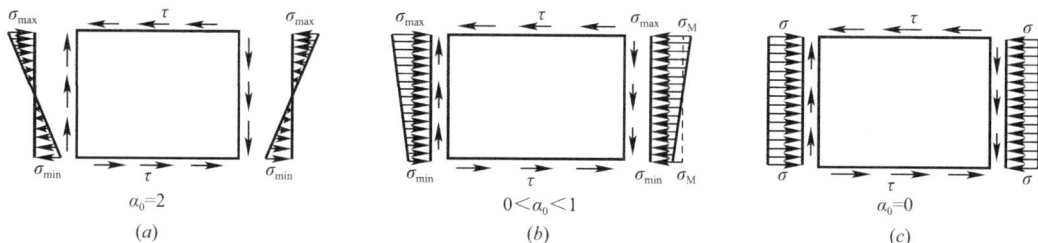

图 7-3　压弯构件腹板弹性状态的受力情况

197

$$\alpha_0 = \frac{\sigma_{max} - \sigma_{min}}{\sigma_{max}} \tag{7-1}$$

式中　σ_{max}——腹板，计算高度边缘的最大压应力（按强度公式计算，即计算时不考虑构件的稳定系数，且不考虑截面塑性发展系数）；

σ_{min}——腹板计算高度另一边缘相应的应力，压应力取正值，拉应力取负值。

从表 7-1 也可看出，工字形截面腹板各级公式均与 α_0 大小相关，且能较好地与轴压和纯弯的腹板高厚比限值相衔接。如 $\alpha_0 = 2$ 相当于纯弯时，S1 级由 $(33 + 13\alpha_0^{1.3})\varepsilon_k$，可得 $h_0/t_w = 65\varepsilon_k$，即表 6-1 受弯构件的 h_0/t_w 限值，如此等等。

第二节　拉弯构件和压弯构件的强度和刚度

一、拉弯构件和压弯构件的强度

拉弯构件和不致整体失稳和局部失稳的压弯构件，其最不利截面（最大弯矩截面或有严重削弱的截面）最终将以形成塑性铰达到强度承载能力极限状态而破坏。

如图 7-4 所示一受轴心力 N 和弯矩 M_x 共同作用的矩形截面构件。现设 N 为定值而逐渐增加 M_x。当 M_x 不大时，截面边缘纤维最大应力 $\sigma_{max} = |N/A_n \pm M_x/W_n| < f_y$（图 7-4a），此时截面在弹性工作状态，并持续到 $\sigma_{max} = f_y$ 截面边缘纤维达到屈服（图 7-4b）。当 M_x 继续增加，最大应力一侧的塑性区将向截面内部发展（图 7-4c），随后另一侧边缘纤维也达到屈服并向截面内部发展塑性（图 7-4d），此时截面为弹塑性工作状态。当塑性区深入到全截面时形成塑性铰（图 7-4e），构件达到强度承载能力极限状态。

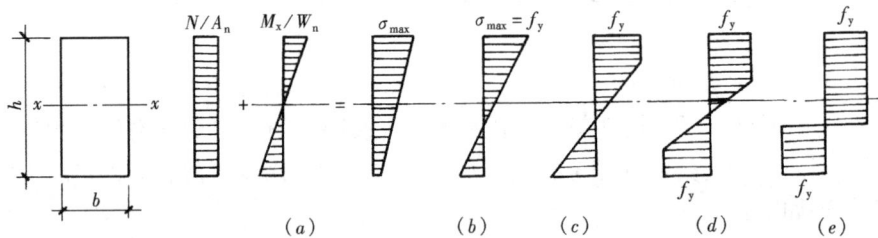

图 7-4　拉弯构件和压弯构件截面的应力状态

由于拉弯、压弯构件的截面形式和工作条件的不同，其强度计算方法所依据的应力状态亦不同，故强度计算公式可分为如下两种：

（一）直接承受动力荷载的实腹式拉弯构件和压弯构件和格构式拉弯构件和压弯构件当弯矩绕虚轴作用时

对需要计算疲劳的承受动力荷载的实腹式拉弯构件和压弯构件，由于不宜考虑截面发展塑性，因此《设计标准》规定以截面边缘纤维屈服的弹性工作状态作为强度承载能力的极限状态。对格构式拉弯构件和压弯构件，当弯矩绕虚轴作用时，由于截面腹部虚空，故塑性发展的潜力不大，因此也应按弹性工作状态计算。

在 N 和 M 共同作用下的两端简支压弯或拉弯构件，按弹性工作状态的截面边缘纤维应力应满足：

$$\frac{N}{A_n} + \frac{M_x}{W_{nx}} \leqslant f_y \tag{7-2a}$$

或

$$\frac{N}{A_n f_y} + \frac{M_x}{W_{nx} f_y} = \frac{N}{N_p} + \frac{M_x}{M_{ex}} \leqslant 1 \tag{7-2b}$$

式中　$N_p = A_n f_y$——无弯矩作用时，全部净截面屈服的极限承载力；

$M_e = W_{nx} f_y$——无轴心力作用时，弹性工作状态的最大弯矩（按净截面计算）。

由式（7-2b）可知，在弹性工作阶段，N 和 M_x 的无量纲化相关公式为一直线（图 7-5）。将式（7-2a）引入抗力分项系数后，可得《设计标准》计算公式为：

$$\frac{N}{A_n} + \frac{M_x}{W_{nx}} \leqslant f \tag{7-3}$$

（二）承受静力荷载和不需计算疲劳的承受动力荷载的实腹式拉弯构件和压弯构件及格构式拉弯构件和压弯构件当弯矩绕实轴作用时

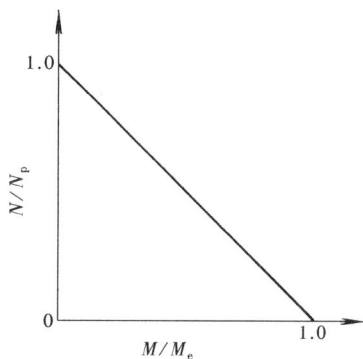

图 7-5　拉弯、压弯构件按弹性工作状态计算强度的相关曲线

对承受静力荷载和不需计算疲劳的承受动力荷载的实腹式拉弯构件和压弯构件以及格构式拉弯构件和压弯构件当弯矩绕实轴作用时，应以部分截面发展塑性作为强度承载能力的极限状态。据此可得《设计标准》计算公式：

$$\frac{N}{A_n} \pm \frac{M_x}{\gamma_x W_{nx}} \leqslant f \tag{7-4a}$$

对于双向弯矩的拉弯或压弯构件，可采用与上式相衔接的公式：

$$\frac{N}{A_n} \pm \frac{M_x}{\gamma_x W_{nx}} \pm \frac{M_y}{\gamma_y W_{ny}} \leqslant f \tag{7-4b}$$

式中　W_{nx}、W_{ny}——对 x 轴和 y 轴的净截面模量（mm^2）（取值应与拉应力或压应力的计算点相应）；

γ_x、γ_y——截面塑性发展系数（应与截面模量相应），当截面板件宽厚比等级不满足 S3 级要求时取 1.0，满足 S3 级要求时按表 6-2 选用。

上式也适用于单轴对称截面，因此在弯曲正应力一项带正负号。

式（7-4a）也包容式（7-3）的弹性工作状态计算公式，即取式中 $\gamma_x = 1.0$。

二、拉弯、压弯构件的刚度

和轴心受拉、轴心受压构件一样，拉弯构件和压弯构件的刚度也按式（5-3）计算其长细比进行控制，容许长细比采用与表 5-2、表 5-3 相同数值。

【例 7-1】　试计算图 7-6 所示拉弯构件的强度和刚度。轴心拉力设计值 $N = 210kN$，杆中点横向集中荷载设计值 $F = 31kN$，均为静力荷载。钢材 Q235B。杆中点螺栓的孔径 $d_o = 21.5mm$。

【解】　查附表 15，一个角钢 L140×90×8 的截面特性和重量：$A = 18.04cm^2$，$g = 14.16kg/m$，$I_x = 365.64cm^4$，$i_x = 4.5cm$，$z_y = 45mm$。

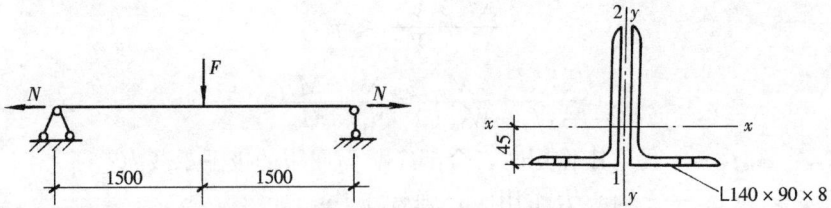

图 7-6　例 7-1 附图

一、强度计算

(一) 内力计算 (杆中点为最不利截面)

$N=210$kN

最大弯矩设计值 (计入杆自重)

$$M_{max}=\frac{Fl}{4}+\frac{gl^2}{8}=\frac{31\times3}{4}+\frac{1.3\times2\times14.16\times9.8\times3^2}{8\times10^3}=23.66\text{kN}\cdot\text{m}$$

(二) 截面几何特性

$A_n=2(18.04-2.15\times0.8)=32.64\text{cm}^2$

净截面模量 (设中和轴位置不变, 仍与毛截面的相同)

肢背处　$W_{n1}=\dfrac{2[365.64-2.15\times0.8(4.5-0.4)^2]}{4.5}=149.7\text{cm}^3$

肢尖处　$W_{n2}=\dfrac{2[365.64-2.15\times0.8(4.5-0.4)^2]}{9.5}=70.9\text{cm}^3$

(三) 截面强度

承受静力荷载的实腹式截面, 由式 (7-4a) 计算。查表 6-2, $\gamma_{x1}=1.05$, $\gamma_{x2}=1.2$。

肢背处 (点 1):

$$\frac{N}{A_n}+\frac{M_{max}}{\gamma_{x1}W_{n1}}=\frac{210\times10^3}{32.64\times10^2}+\frac{23.66\times10^6}{1.05\times149.7\times10^3}$$
$$=64.3+150.5=214.8\text{N/mm}^2<f=215\text{N/mm}^2\text{ (满足)}$$

肢尖处 (点 2):

$$\frac{N}{A_n}-\frac{M_{max}}{\gamma_{x2}W_{n2}}=\frac{210\times10^3}{32.64\times10^2}-\frac{23.66\times10^6}{1.2\times70.9\times10^3}=64.3-278.1$$
$$=-213.8\text{N/mm}^2<f=215\text{N/mm}^2\text{ (满足)}$$

二、刚度计算

承受静力荷载, 故仅须计算竖向平面的长细比

$$\lambda_x=\frac{l}{i_x}=\frac{3\times10^2}{4.5}=66.7<[\lambda]=350\text{ (满足)}$$

第三节　实腹式压弯构件的整体稳定性

在第五章讨论用现代方法确定轴心受压构件整体稳定承载能力时, 曾经考虑了初弯曲、初偏心等初始缺陷的影响, 将其作为压弯构件, 但它主要还是承受轴心压力, 弯矩的

存在带有偶然性。然而对压弯构件，弯矩和轴心压力一样，都属于主要荷载。轴心受压构件的弯曲屈曲是在两主轴方向中长细比较大的方向发生，而压弯构件由于弯矩通常绕截面的强轴即在截面的最大刚度平面作用，故构件可能在弯矩作用平面内弯曲屈曲，但因构件在垂直于弯矩作用平面的刚度较小，所以也可能因侧向弯曲和扭转使构件产生弯扭屈曲，即通称的弯矩作用平面外失稳。因此，对压弯构件须分别对其两方向的稳定性进行计算。

一、实腹式压弯构件在弯矩作用平面内的稳定性

（一）工作性能

图 7-7 (a) 示一在轴心压力 N 和端弯矩 M 共同作用下的实腹式压弯构件，构件的初始缺陷（初弯曲、初偏心等）用等效初挠度 v_{0m} 代表。现假设在弯矩作用平面外有足够的刚度或侧向支承阻止其变形，故同样可按照第二类稳定问题来确定在弯矩作用平面内的稳定承载力。图 7-7 (b) 所示为当 N 与 M 成比例增加时，压力 N 和构件中点侧向挠度 v_m 的关系曲线，它类似图 5-8 (b) 的实际轴心压杆工作性能曲线。其中 A 点代表截面边缘纤维达到屈服（可能有图 7-7 (b) 中的 3 种情况，①、②在受压侧，③在受拉侧）。但在 $O'AB$ 上升段构件处于稳定平衡状态，仅曲线坡度因有弯矩作用而相对要比轴心压杆的小，且随偏心率 ε（ε 在此处表示偏心距 $e=(M+Nv_{0m})/N$ 和核心距 $\rho=W_1/A$ 的比，即 $\varepsilon=(M+Nv_{0m})A/NW_1$，$W_1$ 为受压最大纤维毛截面模量）增大而减小，如图 7-7 (b) 中曲线 1 和 2 所示（曲线 2 的 ε 大于曲线 1 的）。在 BC 下降段，构件处于不稳定平衡状态。B 点为压溃时的极限状态，相应的 N_u 为极限承载力。

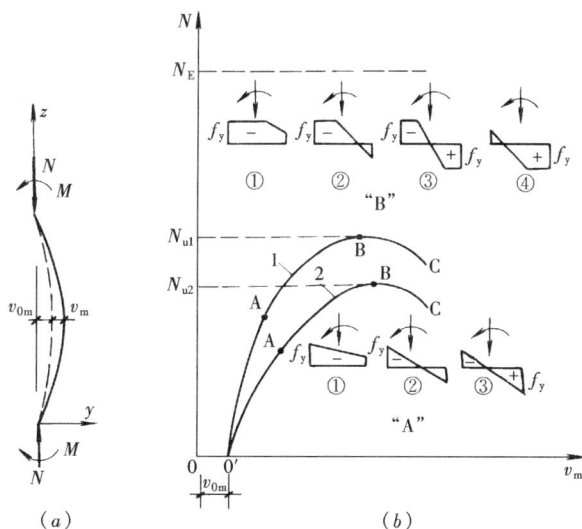

图 7-7 压弯构件 $N\text{-}v_m$ 关系曲线

压弯构件 N_u 值的大小与构件长细比 λ、偏心率 ε 和支承情况有关。另外还与截面的形式和尺寸、初弯曲和初偏心等初始缺陷、截面上残余应力的大小和分布情况、材料的应力-应变关系（因构件处在弹塑性工作阶段）、弯矩的方向（如对单轴对称的 T 形截面，最大压应力位于翼缘侧还是腹板侧）、荷载性质（是端弯矩还是由横向均布荷载或集中荷载产

生的弯矩）等众多因素有关，故在压溃时构件中点及其附近一段截面上出现的塑性区可能有图 7-7（b）中的 4 种情况：①、②为只在受压一侧出现塑性区（双轴对称截面且 ε 较小时）；③为同时在受压和受拉两侧出现塑性区（ε 较大时）；④为只在受拉一侧出现塑性区（单轴对称截面当弯矩作用在对称轴平面内且使较大翼缘受压时）。由上述情况可见，确定压弯构件的 N_u 值比轴心压杆更复杂。

（二）计算方法

实腹式压弯构件当弯矩作用在对称轴平面时，其承载力亦可用与轴心压杆相类似的数值分析方法，对各种形式截面均可按不同长细比 λ 并考虑 $l/1000$ 的初弯曲等初始缺陷和残余应力分布的简化模型初始数据输入计算机计算，从而得到如图 7-8 所示一系列不同偏心率的柱子曲线（图中 ε＝0 即轴心压杆柱子曲线），采用稳定系数 $\varphi_p＝N_u/Af_y$ 按单项式 $N/\varphi_p Af \leqslant 1.0$ 进行计算，φ_p 值根据各种截面形式按 λ 和 ε 制成设计用表。我国原 TJ17—74《设计规范》采用了上述方法，显而易见，它应用虽较方便，但要想正确地反映工程中的各种截面，使计算结果吻合实际，必须制定大量表格，从而使应用带来不便，故一般还需对截面进行归类制表，这样又使计算结果产生较大误差，因为即使同一截面形式，由于尺寸和残余应力分布的不同，其承载力都可能相差较大。

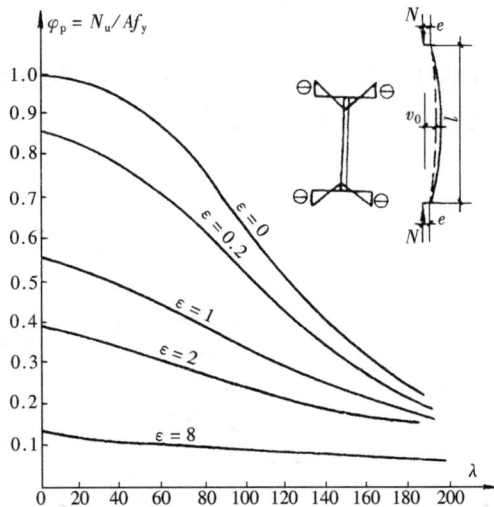

图 7-8　压弯构件的柱子曲线

基于上述原因，经研究分析，《设计标准》改用了当前国际上普遍采用，能直观表达 N 和 M 影响的双项相关公式：

$$\frac{N}{\varphi_x Af} + \frac{\beta_{mx} M_x}{\gamma_x W_{1x}(1-0.8N/N'_{Ex})f} \leqslant 1.0 \tag{7-5}$$

式中　N——所计算构件段范围内的轴心压力设计值（N）；

M_x——所计算构件段范围内的最大弯矩设计值（N·mm）；

N'_{Ex}——参数，$N'_{Ex}＝\pi^2 EA/1.1\lambda_x^2$，即欧拉临界力 N_{Ex} 除以抗力分项系数的平均值 $\gamma_R＝1.1$；

φ_x——弯矩作用平面内的轴心受压构件稳定系数；

W_{1x}——在弯矩作用平面内对受压最大纤维的毛截面模量（mm^3）；

β_{mx}——等效弯矩系数，应按下列规定采用：

1. 无侧移框架柱和两端支承的构件

（1）无横向荷载的作用时：$\beta_{mx} = 0.6 + 0.4M_2/M_1$，$M_1$ 和 M_2 为端弯矩（$N \cdot mm$），构件无反弯点时取同号，构件有反弯点时取异号，$|M_1| \geqslant |M_2|$；

（2）无端弯矩但有横向荷载作用时：

跨中单个集中荷载

$$\beta_{mqx} = 1 - 0.36N/N_{cr}$$

全跨均布荷载

$$\beta_{mqx} = 1 - 0.18N/N_{cr}$$

式中 N_{cr}——弹性临界力，$N_{cr} = \pi^2 EI/(\mu l^2)$，$\mu$ 为构件的计算长度系数。

（3）端弯矩和横向荷载同时作用时，取式（7-5）中的 $\beta_{mx}M_x = \beta_{m1x}M_1 + \beta_{mqx}M_{qx}$，即取上述（1）和（2）的代数和。$M_1$ 为跨中单个横向集中荷载产生的弯矩（$N \cdot mm$），M_{qx} 为横向均布荷载产生的弯矩最大值（$N \cdot mm$），β_{m1x} 为按（1）中 β_{mx} 计算式的等效弯矩系数。

2. 有侧移框架柱和悬臂构件

（1）除本款（2）项规定之外的框架柱，$\beta_{mx} = 1 - 0.36N/N_{cr}$；

（2）有横向荷载的柱脚铰接的单层框架柱和多层框架的底层柱，$\beta_{mx} = 1.0$；

（3）自由端作用有弯矩的悬臂柱，$\beta_{mx} = 1 - 0.36(1-m)N/N_{cr}$，式中 m 为自由端弯矩与固定端弯矩之比，当弯矩图无反弯点时取正号，有反弯点时取负号。

式（7-5）所示双项相关式中的第一项主要反映 N 的影响，即轴心受压构件绕 x 轴整体稳定性的计算公式；第二项主要反映 M 的影响，即受弯构件考虑压力对弯矩的增大影响和部分截面发展塑性绕 x 轴的强度计算公式，由此可见，它不仅从形式上能将 N 和 M 等各种因素对构件整体稳定性的影响程度直观地表达出来，而且还能与轴心受压构件整体稳定性计算公式（当式中 $M=0$ 时）和受弯构件强度计算公式（当式中 $N=0$ 和 $\beta_{mx}=1$ 时）达到协调和衔接。

对单轴对称截面压弯构件（如表 6-2 中项次 3、4 的 T 形或槽形截面），当弯矩作用在对称轴平面内且使较大翼缘受压时，还有可能在较小翼缘或无翼缘端，因产生较大拉应力而首先发展塑性使构件失稳（图 7-7 中第④种情况），此时轴心压力 N 产生的压应力将减少弯矩产生的拉应力，故尚应按下式对其进行计算：

$$\left| \frac{N}{Af} - \frac{\beta_{mx}M_x}{\gamma_x W_{2x}(1 - 1.25N/N'_{Ex})f} \right| \leqslant 1.0 \qquad (7\text{-}6)$$

式中 W_{2x}——在弯矩作用平面内对较小翼缘或无翼缘端最外纤维的毛截面模量（mm^3）；

γ_x——相应于 W_{2x} 的塑性发展系数。

根据上述，对单轴对称截面压弯构件，当弯矩作用在对称轴平面内且使较大翼缘受压时，除应按式（7-5）计算外，尚应按式（7-6）计算。

二、实腹式压弯构件在弯矩作用平面外的稳定

对两端简支的双轴对称实腹式截面的压弯构件，当两端受轴心压力和等弯矩作用时，在弯矩作用平面外的弯扭屈曲临界条件，根据弹性稳定理论，可由下式表达：

$$\left(1-\frac{N}{N_{\text{Ey}}}\right)\left(1-\frac{N}{N_{\text{Ey}}}\cdot\frac{N_{\text{Ey}}}{N_z}\right)-\left(\frac{M_x}{M_{\text{xcr}}}\right)^2=0 \qquad (7\text{-}7)$$

式中　N_{Ey}——构件轴心受压时对弱轴（y 轴）的弯曲屈曲临界力，即欧拉临界力；

N_z——绕构件纵轴（z 轴）的扭转屈曲临界力；

M_{xcr}——构件受对 x 轴的均布弯矩作用时的弯扭屈曲临界弯矩。

上式可根据 N_z/N_{Ey} 的不同比值绘出 N/N_{Ey} 和 M_x/M_{xcr} 的相关曲线如图 7-9 所示。图中 $N_z/N_{\text{Ey}}>1.0$ 时，曲线上凸，且愈大愈凸，即构件弯扭屈曲承载力愈高。对于常用截面，N_z/N_{Ey} 均大于 1.0，如偏安全地采用 1.0，即 $N_{\text{Ey}}=N_z$，则由式（7-7）可得一直线相关方程：

$$\frac{N}{N_{\text{Ey}}}+\frac{M_x}{M_{\text{xcr}}}=1$$

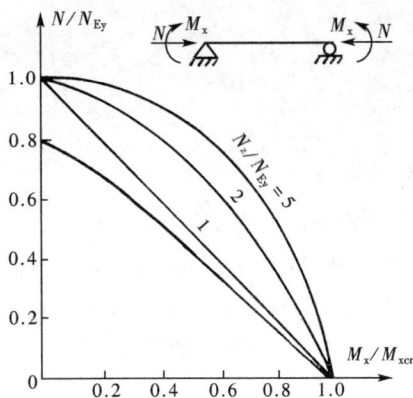

图 7-9　$N/N_{\text{Ey}}-M_x/M_{\text{xcr}}$ 相关曲线

在上式中用 $N_{\text{Ey}}=\varphi_y A f_y$，$M_{\text{xcr}}=\varphi_b W_{1x} f_y$ 代入，并引入非均匀分布弯矩作用时的等效弯矩系数 β_{tx} 和抗力分项系数 γ_R 以及闭口（箱形）截面的影响调整系数 η，可得《设计标准》规定的公式为：

$$\frac{N}{\varphi_y A f}+\eta\frac{\beta_{\text{tx}}M_x}{\varphi_b W_{1x} f}\leqslant 1.0 \qquad (7\text{-}8)$$

式中　φ_y——弯矩作用平面外的轴心受压构件稳定系数；

M_x——所计算构件段范围内（侧向支承之间）的最大弯矩设计值（N·mm）；

η——截面影响系数，闭口（箱形）截面 $\eta=0.7$，其他截面 $\eta=1.0$；

φ_b——均匀弯曲的受弯构件整体稳定性系数，可按式（6-18）～式（6-23）的近似公式计算；

β_{tx}——等效弯矩系数，应按下列规定采用：

（1）在弯矩作用平面外有支承的构件，应根据两相邻支承点间构件段内的荷载和内力情况确定：

1）所考虑构件段无横向荷载作用时：$\beta_{\text{tx}}=0.65+0.35M_2/M_1$，$M_1$ 和 M_2 是在弯矩作用平面内的端弯矩，使构件段产生同向曲率时取同号；产生反向曲率时取异号，$|M_1|\geqslant|M_2|$；

2）所考虑构件段内有端弯矩和横向荷载同时作用时：使构件段产生同向曲率时，$\beta_{\text{tx}}=1.0$；使构件段产生反向曲率时，$\beta_{\text{tx}}=0.85$；

3）所考虑构件段内无端弯矩但有横向荷载作用时：$\beta_{\text{tx}}=1.0$。

（2）弯矩作用平面外为悬臂的构件：$\beta_{\text{tx}}=1.0$。

式（7-8）虽是根据弹性工作状态按双轴对称截面的理论公式导得，但对弹塑性工作状态以及单轴对称截面同样适用。

同样，式（7-8）所示的计算实腹式压弯构件在弯矩作用平面外整体稳定的双项相关公式，也从形式上将 N 和 M 表达出来，利于直观，而且较好地与轴心受压构件和受弯构件的稳定计算公式协调和衔接。

第四节　实腹式压弯构件的局部稳定性

实腹式压弯构件的局部稳定性与轴心受压构件和受弯构件的一样，也是以受压翼缘和腹板的宽厚比的等级及限值来保证，现分别叙述如下：

一、受压翼缘宽厚比的限值

工字形和箱形截面（同图 6-22）的压弯构件，其受压翼缘的应力情况与受弯构件受压翼缘的类似，当截面设计由强度控制时更加相似，故翼缘板的自由外伸宽度 b_1 与其厚度 t 之比亦按受弯构件式（6-36）的规定，即应满足下式要求：

$$\frac{b_1}{t} \leqslant 15\varepsilon_k \tag{7-9}$$

此数值即表 7-1 压弯构件工字形截面宽厚比等级中的 S4 级翼缘为弹性截面的限值。

上式较符合长细比较大如 $\lambda \geqslant 100$ 的压弯构件，即适合于弹性设计（塑性发展系数 $\gamma_x = 1.0$）。对长细比较小的压弯构件，且由弯矩作用平面内的稳定性控制截面设计时，受压翼缘将有较深的塑性发展，若设计允许部分截面发展塑性时，则按式（6-38）取：

$$\frac{b_1}{t} \leqslant 13\varepsilon_k \tag{7-10}$$

此数值即表 7-1 压弯构件工字形截面宽厚比等级中的 S3 级翼缘为塑性截面的限值。

箱形截面压弯构件受压翼缘在两腹板间的宽厚比 b_0/t 限值较受弯构件的稍大，即：

$$\frac{b_0}{t} \leqslant 45\varepsilon_k \tag{7-11a}$$

$$\frac{b_0}{t} \leqslant 40\varepsilon_k \tag{7-11b}$$

上面两式数值即表 7-1 压弯构件箱形截面宽厚比等级中的 S4 级和 S3 级两腹板间翼缘为弹性截面和塑性截面的限值。

二、考虑腹板屈曲后强度的计算

对某些大型工字型截面和箱型截面压弯构件，腹板宽厚比超过表 7-1S4 级限值要求时，也可采用第五章轴心受力构件一样的纵向加劲肋加强，以满足宽厚比限值，或采用下述用有效截面计算构件的承载力。它类似于考虑梁腹板屈曲后强度时的计算方法，即当腹板宽厚比不能满足限值要求时，认为受压区有部分腹板因受压屈曲退出工作，而仅考虑剩余的腹板和翼缘组成的有效截面用来计算构件的承载力。

（一）腹板有效宽度 h_e 的计算

设腹板宽度为 h_w，受压区的宽度为 h_c，有效宽度为 h_e。当截面全部受压时 $h_c = h_w$。经研究，h_e 和 h_c 的关系可用下式表达：

当截面全部受压时［图 7-10（a）］

$$h_e = \rho h_c \tag{7-12a}$$

当截面部分受拉时［图 7-10（b）］

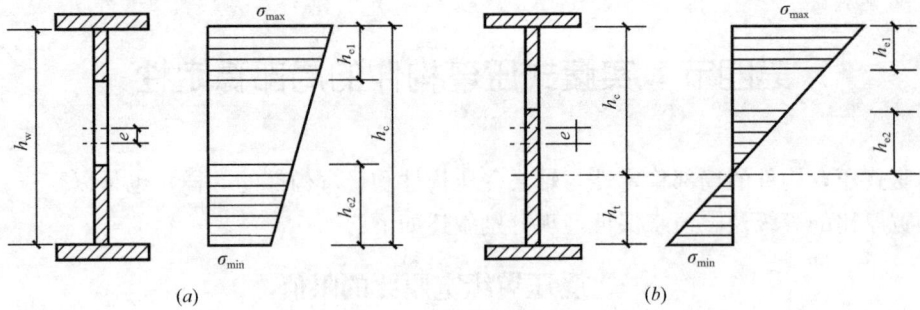

图 7-10　构件有效截面和腹板有效宽度的分布

(*a*) 截面全部受压时；(*b*) 截面部分受拉时

$$h_{\mathrm{e}} = h_{\mathrm{t}} + \rho h_{\mathrm{c}} \tag{7-12b}$$

式中　h_{t}、h_{c}、h_{e}——腹板受拉区、受压区宽度和有效宽度；

ρ——有效宽度系数，按下列公式计算。

当 $\lambda_{\mathrm{n,p}} \leqslant 0.75$ 时

$$\rho = 1 \tag{7-13a}$$

当 $\lambda_{\mathrm{n,p}} > 0.75$ 时

$$\rho = \frac{1}{\lambda_{\mathrm{n,p}}} \left(1 - \frac{0.19}{\lambda_{\mathrm{n,p}}} \right) \tag{7-13b}$$

式中　$\lambda_{\mathrm{n,p}}$——用于腹板受弯曲压应力计算时的参数（正则化宽厚比），按下列公式计算：

$$\lambda_{\mathrm{n,p}} = \frac{h_{\mathrm{w}}/t_{\mathrm{w}}}{28.1 \sqrt{k_{\sigma}}} \cdot \frac{1}{\varepsilon_{\mathrm{k}}} \tag{7-14}$$

$$k_{\sigma} = \frac{16}{\sqrt{(2 - \alpha_0)^2 + 0.112\alpha_0^2} + (2 - \alpha_0)} \tag{7-15}$$

对箱形截面 $k_{\sigma} = 4$。

（二）腹板有效宽度 h_{e} 的分布

腹板屈曲区一般靠近最大压应力 $\sigma_{\max}$ 一侧翼缘。有效宽度 h_{e} 的分布可按下列公式计算：

当 $\alpha_0 \leqslant 1$（截面全部受压）时 ［图 7-10 (*a*)］

$$h_{\mathrm{e1}} = \frac{2h_{\mathrm{e}}}{4 + \alpha_0} \tag{7-16a}$$

$$h_{\mathrm{e2}} = h_{\mathrm{e}} - h_{\mathrm{e1}} \tag{7-16b}$$

当 $\alpha_0 > 1$（截面部分受拉）时 ［图 7-10 (*b*)］

$$h_{\mathrm{e1}} = 0.4h_{\mathrm{e}} \tag{7-17a}$$

$$h_{\mathrm{e2}} = 0.6h_{\mathrm{e}} \tag{7-17b}$$

对箱形截面，有效宽度按两侧均等分布。

（三）按有效截面承载力的计算

工字形和箱形截面压弯构件按有效截面设计时，由于有效截面形心有所偏移，故其承载力应按下列公式计算：

1. 强度

$$\frac{N}{A_{\mathrm{ne}}} \pm \frac{M_{\mathrm{x}} + Ne}{\gamma_{\mathrm{x}} W_{\mathrm{nex}}} \leqslant f \tag{7-18}$$

2. 弯矩作用平面内稳定性

$$\frac{N}{\varphi_x A_e f} + \frac{\beta_{mx} M_x + Ne}{\gamma_x W_{elx}(1 - 0.8N/N'_{Ex})f} \leqslant 1.0 \qquad (7\text{-}19)$$

3. 弯矩作用平面外稳定性

$$\frac{N}{\varphi_y A_e f} + \eta \frac{\beta_t M_x + Ne}{\varphi_b W_{elx} f} \leqslant 1.0 \qquad (7\text{-}20)$$

式中　A_{ne}、A_e——有效截面的净截面面积和毛截面面积（mm^2）；

　　　　W_{nex}——有效截面的净截面模量（mm^3）；

　　　　W_{elx}——有效截面对较大受压纤维的毛截面模量（mm^3）；

　　　　e——有效截面形心至原截面形心的距离（mm）。

M_x 应注意区分计算强度和弯矩作用平面内和平面外整体稳定性的最不利构件的最大弯矩。如最大弯矩 M_x 位于构件端部时则应对该部位用其作强度验算，并采用该部位相应的 A_{ne} 和 W_{nex}。

第五节　压弯构件的计算长度

虽然同轴心受力构件一样，不同的杆端约束程度也使压弯构件的承载力不同，但压弯构件通常是框架的组成部分，故框架柱的稳定按理应纳于框架的整体失稳一起来分析。然而，为了简化计算，现在一般仍将框架柱和横梁作为单独构件，仅在计算时考虑其相互约束影响，采用计算长度代换实际长度来反映，即将不同支承情况的构件长度代换为等效铰接支承的长度，并用计算长度系数 μ 表达。

实际工程中的压弯构件有多种类型，故其计算长度应按下列不同情况选用。

一、单根压弯构件的计算长度

单根压弯构件的端部支承条件比较简单，且可近似地忽略弯矩的影响，故其计算长度可利用表 5-4 轴心受压构件的计算长度系数 μ 乘其几何长度进行计算。

二、框架柱的计算长度

对于框架柱，需要分别计算其在框架平面内和在框架平面外的计算长度。在框架平面内的计算长度还需根据框架失稳时的形式有无侧移来确定，在框架平面外的计算长度则须根据侧向支承点布置的情况确定。

（一）在框架平面内的计算长度

确定框架柱在框架平面内的计算长度的基本假定是框架只承受作用在节点上的竖向荷载。当荷载作用在横梁上时，也可近似地将荷载移至柱顶，并忽略荷载在梁端引起的弯矩，这样所得的计算长度，误差不大（注意在计算柱的强度和稳定性时，此弯矩不能忽略）。

1. 单层等截面框架柱

（1）无侧移（有支撑）框架柱　对图 7-11（a）所示的单层单跨等截面柱对称框架，

在框架顶部设有防止其侧移的强支撑支承，因此框架在失稳时无侧移，横梁两端的转角 θ 大小相等方向相反，呈对称失稳形式。根据弹性稳定理论可计算出无侧移框架的计算长度系数 μ 如表 7-2，其值取决于柱底支承情况以及梁对柱的约束程度，后者用 $K_1 = I_1 H / I l$ 表达，它代表横梁的线刚度 I_1/l 与柱的线刚度 I/H 的比值。当横梁与柱铰接时（图 7-11c），取横梁线刚度为零，即 $K_1 = 0$。当横梁的惯性矩很大，即 $I_1 \to \infty$，或 $K_1 \to \infty$ 时，它近似于横梁与柱刚接（图 7-11b），但考虑到工程实际情况，均按 $K_1 \geq 10$ 的 μ 值取用。因此，对于与基础刚接的柱，当 $K_1 = 0 \sim 10$ 时，其 μ 值在 $0.732 \sim 0.549$ 范围。上述数值较图 7-11（b）、(c)中的理论值 $0.5 \sim 0.7$ 稍大，原因是当柱与基础刚接时，理论上其 $K_2 \to \infty$（K_2 详见后述），然而考虑到实际工程中柱脚并非绝对嵌固，故表 7-2 中数值实际是取用附表 9-1 多层无侧移框架柱的计算长度系数表中 $K_2 \geq 10$ 时的 μ 值。对于与基础铰接的柱，当 $K_1 = 0 \sim 10$ 时，其 μ 值在 $1.0 \sim 0.732$ 范围，即表 7-1 中数值是取用附表 9-1 中 $K_2 = 0$ 时的 μ 值。

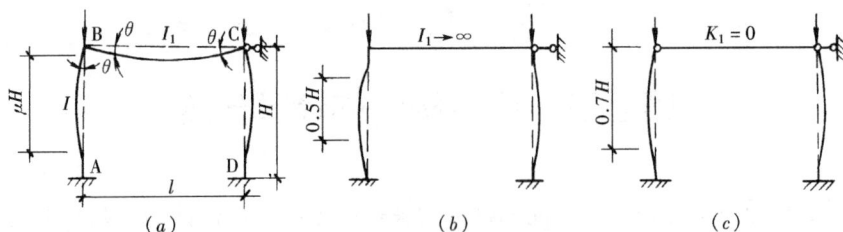

图 7-11 单层单跨框架无侧移失稳

对单层多跨无侧移框架（图 7-12a），在失稳时同样可假定横梁两端转角 θ 大小相等方向相反，且各柱失稳在同时产生，其计算长度系数 μ 亦可采用表 7-2，但表中 $K_1 = (I_1/l_1 + I_2/l_2)/(I/H)$，即采用与柱相邻的两根横梁线刚度之和与柱线刚度的比值。

单层框架等截面柱的计算长度系数 μ 表 7-2

框架类型	柱与基础连接方式	相交于柱上端的横梁线刚度之和与柱线刚度的比值 K_1												
		0	0.05	0.1	0.2	0.3	0.4	0.5	1	2	3	4	5	$\geq$10
无侧移	铰接	1.000	0.990	0.981	0.964	0.949	0.935	0.922	0.875	0.820	0.791	0.773	0.760	0.732
	刚接	0.732	0.726	0.721	0.711	0.701	0.693	0.685	0.654	0.615	0.593	0.580	0.570	0.549
有侧移	铰接	∞	6.02	4.46	3.42	3.01	2.78	2.64	2.33	2.17	2.11	2.08	2.07	2.03
	刚接	2.03	1.83	1.70	1.52	1.42	1.35	1.30	1.17	1.10	1.07	1.06	1.05	1.03

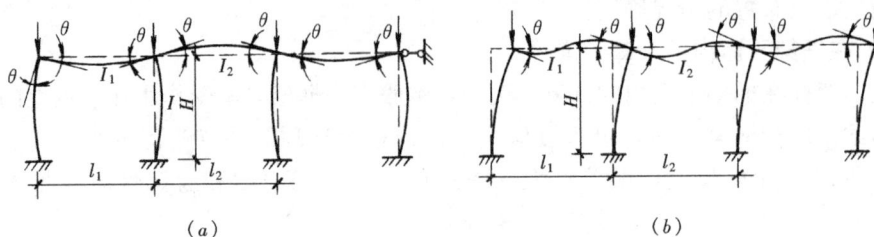

图 7-12 单层多跨框架失稳形式

(a) 无侧移；(b) 有侧移

（2）有侧移（无支撑）框架柱 框架在有侧移失稳时的承载能力较低，而实际工程中，除了少数设有防止侧移的支撑体系或剪力墙等外，单层框架一般应按有侧移考虑。分析有侧移框架的内力目前有三种方法：第一种是框架的内力采用一阶弹性分析方法，即不考虑框架结构变形对内力产生的影响，根据未变形结构建立平衡条件，计算框架由各种荷载产生的内力，然后将框架柱作为单独的压弯构件进行设计，而框架在平面内的稳定性计算则用框架柱的计算长度 $l_0 = \mu l$ 来考虑与柱相连构件的约束影响，因此一阶分析只是一种简化的近似方法。第二种是二阶 $P\text{-}\Delta$ 弹性分析方法，它是根据变形后的框架结构建立平衡条件，即考虑结构变形对内力产生影响的 $P\text{-}\Delta$ 效应（二阶效应），故框架在平面内稳定性计算采用框架柱的实际几何长度 l，即 $\mu = 1.0$。第三种是直接分析法，它是比二阶 $P\text{-}\Delta$ 弹性分析方法更高的分析方法，也是当前国外采用的设计新理念、新趋势，以达到与美标、欧标同步。它是将影响结构刚度的各种因素如结构整体的初始缺陷、构件的初始几何缺陷、残余应力、二阶 $P\text{-}\Delta$ 效应、材料的弹塑性、节点的半刚性等，反映结构的真实情况进行综合分析。直接分析法涉及的各种因素较多，需编制计算软件，可参阅《设计标准》有关资料。当结构需进行连续倒塌、抗火或极端荷载作用分析时，宜采用直接分析法。

从以上所述可见，二阶 $P\text{-}\Delta$ 分析是一种比较精确的计算方法，但其分析较繁，且计算工作量较大（需借助电算）。一阶弹性分析虽是一种近似方法，但其误差值与框架柱的轴心压力 N、水平力 H 和侧移 Δu 的大小有关。对轴心压力和水平力不太大且侧向刚度较大的单层框架，其误差不大。当与上述情况相反时，其误差才较大。下面对一阶弹性分析方法加以叙述。

框架有侧移失稳的变形是反对称的，横梁两端的转角 θ 大小相等方向相同。对单层单跨框架柱（图 7-13a），按弹性稳定理论分析的计算长度系数亦见表 7-2，实际上它是摘自附表 9-2 多层有侧移框架柱的计算长度系数表。如对与基础刚接的柱，取 $K_2 \geqslant 10$ 数值，即当 $K_1 = 0 \sim 10$ 时，其 μ 值约在 $2.0 \sim 1.0$ 范围（图 7-13b、c）。对与基础铰接的柱，取 $K_2 = 0$ 数值，其 μ 值都大于 2.0，且变动范围很大。对单层多跨有侧移框架柱（图 7-12b），其计算长度系数同样可用 $K_1 = (I_1/l_1 + I_2/l_2) / (I/H)$ 查表 7-2。

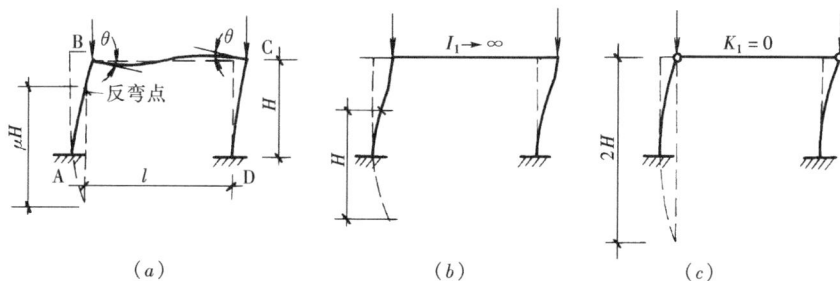

图 7-13 单层单跨框架有侧移失稳

2. 多层多跨等截面框架柱

对多层多跨等截面框架柱的计算长度，亦须分别按无侧移（有支撑）和有侧移（无支撑）两种情况确定（图 7-14a、b）。无侧移框架柱是指框架中设有具有一定抗侧移刚度的支撑架、剪力墙、电梯井等，能阻止框架节点的侧移。否则应按有侧移框架柱计算。计算时采用一阶弹性分析的基本假定同单层多跨框架，但同时还假定在柱失稳时，相交于每一节点的横梁对柱的约束程度，按上、下两柱线刚度之比分配给柱。其计算长度系数见附表9-1与附表9-2。表中 K_1 为相交于柱上端的横梁线刚度之和与柱线刚度之和的比值；K_2 则为相交于柱下端的横梁线刚度之和与柱线刚度之和的比值。当 $K_2=0$，即表 7-2 中柱与基础铰接的 μ 值；$K_2=10$ 即柱与基础刚接的 μ 值。

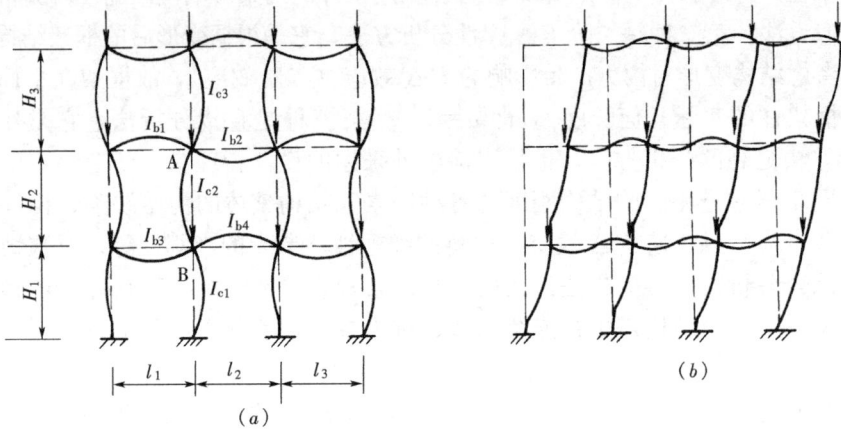

图 7-14　多层多跨框架失稳形式

(a) 无侧移；(b) 有侧移

如图 7-14 (a) 中柱 AB：

$$K_1=\frac{I_{b1}/l_1+I_{b2}/l_2}{I_{c3}/H_3+I_{c2}/H_2} \tag{7-21a}$$

$$K_2=\frac{I_{b3}/l_1+I_{b4}/l_2}{I_{c2}/H_2+I_{c1}/H_1} \tag{7-21b}$$

3. 单层厂房框架柱

单层厂房框架阶形柱的计算长度确定方法详见《设计标准》，本书从略。

(二) 在框架平面外的计算长度

当框架柱在框架平面外失稳时，可假定侧向支承点（柱顶、柱底、柱间支撑、吊车梁等）是其变形曲线的反弯点。在一般情况，框架柱在柱脚及支承点处的侧向约束均较弱，故均应假定为铰接。因此，在框架平面外的计算长度等于侧向支承点之间的距离（图 7-15a）。若无侧向支承时，则为柱的全长（图 7-15b）。

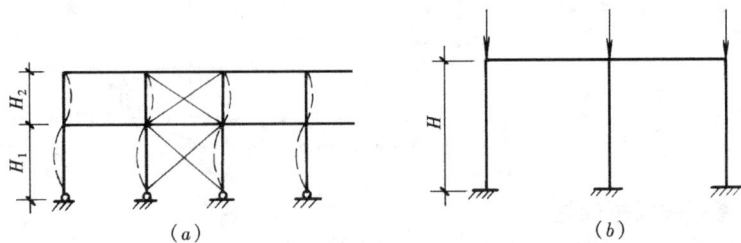

图 7-15　框架柱在框架平面外的计算长度

【例 7-2】 试确定图 7-16 所示双跨等截面框架柱（边柱和中柱）在框架平面内的计算

长度。柱与基础铰接，按有侧移失稳形式计算。

【解】　各构件的惯性矩：

横梁　$I_1 = \dfrac{1}{12} \times 1 \times 76^3 + 2 \times 38 \times 2 \times 39^2 = 267770\text{cm}^4$

边柱　$I = \dfrac{1}{12} \times 1 \times 35^3 + 2 \times 40 \times 1.6 \times 18.3^2 = 46440\text{cm}^4$

中柱　$I_2 = \dfrac{1}{12} \times 1.2 \times 46^3 + 2 \times 40 \times 2 \times 24^2 = 101890\text{cm}^4$

边柱线刚度比　$K_1 = \dfrac{I_1 H}{I\, l} = \dfrac{267770 \times 600}{46440 \times 1200} = 2.88$，查表 7-2 得 $\mu = 2.12$

边柱计算长度　$H_0 = 2.12 \times 6 = 12.72\text{m}$

中柱线刚度比应计入两根横梁的线刚度

$$K_1 = \dfrac{2I_1 H}{I_2 l} = \dfrac{2 \times 267770 \times 600}{101890 \times 1200} = 2.63$$，查表 7-2 得 $\mu = 2.13$

中柱计算长度　$H_0 = 2.13 \times 6 = 12.78\text{m}$

【例 7-3】　图 7-17 示一有侧移多层框架，图中圆圈内数字为横梁或柱的线刚度值，试确定各柱在框架平面内的计算长度系数。

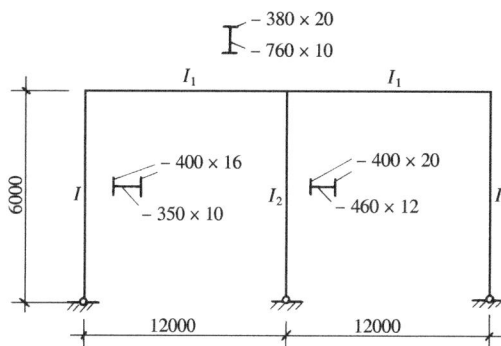

图 7-16　例 7-2 附图

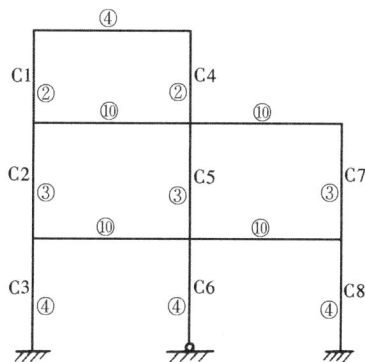

图 7-17　例 7-3 附图

【解】　先按式（7-21）计算 K_1、K_2，然后按附表 9-2 查出 μ 值：

柱 C1　$K_1 = \dfrac{4}{2} = 2$，$K_2 = \dfrac{10}{2+3} = 2$，$\mu = 1.16$

柱 C2　$K_1 = \dfrac{10}{2+3} = 2$，$K_2 = \dfrac{10}{3+4} = 1.43$，$\mu = 1.21$

柱 C3　$K_1 = \dfrac{10}{3+4} = 1.43$，$K_2 = 10$，$\mu = 1.14$

柱 C4　$K_1 = \dfrac{4}{2} = 2$，$K_2 = \dfrac{10+10}{2+3} = 4$，$\mu = 1.12$

柱 C5　$K_1 = \dfrac{10+10}{2+3} = 4$，$K_2 = \dfrac{10+10}{3+4} = 2.86$，$\mu = 1.10$

柱 C6　$K_1 = \dfrac{10+10}{3+4} = 2.86$，$K_2 = 0$，$\mu = 2.12$

柱 C7　$K_1 = \dfrac{10}{3} = 3.33$，$K_2 = \dfrac{10}{3+4} = 1.43$，$\mu = 1.18$

柱 C8　$K_1 = \dfrac{10}{3+4} = 1.43$，$K_2 = 10$，$\mu = 1.14$

第六节　实腹式压弯构件的截面设计

一、设 计 原 则

前已述及，实腹式压弯构件的截面形式可根据弯矩的大小和方向，选用双轴对称截面或单轴对称截面。为取得经济效果，应遵照等稳定性（弯矩作用平面内和平面外的整体稳定性尽量接近）、宽肢薄壁、制造省工和连接简便等设计原则。

二、设 计 方 法

(一) 试选截面

压弯构件的截面尺寸通常取决于整体稳定性，它包括在弯矩作用平面内和平面外两个方向的稳定性，但因计算公式中许多量值均与截面尺寸有关，故很难根据内力直接选择截面，因此一般须结合经验或参照已有资料先选截面，然后验算，在不满足时再行调整。但也可参照下述程序初选一个比较接近的截面，以作为设计参考。

1. 假定长细比 λ_x $\nearrow$ 查 φ_x

　　　　　　　　　　　　$\searrow$ 求 $i_{xreq} = \dfrac{l_{0x}}{\lambda_x}$ → 由 i_{xreq} 求得 $h_{req} = \dfrac{i_{xreq}}{\alpha_1}$

2. 由 h_{req} 和 i_{xreq} 计算 $\dfrac{A}{W_{1x}} = \dfrac{A}{I_x} y_1 = \dfrac{y_1}{i_{xreq}^2} \approx \dfrac{h_{req}}{2 i_{xreq}^2}$

（y_1 为由 x 轴到受压最大纤维的距离。对单轴对称截面也可先近似地按对称截面的 $y_1 = h/2$ 计算。）

3. 将 A/W_{1x}、φ_x 等代入式（7-5）计算截面需要的面积

$$A_{req} = \dfrac{1}{f} \left[\dfrac{N}{\varphi_x} + \dfrac{A}{W_{1x}} \cdot \dfrac{\beta_{mx} M_x}{\gamma_x (1 - 0.8 N/N'_{Ex})} \right] \approx \dfrac{1}{f} \left(\dfrac{N}{\varphi_x} + \dfrac{A}{W_{1x}} \cdot \dfrac{\beta_{mx} M_x}{\gamma_x} \right)$$

（此处将式中 $1 - 0.8 N/N'_{Ex}$ 省略为 1.0。）

4. 计算

$$W_{1x} = \dfrac{A i_x^2}{y_1} \approx \dfrac{2 A_{req} i_{xreq}^2}{h_{req}}$$

5. 将 W_{1x} 等代入式（7-8）计算 φ_y

$$\varphi_y = \dfrac{N}{A} \cdot \dfrac{1}{f - \dfrac{\eta \beta_{tx} M_x}{\varphi_b W_{1x}}}$$

6. 由 φ_y 反查 λ_y → 由 λ_y 求 $i_{yreq} = \dfrac{l_{0y}}{\lambda_y}$ → 由 i_{yreq} 求得 $b_{req} = \dfrac{i_{yreq}}{\alpha_2}$

7. 根据 A_{req}、h_{req} 和 b_{req} 确定截面尺寸。

（二）验算截面

对试选的截面需作如下几方面验算：

1. 强度——按式（7-3）或式（7-4）计算（若 N、M_x 的取值和验算整体稳定性时的一样，等效弯矩系数为 1.0，且截面无削弱时，可不必验算强度）。

2. 刚度——按式（5-3）计算。

3. 整体稳定性——在弯矩作用平面内按式（7-5）计算，对单轴对称截面当弯矩作用在对称轴平面且使较大翼缘受压时尚须按式（7-6）计算。在弯矩作用平面外按式（7-8）计算。

4. 局部稳定性——受压翼缘：工字形截面按式（7-9）或式（7-10）计算；箱形截面两腹板间的部分则按式（7-11）计算。腹板：宽厚比应符合表 7-1 的限值规定或按考虑腹板屈曲后强度计算。

三、构 造 规 定

实腹式压弯构件的横向加劲肋、横隔和纵向连接焊缝等的构造规定同实腹式轴心受压柱。

【例 7-4】 试计算图 7-18 所示焊接工字形截面翼缘为焰切边的压弯杆。杆两端铰接，长 15m，在杆中间 1/3 长度处有侧向支承。截面无削弱。承受轴心压力设计值 $N=850kN$，中点横向荷载设计值 $F=180kN$，材料 Q345 钢。

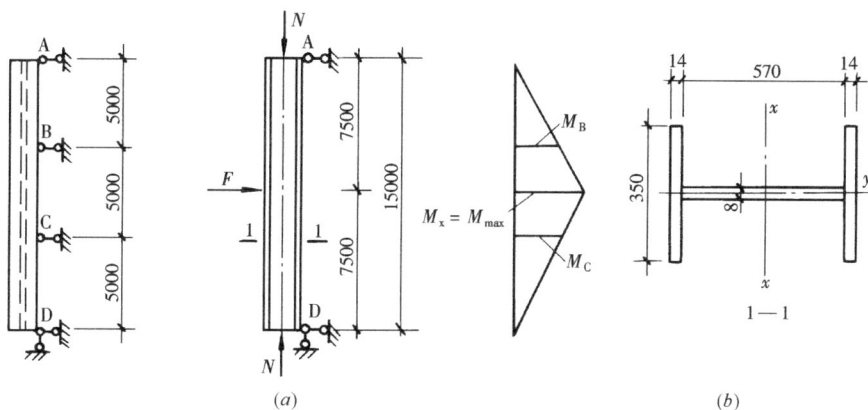

图 7-18　例 7-4 附图

【解】 一、按试选截面程序初选截面

$$M_x = \frac{1}{4} \times 180 \times 15 = 675 kN \cdot m$$

查附表 8-2：$\varphi_x = 0.734$

假定 $\lambda_x = 60$

（按 $\lambda_x / \varepsilon_k = 60 \div 0.825 = 72.7$）$i_{xreq} = \frac{l_{0x}}{\lambda_x} = \frac{1500}{60} = 25 cm \rightarrow h_{req} \approx \frac{i_{xreq}}{\alpha_1} = \frac{25}{0.43} = 58.1 cm$

$$\frac{A}{W_{1x}} = \frac{h_{req}}{2i_{xreq}^2} = \frac{58.1}{2 \times 25^2} = 0.0465 cm^{-1}$$

213

$$A_{req} = \frac{1}{f}\left(\frac{N}{\varphi_x} + \frac{A}{W_{1x}} \cdot \frac{\beta_{mx}M_x}{\gamma_x}\right) \approx \frac{1}{f}\left(\frac{N}{\varphi_x} + \frac{AM_x}{W_{1x}}\right)$$

$$= \frac{1}{305} \times \left(\frac{850 \times 10^3}{0.734} + 0.0465 \times 0.1 \times 675 \times 10^6\right)$$

$$= 14080mm^2 = 140.8cm^2$$

（此处先设 β_{mx}、γ_x 均等于 1.0）

$$W_{1x} = \frac{2A_{req}i_{xreq}^2}{h_{req}} = \frac{140.8}{0.0465} = 3028cm^3$$

$$\varphi_y = \frac{N}{A} \cdot \frac{1}{f - \frac{\eta\beta_{tx}M_x}{\varphi_b W_{1x}}} \approx \frac{N}{A} \cdot \frac{1}{f - \frac{M_x}{W_{1x}}}$$

$$= \frac{850 \times 10^3}{140.8 \times 10^2} \times \frac{1}{305 - \frac{675 \times 10^6}{3028 \times 10^3}} = 0.735$$

（此处均先取 η、β_{tx}、φ_b 等于 1.0）

由 $\varphi_y = 0.735$ 反查附表 8-2，$\lambda_y/\varepsilon_k = 72.5$，得

$$\lambda_y = 59.8 \rightarrow i_{yreq} = \frac{l_{0y}}{\lambda_y} = \frac{500}{59.8} = 8.36cm \rightarrow b_{req} = \frac{i_{yreq}}{\alpha_2} = \frac{8.36}{0.24} = 34.8cm$$

根据 A_{req}、h_{req}、b_{req} 确定的截面尺寸如图 7-18（b）所示。

二、验算截面

截面几何特性

$$A = 2 \times 35 \times 1.4 + 57 \times 0.8 = 143.6cm^2$$

$$I_x = \frac{0.8 \times 57^3}{12} + 2 \times 35 \times 1.4 \times 29.2^2 = 95900cm^4$$

$$I_y = 2 \times \frac{1.4 \times 35^3}{12} = 10000cm^4$$

$$i_x = \sqrt{\frac{I_x}{A}} = \sqrt{\frac{95900}{143.6}} = 25.8cm$$

$$i_y = \sqrt{\frac{I_y}{A}} = \sqrt{\frac{10000}{143.6}} = 8.34cm$$

$$W_{1x} = \frac{95900}{29.9} = 3207cm^3$$

（一）强度

按式（7-4）

$$M_x = \frac{1}{4} \times 180 \times 15 = 675kN \cdot m$$

$$\frac{N}{A_n} + \frac{M_x}{\gamma_x W_{nx}} = \frac{850 \times 10^3}{143.6 \times 10^2} + \frac{675 \times 10^6}{1.0 \times 3207 \times 10^3} = 59.2 + 210.5 = 269.7N/mm^2 < f$$

$$= 305N/mm^2 \text{（满足）}$$

（二）弯矩作用平面内的稳定性

按式（7-5）

$$\lambda_x = \frac{l_{0x}}{i_x} = \frac{1500}{25.8} = 58.1 < [\lambda] = 150 \text{（刚度满足）。按表 5-5a，翼缘为焰切边的焊接工字}$$

形截面对 x、y 轴均属 b 类截面，由 $\lambda_x/\varepsilon_k = 58.1/0.825 = 70.4$ 查附表 8-2，$\varphi_x = 0.749$

$$N'_{Ex} = \frac{\pi^2 EA}{1.1\lambda_x^2} = \frac{\pi^2 \times 206 \times 10^3 \times 143.6 \times 10^2}{1.1 \times 58.1^2} = 7863000\text{N} = 7863\text{kN}$$

β_{mx} 按两端支承构件无端弯矩跨中有单个横向集中荷载作用

$$N_{cr} = \frac{\pi^2 EI}{(\mu l)^2} = \frac{\pi^2 \times 206 \times 10^3 \times 95900 \times 10^4}{15000^2} = 8666000\text{N} = 8666\text{kN}$$

$$\beta_{mx} = 1 - 0.36\frac{N}{N_{cr}} = 1 - 0.36 \times \frac{850 \times 10^3}{8666 \times 10^3} = 0.965$$

$$\frac{N}{\varphi_x A f} + \frac{\beta_{mx} M_x}{\gamma_x W_{1x}\left(1 - 0.8\dfrac{N}{N'_{Ex}}\right)f}$$

$$= \frac{850 \times 10^3}{0.749 \times 143.6 \times 10^2 \times 305} + \frac{0.965 \times 675 \times 10^6}{1.0 \times 3207 \times 10^3\left(1 - 0.8 \times \dfrac{850 \times 10^3}{7863 \times 10^3}\right) \times 305}$$

$$= 0.26 + 0.73 = 0.99 < 1.0 \text{（满足）}$$

（三）弯矩作用平面外的稳定性

（取 BC 段）：按式（7-8）

$$\lambda_y = \frac{l_{0y}}{i_y} = \frac{500}{8.34} = 59.9 < [\lambda] = 150 \text{（刚度满足）。按 } \lambda_y/\varepsilon_k = 59.9/0.825 = 72.6 \text{ 查附表}$$

8-2，$\varphi_y = 0.735$。由式（6-18）

$$\varphi_b = 1.07 - \frac{\lambda_y^2}{44000\varepsilon_k^2} = 1.07 - \frac{59.9^2}{44000 \times 0.825^2} = 0.95$$

$\beta_{tx} = 1.0$（按所考虑的 BC 构件段内有端弯矩和横向荷载同时作用，且使构件段产生同向曲率）。$\eta = 1.0$。

$$\frac{N}{\varphi_y A f} + \eta\frac{\beta_{tx} M_x}{\varphi_b W_{1x} f} = \frac{850 \times 10^3}{0.735 \times 143.6 \times 10^2 \times 305} + \frac{1.0 \times 1.0 \times 675 \times 10^6}{0.95 \times 3207 \times 10^3 \times 305}$$

$$= 0.26 + 0.73 = 0.99 < 1.0 \text{（满足）}$$

（四）局部稳定性

翼缘按式（7-9）或式（7-10），腹板按表 7-1

翼缘：$\dfrac{b_1}{t} = \dfrac{35 - 0.8}{2 \times 1.4} = 12.2 < 15\varepsilon_k = 15 \times 0.825 = 12.4$（满足）

（符合弹性截面的限值，故前面计算强度和稳定性时取 $\gamma_x = 1.0$ 正确）

腹板：$\begin{matrix}\sigma_{max}\\\sigma_{min}\end{matrix} = \dfrac{N}{A} \pm \dfrac{M}{I_x} \cdot \dfrac{h_0}{2} = \dfrac{850 \times 10^3}{143.6 \times 10^2} \pm \dfrac{675 \times 10^6}{95900 \times 10^4} \times \dfrac{570}{2}$

$$= 59.2 \pm 200.6 = \begin{matrix}259.8\text{N/mm}^2\text{（压应力）}\\-141.4\text{N/mm}^2\text{（拉应力）（负号表明腹板一端受拉）}\end{matrix}$$

$$\alpha_0 = \frac{\sigma_{max} - \sigma_{min}}{\sigma_{max}} = \frac{259.8 - (-141.4)}{259.8} = 1.54$$

$$\frac{h_0}{t_w} = \frac{570}{8} = 71.3 < (45 + 25\alpha_0^{1.66})\varepsilon_k$$

$$= (45 + 25 \times 1.54^{1.66}) \times 0.825 = 79.4\text{（满足表 7-1 S4 级弹性截面要求）}$$

【例 7-5】 试选择图 7-19 所示天窗架的端竖杆双角钢截面。杆长 3.25m，承受轴心压力设计值 $N=35$kN 和风荷载设计值 $w=\pm 2$kN/m（正号为压力，负号为吸力），钢材 Q235B。

【解】 根据已知条件，该柱为承受轴心压力和横向荷载作用的压弯构件，可根据经验先试选截面，然后分别考虑风为压力和吸力两种情况进行在弯矩作用平面内和平面外的稳定性验算（截面无削弱，且计算稳定性和强度属同一截面，可不进行强度验算）。当风为压力时，跨中截面最大弯矩使翼缘边缘 1 处产生最大压应力，与轴心压力产生的压应力同号，故应以此处进行弯矩作用平面内稳定性验算。同时，因截面为单轴对称截面且较大翼缘受压，有可能在受拉侧首先发展塑性而使构件破坏，故还应对肢尖 2 处进行验算。当风为吸力时，跨中截面最

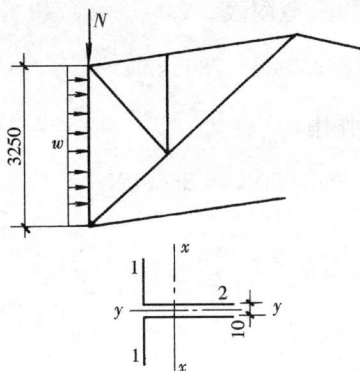

图 7-19 例 7-5 附图

大弯矩使肢尖 2 处产生最大压应力且与轴心压力产生的应力同号，故应以此处进行弯矩作用平面内稳定性验算。另外，不论风为压力或吸力均应进行弯矩作用平面外的稳定性验算。

试选 $2 \llcorner 90 \times 56 \times 5$，长肢相连。角钢间节点板厚 10mm。

一、截面几何特性

查附表 16，$A=2 \times 7.21=14.42 \text{cm}^2$，$I_x=2 \times 60.45=120.9 \text{cm}^4$，$i_x=2.9\text{cm}$，$i_y=2.37\text{cm}$，$z=2.91\text{cm}$。

二、验算截面

（一）当风荷载为压力时

1. 弯矩作用平面内的稳定性

按式 (7-5)、式 (7-6)

$$M_x=\frac{wl^2}{8}=\frac{2.0 \times 3.25^2}{8}=2.64 \text{kN} \cdot \text{m}$$

$$\lambda_x=\frac{l_{0x}}{i_x}=\frac{325}{2.9}=112<[\lambda]=150 \text{（刚度满足）。}$$

按表 5-5a，双角钢 T 形截面对 x、y 轴均属 b 类截面。查附表 8-2，$\varphi_x=0.481$

$$N'_{Ex}=\frac{\pi^2 EA}{1.1\lambda_x^2}=\frac{\pi^2 \times 206 \times 10^3 \times 14.42 \times 10^2}{1.1 \times 112^2}=212.5 \text{kN}$$

$$W_{1x}=\frac{120.9}{2.91}=41.5 \text{cm}^3$$

$$W_{2x}=\frac{120.9}{6.09}=19.9 \text{cm}^3$$

β_{mx} 按无端弯矩但有横向均布荷载作用时：

$$N_{cr}=\frac{\pi^2 EI}{(\mu l)^2}=\frac{\pi^2 \times 206 \times 10^3 \times 120.9 \times 10^4}{3250^2}=232700 \text{N}$$

$$\beta_{mx}=1-0.18\frac{N}{N_{cr}}=1-0.18 \times \frac{35 \times 10^3}{232700}=0.97$$

查表 6-2，$\gamma_{x1}=1.05$，$\gamma_{x2}=1.20$。

$$\frac{N}{\varphi_x A f} + \frac{\beta_{mx} M_x}{\gamma_{x1} W_{1x}\left(1-0.8\dfrac{N}{N'_{Ex}}\right)f}$$

$$= \frac{35\times10^3}{0.481\times14.42\times10^2\times215} + \frac{0.97\times2.64\times10^6}{1.05\times41.5\times10^3\left(1-0.8\times\dfrac{35\times10^3}{212.5\times10^3}\right)\times215}$$

$$=0.23+0.31=0.54<1.0 \text{（满足）}$$

$$\left|\frac{N}{A f} - \frac{\beta_{mx} M_x}{\gamma_{x2} W_{2x}\left(1-1.25\dfrac{N}{N'_{Ex}}\right)f}\right|$$

$$= \left|\frac{35\times10^3}{14.42\times10^2\times215} - \frac{0.97\times2.64\times10^6}{1.2\times19.9\times10^3\left(1-1.25\times\dfrac{35\times10^3}{212.5\times10^3}\right)\times215}\right|$$

$$= |0.11-0.63| = 0.52<1.0 \text{（满足）}$$

2. 弯矩作用平面外的稳定性

按式（7-8）

$$\lambda_y = \frac{l_{0y}}{i_y} = \frac{325}{2.37} = 137 < [\lambda] = 150 \text{（刚度满足）。}$$

$$\lambda_z = 5.1\left(\frac{b_2}{t}\right) = 5.1\left(\frac{5.6}{0.5}\right) = 57.1 < \lambda_y$$

故按式（5-25a）

$$\lambda_{yz} = \lambda_y\left[1+0.25\left(\frac{\lambda_z}{\lambda_y}\right)^2\right] = 137\times\left[1+0.25\left(\frac{57.1}{137}\right)^2\right] = 142.9$$

由 λ_{yz} 查附表 8-2，$\varphi_y = 0.333$

双角钢 T 形截面压弯构件，弯矩使翼缘受压时，按近似公式（6-20）

$$\varphi_b = 1-0.0017\lambda_y/\varepsilon_k = 1-0.0017\times137\div1 = 0.767$$

$\beta_{tx} = 1.0$（按无端弯矩但有横向荷载作用）。$\eta = 1.0$

$$\frac{N}{\varphi_y A f} + \eta\frac{\beta_{tx} M_x}{\varphi_b W_{1x} f} = \frac{35\times10^3}{0.333\times14.42\times10^2\times215} + 1.0\times\frac{1.0\times2.64\times10^6}{0.767\times41.5\times10^3\times215} = 0.34+0.39$$

$$=0.73<1.0 \text{（满足）}$$

（二）当风荷载为吸力时

1. 弯矩作用平面内的稳定性

按式（7-5）

$$\frac{N}{\varphi_x A f} + \frac{\beta_{mx} M_x}{\gamma_{x2} W_{2x}\left(1-0.8\dfrac{N}{N'_{Ex}}\right)f}$$

$$= \frac{35\times10^3}{0.481\times14.42\times10^2\times215} + \frac{0.97\times2.64\times10^6}{1.2\times19.9\times10^3\left(1-0.8\times\dfrac{35\times10^3}{212.5\times10^3}\right)\times215}$$

$$=0.23+0.57=0.80<1.0 \text{（满足）}$$

2. 弯矩作用平面外的稳定性

按式（6-52）

T 形截面压弯构件弯矩使翼缘受拉且腹板 $b/t = 9/0.5 = 18 \leqslant 18\varepsilon_k = 18\times1 = 18$，按近似公式（6-22）

$$\varphi_b = 1 - 0.0005\lambda_y/\varepsilon_k = 1 - 0.0005 \times 137 \div 1 = 0.93$$

$$\frac{N}{\varphi_y A f} + \eta\frac{\beta_{tx}M_x}{\varphi_b W_{2x}f} = \frac{35\times10^3}{0.333\times14.42\times10^2\times215} + 1.0\times\frac{1.0\times2.64\times10^6}{0.93\times19.9\times10^3\times215}$$
$$= 0.34 + 0.66 = 1.0\ (满足)$$

第七节　格构式压弯构件的设计

一、格构式压弯构件的组成形式

格构式压弯构件多用于截面较大的厂房框架柱和独立柱，可较好地节约材料。一般将弯矩绕虚轴作用，这样可根据弯矩大小调整两分肢间距，使在弯矩作用平面内的截面高度较大，加之承受较大的外剪力，故通常采用缀条作为缀件。构件分肢可根据作用的轴心压力和弯矩的大小以及使用要求，采用型钢或钢板设计成如图 7-2 所示的单轴对称截面（正负弯矩绝对值相差较大时，将较大肢放在受压较大一侧）或双轴对称截面（正负弯矩的绝对值相差不大时）。缀条亦多采用单角钢，其要求同格构式轴心受压构件。

二、格构式压弯构件的稳定性

（一）弯矩绕实轴作用时
1. 弯矩作用平面内的稳定性

如图 7-20 (a) 所示的弯矩绕实轴 y-y 作用（图中双箭头代表矢量表示的绕 y 轴的弯矩 M_y，按右手法则）的格构式压弯构件，显而易见，在弯矩作用平面内的稳定性和实腹式压弯构件的相同，故应按式（7-5）计算（将式中 x 改为 y）。

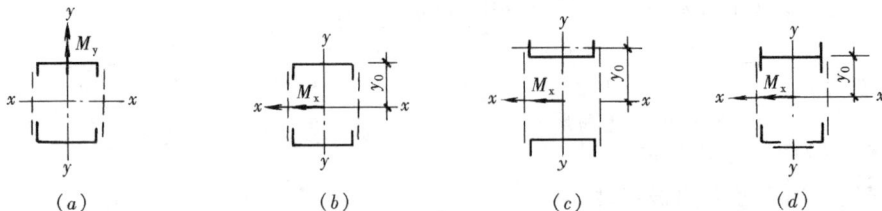

图 7-20　格构式压弯构件的稳定计算

2. 在弯矩作用平面外的稳定性

在弯矩作用平面外的稳定性和实腹式闭合箱形截面类似，故应按式（7-8）计算（将式中 x 改为 y），但式中 φ_y（改为 φ_x）应按换算长细比（即 λ_{0x}，用格构式轴心受压构件相同方法计算）查表，并取 $\varphi_b = 1.0$（因截面对虚轴的刚度较大）。

（二）弯矩绕虚轴作用时
1. 弯矩作用平面内的稳定

弯矩绕虚轴 x-x 作用的格构式压弯构件，由于截面腹部虚空，对图 7-20 (b) 所示截面，当压力较大一侧分肢的腹板边缘达屈服时，可近似地认为构件承载力已达极限状态；对图 7-20 (c)、(d) 所示截面，也只考虑压力较大一侧分肢的外伸翼缘发展部分塑性。因此《设计标准》采用边缘纤维屈服作为设计准则，即按下式计算：

$$\frac{N}{\varphi_x A f} + \frac{\beta_{mx} M_x}{W_{1x}(1 - N/N'_{Ex})f} \leqslant 1.0 \qquad (7\text{-}22)$$

式中　$W_{1x} = I_x/y_0$；

　　　I_x——对 x 轴的毛截面惯性矩（mm^4）；

　　　y_0——由 x 轴到压力较大分肢轴线的距离或者到压力较大分肢腹板外边缘的距离，取二者中较大者（mm）；

　　　φ_x、N'_{Ex}——轴心压杆稳定系数和考虑 γ_R 的欧拉临界力（$N'_{Ex} = \pi^2 EA/1.1\lambda_x^2$），均由对虚轴的换算长细比 λ_{0x} 确定。

2. 分肢的稳定性

弯矩绕虚轴作用的格构式压弯构件，也可能因弯矩作用平面外即对实轴的刚度不足而失稳，但其屈曲形式和实腹式压弯构件不尽相同。实腹式截面的整体性很强，故当压力较大翼缘趋向平面外弯曲时，将受到腹板和压力较小（或拉力）翼缘的约束，以致呈现为弯扭屈曲。而格构式构件因缀件比较柔细，故当压力较大（或压力较小）分肢趋向平面外弯曲时，受另一分肢的约束很小，以致呈现为单肢屈曲。因此，对在弯矩作用平面外的稳定性可不必计算，而用计算各分肢的稳定性代替。计算时，可将构件视为平行弦桁架，分肢视为弦杆，并按轴心压杆计算。若分肢在弯矩作用平面外的稳定性能保证，则整个构件在弯矩作用平面外的稳定性也得到保证。

分肢的轴心力按下式计算（图 7-21）：

分肢 1　　　$N_1 = \dfrac{M_x}{b_1} + \dfrac{N y_2}{b_1}$ 　　　　(7-23)

分肢 2　　　$N_2 = N - N_1$ 　　　　(7-24)

对缀条柱，分肢按承受 N_1（或 N_2）的轴心受力构件计算。

对缀板柱，分肢除受轴心力 N_1（或 N_2）作用外，尚应考虑由剪力引起的局部弯矩（见第五章第六节），按压弯构件计算。剪力 V 取实际剪力和按式（5-43）的计算剪力两者中的较大值。

分肢的计算长度，在缀件平面内（对 1-1 轴）取缀条相邻两节点中心间的距离或缀板间的净距，在缀件平面外则取整个构件侧向支承点之间的距离。

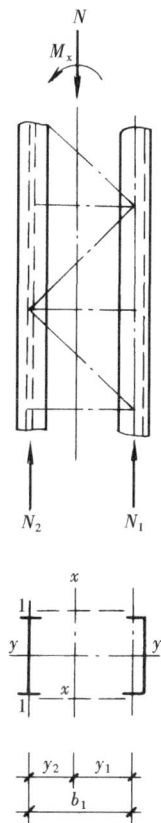

图 7-21 分肢内力计算

三、缀件的计算

与格构式轴心受压构件的缀件相同，但所受剪力应取实际剪力和按式（5-43）的计算剪力两者中的较大值。

四、连接节点和构造规定

同第五章第六节格构式轴心受压构件。

五、格构件压弯构件的截面设计

格构式压弯构件截面的设计方法同样需按试选截面和截面验算两步进行。试选截面可参照已有资料或经验初选，然后对其作如下几方面验算：

（一）强度——按式（7-4）验算，但取式中 $\gamma_x = 1.0$。

（二）刚度——按式（5-3）验算，但对虚轴需用换算长细比 λ_{0x}。

（三）整体稳定性——当弯矩绕实轴作用时，在弯矩作用平面内的稳定性按式（7-5）验算，平面外的稳定性按式（7-8）验算。当弯矩绕虚轴作用时，在弯矩作用平面内的稳定性按式（7-22）验算，平面外的稳定性对缀条柱分肢按实腹式轴心受压构件验算，对缀板柱分肢则按实腹式压弯构件验算。

（四）局部稳定性——按实腹式轴心受压构件公式验算。

（五）缀件（缀条、缀板）——按格构式轴心受压构件公式验算。但所受剪力取实际剪力和计算剪力两者中的较大值。

【例 7-6】 试计算图 7-22 所示单层厂房框架柱的下柱截面，属有侧移框架。在框架平面内的计算长度 $l_{0x} = 26.03\text{m}$，在框架平面外的计算长度 $l_{0y} = 12.76\text{m}$。组合内力的设计值为：$N = 4400\text{kN}$，$M = \pm 4375\text{kN} \cdot \text{m}$，$V = \pm 300\text{kN}$。钢材 Q235B，火焰切割边。

【解】 一、截面几何特性

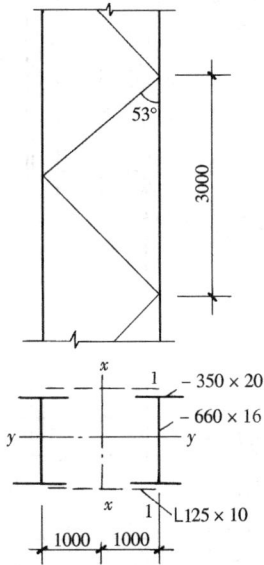

图 7-22 例 7-6 附图

$$A = 2 \ (2 \times 35 \times 2 + 66 \times 1.6) = 491.2\text{cm}^2$$

$$I_x = 4\left(\frac{2 \times 35^3}{12} + 35 \times 2 \times 100^2\right) + 2 \times 66 \times 1.6 \times 100^2$$
$$= 4941000\text{cm}^4$$

$$I_y = 4 \times 35 \times 2 \times 34^2 + 2 \times \frac{1.6 \times 66^3}{12} = 400300\text{cm}^4$$

$$i_x = \sqrt{\frac{I_x}{A}} = \sqrt{\frac{4941000}{491.2}} = 100.3\text{cm}$$

$$i_y = \sqrt{\frac{I_y}{A}} = \sqrt{\frac{400300}{491.2}} = 28.5\text{cm}$$

$$W_x = \frac{I_x}{y_{max}} = \frac{494100}{117.5} = 42050\text{cm}^3$$

查附表 14，L125×10，$A = 24.37\text{cm}^2$、$i_{y_0} = 2.48\text{cm}$

缀条 $A_1 = 2 \times 24.37 = 48.74\text{cm}^2$

分肢 $A'_1 = \frac{A}{2} = \frac{491.2}{2} = 245.6\text{cm}^2$

$$I_{x1} = 2 \times \frac{2 \times 35^3}{12} = 14290\text{cm}^4$$

$$I_{y1} = \frac{I_y}{2} = \frac{400300}{2} = 200150\text{cm}^4$$

$$i_{x1} = \sqrt{\frac{I_{x1}}{A'_1}} = \sqrt{\frac{14290}{245.6}} = 7.63\text{cm}$$

$$i_{y1} = \sqrt{\frac{I_{y1}}{A'_1}} = \sqrt{\frac{200150}{245.6}} = 28.5\text{cm}$$

二、验算截面

（一）强度（验算工字形截面翼缘外端点）

按式（7-4）

$$\frac{N}{A_n}+\frac{M_x}{\gamma_x W_{nx}}=\frac{4400\times10^3}{491.2\times10^2}+\frac{4375\times10^6}{1.0\times42050\times10^3}=89.6+104=193.6\text{N/mm}^2<f$$

$$=205\text{N/mm}^2\text{（满足）}$$

（按翼缘厚度 $t=20\text{mm}$ 取 $f=205\text{N/mm}^2$）

（二）弯矩作用平面内的稳定性

按式（7-22）

$$\lambda_x=\frac{l_{0x}}{i_x}=\frac{2603}{100.3}=25.95$$

$$\lambda_{0x}=\sqrt{\lambda_x^2+27\frac{A}{A_1}}=\sqrt{25.95^2+27\times\frac{491.2}{48.74}}=30.7<[\lambda]=150\text{（刚度满足）}$$

按表 5-5a，格构式截面对 x 轴属 b 类截面。查附表 8-2，$\varphi_x=0.933$。

$$N'_{Ex}=\frac{\pi^2 EA}{1.1\lambda_{0x}^2}=\frac{\pi^2\times206\times10^3\times491.2\times10^2}{1.1\times30.7^2}=96330000=96330\text{kN}$$

$$W_{1x}=\frac{I_x}{y_0}=\frac{4941000}{100}=49410\text{cm}^3$$

$$N_{cr}=\frac{\pi^2 EI}{(\mu l)^2}=\frac{\pi^2\times206\times10^3\times4941000\times10^4}{(26.03\times10^3)^2}=14830000\text{N}=14830\text{kN}$$

$$\beta_{mx}=1-0.36\frac{N}{N_{cr}}=1-0.36\times\frac{4400}{14830}=0.89$$

$$\frac{N}{\varphi_x Af}+\frac{\beta_{mx}M_x}{W_{1x}\left(1-\frac{N}{N'_{Ex}}\right)f}=\frac{4400\times10^3}{0.933\times491.2\times10^2\times205}+\frac{0.89\times4375\times10^6}{49410\times10^3\left(1-\frac{4400\times10^3}{96330\times10^3}\right)\times205}$$

$$=0.47+0.40=0.87<1.0\text{（满足）}$$

（三）分肢的整体稳定性

由式（7-23）

$$N_1=\frac{N}{2}+\frac{M}{b_1}=\frac{4400}{2}+\frac{4375}{2}=4387.5\text{kN}$$

$$\lambda_{x1}=\frac{l_{01}}{i_{x1}}=\frac{300}{7.63}=39.3<[\lambda]=150\text{（刚度满足）}$$

$$\lambda_{y1}=\frac{l_{0y}}{i_{y1}}=\frac{1276}{28.5}=44.8<[\lambda]=150\text{（刚度满足）}$$

按表 5-5a，翼缘为焰切边的焊接工字形截面对 x、y 轴均属 b 类截面。由 $\lambda_{max}=\lambda_{y1}=$ 44.8 查附表 8-2，$\varphi_{min}=0.879$。按式（5-17）

$$\frac{N_1}{\varphi_{min}A'_1 f}=\frac{4387.5\times10^3}{0.879\times245.6\times10^2\times205}=0.99<1.0\text{（满足）}$$

（四）分肢的局部稳定性

按式（5-27）、式（5-28）

翼缘
$$\frac{b_1}{t}=\frac{350-16}{2\times20}=8.4<(10+0.1\lambda_{max})\varepsilon_k$$

$$=(10+0.1\times44.8)\times1=14.5\text{（满足）}$$

腹板
$$\frac{h_0}{t_w}=\frac{660}{16}=41.3<(25+0.5\lambda_{max})\varepsilon_k$$

$$= （25+0.5×44.8） ×1=47.4 （满足）$$

（五）缀条的稳定性

由式（5-43）

计算剪力　$V=\dfrac{Af}{85\varepsilon_{\mathrm{k}}}=\dfrac{491.2×10^2×215}{85×1}=124200\mathrm{N}=124.2\mathrm{kN}<V=300\mathrm{kN}$

故采用实际剪力 $V=300\mathrm{kN}$ 计算。

斜缀条内力　$N_1=\dfrac{V_1}{\sin\alpha}=\dfrac{300}{2\sin53°}=187.5\mathrm{kN}$

$$\lambda=\dfrac{l_0}{i_{\mathrm{y}_0}}=\dfrac{200}{\sin53°×2.48}=101<［\lambda］=150 （刚度满足）$$

按表 5-5a，等边单角钢对 y_0 轴属 b 类截面。查附表 8-2，$\varphi=0.548$。按式（5-17）

$$\dfrac{N_1}{\eta\varphi Af}=\dfrac{187.5×10^3}{0.548×24.37×10^2×215}=0.87<1.0 （满足）$$

式中 ψ 根据式（5-45a）：　$\eta=0.6+0.0015\lambda=0.6+0.0015×100.8=0.75$

由计算结果可见，截面满足要求。

第八节　梁与柱的连接

梁与柱的连接是钢结构非常重要的组成部分，应特别重视。

梁与柱的连接一般采用铰接或刚接。轴心受压柱与梁的连接应采用铰接，在框架结构中，横梁与柱则多采用刚接。刚接对制造和安装的要求较高，施工较复杂。设计梁与柱的连接应遵循安全可靠、传力路线明确简捷、构造简单和便于制造安装等原则。

一、铰 接 连 接

梁与柱的铰接，按梁和柱的相对位置不同可分为梁支承于柱顶和支承于柱侧两种，在多层框架中则只能采用后者。现对其构造形式和设计方法简述如下：

（一）梁支承于柱顶

梁支承于柱顶时，与梁连接这部分通称为柱头。其构造一般为在柱顶设一顶板，梁的反力即经其传给柱身。顶板应具有足够刚度，其厚度不宜小于 16mm。

对图 7-23（a）所示实腹式柱，应将梁端支承加劲肋对准柱翼缘，这样可使梁的反力直接传给柱翼缘。两相邻梁之间应留 10～20mm 间隙，以便于梁的安装，待梁调整定位后用连接板和构造螺栓固定。此种连接构造简单，对制造和安装要求都不高，且传力明确。但当两相邻梁的反力不等时，将使柱偏心受压。

当梁的支座反力通过突缘支承板传递时，应将支承板放在柱的轴线附近（图 7-23b），这样即使两相邻梁的反力不等，柱仍接近于轴心受压。突缘支承板底部应刨平并与柱顶板顶紧。当梁支座反力较大时，为提高柱顶板的抗弯刚度，可在其上加设垫板，且对柱腹板，亦应加强，在其两侧设加劲肋。加劲肋顶部与柱顶板可用焊接，但为了更好地传递梁支座反力，宜采用刨平顶紧，同时，柱腹板也不能太薄，当梁的反力很大时，可将其靠近柱顶板的部分加厚。另外，两相邻梁之间应留 10mm 间隙，以便于梁的安装就位，待梁调整好后，余留间隙嵌入填板并用构造螺栓固定。

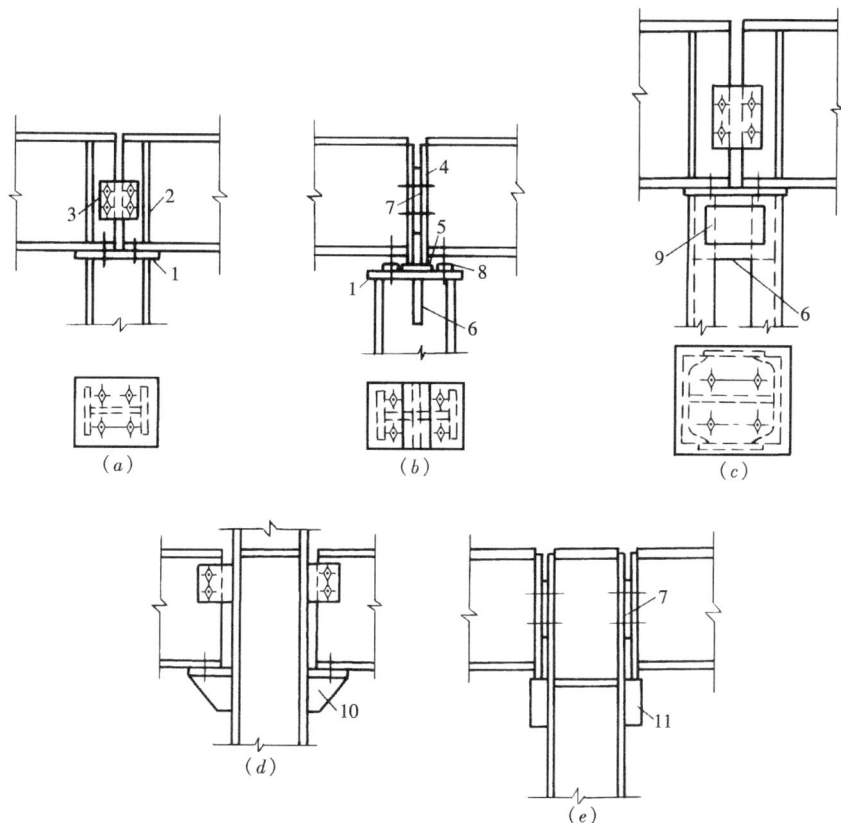

图 7-23　梁与柱的铰接

1—柱顶板；2—支承加劲肋；3—连接板；4—突缘支承板；5—垫板；
6—加劲肋；7—填板；8—垫圈；9—缀板；10—T 形承托；11—钢板承托

对图 7-23（c）所示格构式柱，柱顶必须设置缀板，同时分肢间的顶板下面还需在中央设加劲肋。

（二）梁支承于柱侧

图 7-23（d）所示为梁搁置于柱侧 T 形承托上。为防止梁扭转，可在其顶部附设一小角钢用构造螺栓与柱连接。这种方式构造简单，施工方便，适用于梁的反力较小情况。当梁的反力较大时，可在柱的翼缘（或腹板）外焊一厚钢板承托，梁端则采用突缘支承板与承托刨平顶紧（图 7-23e）。承托与柱翼缘（或腹板）连接的角焊缝，由于梁的反力有一定偏心，可将反力加大，按 1.25 倍计算。同样为便于安装，梁端与柱翼缘（或腹板）之间亦应留一定间隙，并嵌入填板用构造螺栓固定。

当两侧梁的反力相差较大时，以上两种方式均应考虑将柱按压弯构件计算。

二、刚 接 连 接

梁与柱的刚接构造，不仅要能传递梁端剪力和弯矩，同时还要具有足够的刚性，使连接不产生明显的相对转角，因此，不论梁位于柱顶或位于柱身，均应将梁支承于柱侧（图 7-24）。图 7-24（a）、（b）为全焊接刚性连接。前者采用连接板和角焊缝与柱连接，后者则将梁翼缘用坡口焊缝、梁腹板则直接用角焊缝与柱连接。坡口焊缝须设引弧板和坡口下面垫板（预先焊于柱上），梁腹板则在端头上、下各开一个 $r \approx 30mm$ 的弧形缺口，上缺口是为了留出垫板位置，下缺口则是为了便于施焊操作。图 7-24（c）、（d）是将梁腹板与柱的连接改用普通螺栓或高强度螺栓，梁翼缘与柱的连接前者用连接板和角焊缝，后者则用坡口焊缝，这类栓焊混合连接便于安装，故目前在高层框架钢结构中应用普遍。另外应用较广的还有如图 7-24（e）所示的用高强度螺栓连接的梁与柱的刚接。它是预先在柱上焊接一小段和横梁截面相同的短梁，安装时，采用连接盖板和高强度螺栓进行拼接，施工也较方便。

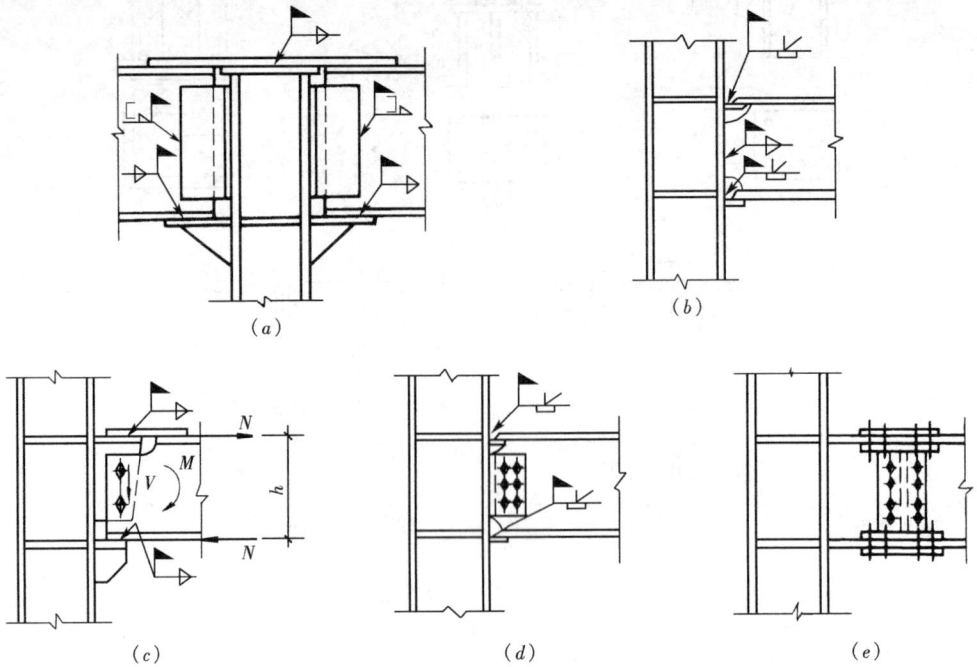

图 7-24　梁与柱的刚接

　　梁与柱的刚接在计算时，梁端弯矩 M 只考虑由梁的上、下翼缘通过连接板和 T 形承托的顶板及角焊缝（或高强度螺栓）传递给柱，或直接由坡口焊缝传递给柱。M 则代换为水平拉力和压力 $N = M/h$（h 为梁高）进行计算（图 7-24c）。梁的反力 V 全部由连接于梁腹板的连接板及焊缝（或高强度螺栓）传递，或由承托传递。

　　为防止柱翼缘在水平拉力 N 作用下向外弯曲，柱腹板在水平压力 N 作用下局部失稳，应在柱腹板位于梁的上、下翼缘处设置横向加劲肋。其厚度一般与梁翼缘相等，这样相当于将两相邻梁连成整体。

第九节　刚接柱脚

　　刚接柱脚的类型较多，按其形式和构造可分为外露式、外包式（外包混凝土）、埋入式（埋入钢筋混凝土中）和插入式（插入混凝土基础杯口）4 种。后 3 种多用于多、高层框架柱，一般钢结构则常用外露式柱脚，本书仅对其加以论述（其余 3 种可参见《设计标准》）。

一、形式和构造

　　刚接柱脚一般除承受轴心压力外，同时还承受弯矩和剪力。图 7-25 所示为几种平板式刚接柱脚。图 7-25（a）所示形式适用于压力和弯矩都较小，且在底板与基础间只产生压应力时，它类似于轴心受压柱柱脚。图 7-25（b）所示形式为常见的刚接柱脚，采用靴梁和整块底板，它适用于实腹式柱和小型格构式柱。为便于柱安装和保证柱与基础能可靠地形成刚性连接，锚栓不固定在底板上，而是从底板外缘穿过并固定在靴梁两侧由肋板和水平板组成的支座上。图 7-25（c）所示为分离式柱脚，它比整块底板经济，多用于大型格构式柱。各分肢柱脚相当于独立的轴心受力铰接柱脚，但柱脚底部须作必要的联系，以保证一定的空间刚度。

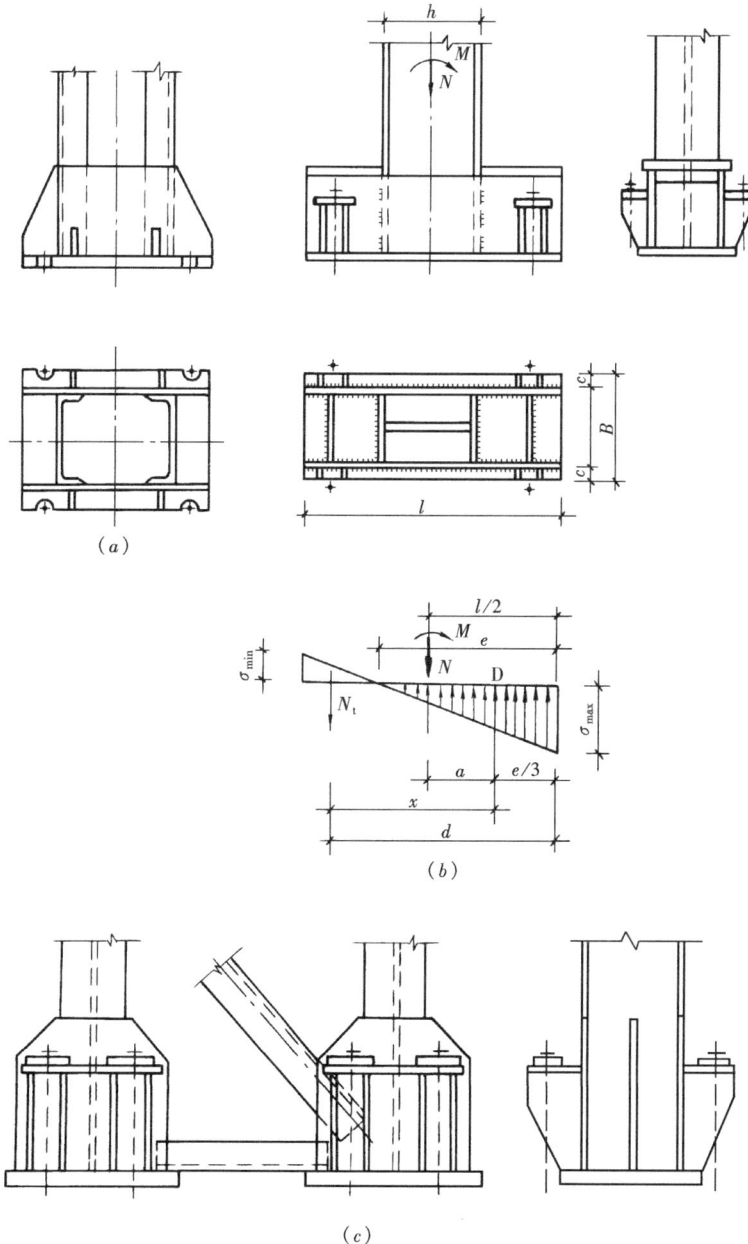

图 7-25 刚接柱脚

二、计 算 方 法

和铰接柱脚相同，刚接柱脚的剪力亦应由底板与基础表面的摩擦力或设置抗剪键传递，不应将柱脚锚栓用来承受剪力。

（一）底板面积

以图 7-25（b）所示柱脚为例。在轴心压力 N 和弯矩 M 的作用下，底板与基础间的压应力呈不均匀分布。在弯矩指向一侧底板边缘的压应力最大，而另一侧底板边缘的压应力则最小，甚至还可能出现拉应力。

设计底板面积时，首先根据构造要求确定底板宽度 B，悬臂长 c 可取 20～30mm。然后假定基础为弹性状态工作，基础反力呈直线分布，根据底板边缘最大压应力不超过混凝土的抗压强度设计值，采用下式即可确定底板在弯矩作用平面内的长度 l：

$$\sigma_{max} = \frac{N}{Bl} + \frac{6M}{Bl^2} \leqslant f_{cc} \tag{7-25}$$

式中　N、M——柱端承受的轴心压力和弯矩。应取使底板一侧边缘产生最大压应力的最不利内力组合。

（二）底板厚度

底板另一侧边缘的应力可由下式计算：

$$\sigma_{min} = \frac{N}{Bl} - \frac{6M}{Bl^2} \tag{7-26}$$

根据式（7-25）和式（7-26）即可得底板下压应力的分布图形，然后采用与铰接柱脚相同方法，用式（5-53）、式（5-54）、式（5-55）计算各区格底板单位宽度上的最大弯矩，再用式（5-56）确定底板厚度。计算弯矩时，可偏安全地取各区格中的最大压应力作为作用于底板单位面积的均匀压应力 p 进行计算。底板厚度不宜小于柱翼缘厚度的 1.5 倍或 30mm，轻型钢结构不宜小于 20mm。

（三）靴梁、隔板和肋板

可采用和铰接柱脚类似方法计算靴梁、隔板和肋板的强度，靴梁与柱身以及与隔板、肋板等的连接焊缝，然后根据焊缝长度确定各自的高度。靴梁和锚栓支座的高度宜大于 400mm。

在计算靴梁与柱身连接的竖直焊缝时，应按可能产生的最大内力 N_1 计算，即

$$N_1 = \frac{N}{2} + \frac{M}{h} \tag{7-27}$$

式中　h——柱截面高度。

（四）锚栓

当由式（7-26）计算出的 $\sigma_{min} \geqslant 0$ 时，表明底板与基础间全为压应力，此时锚栓可按构造设置，将柱脚固定即可。若 $\sigma_{min} < 0$，则表明底板与基础间出现拉应力，此时锚栓的作用除了固定柱脚位置外，还应能承受柱脚底部由压力 N 和弯矩 M 组合作用而引起的拉力 N_t（图 7-25b）。当内力组合 N、M（通常取 N 偏小、M 偏大的一组）作用下产生如图中所示底板下应力的分布图形时，可确定出压应力的分布长度 e。现假定拉应力的合力 N_t 由锚栓承受，根据对压应力合力作用点 D 的力矩平衡条件 $\sum M_D = 0$，可得

$$N_t = \frac{M - Na}{x} \tag{7-28}$$

式中　　$a = \frac{l}{2} - \frac{e}{3}$——底板压应力合力的作用点 D 至轴心压力 N 的距离；

$x = d - \frac{e}{3}$——底板压应力合力的作用点 D 至锚栓的距离；

$e = \frac{\sigma_{max}}{\sigma_{max} + |\sigma_{min}|} \cdot l$——压应力的分布长度；

d——锚栓至底板最大压应力处的距离。

根据 N_t 即可由下式计算锚栓需要的净截面面积，从而选出锚栓的数量和规格，或按附表 17 选用锚栓的规格、数量和埋设深度。

$$A_n = \frac{N_t}{f_t^a} \tag{7-29}$$

式中　f_t^a——锚栓的抗拉强度设计值，按表 4-11 选用。

锚栓直径不宜小于 24mm，分离式柱脚锚栓直径不宜小于 30mm。锚栓应有足够的埋置深度（不宜小于直径的 20 倍），当深度受到限制时，宜在锚栓端部设置锚板。当锚栓直径大于 40mm 时宜设置锚板，且锚固长度不宜小于直径的 12 倍。

另外，对柱脚的防腐蚀应特别加以重视。柱脚在地面以下的部分应采用强度等级较低的混凝土包裹（保护层厚度不应小于 50mm），并应使包裹的混凝土高出地面不小于 150mm。当柱脚底面在地面以上时，柱脚底面应高出地面不小于 100mm。

小　结

（1）一般拉弯构件只需计算强度和刚度，而压弯构件和某些（拉力很小、弯矩很大）拉弯构件则同时还需计算整体稳定性和局部稳定性。

（2）拉弯构件和压弯构件的刚度也按式（5-3）计算，同时用容许长细比 $[\lambda]$ 控制。

（3）一般拉弯构件和压弯构件的强度可按考虑部分截面发展塑性的式（7-4）计算。对需要计算疲劳的承受动力荷载的实腹式构件和弯矩绕虚轴作用时的格构式构件则应按弹性工作状态的公式计算，即取式（7-4）中的 $\gamma = 1.0$。

（4）压弯构件在弯矩作用平面内和平面外的整体稳定性均采用能直观表达 N 和 M 的双项相关式（7-5）、式（7-6）、式（7-8）和式（7-22），它们可反映各种因素对构件承载力的影响，并可与轴心受压构件和受弯构件的有关公式协调和衔接。

格构式压弯构件当弯矩绕虚轴作用时，可不计算在弯矩作用平面外的稳定性，但应计算其分肢稳定性，即对缀条柱分肢按轴心受压构件计算，对缀板柱分肢按压弯构件计算（计算内容均包括整体稳定性、局部稳定性、刚度等）。

（5）实腹式压弯构件的局部稳定性也以受压翼缘和腹板的板件宽厚比等级及限值控制，即应符合表 7-1 S4 级截面要求。

（6）压弯构件也可用计算长度来反映构件端部的约束程度，即将不同支承情况的构件长度代换为等效铰接支承的长度，并用计算长度系数 μ 表达。单根压弯构件的 μ 值可按表 5-4 选用。单层框架等截面柱的按表 7-2 选用。多层框架的则按附表 9-1、附表 9-2 选用，但后二者选用时，须注意区分框架有无侧移。框架柱在框架平面外的计算长度应取阻止框架柱平面外位移的侧向支承点之间的距离。

（7）梁与柱的连接和柱脚一般采用铰接或刚接。铰接只承受剪力或轴心压力，刚接则同时还承受弯矩，故在两者的构造上，应符合结构的计算简图，使传力路线明确简捷，构造简单，便于制造和安装。

思　考　题

1. 在计算实腹式拉弯构件和压弯构件的强度时，为什么承受动力荷载且需要计算疲劳的和承受静力荷载的公式不同？格构式的为什么也不相同？它们是依据怎样的工作状态制定的？

2. 计算实腹式压弯构件在弯矩作用平面内稳定性和平面外稳定性的公式中的弯矩取值是否不一样？若平面外设有侧向支承，取值是否又不一样？

3. 在计算实腹式压弯构件的强度和整体稳定性时，在哪些情况应取计算公式中的 $\gamma_x = 1.0$？

4. 在压弯构件整体稳定性计算公式中，为什么要引入 β_{mx} 和 β_{tx}？在哪些情况它们较大？在哪些情况它们较小？

5. 对实腹式单轴对称截面的压弯构件，当弯矩作用在对称轴平面内且使较大翼缘受压时，其整体稳定性应如何计算？在式（7-5）和式（7-6）中的 W_{1x} 和 W_{2x} 应如何计算？两个式中的 γ_x 是否一样取值？

6. 试比较工字形、箱形截面的压弯构件与轴心受压构件的腹板高厚比限值计算公式各有哪些不同？

7. 格构式压弯构件当弯矩绕虚轴作用时，为什么不计算弯矩作用平面外的稳定性？它的分肢稳定性如何计算？

8. 格构式压弯构件弯矩绕虚轴作用时，在弯矩作用平面内整体稳定性计算公式（7-22）中的 $W_{1x} = I_x/y_0$，对 y_0 应如何取值？而计算强度的 $W_{nx} = I_x/y$，对 y 应如何取值？

9. 压弯构件的计算长度和轴心受压构件的是否一样计算？它们都受哪些因素的影响？框架柱平面内的计算长度为什么要区分有侧移和无侧移两种形式？

10. 梁与柱的铰接和刚接以及铰接和刚接柱脚各适用于哪些情况？它们的基本构造形式有哪些特点？

习　　题

7-1　图 7-26 所示为一间接承受动力荷载的拉弯构件。横向均布活荷载设计值 $q = 8\text{kN/m}$。截面为 I22a，无削弱。试确定构件能承受的最大轴心拉力设计值。钢材 Q235B。　　　　（答案：416kN）

7-2　试计算一偏心压杆的强度和整体稳定性。杆截面 I45a，杆长 5m，两端铰接，在杆中点有一侧向支承。承受的静力荷载设计值 $N = 380\text{kN}$，偏心距 $e = 50\text{cm}$。钢材 Q235B。

（答案：强度 163.6N/mm²；整体稳定性：平面内 0.81，平面外 1.0）

7-3　试验算图 7-27 所示偏心压杆，压力设计值 $F = 900\text{kN}$（静力荷载），偏心距 $e_1 = 150\text{mm}$，$e_2 = 100\text{mm}$。焊接 T 形截面，翼缘为焰切边。力作用于对称轴平面内翼缘一侧。杆长 8m，两端铰接，杆中央在侧向（垂直于对称轴平面）有一支点。钢材 Q235B。

$\left(\begin{array}{l}\text{答案：}\end{array}\right.$ 强度：翼缘背 157N/mm²，腹板尖 −111.3N/mm²；整体稳定性：平面内 0.90 和 0.69，平面外 1.01；局部稳定性：满足 $\left.\right)$

7-4　图 7-28 所示箱形截面压弯构件，承受静力荷载：轴心压力设计值 $N = 1500\text{kN}$，上端弯矩设计值 $M_x = 700\text{kN} \cdot \text{m}$。钢材 Q235B。截面无削弱。试验算此构件的强度和稳定性。

$\left(\begin{array}{l}\text{答案：}\end{array}\right.$ 强度：217.9N/mm²；整体稳定：平面内 0.78，平面外 0.69；局部稳定：满足 $\left.\right)$

7-5 试验算图 7-29 所示一厂房柱的下柱截面，柱的计算长度 $l_{0x}=19.8$m，$l_{0y}=6.6$m。最不利内力设计值为 $N=1700$kN。$M_x=\pm2000$kN·m。缀条倾角为 $45°$，且设有横缀条。钢材 Q235B。

(答案：平面内 0.93，分肢 1.04)

7-6 试设计习题 7-5 的柱脚。基础混凝土的强度等级 C20。

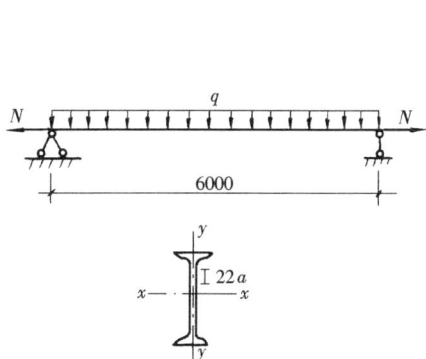

图 7-26 习题 7-1 附图

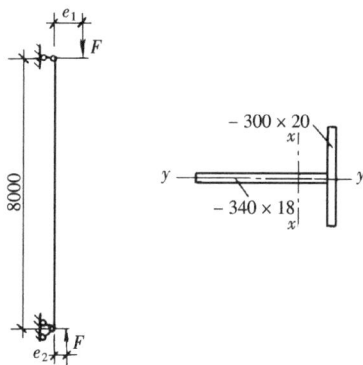

图 7-27 习题 7-3 附图

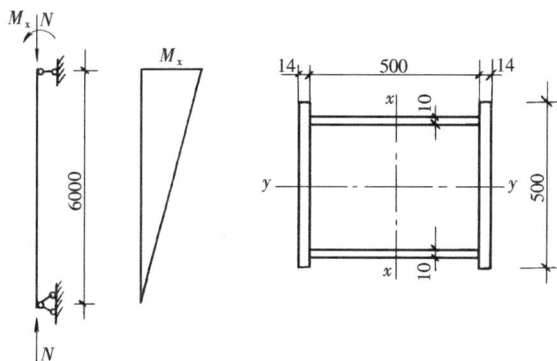

图 7-28 习题 7-4 附图

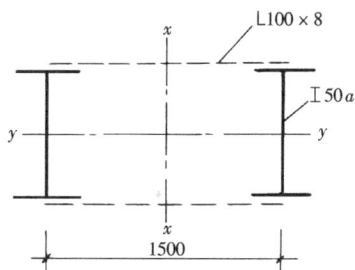

图 7-29 习题 7-5 附图

229

第八章　屋盖结构

　　屋盖结构采用钢结构几乎遍于当今公共建筑和工业建筑。它具有跨度大、质量轻、建造工期短、工业化程度高等众多优点。屋盖结构的设计应尽量采用轻型屋盖，并根据屋面材料正确选用屋架形式和支撑体系、选择杆件截面、计算节点和绘制施工图。

第一节　屋盖结构的组成和形式

　　屋盖结构一般由屋架、托架、天窗架、檩条和屋面材料等组成。根据屋面材料和屋面结构布置情况的不同，可分为有檩体系屋盖和无檩体系屋盖两类（图 8-1）。前一类多采用瓦楞铁、石棉水泥波形瓦、预应力钢筋混凝土槽瓦、钢丝网水泥瓦、发泡水泥复合板（太空板）、玻璃纤维增强混凝土板（GRC 板）、彩色涂层压型钢板、压型钢板夹芯保温板等轻型屋面材料，故须设置檩条作支承并传递屋面荷载给屋架；后一类则是在屋架上直接安放钢筋混凝土大型屋面板、大型太空板或大型 GRC 板等，屋面荷载即由其自身传给屋架。

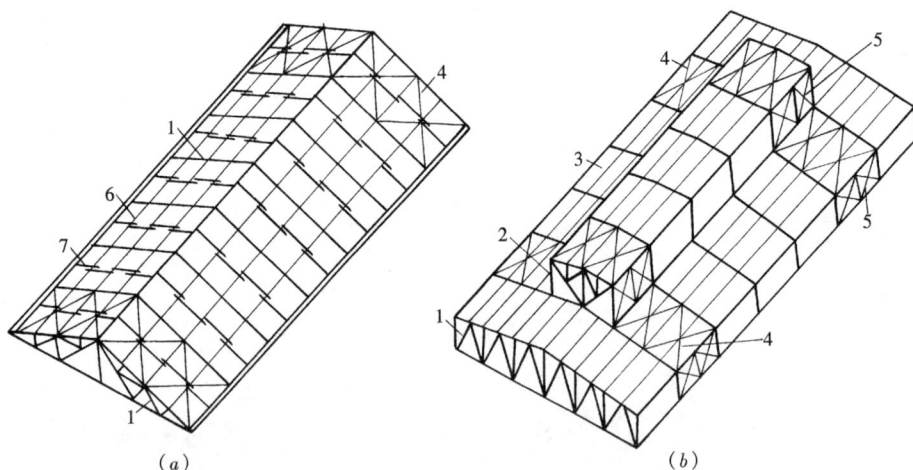

图 8-1　屋盖结构的组成形式
(a) 有檩体系屋盖；(b) 无檩体系屋盖
1—屋架；2—天窗架；3—大型屋面板；4—上弦横向水平支撑；5—垂直支撑；6—檩条；7—拉条

　　无檩体系屋盖屋面刚度大，整体性能好，在构造上易于设置保温和防水材料，且构件的种类和数量少，施工速度快。但大型屋面板的自重大，故要增大屋架和柱等下部承重结构的截面，且对抗震不利。有檩体系屋盖柱距不受限制，屋面材料可供选择的种类多且自重轻，用料省，但屋面刚度较差，构件数量多，构造复杂。选用哪种体系作为设计方案，应综合考虑建筑物的使用要求、受力特点、材料供应情况、施工和运输条件等确定。

屋架的跨度和间距须结合柱网的布置确定。对无檩体系屋盖，通常屋架间距为6m，跨度则为3m的倍数，以配合大型屋面板的规格（1.5m×6m或3m×6m）。对有檩体系屋盖，屋架较经济间距为4～6m，但对压型钢板，常为12m甚至更大，可结合使屋面材料、屋架和檩条三者的总造价最低的原则选用。对柱距较大的部分，一般采用在柱间设置托架支承中间屋架，以保持屋架的间距不变。

天窗用于有通风和采光需要的房屋，其形式多为沿房屋纵向在屋架上设置天窗架和连系构件（图8-2）。天窗架的外形和高度应根据采光及通风需要的窗扇、窗下侧墙和檐头的尺寸等建筑要求，结合屋架形式确定。

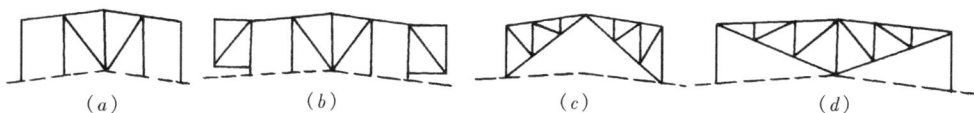

图 8-2 纵向天窗架形式
(a)、(b) 多竖杆式；(c) 三铰拱式；(d) 三支点桁架式

第二节 屋 面 材 料

屋面材料不仅对屋盖结构和下部承重结构的截面尺寸有很大影响，而且对是否需要设置檩条以及檩条间距的大小更有着直接关系。一般而言，屋面材料宜优先采用轻质、高强、保温、隔热、耐火等性能较好的建筑材料。随着新型建筑材料的研发，市场上新品种屋面材料不断增加。下面结合有檩体系和无檩体系两种屋盖分别对其加以介绍。

一、有檩体系屋面材料

传统的有檩体系屋面材料，以往多采用黏土瓦或水泥平瓦（自重 $0.55kN/m^2$）、石棉水泥瓦（分大波、中波、小波，自重 $0.2kN/m^2$）和加筋（加钢丝网）石棉水泥中波瓦（自重 $0.08kN/m^2$）等，但因其长、宽均较小，且自身均或多或少存在一定缺陷（强度低、破损率高、耐久性和保温隔热性差等），故应用都受到一定限制，只适用于排水坡度大且檩距小（一般为 0.8～1.1m）的屋面。另外还有用水泥砂浆加钢丝网制成的钢丝网水泥波形瓦（瓦厚约15mm，自重 $0.4～0.5kN/m^2$，外形类似石棉水泥大波瓦）和加预应力的混凝土槽瓦（自重 $0.85～1kN/m^2$）等，虽檩距较大（1.5～3m），但自重也较大，故只适合于对保温隔热要求不高且屋面坡度较大的有檩屋盖使用。

近年来的新型建筑材料适合于有檩体系的屋面材料大致有如下数种：

（一）压型钢板和夹芯板

用彩涂钢板制成的压型钢板和夹以保温材料的夹芯板在我国近年来得到大量应用，其年建造的屋面已达千万 m^2。

一般压型钢板的波形分1～6波，波高 25～130mm，板宽 600～760mm（用1m宽的彩涂钢板压制而成）。压型钢板按板长分短尺和长尺，一般采用长尺（长度不限），可在施工现场压制，接头不用搭接，故尤其适用于平坡屋面。几种常用压型钢板的板型及适用檩距见表 8-1。

几种常用压型钢板和夹芯板板型及最大檩距　　　　　表 8-1

YX25-205-820（820，205，25）　　　　YX35-125-750（750，125，35，29，24）

板厚(mm)		0.5		0.6		0.8		1.0		0.5		0.6		0.8		1.0	
重量 (kN/m²)		0.05		0.06		0.08		0.10		0.054		0.065		0.086		0.11	
支承情况		简交	连续	简交	连续	简交	连续	简交	连续	简交	连续	简交	连续	简交	连续	简交	连续
最大檩距(m)	荷载(kN/m²) 0.5	2.0	2.4	2.2	2.6	2.5	2.9	2.7	3.1	2.2	2.6	2.4	2.9	2.7	3.2	2.9	3.4
	1.0	1.5	1.9	1.7	2.1	1.9	2.3	2.1	2.5	1.7	2.1	1.9	2.3	2.1	2.5	2.3	2.7
	1.5	1.3	1.6	1.5	1.8	1.7	2.0	1.9	2.2	1.5	1.7	1.6	2.0	1.8	2.2	2.0	2.3
	2.0	1.1	1.3	1.3	1.5	1.5	1.8	1.7	1.9	1.3	1.5	1.5	1.8	1.7	2.0	1.8	2.1

YX51-380-760（760，240，80，51，76）　　　　YX130-300-600（600，55，130，70，300）

板厚(mm)		0.5		0.6		0.8		1.0		0.5		0.6		0.8		1.0	
重量 (kN/m²)		0.054		0.065		0.086		0.11		0.07		0.08		0.11		0.14	
支承情况		简交	连续	简交	连续	简交	连续	简交	连续	简交	连续	简交	连续	简交	连续	简交	连续
最大檩距(m)	荷载(kN/m²) 0.5	3.1	3.7	3.3	4.0	3.6	4.2	3.7	4.4	5.6	6.6	6.0	7.1	6.7	7.9	7.3	8.6
	1.0	2.5	3.0	2.7	3.2	2.8	3.3	2.9	3.4	4.3	5.2	4.7	5.6	5.3	6.3	5.8	6.8
	1.5	2.2	2.6	2.4	2.8	2.5	2.9	2.6	3.0	3.8	4.5	4.1	4.9	4.6	5.5	5.0	6.0
	2.0	2.0	2.3	2.1	2.5	2.2	2.6	2.3	2.7	3.3	4.0	3.7	4.4	4.2	5.0	4.6	5.4

JxB45-500-1000（1000，500，聚苯乙烯泡沫板，彩色涂层钢板，45）　　　　JxB42-333-1000（1000，333，42）

板厚 s(mm)		75		100		150		75		100		150	
彩板厚(mm)		0.6		0.6		0.6		0.5		0.5		0.5	
重量 (kN/m²)		0.13		0.14		0.15		0.11		0.12		0.13	
支承情况		简交	连续	简交	连续	简交	连续	简交	连续	简交	连续	简交	连续
最大檩距(m)	荷载(kN/m²) 0.5	5.0	5.5	5.4	6.0	6.5	7.2	5.3	5.8	5.6	6.1	6.6	7.3
	1.0	3.8	4.4	4.0	4.7	4.9	5.7	4.0	4.6	4.1	4.8	5.0	5.9
	1.5	3.1	3.7	3.4	4.0	4.0	4.8	3.2	3.8	3.5	4.1	4.1	4.9
	2.0	2.4	3.0	2.8	3.4	3.3	4.0	2.5	3.2	2.9	3.6	3.4	4.2

夹芯板填充的保温和隔热芯材有聚氨酯（防火性能最好）、岩棉和聚苯乙烯等。其板宽一般为1m，板厚50~150mm，自重0.12~0.25kN/m，板长一般采用长尺，但不大于12m。常用夹芯板的板型及最大檩距亦见表8-1。

（二）发泡水泥复合板

发泡水泥复合板（亦称太空板）用于有檩体系屋面时，一般做成条形平板（表8-2序号1）。其构造是由钢筋焊成桁架，再铺设冷拔低碳钢丝网，然后充填高强水泥发泡芯材，并用玻纤网增强水泥上、下面层等复合而成，故其具有良好的承重、保温、隔热、防火、隔声等性能。在其上铺设0.1kN/m²的SBS改性沥青卷材，防水功能即可保证。条形发泡水泥板标准规格为长度3m，宽度1m或1.2m、1.5m。厚度分80mm、100mm、120mm，其自重为0.6kN/m²、0.66kN/m²、0.72kN/m²。

几种常用发泡水泥复合板（太空板）板型　　　　　　表8-2

序号	板型	示意图(mm)	边框高(mm)	面板厚(mm)	最大檩距(m)
1	条型板 TB 1.5m×3m	冷拔低碳钢丝网　钢筋桁架　玻纤网增强水泥上下面层　高强水泥发泡芯材　Φ6双层钢筋　连接预埋件	120	120	3
2	大型屋面板 DW 1.5m×6m 3m×6m 1.5m×7.5m	高强水泥发泡芯材　冷拔低碳钢丝网　钢筋桁架　钢边框　玻纤网增强水泥上下面层	200 240 240	100 100 100	
3	网架板 WB 3m×3m	高强水泥发泡芯材　钢边肋框　玻纤网增强水泥上下面层　冷拔低碳钢丝网　钢筋桁架	100 120 140	80 100 120	

（三）GRC板

GRC板是玻璃纤维增强混凝土板的英语简称。其构造是用钢筋混凝土做边肋，但其水泥砂浆面板用玻璃纤维增强。成品有带隔热层和不带隔热层两种。用于有檩体系屋面的为条形板，标准规格为1.5m×3m，厚度为120mm，最大檩距3m，自重为0.5~0.6kN/m²。

二、无檩体系屋面材料

传统的无檩体系屋面材料为预应力混凝土大型屋面板，标准规格为1.5m×6m或3m×6m。由于其受力性能较好，故还有一定的应用。但其缺点是自重太大，约1.4kN/m²。若再加上保温和防水层，则达 $2.5\sim3kN/m^2$，致使下部承重结构的截面尺寸加大。

近年来用发泡水泥复合板（太空板）制成的大型屋面板（表 8-2 中序号 2）得到较广泛应用，其标准规格宽为 1.5m 或 3m，长为 6m 或 7.5m，自重 $0.6\sim0.75kN/m^2$。

同样，用 GRC 板制作的大型屋面板也得到一定应用，其不保温型自重 $0.5\sim0.6kN/m^2$。

第三节　檩条、拉条和撑杆

屋盖中檩条的数量多，其用钢量常达屋盖总用钢量的一半以上，因此设计时应给予充分重视，合理地选择其形式和截面。

檩条可全部布置在屋架上弦节点，亦可由屋檐起沿屋架上弦等距离设置，其间距应结合檩条的承载能力、屋面材料的规格和其最大容许跨度、屋架上弦节间长度及是否考虑节间荷载等因素决定。

檩条常用槽钢、H 型钢和 Z 形薄壁型钢，并按双向受弯构件计算。

檩条在屋架上应可靠地支承。一般采取在屋架上弦焊接用短角钢制造的檩托（角钢高度应大于檩条高度的 3/4），将檩条用 C 级螺栓（不少于两个）和其连接（图 8-3）。对 H 型钢檩条，应将支承处靠向檩托一侧的下翼缘切掉，以便与其连接（图 8-3a）。若翼缘较宽，还可直接用螺栓与屋架连接（图 8-3b），但檩条端部宜设加劲肋，以增强抗扭能力。槽钢檩条的槽口可向上或向下，但朝向屋脊便于安装。Z 形薄壁型钢檩条的上翼缘肢尖应朝向屋脊。

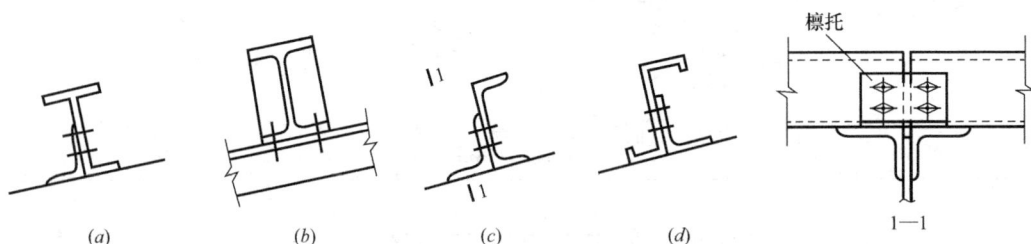

图 8-3　檩条与屋架的连接

拉条的作用是作为檩条的侧向支承点，以减小檩条在平行于屋面方向的跨度，提高檩条的承载能力，减少檩条在使用和施工过程中的侧向变形和扭转。当檩条跨度 $l=4\sim6m$ 时，宜设置一道拉条；当 $l>6m$ 时，宜设置两道拉条（图 8-4a、b）。

为使拉条形成一个整体不动体系，并能将檩条平行于屋面方向的反力上传至屋脊，须使某些拉条与可作为不动点的屋架节点或檩条连接。当屋面有天窗时，应在天窗侧边两檩条间设斜拉条和作檩条侧向支承的承压刚性撑杆（图 8-4c）。当屋面无天窗时，屋架两坡面的脊檩须在拉条连接处相互联系（图 8-4b、d），以使两坡面拉力相互平衡，或同天窗侧边一样，设斜拉条和刚性撑杆（图 8-4a）。对 Z 形薄壁型钢檩条，还需在檐口处设斜拉条和撑杆，因为在荷载作用下它也可能向屋脊方向弯曲。当檐口处有圈梁或承重天沟时，可只设直拉条与圈梁或天沟板相连（图 8-4a）。

拉条常用 $\phi10$、$\phi12$ 或 $\phi16$ 圆钢制造，撑杆则多用角钢，按支撑压杆容许长细比 200 选用截面。

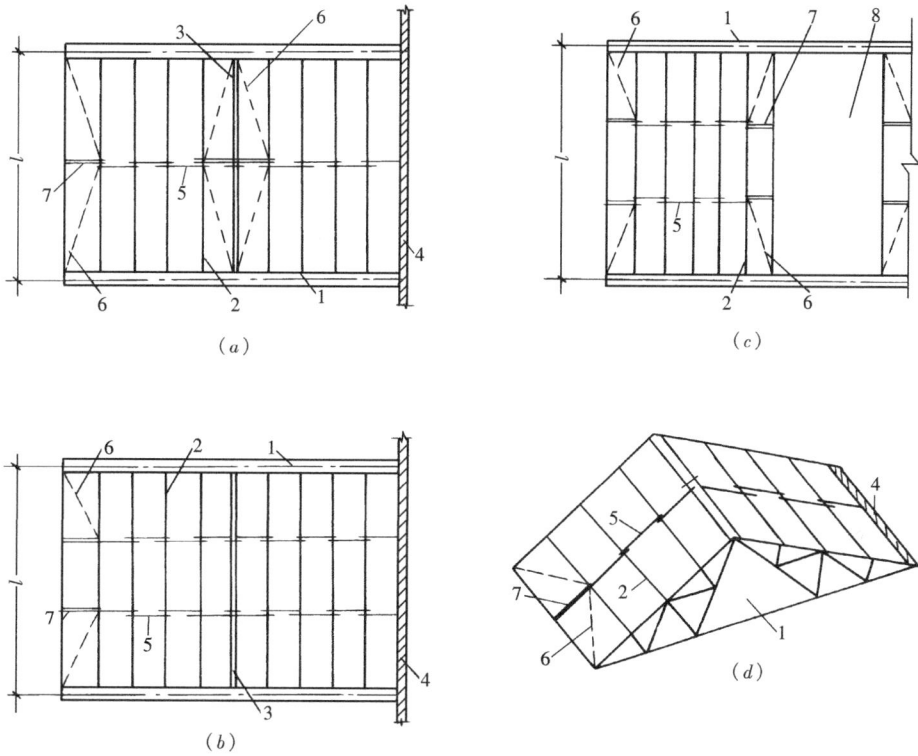

图 8-4　拉条和撑杆的布置

1—屋架；2—檩条；3—屋脊；4—圈梁；5—直拉条；6—斜拉条；7—撑杆；8—天窗

拉条、撑杆与檩条的连接构造如图 8-5 所示。拉条的位置应靠近檩条上翼缘约 $30 \sim 40$mm，并用螺母将其张紧固定。撑杆则用 C 级螺栓与焊在檩条上的角钢固定。

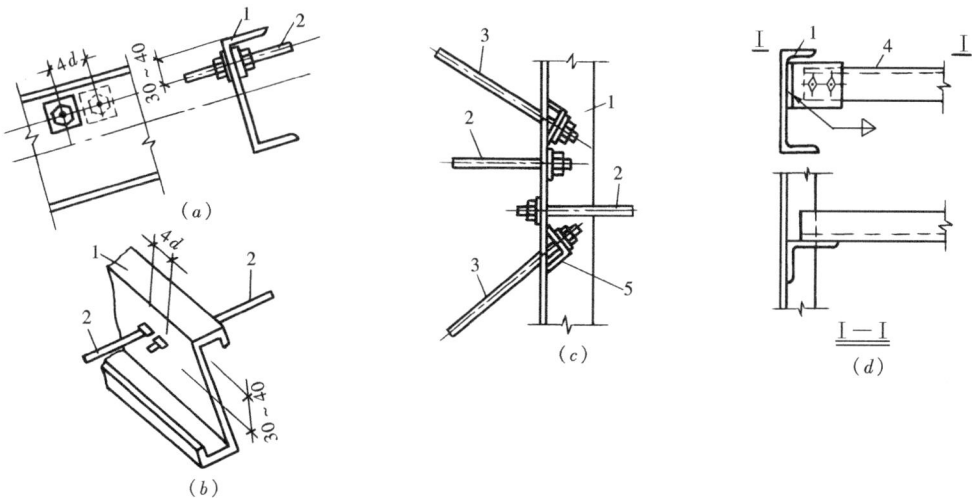

图 8-5　拉条、撑杆与檩条的连接

1—檩条；2—直拉条；3—斜拉条；4—撑杆；5—角钢垫

第四节 屋 盖 支 撑

一、屋盖支撑的作用

(一) 保证屋盖结构的空间几何不变性和稳定性

平面屋架虽然其平面内刚度较大，且为几何形状不可变体系，能承受屋架平面内的垂直荷载，但在屋架平面外（侧向）的刚度和稳定性则很差，不能承受水平荷载。即使有檩体系屋盖，虽然在屋架上弦连有檩条，但仍旧是一种几何形状可变的不稳定体系，其纵向刚度很低。而无檩体系屋盖在屋架上弦虽连有刚度较大的大型屋面板，但安装时仅能在三个角点与屋架焊接，且焊接质量不易保证，故亦不能靠其保证屋盖结构的空间稳定性。因此，屋盖结构在荷载作用下或在安装过程中，有可能同向一侧鼓曲（图 8-6a 中虚线）甚至倾覆。但是，若将某两榀相邻屋架（一般在房屋两端）在其上、下弦平面和两端及跨中竖直腹杆（或斜腹杆）平面用支撑连系，这样可形成几个水平和垂直桁架，同时它们又和两榀相邻屋架组成一具有空间几何不变性和整体刚度好的稳定空间桁架结构体系（图 8-6b）。在此基础上再用少量的纵向构件——上、下弦平面内的系杆（檩条或屋面板可起上弦系杆作用）——将其余的屋架和它相连，即可使整个屋盖结构的空间几何不变性和稳定性得到可靠保证。

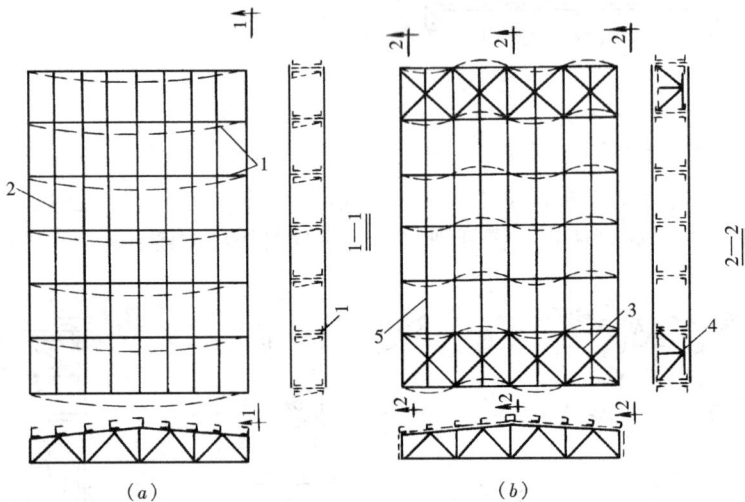

图 8-6 屋盖支撑的作用

(a) 无支撑时；(b) 有支撑时

1—屋架；2—檩条或屋面板；3—横向水平支撑；4—垂直支撑；5—系杆

(二) 作为屋架弦杆的侧向支承点

屋盖结构通过支撑连系形成稳定的空间结构体系，因此支撑桁架的节点以及与其连接的系杆，可以作为屋架弦杆的侧向支承点，使其在屋架平面外的计算长度大为缩短，从而使上弦压杆的侧向稳定性能提高，下弦拉杆的侧向刚度得到加强，不致因振动设备（桥式吊车、锻锤等）运转产生过大的水平振幅和变位而增加杆件和连接的内力。

（三）承受和传递水平荷载

支撑体系可有效地承受和传递风荷载、吊车的制动荷载及地震作用等水平荷载。

（四）保证屋盖结构安装质量和施工安全

支撑能加强屋盖结构在安装中的稳定，为保证安装质量和施工安全创造良好条件。

二、屋盖支撑的布置

屋盖支撑按其布置位置可分为上、下弦横向水平支撑，下弦纵向水平支撑，垂直支撑和系杆等五种（图 8-7），设计时应结合屋盖结构的形式，房屋的跨度、高度和长度，荷载情况及柱网布置等条件有选择地设置。

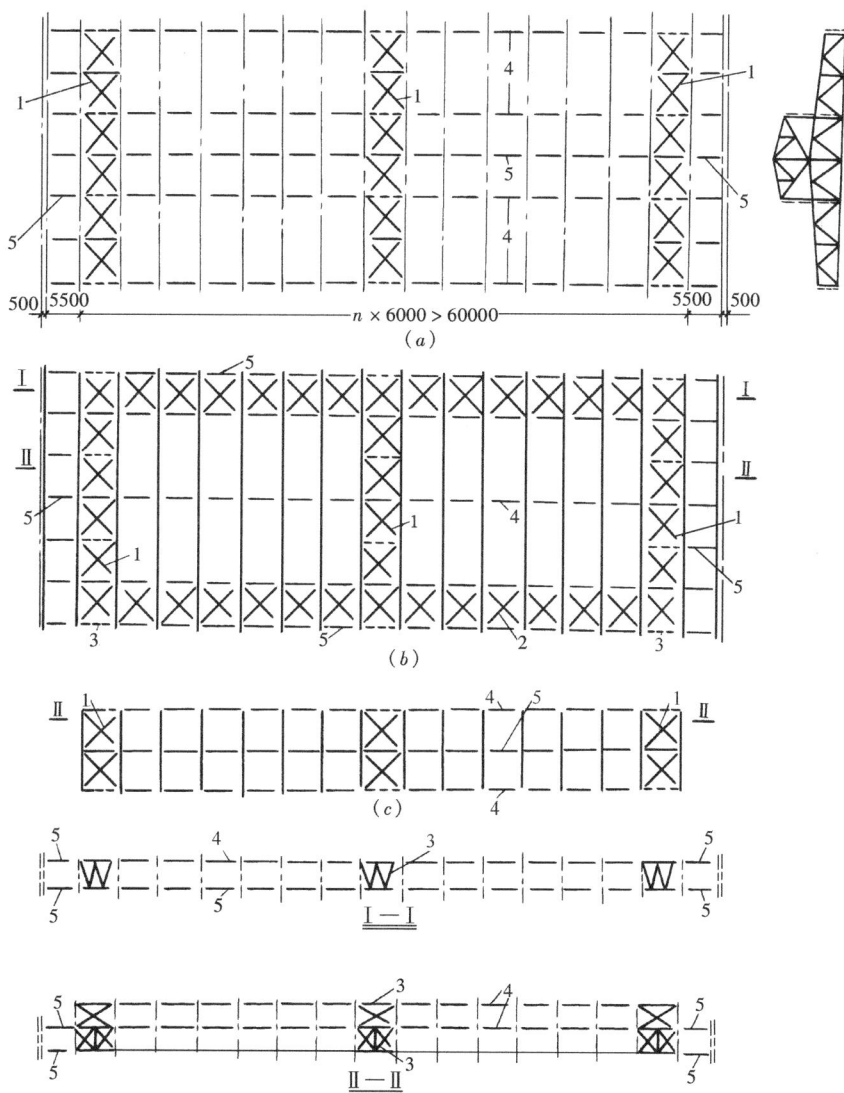

图 8-7 屋盖支撑布置示例

（a）屋架上弦平面；（b）屋架下弦平面；（c）天窗架上弦平面

1—横向水平支撑；2—纵向水平支撑；3—垂直支撑；4—柔性系杆；5—刚性系杆

237

（一）上弦横向水平支撑

上弦横向水平支撑一般设在房屋或横向温度区段两端，在屋架上弦平面沿跨度方向全长布置，且两道横向水平支撑间的净距不宜大于 60m；否则，尚应在房屋中间增设一道或数道（图 8-7a）。对有纵向天窗的房屋，在天窗架上弦亦应设置横向水平支撑（图 8-7c）。

为利于传递房屋端部风荷载，房屋两端支撑（包括上、下弦横向水平支撑和垂直支撑等）宜设在第一开间。但有时为了和天窗架支撑体系配合，统一支撑尺寸（第一开间尺寸常为 5.5m，而房屋中间开间尺寸为 6m），也可设在第二开间。此时第一开间须在支撑节点处用刚性系杆与端部屋架连接（图 8-7a、b），使其既可传递山墙风压力，又可传递风吸力。

对无檩体系屋盖，如能保证每块大型屋面板与屋架上弦焊牢三个角时，则屋面板可起支撑作用。但限于施工条件，焊接质量不一定可靠，故一般仅考虑其起系杆作用。对有檩体系屋盖，通常也只考虑檩条起系杆作用。因此，无论有檩体系或无檩体系屋盖，均应设置上弦横向水平支撑。

（二）下弦横向水平支撑

下弦横向水平支撑应在屋架下弦平面沿跨度方向全长布置，并应位于上弦横向水平支撑同一开间（图 8-7b），以形成空间稳定体系。但当屋架跨度较小（$l<18$m）、无悬挂吊车、桥式吊车吨位不大和无太大振动设备等情况时，可不设置。

（三）下弦纵向水平支撑

下弦纵向水平支撑应设在屋架下弦（三角形屋架也可在上弦）端节间。对单跨厂房应沿两纵向柱列布置（图 8-7b），因此可和下弦横向水平支撑组成封闭体系，使房屋的整体刚度大为提高。对多跨厂房（包括等高的多跨厂房和多跨厂房的等高部分），下弦纵向水平支撑须根据具体情况沿全部或部分纵向柱列设置。

下弦纵向水平支撑由于数量大，耗钢量多，故一般只在下列情况时才考虑设置：房屋内设有重级工作制或起重量较大的中级工作制吊车和壁行吊车或较大的振动设备，以及高度较高、跨度较大和空间刚度要求较高的房屋。另外，在房屋内设有托架处，为了保证托架的侧向稳定，应在托架范围并向两端各延伸一个柱间设置下弦纵向水平支撑。

（四）垂直支撑

垂直支撑应设在两榀相邻屋架和天窗架对应的竖直腹杆（或斜腹杆）间，并应位于上、下弦横向水平支撑同一开间（图 8-7d、e），且所有房屋均应设置，以确保屋盖结构组成空间几何不变体系。

屋架的垂直支撑在沿跨度方向设置的位置和数量须结合屋架的形式和跨度决定。当梯形屋架跨度 $l\leqslant30$m、三角形屋架 $l\leqslant24$m 时，可仅在屋架跨中设置一道（图 8-8a、c）；当梯形屋架 $l>30$m、三角形屋架 $l>24$m 时，则宜在跨中约 1/3 处或天窗架侧柱处设置两道（图 8-8b、d）。另外，梯形屋架两端还应各增设一道（图 8-8a、b）。如屋架由托架支承，则可不设。

天窗架的垂直支撑应在其两侧设置（图 8-8a）。当天窗架跨度 $\geqslant12$m 时，还应在中央增设一道（图 8-8b）。

（五）系杆

系杆一般应设在屋架和天窗架两端，以及垂直支撑的上、下弦节点处或横向水平支撑的节点处，并应沿房屋纵向通长设置，以保证未设置支撑的屋架和天窗架的稳定。系杆有柔性和刚性之分，前者只能承受拉力，而后者则拉力、压力均可承受，故须结合使用部位的受力情况加以选择。如前述房屋端部支撑设在第二开间时，第一开间应设刚性系杆。

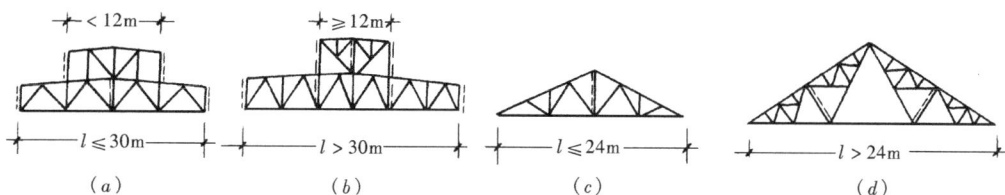

图 8-8　垂直支撑的布置

1. 上弦系杆

如前所述，对无檩体系屋盖，屋面板可起系杆作用，但为了保证屋盖在安装时的稳定，仍须在屋脊处设刚性系杆，在两端设柔性系杆。当设有纵向天窗时，尚应在天窗脊处设刚性系杆，在天窗架两侧柱处设柔性系杆。对有檩体系屋盖，檩条可兼作系杆之用。

2. 下弦系杆

下弦一般应在屋架中部设一道或两道柔性系杆（在垂直支撑处并结合下弦杆平面外的容许长细比确定）。在屋架支座处设刚性系杆，如此处为托架或圈梁时，则可不设。

三、支撑的形式、计算和连接构造

水平支撑常采用交叉斜杆和直杆形式。因此，横向水平支撑可视为一平行弦桁架的交叉斜腹杆和横腹杆，其弦杆则由屋架的弦杆兼任。同理，纵向水平支撑则可视为一平行弦桁架的交叉斜腹杆和弦杆，而屋架的下弦杆则兼任桁架的横腹杆。斜腹杆和弦杆的交角宜在 $30°\sim60°$ 之间。通常横向水平支撑节点间的距离为屋架弦杆节间距离的 $2\sim4$ 倍。纵向水平支撑的宽度取屋架下弦杆节间的长度，为 $3\sim6$m。

若将檩条与支撑的交叉斜杆在交叉点处连接（见图 8-11a 和图 8-19b 右半部），则檩条可兼任支撑横杆。

垂直支撑一般亦采用平行弦桁架形式，其上、下弦可兼作水平支撑的横杆。腹杆体系应根据高和长的尺寸比例确定。当高和长的尺寸相差不大时，采用交叉式（图 8-9a、b），相差较大时，则采用 V 式或 W 式（图 8-9c、d）。

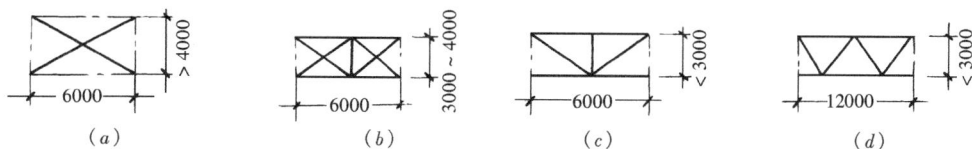

图 8-9　垂直支撑的形式

屋盖支撑受力较小，一般可不进行内力计算，截面尺寸由杆件的容许长细比和构造要求决定。交叉斜杆和柔性系杆（包括兼任柔性系杆的檩条）按拉杆 $[\lambda]=400$ 或 350（对有重级工作制吊车的厂房）设计，常采用单角钢截面；非交叉斜杆、弦杆和横杆以及刚性系杆（包括兼任支撑桁架中这类杆件的檩条或屋架杆件）按压杆 $[\lambda]=200$ 设计，常采用双角钢组成的 T 形截面，但横杆和刚性系杆一般组成十字形截面，以使两个方向具有等稳定性。支撑的节点板厚度一般采用 6mm。

当支撑桁架的跨度较大（≥24m）且承受较大的墙面传来的风荷载（$w_k>0.5kN/m^2$），或垂直支撑兼作檩条以及考虑厂房空间工作须使纵向水平支撑作为柱的弹性支承时，支撑杆件除应满足容许长细比要求外，尚应按桁架体系计算内力，并据此选择截面。

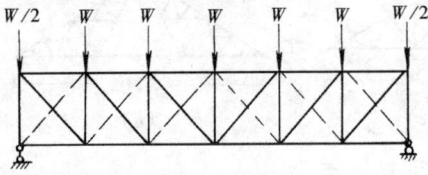

图 8-10 横向水平支撑计算简图

具有交叉斜腹杆的支撑桁架是超静定体系，但其受力较小，可采用如图 8-10 所示计算简图。在节点荷载 W 作用下，每节间只考虑一根受拉斜腹杆工作，另一根虚线所示斜腹杆则因受压屈曲而退出工作，因此桁架可按单斜杆体系分析。当荷载反向时，显然两组杆的受力情况将互易。

支撑以及支撑与屋架或天窗架的连接构造如图 8-11 所示。上弦水平支撑角钢的肢尖应朝下，以免影响大型屋面板或檩条的安放。因此，对交叉斜杆应在交叉点切断一根另用连接板连接。（图 8-11a）。下弦水平支撑角钢的肢尖可以朝上，故交叉斜杆可肢背靠肢背交叉放置，采用填板连接（图 8-11b）。支撑与屋架或天窗架的连接通常采用连接板和 M16～M20C 级螺栓，且每端不少于两个。在有重级工作制吊车或其他较大振动设备的房屋中，屋架下弦支撑和系杆宜用高强度螺栓连接，或用 C 级螺栓再加焊缝将连接板焊固（图 8-11b）。

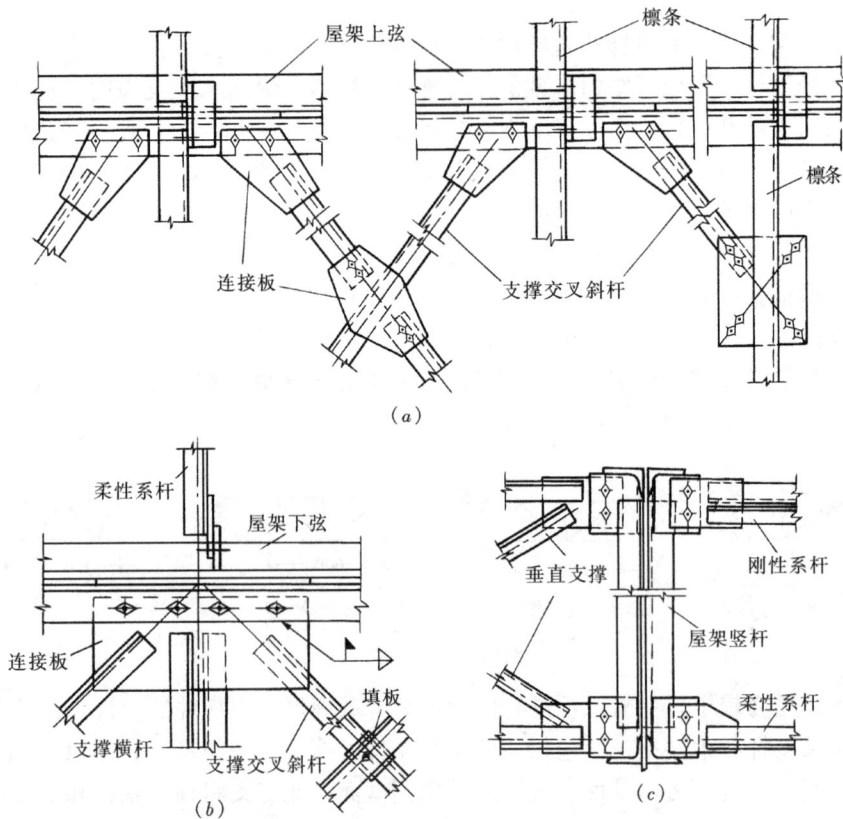

(a)

(b)

(c)

图 8-11 支撑与屋架的连接构造
(a) 上弦支撑的连接；(b) 下弦支撑的连接；(c) 垂直支撑的连接

第五节 屋 架

屋架是主要承受横向荷载作用的格构式受弯构件。由于其是由直杆相互连接组成，各杆件一般只承受轴心拉力或轴心压力，故截面上的应力分布均匀，材料能充分发挥作用。因此，与实腹梁相比，屋架具有耗钢量小、自重轻、刚度大和容易按需要制成各种不同外形的特点，所以在工业与民用建筑的屋盖结构中得到广泛应用，但屋架在制造时比梁费工。

本节主要以普通钢屋架为对象，就其造型、计算、构造和施工图绘制等作较详细的介绍，但其基本原理同样适用于其他用途的桁架体系，如吊车桁架、制动桁架和支撑桁架等。

一、屋架的形式和选型原则

屋架按其外形可分为三角形、梯形、拱形及平行弦（人字形）四种。屋架的选型应符合使用要求、受力合理和便于施工等原则。

（一）使用要求

屋架上弦坡度应适应屋面材料的排水需要。当采用短尺压型钢板、波形石棉瓦和瓦楞铁等时，其排水坡度要求较陡，应采用三角形屋架。当采用大型混凝土屋面板或发泡水泥复合板（太空板）等铺油毡防水材料或长尺压型钢板时，其排水坡度可较平缓，应采用梯形或人字形屋架。另外，还应考虑建筑上净空的需要，以及有无天窗、天棚和悬挂吊车等方面的要求。

（二）受力合理

屋架的外形应尽量与弯矩图相近，以使弦杆内力均匀，材料利用充分。腹杆的布置应使内力分布合理，短杆受压，长杆受拉，且杆件和节点数量宜少，总长度宜短。同时应尽可能使荷载作用在节点上，以避免弦杆因受节间荷载产生的局部弯矩而加大截面。当梯形屋架与柱刚接时，其端部应有足够的高度，以便能有效地传递支座弯矩而端部弦杆不致产生过大内力。另外，屋架中部亦应有足够高度，以满足刚度要求。

（三）便于施工

屋架杆件的数量和品种规格宜少，尺寸力求划一，构造应简单，以便于制造。杆件夹角宜在 $30°\sim60°$ 之间，夹角过小，将使节点构造困难。

以上各条要求要同时满足往往不易，因此须根据各种有关条件，对技术经济进行综合分析比较，以便得到较好的经济效果。

二、各型屋架的特性和适用范围

（一）三角形屋架

三角形屋架适用于屋面坡度较陡的有檩体系屋盖。根据屋面材料的排水要求，一般屋面坡度 $i=1/2\sim1/3$。三角形屋架端部只能与柱铰接，故房屋横向刚度较低。且其外形与弯矩图的差别较大，因而弦杆的内力很不均匀，在支座处很大，而跨中却较小，使弦杆截面不能充分发挥作用。三角形屋架的上、下弦杆交角一般都较小，尤其在屋面坡度不大时更小，使支座节点构造复杂。综上所述原因，三角形屋架一般只宜用于中、小跨度（$l \leqslant 18 \sim 24m$）的轻屋面结构。

三角形屋架的腹杆多采用芬克式（图 8-12a），其腹杆虽较多，但压杆短，拉杆长，受力合理。且它可分成两榀小屋架和一根直杆（下弦中间杆），便于运输。人字式（图 8-12b）的腹杆较少，但受压腹杆较长，适用于跨度 $l \leqslant 18m$ 的屋架。单斜式（图 8-12c）的腹杆较长且节点数目较多，只适用于下弦须设置顶棚的屋架，一般较少采用。如屋面材料要求的檩距很小，以致檩条有可能不全放在屋架上弦节点，而使节间因荷载作用产生局部弯矩，此时是缩小节间增加腹杆还是加大上弦截面以承受弯矩，须综合分析比较。

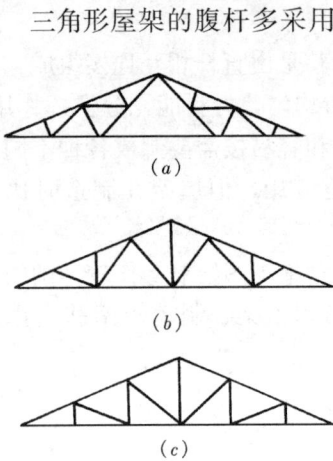

图 8-12　三角形屋架

（二）梯形屋架

梯形屋架适用于屋面坡度平缓的无檩体系屋盖和采用长尺压型钢板和夹芯保温板的有檩体系屋盖。其屋面坡度一般为 $i = 1/8 \sim 1/16$，跨度 $l \geqslant 18 \sim 36m$。由于梯形屋架外形与均布荷载的弯矩图比较接近，因而弦杆内力比较均匀。梯形屋架与柱连接可做成刚接，也可做成铰接。由于刚接可提高房屋横向刚度，因此在全钢结构厂房中广泛采用。当屋架支承在钢筋混凝土柱或砖柱上时，只能做成铰接。

梯形屋架按支座斜杆（端斜杆）与弦杆组成的支承点在下弦或在上弦分为下承式（图 8-13a）和上承式（图 8-13b）两种。一般情况，与柱刚接的屋架宜采用下承式，与柱铰接的则两者均可。梯形屋架的腹杆多采用人字式（图 8-13a），如在屋架下弦设置顶棚，可在图中虚线处增设吊杆或采用单斜式腹杆（图 8-13c）。在屋架高度较大的情况下，为使斜杆与弦杆保持适当的交角，上弦节间长度往往比较大，当上弦节间长度为 3m，而大型屋面板宽度为 1.5m 时，可采用再分式腹杆（图 8-13d）将节间缩短至 1.5m，但其制造较费工。故有时仍采用 3m 节间而使上弦承受局部弯矩，不过这将使上弦截面加大。为同时兼顾，可采取只在跨中一部分节间增加再分杆，而在弦杆内力较小的支座附近采用 3m 节间，以获得经济效果。

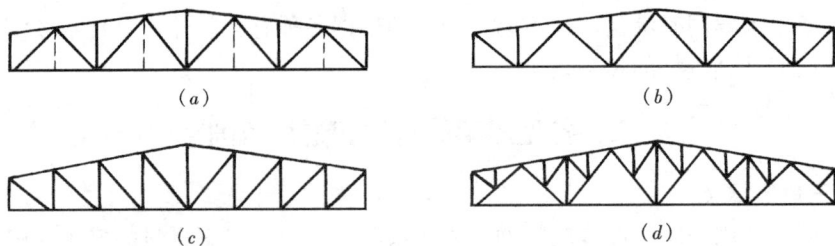

图 8-13　梯形屋架

（三）拱形屋架

拱形屋架适用于有檩体系屋盖。由于屋架外形与弯矩图（通常为抛物线形）接近，故弦杆内力较均匀，腹杆内力亦较小，故受力合理。

拱形屋架的上弦可做成圆弧形（图 8-14a）或较易加工的折线形（图 8-14b）。腹杆多采用人字式，也可采用单斜式。

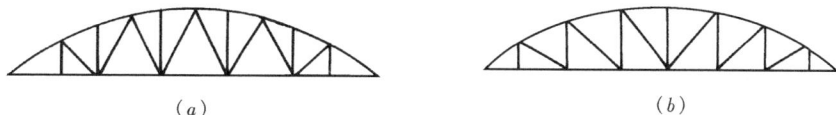

图 8-14 拱形屋架

(a) 圆弧形；(b) 折线形

拱形屋架由于制造费工，故应用较少，仅在大跨度重型屋盖（多做成落地拱式桁架）有所采用。一些大型农贸市场，利用其美观的造型，再配合新品种轻型屋面材料，也有一定应用。

（四）平行弦和人字形屋架

平行弦屋架的上、下弦杆平行，且可做成不同坡度。与柱连接亦可做成刚接或铰接。平行弦屋架多用于单坡屋盖（图 8-15a）和用两个平行弦屋架做成人字形屋架的双坡屋盖（图 8-15b）或用作托架，支撑桁架亦属此类。平行弦屋架的腹杆多采用人字式（图 8-15a、b），用作支撑时常采用交叉式（图 8-15c）。

我国近年来在一些大型工厂中采用了坡度 $i=2/100 \sim 5/100$ 的人字形屋架，由于腹杆长度一致，节点类型统一，且在制造时不必起拱，符合标准化、工厂化制造的要求，故效果较好。

三、屋架的主要尺寸

屋架的主要尺寸为跨度 l 和跨中高度 h。对梯形屋架还有端部高度 h_0。

（一）跨度

屋架的跨度应满足房屋的工艺和使用要求，同时应考虑结构布置的合理性。柱网横向轴线的间距即屋架的标志跨度 l，在无檩体系屋盖中应与大型屋面板的宽度相配合，以 3m 为模数。屋架的计算跨度 l_0 是屋架两端支座反力的间距。当屋架简支于钢筋混凝土柱且柱网采用封闭结合时，考虑屋架支座处的构造尺寸（使支座外缘不致超出轴线），一般可取 $l_0 = l - (300 \sim 400)$mm（图 8-16a）；当柱网采用非封闭结合时，计算跨度等于标志跨度，即 $l_0 = l$（图 8-16b）。

（二）高度

和组合梁一样，屋架的高度亦取决于建筑高度、刚度要求和经济高度等条件，同时还须结合屋面坡度和满足运输界限的要求。屋架的最大高度不能超过运输界限，最小高度应满足屋架容许挠度（$[v] = l/500$）的需要，经济高度则应根据屋架弦杆和腹杆的总重为最小的条件确定。

三角形屋架高度主要取决于屋面坡度，当 $i = 1/2 \sim 1/3$ 时，$h = (1/4 \sim 1/6)l$。

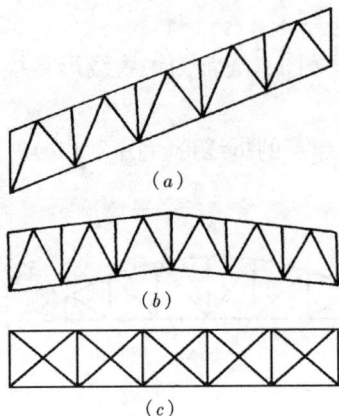

图 8-15 平行弦屋架

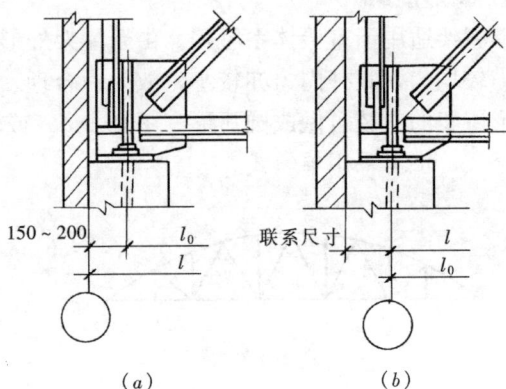

图 8-16 屋架的计算跨度

平行弦屋架高度和梯形屋架的中部高度主要由经济高度决定，一般取 $h=(1/6\sim1/10)l$（l 大时取小值，l 小时取大值）。梯形屋架的端部高度，当屋架与柱刚接时，为了有效传递端部负弯矩，应具有一定高度，一般为 $h_0=(1/10\sim1/16)l$，常取 $1.8\sim2.4\mathrm{m}$；当屋架与柱铰接时，根据跨中经济高度和屋面坡度决定即可。但为多跨房屋时，h_0 应力求统一，以便于屋面构造处理。

人字形屋架的高度一般取 $h=(1/18\sim1/12)l$，通常为 $h=2.0\sim2.4\mathrm{m}$。跨度大于 36m 时可稍大，但亦不宜超过 3m。需要注意，当人字形屋架轴线坡度大于 1/7 且与柱刚接时，应将其视为折线横梁进行框架分析。当与柱铰接时，则应考虑竖向荷载作用下折线拱的推力对柱的影响，且应在檩条及屋面板等安装完后才将屋架永久固定。

四、屋架的荷载和荷载组合

永久荷载——包括屋面材料和檩条、屋架、天窗架、支撑以及顶棚等结构的自重；

可变荷载——包括屋面活荷载、雪荷载、风荷载、积灰荷载以及悬挂吊车荷载等。

永久荷载和可变荷载可按《荷载规范》或按材料的规格计算。需要指出，按《设计标准》规定，对支承轻型屋面（如压型钢板）的屋架，当仅有一个可变荷载（如只有雪荷载）且受荷水平投影面积超过 60m² 时，屋面均布活荷载标准值应取 $0.3\mathrm{kN/m^2}$（如有两个及以上可变荷载参与组合时，则仍应按《荷载规范》取为 $0.5\mathrm{kN/m^2}$）。

屋架设计时必须根据使用和施工过程中可能遇到的荷载组合对屋架杆件的内力最不利进行计算。荷载组合要按荷载效应的基本组合设计式（3-7）和式（3-8）。一般应考虑下面三种荷载组合：

（一）全跨永久荷载＋全跨可变荷载

（二）全跨永久荷载＋半跨可变荷载

（三）全跨屋架、天窗架和支撑自重＋半跨屋面板重＋半跨屋面活荷载

上述（一）、（二）为使用时可能出现的不利情况，而（三）则是考虑在屋面（主要为大型混凝土屋面板）安装时可能出现的不利情况。在多数情况，用第一种荷载组合计算的屋架杆件内力即为最不利内力。但在第二和第三种荷载组合下，梯形、平行弦、人字形和拱形屋架跨中附近的斜腹杆可能由拉杆变为压杆或内力增大，故应予考虑。有时为了简化

计算，可将跨中央每侧各 2～3 根斜腹杆，不论其在第一种荷载组合下是拉杆还是压杆，均当作压杆计算，即控制其长细比不超过 150，此时一般可不再计算第二、第三两种荷载组合。

在荷载组合时，屋面活荷载和雪荷载不会同时出现，可取两者中的较大值计算。

对风荷载，当屋面倾角 $\alpha \leqslant 30°$ 时为产生卸载作用的风吸力，故一般可不予考虑。但对压型钢板等轻型屋面，则应考虑负风压的影响。因为负风压大于屋面永久荷载时，可能使屋架的拉杆变为压杆。计算时可取负风压的垂直分力与屋面永久荷载进行比较（对永久荷载分项系数的取值应按式（3-7）的规定，即按永久荷载效应对结构构件的承载能力有利这种情况，取 $\gamma_G = 1.0$，而对风荷载，则取 $\gamma_Q = 1.5$），若前者大于后者，则屋架的拉杆变为受压，但一般压力不会太大，因此一般可将其杆件长细比按容许长细比 250 进行控制（见表 5-2 注 5），可不必再计算风荷载产生的内力。另外，对轻型屋面厂房，当吊车起重量较大（$Q \geqslant 300kN$）时，应考虑框架分析求得的水平力是否会引起下弦内力增加或使下弦内力变号。

屋架和支撑的自重 g_0 可参照下面经验公式估算：

$$g_0 = \beta l \quad (kN/m^2，水平投影面) \tag{8-1}$$

式中　β——系数，当屋面荷载 $Q \leqslant 1kN/m^2$（轻屋盖）时，$\beta = 0.01$；当 $Q = 1\sim 2.5kN/m^2$（中屋盖）时，$\beta = 0.012$；当 $Q > 2.5kN/m^2$（重屋盖）时，$\beta = 0.12/l + 0.011$；

　　　　l——屋架的标志跨度（m）。

当屋架下弦未设顶棚时，通常假定屋架和支撑自重全部作用在上弦；当设有顶棚时，则假定上、下弦平均分配。

五、屋架杆件的内力计算

计算屋架杆件内力时采用如下假定：

（一）节点均视为铰接。对实际节点中因杆件端部和节点板焊接而具有的刚度以及引起的次应力，在一般情况下可不考虑。

（二）各杆件轴线均在同一平面内且相交于节点中心。屋架杆件的内力均按荷载作用于屋架的上、下弦节点进行计算。对有节间荷载作用的屋架，可先将节间荷载分配在相邻的两个节点上，按只有节点荷载作用的屋架求出各杆件内力，然后再计算直接承受节间荷载杆件的局部弯矩。

作用于屋架上弦节点的荷载 Q 可按各种均布荷载对节点汇集进行计算，如图 8-17 所示阴影部分：

$$Q = \sum q_h sa + \sum (q_s/\cos\alpha)sa \tag{8-2}$$

式中　q_h——按屋面水平投影面分布的荷载（雪荷载、活荷载、屋架自重等）；

　　　　q_s——按屋面坡向分布的永久荷载（屋面材料等）；

　　　　s——屋架的间距；

　　　　a——上弦节间的水平投影长度；

　　　　α——屋面倾角。当 α 较小时，可近似取 $\cos\alpha = 1$。

屋架杆件内力可根据屋架计算简图采用图解法、数解法或电算方法计算，但图解法对三角形屋架和梯形屋架使用较方便。另外，对一般常用形式的屋架，各种建筑结构设计手册中均有单位节点荷载作用下的杆件内力系数，可方便地查表应用。

上弦杆承受节间荷载时的局部弯矩，在理论上应按弹性支座连续梁计算，但其过于繁琐，故一般简化为按简支梁弯矩 M_0 乘以调整系数计算（图 8-18）：对端节间正弯矩取 $M_1 = 0.8M_0$；对其他节间正弯矩和节点（包括屋脊节点）负弯矩取 $M_2 = \pm 0.6M_0$。当仅有一个节间荷载 Q 作用在节间中点时，$M_0 = Qa/4$。

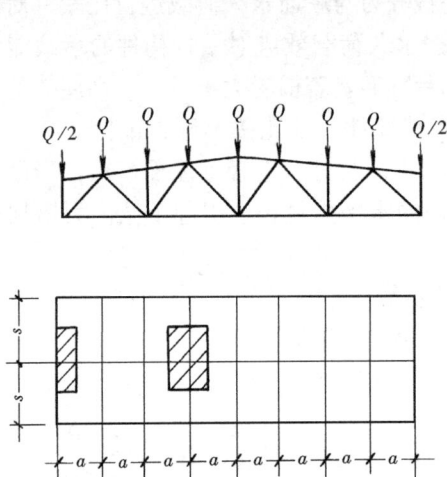

图 8-17　节点荷载汇集简图　　　　图 8-18　上弦杆局部弯矩计算简图

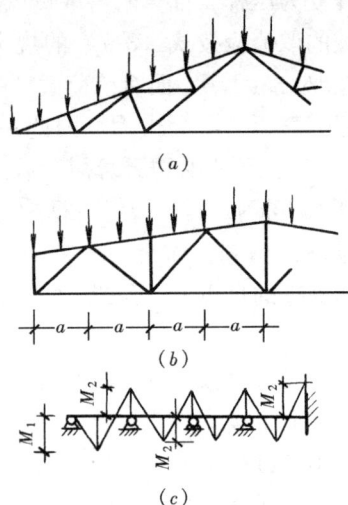

六、屋（桁）架杆件的计算长度

（一）屋（桁）架弦杆和单系腹杆的计算长度

在确定屋（桁）架弦杆和单系腹杆的长细比时，其计算长度 l_0 应按表 8-3 选用。下面对表中各项数值的取值原因简述如下。

屋（桁）架弦杆和单系腹杆的计算长度 l_0　　　　　　表 8-3

项次	弯曲方向	弦杆	腹杆	
			支座斜杆和支座竖杆	其他腹杆
1	在桁架平面内	l	l	$0.8l$
2	在桁架平面外	l_1	l	l
3	斜平面	—	l	$0.9l$

注：1. l 为构件的几何长度（节点中心间距离），l_1 为桁架弦杆侧向支承点之间的距离；

2. 无节点板的腹杆计算长度在任意平面内均取其等于几何长度（钢管结构除外）。

1. 屋（桁）架平面内的计算长度 l_{0x}

在理想铰接的屋架中，杆件在屋架平面内的计算长度 l_{0x} 应等于节点中心间的距离，即杆件的几何长度 l。但实际屋架是用焊接将杆件端部和节点板相连，故节点本身具有一定刚度，杆件两端均为弹性嵌固。当某一压杆因失稳，杆端绕节点转动时（图 8-19a），节点上汇集的其他杆件将对其起约束作用，且其中以拉杆的作用为大。因此，若节点上汇集的拉杆数目多，线刚度大，则产生的约束作用也大，压杆在节点处的嵌固程度也大，其计算长度就小。

246

如图 8-19（a）所示，弦杆、支座斜杆和支座竖杆的自身刚度均较大，且其两端节点上的拉杆却很少，因而嵌固程度很小，与两端铰接的情况比较接近，故其计算长度均采用 $l_{0x}=l$。其他中间腹杆，虽上端相连的拉杆少，嵌固程度小，可视为铰接，但其下端相连的拉杆则较多，且下弦的线刚度大，嵌固程度较大，故其计算长度可取 $l_{0x}=0.8l$。再分式腹杆（图 8-20b）在中间节点上汇集的均为中间腹杆，且拉杆少，截面一般又较小，嵌固程度很低，故其计算长度取 $l_{0x}=l$。

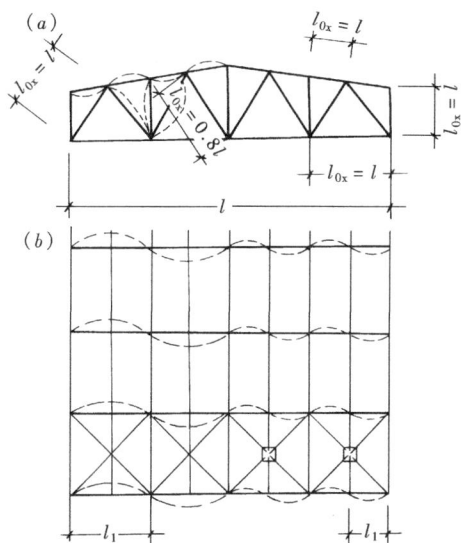

图 8-19　屋架杆件计算长度

（a）在屋架平面内；（b）在屋架平面外

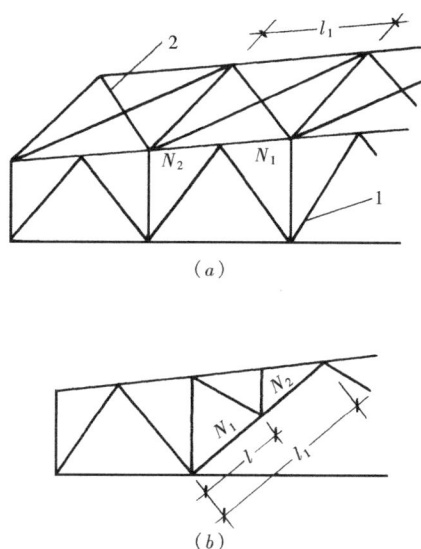

图 8-20　轴心压力在侧向支承点之间有变化的杆件平面外计算长度

1—屋架；2—支撑

2. 屋架平面外的计算长度 l_{0y}

弦杆在屋架平面外的计算长度 l_{0y} 应取弦杆侧向支承点之间的距离 l_1，即 $l_{0y}=l_1$。对上弦杆，一般取横向水平支撑的节间长度（图 8-19b）。在有檩体系屋盖中，前已述及，如檩条与横向水平支撑的交叉点用连接板焊牢，则可取檩条之间的距离；在无檩体系屋盖中，当考虑大型屋面板能起支撑作用时，一般可取两块屋面板的宽度但不大于 3m，若不能保证屋面板三个角焊牢，则仍应取支撑节间距离。对下弦杆，应取纵向水平支撑节点与系杆或系杆与系杆间的距离。

当受压弦杆侧向支承点之间的距离 l_1 为节间长度的两倍，且两节间弦杆的内力 N_1 和 N_2 不等（图 8-20a），若 N_1 为较大压力，N_2 为较小压力或拉力，显然在取 N_1 作为弦杆在屋架平面外稳定性的计算内力时，仍将 l_1 作为计算长度偏于保守，因此可按下式将其适当折减：

$$l_{0y} = l_1\left(0.75 + 0.25\,\frac{N_2}{N_1}\right) \tag{8-3}$$

当按上式算得的 $l_{0y}<0.5l_1$ 时，取 $l_{0y}=0.5l_1$。

式中　N_1——较大的压力，计算时取正值；

N_2——较小的压力或拉力，计算时压力取正值，拉力取负值。

腹杆在屋架平面外失稳时，因节点板在此方向的刚度很小，对杆件没有什么嵌固作用，相当于板铰，故所有腹杆均应取 $l_{0y}=l$。

再分式腹杆的受压主斜杆（图 8-20b）在屋架平面外的计算长度亦应按式（8-3）计算，但受拉主斜杆则仍应取 $l_{0y}=l_1$。

3. 斜平面的计算长度

单面连接的单角钢腹杆及双角钢十字形截面腹杆（见表 8-5），其截面的两主轴均不在屋架平面内。当杆件绕最小主轴受压失稳时为斜平面失稳，此时杆件两端节点对其均有一定的嵌固作用，其程度约介于屋架平面内和平面外之间，因此取一般腹杆斜平面计算长度 $l_0=0.9l$。但对支座斜杆、支座竖杆、再分式腹杆仍应取 $l_0=l$。

（二）屋（桁）架交叉腹杆的计算长度

在确定屋（桁）架交叉腹杆的长细比时，在屋（桁）架平面内的计算长度应取节点中心到交叉点间的距离。在屋（桁）架平面外的计算长度当两交叉杆长度相等且在中点相交时，应按表 8-4 选用。

屋（桁）架交叉腹杆在屋（桁）架平面外的计算长度   表 8-4

项次	杆件类型	杆件交叉情况	在屋（桁）架屋面外的计算长度
1	压杆	所相交的另一杆受压，且两杆截面相同并在交叉点均不中断	$l_0=l\sqrt{\dfrac{1}{2}\left(1+\dfrac{N_0}{N}\right)}$
2		所相交的另一杆受压，且该杆在交叉点中断但以节点板搭接	$l_0=l\sqrt{1+\dfrac{\pi^2}{12}\cdot\dfrac{N_0}{N}}$
3		所相交的另一杆受拉，且两杆截面相同并在交叉点均不中断	$l_0=l\sqrt{\dfrac{1}{2}\left(1-\dfrac{3}{4}\cdot\dfrac{N_0}{N}\right)}\geqslant 0.5l$
4		所相交的另一杆受拉，且该杆在交叉点中断但以节点板搭接	$l_0=l\sqrt{1-\dfrac{3}{4}\cdot\dfrac{N_0}{N}}\geqslant 0.5l$
5		所计算的压杆中断但以节点板搭接，而相交的另一杆为连续的拉杆，若 $N_0\geqslant N$ 或拉杆在桁架平面外的抗弯刚度 $EI_y\geqslant\dfrac{3N_0l^2}{4\pi^2}\left(\dfrac{N}{N_0}-1\right)$	$l_0=0.5l$
6	拉杆	—	$l_0=l$

注：1. 表中 l 为屋（桁）架节点中心间距离（交叉点不作节点考虑）（mm）；N 为所计算杆的内力（N）；N_0 为所相交另一杆的内力（N），均为绝对值。

    2. 两杆均受压时，取 $N_0\leqslant N$，两杆截面相同。

    3. 在确定屋（桁）架交叉腹杆中单角钢杆件斜平面的长细比时，计算长度应取节点中心至交叉点的距离。

七、屋架杆件的截面形式

屋架杆件的截面形式应根据用料经济、连接构造简单和具有必要的承载能力和刚度等要求确定。由于杆件多为轴心受力，故其截面宜宽肢薄壁，以提高稳定承载力及刚度。对轴心压杆，应尽量使两主轴方向的长细比接近，即 $\lambda_x\approx\lambda_y$，以近似于等稳定性（$\varphi_x\approx\varphi_y$）节约材料。若弦杆为还受有节间荷载的压弯杆或拉弯杆时，则应加大弯矩作用方向的截面高度。

屋架杆件的截面过去一直都是采用两个等边或不等边角钢组成 T 形截面或十字形截面（少数受力很小的腹杆采用单角钢），因为经过适当调配，容易做到使其在两主轴方向的回转半径 i_x、i_y 与杆件在同方向的计算长度 l_{0x}、l_{0y} 配合，故能较好地满足前述要求。但近年来，随着 T 型钢的生产，直接用它来代替用双角钢组合的屋架杆件（或优先用于上、下弦杆），不仅省工（约 20%）、省料（可减省节点板尺寸和填板等钢材 12%～15%），且易于刷油防腐（不存在双角钢相并的间隙不能涂漆问题），延长使用寿命，因此已逐步处于主导材料地位。

现将各种截面的形式及其 i_y/i_x 值的大致范围和用途列入表 8-5，可供选用时参考（i_x、i_y、i_{x_0}、i_{y_0} 的具体数值可查附表 6、附表 9 和附表 10）。下面结合各种杆件作一简述：

（一）上弦杆：在一般支撑布置情况，其计算长度常为 $l_{0y}=2l_{0x}$，故为满足 $\lambda_x \approx \lambda_y$，需要 $i_y \approx 2i_x$，因此宜采用 TW 型钢或两个不等边角钢短肢相并的 T 形截面。采用较宽的水平肢侧向刚度较好，也便于连接支撑和放置屋面板及檩条。当计算长度 $l_{0y}=l_{0x}$ 时，宜采用 $i_y \approx i_x$ 的 TM 型钢或两个等边角钢相并的 T 形截面。当上弦有节间荷载时，为了提高杆件在屋架平面内的抗弯能力，宜采用 TN 型钢或两个不等边角钢长肢相并（视弯矩大小，也可采用两个等边角钢相并）的 T 形截面。

（二）下弦杆：为受拉杆件，一般由强度条件确定截面，但还须满足拉杆容许长细比的要求。下弦杆的 l_{0y} 通常都很大，且可能受有振动，故应优先采用 TW 型钢或两个不等边角钢短肢相并的倒 T 形截面，以增加杆件的侧向刚度，这也有利于吊装和便于与支撑连接。

屋架杆件的截面形式　　　　　　　　　　　　表 8-5

型钢类型		截面形式	回转半径的比值	用途
TW 型钢			$\dfrac{i_y}{i_x}=1.8\sim2.1$	l_{0y} 较大的上、下弦杆
TM 型钢			$\dfrac{i_y}{i_x}=0.78\sim1.4$	一般上、下弦杆或腹杆
TN 型钢			$\dfrac{i_y}{i_x}=0.44\sim0.83$	受局部弯矩作用的上、下弦杆
不等边角钢	短肢相并		$\dfrac{i_y}{i_x}=2.6\sim2.9$	l_{0y} 较大的上、下弦杆
	长肢相并		$\dfrac{i_y}{i_x}=0.75\sim1.0$	端斜杆、端竖杆、受局部弯矩作用的上、下弦杆
等边角钢相并			$\dfrac{i_y}{i_x}=1.3\sim1.5$	其他腹杆或一般上、下弦杆

续表

型钢类型	截面形式	回转半径的比值	用途
等边角钢十字相连		$\dfrac{i_{x_0}}{i_x}=0.77\sim0.92$	连接垂直支撑的竖杆
单角钢		$\dfrac{i_{y_0}}{i_x}\approx0.64$	用于内力较小杆件

（三）端斜杆：其 $l_{0x}=l_{0y}$，需要 $i_y\approx i_x$，故宜采用两个不等边角钢长肢相并的 T 形截面或 TM 型钢。

（四）一般腹杆：其 $l_{0x}=0.8l$，$l_{0y}=l$，即 $l_{0y}=1.25l_{0x}$，需要 $i_y=1.25i_x$，故宜采用两个等边角钢相并的 T 形截面或 TM 型钢。受力很小的腹杆，也可采用单角钢截面，其放置方法可采取在端部开槽插入节点板对称置于屋架平面，或以一个肢单面连接于节点板并在屋架平面交替放置于两侧。连接垂直支撑的竖杆，为了与支撑连接时不致产生偏心和在屋架吊装时两端可以互换位置，宜采用两个等边角钢十字相连的十字形截面。

（五）双角钢杆件间的填板

为了保证双角钢 T 形截面和十字形截面杆件能共同受力，必须每隔一定距离在两个角钢间设置填板并用焊缝连接（图 8-21，十字形截面为一竖一横交错放置）。填板宽度一般约 60mm，长度则取：T 形截面从角钢肢背、肢尖各伸出 $10\sim15$mm；十字形截面，由角钢肢尖缩进 $10\sim15$mm。填板厚度与节点板相同。填板间距：压杆 $l_d\leqslant40i$，拉杆 $l_d\leqslant80i$，式中 i——T 形截面为一个角钢对平行于填板的自身形心轴（图 7-21a 中 1-1 轴）的回转半径；十字形截面为一个角钢的最小回转半径（对图 8-21b 中 2-2 轴）。T 形截面压杆的填板数在两个侧向支承点之间不得少于 2 个，且每节间亦不应少于 2 个（节间较短时至少 1 个），十字形截面的则不得少于 3 个。

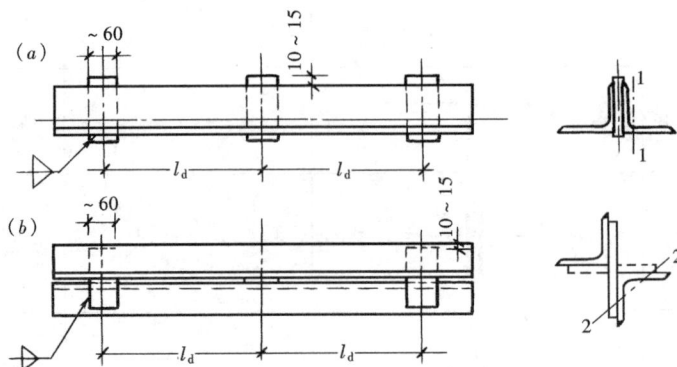

图 8-21　双角钢杆件间的填板

八、节点板厚度

节点板中应力十分复杂，通常不作计算，可按其所连接杆件内力的大小确定厚度。三角形（或拱形）屋架端节间上弦杆和梯形（或平行弦、人字形）屋架腹杆中端斜杆的内力，一般为节点板所传的最大内力，故可根据其大小按表8-6确定支座节点板厚度。中间节点板受力比支座节点板小，可减薄2mm。若采用计算方法选用节点板厚度，可按《设计标准》对节点板进行在拉力、剪力作用下的抗拉脱承载力和在压力作用下的稳定性计算。

屋架节点板厚度（Q235钢）　　　　　　　　　　表8-6

梯形屋架腹杆最大内力或三角形屋架弦杆端节间内力（kN）	≤200	201~300	301~520	521~780	781~950	951~1200	1201~1550	1551~2000
中间节点板厚度（mm）	6	8	10	12	14	16	18	20
支座节点板厚度（mm）	8	10	12	14	16	18	20	22

注：当节点板材料采用Q345、Q390、Q420钢时，其厚度可比表中数值减小2mm，但不得小于6mm。

九、屋架杆件的截面选择

（一）截面选择的一般原则

1. 应优先选用肢宽壁薄的T型钢或角钢，以增加截面的回转半径。在一般情况，其肢厚不宜小于5mm（角钢不小于∟50×5或∟75×50×5），受力较小屋架4mm（角钢不小于∟45×4或∟56×36×4），以满足受压杆件局部稳定性要求。有螺栓孔时，角钢最小肢宽须满足表4-10的要求。放置屋面板时，上弦角钢水平肢宽不宜小于80mm。

2. 同一屋架的T型钢或角钢规格应尽量统一，一般宜调整到不超过5~6种，且不应使用肢宽相同而厚度相差不大的规格，以方便配料和避免制造时混料。

3. 对跨度大于24m的屋架，弦杆可根据内力变化，从适当的节点部位处改变截面，但半跨内只宜改变一次，且只改变肢宽而保持厚度不变，以方便拼接的构造处理。

（二）截面计算

1. 轴心拉杆

按强度条件计算杆件需要的净截面面积或毛截面面积

$$A_{nreq} = \frac{N}{0.7f_u} \text{ 或 } A_{req} = \frac{N}{f} \tag{8-4}$$

当采用单角钢单面连接时，应乘有效截面折减系数 $\eta = 0.85$。

根据 A_{nreq} 或 A_{req}，由附表11、附表14或附表15中选用回转半径较大而截面面积相对较小的T型钢或角钢，然后按式（5-1）或式（5-2）和式（5-3）进行强度和刚度验算。

当螺栓孔位于节点板内且离节点板边缘的距离（图8-27中 a）大于或等于100mm时，由于焊缝已传递部分内力给节点板，内力减小，且节点板也足够补偿孔的削弱，故在计算杆件强度时可不予考虑。

2. 轴心压杆

按第五章第五节所述方法，先假定杆件长细比 λ（弦杆取 λ=50~100，腹杆取 λ=80~

120）求 A_{req}、i_{xreq}，参考这些数值由附表 12、附表 15 或附表 16 中选用合适 T 型钢或角钢，然后按式（5-1）、式（5-2）、式（5-3）和式（5-17）进行强度、刚度和整体稳定性验算。若不满足，可重新假定 λ 计算或在原选截面的基础上改选截面验算，直到合适为止。

对单角钢且单面连接的杆件，在按轴心压杆（或轴心拉杆）计算其强度、稳定性及连接时，钢材的强度设计值应乘以式（5-45）、式（5-46）的折减系数 η。

3. 压弯或拉弯杆

当下弦或上弦受有节间荷载时，应根据轴心力和局部弯矩按拉弯或压弯杆计算。由于计算公式中和截面有关的未知数太多，故通常均采用试选截面，然后对其强度和刚度按式（7-4a）和式（5-3）进行验算。对压弯杆则尚应按式（7-5）、式（7-6）和式（7-8）对其在弯矩作用平面内和在弯矩作用平面外的稳定性进行验算。

4. 按刚度条件选择截面的杆件

对屋架中因构造需要而设置的杆件（如芬克式屋架跨中央竖杆）或内力很小的杆件，可按刚度条件根据容许长细比计算截面需要的回转半径（对单角钢杆件或十字形截面杆件为截面最小回转半径 i_{min}）

$$i_{xreq} = \frac{l_{0x}}{[\lambda]}、i_{yreq} = \frac{l_{0y}}{[\lambda]} \text{ 或 } i_{minreq} = \frac{l_0}{[\lambda]} \tag{8-5}$$

根据计算的数值，即可由角钢规格表中选用合适角钢。

十、屋架节点的设计

屋架节点的作用是使杆件的内力通过各自的杆端焊缝传至节点板，并在节点中心汇交取得平衡。节点设计应做到构造合理、强度可靠和制造、安装简便。

（一）节点设计的一般原则

1. 各杆件的形心线理论上应与杆件轴线重合，以免产生偏心受力而引起附加弯矩。但为了方便制造，通常将 T 型钢背或角钢肢背至形心线的距离调整为 5mm 的倍数，以作为杆件的定位尺寸（图 8-27 中 $z_1 \sim z_4$）。当弦杆截面有改变时，为方便拼接和安放屋面构件，应使杆件的上表面保持齐平。此时应取两形心线的中线作为弦杆的共同轴线（图 8-22），以减少因两侧 T 型钢或角钢形心线错开而产生的偏心影响。若此偏心不超过较大弦杆截面高度的 5%，可不考虑因其引起的偏心弯矩的影响。

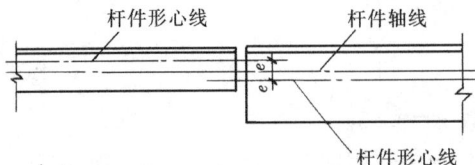

图 8-22　弦杆截面改变时的轴线

2. 弦杆与腹杆或腹杆与腹杆之间的间隙不宜小于 20mm，相邻角焊缝焊趾间的净距应不小于 5mm（图 8-27），以便于施焊和避免焊缝过于密集而使钢材过热变脆。但腹杆与弦杆之间的净距亦不能过大，以免节点板受压时失稳。

3. 杆件端部一般应与杆件轴线垂直切割（图 8-23a）。但有时为了减小节点板尺寸，也可采用图 8-23（b）、（c）所示形式，将其一肢斜切一角（参见图 8-30a 中下弦杆）。图 8-23（d）所示形式不宜采用，因其不能使用机械切割。

4. 节点板的形状应简单规整，没有凹角，一般至少应有两边平行，如矩形、平行四边形和直角梯形等（图 8-24），以方便下料和节约材料。

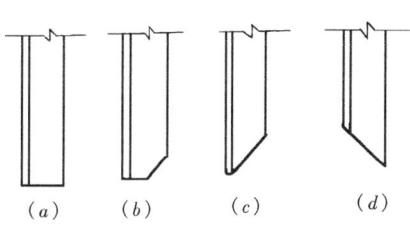

图 8-23　角钢端部切割形式

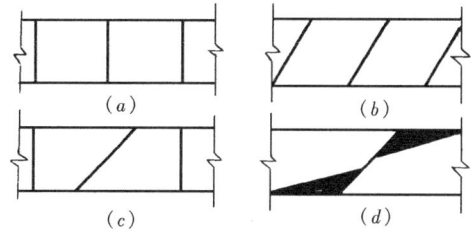

图 8-24　节点板形状

(a)、(b)、(c) 正确；(d) 不正确

5. 节点板边缘与杆件轴线间的夹角 α 宜大于 15°（图 8-25a），同时应防止图 8-25 (b) 所示形式，以免节点板宽度不足而强度不够，或弦杆的连接焊缝偏心受力。

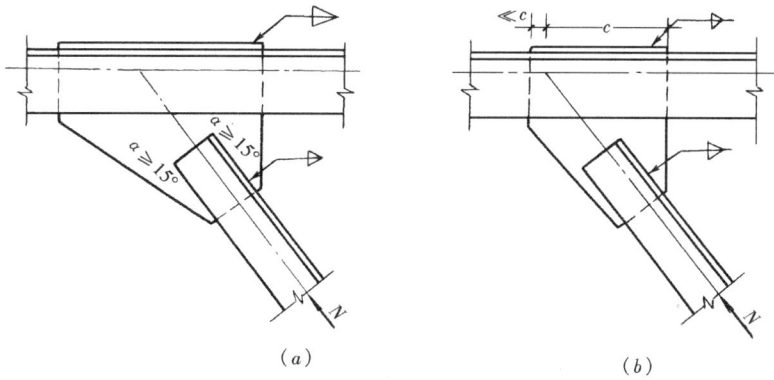

图 8-25　斜杆的节点板形状和位置

(a) 正确；(b) 不正确

6. 当屋架上弦支承大型混凝土屋面板或檩条处的集中荷载设计值过大（超过表 8-7 中数值）时，应按图 8-26 所示在集中荷载作用部位设置盖板或肋板加强，以防外伸肢弯曲。

上弦杆不需加强的最大集中荷载 　　　　　　　　　　　　表 8-7

T 型钢或角钢水平外伸肢厚度 （mm）	Q235 钢	8	10	12	14	16
	Q345、Q390、Q420 钢、Q460 钢	7	8	10	12	14
支承处集中荷载设计值（kN）		25	40	55	75	100

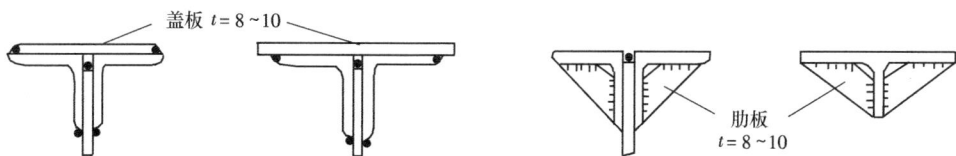

图 8-26　上弦角钢和 T 型钢在集中荷载处的加强

（二）节点的计算和构造

节点设计宜结合绘制屋架施工图进行。其程序为首先绘出屋架杆件几何轴线和各杆件角钢或 T 型钢外形线，再按杆件之间应留的 ≥20mm 间隙定出杆端，然后根据腹杆内力计算的连接焊缝的焊脚尺寸和长度，并适当考虑制造装配误差，确定节点板的合理形状和尺寸。最后还须验算弦杆和节点板的连接焊缝。

由于角钢屋架和 T 型钢屋架节点在构造上略有不同，下面分别加以叙述：

1. 角钢屋架

（1）一般节点

一般节点系指无集中荷载和无弦杆拼接的节点，一般多位于屋架下弦，其构造形式如图 8-27 所示。各腹杆杆端与节点板连接的角焊缝的焊脚尺寸和长度，应按第四章中角钢连接的角焊缝计算，从而可定出 1～6 点。节点板的尺寸应能框进所有点，同时还应伸出弦杆角钢肢背 10～15mm，以便焊接。因此，为缩小节点板尺寸应对某些关键点（如 1、2 或 3、6 等）进行控制，即对焊缝宜采用构造要求的 h_{fmax} 以减小 l_f，必要时或采用 L 形围焊和三面围焊。对其他点则可根据实际可焊长度，适当缩小 h_f。弦杆与节点板的连接焊缝，由于弦杆角钢一般在节点处不断开，故应按相邻节间弦杆的内力差 $\Delta N = N_1 - N_2$ 用式（4-22）、式（4-23）计算。通常 ΔN 很小，所需焊缝长度常远小于节点板实有宽度，因此按构造要求的 h_{fmin} 满焊即可。

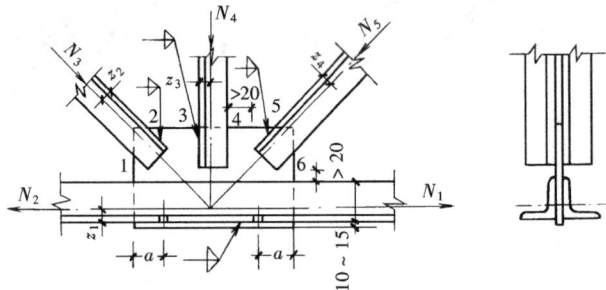

图 8-27　角钢屋架一般节点

（2）有集中荷载的节点

如图 8-28 所示的角钢屋架上弦节点，一般受有檩条或大型屋面板传来的集中荷载 Q 的作用。为了放置上部构件，节点板须缩入上弦角钢背 5～10mm 且不宜小于 $t/2+2$mm（t 为节点板厚度）深度用塞焊缝连接。塞焊缝质量一般较难保证，故其计算多采用近似方法，即假定其相当于两条焊脚尺寸各为 $h_{f1} = t/2$、长度为 l_{w1}（即节点板宽度）的角焊缝，且仅承受 Q 力的作用。计算时忽略屋架坡度的影响，设 Q 力垂直于焊缝，故焊缝强度按式（4-11）应满足：

$$\sigma_f = \frac{Q}{\beta_f(2 \times 0.7 h_{f1} l_{w1})} \leqslant f_f^w \tag{8-6}$$

通常 Q 力不大，算出的 σ_f 很小，因此一般可不作计算，按构造将全长焊满即可。

角钢肢尖焊缝承受相邻节间弦杆的内力差 $\Delta N = N_1 - N_2$ 和由其产生的偏心弯矩 $M = (N_1 - N_2)e$（e 为角钢肢尖至弦杆轴线的距离）的共同作用，故根据式（4-10），焊缝强度应满足：

$$\sqrt{\left(\frac{6M}{\beta_{\mathrm{f}}\times2\times0.7h_{\mathrm{f2}}l_{\mathrm{w2}}^{2}}\right)^{2}+\left(\frac{\Delta N}{2\times0.7h_{\mathrm{f2}}l_{\mathrm{w2}}}\right)^{2}}\leqslant f_{1}^{\mathrm{w}} \tag{8-7}$$

式中 h_{f2}、l_{w2}——角钢肢尖焊缝的焊脚尺寸和计算长度。

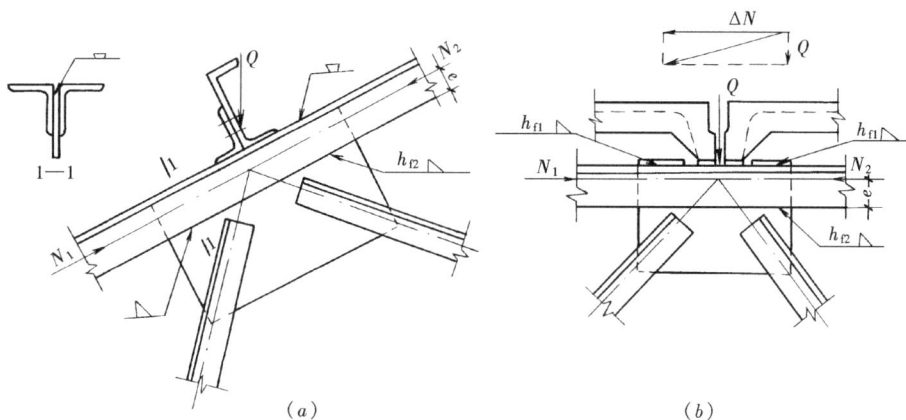

图 8-28 角钢屋架有集中荷载的（上弦）节点

当 ΔN 较大，按上式计算肢尖焊缝强度不足时，亦可采用如图 8-28（b）所示将节点板部分伸出上弦角钢肢背。此时肢背和肢尖两条角焊缝共同承受 ΔN 和 Q 的合力作用，由于 Q 力一般较小，故合力方向与焊缝的夹角不会太大，因此仍近似地按侧面角焊缝计算，即其强度应满足：

肢背焊缝
$$\frac{\sqrt{(Q/2)^{2}+(\eta_{1}\Delta N)^{2}}}{2\times0.7h_{\mathrm{f1}}l_{\mathrm{w1}}}\leqslant f_{1}^{\mathrm{w}} \tag{8-8}$$

肢尖焊缝
$$\frac{\sqrt{(Q/2)^{2}+(\eta_{2}\Delta N)^{2}}}{2\times0.7h_{\mathrm{f2}}l_{\mathrm{w2}}}\leqslant f_{1}^{\mathrm{w}} \tag{8-9}$$

式中 h_{f1}、l_{w1}——伸出角钢肢背的焊缝的焊脚尺寸和计算长度；

η_{1}、η_{2}——角钢肢背和肢尖焊缝的内力分配系数，同式（4-17a）、式（4-17b）。

（3）弦杆的拼接节点

弦杆的拼接分工厂拼接和工地拼接两种。工厂拼接是角钢供应长度不足时的制造接头，通常设在内力较小的节间内。工地拼接是在屋架分段制造和运输时的安装接头，上弦多设在屋脊节点（图 8-29a、b，分别属芬克式三角形屋架和梯形屋架），下弦则多设在跨中央（图 8-29c），但芬克式三角形屋架也可设在下弦中间杆的两端（图 8-43）。

为保证拼接处具有足够的强度和在平面外的刚度，弦杆的拼接应设置拼接角钢，其截面和弦杆截面相同。角钢肢背的棱角应割去（图 8-29d），以便与弦杆角钢贴紧。另外，为了施焊，还应将角钢竖肢切去 $\Delta=t+h_{\mathrm{f}}+5\mathrm{mm}$（$t$ 为角钢厚度；h_{f} 为焊缝的焊脚尺寸；5mm 为避开弦杆角钢肢尖圆角的切割量）。割棱切肢引起的截面削弱，一般不超过原截面的 15%，故节点板可以补偿。若拼接处无节点板时，则应在角钢间设适当宽度（按弦杆内力 N 的 15% 计算弦杆与填板间需要的连接焊缝长度确定）的填板给予补偿。屋脊节点的拼接角钢，一般应采用热弯成型。当屋面坡度较大或角钢肢较宽不易弯折时，宜将竖肢在根部钻孔并切口后再冷弯对焊（图 8-29e）。

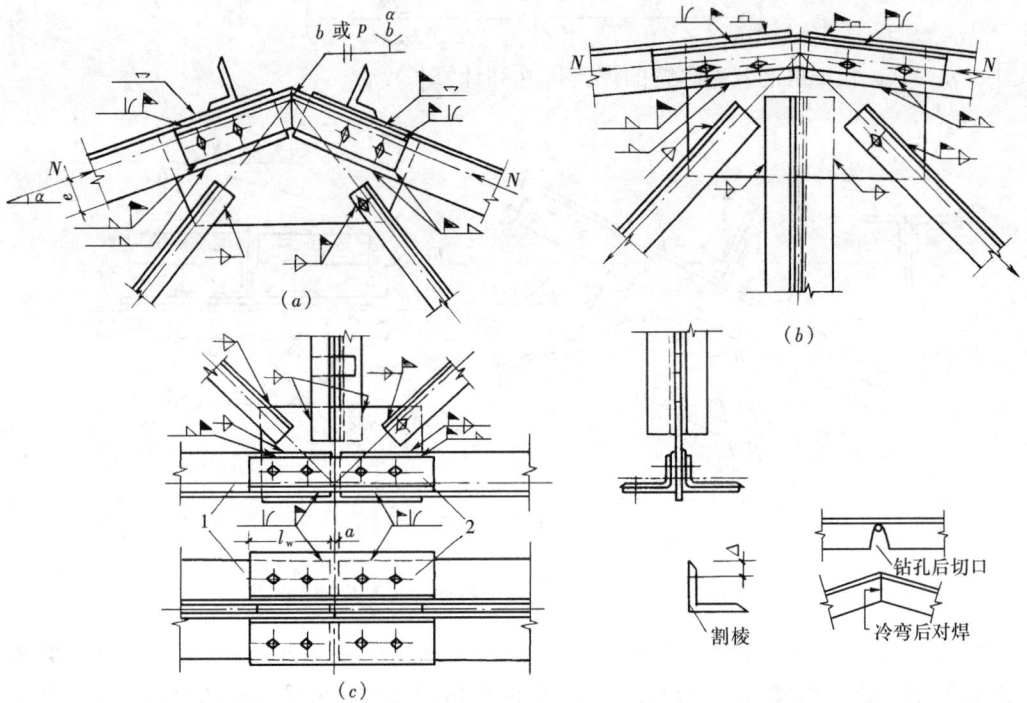

图 8-29　角钢屋架弦杆工地拼接节点

(a)、(b) 上弦拼接节点；(c) 下弦拼接节点

1—屋架下弦；2—拼接角钢

　　拼接角钢的长度应根据拼接焊缝需要的长度确定，一般可按被拼接处弦杆最大内力或偏安全地按与弦杆等强（宜用于拉杆）计算，并假定 4 条焊缝均匀受力。按等强计算时，接头一侧需要的焊缝计算长度为：

$$l_{\mathrm{w}} = \frac{Af}{4 \times 0.7 h_{\mathrm{f}} f_{\mathrm{f}}^{\mathrm{w}}} \tag{8-10}$$

式中　A——弦杆的截面面积。

　　拼接角钢的总长度为：

$$l = 2(l_{\mathrm{w}} + 2h_{\mathrm{f}}) + a \tag{8-11}$$

式中 a 为弦杆端头的距离：下弦取 10mm，上弦则还应加上与屋面坡度 i 及角钢垂直肢宽 b 有关的距离，即 $2ib$。

　　弦杆与节点板的连接焊缝可按较大一侧弦杆内力 N 的 15％或相邻节间弦杆的内力差 ΔN 两者中的较大值计算。当节点处还作用有集中荷载 Q 时，则应按两方向力共同作用计算。

　　为便于拼装，工地拼接宜采用图 8-29 所示的连接方式。节点板（和中间竖杆）用工厂焊缝焊于左半榀屋架，拼接角钢则作为单独零件出厂，待工地将右半榀屋架拼装后再将其装配上，然后一起用安装焊缝连接。另外，为了拼接节点能正确定位和施焊，宜设置安装螺栓。

　　（4）支座节点

　　屋架与柱的连接分铰接和刚接两种形式。支承在钢筋混凝土柱上的屋架一般采用铰接，而支承在钢柱上的屋架则多采用刚接。

A. 铰接支座节点

图 8-30 所示为三角形屋架和梯形屋架的铰接支座节点，采用由节点板、底板、加劲肋和锚栓组成的构造形式。加劲肋的作用是分布支座反力，减小底板弯矩和提高节点板的侧向刚度。加劲肋应设在节点的中心，其轴线与支座反力的作用线重合。为便于施焊，下弦杆和底板间应保持一定距离（图 8-30 中 d），一般应不小于下弦角钢水平肢的宽度且不小于 130mm。梯形屋架端竖杆角钢肢朝外时，其外缘与加劲肋之间的距离应不小于 50mm。锚栓常用 M20～M24，应预埋于钢筋混凝土柱顶。为便于屋架安装和调整，底板上的锚栓孔径应比锚栓直径大 1～1.5 倍或做成 U 形缺口，待屋架调整定位后，再用孔径比锚栓直径大 1～2mm、厚度与底板相同的垫板套住锚栓并与底板焊固。

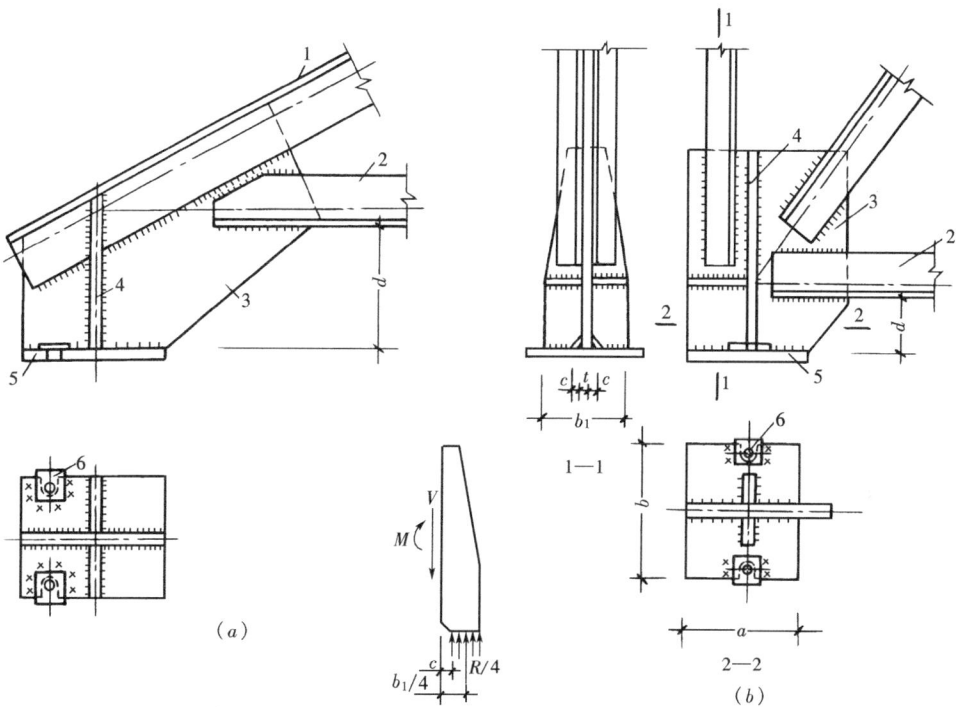

图 8-30　角钢屋架支座节点

（a）三角形屋架支座节点；（b）梯形屋架支座节点

1—上弦；2—下弦；3—节点板；4—加劲肋；5—底板；6—垫板

支座节点的传力路线是：屋架端部各杆件的内力通过杆端焊缝传给节点板，再经节点板和加劲肋间的竖直焊缝将一部分力传给加劲肋，然后通过节点板、加劲肋和底板间的水平焊缝将全部支座反力传给底板，最终传至柱，故其计算可采用第五章铰接柱脚类似方法：

1）底板面积：按式（5-52）计算。一般当支座反力不大时，其值较小，故可按设置锚栓孔等构造要求决定，通常以短边尺寸不小于 200mm 为宜。

2）底板厚度：按式（5-56）计算，式中 M 按式（5-54）计算。为使柱顶压力分布均匀，底板不宜太薄，一般在屋架跨度 $l \leqslant 18\text{m}$ 时，$t \geqslant 16\text{mm}$；$l > 18\text{m}$ 时，$t \geqslant 20\text{mm}$。

3）加劲肋：加劲肋的高度对梯形屋架应结合节点板的尺寸确定，对三角形屋架则应和上弦角钢靠紧焊牢。加劲肋厚度可略小于节点板厚度。

加劲肋可视为支承于节点板的悬臂梁，每块加劲肋近似地按承受 1/4 支座反力，因此加劲肋与节点板间的两条竖直焊缝承受剪力 $V = R/4$ 和弯矩 $M = Vb_1/4$。故焊缝强度按式（4-10）应满足：

$$\sqrt{\left(\frac{6M}{\beta_\text{f} \times 2 \times 0.7h_\text{f}l_\text{w}^2}\right)^2 + \left(\frac{V}{2 \times 0.7h_\text{f}l_\text{w}}\right)^2} \leqslant f_\text{f}^\text{w} \tag{8-12}$$

加劲肋、节点板与底板间的水平焊缝按全部支座反力进行计算。6 条焊缝的总计算长度为 $\sum l_\text{w} = 2a + 2(b_1 - t - 2c) - 12h_\text{f}$（$t$ 为节点板厚度，c 为加劲肋切口宽度）。故焊缝强度应满足：

$$\sigma_\text{f} = \frac{R}{\beta_\text{f} \times 0.7h_\text{f}\sum l_\text{w}} \leqslant f_\text{f}^\text{w} \tag{8-13}$$

B. 刚接支座节点

图 8-31 所示为梯形屋架或人字形屋架与钢柱连接的刚接节点。图 8-31（b）为上承式屋架与柱刚接的一种构造形式。

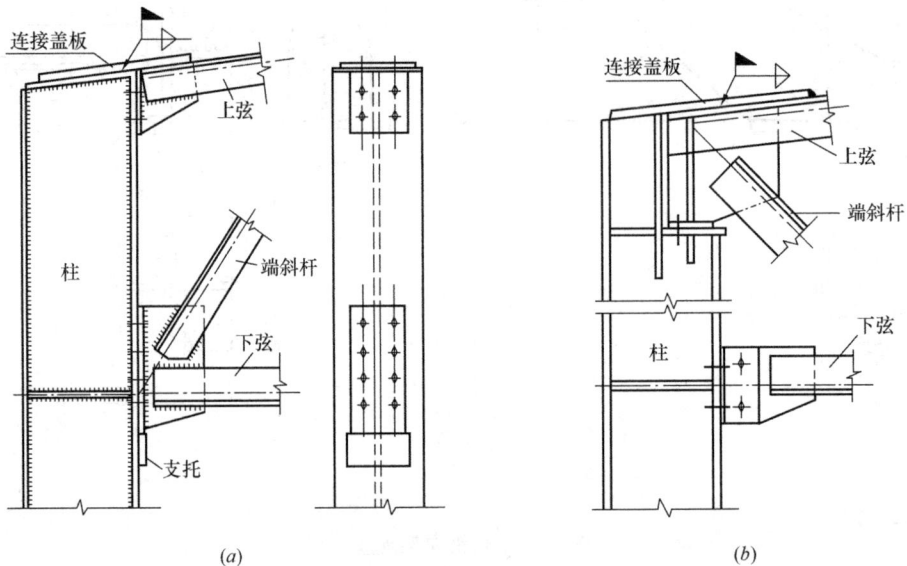

图 8-31　屋架与柱的刚接
(a) 下承式屋架与柱的刚接；(b) 上承式屋架与柱的刚接

2. T 型钢屋架

T 型钢屋架可分为屋架全部杆件均采用 T 型钢和仅上、下弦杆采用 T 型钢而腹杆则采用角钢两种类型。但不论哪种类型，通常均可不设节点板，将杆件直接焊接即可。

图 8-32（a）所示为弦杆和腹杆均采用 T 型钢的一般节点，可将腹杆端部的 T 型钢腹板与弦杆的抵触部分切去，以与弦杆对焊。T 型钢翼缘则开豁口插入弦杆并用角焊缝连接，其焊脚尺寸和长度以能承受翼缘内力即可。

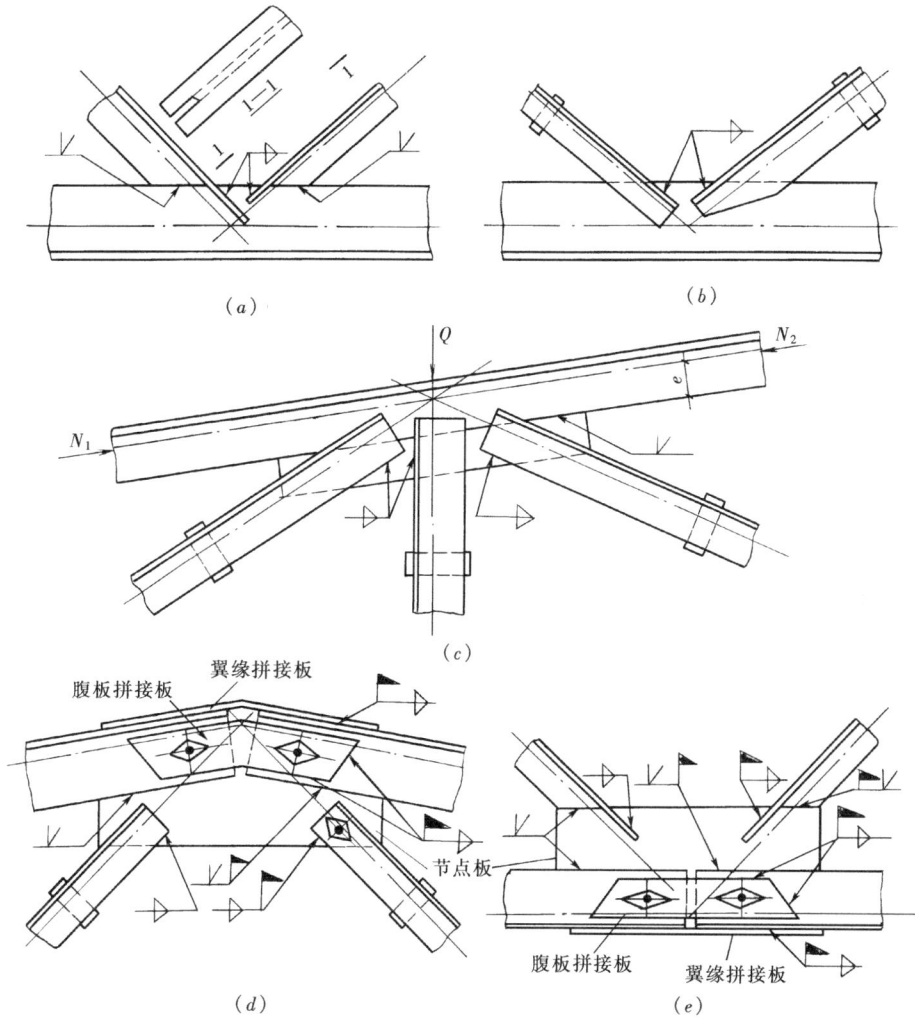

图 8-32　T 型钢屋架节点

图 8-32（b）所示为腹杆采用角钢时的一般节点，可将腹杆双角钢直接伸入弦杆腹板与其焊接。弦杆腹板尺寸一般可满足焊缝长度的需要（必要时可如图所示将角钢肢切成斜角），若不能满足，可按图 8-32（c）所示加焊一节点板。节点板的厚度 t 与弦杆腹板的相同，并与其用对接焊缝连接。焊缝应能承受相邻节间弦杆的内力差 $\Delta N = N_1 - N_2$ 和由其产生的偏心弯矩 $M = \Delta Ne$。因此，焊缝强度应按式（4-2）和式（4-3）计算，即

$$\sigma = \frac{M}{W_w} = \frac{6\Delta Ne}{tl_w^2} \leqslant f_t^w \text{ 或 } f_c^w \tag{8-14}$$

$$\tau = \frac{VS_w}{I_w t_w} = \frac{3\Delta N}{2tl_w} \leqslant f_v^w \tag{8-15}$$

式中　l_w——对接焊缝长度，即根据腹杆焊缝长度需要确定的节点板长度。

若节点处还有集中荷载作用时，其计算可按式（4-1）将集中荷载 Q 在焊缝中引起的正应力和由式（8-14）计算的偏心弯矩引起的正应力叠加，验算焊缝强度，即（设 Q 力近似垂直于焊缝）

$$\frac{Q}{tl_{\mathrm{w}}} + \frac{6\Delta Ne}{tl_{\mathrm{w}}^2} \leqslant f_{\mathrm{c}}^{\mathrm{w}} \tag{8-16}$$

T 型钢屋架的上、下弦杆拼接节点如图 8-32 (d)、(e) 所示。弦杆翼缘和腹板均采用钢板拼接。翼缘拼接板的厚度和 T 型钢翼缘的相同。但宽度则应比其稍宽，以便于焊接。长度则按与翼缘等强需要的焊缝长度，根据接头一侧 2 条焊缝参照式 (8-10)、式 (8-11) 确定。腹板拼接钢板采用两块，分别置于 T 型钢腹板的两侧，但宽度应比其稍窄，厚度则应大于 1/2 腹板厚度，以达到等强。长度按与腹板等强需要的焊缝长度确定。由于靠翼缘侧的焊缝无法施焊，可将拼接钢板端部斜切，以作为弥补。与腹杆的连接，可在加焊的节点板上，采用角焊缝或对接焊缝连接。

T 型钢屋架支座节点的构造和计算可参照角钢屋架（图 8-30、图 8-31），并结合前述 T 型钢的特点进行。

十一、屋架施工图

钢结构施工图包括构件布置图和构件详图两部分，它们是钢结构制造和安装的主要依据，必须绘制正确，表达详尽。

(一) 构件布置图

构件布置图是表达各类构件（如柱、吊车梁、屋架、墙架、平台等系统）位置的整体图，图中每个构件用粗黑线或简单形状线表示，并与其他构件断开，它主要用于钢结构安装。构件布置图内容一般包括平面图、侧面图和必要的剖面图（参见图 8-35），另外还有安装节点大样、构件编号、构件表（包括构件编号、名称、数量、单重、总重和详图图号等）及总说明等，即它应将各构件的安装位置（轴线、标高、与其他构件的连接方法等）、具体尺寸和工艺要求等表达清楚。

构件编号应按构件种类（屋架、天窗、支撑等）和其外形、尺寸以及所用零部件是否相同进行编号。如屋架、天窗架、支撑分别用字母 WJ、TJ、C 表示构件种类。若每类构件的外形、尺寸和其零件完全相同时，可编同一编号。否则，须编不同编号。如图 8-35 中，WJ1、WJ2 和 WJ3 分别为一般屋架、有横向支撑的屋架和端部屋架，虽其外形和尺寸相同，但因零件和螺栓孔有所不同（参见图 8-43），故须编不同编号。

(二) 构件详图

构件详图是表达所有单体构件（按构件编号）的详细图，主要用于钢结构制造。其内容包括众多方面，现将屋架详图的主要内容和绘制要点叙述如下（参见图 8-43）：

1. 屋架详图一般应按运输单元绘制，但当屋架对称时，可仅绘制半榀屋架。

2. 主要图面应绘制屋架的正面图，上、下弦的平面图，必要的侧面图和剖面图，以及某些安装节点或特殊零件的大样图。屋架施工图通常采用两种比例尺绘制，杆件的轴线一般用 1：20～1：30；节点和杆件截面尺寸用 1：10～1：15。重要节点大样，比例尺还可加大，以清楚地表达节点的细部尺寸为准。

3. 在图面左上角用合适比例（根据空隙大小）绘制屋架简图。图中一半注明杆件的几何长度 (mm)，另一半注明杆件的内力设计值 (kN)。当梯形屋架 $l \geqslant 24\mathrm{m}$、三角形屋架 $l \geqslant 15\mathrm{m}$ 时，挠度值较大，为了不影响使用和外观，须在制造时起拱。拱度 f 一般取屋架跨度的 1/500，并在屋架简图中注明（图 8-33），或注明在文字说明中。

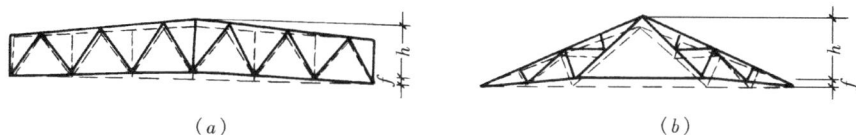

图 8-33　屋架的起拱

4. 应注明各零件（型钢和钢板）的型号和尺寸，包括加工尺寸（宜取为 5mm 的倍数）、定位尺寸、孔洞位置以及对工厂制造和工地安装的要求。定位尺寸主要有：轴线至 T 型钢背或角钢肢背的距离，节点中心至各杆杆端和至节点板上、下和左、右边缘的距离等。螺孔位置要符合型钢上容许线距和螺栓排列的最大、最小容许距离的要求。对制造和安装的其他要求，包括零件切斜角、孔洞直径和焊缝尺寸等都应注明。拼接焊缝要注意标出安装焊缝符号，以适应运输单元的划分和拼装。

5. 应对零件详细编号，编号按主次、上下、左右顺序逐一进行。完全相同的零件用同一编号。如果两个零件的形状和尺寸完全一样，仅因开孔位置或因切斜角等原因有所不同，但系镜面对称时，亦采用同一编号，可在材料表中注明正或反字样，以示区别。有些屋架仅在少数部位的构造略有不同，如像连支撑屋架和不连支撑屋架只在螺栓孔上有区别，可在图上螺栓孔处注明所属屋架的编号，这样数个屋架可绘在一张施工图上。

6. 材料表应包括各零件的编号、截面、规格、长度、数量（正、反）和重量等。材料表的作用不但可归纳各零件以便备料和计算用钢量，同时也可供配备起重运输设备参考。

7. 文字说明应包括钢号和附加条件、焊条型号、焊接方法和质量要求，图中未注明的焊缝和螺孔尺寸，油漆、运输、制造和安装要求，以及一些不易用图表达的内容。

第六节　普通钢屋架设计实例

【例 8-1】　根据下列设计资料设计一角钢屋架，并绘制施工图。
一、设计资料
武汉某单跨厂房，跨度 24m，长 120m，柱距 6m。屋架支承在钢筋混凝土柱上，上柱截面 400mm×400mm，混凝土强度等级 C20。厂房内有一台起重量 $Q=30t$ 的中级工作制桥式吊车。屋面材料采用石棉水泥波形瓦，木丝板保温层。
二、钢材和焊条牌号的选择
根据武汉地区的计算温度、屋架承受的荷载特征（静力荷载）和连接方法（焊接结构），钢材采用 Q235B。焊条采用 E4303 型，手工焊。
三、屋架形式及几何尺寸
根据所用的屋面材料的排水需要，采用芬克式三角形屋架（图 8-34）。屋面坡度 $i=1/2.5$，屋面倾角 $\alpha=\arctan\frac{1}{2.5}=21°48'$，$\sin\alpha=0.3714$，$\cos\alpha=0.9285$

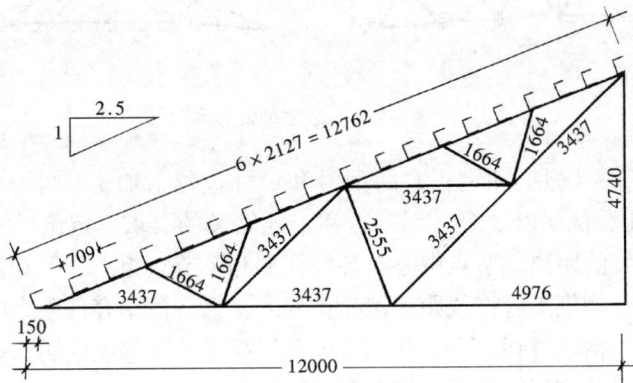

图 8-34 屋架几何尺寸

屋架计算跨度 $l_0 = l - 300 = 23700$mm

屋架跨中高度 $h = \dfrac{23700}{5} = 4740$mm

上弦长度 $L = \dfrac{l_0}{2\cos\alpha} = \dfrac{23700}{2 \times 0.9285} = 12762$mm

划分为 6 节间，节间长度 $s = \dfrac{12762}{6} = 2127$mm

节间水平投影长度 $\alpha = s\cos\alpha = 2127 \times 0.9285 = 1975$mm

四、支撑布置

根据厂房长度大于 60m、跨度 $l = 24$m 和有桥式吊车，故在房屋两端第二开间（因第一开间尺寸为 5.5m）及厂房中间设置三道上弦横向水平支撑（支撑横杆由檩条兼任）和下弦横向水平支撑，并在跨中设垂直支撑（图 8-35）。其他屋架只在下弦跨中央设一道柔性系杆，上弦因有檩条可不设系杆。另外，在第一开间下弦设三道刚性系杆。

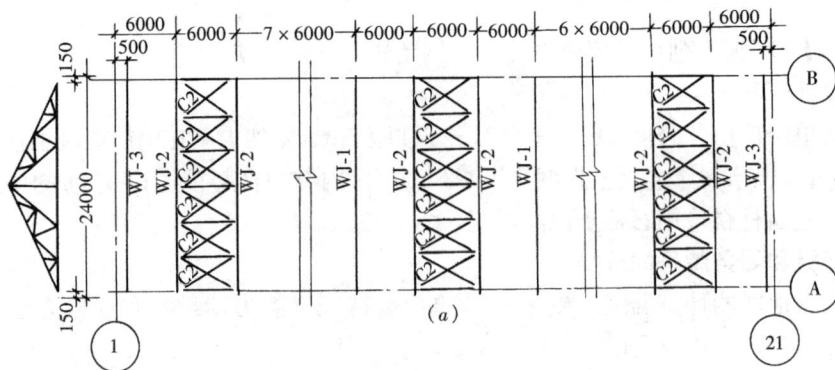

图 8-35 屋架和支撑布置（一）

（a）屋架和上弦横向水平支撑

262

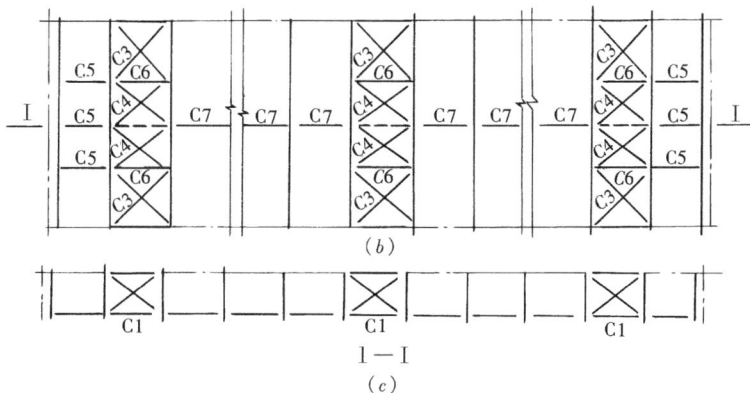

图 8-35 屋架和支撑布置（二）

(b) 下弦横向水平支撑；(c) 垂直支撑

五、檩条布置

每节间放两根檩条（图 8-34），檩距为 $2127/3 = 709\mathrm{mm}$。在檩条跨中设一道拉条。

六、屋架节点荷载

屋面活荷载 $0.3\mathrm{kN/m^2}$，小于武汉地区雪荷载 $s = 0.4\mathrm{kN/m^2}$，故可变荷载按雪荷载取值。

石棉水泥波形瓦重	$0.2 \times 0.709 = 0.14\mathrm{kN/m}$
木丝板重	$0.16 \times 0.709 = 0.11\mathrm{kN/m}$
檩条和拉条自重（计算略）	$= \underline{0.10\mathrm{kN/m}}$
永久荷载总和	$g = 0.35\mathrm{kN/m}$
可变荷载	$q = s = 0.4 \times 0.709 \times \cos\alpha = 0.26\mathrm{kN/m}$

檩条均布荷载设计值

$g + q = 1.3 \times 0.35 + 1.5 \times 0.26 = 0.85\mathrm{kN/m}$

檩条作用在屋架上弦的集中力（图 8-36）

$$Q = 2 \times \frac{(g+q)l}{2} = 2 \times \frac{1}{2} \times 0.85 \times 6 = 5.1\mathrm{kN}$$

屋架和支撑自重：按式（8-1）估算（由于估算数值偏大，故本例对其未乘荷载分项系数）

$g_0 = \beta l = 0.01 \times 24 = 0.24\mathrm{kN/m^2}$

节点荷载设计值 $F = 3 \times 5.1 + 0.24 \times 6 \times 1.975 = 18.12\mathrm{kN}$

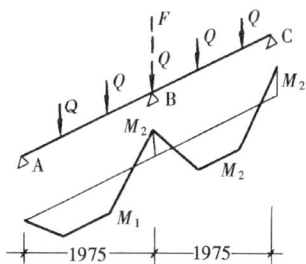

图 8-36 节点荷载

七、屋架杆件内力计算

由于屋面坡度较小，风荷载为吸力，且远小于屋面永久荷载，故永久荷载与风荷载组合时不会增大杆件内力，因此不须考虑。再芬克式屋架在半跨雪荷载作用下，腹杆内力不变号，故只需按全跨雪荷载和全跨永久荷载组合计算屋架杆件内力。根据建筑结构设计手册查出的内力系数和计算出的内力见表 8-8 和图 8-37。

屋架杆件内力计算表

表 8-8

杆件名称	杆件	内力系数	内力设计值 (kN)	杆件名称	杠件	内力系数	内力设计值 (kN)
上 弦	AB	−14.81	−268.4	腹 杆	DI	−29.7	−50.6
	BC	−13.66	−247.6		BH、CH EK、FK	−1.21	−21.9
	CD	−14.07	−255.1				
	DE	−13.70	−248.4		HD、DK	+2.50	+45.3
	EF	−12.55	−227.5		IK	+3.75	+68.0
	FG	−12.95	−234.8		KG	+6.25	+113.3
下 弦	AH	+13.75	+249.2		GJ	0.00	0.00
	HI	+11.25	+203.9				
	IJ	+7.50	+135.9				

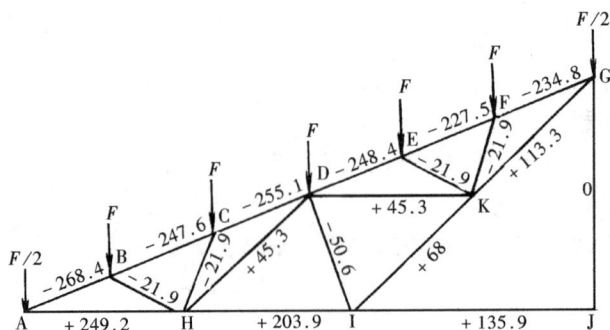

图 8-37 杆件内力图

上弦杆的局部弯矩（图 8-36）

$$M_0 = \frac{Ql}{3} = \frac{5.1 \times 1.975}{3} = 3.36 \text{kN} \cdot \text{m}$$

端节间：$M_1 = 0.8 M_0 = 0.8 \times 3.36 = 2.69 \text{kN} \cdot \text{m}$

中间节间
节 点：$M_2 = \pm 0.6 M_0 = 0.6 \times 3.36 = \pm 2.02 \text{kN} \cdot \text{m}$

八、杆件截面选择

按弦杆最大内力 268.4kN，由表 8-6 选中间节点板厚度为 8mm，支座节点板厚度为 10mm。

（一）上弦杆

整个上弦杆采用等截面。取 AC 杆段（图 8-36）按最大内力 $N_{AB} = -268.4$kN、$N_{BC} = -247.6$kN 和 $M_1 = 2.69$kN · m、$M_2 = \pm 2.02$kN · m 计算。

选用 2∟100×7 组成的 T 形截面（图 8-38）。查附表 14，$A = 2 \times 13.8 = 27.6 \text{cm}^2$，$i_x = 3.09$cm，$i_y = 4.39$cm，$I_x = 2 \times 131.86 = 263.7 \text{cm}^4$，$W_{1x} = 2 \times 48.6 = 97.2 \text{cm}^3$，$W_{2x} = 2 \times 18.1 = 36.2 \text{cm}^3$，$z_0 = 2.71$cm。

截面验算：

1. 强度：按式（7-4a）

（1）取节点 B。由负弯矩 M_2 控制，对角钢肢尖进行计算〔图8-38（c）〕。

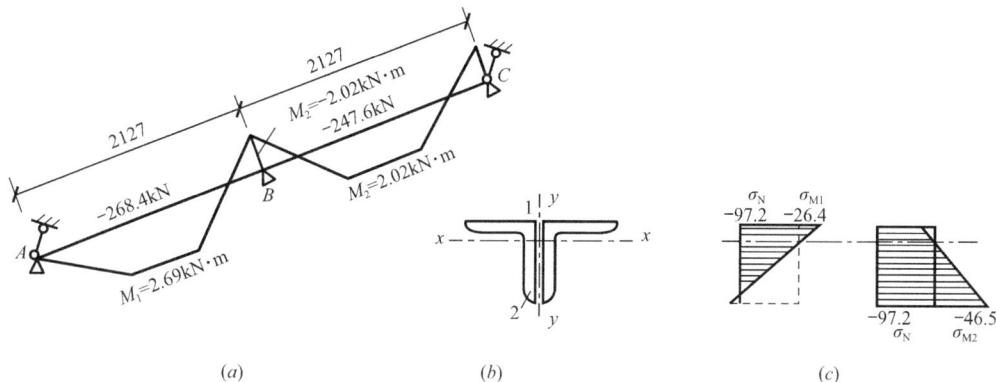

图8-38　上弦杆截面计算

$$\frac{N}{A_n} + \frac{M}{\gamma_{x2} W_{n2x}} = \frac{268.4 \times 10^3}{27.6 \times 10^2} + \frac{2.02 \times 10^6}{1.2 \times 36.2 \times 10^3} = 97.2 + 46.5$$

$$= 143.7 \text{N/mm}^2 < f = 215 \text{N/mm}^2（满足）$$

（2）取 AB 杆段中点。由正弯矩 M_1 控制，对角钢肢背进行计算。

$$\frac{N}{A_n} + \frac{M}{\gamma_{x1} W_{n1x}} = \frac{268.4 \times 10^3}{27.6 \times 10^2} + \frac{2.69 \times 10^6}{1.05 \times 97.2 \times 10^3} = 97.2 + 26.4$$

$$= 123.6 \text{N/mm}^2 < f = 215 \text{N/mm}^2（满足）$$

2. 弯矩作用平面内的稳定性：取 AB 杆段按式（7-5）、式（7-6），即由正弯矩 M_1 控制，对角钢肢背和受拉侧角钢肢尖进行计算

$$\lambda_x = \frac{l_{0x}}{i_x} = \frac{212.7}{3.09} = 68.8 < [\lambda] = 150 \text{（刚度满足）}$$

按表5-5a，双角钢截面对 x 轴和 y 轴均属 b 类截面。查附表8-2，$\varphi_x = 0.758$。

$$N'_{Ex} = \frac{\pi^2 EA}{1.1\lambda_x^2} = \frac{\pi^2 \times 206 \times 10^3 \times 27.6 \times 10^2}{1.1 \times 68.8^2 \times 10^3} = 1077700 \text{N} = 1077.7 \text{kN}$$

按端弯矩和横向荷载同时作用时

$$N_{cr} = \frac{\pi^2 EI}{(\mu l)^2} = \frac{\pi^2 \times 206 \times 10^3 \times 263.7 \times 10^4}{(1 \times 212.7 \times 10)^2} = 1185100 \text{N} = 1185.1 \text{kN}$$

$$\beta_{m1x} = 0.6 + 0.4\frac{M_2}{M_1} = 0.6 + 0.4\left(\frac{0}{2.02}\right) = 0.6$$

$$\beta_{mqx} = 1 - 0.18\frac{N}{N_{cr}} = 1 - 0.18 \times \frac{268.4}{1185.1} = 0.96$$

（偏安全取横向荷载为全跨均布荷载）

$$\beta_{mx} M_x = \beta_{m1x} M_1 + \beta_{mqx} M_{qx} = 0.6 \times 2.02 + 0.96 \times 2.69 = 3.79 \text{kN} \cdot \text{m}$$

$$\frac{N}{\varphi_x A f} + \frac{\beta_{mx} M_x}{\gamma_{x1} W_{1x}\left(1 - 0.8\frac{N}{N'_{Ex}}\right) f} = \frac{268.4 \times 10^3}{0.758 \times 27.6 \times 10^2 \times 215}$$

$$+ \frac{3.79 \times 10^6}{1.05 \times 97.2 \times 10^3 \left(1 - 0.8 \times \dfrac{268.4 \times 10^3}{1077.7 \times 10^3}\right) \times 215}$$

$$= 0.60 + 0.22 = 0.82 < 1.0 (满足)$$

$$\left| \frac{N}{Af} - \frac{\beta_{mx}M_x}{\gamma_{x2}W_{2x}\left(1 - 1.25\dfrac{N}{N'_{Ex}}\right)f} \right|$$

$$= \left| \frac{268.4 \times 10^3}{27.6 \times 10^2 \times 215} - \frac{3.79 \times 10^6}{1.2 \times 36.2 \times 10^3\left(1 - 1.25 \times \dfrac{268.4 \times 10^3}{1077.7 \times 10^3}\right) \times 215} \right|$$

$$= |\,0.45 - 0.59\,| = 0.14 < 1.0 \ (满足)$$

3. 弯矩作用平面外的稳定性（取 AC 杆段）：按式（7-8），由负弯矩 M_2 控制，对角钢肢尖"2"点计算。因两段杆的轴心压力 N_{AB} 和 N_{BC} 不等，故屋架平面外的计算长度应按式（8-3）折减：

$$l_{0y} = l_1\left(0.75 + 0.25\frac{N_2}{N_1}\right) = 2 \times 212.7\left(0.75 + 0.25 \times \frac{247.6}{268.4}\right) = 417\text{cm}$$

$$\lambda_y = \frac{l_{0y}}{i_y} = \frac{417}{4.39} = 95 < [\lambda] = 150 \ (刚度满足)。$$

$$\lambda_z = 3.9\frac{b}{t} = 3.9 \times \frac{100}{7} = 55.7 < \lambda_y = 95，故应按式（5-24a）$$

$$\lambda_{yz} = \lambda_y\left[1 + 0.16\left(\frac{\lambda_z}{\lambda_y}\right)^2\right] = 95\left[1 + 0.16\left(\frac{55.7}{95}\right)^2\right] = 100.2 < [\lambda] = 150 \ (刚度满足)$$

查附表 8-2，$\varphi_y = 0.553$。

$\beta_{tx} = 0.85$（按端弯矩和横向荷载同时作用使构件产生反向曲率时）

T 形截面弯矩使翼缘受拉且腹板宽厚比不大于 $18\varepsilon_k$ 时，按式（6-22）计算

$$\varphi_b = 1 - 0.0005\lambda_y/\varepsilon_k = 1 - 0.0005 \times 95 \div 1 = 0.95$$

$$\frac{N}{\varphi_y A f} + \eta\frac{\beta_{tx}M_x}{\varphi_b W_{2x}f} = \frac{268.4 \times 10^3}{0.553 \times 27.6 \times 10^2 \times 215} + 1 \times \frac{0.85 \times 2.02 \times 10^6}{0.95 \times 36.2 \times 10^3 \times 215}$$

$$= 0.82 + 0.23 = 1.05 \approx 1.0 \ (满足)$$

（二）下弦

整个下弦采用等截面。按最大内力 $N_{AH} = +249.2\text{kN}$ 计算。屋架平面内计算长度根据最大节间 IJ，即 $l_{0x} = 497.6\text{cm}$。屋架平面外计算长度因只在跨中有一道系杆，故 $l_{0y} = 1185\text{cm}$。

$$A_{nreq} = \frac{N}{f} = \frac{249.2 \times 10^3}{215} = 1159\text{mm}^2 = 11.59\text{cm}^2$$

选用 2L 75×50×5 短肢相并的 T 形截面。查附表 15，$A_n = A = 2 \times 6.13 = 12.26\text{cm}^2$（设连接支撑的螺栓孔位于节点板内的距离 $a \geqslant 100\text{mm}$），$i_x = 1.44\text{cm}$，$i_y = 3.68\text{cm}$。按式（5-1）和式（5-3）

$$\sigma = \frac{N}{A_n} = \frac{249.2 \times 10^3}{12.26 \times 10^2} = 203.3\text{N/mm}^2 < f = 215\text{N/mm}^2 \ (满足)$$

$$\lambda_x = \frac{l_{0x}}{i_x} = \frac{497.6}{1.44} = 346 < [\lambda] = 350 \ (刚度满足)$$

$$\lambda_y = \frac{l_{0y}}{i_y} = \frac{1185}{3.68} = 322 < [\lambda] = 350 \ (刚度满足)$$

（三）腹杆

1. DI 杆

$N_{DI} = -50.6kN$，$l_{0x} = 0.8l = 0.8 \times 255.5 = 204.4cm$，$l_{0y} = l = 255.5cm$。

选用 2∟ 50×4。查附表 14，$A = 2 \times 3.9 = 7.8cm^2$，$i_x = 1.54cm$，$i_y = 2.35cm$。按式（5-2）和式（5-17）

$$\lambda_x = \frac{l_{0x}}{i_x} = \frac{204.4}{1.54} = 132.7 < [\lambda] = 150 （刚度满足）$$

$$\lambda_y = \frac{l_{0y}}{i_y} = \frac{255.5}{2.35} = 108.7 < [\lambda] = 150 （刚度满足）$$

$$\lambda_z = 3.9\frac{b}{t} = 3.9 \times \frac{50}{4} = 48.8 < \lambda_y = 108.7，故应按式（5-24a）$$

$$\lambda_{yz} = \lambda_y \left[1 + 0.16 \left(\frac{\lambda_z}{\lambda_y} \right)^2 \right] = 108.7 \left[1 + 0.16 \left(\frac{48.8}{108.7} \right)^2 \right] = 130.6 < [\lambda] = 150 （刚度满足）$$

$\lambda_{yz} < \lambda_x$，故由 $\lambda_x = 132.7$ 查附表 8-2，得 $\varphi_x = 0.375$

$$\frac{N}{\varphi A f} = \frac{50.6 \times 10^3}{0.375 \times 7.8 \times 10^2 \times 215} = 0.80 < 1.0 （满足）$$

2. BH、CH、EK、FK 杆

$N = -21.9kN$，$l = 166.4cm$

选用∟ 50×4。查附表 14，$A = 3.9cm^2$，$i_{y_0} = 0.99cm$，$l_0 = 0.9l = 0.9 \times 166.4 = 149.8cm$。按式（5-2）和式（5-17）

$$\lambda = \frac{l_0}{i_{y_0}} = \frac{149.8}{0.99} = 151 \approx [\lambda] = 150 （刚度满足）。查附表 8-2 得 \varphi = 0.304$$

单角钢单面连接计算构件稳定性时的强度设计值折减系数按式（5-45a）

$$\eta = 0.6 + 0.0015\lambda = 0.6 + 0.0015 \times 151 = 0.83$$

$$\frac{N}{\eta\varphi A f} = \frac{21.9 \times 10^3}{0.83 \times 0.304 \times 3.9 \times 10^2 \times 215} = 1.04 \approx 1.0 （满足）$$

3. HD、DK 杆

$N = +45.3kN$，$l = 343.7cm$

选用 ∟ 45×4。查附表 14，$A = 3.49cm^2$，$i_{y_0} = 0.89cm$，$l_0 = 0.9l = 0.9 \times 343.7 = 309cm$。按式（5-2）和式（5-1）

$$\lambda = \frac{l_0}{i_{y_0}} = \frac{309}{0.89} = 348 < [\lambda] = 350 （刚度满足）$$

单角钢单面连接计算构件强度时的强度设计值折减系数按式（5-46）$\eta = 0.85$

$$\sigma = \frac{N}{A_n} = \frac{45.3 \times 10^3}{3.49 \times 10^2} = 129.8N/mm^2 < \eta f = 0.85 \times 215 = 183N/mm^2 （满足）$$

4. IK、KG 杆

两根杆采用相同截面，按最大内力 $N_{KG} = +113.3kN$ 计算。$l_{0x} = 343.7cm$，$l_{0y} = 2 \times 343.7 = 687.4cm$

选用 2∟ 45×4。查附表 14，$A = 2 \times 3.49 = 6.98cm^2$，$i_x = 1.38cm$，$i_y = 2.16cm$。按式（5-2）和式（5-1）

$$\lambda_x = \frac{l_{0x}}{i_x} = \frac{343.7}{1.38} = 249 < [\lambda] = 350 （刚度满足）$$

$$\lambda_y = \frac{l_{0y}}{i_y} = \frac{687.4}{2.16} = 318 < [\lambda] = 350 \text{（刚度满足）}$$

$$\sigma = \frac{N}{A_n} = \frac{113.3 \times 10^3}{6.98 \times 10^2} = 162 \text{N/mm}^2 < f = 215 \text{N/mm}^2 \text{（满足）}$$

5. GJ 杆

$N=0$，$l=474$cm

对连接垂直支撑的屋架，采用 2L 56×4 组成十字形截面，并按受压支撑验算其长细比。查附表 14，$i_{x_0} = 2.18$cm，$l_0 = 0.9 \times 474 = 426.6$cm。按式（5-2）

$$\lambda = \frac{l_0}{i_{x_0}} = \frac{426.6}{2.18} = 196 < [\lambda] = 200 \text{（刚度满足）}$$

对不连接垂直支撑的屋架，采用 L 56×4，并按受拉支撑验算长细比。查附表 14，$i_{y_0} = 1.11$cm。按式（5-2）

$$\lambda = \frac{l_0}{i_{y_0}} = \frac{426.6}{1.11} = 384 < [\lambda] = 400 \text{（满足）}$$

屋架杆件截面选择还可按表 8-9 所示形式列表进行。

九、节点设计

（一）屋脊节点（图 8-39）

KG 杆与节点板的连接焊缝：取肢背和肢尖的焊脚尺寸分别为 $h_{f1} = 5$mm，$h_{f2} = 4$mm，则杆端需要焊缝长度为：按式（4-22）、式（4-23）

肢背　$l_{w1} = \dfrac{\eta_1 N}{2 \times 0.7 h_{f1} f_f^w} + 2h_f = \dfrac{0.7 \times 113.3 \times 10^3}{2 \times 0.7 \times 5 \times 160} + 2 \times 5 = 80.8$mm，取 80mm

肢尖　$l_{w2} = \dfrac{\eta_2 N}{2 \times 0.7 h_{f2} f_f^w} + 2h_f = \dfrac{0.3 \times 113.3 \times 10^3}{2 \times 0.7 \times 4 \times 160} + 2 \times 4 = 45.9$mm，取 50mm

弦杆与节点板的连接焊缝受力不大，且连接长度较长，故按构造布置焊缝，不作计算。现仅计算拼接角钢。采用与上弦相同截面的角钢，肢背处割棱，竖肢切去 $\Delta = t + h_f + 5$mm $= 7 + 5 + 5 = 17$mm，取 $\Delta = 20$mm，并将竖肢切口后经热弯成型对焊。接头一侧需要的焊缝计算长度为：

$$l_w = \frac{N}{4 \times 0.7 h_f f_f^w} = \frac{234.8 \times 10^3}{4 \times 0.7 \times 5 \times 160} = 104.8 \text{mm，取 105mm}$$

拼接角钢的总长度为：按式（8-11），$l = 2(l_w + 2h_f) + a = 2(105 + 2 \times 5) + \left(10 + 2 \times \dfrac{1}{2.5} \times 100\right) = 320$mm

（二）下弦拼接节点（图 8-40）

由于屋架跨度 24m 超过运输界限，故将其分成两榀小屋架，在节点"I"处设置工地拼接。腹杆杆端焊缝计算从略，节点板尺寸如图示。弦杆与节点板的连接焊缝受力甚小，按构造布置焊缝，不作计算。拼接角钢采用与下弦相同截面，肢背处割棱，竖肢切去 $\Delta = t + h_f + 5 = 5 + 5 + 5 = 15$mm。拉杆拼接焊缝按与杆件等强设计，接头一侧需要的焊缝计算长度为：按式（8-10）

$$l_w = \frac{Af}{4 \times 0.7 h_f f_f^w} = \frac{12.24 \times 10^2 \times 215}{4 \times 0.7 \times 5 \times 160} = 117 \text{mm，取 120mm}$$

表 8-9

屋架杆件截面选择表

名称	编号	内力设计值 (kN)	截面形式和规格	截面面积 A, A_n (cm²)	计算长度 l_{0x} (cm)	计算长度 l_{0y} (cm)	回转半径 i_x (cm)	回转半径 i_y (cm)	λ_x	λ_y	$[\lambda]$	φ_{min}	$N/\varphi A f$ (N/mm²)	$\sigma = N/A_n$ (N/mm²)	f (N/mm²)	填板数	端部焊缝 h_f-l_w 肢背	端部焊缝 h_f-l_w 肢尖
上弦	AB,BC CD,DE EF,FC	$N=-268.4$ $M_1=2.69$kN·m $M_2=-2.02$kN·m	2L100×7	27.6	212.7	417	3.09	4.46	68.8	95 $\lambda_{yz}=100.2$	150		见计算书			1		
下弦	AH HI IJ	+249.2	2L75×50×5	12.24	497.6	1185	1.44	3.76	346	322	350			203.3	215	2	6—150	4—80
	DI	−50.6	2L50×4	7.8	204.4	255.5	1.54	2.43	132.7	108.7 $\lambda_{yz}=130.6$	150	0.375	0.80		215	3	4—50	4—50
腹杆	BH,CH EK,FK	−21.9	L50×4	3.9	$l_0=149.8$		$i_{x_0}=0.99$		$\lambda_{x_0}=151$		150	0.304	1.04		215		4—50	4—50
	HD,DK	+45.3	L45×4	3.49	$l_0=309$		$i_{y_0}=0.89$		$\lambda_{y_0}=348$		350			129.8	183		5—80	4—50
	IK,KG	+113.3	2L45×4	6.98	343.7	687.4	1.38	2.24	249	318	350			162	215	2	2—80	4—50
	GJ	0 (压)	2L56×4	8.78	$l_0=426.6$		$i_{x_0}=2.18$		$\lambda_{x_0}=196$		200					9	4—50	4—50
	GJ	0 (拉)	L56×4	4.39			$i_{y_0}=1.11$		$\lambda_{y_0}=384$		400						4—50	4—50

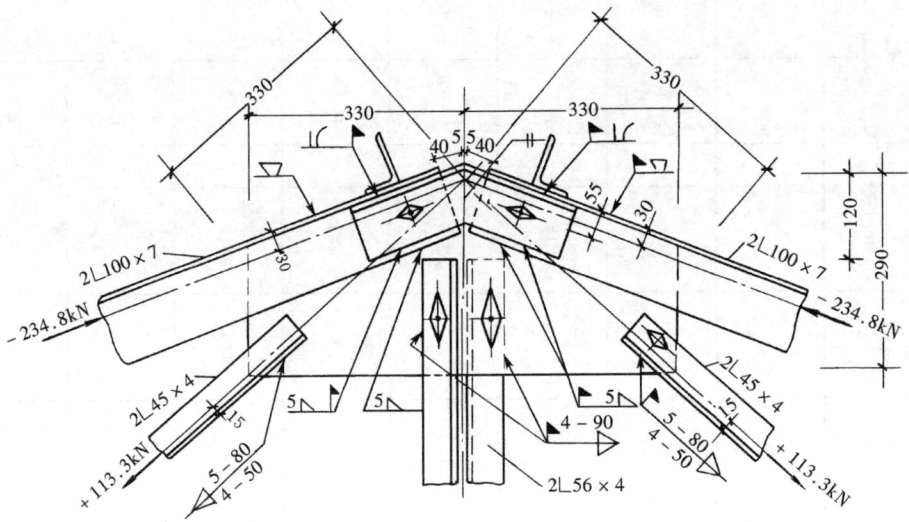

图 8-39　屋脊节点

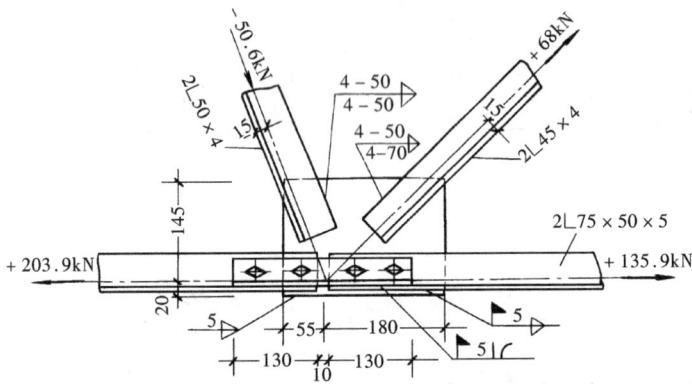

图 8-40　下弦拼接节点

拼接角钢的总长度为：按式（8-11）

$$l=2(l_w+2h_f)+a=2(120+2\times5)+10=270mm$$

（三）上弦节点"D"（图 8-41）

腹杆杆端焊缝计算从略，节点板尺寸如图示。取节点板缩入深度为 $2t/3=2\times8/3=5mm$，肢背塞焊缝按承受集中荷载 Q 进行计算。$h_{f1}=t/2=8/2=4mm$，$l_{w1}=800-2\times4=792mm$。按式（8-6）

$$\sigma_f=\frac{Q}{\beta_f(2\times0.7h_{f1}l_{w1})}=\frac{5.1\times10^3}{1.22(2\times0.7\times4\times792)}=0.94N/mm^2<f_f^w=160N/mm（满足）$$

肢尖焊缝承受弦杆的内力差 $\triangle N=255.1-248.4=6.7kN$，偏心距 $e=70mm$，数值甚小，故按构造布置焊缝，不作计算。

270

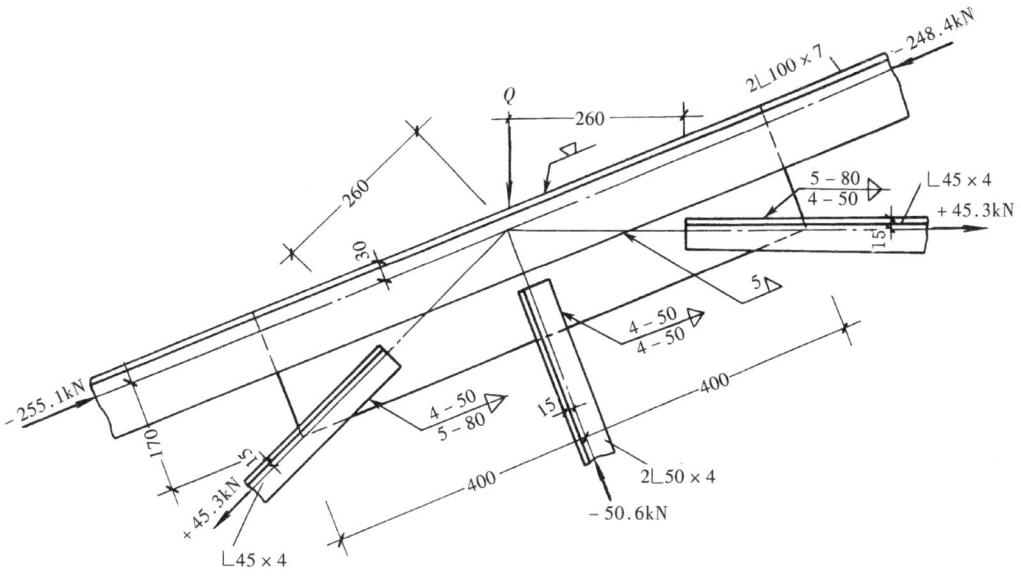

图 8-41　上弦节点 "D"

(四) 支座节点 (图 8-42)

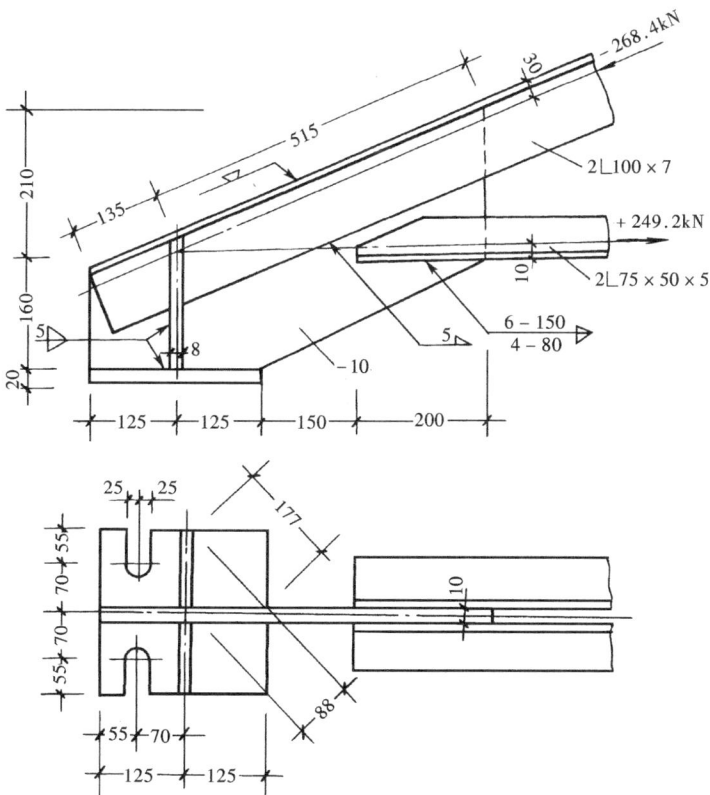

图 8-42　支座节点

上、下弦杆端焊缝计算从略，节点板尺寸如图示。为便于施焊，取底板上表面至下弦轴线距离为160mm。

1. 底板计算

支座反力　$R=6F=6\times18.1=108.6kN$

根据构造需要，取底板尺寸为250mm×250mm，锚栓采用M24，并用图示U形缺口。C20混凝土 $f_{cc}=10N/mm^2$。柱顶混凝土的压应力为：

$$p=\frac{R}{A_n}=\frac{108.6\times10^3}{250\times250-\pi\times25^2-2\times55\times50}=1.97N/mm^2<f_{cc}=10N/mm（满足）$$

$\dfrac{b_1}{a_1}=\dfrac{88}{177}=0.5$，查表5-8得 $\beta=0.058$

$M=\beta pa_1^2=0.058\times1.97\times177^2=3579N\cdot mm$

需要底板厚度：按式（5-56），$f=205N/mm^2$（按厚度>16，<40mm取值）

$$t=\sqrt{\frac{6M}{f}}=\sqrt{\frac{6\times3579}{205}}=10.2mm，取20mm。$$

2. 加劲肋计算

加劲肋厚度采用8mm，焊脚尺寸 $h_f=5mm$。验算焊缝强度：按式（8-12）

$$V=\frac{R}{4}=\frac{108.6}{4}=27.2kN$$

$$M=Ve=27.2\times\frac{12.5}{2}=169.8kN\cdot cm$$

$$\sqrt{\left(\frac{6M}{\beta_f\times2\times0.7h_fl_w^2}\right)^2+\left(\frac{V}{2\times0.7h_fl_w}\right)^2}$$

$$=\sqrt{\left(\frac{6\times169.8\times10^4}{1.22\times2\times0.7\times5\ (160-2\times5)^2}\right)^2+\left(\frac{27.2\times10^3}{2\times0.7\times5\ (160-2\times5)}\right)^2}$$

$$=59N/mm^2<f_f^w=160N/mm^2（满足）$$

3. 加劲肋、节点板与底板的连接焊缝计算

取加劲肋切口宽度为15mm，焊缝的总计算长度为：按式（8-13）

$$\sum l_w=2a+2(b-t-2c)-12h_f=2\times250+2(250-10-2\times15)-12\times5=860mm$$

$$\sigma_f=\frac{R}{\beta_f\times0.7h_f\sum l_w}=\frac{108.6\times10^3}{1.22\times0.7\times5\times860}=29.6N/mm^2<f_f^w=160N/mm^2（满足）$$

其余节点略。

十、屋架施工图

【例8-2】 根据下列资料设计一T型钢屋架

一、设计资料

某房屋跨度 $l=24m$，长度60m。冬季计算温度高于$-20℃$。房屋内无吊车。不需地震设防。采用1.5m×6m预应力混凝土大型屋面板，10cm厚泡沫混凝土保温层和卷材屋面。雪荷载 $0.40kN/m^2$，屋面积灰荷载 $0.75kN/m^2$。屋架与柱铰接。钢材选用Q235B。焊条选用E43型，手工焊。

二、屋架形式和几何尺寸

屋面材料为大型屋面板，故采用无檩体系平坡梯形屋架。屋面坡度 $i=1/10$。屋架计算跨度 $l_0=l-300=23700$mm。端部高度取 $H_0=2000$mm，中部高度 $H=3200$mm。屋架几何尺寸示如图 8-44 左半部。

三、支撑布置

由于房屋长度只 60m，故仅在房屋两端部开间设置上、下弦横向水平支撑和屋架两端及跨中三处垂直支撑。其他屋架则在垂直支撑处分别于上、下弦设置三道系杆，其中屋脊和两支座处为刚性系杆，其余三道为柔性系杆（图 8-43）。

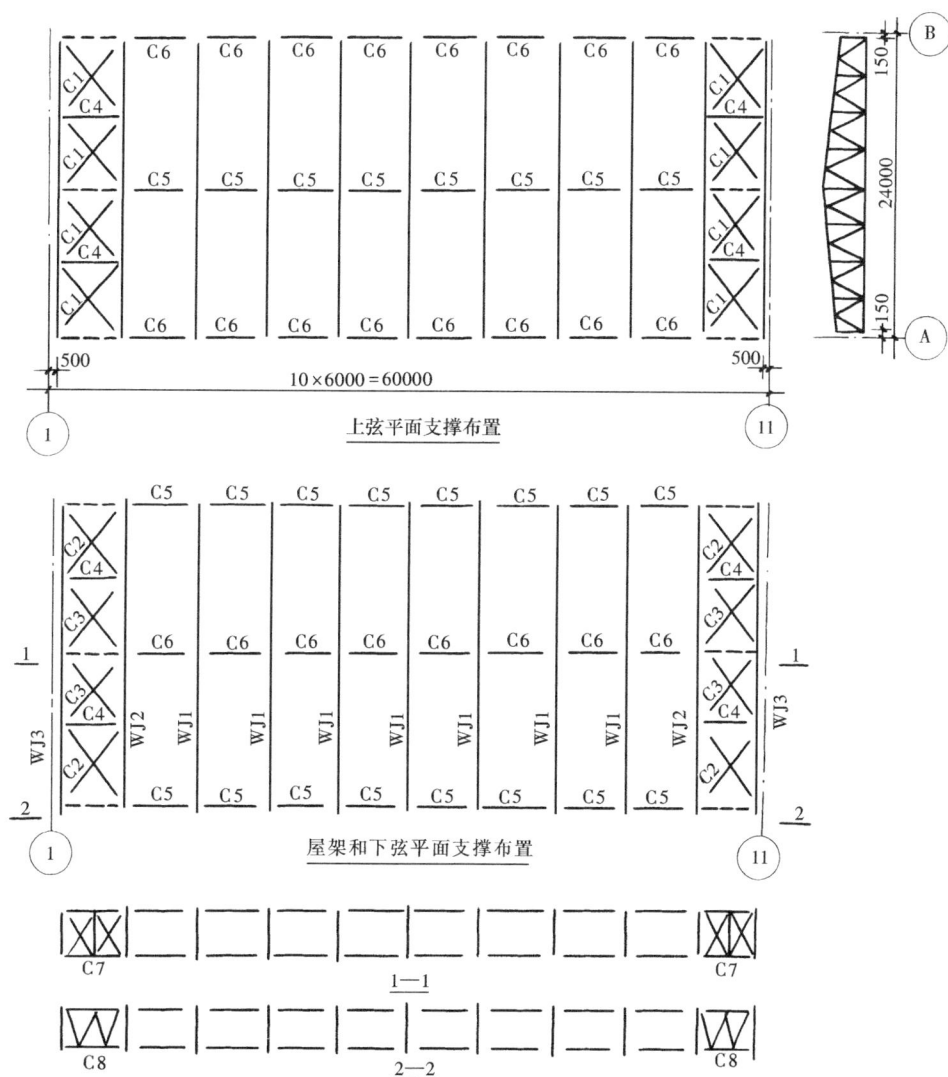

图 8-43　屋架和支撑布置

四、屋架节点荷载

屋面坡度较小，故对所有荷载均按水平投影面计算（风荷载为风吸力，且本例为重屋盖，故不考虑）：

预应力混凝土大型屋面板和灌缝	$1.40kN/m^2$
冷底子油、热沥青各一道	$0.05kN/m^2$
80mm 厚泡沫混凝土保温层（$6kN/m^3$）	$0.48kN/m^2$
20mm 厚水泥砂浆找平层	$0.40kN/m^2$
二毡三油上铺小石子	$0.35kN/m^2$
屋架和支撑自重　　$0.12+0.011l=0.12+0.011\times24=0.38kN/m^2$	
永久荷载总和	$3.06kN/m^2$
屋面活荷载（大于雪荷载）	$0.50kN/m^2$
屋面积灰荷载	$0.75kN/m^2$

荷载组合按全跨永久荷载和全跨可变荷载并根据式（3-6）和式（3-7）计算。对跨中的部分斜腹杆因半跨荷载可能产生的内力变号，采取将跨度中央每侧各三根斜腹杆（图 8-44 中 FM、MH、HN 杆）均按压杆控制长细比，故不再考虑半跨荷载作用的组合。

按式（3-6）由可变荷载效应控制的组合计算：取永久荷载 $\gamma_G=1.2$，屋面活荷载 $\gamma_{Q1}=1.4$，屋面积灰荷载 $\gamma_{Q12}=1.4$、$\psi_2=0.9$，则节点荷载设计值

$$F=(1.2\times3.06+1.4\times0.5+1.4\times0.9\times0.75)1.5\times6=51.6kN$$

按式（3-7）由永久荷载效应控制的组合计算：取永久荷载 $\gamma_G=1.35$，屋面活荷载 $\gamma_{Q11}=1.4$、$\psi_1=0.7$，屋面积灰荷载 $\gamma_{Q12}=1.4$、$\psi_2=0.9$，则节点荷载设计值

$$F=(1.35\times3.06+1.4\times0.7\times0.5+1.4\times0.9\times0.75)1.5\times6=51.0kN$$

故应按可变荷载效应控制的组合取节点荷载设计值 $F=51.6kN$。

五、屋架杆件内力

经计算在全跨荷载作用下的屋架杆件内力设计值示如图 8-44 右半部。

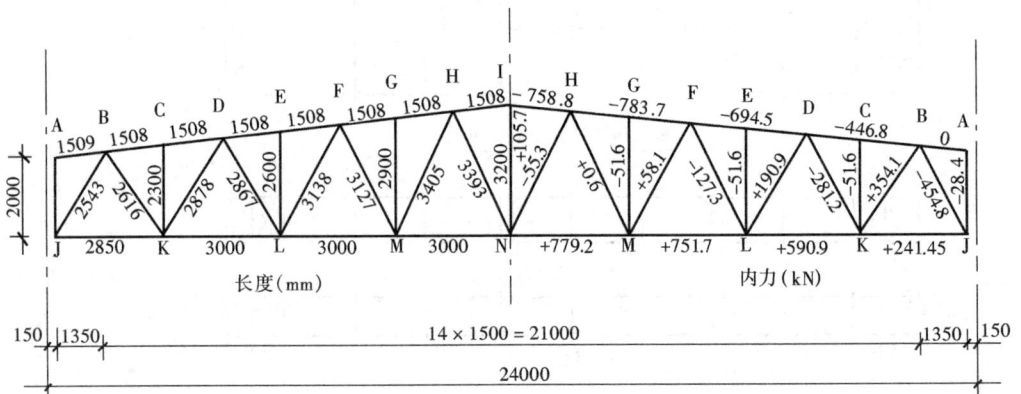

图 8-44　屋架杆件几何长度及内力图

六、杆件截面选择

（一）上弦杆

整个上弦采用等截面，按最大内力 $N_{HF} = -783.7\text{kN}$ 计算。$l_{0x} = 150.8\text{cm}$，$l_{0y} = 301.6\text{cm}$（取两块屋面板宽度）。

查附表 1.2：$\varphi = 0.856 \rightarrow A_{req} = \dfrac{N}{\varphi f} = \dfrac{783.7 \times 10^3}{0.856 \times 215 \times 10^2} = 42.58\text{cm}^2$

假定 $\lambda = 50 \rightarrow i_{xreq} = \dfrac{l_{0x}}{\lambda} = \dfrac{150.8}{50} = 3.02\text{cm}$

$i_{yreq} = \dfrac{l_{0y}}{\lambda} = \dfrac{301.6}{50} = 6.03\text{cm}$

由附表 11，选 TW125×250×9×14（图 8-45），$A = 45.71\text{cm}^2$，$i_x = 3.00\text{cm}$，$i_y = 6.31\text{cm}$，$z_x = 2.08\text{cm}$。

$\lambda_x = \dfrac{l_{0x}}{i_x} = \dfrac{150.8}{3.00} = 50.3 < [\lambda] = 150$（刚度满足）

$\lambda_y = \dfrac{l_{0y}}{i_y} = \dfrac{301.6}{6.31} = 47.8 < [\lambda] = 150$（刚度满足）

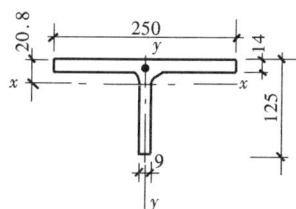

图 8-45　上弦杆截面

计算换算长细比 λ_{yz}：按式（5-23）

$y_s^2 = \left(z_0 - \dfrac{t_2}{2}\right)^2 = \left(2.08 - \dfrac{1.4}{2}\right)^2 = 1.9\text{cm}^2$

$i_0^2 = y_s^2 + i_x^2 + i_y^2 = 1.9 + 3.00^2 + 6.31^2 = 50.7\text{cm}^2$

$I_t = \dfrac{\eta}{3}\sum_{i=1}^{n} b_i t_i^3 = \dfrac{1.15}{3}\left[(12.5-1.4)0.9^3 + 25 \times 1.4^3\right] = 29.4\text{cm}^4$

$I_\omega = 0$

$\lambda_z^2 = \dfrac{A i_0^2}{\dfrac{I_t}{25.7} + \dfrac{I_\omega}{l_\omega^2}} = \dfrac{45.71 \times 50.7}{\dfrac{29.4}{25.7}} = 2025.8$

$\lambda_{yz} = \dfrac{1}{\sqrt{2}}\left[(\lambda_y^2 + \lambda_z^2) + \sqrt{(\lambda_y^2 + \lambda_z^2)^2 - 4\left(1 - \dfrac{y_s^2}{i_0^2}\right)\lambda_y^2\lambda_z^2}\right]^{1/2}$

$= \dfrac{1}{\sqrt{2}}\left[(47.8^2 + 2025.8) + \sqrt{(47.8^2 + 2025.8)^2 - 4\left(1 - \dfrac{1.9}{50.7}\right)47.8^2 \times 2025.8}\right]^{1/2}$

$= 50.9 > \lambda_x = 50.1$。

按 λ_{yz} 查附表 1-2 得 $\varphi = 0.852$，由式（5-17）

$\dfrac{N}{\varphi A f} = \dfrac{783.7 \times 10^3}{0.852 \times 45.71 \times 10^2 \times 215} = 0.94 < 1.0$（满足）

（二）下弦杆

整个下弦亦采用等截面。按最大内力 $N_{NM} = 779.2\text{kN}$ 计算。$l_{0x} = 300\text{cm}$，$l_{0y} = 1185\text{cm}$。

$A_{nreq} = \dfrac{N}{f} = \dfrac{779.2 \times 10^3}{215} = 3624\text{mm}^2 = 36.24\text{cm}^2$

由附表 11 选 TM147×200×8×12，$A = 35.52\text{cm}^2$，$i_x = 4.00\text{cm}$，$i_y = 4.74\text{cm}$。按式（5-1）和式（5-3）

$$\sigma=\frac{N}{A_n}=\frac{779.2\times10^3}{35.52\times10^2}=219.4\text{N/mm}^2\approx f=215\text{N/mm}^2\text{（满足）}$$

$$\lambda_x=\frac{l_{0x}}{i_x}=\frac{300}{4.00}=75<[\lambda]=350\text{（满足）}$$

$$\lambda_y=\frac{l_{0y}}{i_y}=\frac{1185}{4.74}=250<[\lambda]=350\text{（满足）}$$

腹杆截面选择和节点设计从略。

小　　结

（1）钢屋盖根据屋面材料和屋面结构布置情况分有檩体系和无檩体系两类。

（2）钢屋盖支撑分上、下弦横向水平支撑，下弦纵向水平支撑，垂直支撑和系杆等五种，应根据屋盖结构的形式，房屋的跨度、高度和长度，荷载情况及柱网布置等条件设置。但在一般情况，必须设置上弦横向水平支撑、垂直支撑和系杆。

（3）按外形，屋架一般可分三角形、梯形、拱形和平行弦（人字形）四种形式，腹杆体系也有人字式、单斜式、芬克式和再分式等多种，须结合屋面材料的排水需要和建筑结构要求等条件进行选择。并应做到受力合理和便于施工。

（4）屋架杆件内力应按最不利荷载组合计算，尤其是对可能出现拉杆变压杆或内力增大的腹杆。

（5）屋架杆件的计算长度因其在节点处的嵌固程度不同而取值不同。在屋架平面内：弦杆——$l_{0x}=l$（杆件几何长度）；腹杆——支座斜杆、支座竖杆和再分式腹杆 $l_{0x}=l$，中间腹杆 $l_{0x}=0.8l$。在屋架平面外：弦杆——$l_{0y}=l_1$（侧向支承点间的距离），但对 $l_1=2l$ 且两节间的压力 N_1 和 N_2 不等的受压弦杆（包括再分式腹杆的受压主斜杆），l_{0y} 可按式（8-3）折减；腹杆——$l_{0y}=l$，再分式受拉主斜杆 $l_{0y}=l_1$。斜平面：中间腹杆 $l_0=0.9l$，支座斜杆、支座竖杆和再分式腹杆 $l_0=l$。

（6）屋架杆件的截面选择应满足受力和刚度要求，宜宽肢薄壁和等稳定性（$\lambda_x=\lambda_y$），且连接构造简单。当选用 T 型钢或角钢组成的 T 形截面时，可根据用途按表 8-5 调配。

（7）屋架杆件截面计算一般均按轴心受力构件（轴心拉杆或轴心压杆），当有节间荷载作用时按拉弯构件或压弯构件。

（8）屋架的节点设计应做到构造合理、强度可靠、制造和安装简便。T 型钢屋架一般不采用节点板，角钢屋架节点板的大小应根据可框进腹杆杆端焊缝的长度确定。

（9）屋架施工图是钢结构制造和安装的主要依据，应绘制正确，表达详尽。施工图的绘制要点应参照图 8-43 逐条掌握。

思　考　题

1. 屋盖支撑有哪些作用？它分哪几种类型？布置在哪些位置？

2. 三角形、梯形、拱形、平行弦和人字形屋架各适用于何种情况？它们各有哪些腹杆体系？优缺点如何？

3. 为什么梯形、平行弦、人字形和拱形屋架除按全跨荷载计算外，还要根据使用和施工中可能遇到的半跨荷载组合情况进行计算?

4. 屋架杆件的计算长度在屋架平面内和屋架平面外及斜平面有何区别? 应如何取值?

5. 屋架上弦当采用 TN、TW 型钢或不等边角钢组成的 T 形截面长肢相连和短肢相连时, 各适用于何种受力情况?

6. 屋架节点设计有哪些基本要求? 节点板的尺寸应怎样确定?

7. 屋架施工图应表示哪些主要内容?

课程设计任务书

按下列资料选其中一组设计某厂机加工车间单跨厂房的钢屋盖, 并绘制屋架施工图一张 (加长 2 号图)。计算书内容应包括屋架、支撑、系杆、檩条和拉条 (对有檩体系屋盖) 的平面布置图和计算。所有荷载均按《荷载规范》选用, 活荷载按不上人的屋面。

一、车间一般情况

长度 180m, 钢筋混凝土柱, 柱距 6m, 混凝土强度等级 C20。车间内设有一台起重量为 30t 的中级工作制桥式吊车。

二、屋架情况

(一) 梯形屋架

1. 屋架跨度: 27m、30m、33m。

2. 车间建筑地点: 武汉、天津、沈阳。

3. 屋架杆件截面: 全部 T 型钢或弦杆 T 型钢、腹杆角钢或全部角钢。

4. 屋面材料: 1.5m×6m 大型预应力钢筋混凝土屋面板, 泡沫混凝土保温层 (厚度根据建筑地点的计算温度确定)。

(二) 三角形屋架 (芬克式)

1. 屋架跨度: 21m、24m、27m。

2. 屋面坡度: 1:2.5、1:3。

3. 车间建筑地点: 武汉、北京、合肥、西安、乌鲁木齐。

4. 屋架杆件截面: 全部 T 型钢或弦杆 T 型钢、腹杆角钢或全部角钢。

5. 屋面材料: 波形石棉瓦、木望板、油毡一层或彩涂压型钢板、夹芯板。

三、材料

钢材: Q235B, 焊条: E43 系列。

第九章 （轻钢）门式刚架和平板网架

平板网架属于空间结构，它具有三度空间的形体和在荷载作用下三向受力的特点，故其力学性能较平面桁架优良得多。而用钢管作杆件、螺栓球作连接节点的平板网架，更是以小型材料快速地建造大跨度空间结构的典范。

（轻钢）门式刚架由梁、柱构件组合，配以轻型屋面和墙面系统，不仅构造简单，外形美观，质量轻，且便于工业化制造和快速安装。我国近年来每年数以百万平方米计的轻工业厂房和公共建筑（仓库、超市等）均采用了这种结构。

第一节 概 述

一、轻（型）钢结构系统

（轻钢）门式刚架是对轻型房屋钢结构门式刚架的简称。近年来，它和平板网架在我国飞速发展，给钢结构注入了新的活力。它们不仅在轻工业厂房和公共建筑中得到非常广泛地应用，而且在一些城市公共建筑，如超市、展览厅、停车场、加油站等也得到普遍应用。

（轻钢）门式刚架的广泛应用，除其自身具有的优点外，还和近年来普遍采用轻型（钢）屋面和墙面系统——冷弯薄壁型钢的檩条和墙梁、彩涂压型钢板和轻质保温材料的屋面板和墙板——密不可分。它们完美的结合，构成了如图9-1所示的轻（型）钢结构系统（美国称金属建筑系统）。

轻钢结构系统代替传统的混凝土和热轧型钢制作的柱、梁、屋面板、檩条等，不仅可减少梁、柱和基础截面尺寸，整体结构重量减轻，而且式样美观，工业化程度高，施工速度快，经济效益显著。

二、（轻钢）门式刚架的特点和适用范围

门式刚架是由梁、柱构件组合而成。若按构件的形式也可分为格构式和实腹式两种类型（图9-2）。格构式门式刚架刚度大，用钢省，外形和净空布置灵活，但其需采用角钢或钢管组合，加工复杂，故较适合于大跨度刚架采用。实腹式门式刚架一般采用钢板焊成的工字形截面，构造简单，外形简洁，便于工业化生产。虽其用钢量稍多，但用于轻型房屋钢结构，仍可发挥其优势。

根据我国针对（轻钢）门式刚架制定的《门式刚架轻型房屋钢结构技术规范》（GB

51022—2015)* 的规定，其适用范围应为轻型屋盖（压型钢板屋面板及薄壁型钢檩条）和
轻型外墙（压型钢板墙板及薄壁型钢墙梁）或砌体外墙及底部为砌体、上部为轻质材料的
外墙；仅可设置起重量不大于 20t 的 A1~A5 工作级别桥式吊车或 3t（在采取可靠技术措施
时，允许不大于 5t）悬挂式起重机；单跨跨度宜为 9~36m；高度宜为 4.5~9m，当有桥式
吊车时不宜大于 12m。

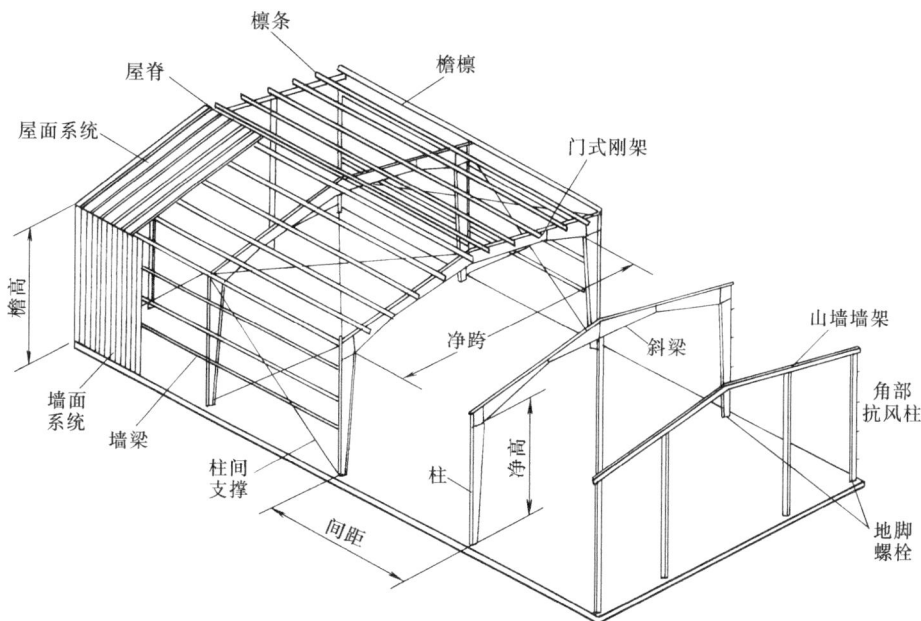

图 9-1　轻钢结构系统——门式刚架轻型房屋钢结构

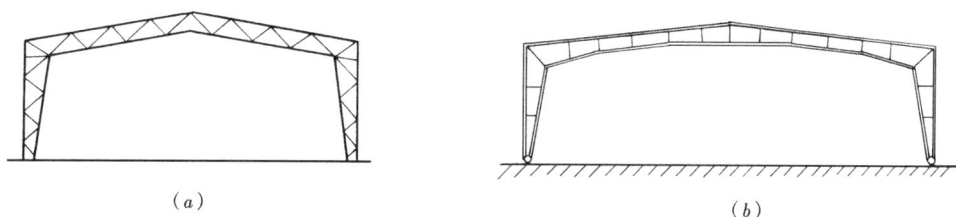

图 9-2　门式刚架
（a）格构式；（b）实腹式

三、平板网架的特点和适用范围

网架是由平面桁架发展起来的空间结构。当其外形为曲面时，通常将其称为网壳。而
外形为平面时则称为平板网架，或简称网架。网壳可做成单层或双层，而网架一般则需做
成双层，且需要一定高度，以保证必要的刚度（图 9-3）。

平板网架一般由若干个平面桁架相互正交或斜交组成交叉桁架系，或由杆件组成角锥

---

*　本书以下对《门式刚架轻型房屋钢结构技术规范》（GB 51022—2015）简称《门式刚架规范》。

骨架构成角锥系。通常采用钢管作杆件和钢球作连接节点。虽然材料普通，但由于平板网架优异的力学性能和易于加工、安装的特点，突显出其采用小型材料也可快捷地建造大跨度空间结构的能力，可谓空间结构当之无愧的典范。

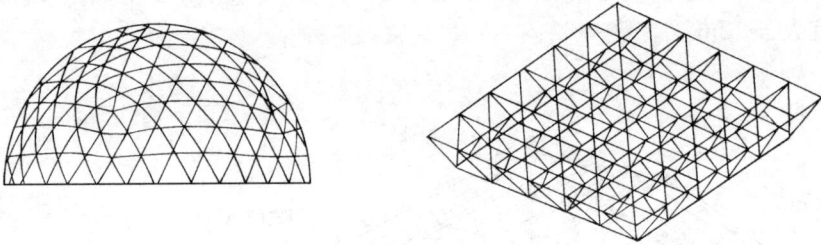

图 9-3　网壳和网架

将轻型屋面配套用于平板网架的屋盖系统，也是完美的结合，其耗钢量可以大幅降低（跨度 40m 以内的轻屋面，一般不超过 $20kg/m^2$），且可降低对下部结构重力，整体经济效果更好，这也是我国每年建造超过百万平方米网架的原因之一。下面对其特点作一综述：

（1）良好的力学性能：由于平板网架具有三维空间结构形体，相当于将平面桁架的受力杆件与支撑体系融为一体，故空间刚度大增，整体稳定性和抗震性能更好，而且能以整体结构的形体来承受外荷载。再者，平板网架的节点荷载分由多根杆件承担，且主要为轴心受力，能充分利用材料的强度，故杆件截面远比平面桁架的小。另外，网架属于多次超静定结构，故具有内力重分布能力，即使某个杆件或节点因故损坏，也不会导致结构整体的突然破坏。

（2）适应性强、造型美观：平板网架能适应不同建筑平面（方形、圆形、多边形等）、不同跨度（大、中、小）、不同支承条件（点支承、周边支承或两者混合支承等）和不同荷载（均布荷载、局部集中荷载等）。且造型美观，层次丰富，具有结构美感，很适合外露展现。

（3）制作、安装简便：平板网架的杆件和连接形式简单划一，且重量较轻（一般为 $\phi60 \sim \phi203$ 钢管和 $d = 100 \sim 500mm$ 连接球），加工机具简单，很适合工业化和商品化生产。安装时若采用高空散装（见第十章），也不需要大型起重机械。

根据上述特点，平板网架几乎可适用于任何情况的屋盖。

为了规范网架的设计与施工，我国制定有《空间网格结构技术规程》(JGJ 7—2010)[*]。

第二节　（轻钢）门式刚架

一、结构形式和布置

门式刚架分为单跨、双跨或多跨的单坡、双坡刚架，以及带挑檐和带毗屋的刚架等形

---

　　[*]《空间网格结构技术规程》JGJ 7—2010 是将原《网架结构设计与施工规程》JGJ 7—91 和《网壳结构技术规程》JGJ 61—2003 合并修订而成，本书以下对其简称《空间网格规程》。JGJ 表示强制性国家建筑工程技术行业标准，JG/T 表示推荐性国家建筑工程行业标准。

式（图 9-4）。多跨刚架中间柱与刚架斜梁的连接可采用铰接。根据通风和采光需要，可设置通风口、采光带和天窗架。

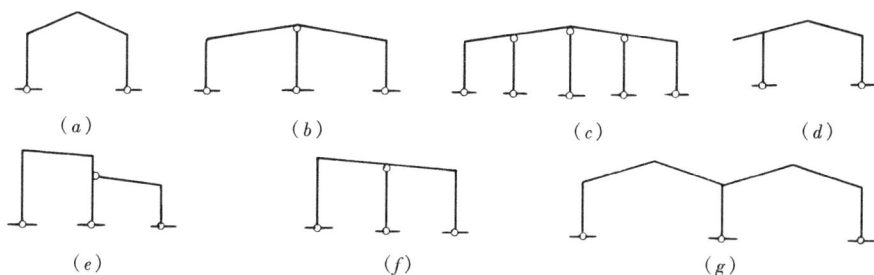

图 9-4 门式刚架的形式

（*a*）单跨双坡；（*b*）双跨双坡；（*c*）四跨双坡；（*d*）单跨双坡带挑檐；
（*e*）单跨单坡带毗屋；（*f*）双跨单坡；（*g*）双跨四坡

门式刚架可由多个梁、柱单元组成。柱一般为单独单元构件。斜梁可根据运输条件划分为若干个单元。单元构件本身采用焊接，单元之间可用端板以高强度螺栓连接。

根据跨度、高度及荷载不同，（轻钢）门式刚架的梁、柱宜用 4～25mm 厚钢板组成的焊接工字形截面或 H 型钢，制作成变截面或等截面构件。变截面构件宜用于跨度较大或房屋较高的梁、柱。设有桥式吊车时，柱宜采用等截面构件。变截面构件通常改变腹板的高度，做成楔形（图 9-5）。翼缘截面在安装单元内则一般不作改变，必要时可改变厚度。在邻接的安装单元可采用不同的翼缘截面，两单元相邻截面高度宜相等。

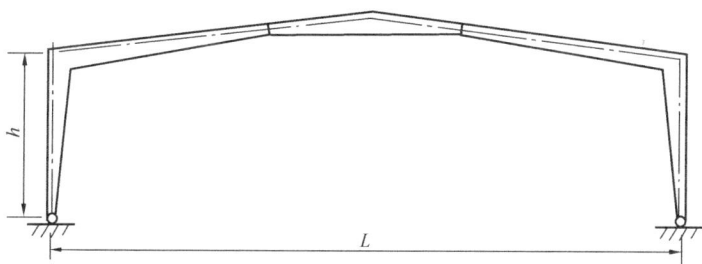

图 9-5 变截面门式刚架

门式刚架的柱脚通常设计成平板支座，设一对或两对地脚螺栓，并按铰接支承设计。当设有 5t 以上桥式吊车时，柱脚宜设计成刚接。

门式刚架屋面可采用隔热卷材做屋面隔热和保温层，也可采用带隔热层的板材（夹芯板）做屋面。屋面坡度宜为 1/20～1/8（长尺压型钢板取小值）。

门式刚架的跨度 L 应取横向刚架柱轴线间的距离。其大小宜为 9～36m（以 3m 为模数）。当边柱宽度不等时，应将其外侧对齐。

门式刚架的高度 h 应取地坪到柱轴线与斜梁轴线交点的高度，一般应根据使用要求的室内净高（图 9-1）确定。设有吊车时，应根据轨顶标高和吊车净高要求确定。门式刚架的平均高度宜为 4.5～9m，当设有桥式吊车时不宜大于 12m。

柱轴线可取通过柱下端（较小端）中心的竖向轴线（工业建筑边柱的定位轴线宜取柱

281

外皮）。斜梁轴线可取通过变截面梁段最小端中心与斜梁上表面平行的轴线。

门式刚架的间距即柱网轴线间的纵向距离宜为 6～9m。

门式刚架纵向温度区段长度（伸缩缝间距）不大于 300m。横向温度区段长度不大于 150m。当需要设置伸缩缝时，可将搭接檩条上的螺栓孔采用长圆孔，并使该处屋面板在构造上可以胀缩（或设置双柱）。

在多跨刚架局部抽掉中间柱或边柱处，可设置托架梁或托架。

山墙可采用门式刚架，也可设置由斜梁、抗风柱和墙梁及其支撑组成的山墙墙架。

二、支撑的布置

门式刚架各列柱均应设置十字形柱间支撑（当建筑物宽度大于 60m 时，在中间柱列宜适当增加设置。若因建筑或工艺上原因不能设置十字形支撑时，可设置人字形支撑），并在同一开间设置屋盖横向支撑，以组成几何不变体系。柱间支撑的间距应根据房屋纵向柱距、受力情况和安装条件确定。当无吊车时宜取 30～45m；当有吊车时宜设在温度区段中部，或当温度区段较长时宜设在三分点处，且间距不宜大于 60m。支撑体系应能保证在每个温度区段或分期建设的区段中能独立构成空间稳定结构。当房屋高度相对于柱间距较大时，柱间支撑宜分层设置。

横向支撑宜设在温度区段端部的第一个或第二个开间。当设在第二开间时，在第一开间的相应位置应设置刚性系杆。另外，在刚架转折处（单跨房屋边柱柱顶和屋脊，以及多跨房屋某些中间柱柱顶和屋脊）应沿房屋全长设置刚性系杆。温度区段端部吊车梁以下不宜设置柱间刚性支撑。

对设有桥式吊车且起重量大于 15t 的跨间，应设置屋盖纵向支撑和连续制动桁架。

由支撑斜杆等组成的水平桁架中的直腹杆，宜按刚性系杆考虑，可由檩条兼任，此时檩条应满足对压弯杆件的刚度和承载力要求。当不满足时，可在刚架斜梁之间设置钢管、H 型钢或其他截面形式的杆件。

十字形交叉支撑宜采用圆钢，圆钢与构件的夹角应在 30°～60°范围，宜接近 45°，并采用连接件或节点板与梁、柱腹板连接，在刚架矫正定位后用花篮螺栓张紧。对设置 5t 以上吊车的柱间支撑，应采用型钢。

三、墙架的布置

当采用压型钢板作侧墙围护面时，墙梁宜布置在刚架柱的外侧，其间距根据墙板板型和规格决定，但不应大于计算确定的值。

当抗震设防烈度不高于 6 度时，外墙可采用轻型钢墙板或砌体；当为 7 度、8 度时，可采用轻型钢墙板或非嵌砌砌体；当为 9 度时，宜采用轻型钢墙板或与柱柔性连接的轻质墙板。

四、隅撑的设置

为了保证斜梁在刚架平面外的稳定，通常在下翼缘受压区两侧设置隅撑，作为斜梁的侧向支承（图 9-6）。当其间距小于斜梁受压翼缘宽度的 $16\varepsilon_k$ 倍时，可不需计算斜梁平面外整体稳定。

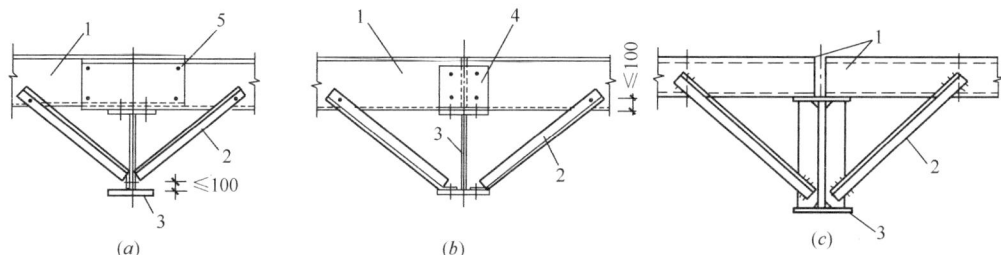

图 9-6　隅撑

1—檩条（或墙梁）；2—隅撑；3—斜梁（或柱）；4—檩托；5—螺栓

隅撑通常采用单角钢，并用单个螺栓连接在斜梁腹板或下翼缘上（图 9-6a、b）。若腹板上配置有横向加劲肋时，也可焊在加劲肋上（图 9-6c）。隅撑另一端连在檩条上（加劲肋布置位置应和檩条对齐）。

另外，在斜梁下翼缘与刚架柱的交接处，压应力一般最大，故是刚架的关键部位。为防止失稳，应在檐口位置，在斜梁与柱内翼缘交接点附近的檩条和墙梁处应各设置一道隅撑（墙梁处隅撑一端连于墙梁，另一端连于柱内翼缘，参见图 9-6）。

五、荷　载

（1）永久荷载：包括屋面材料、檩条、刚架、墙架、支撑等结构自重和悬挂荷载（吊顶、天窗、管道、门窗等）屋面材料等。结构自重按《荷载规范》的规定计算。悬挂荷载按实际情况取用。

（2）可变荷载：包括屋面均布活荷载、雪荷载、积灰荷载、风荷载及吊车荷载等。当采用压型钢板轻型屋面时，屋面竖向均布活荷载的标准值（按水平投影面计算）应取 $0.5kN/m^2$；对于受荷水平投影面积大于 $60m^2$ 的刚架构件可取不小于 $0.3kN/m^2$（刚架横梁多属此种情况）。风荷载应按《门式刚架规范》的规定计算。雪荷载、积灰荷载及吊车荷载按《荷载规范》的规定计算。

对地震作用应按《建筑抗震设计规范》（GB 50011—2011）的规定计算。

六、计算和绘图

变截面门式刚架应采用弹性分析方法确定内力。计算时宜取单榀刚架按平面结构进行分析，可采用有限元法（直接刚度法）计算。计算时宜将构件分为若干段，每段可视为等截面，也可采用楔形单元。计算和绘图可采用计算机，且有专门软件可资利用。

七、节　点

刚架节点主要为斜梁端部与柱的连接节点和斜梁自身的拼接节点，一般均采用在构件端部焊一端板，然后再用高强度螺栓互相连接（图 9-7）。翼缘与端板的连接应采用全熔透对接焊缝，腹板与端板的连接可采用角焊缝。

斜梁拼接的端板宜与构件外边缘垂直（图 9-7a）。端部节点的端板则竖放、横放、斜放均可（图 9-7b、c、d）。

节点均应按所受最大内力设计。当内力较小时，应按能够承受不小于较小被连接截面承载力的一半设计。

主刚架构件的高强度螺栓连接，采用摩擦型连接或承压型连接均可。当为端板连接且只受轴向力和弯矩，或剪力小于其抗滑移承载力（抗滑移系数按 $\mu=0.3$）时，端板表面可不用专门处理。

端板连接的螺栓应成对对称布置。在斜梁的拼接处，应采用将端板两端伸出截面以外的外伸式连接（图 9-7a）。在斜梁与柱连接处的受拉区，宜采用端板外伸式连接（图 9-7b、c、d），且宜使翼缘螺栓群的中心与翼缘的中心重合或接近。

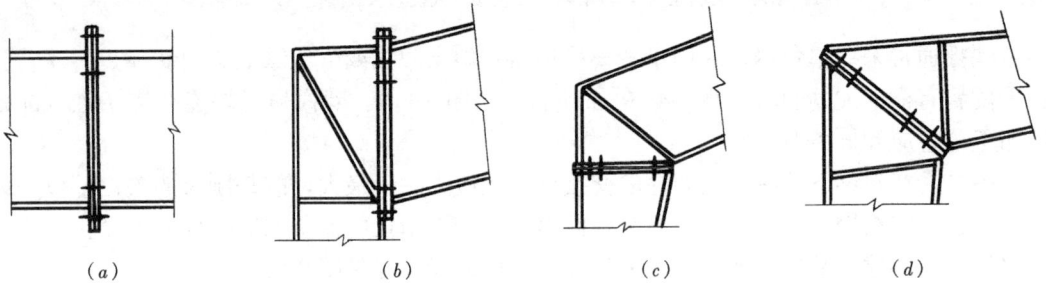

(a)　　　　(b)　　　　(c)　　　　(d)

图 9-7　斜梁的拼接和与柱的连接节点

对同时受拉和受剪的螺栓，应按拉剪螺栓设计。

高强度螺栓通常采用 M16～M24。布置螺栓时，应满足拧紧螺栓时的施工要求，即螺栓中心至翼缘和腹板表面的距离均不宜小于 65mm（扭剪型用电动扳手）、60mm（大六角头型用电动扳手）、45mm（采用手工扳手）。螺栓端距不应小于 $2d_0$，d_0 为螺栓孔径。另外，受压翼缘的螺栓不宜少于两排。当受拉翼缘两侧各设一排螺栓尚不能满足承载力要求时，可在翼缘内侧增设螺栓（图 9-7b），其间距可取 75mm，且不小于 $3d_0$。若端板上两对螺栓的最大距离大于 400mm 时，还应在端板的中部增设一对螺栓。

八、柱　脚

柱脚一般宜采用平板式铰接柱脚（图 9-8a、b）。当设有桥式吊车时，宜采用刚接柱脚（图 9-8c、d）。变截面柱下端的宽度不宜小于 200mm。

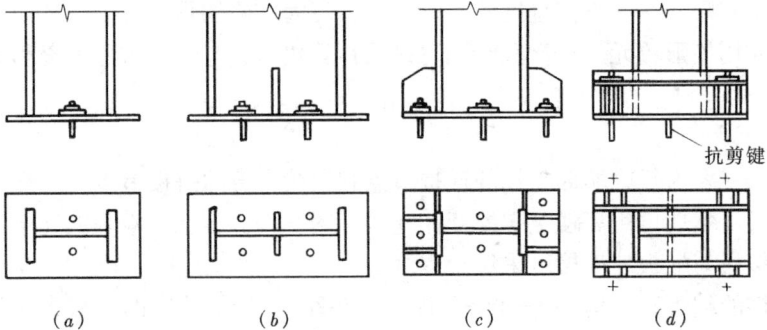

抗剪键

(a)　　　　(b)　　　　(c)　　　　(d)

图 9-8　柱脚

柱脚的剪力不宜由柱脚锚栓承受，而应由底板与基础间的摩擦力（摩擦系数可取 0.4）传递，超过时则应设置抗剪键（图 9 8d）。锚栓的直径不宜小于 24mm，且应采用双螺帽。受拉锚栓应进行计算，除其直径应满足强度要求外，埋设深度应满足抗拔计算。

第三节　平　板　网　架

一、常用平板网架的形式和特点

平板网架的形式可按其组成方式——由平面桁架系组成、由角锥体组成——进行分类。每类都有很多形式，下面选几种最常用网架加以介绍。

（一）由平面桁架系组成的网架

平面桁架系网架是由若干平面桁架沿两个方向或三个方向交叉组成的平板网架。当沿两个方向相交时，其交角可为 90°（正交）或任意角度（斜交）。当沿三个方向相交时，其交角一般为 60°。将两向正交的网架平行（或垂直）于其边界方向放置时称为正放，与其边界方向呈 45°放置时称为斜放。

1. 两向正交正放网架

两向正交正放网架（图 9-9）也称井字形网架。其特点是构造简单，上、下弦的网格尺寸相同，且同一方向平面桁架的长度也相同，故加工方便。

两向正交正放网架在周边支承时，当网架平面为正方形或接近正方形，其受力状况类似双向板，两个方向杆件的内力相差不大，受力比较均匀。当网架平面为长方形时，则趋向于单方向传力。短向桁架相当于主梁，而长向桁架则相当于次梁，两方向杆件的内力差随两方向长度比例的增加而增加，网架的空间性能则随之降低。在采用点支承时，可改变这种受力状况，但支承处杆件及主桁架跨中弦杆的内力很大，而其余杆件内力则相对较小，存在较大差别。此时可将四周向外作适当悬挑，加以调整。

两向正交网架的上、下弦平面均为正方形网格，属几何可变性，因此应布置水平支撑（对周边支承网架，宜在上弦或下弦沿周边网格设置；对点支承网架应在通过支承的主桁架四周设置），以保证其几何不变性，并有效地传递水平荷载。

两向正交正放网架以用于建筑平面为正方形或长方形、支承为周边支承或四点支承及多点支承较适合。

2. 两向正交斜放网架

两向正交斜放网架（图 9-10）在周边支承时较两向正交正放网架的空间刚度大，可节省钢材。这是因为网架斜放，各个桁架的长度不同，但高度仍一样，因此四角的短桁架刚度相对较大，能对与其相交的长桁架起一定的弹性支承作用，使长桁架的跨中正弯矩减小。同理，两向正交斜放的长方形网架的受力也较均匀。

两向正交斜放网架的四个角支座，由于负弯矩会引起较大拉力，故设计时需考虑在必要时采用拉力支座。

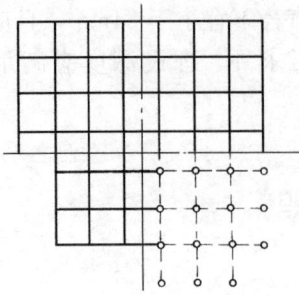

图 9-9　两向正交正放网架　　　　图 9-10　两向正交斜放网架

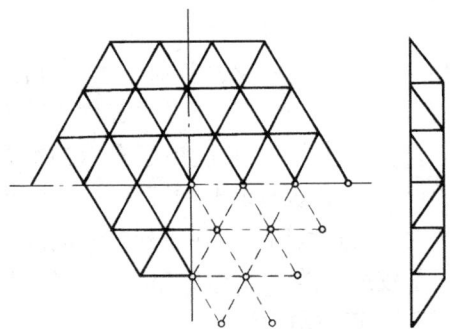

两向正交斜放网架以用于建筑平面为正方形和长方形、支承为周边支承或周边支承与多点支承相结合较适合。

3. 两向斜交斜放网架

两向斜交斜放网架（图 9-11），其桁架沿两个方向的交角宜为 $30°\sim60°$。放置时两桁架方向均不与边界方向平行。

两向斜交斜放网架适合于建筑平面为正方形和长方形，但长宽两个方向支承距离不等，不能选用正交正放或正交斜放网架时采用。

4. 三向网架

三向网架是由三个平面桁架成 $60°$ 相互斜向交叉，组成空间网架结构（图 9-12）。三向网架上、下弦平面的网格均为正三角形，为几何不变体系，故其空间刚度比两向网架的大，受力性能好，内力均匀。缺点是节点上汇集的杆件太多（最多达 13 根），构造较复杂，因此宜采用钢管做杆件，并用焊接球做连接节点。

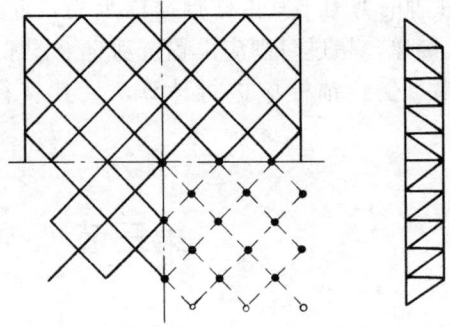

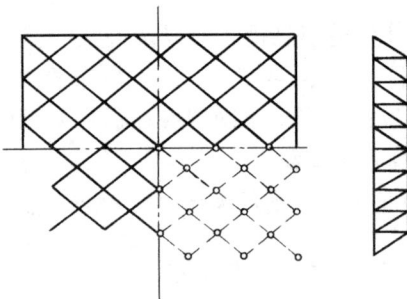

图 9-11　两向斜交斜放网架　　　　图 9-12　三向网架

三向网架以用于建筑平面为圆形或三角形及多边形、支承为周边支承较适合。且特别适合大跨度（大跨度为 60m 以上、中跨度为 $30\sim60m$、小跨度为 30mm 以下）屋盖。

（二）由角锥体组成的网架

角锥体网架是用由杆件构成的四角锥体、三角锥体或六角锥体单元组成的平板网架。其中以四角锥网架和三角锥网架较常用，尤其是四角锥网架目前应用更多。

1. 四角锥网架

四角锥网架的上、下弦平面一般均采用正方形网格，且上、下弦网格相互错开半格。因此，下弦平面正方形网格的四个角点（节点）正好位于上弦平面正方形网格的中心。在每个网格用四根斜腹杆连接上、下弦节点，即形成一串四角锥单元。将四角锥单元正放时称为正放四角锥网架，旋转45°斜放时称为斜放四角锥网架。将正放四角锥网架的弦杆和腹杆作跳格抽空，称为正放抽空四角锥网架。现分别对其特性加以简述：

（1）正放四角锥网架

将一串正放（锥底边与建筑物边界方向平行放置）的四角锥单元加以连接，其锥底的四边即构成正放四角锥网架的上弦杆，四棱为腹杆，锥顶间的连接杆成为下弦杆（图9-13）。正放四角锥网架由于上、下弦网格尺寸统一，故其上、下弦杆等长，便于制作和安装，也便于统一屋面板的规格。

正放四角锥网架的受力均匀，空间刚度也比两向平面桁架系网架的好，只是耗钢量因杆件较多而略高。

正放四角锥网架以用于建筑平面为正方形或长方形、支承为周边支承或四点支承及多点支承较适合。且适宜设置悬挂单梁吊车和屋面荷载较大时采用。

（2）正放抽空四角锥网架

正放抽空四角锥网架（图9-14）是在正放四角锥网架的中部（不包括周边）网格，跳格抽空四角锥单元的腹杆连同下弦杆，从而使下弦平面的网格尺寸增加一倍。抽空的正放四角锥网架类似于交叉梁体系（将未抽空的四角锥连续部分看作梁），虽其刚度较整体未抽空的正放四角锥的要小，但仍可应用。由于减少了杆件，构造也较简单，用钢省，其经济效果较好。

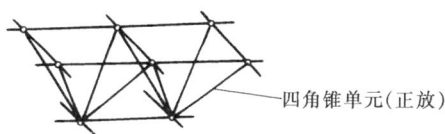

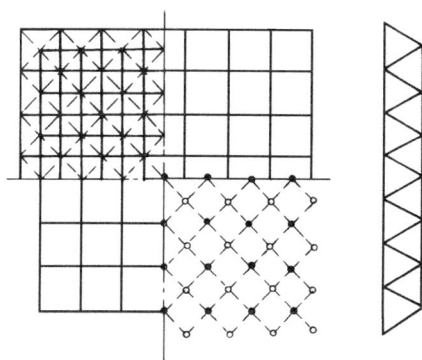

四角锥单元(正放)

图9-13 正放四角锥网架　　　图9-14 正放抽空四角锥网架

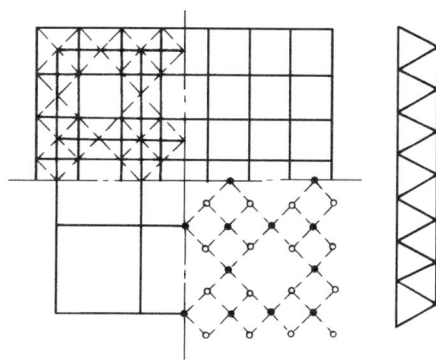

正放抽空四角锥网架以用于建筑平面为正方形和长方形、支承为周边支承或四点支承及多点支承的中、小跨度屋盖较适合。

（3）斜放四角锥网架

斜放四角锥网架的上弦网格为正交斜放（与边界方向成 45°角），下弦网格则为正交正放（图 9-15），故上弦杆较短，而下弦杆较长。在周边支承情况，上弦为压杆，下弦为拉杆，因此受力合理。另外，在节点处汇交的杆件也较正放时的减少 2 根（6 根），故较经济。

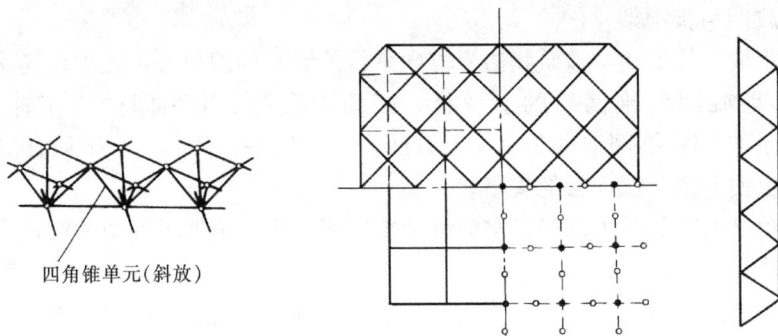

四角锥单元(斜放)

图 9-15 斜放四角锥网架

斜放四角锥网架的四角锥单元可能绕其竖轴（通过锥顶垂直于锥底的轴）旋转，故应在网架周边设置刚性边梁（对周边支承）或封闭的边桁架（对点支承），以保证网架的稳定。

斜放四角锥网架以用于建筑平面为正方形或长方形（长边与短边之比小于 2）、支承为周边支承或周边支承与点支承结合较适合。

2. 三角锥网架和抽空三角锥网架

三角锥网架是由三角锥单元组成（图 9-16），其网格规整，杆件种类少，施工方便。由于其具有的几何不变性，故比其他网架形式的刚度大，且受力均匀。

三角锥网架也可跳格抽空为抽空三角锥网架（图 9-17）。此时，其上弦为三角形网格，下弦为三角形和六角形网格，虽刚度有所降低，但较经济。

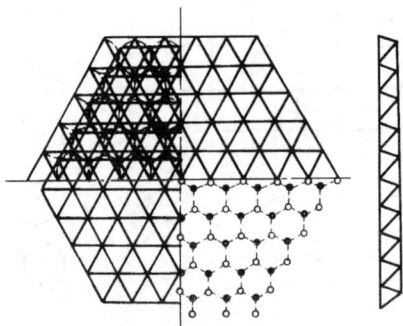

图 9-16 三角锥网架

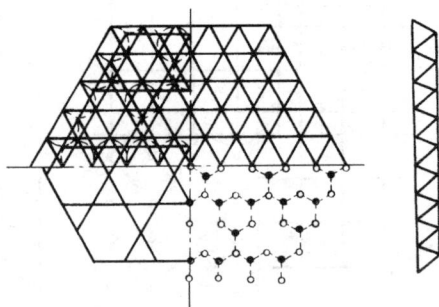

图 9-17 抽空三角锥网架

三角锥网架和抽空三角锥网架以用于建筑平面为圆形或正六边形、支承为周边支承较适合。抽空三角锥网架以用于中、小跨度屋盖较好。

二、网架的选型

网架的选型应根据建筑的平面形状和跨度大小、支承情况、荷载大小、屋面构造、建筑要求等因素综合考虑，可结合前述各种网架的适用范围参照表 9-1 进行选择。

网架选型　　　　　　　　表 9-1

平面形状		支承情况	网架形式
矩形 （长、短边 L_1、L_2 之比）	$L_1/L_2 \leqslant 1.5$	周边支承或三边支承、一边开口	正放四角锥网架、斜放四角锥网架、正放抽空四角锥网架、两向正交斜放网架、两向正交正放网架
	$L_1/L_2 > 1.5$		两向正交正放网架、正放四角锥网架、正放抽空四角锥网架
矩形		多点支承	正放四角锥网架、正放抽空四角锥网架、两向正交正放网架
圆形、正六边形或接近正六边形		周边支承	三向网架、三角锥网架或抽空三角锥网架

从材料用量分析，当平面接近正方形时，以斜放四角锥网架最经济，正放四角锥网架和两向正交正放或斜放网架次之。当荷载和跨度均较大时，以三向网架较经济，且刚度也好。当平面为长方形时，则以斜放四角锥网架和两向正交正放网架经济。

三、网架的屋面材料

同第八章屋盖结构所述，网架采用的屋面材料亦可分为有檩体系和无檩体系两类。但目前采用的以轻型材料（压型钢板、夹芯板）的有檩体系居多。轻型屋面材料可极大地降低网架自身的用钢量，且跨度愈大降低愈多。同时下部结构的截面也将随之减小。

四、网格尺寸和网架高度

网格尺寸的大小关系网架的经济性。网格尺寸应按上弦平面划分，一般可根据网架形式、跨度大小、屋面材料、构造要求以及建筑功能等因素确定。对于矩形平面的网架通常采用正方形网格。在短向跨度网格数不宜小于 5。

网架的高度也关系网架的经济性，同时还影响杆件内力及空间刚度。另外网架高度和腹杆角度也有关系，一般宜使相邻杆件间的夹角大于 $45°$，且不宜小于 $30°$，以免杆件相碰或节点尺寸过大。

表 9-2 和表 9-3 分别为按网架短向跨度 L_2 和按不同的屋面材料制定的网格尺寸（或网格数）和网架高度（或跨高比）的建议值，可参考选用。

上弦网格尺寸　　　　　　　　表 9-2

网格短向跨度 L_2（m）	<30	30~60	>60
网格尺寸	$(1/6 \sim 1/12) L_2$	$(1/10 \sim 1/16) L_2$	$(1/12 \sim 1/20) L_2$

（周边支承）网架上弦网格数和跨高比　　　　　　　　表 9-3

网架形式	钢筋混凝土屋面体系		钢檩条屋面体系	
	网格数	跨高比	网格数	跨高比
两向正交正放网架、正放四角锥网架、正放抽空四角锥网架	$(2 \sim 4) + 0.2L_2$	10~14	$(6 \sim 8) + 0.07L_2$	$(13 \sim 17) - 0.03L_2$
两向正交斜放网架、斜放四角锥网架	$(6 \sim 8) + 0.08L_2$			

注：当跨度在 18m 以下时，网格数可适当减少。

五、网架的支承

网架的支承分周边支承、点支承（四点支承、多点支承）、三边支承和两边支承等，现对其特点分述如下：

（一）周边支承

周边支承是指网架的周边所有节点均搁置在柱或圈梁上，其传力直接、均匀，是较常用的一种支承形式。

网架周边支承于柱顶时，其网格尺寸应和柱距保持一致。当支承于圈梁时，网格尺寸可根据需要确定。

当网架周边支承于柱顶时，沿柱侧向应设置刚性系杆或边桁架，以保证侧向刚度。

（二）点支承

点支承是指网架仅搁置在几个支座节点上。当数量为四个时称四点支承，当为多个时称多点支承。点支承在一些柱距要求较大的公用建筑（展览厅、加油站等）和工业厂房应用较多。

为了减少点支承时网架跨中杆件的内力和挠度，网架四周宜适当悬挑（按跨度的 $1/4\sim1/3$）。

另外，为了扩散网架支承点的反力，使其周围杆件的内力不致过大，宜在支承点处设置柱帽。柱帽可设置于下弦平面之下（图 9-18a）或上弦平面之上（图 9-18b），也可采用图 9-18（c）所示用短柱将上弦节点直接搁置于柱顶的伞形柱帽。

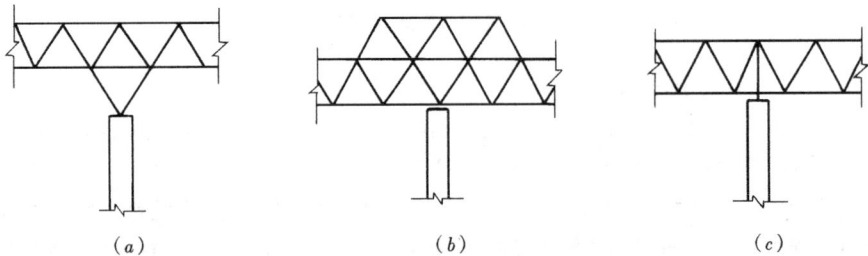

(a) (b) (c)

图 9-18 点支承网架柱帽

（三）周边支承结合点支承

在某些大型展览厅等公共建筑或工业厂房在采用周边支承时，结合建筑平面布置，也可在内部设置一些点支承，以改善受力情况。

（四）三边支承或两边支承

当矩形平面的建筑需要在一边开口时（如飞机库），网架仅能在三边支承，开口边为自由边。此时应在开口边增加网架层数（将边部网格增至三层）或适当增加整个网架高度（对中、小跨度网架也可局部加大杆件），且开口边必须形成竖直或倾斜的边桁架，以保证整体刚度。

六、网架的荷载和荷载组合

同屋盖结构一样，网架的荷载亦要分永久荷载（包括屋面材料、檩条、网架自重、吊顶等）和可变荷载（包括屋面活荷载、雪荷载、积灰荷载以及悬挂吊车荷载等）。

荷载组合应按承载能力极限状态荷载效应的基本组合确定杆件内力设计值，对杆件截面和节点进行计算。对变形（挠度）的计算则应按正常使用极限状态荷载效应的标准组合。

网架自重 g_{0k}（kN/m^2）可按下式估算：

$$g_{0k}=\frac{\sqrt{q_w L_2}}{150}\tag{9-1}$$

式中　q_w——除网架自重以外的屋面荷载或楼面荷载的标准值（kN/m^2）；

　　　L_2——网架的短向跨度（m）。

七、网架的计算方法

网架应进行重力荷载及风荷载作用下的内力、位移计算，并应根据情况，对地震、温度变化、支座沉降及施工安装荷载等作用下的内力、位移进行计算。

网架结构为空间桁架体系，是一种高次超静定结构，因此要精确地计算其内力和变形十分复杂。为了获得适合于工程上应用的结果，常需作一些假定，即忽略一些次要因素。当然，忽略的因素越少，计算假定越接近结构的工作情况，则计算精度越高，但计算工作量也越大，只有借助计算机完成。反之，忽略的因素越多，则会出现一定误差，计算结果存在一定的近似性，但计算较简单，故也有一定的适用性。所以，网架的计算方法分精确法和简化法两类。常用的精确法为空间桁架位移法，简化法有交叉梁系差分法、拟夹层板法等，可根据网架类型、跨度大小及工程情况进行选择。下面对这几种方法及其适用范围加以简述：

网架计算的一般原则为：网架结构上的荷载按静力等效原则，将节点所辖区域内的荷载汇集至该节点上；结构分析时可忽略节点刚度的影响，假定节点为铰接，杆件只承受轴向力，仅在杆件节间上作用有荷载时，才另行考虑局部弯矩的影响。同时，网架的内力和位移按弹性阶段进行计算

（一）空间桁架位移法

空间桁架位移法是以网架节点三个线位移为未知量、所有杆件作为承受轴向力的铰接杆系的有限元法。其基本计算步骤为：

1. 根据虎克定律，建立各杆件单元的内力与位移间的关系，形成单元刚度矩阵；

2. 根据各节点的静力平衡条件和变形协调条件，建立结构上各节点的荷载与节点位移间的关系，形成结构总刚度矩阵和总刚度方程（以节点位移为未知量的线性代数方程组）；

3. 根据给定的边界条件，用计算机求出各节点的位移值；

4. 根据杆件单元的位移与内力间的关系，求出各杆件的内力 N。

空间桁架位移法是目前应用较普遍的网架计算方法，市面上有较多的计算机软件（包括自动绘图、统计工程量和报价等）可资利用。采用空间桁架位移法计算的结果，精度较高，且适应性广。可用于各种网架形式、不同的平面形状、支承情况和边界条件，除适用于一般荷载的计算外，还可计算由地震、温度、沉降等因素引起的内力与变形。

（二）交叉梁系差分法

交叉梁系差分法是将网架经过惯性矩的折算，将其简化为相应的交叉梁系，然后用差

分法进行内力和位移的计算。为了方便，制定有专用图表，可使计算简化。

交叉梁系差分法计算误差约 $10\%\sim20\%$，可用于跨度在 40m 以下的由平面桁架系组成的网架或正放四角锥网架的计算。

（三）拟夹层板法

拟夹层板法是将网架简化为正交异性或各向同性的平板进行内力和位移的计算，计算较方便，也有计算图表可资利用，但其计算精度不如空间桁架位移法，故只适用于结构方案的选择和初步设计。

拟夹层板法计算误差小于 10%，可用于跨度在 40m 以下由平面桁架系或角锥系组成的网架计算。

八、网架杆件截面选择

网架杆件主要承受轴向力，故其截面以采用壁厚较薄的圆钢管是最佳选择，也可采用 T 形钢或角钢组合截面。钢管宜选用高频电焊钢管或无缝钢管。每个网架钢管规格不宜过多，以 $4\sim7$ 种为宜，且不宜小于 $\phi48\times3$，对大、中跨度网架不宜小于 $\phi60\times3.5$。采用角钢时不宜小于 $\llcorner50\times3$。材料宜选用 Q345 钢，以节省钢材，也可采用 Q235 钢。

网架杆件的计算长度，对螺栓球节点因其接近于铰接，故所有杆件均应取杆件的几何长度，即 $l_0=l$；对焊接球节点因其对杆件有一定的嵌固约束作用，故对弦杆及支座腹杆可取 $l_0=0.9l$，对一般腹杆取 $l_0=0.8l$；对钢板节点则类似普通屋架，分别取 $l_0=l$ 和 $l_0=0.8l$。

杆件的容许长细比，对受压杆件 $[\lambda]=180$；对受拉杆件：一般杆件 $[\lambda]=300$、支座附近处杆件 $[\lambda]=250$、直接承受动力荷载杆件 $[\lambda]=250$。

杆件截面应按第五章所述的轴心受拉构件或轴心受压构件对其强度、刚度和整体稳定性进行验算。另外，网架的挠度不应超过其容许值 $[v]$：屋盖结构 $[v]=L_2/250$、楼盖结构 $[v]=L_2/300$（L_2 为短向跨度）。

九、网架节点设计

网架的节点是网架的重要组成部分，且其重量约占网架的 20% 左右，故应引起注意。

网架节点因连接的杆件数量多，且来自不同方向，还要符合各杆件轴线在节点上汇交于一点和铰接连接的计算假定，故其构造比平面桁架的复杂得多。为了达到构造简单、传力明确，且易于加工、安全可靠，对钢管网架一般采用球节点。按杆件与球的连接方法，球节点分螺栓球节点和焊接空心球节点两种，现分述如下：

（一）螺栓球节点

螺栓球节点由螺栓、实心钢球、销子（或螺钉）、套筒、锥头或封板组成（图 9-19）。钢球内先按连接杆件的角度钻孔并车出螺纹。在杆件钢管的端头则焊一锥头或封板（钢管直径 $d<76$mm 时，一般采用封板，$d\geqslant76$mm 时采用锥头），以减少与钢球的接触面积并缩小钢球。高强度螺栓需穿过锥头（或封板）、套筒与钢球连接。套筒实际上为一六角形无纹螺母，在其一面钻有一小孔，可插入紧固螺钉到螺栓在无螺纹段上预留的长圆形滑槽内，从而将套筒和螺栓连在一起。用扳手拧动套筒即可带动螺栓转动拧入钢球，而紧固螺钉则沿滑槽移动，直至达到滑槽深槽处，将其拧入锁定，即完成紧固。

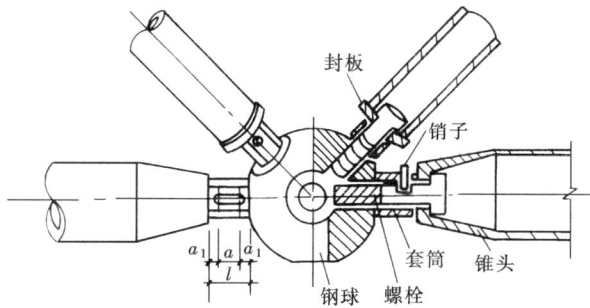

图 9-19　螺栓球节点

套筒除起拧固螺栓的作用外，在压杆中还起传递轴心压力作用，故需验算其开孔处的抗压强度和端部有效截面的局部承压强度。套筒端部（承压面）应保持平整，外形应符合扳手开口尺寸系列，内径则比螺栓直径大 1mm，长度可按下式计算（图 9-19）：

$$l = a + 2a_1 \qquad\qquad (9\text{-}2)$$

$$a = \xi d_0 - a_2 + d_s + 4\text{mm}$$

式中　a_1——套筒端部到滑槽端部距离；

　　　ξd_0——螺栓伸入钢球的长度；

　　　a_2——螺栓露出套筒长度，可预留 4～5mm，但不应少于 2 个丝扣；

　　　d_s——销子直径（mm）。

套筒采用的材料可结合螺栓直径 d 选用，$d = 13 \sim 34$mm 时，选 Q235B；$d = 37 \sim 65$mm 时，选 Q345 或 45 号钢。套筒端部（承压面）应保持平整，外形应符合扳手开口尺寸系列，内径则比螺栓直径大 1mm。

锥头或封板起着连接钢管和螺栓的作用，故其材料宜与钢管一致。锥头壁厚变化应与内力协调，即其任何截面应与钢管等强。锥头底板和封底厚度应按实际受力大小进行计算，不应太薄。锥头底板外径宜较套筒外接圆直径大 1～2mm，内孔径则宜比螺栓直径大 2mm。锥头倾角应小于 40°。另外，锥壁与锥头底板及与钢管连接处应平缓过渡，以减小应力集中。锥头或封板与钢管连接焊缝的强度应不低于钢管，焊缝底部宽度 b（图 9-20）可根据连接钢管壁厚取 2～5mm。

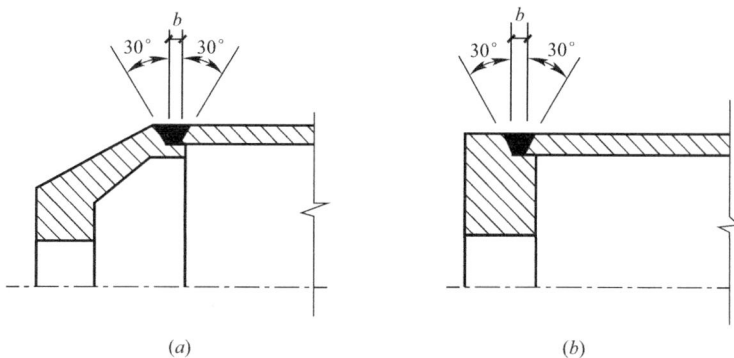

图 9-20　杆件端部连接焊缝

（a）锥头与钢管连接；（b）封板与钢管连接

高强度螺栓是螺栓球节点中传力的关键部件，其材料应采用合金结构钢，具体性能等级和推荐材料见表9-4，设计时应结合螺栓的直径选用。由于高强度螺栓制作过程需经热处理，即先淬火再高温回火，但大直径螺栓不易淬透，故将其性能等级降低取为9.8S级。另外为防止高强度钢材所具有的延迟断裂（应力腐蚀），还将钢材抗拉强度的下限值10.9S级取为1040N/mm²、9.8S级取为900N/mm²，以便螺栓保持一定的抗断裂韧性。

网架高强度螺栓的性能等级、推荐材料和机械性能　　　表 9-4

螺栓直径	性能等级	推荐材料	抗拉强度 f_u (N/mm²)	屈服点 $f_{0.2}$ (N/mm²)	伸长率 $\delta(\%)$	收缩率 Ψ (%)	冲击韧性 α_k (J/cm²)
M12～M24	10.9S	20MnTiB、40Cr、35CrMo	1040～1240	≥940	≥10	≥42	≥59
M27～M36		35VB、40Cr、35CrMo					
M39～M64	9.8S	40Cr、35CrMo	900～1100	≥720	≥10	≥42	≥59

高强度螺栓的直径应根据其连接杆件的内力确定。螺栓的抗拉承载力设计值 N_t^b 按下式计算：

$$N_t^b = A_e f_t^b \tag{9-3}$$

式中　A_e——高强度螺栓的有效截面面积（mm²），按附表15选用。当螺栓上有滑槽时，A_e 应取螺纹处或滑槽处二者中的较小值；

　　　f_t^b——高强度螺栓经热处理后的抗拉强度设计值，对10.9S级取430N/mm²、9.8S级取385N/mm²。

受压杆件的连接螺栓直径可按其内力设计值求得的螺栓直径减小1～3个级差（如M30可减小为M27～M22）。但相应减小的套筒必须保证套筒具有足够的抗压强度，并验算其开孔处和端部有效截面的局部承压强度。

紧固螺钉也宜采用高强度钢材，如20MnTiB或40Cr。其直径可取螺栓直径的0.16～0.18倍，且不宜小于3mm。一般采用M5～M10。钉杆长度应为套筒厚度加上螺栓深槽的高度。

钢球材料采用45号钢锻造成型。钢球直径需根据相邻两个螺栓（即相邻两根杆件）间的夹角和螺栓伸入钢球的长度确定，即两个螺栓不能相碰。根据图9-21，可得螺栓球的直径

$$D \geqslant \sqrt{\left(\frac{d_2^b}{\sin\theta} + d_1^b\cot\theta + 2\xi d_1^b\right)^2 + \lambda^2 d_1^{b^2}} \tag{9-4a}$$

另外，为满足套筒接触面的要求，螺栓球直径 D 尚应按下式核算，并取两式中的较大值

$$D \geqslant \sqrt{\left(\frac{\lambda d_2^b}{\sin\theta} + \lambda d_1^b\cot\theta\right)^2 + \lambda^2 d_1^{b^2}} \tag{9-4b}$$

上两式中　θ——两相邻螺栓之间的最小夹角（rad）；

　　　d_1^b、d_2^b——两相邻螺栓的较大直径和较小直径（mm）；

　　　ξ——螺栓拧入球体长度与螺栓直径的比值，可取1.1；

　　　λ——套筒外接圆直径与螺栓直径的比值，可取1.8。

螺栓球节点的高强度螺栓、套筒、锥头、封板及紧

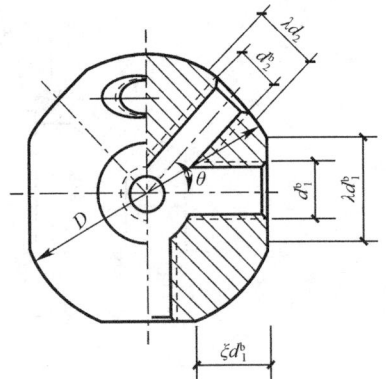

图 9-21　螺栓球

固螺钉在现行建工行业标准《钢网架螺栓球节点》JG/T 10—2009 和国标《钢网架螺栓球节点用高强度螺栓》GB/T 16939—2016 中对其形式、尺寸和技术条件均有详细规定，并制定有系列规格，厂家也生产供货，设计时可参照按需采用。

（二）焊接空心球节点

焊接空心球节点是将杆件钢管直接焊接于空心钢球上。它加工简单，造价较低，且杆件自然对中，可避免节点偏心受力。另外，焊接球节点的刚度大，不存在螺栓球节点可能有的假拧紧情况。缺点是焊接球节点的现场施工速度较慢，需要地面拼装后安装，对工人的技术水平要求也较高。但是，对大跨度或超大跨度网架，焊接球节点仍然不可替代。

焊接空心球是由钢板压制的两个半球采用对接焊缝焊接而成，且有加肋和不加肋两种形式（图 9-22）。材料为 Q235B 钢或 Q345B、Q345C 钢。加肋空心球是当空心球外径 $D >$ 300mm，且杆件内力较大需要提高承载力或 $D \geqslant 500$mm 时，在球内两半球焊接处增加环肋 [图 9-22（b）]。环肋厚度不应小于空心球壁厚，且可去掉（$1/3 \sim 1/2$）D 的内空，以减轻重量。肋板应设于轴力较大杆件的轴线平面内。

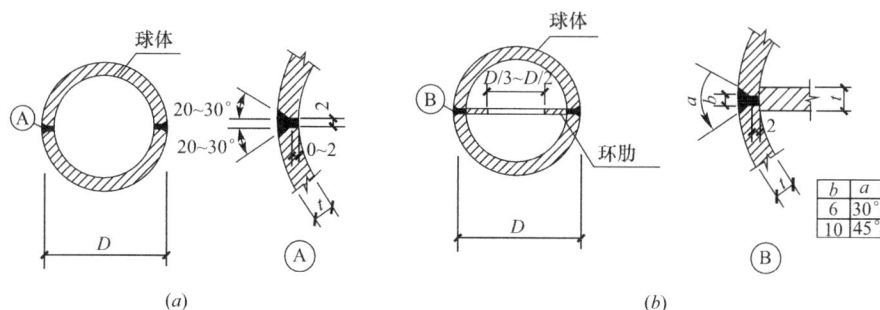

图 9-22　焊接空心球
（a）不加肋；（b）加肋

焊接空心球的外径 D，应能保证球面上连接的杆件之间的净距 a 不小于 10mm（图 9-23），因此宜先按下式对其进行估算

$$D = \frac{d_1 + 2a + d_2}{\theta} \tag{9-5}$$

式中　θ——汇集于球节点任意两钢管杆件间的夹角（rad）；

d_1、d_2——组成 θ 角的两钢管外径（mm）。

对直径 $D = 120 \sim 900$mm 的空心球，其受压和受拉承载力设计值 N_R 可按下式计算

$$N_R = \eta_0 \left(0.29 + 0.54 \frac{d}{D} \right) \pi t d f \tag{9-6}$$

式中　η_0——大直径空心球节点承载力调整系数；当 $D \leqslant 500$mm 时，$\eta_0 = 1.0$；当 $D > 500$mm 时，$\eta_0 = 0.9$；

d——与空心球相连的主钢管杆件的外径（mm）；

D、t——空心球外径和壁厚（mm）；

f——钢材的抗拉强度设计值（N/mm²）。

对加肋空心球，可将式（9-6）乘以承载力提高系数 η_d，受压球 $\eta_d = 1.4$；受拉球 $\eta_d = 1.1$。

空心球外径与壁厚的比值宜取 $D/t=25\sim45$。空心球壁厚与主钢管壁厚的比值宜取 $1.2\sim2.0$，且空心球壁厚不宜小于 4mm。

钢管与空心球应采用对接焊缝连接，其端部应开坡口，并在钢管与空心球之间留一定间隙以保证熔透，实现焊缝与钢管等强，否则应按角焊缝计算。为保证焊缝质量，钢管端部也可加套筒与空心球焊接（图 9-24）。套筒壁厚不应小于 3mm，长度为 $30\sim50mm$。

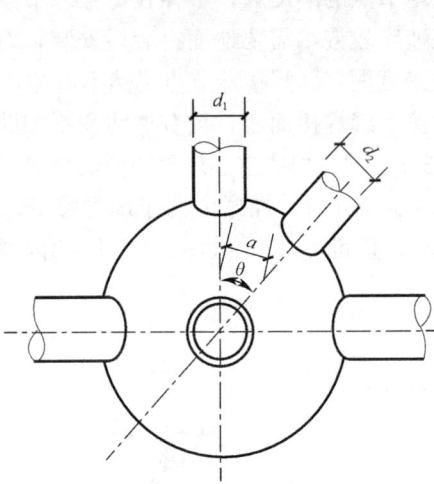

图 9-23 空心球节点　　　　　　　　图 9-24 加套管连接

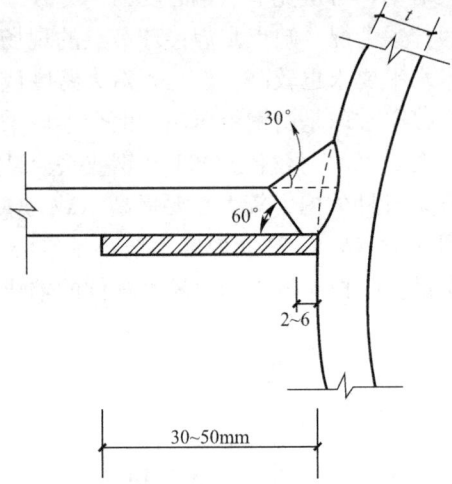

对跨度较小的轻型屋面网架，钢管与空心球可采用角焊缝连接，其焊脚尺寸应符合下列要求：

当 $t_c\leqslant4mm$ 时，$1.5t_c\geqslant h_f>t_c$

当 $t_c>4mm$ 时，$1.2t_c\geqslant h_f>t_c$

式中 t_c 为钢管壁厚。

焊接空心球在现行建工行业标准《钢网架焊接空心球节点》（JG/T 11—2009）中对其形式、尺寸和技术条件也有详细规定，制定有系列规格和适用条件，厂家生产供货，可参照选用。

（三）屋顶节点和悬挂单梁吊车节点

屋顶节点在采用小立柱作屋面排水找坡时，可按图 9-25 所示形式。小立柱一般采用小规格钢管直接焊于上弦球节点顶部，并在其上焊一顶板作檩条支托。小立柱按屋面坡度由高到低设置。当高度较高时需作稳定性验算并布置支撑，以有效地将屋面风荷载等水平力传递到网架。

网架悬挂有单梁吊车时的节点可按图 9-26 所示形式。节点球下焊接的短管长度应考虑网架的挠度，并相应加以调整。

十、网 架 支 座

网架支座的构造应与结构计算所取的边界条件相符，且需具有足够的强度与刚度，即必须受力明确，传力简捷，安全可靠。网架支座一般按压力支座设计，但在某些两向正交斜放网架中的角隅支座则可能承受拉力，需按拉力支座设计。

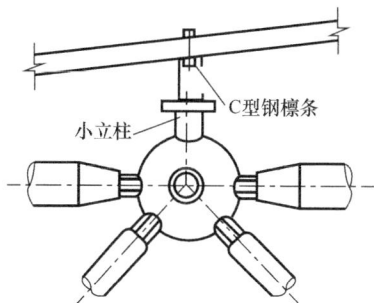

图 9-25　屋顶节点

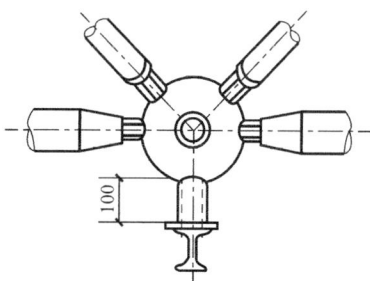

图 9-26　悬挂单梁吊车节点

（一）压力支座

压力支座按其适用于网架的跨度大小，可分为平板形、单面弧形、双面弧形、球铰形和板式橡胶形等类型。现简介如下：

1. 平板压力支座

平板压力支座（图 9-27）的构造简单，加工方便，用钢省，但其底板下应力分布不是很均匀，且支座不能完全转动和移动（为了支座能有少量移动，可将底板上锚栓孔径加大或做成长圆孔），与计算假定有所差别，故仅适用于小跨度网架。

2. 单面弧形压力支座

单面弧形压力支座（图 9-28）系在平板支座下加一用厚钢板加工成的弧形钢板，从而达到可以转动。支座锚栓可采用 2 个设在支座中心线。但当支座反力很大时，则需采用 4 个锚栓设置于支座中心线两侧，并加弹簧盒，以免影响支座转动。单面弧形压力支座适用于要求沿单方向转动的大、中跨度网架。

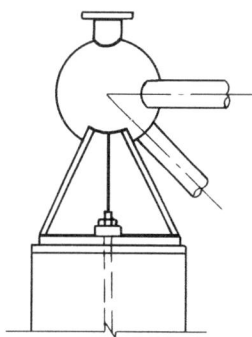

图 9-27　平板压力支座

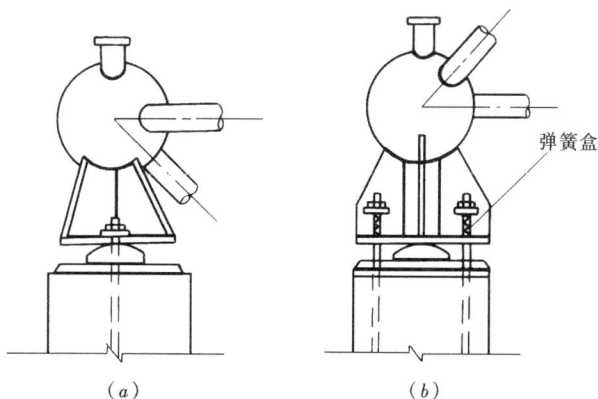

（a）　　　　　（b）

图 9-28　单面弧形压力支座

（a）2 个锚栓；（b）4 个锚栓

3. 双面弧形压力支座

双面弧形压力支座（图 9-29）是在支座的上、下托座（托座上开有长圆形销钉孔）之间设置一两面弧形的铸钢件，从而达到使支座既能转动又能作一定侧移。它适用于温差较大，且下部支承结构刚度较大的大跨度网架。

4. 球铰压力支座

球铰压力支座（图 9-30）是用铸钢球铰置于支座下，从而使支座在两个方向均能转动而不产生位移，它适用于有抗震要求多点支承的大跨度网架。

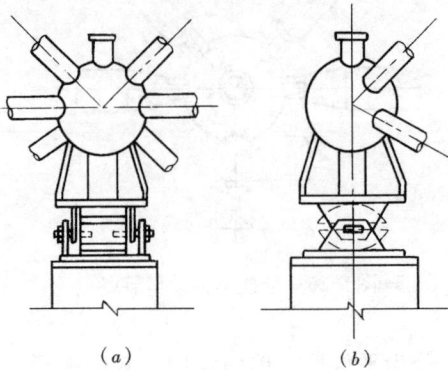

图 9-29 双面弧形压力支座
(a) 正视图；(b) 侧视图

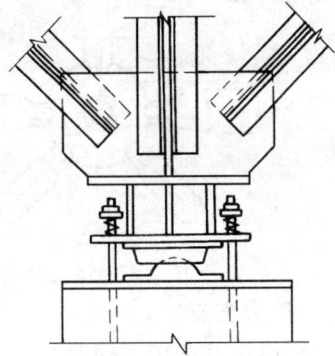

图 9-30 球铰压力支座

5. 橡胶板式支座

橡胶板式支座（图 9-31）是在支座下设置一橡胶垫板。它是由具有良好弹性的多层橡胶片之间分层夹以薄钢板压制而成，它不仅可使支座在不出现过大的压缩变形的情况保持足够的承载力，而且还可产生较大的剪切变形，从而使支座既能微量转动又能作水平移动。橡胶垫板厚度可按《空间网格规程》计算。橡胶板式支座适用于支座压力较大，有抗震要求、温差和水平位移较大且有转动要求的大、中跨度网架。由于使用效果良好，该支座在我国已得到普遍应用。

（二）拉力支座

1. 平板拉力支座

平板拉力支座与平板压力支座构造相同，但需考虑锚栓的抗拔能力（足够的锚固深度、设置双螺母、将锚栓上垫板与支座底板焊牢）。同样，它仅适用于小跨度网架。

2. 单面弧形拉力支座

单面弧形拉力支座（图 9-32）是在单面弧形压力支座上增设靴梁，锚栓则固定在靴梁上，同样需验算其锚栓的抗拔能力。单面弧形拉力支座适用于中、小跨度网架。

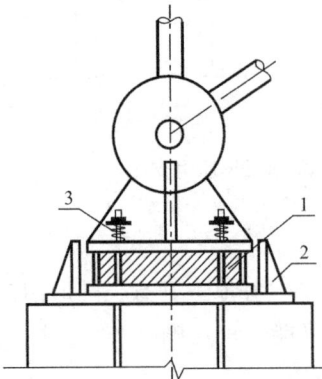

图 9-31 橡胶板式支座

1—橡胶垫板；2—限位件（防止橡胶垫板过大位移）；3—弹簧

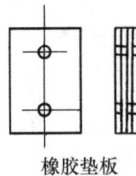

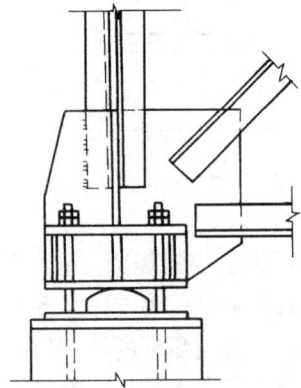

图 9-32 单面弧形拉力支座

小　结

（1）（轻钢）门式刚架是对轻型房屋钢结构门式刚架的简称。其适用范围为轻型屋盖、轻型外墙、单跨跨度宜小于 36m、高度宜小于 9m、桥式吊车小于 20t 和悬挂式吊车小于 3t。（轻钢）门式刚架的计算和绘图可采用计算机和 CAD 软件。

（2）门式刚架各列柱均应设柱间支撑，并在同一开间设屋盖横向支撑，以组成几何不变体系。

（3）刚架平面外整体稳定性可由设置（柱和墙梁间或斜梁与檩条间）隔撑来保证。当斜梁的侧向支承间距（或隔撑间距）小于斜梁受压翼缘宽度的 $16\varepsilon_k$ 时，可不需计算斜梁平面外稳定性。

（4）门式刚架斜梁的拼接和与柱的连接应采用高强度螺栓。柱脚一般采用铰接，设有吊车时宜用刚接。柱脚剪力应由底板与基础的摩擦力传递，超过时应设置抗剪键。锚栓需作抗拔验算。

（5）常用平板网架由平面桁架系组成或由角锥体组成。最常用的为四角锥网架，且以斜放四角锥网架最经济。

（6）网格尺寸和网架高度均关系网架的受力和经济性，应根据网架形式、跨度大小、屋面材料、构造要求及建筑功能等因素，综合考虑。网架计算和绘图、统计工程量等可采用计算机软件。

（7）网架的支承分周边支承、三边支承、两边支承和点支承，或几者结合的支承。设在柱顶的周边支承应在柱间设刚性系杆或边桁架。点支承应加设柱帽。三边支承应在开口边设边桁架。

（8）网架杆件宜选用薄壁钢管。节点宜选用螺栓球，以便于施工。对跨度很大的网架则应选用焊接空心球。

（9）网架支座一般采用压力支座，但对斜放类网架应考虑采用拉力支座。

思　考　题

1. （轻钢）门式刚架和网架的特点和适用范围？
2. （轻钢）门式刚架宜用哪些类型的材料作围护结构？
3. 门式刚架需要在哪些位置布置支撑？什么位置需布置刚性系杆？支撑和刚性系杆都采用什么截面？
4. 隔撑起什么作用？除了斜梁需考虑设隔撑外，刚架柱是否也需考虑放置？
5. 常用网架形式有哪些？应如何选用？
6. 正放四角锥网架和斜放四角锥网架各有哪些优点？如何选用？
7. 网格大小和网架高度对网架杆件受力有哪些影响？应如何进行选择？
8. 螺栓球节点和焊接空心球节点在构造上有哪些特点？这两种球节点对网架的安装工艺有哪些不同？

第十章 钢结构的制作、安装和质量控制

> 钢结构的制作和安装是体现由设计达到使用的最终产品的过程，需遵循《施工规范》进行。掌握必要的制作和安装知识，再结合参观制造厂和安装工地增加一些感性知识，对学习钢结构课程是不可或缺的。
>
> 按照 ISO 9000—2015"质量管理体系标准"是当今国际上通行的科学管理方法，是保证质量的有效措施。对钢结构工程项目的施工（制作、安装）质量控制，应强调在施工过程中对各主要工序的质量控制，即过程控制。

第一节 钢结构的制作

钢结构的制作应遵循《施工规范》，一般应在专业化的钢结构制造厂进行。这是因为钢材的强度高、硬度大和钢结构的制作精度要求高等特点决定的。在工厂，不但可集中使用高效能的专用机械设备、精度高的工装夹具和平整的钢平台，实现高度机械化、自动化的流水作业，提高劳动生产率，降低生产成本，而且易于满足质量要求。另外还可节省施工现场场地和工期，缩短工程整体建设时间。

一、钢结构的制作工艺流程

钢结构制造厂一般由钢材仓库、放样房、零件加工车间、半成品仓库、装配车间、涂装车间和成品仓库组成。钢结构的制作工艺流程通常如图 10-1 所示。

二、施工详图绘制

钢结构的初步设计、技术设计通常在设计院、所完成，而进一步深化绘制的施工详图则宜在制造厂进行。厂方根据其加工条件，结合其习用的操作方式，可将施工详图绘制得更具有操作性，便于保证质量和提高生产效率。

单项工程施工详图的内容应包括：图纸目录、说明书、构件布置图（包括立面图、剖面图、节点图、构件明细表等）和构件详图（包括材料明细表等）。具体内容可参考第八章屋架施工图所述和图 8-35 和图 8-43。

施工详图绘制现在一般均采用计算机辅助设计，且有专门对框架、门式刚架、网架、桁架等的设计软件以兹利用。其功能除能绘出施工详图外，还能自动生成三维结构效果图，并统计出工程量，还能根据市场价格作出工程报价。

三、编制工艺技术文件

根据施工详图和有关规范、规程和标准的要求，制造厂技术管理部门应结合本厂设

备、技术等条件，编制工艺技术文件，下达车间以指导生产。一般工艺技术文件为工艺卡或制作要领书。其内容应包括：工程内容、加工设备、工艺措施、工艺流程、焊接要点、采用规范和标准、允许偏差、施工组织等。另外，还应对质量保证体系制定必要的文件。

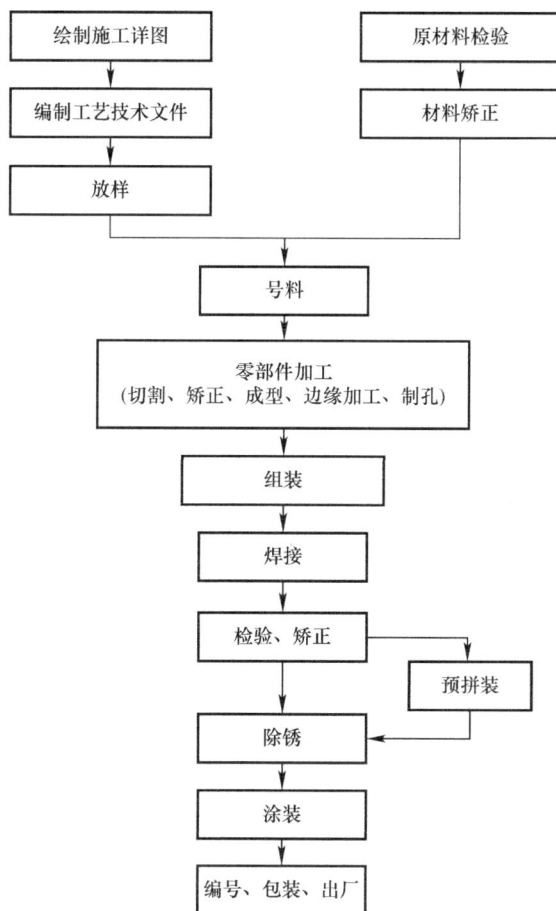

图 10-1 钢结构的制作工艺流程

四、放 样

根据施工详图，将构件按1：1的比例在样板平台上画出实体大样（包括切割线和孔眼位置），并用白铁皮、塑料板或胶合板等材料做成样板或样杆（用于型钢制作的杆件）。在样板、样杆上应注明工号、图号、零件号、孔径、数量等，以用于下一工序号料。放样的尺寸应预留切割、刨边和端部铣平的加工余量以及焊接时的收缩余量。

五、材 料 检 验

采购的钢材、钢铸件、焊接材料、紧固件（普通螺栓、高强度螺栓、自攻钉、拉铆钉、锚栓、地脚螺栓及螺母、垫圈等配件）等原材料的品种、规格、性能等均应符合现行国家标准和设计要求，并按有关规定进行检验（钢材标准见附表1～附表3）。

钢材必须具有和打在钢材上印记相一致的出厂质量合格证明文件。其内容应包括钢材牌号、生产批号、化学成分和力学性能等。

对下列情况的钢材应抽样复验，复验结果应符合现行国家标准和设计要求：①国外进口钢材；②钢材混批；③板厚等于或大于 40mm 且设计有 Z 向性能要求的厚板；④建筑结构安全等级为一级，大跨度钢结构中主要受力构件所采用的钢材；⑤设计有复验要求的钢材；⑥对质量有疑义的钢材。

对钢板厚度和型钢的规格尺寸及允许偏差，应按其产品标准的要求，每一品种、规格各抽查 5 处。对钢材表面的外观质量除应符合现行国家标准外，若表面有锈蚀、麻点或划痕时，其深度不得大于该钢材厚度负允许偏差值的 1/2。锈蚀等级则应符合《涂覆涂料前钢材表面处理表面清洗度的目视评定》（GB/T 8923—2011）的规定。另外，钢材端边或断口处不应有分层、夹渣等缺陷。

六、钢材矫正

当钢材因运输、装卸或切割、加工、焊接过程中产生变形时，须及时进行矫正。矫正方法分冷矫正和热矫正。

冷矫正是利用辊床、矫直机、翼缘矫正机或千斤顶配合专用胎具进行。对小型工件的轻微变形可用大锤敲打。当环境温度 $t < -16℃$（对碳素结构钢）或 $t < -12℃$（对低合金高强度结构钢）时，冷矫正（包括后述冷弯曲成型）不应进行，以免产生冷脆断裂。

冷矫正钢材的弯曲变形的曲率半径不宜过小，弯曲矢高亦不宜过大，其最小曲率半径和最大弯曲矢高应符合《施工规范》的规定。

热矫正是利用钢材加热后冷却时产生的反向收缩变形来完成。加热方法一般使用氧-乙炔或氧-丙烷火焰。加热温度不应超过 900℃（$t = 800 \sim 900℃$ 是热塑性变形的理想温度。$t > 900℃$ 时，材质会降低。$t < 600℃$ 时，矫正效果不好），且低合金高强度结构钢在加热矫正后应自然缓慢冷却，以防止脆化。

钢材火焰加热的操作方式应根据其变形方向和程度进行选择，一般有如下三种：①三角形加热（图 10-2a）。其收缩量较大，可用于矫正厚度较大和刚性较强构件的弯曲变形；②点状加热（图 10-2b）。可根据构件特点和变形情况，选择若干点加热；③线状加热（图 10-2c）。将加热火焰沿直线移动的同时，在宽度方向（约 $0.5 \sim 2$ 倍钢材厚度）作不同曲线的横向摆动，可用于变形和刚性较大的构件。

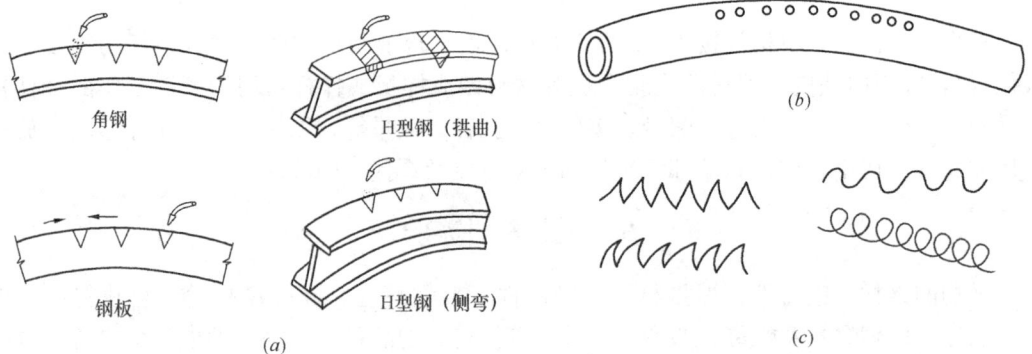

角钢　H型钢（拱曲）

钢板　H型钢（侧弯）

(a)　(b)　(c)

图 10-2　火焰加热方式
(a) 三角形加热；(b) 点状加热；(c) 线状加热

钢材矫正后的允许偏差如图 10-3 所示。

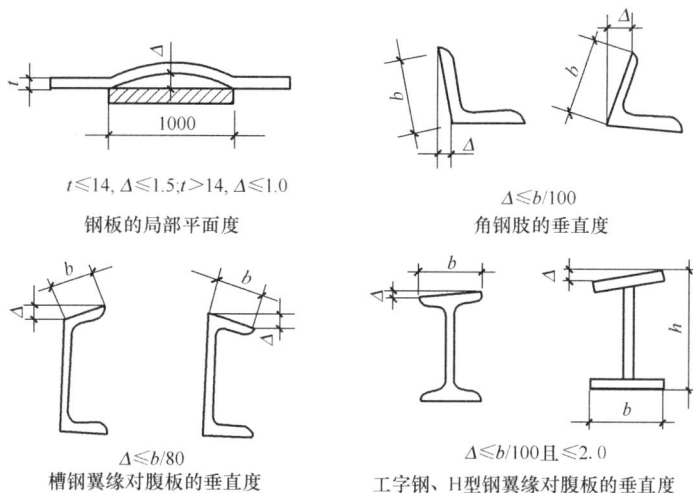

$t \leq 14,\ \Delta \leq 1.5; t > 14,\ \Delta \leq 1.0$
钢板的局部平面度

$\Delta \leq b/100$
角钢肢的垂直度

$\Delta \leq b/80$
槽钢翼缘对腹板的垂直度

$\Delta \leq b/100$ 且 ≤ 2.0
工字钢、H 型钢翼缘对腹板的垂直度

图 10-3　钢材矫正后的允许偏差（mm）

七、号　　料

号料是根据样板或样杆在钢材上用钢针划出切割线和用冲钉打上孔眼等的位置。

随着用计算机绘制施工详图和可将加工数据直接输入的数控切割及钻孔等机械的广泛应用，因此放样和号料等传统工艺，已在一些制造厂逐渐减少。

八、零部件加工

零部件加工一般包括切割、成型、边缘加工和制孔等工序。

（一）切割

切割分机械切割、气割及等离子切割等方法：

1. 机械切割

机械切割分剪切和锯切。剪切机械一般采用剪板机和型钢剪切机。剪板机通常可剪切厚度为 12～25mm 的钢板，型钢剪切机则用于剪切小规格型钢。锯切机械一般采用圆盘锯或带锯（图 10-4）。圆盘锯切割能力强，可以将构件快速锯断，但精度较低。带锯适用于切割型钢，切割精度较高。另外还有砂轮锯，适用于切割薄壁型钢等小型钢材。

(a)　　　　　　　　　　　　(b)

图 10-4　锯切机械

（a）圆盘锯；（b）带锯

机械剪切的允许偏差为：零件宽度、长度±3mm；边缘切棱 1mm；型钢端部垂直度 2mm。

2. 气割

气割是用氧-乙炔或丙烷、液化石油气等火焰加热，使切割处钢材熔化并吹走。气割设备除手工割具外，还有半自动和自动气割机、多头气割机等（图 10-5），且多采用数控，自动化程度高，切割精度可与机床加工件媲美，不仅能切割直线、厚板，还能切割曲线和焊缝坡口（V 型、X 型）。

图 10-5　数控切割机械

气割的允许偏差为：零件宽度、长度±3mm；切割面平面度 0.05t（t 为切割面厚度）且不大于 2mm；割纹深度 0.3mm；局部缺口深度 1mm。

3. 等离子切割

等离子切割是利用高温高速的等离子弧进行切割。其切割速度快，割缝窄，热影响面小，适合于不锈钢等难熔金属的切割。

（二）成型

根据构件的形状和厚度，成型可采用弯曲、弯折、模压等机械。成型时，按是否加热，又分为热加工和冷加工两类。

厚钢板和型钢的弯曲成型一般在三辊或四辊辊床上辊压成型（图 10-6a。图中为四辊辊床，可冷弯曲 90mm 厚钢板），或借助加压机械或模具进行。钢板的弯折和模压成型，一般采用弯折机或压型机。它们多用于薄钢板制作的冷弯型钢或压型钢板（薄钢檩条、彩涂屋面板和墙板、彩板拱形波纹屋面等）。图 10-6（b）为弯折机正在制作 C（槽）形檩条。图 10-6（c）压型机正在压制彩板拱形波纹屋面的直槽板，图 10-6（d）则为弯拱机正将直槽板再弯曲成拱形。

冷加工成型是指在常温下的施压成型，即使钢材超过其屈服强度产生永久变形，故其弯曲或弯折厚度受机械能力的限制，尤其是弯折冷弯型钢时的壁厚不能太厚。但近年来由于设备能力的提高，已可加工厚度达 20mm 钢板。和冷矫正一样，冷弯曲的最小曲率半径和最大弯曲矢高亦应符合《施工规范》的规定。

热加工成型是在冷加工成型不易时，采用加热后施压成型，一般用于较厚钢板和大规格型钢，以及弯曲角度较大或曲率半径较小的工件。热加工成型的加热温度应控制在 900～1000℃。当温度下降至 700℃（对碳素结构钢）或 800℃（对低合金高强度结构钢）之前，应结束加工。因为温度低于 700℃时，不但加工困难，钢材还可能产生蓝脆。低合金高强度结构钢应自然冷却。

图 10-6　弯曲、弯折、模压成型机械
（a）四辊辊床；（b）C 形钢弯折机组；（c）槽形板压型机；（d）槽板弯拱机

（三）边缘加工

边缘加工按其用途分为削除硬化或有缺陷边缘、加工焊缝坡口和板边刨平取直三类：

1. 削除硬化或有缺陷边缘

当钢板用剪板机剪断时，边缘材料产生硬化；当用手工气割时，边缘不平直且有缺陷。它们都对动力荷载作用下的构件疲劳不利。因此对重级工作制吊车梁的受拉翼缘板（或吊车桁架的受拉弦杆）有这些情况时，应用刨边机或铣边机（图 10-7）沿全长刨（铣）边，以消除不利影响，且刨削量不应小于 2mm。

刨边机是利用刨刀沿加工边缘往复运动刨削，可刨直边或斜边。铣边机则是利用铣刀旋转铣削，并可沿加工边缘上下、左右直线运动，其效率更高。

2. 加工焊缝坡口

为了保证对接焊缝或对接与角接组合焊缝的质量，需在焊件边缘按接头形状和焊件厚度加工成不同类型的坡口。V 形或 X 形等斜面坡口，一般可用数控气割机一次完成，也可用刨边机加工。J 形或 U 形坡口可采用碳弧气刨加工。它是用碳棒与电焊机直流反接，在引弧后使金属熔化，同时用压缩空气吹走，然后用砂轮磨光。

3. 刨平取直零件边缘

对精度要求较高的构件，为了保证零件装配尺寸的准确，或为了保证刨平顶紧传递压力的板件端部平整，均须对其边缘用刨床或铣床刨平取直。

对一些精度要求高的构件，如靠端面承压的承重柱接头，需保证其端面的平整，因此需用端部铣床对其铣端（图10-8）。铣端不仅可准确保证构件的长度和铣平面的平面度，而且可保证铣平面对构件轴线的垂直度要求。

图10-7　双铣头铣边机

图10-8　端部铣床

（四）制孔

制孔方法有冲孔和钻孔两种，分别用冲床（图10-9）和钻床加工。

冲孔一般只能用于较薄钢板，且孔径宜不小于钢板厚度。冲孔速度快，效率高，但孔壁不规整，且产生冷作硬化，故常用于次要连接。

钻孔适用于各种厚度钢材，其孔壁精度高。除手持钻外，制造厂多采用摇臂钻床和可同时三向钻多个孔的三维多轴钻床（图10-10），且用数控，还可和切割等工序组成自动流水线。

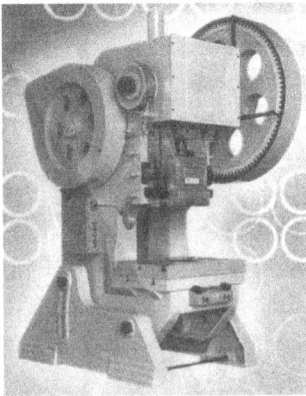

图10-9　冲床

图10-10　三维数控钻床

九、组　装

组装是将经矫正、检查合格的零、部件组合成构件。

组装一般采用胎架法或复制法。胎架法是将零、部件定位于专用胎架上进行组装，适用于批量生产且精度要求高的构件，如焊接工字形截面（H形）构件等的组装。复制法多用于双角钢桁架类的组装。操作方法是先在装配平台上用1:1比例放出构件实样，并按位置放上节点板和填板。然后在其上放置弦杆和腹杆的一个角钢，用点焊定位后翻身，即可作为临时胎模。以后其他屋架均可先在其上组装半片屋架，然后翻身再组装另外半片成为整个屋架。钢构件外形尺寸主控项目的允许偏差如表 10-1 所示。

钢构件外形尺寸主控项目的允许偏差（mm）　　　　　　　　表 10-1

项　目	允许偏差
单层柱、梁、桁架受力支托（支承面）表面至第一个安装孔距离	±1.0
多节柱铣平面至第一个安装孔距离	±1.0
实腹梁两端最外侧安装孔距离	±3.0
构件连接处的截面几何尺寸	±3.0
柱、梁连接处的腹板中心线偏移	2.0
受压构件（杆件）弯曲矢高	$l/1000$，且不应大于 10.0

十、焊　接

（一）焊接方法

钢结构制作的焊接多采用自动埋弧焊，部分焊缝采用 CO_2 气体保护焊或电渣焊，只有短焊缝或不规则焊缝采用手工焊。

埋弧自动焊（图 10-11）适用于较长的接料焊缝或组装焊缝，它不仅效率高，而且焊接质量好，尤其是将自动焊与组装合起来的组焊机（图 10-12），其生产效率更高。

图 10-11　门型自动焊机　　　　　　　图 10-12　H 型钢组焊机

CO_2 气体保护焊机多为半自动，焊缝质量好，焊速快，焊后无熔渣，故效率较高。但其弧光较强，且须防风操作。在制作厂一般将其用于中长焊缝。

电渣焊是利用电流通过熔渣所产生的电阻热熔化金属进行焊接，它适用于厚度较大钢板的对接焊缝且不用开坡口。其焊缝匀质性好，气孔、夹渣较少。故一般多将其用于厚壁截面，如箱形柱内位于梁上、下翼缘处的横隔板焊缝等。

（二）焊接难度等级

钢结构焊接因各种因素的影响存在一定难度。为了提高焊接质量，《焊接规范》根据影响焊接的多种因素对焊接难度划分为 4 个等级见表 10-2，以便于施工人员掌控应对。

另外，焊接难度还与节点的复杂程度和约束程度有关，若为简单对接、角接，且焊缝能自由收缩则较易焊；若节点构造复杂或焊缝不能自由收缩则较难焊。

钢结构工程焊接难度等级划分　　　　　　　　　　　　　　　　表 10-2

影响因素 难度等级	板厚（mm）	钢材分类	受力状态	钢材碳当量（%）
A　易	$t \leqslant 30$	Q235	一般静载拉、压	$C_{eq} \leqslant 0.38$
B　一般	$30 < t \leqslant 60$	Q345 Q345GJ	静载且板厚方向受拉或间接动载	$0.38 < C_{eq} \leqslant 0.45$
C　较难	$60 < t \leqslant 100$	Q390 Q420	直接动载、抗震设防烈度≥8度	$0.45 < C_{eq} \leqslant 0.50$
D　难	$t > 100$	Q460		$C_{eq} > 0.50$

注：C_{eq}按式（2-3）计算。

焊接难度等级高的钢结构虽难以焊接，但采用与其相适应的焊接方法、焊缝构造、焊接工艺措施和具有高级焊接技术的人员实施，将能保证良好的焊接质量。否则，即便易焊等级，若措施不当，也可能难以保证焊接质量。

（三）焊接材料的选用

1. 手工焊焊条的选用

手工焊的焊条型号的国家标准为《非合金钢及细晶粒钢焊条》（GB/T 5117—2012）。附表 4-1 为与钢材选配的常用碳钢焊条和低合金钢焊条的型号。附表 4-2 为其特性，包括药皮类型、焊接位置、焊接电源和熔敷金属的化学成分等。

焊条型号的表示方法系按熔敷金属（焊缝金属）的抗拉强度、药皮类型、焊接位置和电源种类等确定。焊条由字母 E 和其后的四位数字组成，低合金钢焊条还在数字后面加上用短画"-"分开的后缀符号。字母 E 表示焊条，再加上其后的头两位数字用以表示焊条系列。数字由熔敷金属抗拉强度的最小值决定，单位为 kgf/mm²，如 E43 和 E50 分别为 $f_u \geqslant 43$kgf/mm²（430N/mm²）和 50kgf/mm²（490N/mm²）。焊条共有 E43、E50、E55 和 E60 系列。型号的第三位数字表示焊条适用的焊接位置，0 和 1 表示适用于全位置（平、立、仰、横）焊接，2 表示适用于平焊及水平角焊，4 表示适用于向下立焊。第三位和第四位数字组合在一起，表示焊接电流种类（交流，直流正、反接，或直流反接）和药皮类型。焊条的后缀符号表示熔敷金属化学成分的分类符号，如 AI 表示碳钼钢焊条；D3 表示锰钼钢焊条；G 表示其他根据合金元素需要确定的低合金钢焊条等。

选择手工焊的焊条型号应考虑下列因素：

（1）构件钢材的强度和化学成分

选择的焊条系列应与构件钢材的强度和韧性一致，即要求焊缝的强度和冲击韧性应与主体金属的相匹配。如 Q235 钢焊件应选用 E43 系列，Q345 钢应选用 E50 系列，Q390 钢应选用 E50 或 E55 系列，Q420、Q460 钢应选用 E55 系列。

当不同的钢材连接时，一般可采用与较低强度钢材相适应的焊条。如 Q345 钢和 Q235 钢拼接的对接焊缝，选用 E43 系列焊条，焊缝强度即可达到与焊件中的较低强度钢材——Q235 钢——等强，这符合经济原则。当不同的钢材采用角焊缝连接时，也可考虑采用与较高强度钢材相适应的焊条。如屋架杆件与节点板连接的角焊缝，若杆件为 Q345 钢，节点板为 Q235 钢（所用截面均满足设计要求），焊条可选择 E43 系列或 E50 系列，焊缝尺寸则根据采用的焊缝的强度设计值计算。若杆件受力较大，采用 E50 系列可缩小节点尺寸；若杆件受力不大，焊缝均按构造要求设置时，则采用 E43 系列即可。

选用焊条型号还应考虑构件钢材的化学成分。当钢材中碳及硫、磷等元素的含量偏高时，由于焊缝易产生裂纹，应选用抗裂性能好，药皮类型为低氢型的焊条。

（2）结构特点

选用焊条型号应结合结构特点，如结构的受力（静力荷载或动力荷载）、工作状态（轻级、中级或重级工作制）、形状（简单或复杂）、刚性（大或小）、厚度（厚或薄）等选择。一般对塑性、韧性和抗裂性要求较高的结构，如重级工作制吊车梁、吊车桁架或类似结构，宜采用药皮类型为低氢型的焊条。由于氢能引起焊缝金属产生微观冷裂纹，使其性能变坏，而氢主要来自焊条药皮的有机物和受潮吸收的大气水分。采用经烘焙的低氢型焊条，其焊缝金属的脆性转变温度明显降低，可接近于镇静钢。

（3）焊接位置和施焊条件

焊接位置（平、立、仰、横）和施焊条件（室内、室外、操作空间大小）不同，对焊条的工艺性能要求亦应不同。

焊条的工艺性能与其药皮类型有关。如某些药皮类型焊条在焊接时电弧稳定，熔渣流动性好，脱渣容易，熔深适中，飞溅少，适于作全位置焊接。而某些药皮类型焊条在焊接时电弧稳定且吹力大，熔深较深，熔化速度快，焊缝致密，渣覆盖好，脱渣性也好，但飞溅较大，适于作平焊和平角焊。因此，焊条在选择时应结合焊接位置选用型号。

焊条的工艺性能还表现在须用电焊机的电流种类，如有的焊条使用交流或直流正、反接均可，而有的则只能使用直流反接。再有的焊条施焊出的焊缝表面美观光滑、焊波整齐（如 E4303、E5003 等）；有的电弧吹力大，熔化速度快，适于高速焊，可用于焊薄板（如 E4322 等）；有的熔深较浅，渣覆盖良好，脱渣容易，焊波整齐，可用于盖面焊（如 E4312、E4313 等）；有的电弧吹力大，熔深较深，熔渣少，脱渣容易，可用于打底焊（如 E4310 等）。

综上所述可见，选择焊条须结合工程情况和焊接条件细致考虑，才能做到经济合理，确保焊缝质量。下面就钢结构常用的焊条型号简单加以介绍：

对一般结构，钢材为 Q235B 时宜采用 E4303 型，钢材为 Q345 时宜采用碳钢焊条的 E5003 型。这两种焊条型号均为钛钙型，适用于全位置焊接，焊接电流为交流或直流正、反接。由于药皮中含氧化钛 30% 以上和 20% 以下的钙或镁的碳酸盐矿，熔渣流动性好，脱渣容易，且电弧稳定，熔深适中，飞溅少，焊波整齐。

对重级工作制吊车梁、吊车桁架或类似结构，钢材为 Q235B、Q235C、Q235D 时宜采用 E4328、E4315、E4316 型；钢材为 Q345、Q345GJ 时宜采用碳钢焊条的 E5015、E5016、E5018 型、E5515-D3、-G，E5516-D3、-G，钢材为 Q390 时宜采用 E5015、E5016、E5515-D3、-G，E5516-D3、-G 型；钢材为 Q420、Q460 时宜采用 E5515-D3、-G，E5516-D3、-G。以上 4 类焊条均属于低氢型，其中后两位数字为 15 者属低氢钠型、16 者属低氢钾型、18、28 者属铁粉低氢型，均适用于全位置焊接。

E4315、E5015、E5515D-3、-G 型焊条药皮的主要成分是碳酸盐及氟化物等碱性物质，碱度较高，正确使用时，熔敷金属中扩散氢的含量低于规定值。其熔渣流动性好，脱渣容易，工艺性能一般，熔深适中，焊波较粗，角焊缝表面略凸。焊接电流为直流反接，焊条需烘焙，且用短弧焊。

F4316、E5016、E5516-D3、-G 型焊条药皮的成分和 E4315 等型号相似，工艺性能也相似，但另加了钾水玻璃等稳弧剂，故电弧稳定。焊接电流为交流或直流反接，焊条需烘焙。

E4328、E5018 型焊条药皮的成分亦和 E4315 等型号相似，但另加了 25%～40%的铁粉，故药皮较厚，熔深适中，熔敷效率高，飞溅较少，焊缝表面光滑，角焊缝表面较凸。焊接电流为交流或直流反接，焊条需烘焙，且用短弧焊。

2. 埋弧焊和 CO_2 气体保护焊焊接材料的选用

埋弧焊采用的焊丝和焊剂应与主体金属强度相适应，即应使熔敷金属的强度与主体金属的相等。焊丝应符合《非合金钢及细晶粒钢药芯焊丝》（GB/T 10045—2018）和《高强钢药芯焊丝》（GB/T 36233—2018）[①] 的规定，焊剂则根据需要按《埋弧焊用非合金钢及细晶粒钢实心焊丝、药芯焊丝和焊丝-焊剂组合》（GB/T 5293—2018）和《埋弧焊用低合金钢焊丝和焊剂》（GB/T 12470—2016）相应配合。附表 5 为埋弧焊焊接材料选配表。

CO_2 气体保护焊采用的焊丝应符合《气体保护电弧焊用碳钢、低合金钢焊丝》（GB/T 8110—2008）的规定，二氧化碳则应符合《焊接用二氧化碳》（HG/T 2537—1993）的规定（HG/T 为化工推荐标准）。附表 6 为 CO_2 气体（含 Ar-CO_2 混合气体）保护焊焊丝选配表。

（四）焊缝缺陷

焊缝缺陷一般位于焊缝或其附近热影响区钢材的表面及内部，通常表现为裂纹、未熔合、夹渣、焊瘤、咬边、烧穿、弧坑、气孔、电弧擦伤、未焊满、根部收缩等（图 10-13）。焊缝表面缺陷可通过外观检查，内部缺陷则用无损探伤（超声波或 x 射线、γ 射线）确定。

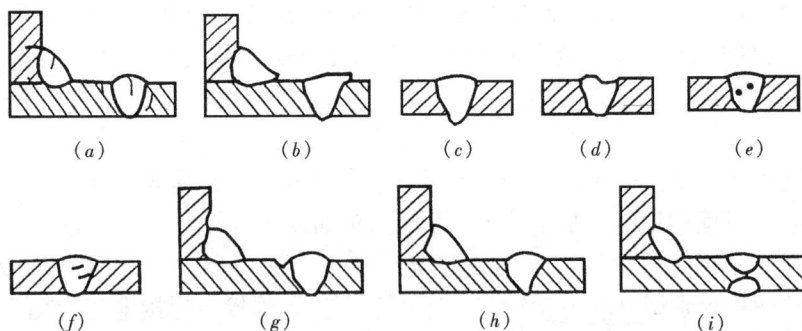

图 10-13　焊缝缺陷

(*a*) 裂纹；(*b*) 焊瘤；(*c*) 烧穿；(*d*) 弧坑；(*e*) 气孔；
(*f*) 夹渣；(*g*) 咬边；(*h*) 未熔合；(*i*) 未焊透

（五）焊缝质量等级

《设计标准》根据《焊接规范》和《施工验收规范》将焊缝的质量等级也分为三级，三本规范内容配合密切，因此使设计与施工达到相互贯通，便于选用。表 10-3 为《焊接规范》和《施工验收规范》对焊缝质量等级规定的外观质量和内部缺陷的分级标准。

---

① 原《低合金钢药芯焊丝》（GB/T 17493—2008）现为《热强钢药芯焊丝》（GB/T 17493—2018）所代替，仅在标准中保留了热强钢药芯焊丝。其他焊丝则按照其抗拉强度范围分别调整至《非合金钢及细晶粒钢药芯焊丝》和《高强钢药芯焊丝》标准中。

从表中可见，在外观质量方面，一级焊缝不允许有任何缺陷，如未焊满、根部收缩、咬边、接头不良、弧坑裂纹、电弧擦伤、表面夹渣和表面气孔等，而二级焊缝除不允许有弧坑裂纹、电弧擦伤、表面气孔和表面夹渣外，其他 4 项均可有一定的允许偏差。三级焊缝只作外观质量检查，且每项均有稍宽的允许偏差。

焊缝质量等级及缺陷分级（mm） 表 10-3

焊缝质量等级		一级	二级	三级
内部缺陷超声波探伤	评定等级	Ⅱ	Ⅲ	—
	检验等级	B 级	B 级	—
	探伤比例	100%	20%	—
内部缺陷射线探伤	评定等级	Ⅱ	Ⅲ	—
	检验等级	AB 级	AB 级	—
	探伤比例	100%	20%	—
外观质量	未焊满（指不足设计要求）	不允许	$\leqslant 0.2+0.02t$ 且 $\leqslant 1.0$	$\leqslant 0.2+0.04t$ 且 $\leqslant 2.0$
			每 100.0 焊缝内缺陷总长 $\leqslant 25.0$	
	根部收缩	不允许	$\leqslant 0.2+0.02t$ 且 $\leqslant 1.0$	$\leqslant 0.2+0.04t$ 且 $\leqslant 2.0$
			长度不限	
	咬边	不允许	$\leqslant 0.05t$ 且 $\leqslant 0.5$；连续长度 $\leqslant 100.0$，且焊缝两侧咬边总长 $\leqslant 10\%$ 焊缝全长	$\leqslant 0.1t$ 且 $\leqslant 1.0$，长度不限
	弧坑裂纹	不允许		允许存在个别长 $\leqslant 5.0$ 的弧坑裂纹
	电弧擦伤	不允许		允许存在个别电弧擦伤
	接头不良	不允许	缺口深度 $\leqslant 0.05t$ 且 $\leqslant 0.5$	缺口深度 $\leqslant 0.1t$ 且 $\leqslant 1.0$
			每米焊缝不得超过 1 处	
	表面夹渣	不允许		深 $\leqslant 0.2t$ 长 $\leqslant 0.5t$ 且 $\leqslant 20$
	表面气孔	不允许		每 50.0 长度焊缝内允许直径 $\leqslant 0.4t$ 且 $\leqslant 3.0$ 的气孔 2 个，孔距应 $\geqslant 6$ 倍孔径

注：1. 探伤比例的计数方法应按以下原则确定：①对工厂制作焊缝，应按每条焊缝计算百分比，且探伤长度应不小于 200mm，当焊缝长度不足 200mm 时，应对整条焊缝进行探伤；②对现场安装焊缝，应按同一类型、同一施焊条件的焊缝条数计算百分比，探伤长度应不小于 200mm，并应不少于 1 条焊缝。

2. 表内 t 为连接处较薄的板厚。

在内部缺陷的无损检测方面，表中首项规定对一、二级焊缝（只包括全熔透焊缝）按《钢焊缝手工超声波探伤方法和探伤结果分级》（GB/T 11345—2012）中的评定等级Ⅱ、Ⅲ级和检验等级 B 级，进行超声波探伤。其探伤比例分别为每条焊缝长度的 100% 和 20%。对三级焊缝则不作无损检测。

超声波探伤是一种操作程序简单而且快速的方法，对各种接头形式，尤其对钢结构常用的 T 形接头和角接接头，均能方便地探测，而且对裂纹和未熔合等危害性缺陷的检测灵敏度高。检验等级采用 B 级，即原则上采用斜探头在焊缝单面双侧对整个焊缝截面进行探测，以防止二维（片状）缺陷漏检。再者，质量检验等级和探伤比例应参照《承压设备无损检测》（NB/T 47013—2015）的规定。由于超声波探伤具有的优点和较高的可靠性，故现在日本和欧洲等多数国家对建筑钢结构焊缝内部质量的控制，均采用超声波探伤。为了处理特殊情况，即当超声波探伤不能对缺陷作出判断时，增加射线探伤作补充验证。

射线探伤是采用 x 或 γ 射线对焊缝进行检测，其优点是具有直观性，且一致性好，故相对较客观、可靠。但须注意其成本较高、对人体需作好防护、操作程序复杂、检测周期长，对 T 形接头和角接接头的探测效果差，对裂纹和未熔合的检出率则较低，故一般只应对特别重要的对接焊缝有特殊要求时采用，并在设计图中注明。射线探伤应按《焊缝无损检测 射线检测》（GB/T 3323—2019）的规定，一级和二级焊缝的评定等级应按规定的Ⅱ和Ⅲ级，检验等级则均按 AB 级，探伤比例则按 100% 和 20%。

（六）焊接检验尺

用不锈钢制作的焊接检验尺（图 10-14a）是焊接检验必备的工具。它用途众多，既可作直尺使用，测量板材、型钢和钢管的错口，变化不同方式还可测量焊缝坡口角度、对口间隙、焊缝高度和宽度等。图 10-14 (b)、(c)、(d) 为几种应用示例。

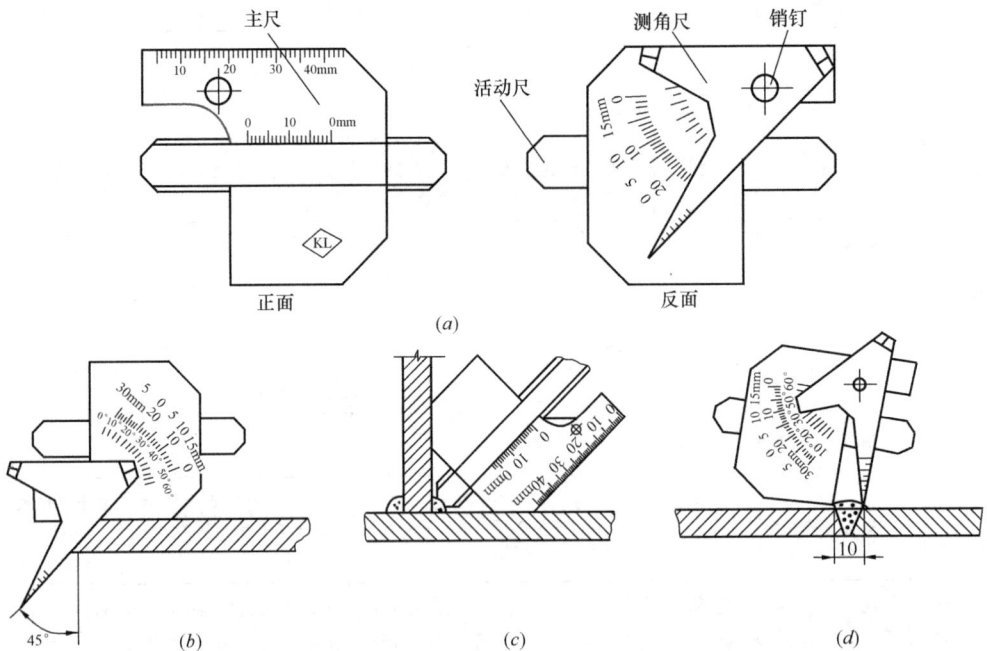

图 10-14 焊接检验尺及其应用
(a) 焊接检验尺；(b) 测量坡口角度；(c) 测量角焊缝厚度；(d) 测量焊缝宽度

（七）焊接应力和焊接变形的防治

对焊接应力和焊接变形的成因和影响已在第四章中述及，由于二者对结构性能均有不利影响，故应减小焊接应力并控制焊接变形不致过大，使其符合《施工验收规范》的规定，否则应进行矫正。

焊接应力和焊接变形在焊接结构中是互相关连的。若为了减小焊接变形，在施焊时对焊件加强约束，则焊接应力将随之增大。反之则相反。因此，随意加强约束并不尽合理。正确的方法是应从构造和焊接工艺上采取一些有效措施：

1. 构造方面　焊缝尺寸应适当，焊脚尺寸不宜过大，使焊缝金属最少（图 10-15a）；焊缝应尽可能对称布置，且不宜过分集中（图 10-15b）；当焊缝两向或三向相交，在布置焊缝时应尽量使其错开。当不可避免时，应采取措施加以改善，原则是应使主要焊缝连续直通，而使次要焊缝中断（图 10-15c、d）。对箱形柱、梁壁板的角接接头焊缝宜将图 10-15（e）（全熔透时）、图 10-16（f）（部分熔透时）所示形式改用图右形式，以防止焊缝收缩时使钢板（尤其当钢板厚度 $t>20\text{mm}$ 时）产生层状撕裂。

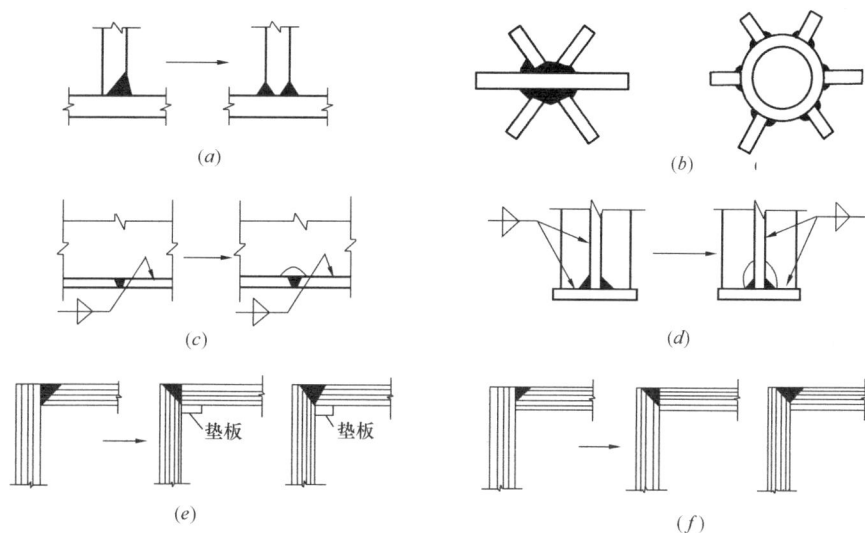

图 10-15　减少焊接应力的构造措施

2. 制造、焊接工艺方面　对焊件的尺寸收缩应在下料时预加收缩余量。在焊接工艺上，应选择使焊件易于收缩并可减小焊接应力的焊接次序，如分段退焊（图 10-16a）、分层焊（图 10-16b）、对角跳焊（图 10-16c）和分块拼焊（图 10-16d）等。在制造工艺上，可采用预先反变形（图 10-17）、对厚钢板焊前预热（在焊道两侧，宽度均应大于焊件厚度的 1.5 倍且不小于 100mm，加热至 $100\sim150℃$）及焊后后热（保温时间按板厚每25mm1h）或锤击法（用手锤轻击焊缝表面使其延伸，以减小焊缝内部焊接拉应力）等。当焊件焊接变形过大，可采用机械方法顶压进行冷矫正。如图 10-18 所示为 H 型钢液压矫正机（H 型钢翼缘一般在焊后会产生向内弯曲）或局部加热后冷缩进行热矫正（按图 10-2）。

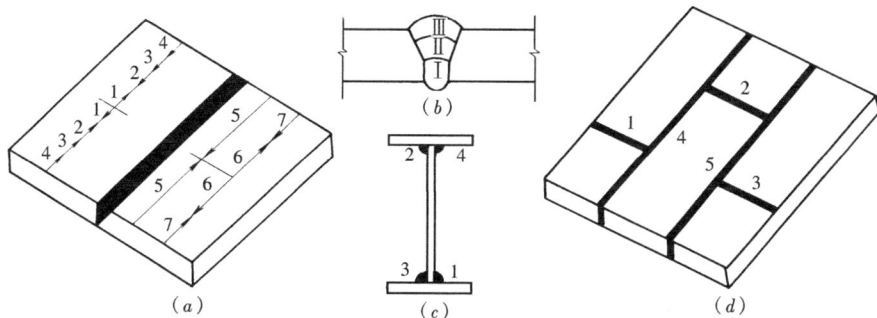

图 10-16　合理的焊接次序

（a）分段退焊；（b）分层焊；（c）对角跳焊；（d）分块拼焊

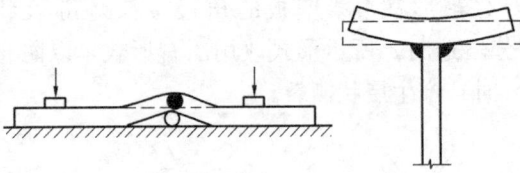

图 10-17　焊件的预先反变形

图 10-18　H 型钢液压矫正机

（八）构件流水生产线

还需指出，随着近年来科技的进步，钢结构的制造技术亦高速发展，各制造厂纷纷采用各种自动化的流水生产线，将多道工序（拼装、矫正、焊接等）组合进行，如焊接 H 形钢生产线、箱形构件生产线、彩钢聚氨酯夹芯板生产线等，不但极大地提高了生产率，也提升了产品质量。图 10-19（a）所示为焊接 H 形钢拼矫焊一体机、图 10-19（b）为箱形构件生产线。

(a)

(b)

图 10-19　构件流水生产线

(a) 焊接 H 形钢拼矫焊一体机；(b) 箱形构件生产线

十一、预　拼　装

因受运输或吊装等条件限制，有些构件需分段制作出厂。为了检验构件的整体质量，故宜在工厂先进行预拼装。

预拼装除壳体结构采用立装，且可设一定的卡具或夹具外，其他构件一般均采用在经测量找平的支凳或平台上卧装。卧装时，各构件段应处于自由状态，不得强行固定，不应使用大锤锤击。检查时，应着重整体尺寸、接口部位尺寸和板叠安装孔（用试孔器检查通过率）等的允许偏差是否符合《施工验收规范》附录 D 的要求。

对构件上的安装孔，宜在构件焊好或预拼装后制孔，并以受力支托（牛腿）的表面或以多节柱的铣平面至第一个安装孔的距离作为主控尺寸，以保证安装尺寸的准确。

十二、除锈和涂装

钢结构的防腐蚀除一些需要长效防腐的结构，如输电塔、桅杆、闸门等采用热浸锌、热喷铝（锌）防腐外，建筑钢结构一般均采用涂装（彩涂钢板是热浸锌加涂层的长效防腐钢板）。

涂装分防腐涂料（油漆类）涂装和防火涂料涂装两种。前者应在构件组装、预拼装或安装完成经施工质量验收合格后进行，而后者则是在安装完经验收合格后进行。涂装前钢材表面应先进行除锈。在影响钢结构的涂层保护寿命的因素中，几乎一半是取决于除锈的质量，因此需给予足够重视。

（一）除锈

一般钢结构的最低除锈等级应采用《涂覆涂料前钢材表面处理　表面清洁度的目视评定》（GB 8923.1—2011）中的 Sa2、Sa2$\frac{1}{2}$ 和 St2 级。前两者为喷（抛）射除锈等级，后者为手工（钢丝刷）和动力工具（钢丝砂轮等）的除锈等级。对热浸锌或热喷锌、铝的钢结构的除锈等级应采用 Sa2$\frac{1}{2}$ 或 Sa3 级。

喷射除锈是采用压缩空气将磨料（石英砂、钢丸、钢丝头等）高速喷出击打钢材表面。抛射除锈则是将磨料经抛丸除锈机（图 10-20）叶轮中心吸入，在高速旋转的叶轮尖端抛出，击打钢材表面，其效率高、污染少。

喷（抛）射除锈除可清除钢材表面浮锈外，还可将轧制时附着于钢材表面的氧化铁皮去掉，露出金属光泽，提高除锈质量，故而是除锈方法的首选。手工和动力工具除锈只应作为补充手段。

除锈等级应根据钢结构使用环境选用的涂料品种进行选择。St2 是手工和动力工具除锈的最低等级，一般只适用于湿润性和浸透性较好的油性涂料，如油性酚醛、醇酸等底漆或防锈漆。Sa2 是喷射除锈的最低等级，通常适用于常规涂料，如高氯化聚乙烯、氯化橡胶、氯磺化聚乙烯、环氧树脂、聚氨酯等底漆或防锈漆。对高性能防锈涂料如无机富锌、有机硅、过氯化烯等底漆，则应采用 Sa2$\frac{1}{2}$ 除锈等级。

（二）涂装

防腐涂料应根据使用环境选择。不同的使用环境对钢材的腐蚀有着不同的影响，故涂料的选择应有针对性。

防腐涂料有底漆和面漆之分。底漆是直接涂刷于钢材表面。由于钢材经除锈后，表面粗糙程度和表面面积大幅度增加。为了增加涂料与钢材的附着力，底层油漆（底漆）的粉料含量应较多，而基料则较少，这样成膜虽较粗糙，但附着力较强。面漆的基料含量相对较多，故漆膜光泽度高，且能保护底漆不受风化，抵抗锈蚀。底漆和面漆应进行匹配，能

315

够相容。

涂装方法有人工涂刷（用毛刷或辊筒）和喷涂（图 10-21）。喷涂的生产效率高，一般采用压缩空气喷嘴喷涂和高压无气喷涂两种方法。后者具有涂料浪费少，一次涂层厚度大的优点，对于涂装黏性较大的涂料更具有不可替代的优势。

图 10-20　抛丸除锈机

图 10-21　油漆喷涂

涂装时的环境温度宜在 5～38℃，湿度不应大于 85%。因为环境温度低于 0℃时，漆膜容易冻结而使固化化学反应停止（环氧类涂料更明显）。另外，涂装时漆膜的耐热性只在 40℃以下，当环境温度高于 43℃时，漆膜容易产生气泡而起鼓。且温度过高，涂料中溶剂挥发将加快，为了便于涂装，需加大稀释剂用量，这也降低漆膜质量。相对湿度超过85%时，钢材表面一般会产生露水凝结，影响漆膜附着，故亦不适宜涂装。还需注意涂装后 4 小时内严防淋雨，因漆膜尚未固化。

涂装时应留出高强度螺栓的摩擦面和安装焊缝的焊接部位，不得误涂。

十三、编号、包装、出厂

涂装完的构件应按施工详图在构件上作出明显标志、标记和编号。预拼装构件还应标出分段编号、方向、中心线和标高等。对于重大构件应标出外形尺寸、重量和起吊位置等，以便于运输和安装。对于刚度较小或易于变形的构件应采取临时加固和保护措施（如大直径钢管的两端宜加焊撑杆、接头的坡口突缘和螺纹等部位应加包装），以防变形和碰伤。对零散部件应加以包装和绑扎，并填写包装清单。

运输装车应绑扎牢靠，垫木位置应放置正确平稳，且不得超高、超宽和超长。

第二节　钢结构的安装

钢结构的安装也应遵循《施工规范》，它是整个钢结构工程项目的最后一个环节，也是体现经由设计、材料、制作等过程达到投入使用的钢结构最终成品。因此，安装工作组织和实施的好坏，将影响整个钢结构工程的进度、质量和经济效益等方面。

一、钢结构的安装工序流程

钢结构的安装工序流程通常可由图 10-22 所示的框图表示。

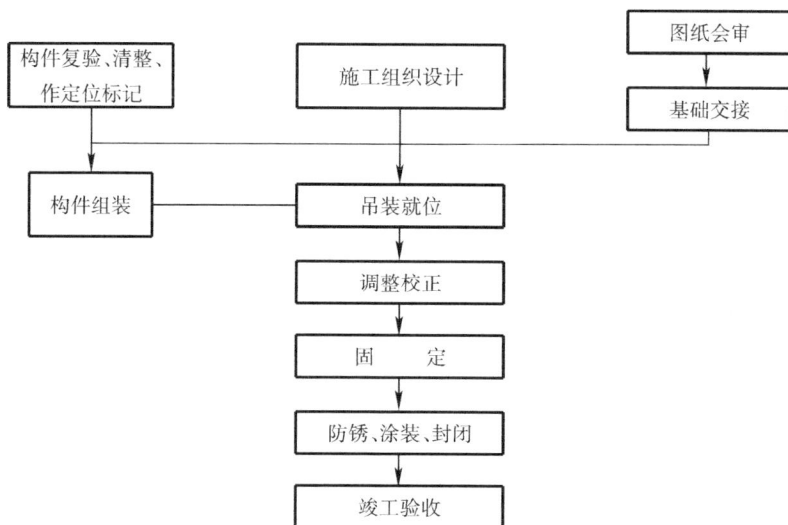

图 10-22 钢结构的安装工序流程

二、施工组织设计

施工组织设计是指导施工的主要技术文件，是施工前必要的技术准备工作。

施工组织设计内容一般包括工程概况、工程量、采用的施工机具、施工方法、吊装方案、技术措施、质量标准、安全措施、劳动力计划、工程进度表等。对工地作业面较小的工程，还应有构件进场、堆放的顺序和位置规划，并争取与制造厂协调配合。对可在制造厂组装（预拼装）的零配件及安装需增设的用于吊装、定位、加固的附件，应事先提出协商在制造厂完成，以尽量减少安装工作量和便于安装就位，缩短工期。

三、图 纸 会 审

图纸会审是对与钢结构相关的图纸，如柱的基础、网架的支承（混凝土柱顶、牛腿等）等的中心线和标高；地脚锚栓、柱顶螺栓的位置和连接长度等进行核对审查，使存在的问题在施工前得以发现处理。

四、基 础 交 接

钢结构安装前应对基础、混凝土柱等办理交接。除复核施工单位提交的有关技术资料（试块强度、检查记录等）外，还应对建筑物的定位轴线、基础或支座的定位轴线和标高、预埋锚栓的规格、位置和垂直度、支承面预埋件的标高和水平度等进行复测。另外，基础标高应和柱子尺寸（按牛腿或安装孔至柱底的长度）进行匹配，必要时用钢垫板调整（钢垫板的面积、层数和设置位置应经计算确定）。

五、构件复验、清整和作定位标记

构件进场后应按设计图对其主要几何尺寸（尤其是连接部位孔眼尺寸）进行复验。对在装卸、运输和堆放过程中造成的损伤、变形和涂层损坏，应进行矫正和修补，并对构件表面的油污、泥砂和冰雪等进行清理。

构件吊装前应在其表面作出安装就位用的定位标记——中心线和标高，并画在便于测量观察的位置。标高线应根据牛腿、支承表面或安装孔的标高量出。

六、构件组装

钢结构的吊装可采用单件吊装、（多件）组合吊装、整体吊装或整体顶升，也可采用（搭平台）高空组装和滑移就位（多用于网架结构）等方法，应根据施工条件选用。

当构件适于组成吊装单元，且起重机械能力较强，又有构件组装场地时，宜尽量采用组合吊装或整体吊装。这不仅可减少高空作业，易于保证质量和安全，而且组装工作在地面进行也节省了吊装次数和时间，可缩短工期。图 10-23 所示为将图 10-6（d）中的数块拱形槽板在地面组装成吊装单元（图 1-5 为建成的拱形波纹屋面）。

构件组装一般在吊装机械起吊范围内进行。在有运输条件时，也可在附近场地进行。

七、吊装就位

构件的吊点应仔细选择，特别是对跨度大、体积大或重量大的构件；组合吊装的构件；整体吊装或顶升的构件；以及多机抬吊的构件，吊点应经计算确定，必要时还需作加固处理。吊点一般用钢绳捆绑，需要时也可加焊吊耳。

构件吊装时应尽量使其呈设计状态。即柱类构件保持竖直，梁、屋架类构件保持水平，以方便就位。另外，吊装时索具与地面的夹角宜尽量大，最好是垂直，以免其水平分力太大对构件造成不利影响。因此必要时需设置吊具，如铁扁担、吊装架、滑轮组等。图 10-23 所示为采用铁扁担吊装彩板拱形波纹屋面状况，图 10-24 为大型钢柱吊装状况。

图 10-23　彩板拱形
波纹屋面吊装

图 10-24　鞍钢鲅鱼圈分公司炼钢
连铸工程钢柱分段吊装

吊装时应对构件采取必要的临时加固措施，以防止其失稳变形。如对组合吊装的单元，应增加一定的临时支撑。对单体侧向刚度较小的构件，如又长又高的平面桁架，应绑扎一定的钢管，以防止起吊（尤其是在由平躺位置竖立的过程）时产生弯扭屈曲。

构件的吊装程序必须保证在整个安装过程中结构的稳定性和不导致永久变形。如每个构件摘钩前，均应采取可靠的临时固定措施，必要时须设置缆风绳。对整个结构体系的吊装顺序，如高层钢结构，应自下而上逐层逐个区格地形成空间刚度单元（图10-25为上海新金桥大厦塔尖吊装）。对单层厂房和门式刚架，则应逐列逐行地将支撑系统配套形成空间刚度单元。尤其是对屋架、天窗架，在支撑系统没有安装固定前，不能吊装屋面板，以免产生结构整体倾覆（俗称推牌九）。

另外，安装时还必须防止屋面、楼面和平台上的施工荷载以及雪荷载超出构件的承载能力。尤其对铺设压型钢板的屋面或楼面（压型钢板兼作模板用），由于比较柔软，更需注意。

图10-25　上海新金桥大厦塔尖吊装

八、网　架　安　装

螺栓球网架常采用高空散装或分条分块安装法以及高空滑移安装法，而焊接球网架因多在地面拼装焊接成整体，故一般采用多台吊装机械（履带式或轮胎式起重机）或多根桅杆的整体吊装法。有时还可利用升板用的提升机、滑模用的滑模装置提升，以及用千斤顶顶升。下面仅就螺栓球网架常用的前两种方法作一简述：

（一）高空散装和分条分块安装法

高空散装法是指将网架构件用起重机械吊装至高空拼装成整体结构的方法。在拼装过程中将始终有部分网架杆件悬挑，故应设置临时支架（最好是活动操作平台形式）支承。支架位置应对准下弦球节点，且需计算其强度和稳定性，以保证安全可靠。支架高度应留有调整挠度用的千斤顶空间。

散装法的安装顺序应由网架的一端向另一端以双三角形延伸（图10-26），当两个三角形扩大相交后，则按人字形向前延伸，直到在网架另一端正中合拢。

分条分块安装法是在起重机械有一定的起重能力，且为了减少高空作业而将网架在地面组装成条状或块状吊装单元，故也可视为散装法的组合扩大。

条状单元的划分可沿网架长跨方向分成若干区段，每个区段的宽度为1～3个网格，长度则为短跨或1/2短跨。块状单元的划分可沿网架纵横方向分成正方形或矩形单元。所有条状或块状单元的重量均不能超过起重机械的起重量。

（二）高空滑移安装法

前述高空散装和分条分块安装法虽具有不需大型起重设备、用工省、费用低等优点，但需搭设较多的临时支架，且对保证网架轴线和标高的操作难度较大。高空滑移法则是在网架一端或中部仅搭设一个宽度大于 2 个网格的操作平台（若能搭设在建筑物可资利用的平台上更好），网架拼装在其上进行。每拼装完一条状单元即沿设置在圈梁的滑轨（圆钢、扁钢、钢轨等）采用慢速卷扬机或倒链（手拉葫芦）、绞磨等（配合减速滑轮组）将其滑移开，然后在平台上将后续条状单元拼装接续上再滑移开，直至全部网架完工。图 10-27 所示为一中型网架工程采用滑移法安装的示意图，该工程由于工期紧，且施工场地狭小，（图中右下图表示在现场附近组装成吊装单元，然后铺设临时轨道运至现场）采用滑移法安装网架，不但使其他作业可同时进行，缩短了总工期。而且由于搭设的操作平台相对散装法的面积小，使用期长，故操作和质量较易控制。

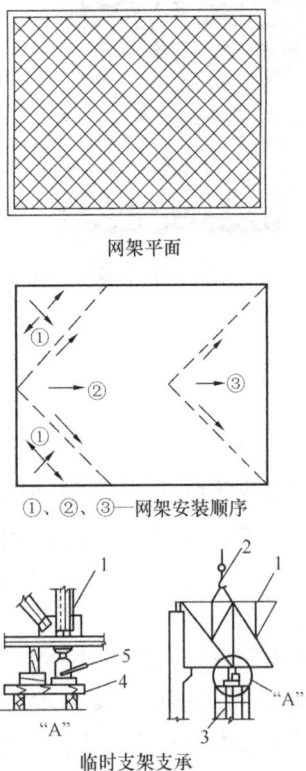

网架平面

①、②、③—网架安装顺序

"A"

临时支架支承

图 10-26　网架高空散装安装法
1—网架；2—吊钩；3—临时
支架；4—枕木；5—千斤顶

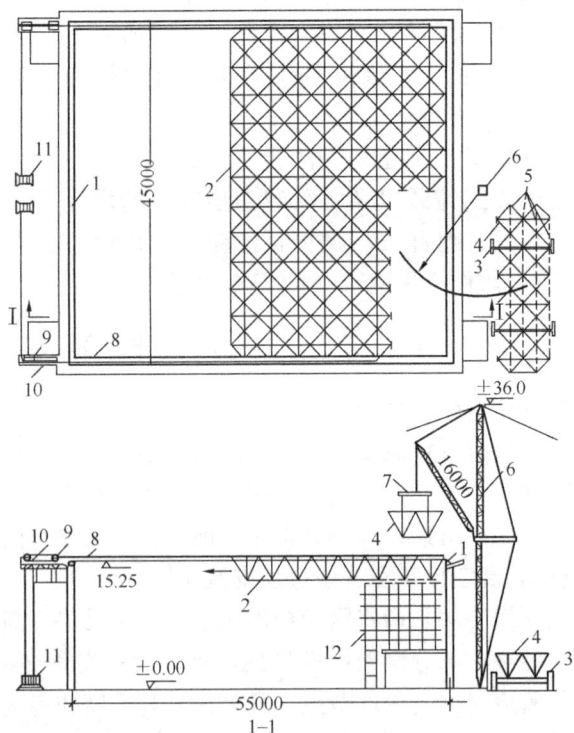

图 10-27　网架高空滑移安装法
1—圈梁；2—已滑移网架；3—运输小车；4—吊装
单元；5—拼装架；6—桅杆起重机；7—吊具；8—牵引钢绳；
9—滑轮组；10—滑轮组支承；11—卷扬机；12—操作平台

九、调 整 校 正

调整校正是使吊装就位构件的中心线、垂直度、标高等符合《施工验收规范》规定的允许偏差要求。

构件的调整较正工作应在其吊装就位后立即进行，并在校正完成后即刻固定。切忌在安完一大片后才进行校正，此时可能因过多构件互相牵连而无法调整。

钢结构对温度的影响特别敏感，天气季节的变化、向阳背阴面的温差、焊接热量的影响等都可能对其几何尺寸（尤其是垂直度）造成变化。这种情况在高层钢结构和高耸钢结构中表现得更明显。因此，校正和测量宜选择在温差不大（一般为早晚），且风力较小时段。

调整校正时还应正确选择测量基准线。如对高层钢结构每层柱的定位轴线均应从地面控制轴线直接引上，不能按其下层柱顶的轴线。对楼层标高，因有误差积累问题，可按相对标高或设计标高进行控制。在按设计标高控制时，总高度允许偏差 $\Delta = \pm H/1000$，且不应超过 $\pm 30\mathrm{mm}$（H 为总高度）。在按相对标高控制时，则应考虑焊缝的收缩和柱子受荷载后的压缩对柱长度的影响积累，以及制造误差的积累，即允许偏差 $\Delta = \pm \sum (\Delta_h + \Delta_z + \Delta_w)$（式中 Δ_h 为每节柱长度的制作允许偏差；Δ_z 为每节柱长度受荷载后的压缩值；Δ_w 为每节柱接头焊缝的收缩值）。但对同一层柱的各柱顶高度差，$\Delta = 5\mathrm{mm}$。

十、固　　定

由于调整校正时一般都是采用临时手段（点焊、冲钉或安装螺栓）将构件位置固定，故受环境因素等的影响，连接部位（坡口、螺孔、摩擦面等）还可能出现移位和锈蚀。因此，永久固定工作应在构件调整校正且形成空间刚度单元后立即进行。

钢结构的安装固定一般采用焊接或高强度螺栓连接，次要部位采用 C 级普通螺栓连接。由于位置多在高空和露天环境，故其操作条件远比制造厂差，且通常需手工操作。

（一）焊接

安装焊缝不同于制造厂可将大部分焊件置于平焊位置，故立焊、横焊甚至仰焊均可能出现。因此应完善对焊工的技术培训和等级考试，加强焊接质量检验。

当焊接环境不利时，应采取防风（对气体保护焊搭棚）、防雨、防潮（焊条烘干和设置保温箱）、低温时预热等措施和搭设操作平台。

（二）高强度螺栓紧固

1. 紧固方法

高强度螺栓的预拉力系通过紧固螺母建立。因此，为保证其数值准确，施工时应严格控制螺母的紧固程度，且不得漏拧、欠拧或超拧。一般采用的紧固方法有下列几种：

（1）扭矩法　为了减少先拧与后拧的高强度螺栓预拉力的区别，一般要选用普通扳手对其初打（不小于终拧扭矩值的 50%），使板叠靠拢，然后用一种可显示扭矩值的定扭矩电动扳手终拧（图 10-28a）。终拧扭矩值 T 根据预先测定的扭矩和预拉力（增加 5%～10% 以补偿紧固后的松弛影响）之间的关系按式（10-1）确定，施拧时偏差不得大于 $\pm$ 10%。用扭矩法紧固的高强度螺栓连接质量的可靠程度可达较高水平，故在桥梁等重要结构中应用广泛。

$$T = kd(P + \Delta P) \tag{10-1}$$

式中　d——螺栓公称直径（mm）；

P——螺栓的预拉力（kN）（参见表 4-13）；

ΔP——补偿紧固后螺栓松弛造成的预拉力损失值，一般为预拉力的 10%（kN）；

k——扭矩系数。

（2）扭掉螺栓尾部梅花卡头　此法适用于扭剪型高强度螺栓。先对螺栓初拧，然后用扭剪型电动扳手的两个套筒分别套住螺母和螺栓尾部梅花卡头（图 10-28b、c）。操作时，大套筒正转施加紧固扭矩，小套筒则施加紧固反扭矩，将螺栓紧固后，再进而沿尾部槽口将梅花卡头拧掉。由于螺栓尾部槽口深度是按终拧扭矩和预拉力之间的关系确定，故当梅花卡头拧掉，螺栓即达到规定的预拉力值。扭剪型高强度螺栓由于具有上述施工简便且便于检查漏拧的优点，故在建筑结构中得到广泛应用。

（3）转角法　此法是用控制螺栓应变即控制螺母的转角来获得规定的预拉力，因不须专用扳手，故简单有效。转角是从初拧作出的标记线（图 10-28d）开始，再用长扳手（或电动、风动扳手）终拧 1/3～2/3 圈（120°～240°）。终拧角度与板叠厚度和螺栓直径等有关，可预先测定。

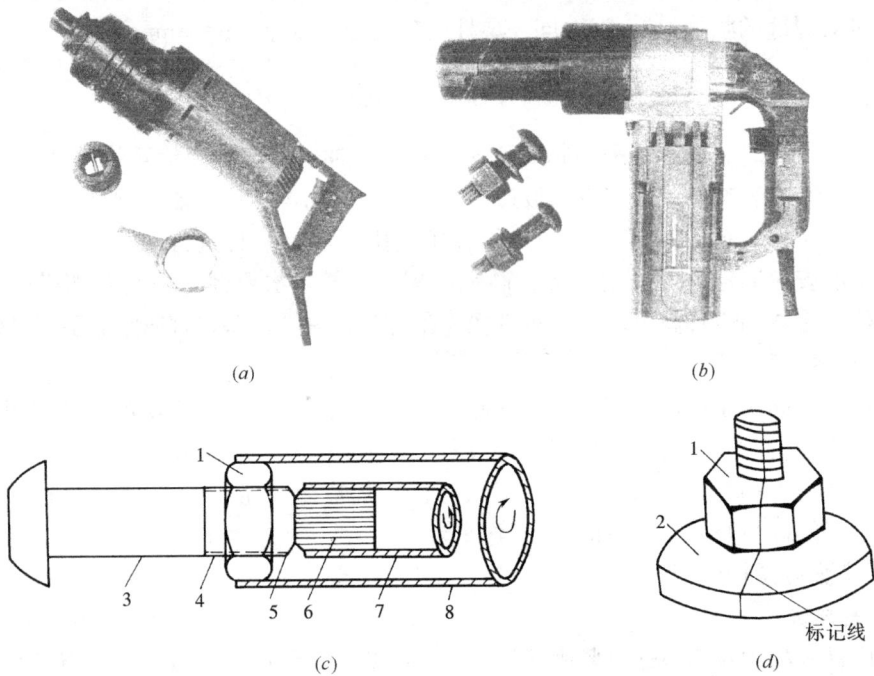

图 10-28　高强度螺栓的紧固方法

（a）定扭矩电动扳手；（b）扭剪型电动扳手；（c）扭剪型扳手操作示意；（d）转角法

1—螺母；2—垫圈；3—栓杆；4—螺纹；5—槽口；6—螺栓尾部梅花卡头；

7、8—电动扳手小套筒和大套筒

大六角头高强度螺栓（包括少量未拧掉梅花卡头的扭剪型高强度螺栓）紧固质量的检验除在终拧结束后，采用 0.3～0.5kg 的小锤逐个敲击检查外，还应辅以扭矩扳手抽查其扭矩值（将紧固好的螺母回退 60° 后再拧至原位）与终拧扭矩值的偏差在 ±10% 以内为合格。否则，欠拧应补拧，超拧应更换螺栓。检验扭矩应按下式计算：

$$T_{ch} = kdP \tag{10-2}$$

螺栓球网架高强度螺栓紧固质量应达到螺栓拧入螺栓球内的螺纹长度应不小于 1.0d（d 为螺栓直径），且连接处不应出现间隙、松动等情况。

2. 扭矩系数

由式（10-1）可见，施拧扭矩除和螺栓公称直径和规定的预拉力两常量成正比外，还和扭矩系数有关。

扭矩系数须事先经试验测定。工厂一般对每批螺栓的扭矩系数（包括预拉力数值）在出厂时均有提供，它代表扭矩系数的基本值，即反映螺栓的制造质量，如螺栓副表面的处理方法（发黑、磷化）、光洁度、螺纹的精度、润滑等，但它是在工厂特定条件下得出的。其他影响扭矩系数的外在因素还很多，如运输、保管、使用时螺纹有否碰伤，是否沾有尘埃油污，有否受潮生锈等。即使这些都能避免，其他诸如被连接板叠的层数、厚度和平整度、螺栓群的紧固顺序，施拧速度的快慢，螺母与螺栓或与垫圈之间有无润滑剂（脂），施拧时的气温高低（k 随温度上升而减小）、终拧是否及时等因素都对扭矩系数有一定的影响。若扭矩系数大且离散率高，则表示施拧扭矩大且螺栓预拉力不稳定，这将难以保证质量。再者，施拧扭矩增大，不但要增加施拧时产生的剪应力，同时施拧的机具和劳动强度都将增大。因此，在采用扭矩法时，施工前还应结合工程实际情况对扭矩系数进行测定，以确定施拧扭矩，保证工程质量。

3. 初拧、复拧和终拧

为了防止先拧和后拧的高强度螺栓预拉力的不均，其施拧应分初拧和终拧两步进行。对螺栓很多的大型节点则需在初拧后增加一步复拧。初拧和复拧的目的是使连接的板叠先靠拢，其施加的扭矩值均为终拧（施拧）扭矩值的 50%。初拧或复拧后的高强度螺栓应用颜色在螺母上涂上标记，然后按终拧扭矩值进行终拧。终拧完毕再用另一种颜色在螺母上涂上标记。

另外，不论初拧、复拧和终拧，其施拧顺序均应从节点刚度大的中央螺栓向边缘螺栓挨个进行。对当天初拧的螺栓应在当天终拧完毕，且终拧扭矩的检查应在 1h 后、48h 之内进行。

4. 施工应注意的其他问题

高强度螺栓连接由于其受力特点不同于普通螺栓连接，故对设计有一些专门的规定，对施工技术和施工管理相应也有一定的要求。因此，施工者应领会设计意图，同时设计者亦应了解施工技术和施工条件，以做到相互沟通，确保工程质量。现对高强度螺栓施工应注意的其他几个问题简述如下：

（1）高强度螺栓连接副（螺栓、螺母、垫圈）应按施工详图分部位估算，并提出材料计划。螺栓长度应按连接厚度加螺母和两个垫圈（扭剪型螺栓一个垫圈）厚度及外加 2～3 扣丝扣长度，并取 5mm 整数。

对施工图中注明属承压型连接的高强度螺栓，其螺纹长度应使螺纹避开剪切面，即螺纹进入连接厚度内的长度应小于外层板（取较薄者）的厚度。

附表 7-3、附表 7-4 为高强度螺栓的性能等级和产品规格，可供作材料计划时参考。

（2）高强度螺栓连接副应分类包装，在安装前不得随意开箱，并按批号、规格分别存放，配套供应，当天领取，当天使用。运输、保管、发放时应防雨防潮，轻拿轻放。

高强度螺栓在安装过程不得乱扔乱放，沾染油污、泥土和水。螺纹不得碰伤，螺母应能灵活旋入螺杆。

（3）高强度螺栓孔的允许偏差应按《施工规范》的规定，且孔边不得有毛刺。当用铰刀扩孔或钻孔时，板叠间的铁屑应清除干净。

（4）制作和安装时均应对连接摩擦面抗滑移系数按《施工验收规范》附录 B 进行试验和复验，对经现场处理的连接摩擦面则应单独进行试验。摩擦面不得有油污、飞边、毛刺、焊接飞溅物、焊疤和残留氧化铁皮（在喷砂处理时）。砂轮打磨方向应垂直于受力方向，且打磨后表面不得出现沟槽和明显不平。

摩擦面处理后应加强保护，防止油污、水浸和油漆。安装前应保持干燥整洁，并用钢丝刷清除浮锈。

（5）高强度螺栓连接处的型钢或钢板应平整，若产生间隙小于 1mm 时可不处理；1～3mm 时，应将高出的一侧打磨成 1：10 的斜面，并使间隙小于 1mm（打磨方向应与受力方向垂直）；大于 3mm 时应加垫板，垫板厚度不小于 3mm，且最多不超过 3 层。垫板材质和两面摩擦面的处理方法应与构件的相同。

连接在安装调整期间，为避免损伤或锈蚀高强度螺栓，宜用临时螺栓和冲钉拼装，其数量应根据安装过程所承受的荷载计算确定，但不应少于安装孔总数的 1/3，且临时螺栓不应少于 2 个，冲钉不宜多于临时螺栓的 30％。当用冲钉校正螺栓孔时，不得用大锤强行敲打，造成孔沿翻边变形。替换安装螺栓和冲钉时，应在部分高强度螺栓初拧后再逐个更换，以防构件移动和孔洞错位。

（6）高强度螺栓的安装应在结构调整定位后进行，且使其顺畅穿入孔内，不得用锤敲打并不得气割扩孔。若须扩孔，其最大孔径不应超过 1.2 倍螺栓直径，并应用铰刀进行。穿入方向宜一致并便于操作。高强度螺栓的安装不得在雨中作业。对扭矩扳手的扭矩值应进行班前标定，班后复核（误差不应超过±3％）。

（7）高强度螺栓终拧完经检查后，应立即对板叠间缝隙、螺栓头、螺母、垫圈等用腻子封闭，并及时刷防护油漆。

对高强度螺栓和焊缝的混合连接应采用先栓后焊顺序，以避免先焊可能产生的焊接变形，导致高强度螺栓连接板叠不易紧贴。另外还应在焊接 24h 后对离焊缝 100mm 范围的螺栓按终拧扭矩值补拧，以弥补焊接高温对预拉力的降低。

十一、除锈、涂装、封闭

固定工作全部完成后，应对构件表面所有在制造、运输、安装过程中的遗留、漏涂和损伤部位进行补充涂装。这部分工作一般集中在焊缝和高强度螺栓的连接部位。补涂同样应先行除锈和刷防锈底漆，并对高强度螺栓板叠间缝隙、螺栓头、螺母、垫圈等处，用腻子封闭。然后按要求对钢结构全面进行防腐涂料面漆或防火涂料涂装。

防火涂料通常用于防火安全要求高的钢结构建筑物，以防止其一旦遭遇火灾时产生变形甚至倒塌。防火涂料按涂层厚薄分为超薄型（厚度≤3mm）、薄型（厚度 3～7mm）和厚型（厚度 25～35mm）三种。超薄型防火涂料的重量轻，适用于屋盖结构（网架、彩板拱形波纹屋面等），对减轻整体结构重量有利。

超薄型和薄型防火涂料是由防火材料、合成树脂及膨胀材料组成，平时可起装饰作用（可配色），遇火时则迅速膨胀增厚成不易燃烧的海绵状炭质层，形成隔热屏障，延缓对钢结构的烧烤，赢得灭火时间。厚型防火涂料则是由涂料自身的阻燃隔热来达到防火作用。三种类型防火涂料的耐火极限指标一般为：超薄型防火涂料涂层厚度 2mm 时不小于 2h；

薄型防火涂料涂层厚度 5mm 时不小于 1.5h；厚型防火涂料涂层厚度 25mm 时不小于 2h、涂层厚度 35mm 时不小于 3h。防火涂料的粘结强度、抗压强度应符合《钢结构防火涂料应用技术规程》CECS 24：1990 的规定。

防火涂料的涂装方法一般采用人工涂刷，但也可采用喷涂。超薄型每次涂刷的厚度为 0.2～0.3mm，每次涂刷的间隔时间为 8～12h。薄型每次涂刷厚度为 2～3mm，12h 一次。施工时（涂层未干前）应注意防火。

对插入混凝土基础杯口的插入式柱脚、预埋入混凝土构件（如地下室墙、基础梁等）的埋入式柱脚、外包式柱脚（将柱脚与由混凝土构件中在柱脚周边伸出的钢筋用混凝土浇在一起）应及时浇灌混凝土封闭。对柱底板下垫有钢垫板的柱脚，也应及时对柱底空隙用细石混凝土二次浇灌，并将柱脚整体用强度等级较低的混凝土包裹（至少高出地面 150mm），以防锈蚀。

十二、 竣 工 验 收

根据《建筑工程施工质量验收统一标准》GB 50300—2013 的规定，当钢结构作为主体结构之一，即主体结构中同时还有钢筋混凝土结构、砌体结构等时，钢结构应按子分部工程竣工验收。当主体结构均为钢结构时，则应按分部工程竣工验收。对大型钢结构工程还可分成若干个子分部工程进行竣工验收。《统一标准》还规定，竣工验收应在施工单位自检合格的基础上，按照检验批、分项工程、（子）分部工程分三个层次进行。

《施工验收规范》将钢结构的分项工程按照主要工种、材料和制作及安装工艺划分为 13 个，即构件焊接、栓钉焊接、普通紧固件连接、高强度螺栓连接、零件及部件加工、构件组装、构件预拼装、单层钢结构安装、多层及高层钢结构安装、网架结构安装、压型金属板、防腐涂料涂装和防火涂料涂装。

检验批是由分项工程分解的较小验收单元，这有助于及时纠正施工中出现的质量问题，确保工程质量，也符合施工实际需要。检验批的划分原则为：单层钢结构按变形缝；多层及高层钢结构按楼层或施工段；压型金属板工程按屋面、墙面、楼面。对于原材料和成品进场时的验收，可根据工程规模及进料情况合并或分解检验批。由此可见，检验批属于小型验收单元，但是最重要和基本的验收工作内容。分项工程、（子）分部工程，甚至单位工程的验收都是建立在检验批验收合格的基础之上。

（一）分项工程检验批的施工质量验收

按《施工验收规范》，钢结构分项工程检验批合格质量标准应符合下列规定：

1. 主控项目必须符合《施工验收规范》合格质量标准的要求；

2. 一般项目其检验结果应有 80% 及以上的检查点（值）符合《施工验收规范》合格质量标准的要求，且最大值不应超过其允许偏差值的 1.2 倍；

3. 质量检验记录、质量证明文件等资料应完整。

上述规定中的主控项目是指对检验批的基本质量起决定性影响的检验项目，因此必须全部符合质量标准的要求，即这些项目的检验具有否决权。一般项目是指对施工质量不起决定性作用的检验项目，故规定的合格质量标准较低。

《施工验收规范》对 13 个分项工程均分别制定有检验批质量验收记录表。表中对各分项工程检验批的主控项目、一般项目均逐项列出（包括项目名称、合格质量标准、施工单位检验评定记录、监理或建设单位验收记录等），内容具体，便于应用。如对高强度螺栓连接，主控项目为：①成品进场（检查合格证明文件等）；②扭矩系数或预拉力复验；③抗滑移系数试验；④终拧扭矩。一般项目为：①成品包装（检查完好情况）；②表面硬度试验；③初拧、复拧扭矩；④连接外观质量；⑤摩擦面外观；⑥扩孔等。

（二）分项工程的施工质量验收

按《施工验收规范》，钢结构分项工程合格质量标准应符合下列规定：

1. 分项工程所含的各检验批均应符合《施工验收规范》合格质量标准；

2. 分项工程所含的各检验批质量验收记录应完整。

由上述两条规定可见，分项工程验收的内容只是将其所含的各检验批的汇集即可，故比较简单。若各检验批均已验收合格，则分项工程也验收合格。

（三）（子）分部工程的竣工验收

按《施工验收规范》，钢结构（子）分部工程合格质量标准应符合下列规定：

1. 各分项工程质量均应符合合格质量标准；

2. 质量控制资料和文件应完整；

3. 有关安全及功能的检验和见证检测结果应符合《施工验收规范》规定的相应合格质量标准的要求；

4. 有关观感质量应符合《施工验收规范》规定的相应合格质量标准的要求。

上述规定第2条中关于质量控制的内容将于本章第三节介绍。规定第3条中有关安全及功能的检验和见证检测项目，是在分项工程验收合格后分部工程验收应进行的附加检验和检测项目，《施工验收规范》对其共规定有6项：①见证取样送样试验项目（包括钢材及焊接材料复验；高强度螺栓预拉力、扭矩系数复验；摩擦面抗滑移系数复验；网架节点承载力试验）；②焊缝质量（包括内部缺陷、外部缺陷、焊缝尺寸）；③高强度螺栓施工质量（包括终拧扭矩、梅花头（拧掉）检查、网架螺栓球节点）；④柱脚及网架支座（包括锚栓紧固、垫板、二次灌浆）；⑤主要构件变形（包括屋架、托架、梁等的垂直度和弯曲；柱的垂直度；网架结构挠度）；⑥主体结构尺寸（包括整体垂直度、整体平面弯曲）。对上述6个项目的检验和检测，都只作少量抽查。如对②、③、⑤中的焊缝质量（按焊缝处数）、高强度螺栓施工质量（按节点数）、主要构件变形（按构件数）均只随机抽检3%，对④中的柱脚及网架支座也只按支座数随机抽检10%。

规定第4条中有关观感质量检查项目也是分部工程验收应进行的附加检查项目，《施工验收规范》对其共规定有4项：①普通涂层表面；②防火涂层表面；③压型金属板表面；④钢平台、钢梯、钢栏杆。同样，对上述4个项目也只作少量抽查（随机抽查3个轴线间构件），以对分部工程的观感质量加以验收。

综观上述（子）分部工程竣工验收规定可见，若检验批和分项工程验收合格，（子）分部工程只再附加两条（第3、4条）抽检，即可竣工验收。

第三节　钢结构工程的施工质量控制

钢结构工程也属于产品，因此保证产品质量，不仅是为了避免产生不利后果，同时也是企业在市场竞争中赢得市场的需要。建立质量管理体系，是当今国际上通行的科学管理方法，是保证质量的有效措施。

按照国际标准化组织的 ISO 9000—2015 "质量管理体系国际标准"，建立质量管理体系，对生产过程实行严格的质量控制，不仅可确保产品质量，而且是预防事故、降低消耗、提高经济效益的重要途径。

质量管理体系涉及的范围很广，质量控制是其中的一个重要部分。质量控制包括产品生产方的质量控制、政府方的质量控制和购买方（消费者）的质量控制。对钢结构工程而言，即施工单位的质量控制、政府建筑质量监督部门的监管和业主的监理。毫无疑义，在三者中，施工单位对施工质量的控制居主导地位。

钢结构工程项目的施工（制作、安装）质量控制应强调在施工过程中对各主要工序的质量控制，即过程控制。其控制过程应从源头即对原材料、标准件及成品件进场的质量控制开始，继而对制作、安装工艺流程的质量控制（包括各相关工序间的交接检验），直至最终对项目成品的质量控制。

钢结构工程项目的施工质量过程控制还应按分项工程检验批质量控制、分项工程质量控制、（子）分部工程质量控制分层次进行。

钢结构工程项目的施工质量过程控制还可按质量形成的时段进行划分。即分为施工准备（事前）质量控制、施工（制作、安装）过程（事中）质量控制、竣工（事后）质量控制。

上述几种施工质量过程控制只是划分方法不同，对保证钢结构的最终质量，其实质是相同的。下面按施工时段划分的过程，结合原材料、施工工艺、操作等方面对过程控制加以论述：

一、施工准备（事前）的质量控制

施工准备的质量控制涉及人（施工人员）、料（材料）、机（施工机械）、法（施工方法）和环（施工环境）五个方面，它们是过程质量控制的关键。

（一）施工人员的素质控制

人是质量管理的主体，但同时也是质量控制的对象。为了避免因人的因素产生的失误，需对人员（管理指挥人员、操作人员）的素质（技术水平、生理、心理）等方面加以控制。如加强项目管理人员，操作人员（焊工、起重工、无损检测人员等）的培训，考试合格后持证上岗。对身体不适人员不得从事技术难度较高或高空作业等。

（二）原材料、零（部）件、标准件、成品件的质量控制

对原材料、零（部）件、标准件、成品件等产品的进场质量控制，首先是应对原材料的供应商的信誉有所了解和评估，另外还必须检查进场原材料的合格证和材质证明，做到件件落实，层层把关。对一些规定应复验的材料还应进行复验，如对大六角头高强度螺栓的扭矩系数、扭剪型高强度螺栓的预拉力、防火涂料的粘结强度及抗压强度等，以控制原材料质量的可靠性。

（三）施工机械设备和检测计量器具的质量控制

工欲善其事，必先利其器。现在钢结构工程的质量水平在很大程度上是由机械设备所控制，因此选用性能可靠、精度高的先进自动化施工机械，容易满足质量要求。如采用数

控切割机和钻孔机以保证切割和钻孔质量、采用自动焊机以保证焊接质量、采用端部铣床以保证构件端部的平整度和整体尺寸的精度、采用起吊能力强（起吊高度高、吊装半径长、吨位大）的起重设备进行组合吊装以保证安装质量等。

对检测计量器具（测量仪器、钢尺等）的质量控制应按计量法规定，定期到国家指定的检验部门进行检验，并在检定有效期内使用。对高层钢结构的垂直度应采用激光经纬仪测量，以保证精度。

（四）施工方法的质量控制

施工准备对施工方法的质量控制主要表现在编制施工技术文件（制作工艺卡、施工组织设计等）和收集相关法律法规上，它们的质量关系到工程项目的整体（进度、质量、成本）目标能否顺利完成。因此，其采用的工艺和施工方案必须是技术先进（如开发生产流水线）、经济合理。同时还应具有指导性和可行性，对工程质量控制应有具体的要求和措施（如制定工艺流程、实施方法以及原始记录表等）。对一些重要的工序，必要时还需制定专项技术文件（如重大构件吊装，厚板焊接，低温焊接，高强度螺栓的初拧、终拧和拧固顺序等）。

（五）施工环境因素的质量控制

施工环境因素包括工程环境（工程地质、水文、气象等）、劳动环境（劳动组合、工作场所等）等，它们也是影响工程质量的重要条件。如气象因素中的低温、酷暑、潮湿、大风、暴雨等；工作场所因素中的脚手架、操作平台、防护棚、光照、道路、材料堆放等。因此应对影响质量的施工环境因素采取相应措施加以控制。如制定冬季、雨季、夜间施工措施（尤其是针对焊接、涂装的措施），完善工序交接和劳动力组合等。

二、施工（制作、安装）过程（事中）的质量控制

制作、安装过程是钢结构产品形成的主要阶段，也是产品质量形成的阶段。对这一阶段的质量控制是应对每一道主要工序的质量进行控制，从而达到过程控制施工质量。

对工序的质量控制也应使施工人员、材料、施工机械、施工方法、施工环境等五个影响质量的因素，时时处处处于受控状态。即应保持施工人员状态良好、原材料使用正确、机械设备操作和维护正常、施工方法（工艺卡、施工方案、操作规程等）执行认真、施工环境合适。

对各主要工序的质量控制还应着重《施工验收规范》中的主控项目，这是保证质量的关键。它们包括：

（一）焊接工程：焊工必须经考试合格并取得合格证书，并在其合格项目及认可范围内施焊；焊缝表面不得有裂纹、焊瘤等缺陷；一、二级焊缝须经探伤，且不得有表面气孔、夹渣、弧坑裂纹、电弧擦伤等缺陷；一级焊缝还不得有咬边、未焊满、根部收缩等缺陷。

（二）高强度螺栓连接：连接摩擦面应进行试验和复验；终拧扭矩应进行检查；扭剪型的梅花头应拧掉。

（三）钢材切割：切割面或剪切面应无裂纹、夹渣、分层和大于 1mm 的缺棱。

（四）矫正和成型：环境温度和加热温度应符合《施工验收规范》的规定，不得过低和过高，且低合金高强度结构钢应自然冷却。

（五）制孔：螺孔的精度、孔壁表面粗糙度和孔径、圆度、垂直度应符合规定的允许

偏差。

（六）组装：柱、梁、支撑等构件的长度尺寸应包括焊接收缩余量等变形值；吊车梁和吊车桁架不应下挠；构件的主要外形尺寸允许偏差应符合表 10-1 的规定。

（七）预拼装：端部铣平的允许偏差应符合规定（构件长度 ±2mm；铣平面的平面度 0.3mm；铣平面对轴线的垂直度 $l/1500$）；多层板叠应用试孔器检查每组螺孔的通过率（采用比孔公称直径小 1mm 的试孔器时不应小于 85％；采用比螺栓公称直径大 0.3mm 的试孔器时为 100％）。

（八）单层、多层及高层钢结构安装：对运输、堆放和吊装等造成的构件变形及涂层脱落应进行矫正和修补；设计要求顶紧的节点，接触面不应少于 70％ 紧贴，且边缘最大间隙不应大于 0.8mm（用 0.3mm 和 0.8mm 厚的塞尺实测）；主梁、次梁、屋（托）架、桁架及受压构件的跨中垂直度允许偏差应符合 $h/250$ 且不应大于 15mm 的规定，侧向弯曲矢高允许偏差应符合 $l/1000$，且不应大于 10mm（$l\leqslant30$m 时）、30mm（30m$<l\leqslant$60m 时）和 50mm（$l>60$m 时）的规定；主体结构的整体垂直度允许偏差应符合 $H/1000$，且不应大于 25mm（单层钢结构）和 $H/2500+10$mm，且不应大于 50mm（多层及高层钢结构）的规定；主体结构的整体平面弯曲的允许偏差应符合 $L/1500$，且不应大于 25mm 的规定。

（九）网架结构安装：建筑结构安全等级为一级、跨度 40m 及以上的公共建筑网架结构，应对球节点按规定进行荷载试验；总拼完成后及屋面工程完成后的挠度值均不应超过相应设计值的 1.15 倍（$L\leqslant24$m 时测量下弦中央一点，$L>24$m 时还应加测各向下弦跨度的四等分点）。

（十）压型金属板：制作成型后，基板不应有裂纹，涂、镀层不应有肉眼可见的裂纹、剥落和擦痕等缺陷；安装时，压型金属板、泛水板和包角板等应固定可靠、牢固；防腐涂料涂刷和密封材料敷设应完好；连接件数量应符合有关标准规定；压型金属板应在支承构件上可靠搭接，搭接长度不应小于以下数值：截面高度$>$70mm 时 375mm、截面高度$\leqslant$70mm 时 250mm（屋面坡度$<1/10$）或 200mm（屋面坡度$\geqslant1/10$）、墙面 120mm；组合楼板中压型钢板与主体结构（梁）的锚固支承长度不应小于 50mm，端部锚固件应可靠连接。

（十一）防腐涂料涂装：涂装前钢材表面锈蚀等级和除锈等级应符合 GB 8923 钢材表面除锈等级的规定，且不应有焊渣、焊疤、灰尘、油污、水和毛刺等；涂层干漆膜总厚度应为：室外 15μm，室内 125μm，允许偏差 -25μm；每遍干漆膜厚度的允许偏差 -5μm。

（十二）防火涂料涂装：薄型防火涂料每使用 100t 或不足 100t 时应抽查一次粘结强度；厚型防火涂料每使用 500t 或不足 500t 时应抽查一次粘结强度和抗压强度，检验方法按《建筑构件耐火试验方法》（GB/T 9978—2008）的规定；防火涂料涂层表面裂纹宽度不应大于 0.5mm（薄型）、1mm（厚型）；薄型防火涂料涂层厚度应符合耐火极限的设计要求；厚型防火涂料的涂层厚度应在 80％ 以上面积符合设计要求，但最薄处厚度不应低于设计要求的 85％（按同类构件数抽查 10％，且均不应少于 3 件。检验方法按《钢结构防火涂料应用技术规范》CECS 24：1990 规定，用测针、涂层厚度测量仪测量）。

三、竣工质量控制

竣工质量控制是指对工程完工（形成产品）的质量控制，一般应在（子）分部工程全部完成时进行。

工程竣工质量控制的标准是完成合同项目规定的内容、工程质量符合设计和有关标准的要求、竣工资料齐全、施工现场清理整洁。

钢结构工程竣工验收资料一般包括下列文件和记录：

（一）竣工图及相关设计文件；

（二）施工现场质量管理检查记录；

（三）有关安全及功能的检验和见证检测项目检查记录；

（四）有关观感质量检验项目检查记录；

（五）分部工程所含各分项工程质量验收记录；

（六）分项工程所含各检验批质量验收记录；

（七）《施工验收规范》中强制性条文规定的检验项目（一般均为主控项目，如一、二级焊缝射线探伤、高强度螺栓连接、摩擦面抗滑移系数试验等）的检查记录及证明文件；

（八）隐蔽工程检验项目检查验收记录；

（九）原材料、成品质量合格证明文件、中文标志及性能检测报告；

（十）不合格项的处理记录及验收记录；

（十一）重大质量、技术问题实施方案及验收记录；

（十二）其他有关文件和记录。

小　　结

（1）钢结构制作的前期工作有绘制施工详图、编制工艺技术文件及原材料检验。钢结构制作的工艺流程为放样、号料、零部件加工（切割、矫正、成型、边缘加工、制孔等）、组装、焊接、检验矫正、除锈、涂装、编号、包装、出厂。有时构件还需在厂内预拼装。

（2）钢结构安装的前期工作有编制施工组织设计、图纸会审、基础交接、构件复验清整及作定位标记。钢结构安装的工序流程为构件组装和吊装就位、调整校正、固定、除锈、涂装和封闭、竣工验收。

（3）竣工验收应在自检合格的基础上按照检验批、分项工程、（子）分部工程分层次进行。《施工验收规范》规定的分项工程有 13 个，检验批是对这些项目的小型验收单元。分项工程、（子）分部工程的验收则在检验批验收合格的基础上进行。

（4）过程控制是 ISO9000 质量管理体系的重要部分。钢结构工程的施工质量控制应采用过程控制，即从对原材料进场开始，继而对制作、安装工艺流程，直至最终对项目成品的全过程质量控制。若按质量形成的时段划分时，可分为施工准备、施工过程和竣工验收三个过程控制。按验收层次划分，则可分为检验批、分项工程和（子）分部工程三个过程控制。

人员（人）、材料（料）、机械（机）、施工方法（法）和施工环境（环）是影响质量的五个主要因素，因此对其进行质量控制是保证工程质量的关键。

质量控制应着重各分项工程中的主控项目，它们是对质量起决定性影响的检验项目。

思　考　题

1. 钢结构制造厂一般由哪些车间组成？一般钢结构制造的工艺流程应如何组织实施？（可参观考查

钢结构制造厂）

2. 构件放样的尺寸是否都要按照施工详图中的尺寸？有些尺寸是否还需考虑一些其他因素？

3. 常用的切割方法有哪几种？它们分别适合哪些情况的切割？

4. 焊接坡口的加工有哪些方法？V 形坡口加工采用哪种方法最好？

5. 冲孔和钻孔有何区别？它们分别适用于哪些情况的制孔？

6. 厚钢板和型钢的弯曲成型一般采用何种方法？薄壁型钢和压型钢板的成型又采用什么方法？

7. 矫正和成型是否在任何环境温度都可进行？采用热矫正和热加工成型时应控制在多少温度？

8. 构件的组装和预拼装应如何进行？应注意哪些主要问题？

9. 手工焊焊条型号选择应考虑哪些因素？

10. 焊缝质量等级及缺陷分级如何确定？

11. 防治焊接应力和焊接变形的措施有哪些？

12. 高强度螺栓连接的质量应如何保证？施工时需注意哪些问题？

13. 钢结构的安装工序应如何组织实施？安装前的准备工作有哪些方面？（可参观考查钢结构施工工地）

14. 如何保证钢结构安装过程不出现失稳、变形和倒塌？

15. 螺栓球网架常用的安装法有哪两种？各有何特点？

16. 防腐涂料和防火涂料涂装都应注意哪些问题？环境温度和天气对涂装是否有影响？

17. 按照质量管理体系，钢结构工程的施工质量控制应如何进行？过程控制应如何实施？

18. 钢结构的竣工验收如何进行？分项工程检验批的施工质量检验有哪些规定？

附　录

附表 1　Q235 钢的化学成分、力学性能与工艺性能
（摘自 GB/T 700—2006）

Q235 钢的化学成分（％）（摘自 GB/T 700—2006）　　　　　附表 1-1

质量等级	脱氧方法	C	Si	Mn	P	S
		≪				
A	F、Z	0.22			0.045	0.050
B		0.20	0.35	1.40		0.045
C	Z	0.17			0.040	0.040
D	TZ				0.035	0.035

注：1. 在保证力学性能的情况下，Q235A 级钢的 C、Mn、Si 含量可以不作为交货条件，但其含量应在质量证明书中注明；

　　2. 经需方同意，Q235B 的碳含量可不大于 0.22％；

　　3. Q235 钢应有足够细化晶粒的元素，并在质量证明书中注明其含量。当采用铝脱氧时，钢中酸溶铝含量应不小于 0.015％或总铝含量应不小于 0.020％。

Q235 钢的力学性能与工艺性能（摘自 GB/T 700—2006）　　　　附表 1-2

钢材厚度或直径（mm）	拉　伸　试　验			180°冷弯试验（$b=2a$）b 为试样宽度 a 为钢材厚度（直径）d 为弯心直径		冲击韧性		
	上屈服强度 R_{eH}（N/mm²）	抗拉强度 R_m（N/mm²）	伸长率 δ_5（％）	纵向	横向	质量等级	温度（℃）	冲击功 A_{kv}（J）（纵向）
	≥		≥					≥
≤16	235		26			A	—	—
>16~40	225	370~500		$d=a$	$d=1.5a$	B	20	27
>40~60	215		25			C	0	
>60~100	205		24	$d=2a$	$d=2.5a$	D	−20	

注：1. 如供方能保证冷弯试验符合表中规定，可不做检验，Q235A 冷弯试验合格时，抗拉强度上限可不作为交货条件；

　　2. 用 Q235B 沸腾钢轧制的钢材，其厚度（或直径）不大于 25mm；

　　3. 厚度小于 25mm 的 Q235B 钢材，如供方能保证冲击功值合格，经需方同意，可不做检验；

　　4. 做拉伸和冷弯试验时，型钢和钢棒取纵向试样，钢板、钢带取横向试样，伸长率允许比表中数值降低 2％（绝对值），窄钢带如果受宽度限制时，可取纵向试样。

附表 2　Q355、Q390、Q420、Q460 钢的化学成分、C_{eq} 和 P_{cm} 限值及力学性能与工艺性能（摘自 GB/T 1591—2018）

Q355、Q390、Q420、Q460 钢的化学成分（%）（摘自 GB/T 1591—2018）　附表 2-1

钢号	质量等级	C		Si	Mn	P	S	Nb	V	Ti	Cr	Ni	Cu	N	Mo	B
		$t{\leqslant}40$	$t{>}40$					≤								
Q355	B	0.24		0.55	1.60	0.035	0.035	—	—	—	0.30	0.30	0.40	0.012	—	—
	C	0.20	0.22			0.030	0.030									
	D	0.20	0.22			0.025	0.025									
Q390	B	0.20		0.55	1.70	0.035	0.035	0.05	0.13	0.05	0.30	0.50	0.40	0.015	0.10	—
	C					0.030	0.030									
	D					0.025	0.025									
Q420	B	0.20		0.55	1.70	0.035	0.035	0.05	0.13	0.05	0.30	0.80	0.40	0.015	0.20	—
	C					0.030	0.030									
Q460	C	0.20		0.55	1.80	0.030	0.030	0.05	0.13	0.05	0.30	0.80	0.40	0.015	0.20	0.004

注：1. 在保证力学性能的情况下，各牌号 A 级钢的 C、Mn、Si 化学成分可不作交货条件；

2. 当需要加入细化晶粒元素时，钢中应至少含有 Al、Nb、V、Ti 中的一种。当细化晶粒元素组合加入时，20（Nb+V+Ti）≤0.22%，20（Mo+Cr）≤0.30%；

3. 为改善钢性能，各牌号可加入 RE 元素，其加入量按钢水重量的 0.02%～0.20% 计算；

4. 型材及棒材的 P、S 含量可提高 0.005%，其中 A 级钢上限可为 0.045%。

Q355、Q390、Q420、Q460 钢 C_{eq} 和 P_{cm} 限值（%）（摘自 GB/T 1591—2018）　附表 2-2

牌号	C_{eq}（≤）				P_{cm}（≤）
	钢材厚度（mm）				
	≤16	>16～40	>40～63	>63～120	
Q355	0.39	0.39	0.40	0.45	0.20
Q390	0.41	0.43	0.44	0.46	
Q420	0.43	0.45	0.46	0.47	
Q460	0.45	0.46	0.47	0.48	0.22

注：1. 交货状态：热轧或热轧回火；

2. 经供需双方协商，可指定采用 C_{eq} 或 P_{cm} 作为衡量可焊性的指标。当未指定时，供方可任选其一；

3. C_{eq} 和 P_{cm} 应由熔炼分析成分采用式（2-3）和式（2-4）计算。

附表 2-3

Q355、Q390、Q420、Q460 钢的力学性能和工艺性能（摘自 GB/T 1591—2018）

钢号	质量等级	拉伸试验									夏比（V）型冲击韧性		180°弯曲试验 d=弯心直径 a=试样厚度	
		上屈服强度 R_{eH}（N/mm²）钢材厚度（直径、边长）(mm) ≥					抗拉强度 R_m（N/mm²）钢材厚度（直径、边长）(mm)	断后伸长率 δ_5（%）（纵向）钢材厚度（直径、边长）(mm) ≥			温度（℃）	冲击功 A_{kv}（J）（纵向试样）钢材厚度 12~150(mm) ≥	钢材厚度（直径、边长）(mm)	
		≤16	>16~40	>40~63	>63~80	>80~100	≤100	≤40	>40~63	>63~100			≤16	>16~100
Q355	B	355	345	335	325	315	470~630	22	21	20	20			
	C										0	34		
	D										−20			
390	B	390	380	360	340	340	490~650	21	20	20	20		$d=2a$	$d=3a$
	C										0	34		
	D										−20			
Q420	B	420	410	390	370	370	520~680	20	19	19	20			
	C										0	34		
Q460	C	460	450	430	410	410	550~720	18	17	17	0	34		

注：1. 当屈服点不明显时，可测量 $R_{p0.2}$ 代替下屈服强度。
2. 宽度不小于 600mm 扁平材，拉伸和冷弯试验取横向试样；宽度小于 600mm 扁平材、型材及棒材取纵向试样；型材及棒材取纵向试样，伸长率最小值相应提高 1%（绝对值）；
3. 若供方能保证弯曲性能试验合格，可不作弯曲性能检验。A 级钢冷弯试验合格时，抗拉强度上限可以不作为交货条件。

附表3 建筑结构用钢板的化学成分、C_{eq} 和 P_{cm} 限值及力学性能与工艺性能（摘自 GB/T 19879—2015）

建筑结构用钢板的化学成分（%）（摘自 GB/T 19879—2015）　　　　附表 3-1

钢号	质量等级	C	Si	Mn	p	S	V	Nb	Ti	Als	Cr	Cu	Ni	Mo
Q345GJ	B	≤0.20	≤0.55	≤1.60	≤0.025	≤0.015	≤0.150	≤0.070	≤0.035	≥0.015	≤0.30	≤0.30	≤0.30	≤0.20
	C													
	D	≤0.18			≤0.020	≤0.010								
	E													

注：1. 对于厚度方向性能钢板，P≤0.02%，硫含量：级别 Z15，S≤0.010%，Z25，S≤0.007%，Z35，S≤0.005%；

2. 允许用全铝含量 Al_t 来代替酸铝含量 Als 的要求，此时 Alt≥0.020%；

3. Cr、Ni、Cu 为残余元素时，其含量应各不大于 0.30%；

4. 为改善钢板性能可添加微合金元素 V、Nb、Ti 等，当单独添加时，其含量应不低于表中所列的下限，若混合加入时，则表中下限含量不适用，其 V、Nb、Ti 总和不大于 0.22%。

建筑结构用钢板的 C_{eq} 和 P_{cm} 限值（摘自 GB/T 19879—2015）　　　　附表 3-2

牌号	C_{eq}(%)		P_{cm}(%)	
	钢板厚度（mm）		钢板厚度（mm）	
	≤50	>50~100	50	>50~100
Q435GJ	≤0.42	≤0.44	≤0.26	≤0.29
	≤0.38	≤0.40	≤0.24	≤0.26

注：1. C_{eq} 和 P_{cm} 应由熔炼分析成分采用式（2-3）和式（2-4）计算。

2. 钢板一般为 C_{eq} 交货。经供需双方协商并在合同中注明，也可用 P_{cm} 代替。

建筑结构用钢板的力学性能和工艺性能（摘自 GB/T 19879—2015）　　　　附表 3-3

钢号	质量等级	上屈服强度 R_{eH}(N/mm²)			抗拉强度 R_m (N/mm²)	断后伸长率 δ_5(%)	冲击韧性(纵向) A_{KV}(J)		180°弯曲试验 d=弯心直径 a=试样厚底		屈强比≤
		钢板厚度（mm）					温度（℃）	≥	钢板厚度（mm）		
		6~50	>16~50	>50~100					≤16	>16	
Q345GJ	B	≥345	345~455	335~445	490~610	≥22	20	47	d=2a	d=3a	0.80
	C						0				
	D						−20				
	E						−40				

注：1. 若供方能保证弯曲性能符合表中规定，可不做弯曲性能试验，若需方要求做弯曲试验，应在合同中注明；

2. 对于厚度方向性能钢板，断面收缩率：ψ_z≥15%（Z15 级）、ψ_z≥25%（Z25 级）、ψ_z≥35%（Z35 级）。Z35、Z25 钢板应逐张进行检验，Z15 级可根据用户要求逐张或按批检验。

附表4 碳素结构钢和低合金高强度结构钢焊条型号的选配；焊条的药皮类型、焊接位置、焊接电源和熔敷金属的化学成分（摘自 GB 50661—2011）

碳素结构钢和低合金高强度结构钢焊条型号的选配（摘自《焊接规范》）　　附表 4-1

钢号	质量等级	焊条型号	焊条力学性能				
			抗拉强度 f_u (N/mm²)	屈服强度 f_y (N/mm²)	断后伸长率 δ_5 (%)	冲击韧性	
						温度 (℃)	冲击功 A_{kv} (J)
			≥				≥
Q235	A	E4303①	420	330	22	0	27
	B					0	
	C	E4303①、E4328、E4315、E4316				−20	
	D					−30	
Q345 Q345GJ	A	E5003①	490	390	20	0	27
	B	E5003①、E5015、E5016、E5018			22	−30	
	C	E5015、E5016、E5018					
	D						
	E	②				②	
Q390	A	E5015、E5016 $E5515_{-G}^{D3}$、$E5516_{-G}^{D3}$	490	390	22	−30	27
	B						
	C		540	440	17		
	D						
	E	②				②	
Q420	A	$E5515_{-G}^{D3}$、$E5516_{-G}^{D3}$	540	440	17	−30	27
	B						
	C						
	D						
	E	②				②	
Q460	C	$E6015_{-G}^{D1}$、$E5516_{-G}^{D1}$	590	490	15	−30	27
	D						
	E	②				②	

注：①用于一般结构；②由供需双方协议。

焊条的药皮类型、焊接位置、焊接电源和熔敷金属的化学成分（摘自《焊接规范》）　　附表 **4-2**

焊条系列	焊条型号	药皮类型	焊接位置	焊接电源	化 学 成 分 （%）							
					Mn	Si	Ni	Cr	Mo	V	S	P
					≤							
E43	E4303	钛钙型	全位置焊接	交流或直流正、反接	—	—	—	—	—	—	0.035	0.040
	E4328	铁粉低氢型	平焊、水平角焊	交流或直流反接	1.25	0.90	0.30	0.20	0.30	0.08	0.035	0.040
	E4315	低氢钠型	全位置焊接	直流反接								
	E4316	低氢钾型	全位置焊接	交流或直流反接								
E50	E5003	钛钙型	全位置焊接	交流或直流正、反接	—	—	—	—	—	—	0.035	0.040
	E5015	低氢钠型	全位置焊接	直流反接	1.60	0.75	0.30	0.20	0.30	0.08	0.035	0.040
	E5016	低氢钾型	全位置焊接	交流或直流反接								
	E5018	铁粉低氢型	全位置焊接	交流或直流反接								
E55	E5515-×	低氢钠型	全位置焊接	直流反接	见续附表 4-2							
	E5516-×	低氢钾型	全位置焊接	交流或直流反接								

注：1. E4315、E4316、E4328 焊条熔敷金属的锰、镍、铬、钼、钒元素总含量不大于 1.5%。

2. E5015、E5016、E5018 焊条熔敷金属的锰、镍、铬、钼、钒元素总含量不大于 1.75%。

3. 直径不大于 4.0mm 的 E5015、E5016、E5018 及直径不大于 5.0mm 的其他型号的焊条可适用于立焊和仰焊。

4. 直径不大于 4.0mm 的 E××15-×、E××16-×、E××18-× 型焊条及直径不大于 5.0mm 的其他型号焊条仅适用于立焊和仰焊。

5. 后缀符号×代表熔敷金属化学成分分类符合 Al、G、D3 等（见续附表 4-2）。

续附表 4-2

焊条系列	焊条型号	化学成分（%）									
		C	Mn	Si	Ni	Cr	Mo	V	Cu	S	P
		≤								≤	≤
E55	E5515-D3、E5516-D3	0.12	1.00~1.75	≤0.60	—	—	0.40~0.65	—	—	0.035	0.035
	E5515-G、E5516-G	—	≥1.00	≥0.80	≥0.50	≥0.30	≥0.20	≥0.10			

注：E××××-G 型焊条只要一个元素符合表中的规定即可，附加化学成分要求可由供需双方商定。

附表 5　埋弧焊焊接材料的选配（摘自 GB 50661—2011）

埋弧焊焊接材料的选配（摘自《焊接规范》）　　　附表 **5**

钢号	质量等级	焊剂型号-焊丝牌号
Q235	A、B、C	F4A0-H08A
	D	F4A2-H08A
Q345	A	F5004-H08A[①]、 F5004-H08MnA[②]、 F5004-H10Mn2[②]
	B	F5014-H08A[①]、 F5014-H08MnA[②]、 F5014-H10Mn2[②]、 F5011-H08A[①]、 F5011-H08MnA[②]、 F5011-H10Mn2[②]
	C	F5024-H08A[①]、 F5024-H08MnA[②]、 F5024-H10Mn2[②]、 F5021-H08A[①]、 F5021-H08MnA[②]、 F5021-H10Mn2[②]
	D	F5034-H08A[①]、 F5034-H08MnA[②]、 F5034-H10Mn2[②]、 F5031-H08A[①]、 F5031-H08MnA[②]、 F5031-H10Mn2[②]
	E	F5041[③]

钢号	质量等级	焊剂型号-焊丝牌号
Q390	A、B	F5011-H08MnA①、F5011-H10Mn2②、F5011-H08MnMoA②
	C	F5021-H08MnA①、F5021-H10Mn2②、F5021-H08MnMoA②
	D	F5031-H08MnA①、F5031-H10Mn2②、F5031-H08MnMoA②
	E	F5041③
Q420	A、B	F6011-H10Mn2②、F6011-H08MnMoA②
	C	F6021-H10Mn2②、F6021-H08MnMoA②
	D	F6031-H10Mn2①、F6031-H08MnMoA②
	E	F6041③
Q460	C	F6021-H08MnMoA②
	D	F6031-H08Mn2MoVA②
	E	F6041③

注：① 薄板Ⅰ形坡口对接；②中、厚板坡口对接；③供需双方协议。

附表 6 CO_2 气体（含 Ar-CO_2 混合气体）保护焊焊丝的选配（摘自 GB 50661—2011）

$CO_2$① 气体（含 Ar-CO_2 混合气体）保护焊焊丝的选配（摘自《焊接规范》）　　附表 6

钢号	质量等级	焊丝型号	熔敷金属力学性能				
			抗拉强度 f_u (N/mm²)	屈服强度 f_y (N/mm²)	折后伸长率 δ_5 (%)	冲击韧性	
						温度 (℃)	冲击功 A_{kv} (J)
			≥				≥
Q235	A、B	ER49-1①	490	372	20	常温	47
	C	ER50-6	500	420	22	−29	27
	D					−18	
Q345	A	ER49-1①	490	372	20	常温	47
	B	ER50-3	500	420	22	−20	27
	C、D	ER50-2	500	420	22	−29	27
	E	②	②				③
Q390	A、B、C	ER50-3	500	420	22	−18	27
	D	ER50-2	500	420	22	−29	27
	E	②	②				③
Q420	A、B、C、D	ER55-D2	550	470	17	−29	27
	E	②	②				②
Q460	C、D	ER55-D2	550	470	17	−29	27
	E	②	②				②

注：①用于一般结构，其他用于重大结构；②按供需协议。

附表7 高强度螺栓的性能等级、推荐材料和力学性能；20MnTiB、35VB、35CrMo、40Cr、35、45钢的化学成分；大六角头高强度螺栓连接副和扭剪型高强度螺栓连接副的规格、尺寸（摘自 GB/T 1228～1231—2008）

高强度螺栓的性能等级、推荐材料和力学性能

（按 GB/T 1231—2006、GB/T 3632—2008）　　　　　　附表 7-1

螺栓种类	性能等级	推荐材料	适用规格	屈服强度 f_y (N/mm²) ≥	抗拉强度 f_u (N/mm²) ≥	断后伸长率 δ (%) ≥	收缩率 ψ (%) ≥	冲击韧性 A_{kv} (J) ≥
大六角头	10.9S	20MnTiB、ML20MnTiB*	≤M24	940	1040～1240	10	42	20℃ 47
		35VB	≤M30					
	8.8S	45、35	≤M20	660	830～1030	12	45	20℃ 63
		20MnTiB、ML20MnTiB、40Cr	≤M24					
		35CrMo、35VB	≤M30					
扭剪型	10.9S	20MnTiB、ML20MnTiB	≤M24	940	1040～1240	10	42	−20℃ 27
		35VB、35CrMo	M27、M30					
网架用	10.9S	20MnTiB、40Cr、35CrMo	M12～M24	940	1040～1240	10	42	20℃ 47
		35VB、40Cr、35CrMo	M27～M36					
	8.8S	40Cr、35CrMo	M39～M64	660	830～1030	12	45	20℃ 63

注：ML20MnTiB 为铆螺钢，是专门用于冷镦成型的钢材（ML 表示铆螺的汉语拼音首位字母）。

20MnTiB、35VB、35CrMo、40Cr、35、45钢的化学成分（%）　　　　　　附表 7-2

钢号	C	Si	Mn	P	S	Ti	B	V	Cu	Cr	Mo	Ni
20MnTiB	0.17～0.24	0.17～0.37	1.30～1.60	≤0.035	≤0.035	0.04～0.12	0.0005～0.0035	—	—	—	—	—
35VB	0.31～0.37	0.17～0.37	0.50～0.90	≤0.04	≤0.04	—	0.001～0.004	0.05～0.12	≤0.25	—	—	—
35CrMo	0.32～0.40	0.17～0.37	0.40～0.70	≤0.035	≤0.035	—	—	—	≤0.20	0.8～1.1	0.15～0.25	—
40Cr	0.37～0.45	0.17～0.37	0.50～0.80	≤0.030	≤0.030	—	—	—	≤0.030	0.8～1.1	—	≤0.25
35 号	0.32～0.40	0.17～0.37	0.50～0.90	≤0.035	≤0.035	—	—	—	—	—	—	—
45 号	0.42～0.50	0.17～0.37	0.50～0.90	≤0.035	≤0.035	—	—	—	—	—	—	—

注：表中钢号前面数字表示其碳含量平均值的万分数，后面化学元素符号则表示钢中所含的主要合金元素。

大六角头高强度螺栓连接副（摘自 GB/T 1228～1230—2006）　　　　　　附表 7-3

d	M16		M20		M22		M24		M27		M30	
b	27		34		36		41		46		50	
k	10		12.5		14		15		17		18.70	
e≥	29.56		37.29		39.55		45.20		50.85		55.37	
l	45～50	55～130	50～60	65～160	55～65	70～220	60～70	75～240	65～75	80～260	70～80	85～260
l_s	30	35	35	40	40	45	45	50	50	55	55	60

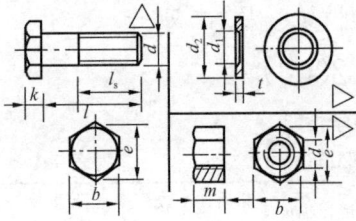

d	M16	M20	M22	M24	M27	M30
d_1	17	21	23	25	28	31
d_2	33	40	42	47	52	56
t	3	4	5	5	6	6
d	M16	M20	M22	M24	M27	M30
b	27	34	36	41	46	50
m	17	20	23	24	27	30
$e\geqslant$	29.56	37.29	39.55	45.20	50.85	55.37

扭剪型高强度螺栓连接副（摘自 GB 3632—2008）　　　　附表 7-4

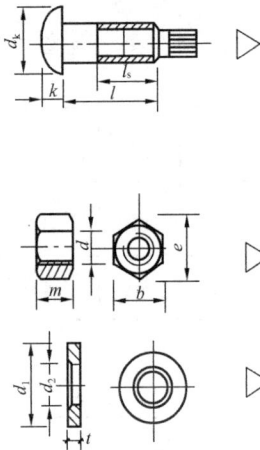

d	M16		M20		M22		M24	
$d_k\leqslant$	30		37		41		44	
k	10		13		14		15	
l	40~50	55~120	45~60	65~140	50~65	70~160	55~70	75~180
l_s	30	35	35	40	40	45	45	50

d	M16	M20	M22	M24
b	27	34	36	41
m	16.4~17.1	19.4~20.7	22.3~23.6	22.9~24.2
$e\geqslant$	29.56	37.29	39.55	45.2

d	M16	M20	M22	M24
d_1	17	21	23	25
d_2	33	40	42	47
t	4	4	5	5

附表 8　轴心受压构件的稳定系数

a 类截面轴心受压构件的稳定系数 φ　　　　附表 8-1

λ/ε_k	0	1	2	3	4	5	6	7	8	9
0	1.000	1.000	1.000	1.000	0.999	0.999	0.998	0.998	0.997	0.996
10	0.995	0.994	0.993	0.992	0.991	0.989	0.988	0.986	0.985	0.983
20	0.981	0.979	0.977	0.976	0.974	0.972	0.970	0.968	0.966	0.964
30	0.963	0.961	0.959	0.957	0.955	0.952	0.950	0.948	0.946	0.944
40	0.941	0.939	0.937	0.934	0.932	0.929	0.927	0.924	0.921	0.918
50	0.916	0.913	0.910	0.907	0.903	0.900	0.897	0.894	0.890	0.886
60	0.883	0.879	0.875	0.871	0.867	0.862	0.858	0.854	0.849	0.844
70	0.839	0.834	0.829	0.824	0.818	0.813	0.807	0.801	0.795	0.789
80	0.783	0.776	0.770	0.763	0.756	0.749	0.742	0.735	0.728	0.721
90	0.713	0.706	0.698	0.691	0.683	0.676	0.668	0.660	0.653	0.645
100	0.637	0.630	0.622	0.614	0.607	0.599	0.592	0.584	0.577	0.569

续表

λ/ε_k	0	1	2	3	4	5	6	7	8	9
110	0.562	0.555	0.548	0.541	0.534	0.527	0.520	0.513	0.507	0.500
120	0.494	0.487	0.481	0.475	0.469	0.463	0.457	0.451	0.445	0.439
130	0.434	0.428	0.423	0.417	0.412	0.407	0.402	0.397	0.392	0.387
140	0.382	0.378	0.373	0.368	0.364	0.360	0.355	0.351	0.347	0.343
150	0.339	0.335	0.331	0.327	0.323	0.319	0.316	0.312	0.308	0.305
160	0.302	0.298	0.295	0.292	0.288	0.285	0.282	0.279	0.276	0.273
170	0.270	0.267	0.264	0.261	0.259	0.256	0.253	0.250	0.248	0.245
180	0.243	0.240	0.238	0.235	0.233	0.231	0.228	0.226	0.224	0.222
190	0.219	0.217	0.215	0.213	0.211	0.209	0.207	0.205	0.203	0.201
200	0.199	0.197	0.196	0.194	0.192	0.190	0.188	0.187	0.185	0.183
210	0.182	0.180	0.178	0.177	0.175	0.174	0.172	0.171	0.169	0.168
220	0.166	0.165	0.163	0.162	0.161	0.159	0.158	0.157	0.155	0.154
230	0.153	0.151	0.150	0.149	0.148	0.147	0.145	0.144	0.143	0.142
240	0.141	0.140	0.139	0.137	0.136	0.135	0.134	0.133	0.132	0.131
250	0.130									

b 类截面轴心受压构件的稳定系数 φ　　　　附表 8-2

λ/ε_k	0	1	2	3	4	5	6	7	8	9
0	1.000	1.000	1.000	0.999	0.999	0.998	0.997	0.996	0.995	0.994
10	0.992	0.991	0.989	0.987	0.985	0.983	0.981	0.978	0.976	0.973
20	0.970	0.967	0.963	0.960	0.957	0.953	0.950	0.946	0.943	0.939
30	0.936	0.932	0.929	0.925	0.921	0.918	0.914	0.910	0.906	0.903
40	0.899	0.895	0.891	0.886	0.882	0.878	0.874	0.870	0.865	0.861
50	0.856	0.852	0.847	0.842	0.837	0.833	0.828	0.823	0.818	0.812
60	0.807	0.802	0.796	0.791	0.785	0.780	0.774	0.768	0.762	0.757
70	0.751	0.745	0.738	0.732	0.726	0.720	0.713	0.707	0.701	0.694
80	0.687	0.681	0.674	0.668	0.661	0.654	0.648	0.641	0.634	0.628
90	0.621	0.614	0.607	0.601	0.594	0.587	0.581	0.574	0.568	0.561
100	0.555	0.548	0.542	0.535	0.529	0.523	0.517	0.511	0.504	0.498
110	0.492	0.487	0.481	0.475	0.469	0.464	0.458	0.453	0.447	0.442
120	0.436	0.431	0.426	0.421	0.416	0.411	0.406	0.401	0.396	0.392
130	0.387	0.383	0.378	0.374	0.369	0.365	0.361	0.357	0.352	0.348
140	0.344	0.340	0.337	0.333	0.329	0.325	0.322	0.318	0.314	0.311
150	0.308	0.304	0.301	0.297	0.294	0.291	0.288	0.285	0.282	0.279
160	0.276	0.273	0.270	0.267	0.264	0.262	0.259	0.256	0.253	0.251
170	0.248	0.246	0.243	0.241	0.238	0.236	0.234	0.231	0.229	0.227
180	0.225	0.222	0.220	0.218	0.216	0.214	0.212	0.210	0.208	0.206
190	0.204	0.202	0.200	0.198	0.196	0.195	0.193	0.191	0.189	0.188
200	0.186	0.184	0.183	0.181	0.179	0.178	0.176	0.175	0.173	0.172
210	0.170	0.169	0.167	0.166	0.164	0.163	0.162	0.160	0.159	0.158
220	0.156	0.155	0.154	0.152	0.151	0.150	0.149	0.147	0.146	0.145
230	0.144	0.143	0.142	0.141	0.139	0.138	0.137	0.136	0.135	0.134
240	0.133	0.132	0.131	0.130	0.129	0.128	0.127	0.126	0.125	0.124
250	0.123									

c类截面轴心受压构件的稳定系数 φ　　　　　　　附表 8-3

λ/ε_k	0	1	2	3	4	5	6	7	8	9
0	1.000	1.000	1.000	0.999	0.999	0.998	0.997	0.996	0.995	0.993
10	0.992	0.990	0.988	0.986	0.983	0.981	0.978	0.976	0.973	0.970
20	0.966	0.959	0.953	0.947	0.940	0.934	0.928	0.921	0.915	0.909
30	0.902	0.896	0.890	0.883	0.877	0.871	0.865	0.858	0.852	0.845
40	0.839	0.833	0.826	0.820	0.813	0.807	0.800	0.794	0.787	0.781
50	0.774	0.768	0.761	0.755	0.748	0.742	0.735	0.728	0.722	0.715
60	0.709	0.702	0.695	0.689	0.682	0.675	0.669	0.662	0.656	0.649
70	0.642	0.636	0.629	0.623	0.616	0.610	0.603	0.597	0.591	0.584
80	0.578	0.572	0.565	0.559	0.553	0.547	0.541	0.535	0.529	0.523
90	0.517	0.511	0.505	0.500	0.494	0.488	0.483	0.477	0.471	0.467
100	0.463	0.458	0.453	0.449	0.445	0.440	0.436	0.432	0.427	0.423
110	0.419	0.415	0.411	0.407	0.402	0.398	0.394	0.390	0.386	0.383
120	0.379	0.375	0.371	0.367	0.363	0.360	0.356	0.352	0.349	0.345
130	0.342	0.338	0.335	0.332	0.328	0.325	0.322	0.318	0.315	0.312
140	0.309	0.306	0.303	0.300	0.297	0.294	0.291	0.288	0.285	0.282
150	0.279	0.277	0.274	0.271	0.269	0.266	0.263	0.261	0.258	0.256
160	0.253	0.251	0.248	0.246	0.244	0.241	0.239	0.237	0.235	0.232
170	0.230	0.228	0.226	0.224	0.222	0.220	0.218	0.216	0.214	0.212
180	0.210	0.208	0.206	0.204	0.203	0.201	0.199	0.197	0.195	0.194
190	0.192	0.190	0.189	0.187	0.185	0.184	0.182	0.181	0.179	0.178
200	0.176	0.175	0.173	0.172	0.170	0.169	0.167	0.166	0.165	0.163
210	0.162	0.161	0.159	0.158	0.157	0.155	0.154	0.153	0.152	0.151
220	0.149	0.148	0.147	0.146	0.145	0.144	0.142	0.141	0.140	0.139
230	0.138	0.137	0.136	0.135	0.134	0.133	0.132	0.131	0.130	0.129
240	0.128	0.127	0.126	0.125	0.124	0.123	0.123	0.122	0.121	0.120
250	0.119									

d类截面轴心受压构件的稳定系数 φ　　　　　　　附表 8-4

λ/ε_k	0	1	2	3	4	5	6	7	8	9
0	1.000	1.000	0.999	0.999	0.998	0.996	0.994	0.992	0.990	0.987
10	0.984	0.981	0.978	0.974	0.969	0.965	0.960	0.955	0.949	0.944
20	0.937	0.927	0.918	0.909	0.900	0.891	0.883	0.874	0.865	0.857
30	0.848	0.840	0.831	0.823	0.815	0.807	0.799	0.790	0.782	0.774
40	0.766	0.758	0.751	0.743	0.735	0.727	0.720	0.712	0.705	0.697
50	0.690	0.682	0.675	0.668	0.660	0.653	0.646	0.639	0.632	0.625
60	0.618	0.611	0.605	0.598	0.591	0.585	0.578	0.571	0.565	0.559
70	0.552	0.546	0.540	0.534	0.528	0.521	0.516	0.510	0.504	0.498
80	0.492	0.487	0.481	0.476	0.470	0.465	0.459	0.454	0.449	0.444
90	0.439	0.434	0.429	0.424	0.419	0.414	0.409	0.405	0.401	0.397
100	0.394	0.390	0.386	0.383	0.380	0.376	0.373	0.369	0.366	0.363
110	0.359	0.356	0.353	0.350	0.346	0.343	0.340	0.337	0.334	0.331
120	0.328	0.325	0.322	0.319	0.316	0.313	0.310	0.307	0.304	0.301
130	0.298	0.296	0.293	0.290	0.288	0.285	0.282	0.280	0.277	0.275
140	0.272	0.270	0.267	0.265	0.262	0.260	0.257	0.255	0.253	0.250
150	0.248	0.246	0.244	0.242	0.239	0.237	0.235	0.233	0.231	0.229
160	0.227	0.225	0.223	0.221	0.219	0.217	0.215	0.213	0.211	0.210
170	0.208	0.206	0.204	0.202	0.201	0.199	0.197	0.196	0.194	0.192
180	0.191	0.189	0.187	0.186	0.184	0.183	0.181	0.180	0.178	0.177
190	0.176	0.174	0.173	0.171	0.170	0.168	0.167	0.166	0.164	0.163
200	0.162									

附表 9 柱的计算长度系数

无侧移框架柱的计算长度系数 μ　　　　　　　　　　　　　　　　　　　　附表 9-1

K_2＼K_1	0	0.05	0.1	0.2	0.3	0.4	0.5	1	2	3	4	5	≥10
0	1.000	0.990	0.981	0.964	0.949	0.935	0.922	0.875	0.820	0.791	0.773	0.760	0.732
0.05	0.990	0.981	0.971	0.955	0.940	0.926	0.914	0.867	0.814	0.784	0.766	0.754	0.726
0.1	0.981	0.971	0.962	0.946	0.931	0.918	0.906	0.860	0.807	0.778	0.760	0.748	0.721
0.2	0.964	0.955	0.946	0.930	0.916	0.903	0.891	0.846	0.795	0.767	0.749	0.737	0.711
0.3	0.949	0.940	0.931	0.916	0.902	0.889	0.878	0.834	0.784	0.756	0.739	0.728	0.701
0.4	0.935	0.926	0.918	0.903	0.889	0.877	0.866	0.823	0.774	0.747	0.730	0.719	0.693
0.5	0.922	0.914	0.906	0.891	0.878	0.866	0.855	0.813	0.765	0.738	0.721	0.710	0.685
1	0.875	0.867	0.860	0.846	0.834	0.823	0.813	0.774	0.729	0.704	0.688	0.677	0.654
2	0.820	0.814	0.807	0.795	0.784	0.774	0.765	0.729	0.686	0.663	0.648	0.638	0.615
3	0.791	0.784	0.778	0.767	0.756	0.747	0.738	0.704	0.663	0.640	0.625	0.616	0.593
4	0.773	0.766	0.760	0.749	0.739	0.730	0.721	0.688	0.648	0.625	0.611	0.601	0.580
5	0.760	0.754	0.748	0.737	0.728	0.719	0.710	0.677	0.638	0.616	0.601	0.592	0.570
≥10	0.732	0.726	0.721	0.711	0.701	0.693	0.685	0.654	0.615	0.593	0.580	0.570	0.549

注：1. 表中的计算长度系数 μ 值系按下式算得：

$$\left[\left(\frac{\pi}{\mu}\right)^2 + 2(K_1+K_2) - 4K_1K_2\right]\frac{\pi}{\mu}\cdot\sin\frac{\pi}{\mu} - 2\left[(K_1+K_2)\left(\frac{\pi}{\mu}\right)^2 + 4K_1K_2\right]\cos\frac{\pi}{\mu} + 8K_1K_2 = 0$$

K_1、K_2——分别为相交于柱上端、柱下端的横梁线刚度之和与柱线刚度之和的比值。当横梁远端为铰接时，应将横梁线刚度乘以 1.5；当横梁远端为嵌固时，则应乘以 2.0。

2. 当横梁与柱铰接时，取横梁线刚度为零。

3. 对底层框架柱：当柱与基础铰接时，取 $K_2=0$（对平板支座可取 $K_2=0.1$）；当柱与基础刚接时，取 $K_2=10$。

4. 当与柱刚性连接的横梁所受轴心压力 N_b 较大时，横梁线刚度应乘以折减系数 α_N；

横梁远端与柱刚接和横梁远端铰支时：$\alpha_N = 1 - N_b/(4N_{Eb})$

横梁远端铰支时：$\alpha_N = 1 - N_b/N_{Eb}$

横梁远端嵌固时：$\alpha_N = 1 - N_b/(2N_{Eb})$

$N_{Eb} = \pi^2 EI_b/l^2$，I_b 为横梁截面惯性矩，l 为横梁长度。

有侧移框架柱的计算长度系数 μ　　　　　　　　　　　　　　　　　　　　附表 9-2

K_2＼K_1	0	0.05	0.1	0.2	0.3	0.4	0.5	1	2	3	4	5	≥10
0	∞	6.02	4.46	3.42	3.01	2.78	2.64	2.33	2.17	2.11	2.08	2.07	2.03
0.05	6.02	4.16	3.47	2.86	2.58	2.42	2.31	2.07	1.94	1.90	1.87	1.86	1.83
0.1	4.46	3.47	3.01	2.56	2.33	2.20	2.11	1.90	1.79	1.75	1.73	1.72	1.70
0.2	3.42	2.86	2.56	2.23	2.05	1.94	1.87	1.70	1.60	1.57	1.55	1.54	1.52
0.3	3.01	2.58	2.33	2.05	1.90	1.80	1.74	1.58	1.49	1.46	1.45	1.44	1.42
0.4	2.78	2.42	2.20	1.94	1.80	1.71	1.65	1.50	1.42	1.39	1.37	1.37	1.35
0.5	2.64	2.31	2.11	1.87	1.74	1.65	1.59	1.45	1.37	1.34	1.32	1.32	1.30
1	2.33	2.07	1.90	1.70	1.58	1.50	1.45	1.32	1.24	1.21	1.20	1.19	1.17
2	2.17	1.94	1.79	1.60	1.49	1.42	1.37	1.24	1.16	1.14	1.12	1.12	1.10
3	2.11	1.90	1.75	1.57	1.46	1.39	1.34	1.21	1.14	1.11	1.10	1.09	1.07
4	2.08	1.87	1.73	1.55	1.45	1.37	1.32	1.20	1.12	1.10	1.08	1.08	1.06
5	2.07	1.86	1.72	1.54	1.44	1.37	1.32	1.19	1.12	1.09	1.08	1.07	1.05
≥10	2.03	1.83	1.70	1.52	1.42	1.35	1.30	1.17	1.10	1.07	1.06	1.05	1.03

注：1. 表中的计算长度系数 μ 值系按下式算得：

$$\left[36K_1K_2 - \left(\frac{\pi}{\mu}\right)^2\right]\sin\frac{\pi}{\mu} + 6(K_1+K_2)\frac{\pi}{\mu}\cdot\cos\frac{\pi}{\mu} = 0$$

K_1、K_2——分别为相交于柱上端、柱下端的横梁线刚度之和与柱线刚度之和的比值。当横梁远端为铰接时，应将横梁线刚度乘以 0.5；当横梁远端为嵌固时，则应乘以 2/3。

2. 同附表 9-1 注 2、3、4。

附表10 H型钢规格及截面特性（按GB/T 11263—2017）

H型钢规格及截面特性（按GB/T 11263—2017）　　　　附表10

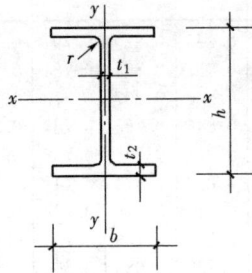

HW——宽翼缘H型钢
HM——中翼缘H型钢
HN——窄翼缘H型钢
HT——薄壁H型钢

类别	型号 （高度×宽度） （mm×mm）	截面尺寸（mm）					截面面积 （cm²）	质量 （kg/m）	惯性矩（cm⁴）		回转半径（cm）		截面模量（cm³）	
		h	b	t_1	t_2	r			I_x	I_y	i_x	i_y	W_x	W_y
HW	100×100	100	100	6	8	8	21.58	16.9	378	134	4.18	2.48	75.6	26.7
	125×125	125	125	6.5	9	8	30.00	23.6	839	293	5.28	3.12	134	46.9
	150×150	150	150	7	10	8	39.64	31.1	1620	563	6.39	3.76	216	75.1
	175×175	175	175	7.5	11	13	51.42	40.4	2900	984	7.50	4.37	331	112
	200×200	200	200	8	12	13	63.53	49.9	4720	1600	8.61	5.02	472	160
		*200	204	12	12	13	71.53	56.2	4980	1700	8.34	4.87	498	167
	250×250	*244	252	11	11	13	81.31	63.8	8700	2940	10.3	6.01	713	233
		250	250	9	14	13	91.43	71.8	10700	3650	10.8	6.31	860	292
		*250	255	14	14	13	103.9	81.6	11400	3880	10.5	6.10	912	304
	300×300	*294	302	12	12	13	106.3	83.5	16600	5510	12.5	7.20	1130	365
		300	300	10	15	13	118.5	93.0	20200	6750	13.1	7.55	1350	450
		*300	305	15	15	13	133.5	105	21300	7100	12.6	7.29	1420	466
	350×350	*338	351	13	13	13	133.3	105	27700	9380	14.4	8.38	1640	534
		*344	348	10	16	13	144.0	113	32800	11200	15.1	8.83	1910	646
		*344	354	16	16	13	164.7	129	34900	11800	14.6	8.48	2030	669
		350	350	12	19	13	171.9	135	39800	13600	15.2	8.88	2280	776
		*350	357	19	19	13	196.4	154	42300	14400	14.7	8.57	2420	808
	400×400	*388	402	15	15	22	178.5	140	49000	16300	16.6	9.54	2520	809
		*394	398	11	18	22	186.8	147	56100	18900	17.3	10.1	2850	951
		*394	405	18	18	22	214.4	168	59700	20000	16.7	9.64	3030	985
		400	400	13	21	22	218.7	172	66600	22400	17.5	10.1	3330	1120
		*400	408	21	21	22	250.7	197	70900	23800	16.8	9.74	3540	1170
		*414	405	18	28	22	295.4	232	92800	31000	17.7	10.2	4480	1530
		*428	407	20	35	22	360.7	283	119000	39400	18.2	10.4	5570	1930
		*458	417	30	50	22	528.6	415	187000	60500	18.8	10.7	8170	2900
		*498	432	45	70	22	770.1	604	298000	94400	19.7	11.1	12000	4370

类别	型号 (高度×宽度) (mm×mm)	截面尺寸 (mm)					截面 面积 (cm²)	质量 (kg/m)	惯性矩 (cm⁴)		回转半径 (cm)		截面模量 (cm³)	
		h	b	t_1	t_2	r			I_x	I_y	i_x	i_y	W_x	W_y
HW	500×500	*492	465	15	20	22	258.0	202	117000	33500	21.3	11.4	4770	1440
		*502	465	15	25	22	304.5	239	146000	41900	21.9	11.7	5810	1800
		*502	470	20	25	22	329.6	259	151000	43300	21.4	11.5	6020	1840
HM	150×100	148	100	6	9	8	26.34	20.7	1000	150	6.16	2.38	135	30.1
	200×150	194	150	6	9	8	38.10	29.9	2630	507	8.30	3.64	271	67.6
	250×175	244	175	7	11	13	55.49	43.6	6040	984	10.4	4.21	495	112
	300×200	294	200	8	12	13	71.05	55.8	11100	1600	12.5	4.74	756	160
		*298	201	9	14	13	82.03	64.4	13100	1900	12.6	4.80	878	189
	350×250	340	250	9	14	13	99.53	78.1	21200	3650	14.6	6.05	1250	292
	400×300	390	300	10	16	13	133.3	105	37900	7200	16.9	7.35	1940	480
	450×300	440	300	11	18	13	153.9	121	54700	8110	18.9	7.25	2490	540
	500×300	*482	300	11	15	13	141.2	111	58300	6760	20.3	6.91	2420	450
		488	300	11	18	13	159.2	125	68900	8110	20.8	7.13	2820	540
	550×300	*544	300	11	15	13	148.0	116	76400	6760	22.7	6.75	2810	450
		*550	300	11	18	13	166.0	130	89800	8110	23.3	6.98	3270	540
	600×300	582	300	12	17	13	169.2	133	98900	7660	24.2	6.72	3400	511
		588	300	12	20	13	187.2	147	114000	9010	24.7	6.93	3890	601
		*594	302	14	23	13	217.1	170	134000	10600	24.8	6.97	4450	700
HN	*100×50	100	50	5	7	8	11.84	9.30	187	14.8	3.97	1.11	37.5	5.91
	*125×60	125	60	6	8	8	16.68	13.1	409	29.1	4.95	1.32	65.4	9.71
	150×75	150	75	5	7	8	17.84	14.0	666	49.5	6.10	1.66	88.8	13.2
	175×90	175	90	5	8	8	22.89	18.0	1210	97.5	7.25	2.06	138	21.7
	200×100	*198	99	4.5	7	8	22.68	17.8	1540	113	8.24	2.23	156	22.9
		200	100	5.5	8	8	26.66	20.9	1810	134	8.22	2.23	181	26.7
	250×125	*248	124	5	8	8	31.98	25.1	3450	255	10.4	2.82	278	41.1
		250	125	6	9	8	36.96	29.0	3960	294	10.4	2.81	317	47.0
	300×150	*298	149	5.5	8	13	40.80	32.0	6320	442	12.4	3.29	424	59.3
		300	150	6.5	9	13	46.78	36.7	7210	508	12.4	3.29	481	67.7
	350×175	*346	174	6	9	13	52.45	41.2	11000	791	14.5	3.88	638	91.0
		350	175	7	11	13	62.91	49.4	13500	984	14.6	3.95	771	112
	400×150	400	150	8	13	13	70.37	55.2	18600	734	16.3	3.22	929	97.8
	400×200	*396	199	7	11	13	71.41	56.1	19800	1450	16.6	4.50	999	145
		400	200	8	13	13	83.37	65.4	23500	1740	16.83	4.56	1170	174
	450×150	*446	150	7	12	13	66.99	52.6	22000	677	18.1	3.17	985	90.3
		450	151	8	14	13	77.49	60.8	25700	806	18.2	3.22	1140	107
	450×200	*446	199	8	12	13	82.97	65.1	28100	1580	18.4	4.36	1260	159
		450	200	9	14	13	95.43	74.9	32900	1870	18.6	4.42	1460	187

类别	型号 (高度×宽度) (mm×mm)	截面尺寸 (mm)					截面面积 (cm²)	理论质量 (kg/m)	惯性矩 (cm⁴)		回转半径 (cm)		截面模量 (cm³)	
		h	b	t_1	t_2	r			I_x	I_y	i_x	i_y	W_x	W_y
HN	475×150	*470	150	7	13	13	71.53	56.2	26200	733	19.1	3.20	1110	97.8
		*475	151.5	8.5	15.5	13	86.15	67.6	31700	901	19.2	2.23	1330	119
		482	153.5	10.5	19	13	106.4	83.5	39600	1150	19.3	3.28	1640	150
	500×150	*492	150	7	12	13	70.21	55.1	27500	677	19.8	3.10	1120	90.3
		*500	152	9	16	13	92.21	72.4	37000	940	20.4	3.19	1480	124
		504	153	10	18	13	103.3	81.1	41900	1080	20.1	3.23	1660	141
	500×200	*496	199	9	14	13	99.29	77.9	40800	1840	20.3	4.30	1650	185
		500	200	10	16	13	112.3	88.1	46800	2140	20.4	4.36	1870	214
		*506	201	11	19	13	129.3	102	55500	2580	20.7	4.46	2190	257
	550×200	*546	199	9	14	13	103.8	81.5	50800	1840	22.1	4.21	1860	185
		550	200	10	16	13	177.3	92.0	58200	2140	22.3	4.27	2120	214
	600×200	*596	199	10	15	13	117.8	92.4	66600	1980	23.8	4.09	2.240	199
		600	200	11	17	13	131.7	103	75600	2270	24.0	4.15	2520	227
		*606	201	12	20	13	149.8	118	88300	2720	24.3	4.25	2910	270
	625×200	*625	198.5	13.5	17.5	13	150.6	118	88500	2300	24.2	3.90	2830	231
		630	200	15	20	13	170.0	133	101000	2690	24.4	3.97	3220	268
		*638	202	17	24	13	198.7	156	122000	3320	24.8	4.09	3820	329
	650×300	*646	299	12	18	18	183.6	144	131000	8030	26.7	6.61	4080	537
		*650	300	13	20	18	202.1	159	146000	9010	26.9	6.67	4500	601
		*654	301	14	22	18	220.6	173	161000	10000	27.4	6.81	4930	666
	700×300	*692	300	13	20	18	207.5	163	168000	9020	28.5	6.59	4870	601
		700	300	13	24	18	231.5	182	197000	10800	29.2	6.83	5640	721
	750×300	*734	299	12	16	18	182.7	143	161000	7140	29.7	6.25	4390	478
		*742	300	13	20	18	214.0	168	197000	9020	30.4	6.49	5320	601
		*750	300	13	24	18	238.0	187	231000	10800	31.1	6.74	6150	721
		*758	303	16	28	18	284.8	224	276000	13000	31.1	6.75	7270	859
	800×300	*792	300	14	22	18	239.5	188	248000	9920	32.2	6.43	6270	661
		800	300	14	26	18	263.5	207	286000	11700	33.0	6.66	760	781
	850×300	*834	298	14	19	18	227.5	179	251000	8400	33.2	6.07	6020	564
		*842	299	15	23	18	259.7	204	298000	10300	33.9	6.28	7080	687
		*850	300	16	27	18	292.1	229	34600	12200	34.4	6.45	8140	812
		*858	301	17	31	18	324.7	255	395000	14100	34.9	6.59	9210	939
	900×300	*890	299	15	23	18	266.9	210	339000	10300	35.6	6.20	7610	687
		900	300	16	28	18	305.8	240	404000	12600	36.4	6.42	8990	842

续附表 10

类别	型号 （高度×宽度） （mm×mm）	截面尺寸 （mm）					截面面积 （cm²）	理论质量 （kg/m）	惯性矩 （cm⁴）		回转半径 （cm）		截面模量 （cm³）	
		h	b	t_1	t_2	r			I_x	I_y	i_x	i_y	W_x	W_y
HN	900×300	*912	302	18	34	18	360.1	283	491000	15700	36.9	6.59	10800	1040
	1000×300	*970	297	16	21	18	276.0	217	393000	9210	37.8	5.77	8110	620
		*980	298	17	26	13	315.5	248	472000	11500	38.7	6.04	9630	772
		*990	298	17	31	18	345.3	271	544000	13700	39.7	6.30	11000	921
	1000×300	*1000	300	19	36	18	395.1	310	634000	163000	10.1	6.41	12700	1080
		1008	302	21	40	18	439.3	345	712000	18400	40.3	6.47	14100	1220
HT	100×50	95	48	3.2	4.5	8	7.620	5.98	115	8.39	3.88	1.04	24.2	3.49
		97	49	4	5.5	8	9.370	7.36	143	10.9	3.91	1.07	29.6	4.45
	100×100	96	99	4.5	6	8	16.20	12.7	272	97.2	4.09	2.44	56.7	19.6
	125×60	118	58	3.2	4.5	8	9.250	7.26	218	14.7	4.85	1.26	37.0	5.08
		120	59	4	5.5	8	11.39	8.94	271	19.0	4.87	1.29	45.2	6.43
	125×125	119	123	4.5	6	8	20.12	15.8	532	186	5.14	3.04	89.5	30.3
	150×75	145	73	3.2	4.5	8	11.47	9.00	416	29.3	6.01	1.59	57.3	8.02
		147	74	4	5.5	8	14.12	11.1	516	37.3	6.04	1.62	70.2	10.1
	150×100	139	97	3.2	4.5	8	13.43	10.6	476	68.6	5.94	2.25	68.4	14.1
		142	99	4.5	6	8	18.27	14.3	654	97.2	5.88	2.30	92.1	19.6
	150×150	144	148	5	7	8	27.76	21.8	1090	378	6.25	3.69	151	51.1
		147	149	6	8.5	8	33.67	26.4	1350	469	6.32	3.73	183	63.0
	175×90	168	88	3.2	4.5	8	13.55	10.6	670	51.2	7.02	1.94	79.7	11.6
		171	89	4	6	8	17.58	13.8	894	70.7	7.13	2.00	105	15.9
	175×175	167	173	5	7	13	33.32	26.2	1780	605	7.30	4.26	213	69.9
		172	175	6.5	9.5	13	44.65	35.0	2470	850	7.43	4.36	287	97.1
	200×100	193	98	3.2	4.5	8	15.26	12.0	994	70.7	8.07	2.15	103	14.4
		196	99	4	6	8	19.78	15.5	1320	97.2	8.18	2.21	135	19.6
	200×150	188	149	4.5	6	8	26.34	20.7	1730	331	8.09	3.54	184	44.4
	200×200	192	198	6	8	13	43.69	34.3	3060	1040	8.37	4.86	319	105
	250×125	244	124	4.5	6	8	25.86	20.3	2650	191	10.1	2.71	217	30.8
	250×175	238	173	4.5	6	13	39.12	30.7	4240	691	10.4	4.20	356	79.9
	300×150	294	148	4.5	6	13	31.90	25.0	4800	325	12.3	3.19	327	43.9
	300×200	286	198	6	8	13	49.33	38.7	7360	1040	12.2	4.58	515	105
	350×175	340	173	4.5	6	13	36.97	29.0	7490	518	14.2	3.74	441	59.9
	400×150	390	148	6	8	13	47.57	37.3	11700	434	15.7	3.01	602	58.6
	400×200	390	198	6	8	13	55.57	43.6	14700	1040	16.2	4.31	752	105

注：1. 表中同一型号的产品，其内侧尺寸高度一致。

2. 表中截面面积计算公式为："$t_1(H-2t_2)+2Bt_2+0.858r^2$"。

3. 表中"*"表示的规格为市场非常用规格。

附表 11　剖分 T 型钢规格及截面特性（按 GB/T 11263—2017）

剖分 T 型钢规格及截面特性（按 GB/T 11263—2017）　　附表 11

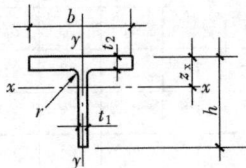

TW—宽翼缘剖分 T 型钢
TM—中翼缘剖分 T 型钢
TN—窄翼缘剖分 T 型钢

类别	型号 (高度×宽度) (mm×mm)	截面尺寸 (mm)					截面面积 (cm²)	质量 (kg/m)	惯性矩 (cm⁴)		回转半径 (cm)		截面模量 (cm³)		重心	对应 H 型钢系列型号
		h	b	t_1	t_2	r			I_x	I_y	i_x	i_y	W_x	W_y	z_x	
TW	50×100	50	100	6	8	8	10.79	8.47	16.1	67.8	1.22	2.48	4.02	13.4	1.00	100×100
	62.5×125	62.5	125	6.5	9	8	15.00	11.8	35.0	147	1.52	3.12	6.91	23.5	1.19	125×125
	75×150	75	150	7	10	8	19.82	15.6	66.4	282	1.82	3.76	10.8	37.5	1.37	150×150
	87.5×175	87.5	175	7.5	11	13	25.71	20.2	115	492	2.11	4.37	15.9	56.2	1.55	175×175
	100×200	100	200	8	12	13	31.76	24.9	184	801	2.40	5.02	22.3	80.1	1.73	200×200
		100	204	12	12	13	35.76	28.1	256	851	2.67	4.87	32.4	83.4	2.09	
	125×250	125	250	9	14	13	45.71	35.9	412	1820	3.00	6.31	39.5	146	2.08	250×250
		125	255	14	14	13	51.96	40.8	589	1940	3.36	6.10	59.4	152	2.58	
	150×300	147	302	12	12	13	53.16	41.7	857	2760	4.01	7.20	72.3	183	2.85	300×300
		150	300	10	15	13	59.22	46.5	798	3380	3.67	7.55	63.7	225.3	2.47	
		150	305	15	15	13	66.72	52.4	1110	3550	4.07	7.29	92.5	233	3.04	
	175×350	172	348	10	16	13	72.00	56.5	1230	5620	4.13	8.83	84.7	323.2	2.67	350×350
		175	350	12	19	13	85.94	67.5	1520	6790	4.20	8.88	104	388	2.87	
	200×400	194	402	15	15	22	89.22	70.0	2480	8130	5.27	9.54	158	404	3.70	400×400
		197	398	11	18	22	93.40	73.3	2050	9460	4.67	10.1	123	475	3.01	
		200	400	13	21	22	109.3	85.8	2480	11200	4.75	10.1	147	560	3.21	
		200	408	21	21	22	125.3	98.4	3650	11900	5.39	9.74	229	584	4.07	
		207	405	18	28	22	147.7	116	3620	15500	4.95	10.2	213	766	3.68	
		214	407	20	35	22	180.3	142	4380	19700	4.92	10.4	250	967	3.90	
TM	75×100	74	100	6	9	8	13.17	10.3	51.7	75.2	1.98	2.38	8.84	15.0	1.56	150×100
	100×150	97	150	6	9	8	19.05	15.0	124	253	2.55	3.64	15.8	33.8	1.80	200×150
	125×175	122	175	7	11	13	27.74	21.8	288	492	3.22	4.21	29.1	56.2	2.28	250×175
	150×200	147	200	8	12	13	35.52	27.9	571	801	4.00	4.74	48.2	80.1	2.85	300×200
		149	201	9	14	13	41.01	32.2	661	949	4.01	4.80	55.2	94.4	2.92	
	175×250	170	250	9	14	13	49.76	39.1	1.020	1820	4.51	6.05	73.2	146	3.11	350×250
	200×300	195	300	10	16	13	66.62	52.3	1730	3600	5.09	7.35	108	240	3.43	400×300
	225×300	220	300	11	18	13	76.94	60.4	2680	4050	5.89	7.25	150	270	4.09	450×300
	250×300	241	300	11	15	13	70.58	55.4	3400	3380	6.93	6.91	178	225	5.00	500×300
		244	300	11	18	13	79.58	62.5	3610	4050	6.73	7.13	184	270	4.72	
	275×300	272	300	11	15	13	73.99	58.1	4790	3380	8.04	6.75	225	225	5.96	550×300
		275	300	11	18	13	82.99	65.2	5090	4050	7.82	6.98	232	270	5.59	
	300×300	291	300	12	17	13	84.60	66.4	6320	3830	8.64	6.72	280	255	6.51	600×300
		294	300	12	20	13	93.60	73.5	6680	4500	8.44	6.93	288	300	6.17	
		297	302	14	23	13	108.5	85.2	7890	5290	8.52	6.97	339	350	6.41	

附表 11 剖分 T 型钢规格及截面特性（按 GB/T 11263—2017）

类别	型号(高度×宽度)(mm×mm)	截面尺寸 (mm)					截面面积 (cm²)	理论质量 (kg/m)	惯性矩 (cm⁴)		回转半径 (cm)		截面模量 (cm³)		重心 z_x	对应H型钢系列型号
		h	b	t_1	t_2	r			I_x	I_y	i_x	i_y	W_x	W_y		
TN	50×50	50	50	5	7	8	5.920	4.65	11.8	7.39	1.41	1.11	3.18	2.95	1.28	100×50
	62.5×60	62.5	60	6	8	8	8.340	6.55	27.5	14.6	1.81	1.32	5.96	4.85	1.64	125×60
	75×75	75	75	5	7	8	8.920	7.00	42.6	24.7	2.18	1.66	7.46	6.59	1.79	150×75
	87.5×90	85.5	89	4	6	8	8.790	6.90	53.7	35.3	2.47	2.00	8.02	7.94	1.86	175×90
		87.5	90	5	8	8	11.44	8.98	70.6	48.7	2.48	2.06	10.4	10.8	1.93	
	100×100	99	99	4.5	7	8	11.34	8.90	93.5	56.7	2.87	2.23	12.1	11.5	2.17	200×100
		100	100	5.5	8	8	13.33	10.5	114	66.9	2.92	2.23	14.8	13.4	2.31	
	125×125	124	124	5	8	8	15.99	12.6	207	127	3.59	2.82	21.3	20.5	2.66	250×125
		125	125	6	9	8	18.48	14.5	248	147	3.66	2.81	25.6	23.5	2.81	
	150×150	149	149	5.5	8	13	20.40	16.0	393	221	4.39	3.29	33.8	29.7	3.26	300×150
		150	150	6.5	9	13	23.39	18.4	464	254	4.45	3.29	40.0	33.8	3.41	
	175×175	173	174	6	9	13	26.22	20.6	679	396	5.08	3.88	50.0	45.5	3.72	350×175
		175	175	7	11	13	31.45	24.7	814	492	5.08	3.95	59.3	56.2	3.76	
	200×200	198	199	7	11	13	35.70	28.0	1190	723	5.77	4.50	76.4	72.7	4.20	400×200
		200	200	8	13	13	41.68	32.7	1390	868	5.78	4.56	88.6	86.8	4.26	
	225×150	223	150	7	12	13	33.49	26.3	1570	338	6.84	3.17	93.7	45.1	5.54	450×150
		225	151	8	14	13	38.74	30.4	1830	403	6.87	3.22	108	53.4	5.62	
	225×200	223	199	8	12	13	41.48	32.6	1870	789	6.71	4.36	109	79.3	5.15	450×200
		225	200	9	14	13	47.71	37.5	2150	935	6.71	4.42	124	93.5	5.19	
	237.5×150	235	150	7	13	13	35.76	28.1	1850	367	7.18	3.20	104	48.9	7.50	475×150
		237.5	151.5	8.5	15.5	13	43.07	33.8	2270	451	7.25	3.23	128	59.5	7.57	
		241	153.5	10.5	19	13	53.20	41.8	2860	575	7.33	3.28	160	75.0	7.67	
	250×150	246	150	7	12	13	35.10	27.6	2060	339	7.66	3.10	113	45.1	6.36	500×150
		250	152	9	16	13	46.10	36.2	2750	470	7.71	3.19	149	61.9	6.53	
		252	153	10	18	13	51.66	40.6	3100	540	7374	3.23	167	70.5	6.62	
	250×200	248	199	9	14	13	49.64	39.0	2820	921	7.54	4.30	150	92.6	5.97	500×200
		250	200	10	16	13	56.12	44.1	3200	1070	7.54	4.36	169	107	6.03	
		253	201	11	19	13	64.65	50.8	3660	1290	7.52	4.46	189	128	6.00	
	275×200	273	199	9	14	13	51.89	40.7	3690	921	8.43	4.21	180	92.6	6.85	550×200
		275	200	10	16	13	58.62	46.0	4180	1070	8.44	4.27	203	107	6.89	
	300×200	298	199	10	15	13	58.87	46.2	5150	988	9.35	4.09	235	99.3	7.92	600×200
		300	200	11	17	13	65.85	51.7	5770	1140	9.35	4.14	262	114	7.95	
		303	201	12	20	13	74.88	58.8	6530	1360	9.33	4.25	291	135	7.88	
	312.5×200	312.5	198.5	13.5	17.5	13	75.28	59.1	7460	1150	9.95	3.90	338	116	9.15	625×200
		315	200	15	20	13	84.97	66.7	8470	1340	9.98	3.97	380	134	9.21	
		319	202	17	24	13	99.35	78.0	9960	1160	10.0	4.08	440	165	9.26	
	325×300	323	299	12	18	18	91.81	72.1	8570	4020	9.66	6.61	344	269	7.36	650×300
		325	300	13	20	18	101.0	79.3	9430	4510	9.66	6.67	376	300	7.40	
		327	301	14	22	18	110.3	86.59	10300	5010	9.66	6.73	408	333	7.45	
TN	350×300	346	300	13	20	18	103.8	81.5	11300	4510	10.4	6.59	424	301	8.09	700×300
		350	300	13	24	18	115.8	90.9	12000	5410	10.2	6.83	438	361	7.63	
	400×300	396	300	14	22	18	119.8	94.0	1760	4960	12.1	6.43	592	331	9.78	800×300
		400	300	14	26	18	131.8	103	1870	5860	11.9	6.66	610	391	9.27	
	450×300	445	299	15	23	18	133.5	105	2590	5140	13.9	6.20	789	344	11.7	900×300
		450	300	16	28	18	152.9	120	2910	6320	13.8	6.42	865	421	11.4	
		456	302	18	34	18	180.0	141	3410	7830	13.8	6.59	997	518	11.34	

附表12 工字钢规格及截面特性（按GB/T 706—2016）

工字钢规格及截面特性（按GB/T 706—2016）　　　　　　　　　附表12

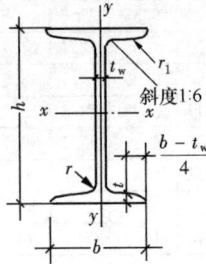

型号	截面尺寸/mm						截面面积（cm²）	质量（kg/m）	惯性矩（cm⁴）		回转半径（cm）		截面模量（cm²）	
	h	b	d	t	r	r_1			I_x	I_y	i_x	i_y	W_x	W_y
10	100	68	4.5	7.6	6.5	3.3	14.345	11.261	245	33.0	4.14	1.52	49.0	9.72
12	120	74	5.0	8.4	7.0	3.5	17.818	13.987	436	46.9	4.95	1.62	72.7	12.7
12.6	126	74	5.0	8.4	7.0	3.5	18.118	14.223	488	46.9	5.20	1.61	77.5	12.7
14	140	80	5.5	9.1	7.5	3.8	21.516	16.890	712	64.4	5.76	1.73	102	16.1
16	160	88	5.0	9.9	8.0	4.0	26.131	20.513	1130	93.1	6.58	1.89	141	21.2
18	180	94	6.5	10.7	8.5	4.3	30.756	24.143	1660	122	7.36	2.00	185	26.0
20a	200	100	7.0	11.4	9.0	4.5	35.578	27.929	2370	158	8.15	2.12	237	31.5
20b		102	9.0				39.578	31.069	2500	169	7.96	2.06	250	33.1
22a	220	110	7.5	12.3	9.5	4.8	42.128	33.070	3400	225	8.99	2.31	309	40.9
22b		112	9.5				46.528	36.524	3570	239	8.78	2.27	325	42.7
24a	240	116	8.0	13.0	10.0	5.0	47.741	37.477	4570	280	9.77	2.42	381	48.4
24b		118	10.0				52.541	41.245	4800	297	9.57	2.38	400	50.4
25a	250	116	8.0				48.541	38.105	5020	280	10.2	2.40	402	48.3
25b		118	10.0				53.541	42.030	5280	309	9.94	2.40	423	52.4
27a	270	122	8.5	13.7	10.5	5.3	54.554	42.825	6550	345	10.9	2.51	485	56.6
27b		124	10.5				59.954	47.064	6870	366	10.7	2.47	509	58.9
28a	280	122	8.5				55.404	43.492	7110	345	11.3	2.50	508	56.6
28b		124	10.5				61.004	47.888	7480	379	11.1	2.49	534	61.2
30a	300	126	9.0	14.4	11.0	5.5	61.254	48.084	8950	400	12.1	2.55	597	63.5
30b		128	11.0				67.254	52.794	9400	422	11.8	2.50	627	65.9
30c		130	13.0				73.254	57.504	9850	445	11.6	2.46	657	68.5

续附表 12

型号	截面尺寸/mm						截面面积（cm²）	质量（kg/m）	惯性矩（cm⁴）		回转半径（cm）		截面模量（cm²）	
	h	b	d	t	r	r_1			I_x	I_y	i_x	i_y	W_x	W_y
32a		130	9.5				67.156	52.717	11100	460	12.8	2.62	692	70.8
32b	320	132	11.5	15.0	11.5	5.8	73.556	57.741	11600	502	12.6	2.61	726	76.0
32c		134	13.5				79.956	62.765	12200	544	12.3	2.61	760	81.2
36a		136	10.0				76.480	60.037	15800	552	14.4	2.69	875	81.2
36b	360	138	12.0	15.8	12.0	6.0	83.680	65.689	16500	582	14.1	2.64	919	84.3
36c		140	14.0				90.880	71.341	17300	612	13.8	2.60	962	87.4
40a		142	10.5				86.112	67.598	21700	660	15.9	2.77	1090	93.2
40b	400	144	12.5	16.5	12.5	6.3	94.112	73.878	22800	692	15.6	2.71	1140	96.2
40c		146	14.5				102.112	80.158	23900	727	15.2	2.65	1190	99.6
45a		150	11.5				102.446	80.420	32200	855	17.7	2.89	1430	114
45b	450	152	13.5	18.0	13.5	6.8	111.446	87.485	33800	894	17.4	2.84	1500	118
45c		154	15.5				120.446	94.550	35300	938	17.1	2.79	1570	122
50a		158	12.0				119.304	93.654	46500	1120	19.7	3.07	1860	142
50b	500	160	14.0	20.0	14.0	7.0	129.304	101.504	48600	1170	19.4	3.01	1940	146
50c		162	16.0				139.304	109.354	50600	1220	19.0	2.96	2080	151
55a		166	12.5				134.185	105.335	62900	1370	21.6	3.19	2290	164
55b	550	168	14.5				145.185	113.970	65600	1420	21.2	3.14	2390	170
55c		170	16.5	21.0	14.5	7.3	156.185	122.605	68400	1480	20.9	3.08	2490	175
56a		166	12.5				135.435	106.316	65600	1370	22.0	3.18	2340	165
56b	560	168	14.5				146.635	115.108	68500	1490	21.6	3.16	2450	174
56c		170	16.5				157.835	123.900	71400	1560	21.3	3.16	2550	183
63a		176	13.0				154.658	121.407	93900	1700	24.5	3.31	2980	193
63b	630	178	15.0	22.0	15.0	7.5	167.258	131.298	98100	1810	24.2	3.29	3160	204
63c		180	17.0				179.858	141.189	102000	1920	23.8	3.27	3300	214

附表 13　槽钢规格及截面特性（按 GB/T 706—2016）

槽钢规格及截面特性（按 GB/T 706—2016）　　　　　　　　　　附表 13

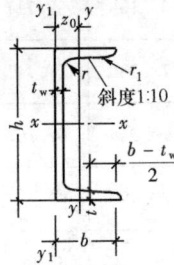

型号	截面尺寸/(mm)						截面面积(cm²)	质量(kg/m)	惯性矩(cm⁴)			回转半径(cm)		截面模量(cm³)		重心距离(cm)
	h	b	d	t	r	r_1			I_x	I_y	I_{y1}	i_x	i_y	W_x	W_y	z_0
5	50	37	4.5	7.0	7.0	3.5	6.928	5.438	26.0	8.30	20.9	1.94	1.10	10.4	3.55	1.35
6.3	63	40	4.8	7.5	7.5	3.8	8.451	6.634	50.8	11.9	28.4	2.45	1.19	16.1	4.50	1.36
6.5	65	40	4.3	7.5	7.5	3.8	8.547	6.709	55.2	12.0	28.3	2.54	1.19	17.0	4.59	1.38
8	80	43	5.0	8.0	8.0	4.0	10.248	8.045	101	16.6	37.4	3.15	1.27	25.3	5.79	1.43
10	100	48	5.3	8.5	8.5	4.2	12.748	10.002	198	25.6	54.9	3.95	1.41	39.7	7.80	1.52
12	120	53	5.5	9.0	9.0	4.5	15.362	12.059	346	37.4	77.7	4.75	1.56	57.7	10.2	1.62
12.6	126	53	5.5	9.0	9.0	4.5	15.692	12.318	391	38.0	77.1	4.95	1.57	62.1	10.2	1.59
14a	140	58	6.0	9.5	9.5	4.8	18.516	14.535	564	53.2	107	5.52	1.70	80.5	13.0	1.71
14b	140	60	8.0	9.5	9.5	4.8	21.316	16.733	609	61.1	121	5.35	1.69	87.1	14.1	1.67
16a	160	63	6.5	10.0	10.0	5.0	21.962	17.24	866	73.3	144	6.28	1.83	108	16.3	1.80
16b	160	65	8.5	10.0	10.0	5.0	25.162	19.752	935	83.4	161	6.10	1.82	117	17.6	1.75
18a	180	68	7.0	10.5	10.5	5.2	25.699	20.174	1270	98.6	190	7.04	1.96	141	20.0	1.88
18b	180	70	9.0	10.5	10.5	5.2	29.299	23.000	1370	111	210	6.84	1.95	152	21.5	1.84
20a	200	73	7.0	11.0	11.0	5.5	28.837	22.637	1780	128	244	7.86	2.11	178	24.2	2.01
20b	200	75	9.0	11.0	11.0	5.5	32.837	25.777	1910	144	268	7.64	2.09	191	25.9	1.95
22a	220	77	7.0	11.5	11.5	5.8	31.846	24.999	2390	158	298	8.67	2.23	218	28.2	2.10
22b	220	79	9.0	11.5	11.5	5.8	36.246	28.453	2570	176	326	8.42	2.21	234	30.1	2.03

型号	截面尺寸/（mm）						截面面积（cm²）	质量（kg/m）	惯性矩（cm⁴）			回转半径（cm）		截面模量（cm³）		重心距离（cm）
	h	b	d	t	r	r_1			I_x	I_y	I_{y1}	i_x	i_y	W_x	W_y	z_0
24a		78	7.0	12.0	12.0	6.0	34.217	26.860	3050	174	325	9.45	2.25	254	30.5	2.10
24b	240	80	9.0				39.017	30.628	3280	194	355	9.17	2.23	274	32.5	2.03
24c		82	11.0				43.817	34.396	3510	213	388	8.96	2.21	293	34.4	2.00
25a		78	7.0				34.917	27.410	3370	176	322	9.82	2.24	270	30.6	2.07
25b	250	80	9.0				39.917	31.335	3530	196	353	9.41	2.22	282	32.7	1.98
25c		82	11.0				44.917	35.260	3690	218	384	9.07	2.21	295	35.9	1.92
27a		82	7.5	12.5	12.5	6.2	39.284	30.838	4360	216	393	10.5	2.34	323	35.5	2.13
27b	270	84	9.5				44.684	35.077	4690	239	428	10.3	2.31	347	37.7	2.06
27c		86	11.5				50.084	39.316	5020	261	467	10.1	2.28	372	39.8	2.03
28a		82	7.5				40.034	31.427	4760	218	388	10.9	2.33	340	35.7	2.10
28b	280	84	9.5				45.634	35.823	5130	242	428	10.6	2.30	366	37.9	2.02
28c		86	11.5				51.234	40.219	5500	268	463	10.4	2.29	393	40.3	1.95
30a		85	7.5	13.5	13.5	6.8	43.902	34.463	6050	260	467	11.7	2.43	403	41.1	2.17
30b	300	87	9.5				49.902	39.173	6500	289	515	11.4	2.41	433	44.0	2.13
30c		89	11.5				55.902	43.883	6950	316	560	11.2	2.38	463	46.4	2.09
32a		88	8.0	14.0	14.0	7.0	48.513	38.083	7600	305	552	12.5	2.50	475	46.5	2.24
32b	320	90	10.0				54.913	43.107	8140	336	593	12.2	2.47	509	49.2	2.16
32c		92	12.0				61.313	48.131	8690	374	643	11.9	2.47	543	52.6	2.09
36a		96	9.0	16.0	16.0	8.0	60.910	47.814	11900	455	818	14.0	2.73	660	63.5	2.44
36b	360	98	11.0				68.110	53.466	12700	497	880	13.6	2.70	703	66.9	2.37
36c		100	13.0				75.310	59.118	13400	536	948	13.4	2.67	746	70.0	2.34
40a		100	10.5	18.0	18.0	9.0	75.068	58.928	17600	592	1070	15.3	2.81	879	78.8	2.49
40b	400	102	12.5				83.068	65.208	18600	640	1140	15.0	2.78	932	82.5	2.44
40c		104	14.5				91.068	71.488	19700	688	1220	14.7	2.75	986	86.2	2.42

附表14　等边角钢规格及截面特性（按GB/T 706—2016）

等边角钢规格及截面特性　（按GB/T 706—2016）　　　　附表14

型　号	圆角 r	形心距 z_0	截面面积	质　量	惯性矩 I_x	截面模量 W_x^{max}	截面模量 W_x^{min}	回转半径 i_x	回转半径 i_{x_0}	回转半径 i_{y_0}	i_y，当a为下列数值: 6mm	8mm	10mm	12mm
	(mm)	(mm)	(cm²)	(kg/m)	(cm⁴)	(cm³)	(cm³)	(cm)	(cm)	(cm)	(cm)	(cm)	(cm)	(cm)
L 20×3	3.5	6.0	1.13	0.89	0.40	0.67	0.29	0.59	0.75	0.39	1.08	1.16	1.25	1.34
L 20×4		6.4	1.46	1.15	0.50	0.78	0.36	0.58	0.73	0.38	1.11	1.19	1.28	1.37
L 25×3	3.5	7.3	1.43	1.12	0.82	1.12	0.46	0.76	0.95	0.49	1.28	1.36	1.44	1.53
L 25×4		7.6	1.86	1.46	1.03	1.36	0.59	0.74	0.93	0.48	1.30	1.38	1.46	1.55
L 30×3		8.5	1.75	1.37	1.46	1.72	0.68	0.91	1.15	0.59	1.47	1.55	1.63	1.71
L 30×4		8.9	2.28	1.79	1.84	2.06	0.87	0.90	1.13	0.58	1.49	1.57	1.66	1.74
3	4.5	10.0	2.11	1.66	2.58	2.58	0.99	1.11	1.39	0.71	1.71	1.75	1.86	1.95
L 36×4		10.4	2.76	2.16	3.29	3.16	1.28	1.09	1.38	0.70	1.73	1.81	1.89	1.97
5		10.7	3.38	2.65	3.95	3.70	1.56	1.08	1.36	0.70	1.74	1.82	1.91	1.99
3		10.9	2.36	1.85	3.59	3.30	1.23	1.23	1.55	0.79	1.85	1.93	2.01	2.09
L 40×4		11.3	3.09	2.42	4.60	4.07	1.60	1.22	1.54	0.79	1.88	1.96	2.04	2.12
5		11.7	3.79	2.98	5.53	4.73	1.96	1.21	1.52	0.78	1.90	1.98	2.06	2.14
3	5	12.2	2.66	2.09	5.17	4.24	1.58	1.40	1.76	0.90	2.06	2.14	2.21	2.29
L 45×4		12.6	3.49	2.74	6.65	5.28	2.05	1.38	1.74	0.89	2.08	2.16	2.24	2.32
5		13.0	4.29	3.37	8.04	6.19	2.51	1.37	1.72	0.88	2.11	2.18	2.26	2.34
6		13.3	5.08	3.99	9.33	7.0	2.95	1.36	1.70	0.88	2.12	2.20	2.28	2.36
3	5.5	13.4	2.97	2.33	7.18	5.36	1.96	1.55	1.96	1.00	2.26	2.33	2.41	2.49
L 50×4		13.8	3.90	3.06	9.26	6.71	2.56	1.54	1.94	0.99	2.28	2.35	2.43	2.51
5		14.2	4.80	3.77	11.21	7.89	3.13	1.53	1.92	0.98	2.30	2.38	2.45	2.53
6		14.6	5.69	4.47	13.05	8.94	3.68	1.52	1.91	0.98	2.32	2.40	2.48	2.56
3		14.8	3.34	2.62	10.19	6.89	2.48	1.75	2.20	1.13	2.49	2.57	2.64	2.71
L 56×4		15.3	4.39	3.45	13.18	8.63	3.24	1.73	2.18	1.11	2.52	2.59	2.67	2.75
5		15.7	5.42	4.25	16.02	10.20	3.97	1.72	2.17	1.10	2.54	2.62	2.69	2.77
6		16.1	6.42	5.04	18.69	11.61	4.68	1.71	2.15	1.10	2.56	2.64	2.71	2.79
7		16.4	7.40	5.81	21.23	12.95	5.36	1.69	2.13	1.09	2.58	2.65	2.73	2.81
8	6	16.8	8.37	6.57	23.63	14.07	6.03	1.68	2.11	1.09	2.60	2.67	2.75	2.83
5		16.7	5.83	4.58	19.89	11.91	4.59	1.85	2.33	1.19	2.70	2.77	2.85	2.93
L 60×6		17.0	6.91	5.43	23.25	13.68	5.41	1.83	2.31	1.18	2.71	2.79	2.86	2.94
7		17.4	7.98	6.26	26.44	15.20	6.21	1.82	2.29	1.17	2.73	2.81	2.89	2.96
8		17.8	9.02	7.08	29.47	16.56	6.98	1.81	2.27	1.17	2.76	2.83	2.91	2.99
4		17.0	4.98	3.91	19.03	11.19	4.13	1.96	2.46	1.26	2.80	2.87	2.94	3.02
5		17.4	6.14	4.82	23.17	13.32	5.08	1.94	2.45	1.25	2.82	2.89	2.97	3.04
L 63×6	7	17.8	7.29	5.72	27.12	15.24	6.00	1.93	2.43	1.24	2.84	2.91	2.99	3.06
7		18.2	8.41	6.60	30.87	16.96	6.88	1.92	2.41	1.23	2.86	2.93	3.01	3.09
8		18.5	9.52	7.47	34.46	18.63	7.75	1.90	2.40	1.23	2.87	2.95	3.02	3.10
10		19.3	11.66	9.15	41.09	21.29	9.39	1.88	2.36	1.22	2.91	2.99	3.07	3.15

型号	圆角 r	形心距 z_0	截面面积	质量	惯性矩 I_x	W_x^{max}	W_x^{min}	i_x	i_{x_0}	i_{y_0}	i_y, 当a为下列数值: 6mm	8mm	10mm	12mm
	(mm)	(mm)	(cm²)	(kg/m)	(cm⁴)	(cm³)	(cm³)	(cm)	(cm)	(cm)	(cm)	(cm)	(cm)	(cm)
4		18.6	5.57	4.37	26.39	14.19	5.14	2.18	2.74	1.40	3.07	3.14	3.21	3.28
5		19.1	6.88	5.40	32.21	16.86	6.32	2.16	2.73	1.39	3.09	3.17	3.24	3.31
∟70×6	8	19.5	8.16	6.41	37.77	19.37	7.48	2.15	2.71	1.38	3.11	3.19	3.26	3.34
7		19.9	9.42	7.40	43.09	21.65	8.59	2.14	2.69	1.38	3.13	3.21	3.28	3.36
8		20.3	10.7	8.37	48.17	23.73	9.68	2.12	2.68	1.37	3.15	3.23	3.30	3.38
5		20.4	7.41	5.82	39.97	19.59	7.32	2.33	2.92	1.50	3.30	3.37	3.45	3.52
6		20.7	8.80	6.91	46.95	22.68	8.64	2.31	2.90	1.49	3.31	3.38	3.46	3.53
∟75×7	9	21.1	10.16	7.98	53.57	25.39	9.93	2.30	2.89	1.48	3.33	3.40	3.48	3.55
8		21.5	11.50	9.03	59.96	27.89	11.2	2.28	2.88	1.47	3.35	3.42	3.50	3.57
9		21.8	12.83	10.07	66.10	30.32	12.43	2.27	2.86	1.46	3.36	3.44	3.51	3.59
10		22.2	14.13	11.09	71.98	32.42	13.64	2.26	2.84	1.46	3.38	3.46	3.53	3.61
5		21.5	7.91	6.21	48.79	22.69	8.34	2.48	3.13	1.60	3.49	3.56	3.63	3.71
6		21.9	9.40	7.38	57.35	26.19	9.87	2.47	3.11	1.59	3.51	3.58	3.65	3.72
∟80×7	9	22.3	10.86	8.53	65.58	29.41	11.37	2.46	3.10	1.58	3.53	3.60	3.67	3.75
8		22.7	12.30	9.66	73.49	32.37	12.83	2.44	3.08	1.57	3.55	3.62	3.69	3.77
9		23.1	13.73	10.77	81.11	35.11	14.25	2.43	3.06	1.56	3.57	3.64	3.72	3.79
10		23.5	15.13	11.87	88.43	37.63	15.64	2.42	3.04	1.56	3.59	3.66	3.74	3.81
6		24.4	10.64	8.35	82.77	33.92	12.60	2.79	3.51	1.80	3.91	3.98	4.05	4.13
7		24.8	12.30	9.66	94.83	38.24	14.54	2.78	3.50	1.78	3.93	4.00	4.07	4.15
∟90×8	10	25.2	13.94	10.95	106.47	42.25	16.42	2.76	3.48	1.78	3.95	4.02	4.09	4.17
9		25.6	15.57	12.22	117.72	45.98	18.27	2.75	3.46	1.77	3.97	4.04	4.11	4.19
10		25.9	17.17	13.48	128.58	49.64	20.07	2.74	3.45	1.76	3.98	4.05	4.13	4.20
12		26.7	20.31	15.94	149.22	55.89	23.57	2.71	3.41	1.75	4.02	4.10	4.17	4.25
6		26.7	11.93	9.37	114.95	43.05	15.68	3.10	3.90	2.00	4.30	4.37	4.44	4.51
7		27.1	13.80	10.83	131.86	48.66	18.10	3.09	3.89	1.99	4.31	4.39	4.46	4.53
8		27.6	15.64	12.28	148.24	53.71	20.47	3.08	3.88	1.98	4.34	4.41	4.48	4.56
9		28.0	17.46	13.71	164.12	58.61	22.79	3.07	3.86	1.97	4.36	4.43	4.50	4.58
100×10	12	28.4	19.26	15.12	179.51	63.21	25.06	3.05	3.84	1.96	4.38	4.45	4.52	4.60
12		29.1	22.80	17.90	208.90	71.79	29.48	3.03	3.81	1.95	4.41	4.49	4.56	4.63
14		29.9	26.26	20.61	236.53	79.11	33.73	3.00	3.77	1.94	4.45	4.53	4.60	4.68
16		30.6	29.63	23.26	262.53	89.79	37.82	2.98	3.74	1.94	4.49	4.56	4.64	4.72

型 号		单角钢										双角钢			
		圆角	形心距	截面	质 量	惯性矩	截面模量		回转半径			i_y，当 a 为下列数值：			
		r	z_0	面积		I_x	W_x^{max}	W_x^{min}	i_x	i_{x_0}	i_{y_0}	6mm	8mm	10mm	12mm
		(mm)		(cm²)	(kg/m)	(cm⁴)	(cm³)		(cm)			(cm)			
L 110×	7	12	29.6	15.20	11.93	177.16	59.85	22.05	3.41	4.30	2.20	4.72	4.79	4.86	4.92
	8		30.1	17.24	13.53	199.46	66.27	24.95	3.40	4.28	2.19	4.75	4.82	4.89	4.96
	10		30.9	21.26	16.69	242.19	78.38	30.60	3.38	4.25	2.17	4.78	4.86	4.93	5.00
	12		31.6	25.20	19.78	282.55	89.41	36.05	3.35	4.22	2.15	4.81	4.89	4.96	5.03
	14		32.4	29.06	22.81	320.71	98.98	41.31	3.32	4.18	2.14	4.85	4.93	5.00	5.07
L 125×	8		33.7	19.75	15.50	297.03	88.14	32.52	3.88	4.88	2.50	5.34	5.41	5.48	5.55
	10		34.5	24.37	19.13	361.67	104.83	39.97	3.85	4.85	2.48	5.38	5.45	5.52	5.59
	12		35.3	28.91	22.70	423.16	119.88	41.17	3.83	4.82	2.46	5.41	5.48	5.56	5.63
	14		36.1	33.37	26.19	481.65	133.42	54.16	3.80	4.78	2.45	5.45	5.52	5.60	5.67
	16		36.8	37.74	29.63	537.31	146.01	60.93	3.77	4.75	2.43	5.48	5.56	5.63	5.71
L 140×	10	14	38.2	27.37	21.49	514.65	134.73	50.58	4.34	5.46	2.78	5.98	6.05	6.12	6.19
	12		39.0	32.51	25.52	603.68	154.79	59.80	4.31	5.43	2.76	6.02	6.09	6.16	6.23
	14		39.8	37.57	29.49	688.81	173.01	68.75	4.28	5.40	2.75	6.05	6.12	6.20	6.27
	16		40.6	42.54	33.39	770.24	189.71	77.46	4.26	5.36	2.74	6.09	6.16	6.24	6.31
L 150×	8		39.9	23.75	18.64	521.37	130.67	47.36	4.69	5.90	3.01	6.35	6.42	6.49	6.56
	10		40.8	29.37	23.06	637.50	156.25	58.35	4.66	5.87	2.99	6.39	6.46	6.53	6.60
	12		41.5	34.91	27.41	748.85	180.45	69.04	4.63	5.84	2.97	6.42	6.49	6.56	6.63
	14		42.3	40.37	31.69	855.64	202.28	79.45	4.60	5.80	2.95	6.46	6.53	6.60	6.67
	15		42.7	43.06	33.80	907.39	212.50	84.56	4.59	5.78	2.95	6.48	6.55	6.62	6.69
	16		43.1	45.74	35.91	958.08	222.29	89.59	4.58	5.77	2.94	6.50	6.57	6.64	6.71
L 160×	10	16	43.1	31.50	24.73	779.53	180.87	66.70	4.98	6.27	3.20	6.78	6.85	6.92	6.99
	12		43.9	37.44	29.39	916.58	208.79	78.98	4.95	6.24	3.18	6.82	6.89	6.96	7.02
	14		44.7	43.30	33.99	1048.36	234.53	90.95	4.92	6.20	3.16	6.85	6.92	6.99	7.07
	16		45.5	49.07	38.52	1175.08	258.26	102.63	4.89	6.17	3.14	6.89	6.96	7.03	7.10

型号	单角钢										双角钢 i_y，当 a 为下列数值：			
	圆角 r	形心距 z_0	截面面积	质量	惯性矩 I_x	截面模量 W_x^{max}	W_x^{min}	回转半径 i_x	i_{x_0}	i_{y_0}	6mm	8mm	10mm	12mm
	(mm)		(cm²)	(kg/m)	(cm⁴)	(cm³)		(cm)			(cm)			
∟180× 12	16	48.9	42.24	33.16	1321.35	270.21	100.82	5.59	7.05	3.58	7.63	7.70	7.77	7.84
14		49.7	48.90	38.38	1514.48	304.72	116.25	5.56	7.02	3.57	7.66	7.73	7.81	7.87
16		50.5	55.47	43.54	1700.99	336.83	131.13	5.54	6.98	3.55	7.70	7.77	7.84	7.91
18		51.3	61.96	48.63	1875.12	365.52	148.64	5.50	6.94	3.53	7.73	7.80	7.87	7.94
∟200×18 14	18	54.6	54.64	42.89	2103.55	385.27	144.70	6.20	7.82	3.98	8.47	8.53	8.60	8.67
16		55.4	62.01	48.68	2366.15	427.10	163.65	6.18	7.79	3.96	8.50	8.57	8.64	8.71
18		56.2	69.30	54.40	2620.64	466.31	182.22	6.15	7.75	3.94	8.54	8.61	8.67	8.75
20		56.9	76.51	60.06	2867.30	503.92	200.42	6.12	7.72	3.93	8.56	8.64	8.71	8.78
24		58.7	90.66	71.17	3338.25	568.70	236.17	6.07	7.64	3.90	8.65	8.73	8.80	8.87
∟220× 16	21	60.3	68.66	53.90	3187.36	528.58	199.55	6.81	8.59	4.37	9.30	9.37	9.44	9.51
18		61.1	76.75	60.25	3534.30	578.45	222.37	6.79	8.55	4.35	9.33	9.40	9.47	9.54
20		61.8	84.76	66.53	3871.49	626.45	244.77	6.76	8.52	4.34	9.36	9.43	9.50	9.57
22		62.6	92.68	72.75	4199.23	670.80	266.78	6.73	8.48	4.32	9.40	9.47	9.54	9.61
24		63.3	100.51	78.90	4517.83	713.72	288.39	6.70	8.45	4.31	9.43	9.50	9.57	9.64
26		64.1	108.26	84.99	4827.58	753.13	309.62	6.68	8.41	4.30	9.47	9.54	9.61	9.68
∟250× 18	24	68.4	87.84	68.96	5268.22	770.21	290.12	7.74	9.76	4.97	10.53	10.60	10.67	10.74
20		69.2	97.05	76.18	5779.34	835.16	319.66	7.72	9.73	4.95	10.57	10.64	10.71	10.78
24		70.7	115.20	90.43	6763.93	956.71	377.34	7.66	9.66	4.92	10.63	10.70	10.77	10.84
26		71.5	124.15	97.46	7238.08	1012.32	405.50	7.63	9.62	4.90	10.67	10.74	10.81	10.88
28		72.2	133.02	104.42	7700.60	1066.57	433.22	7.61	9.58	4.89	10.70	10.77	10.84	10.91
30		73.0	141.81	111.32	8151.80	1116.68	460.51	7.58	9.55	4.88	10.74	10.81	10.88	10.95
32		73.7	150.51	118.15	8592.01	1165.81	487.39	7.56	9.51	4.87	10.77	10.84	10.91	10.98
35		74.8	163.40	128.27	9232.44	1234.28	526.97	7.52	9.46	4.86	10.82	10.89	10.96	11.04

附表 15　不等边角钢规格及截面特性（按 GB/T 706—2016）

不等边角钢截面特性（按 GB/T 706—2016）

附表 15

型号	圆角 r (mm)	形心距 z_x (mm)	形心距 z_y (mm)	截面面积 (cm²)	质量 (kg/m)	惯性矩 I_x (cm⁴)	惯性矩 I_y (cm⁴)	回转半径 i_x (cm)	回转半径 i_y (cm)	回转半径 i_{y0}	i_{y1}，当 a 为下列数值 6mm (cm)	8mm	10mm	12mm	i_{y2}，当 a 为下列数值 6mm (cm)	8mm	10mm	12mm
25×16×3	3.5	4.2	8.6	1.16	0.91	0.22	0.70	0.44	0.78	0.34	0.84	0.93	1.02	1.11	1.40	1.48	1.57	1.65
4		4.6	9.0	1.50	1.18	0.27	0.88	0.43	0.77	0.34	0.87	0.96	1.05	1.14	1.42	1.51	1.60	1.68
32×20×3	3.5	4.9	10.8	1.49	1.17	0.46	1.53	0.55	1.01	0.43	0.97	1.05	1.14	1.22	1.71	1.79	1.88	1.96
4		5.3	11.2	1.94	1.52	0.57	1.93	0.54	1.00	0.42	0.99	1.08	1.16	1.25	1.74	1.82	1.90	1.99
40×25×3	4	5.9	13.2	1.89	1.48	0.93	3.08	0.70	1.28	0.54	1.13	1.21	1.30	1.38	2.06	2.14	2.22	2.31
4		6.3	13.7	2.47	1.94	1.18	3.93	0.69	1.26	0.54	1.16	1.24	1.32	1.41	2.09	2.17	2.26	2.34
45×28×3	5	6.4	14.7	2.15	1.69	1.34	4.45	0.79	1.44	0.61	1.23	1.31	1.39	1.47	2.28	2.36	2.44	2.52
4		6.8	15.1	2.81	2.20	1.70	5.69	0.78	1.42	0.60	1.25	1.33	1.41	1.50	2.30	2.38	2.46	2.55
50×32×3	5.5	7.3	16.0	2.43	1.91	2.02	6.24	0.91	1.60	0.70	1.38	1.45	1.53	1.61	2.49	2.56	2.64	2.72
4		7.7	16.5	3.18	2.49	2.58	8.02	0.90	1.59	0.69	1.40	1.48	1.56	1.64	2.52	2.59	2.67	2.75
56×36×3	6	8.0	17.8	2.74	2.15	2.92	8.88	1.03	1.80	0.79	1.51	1.58	1.66	1.74	2.75	2.83	2.90	2.98
4		8.5	18.2	3.59	2.82	3.76	11.45	1.02	1.79	0.79	1.54	1.62	1.69	1.77	2.77	2.85	2.93	3.01
5		8.8	18.7	4.42	3.47	4.49	13.86	1.01	1.77	0.78	1.55	1.63	1.71	1.79	2.80	2.87	2.96	3.04
63×40×4	7	9.2	20.4	4.06	3.19	5.23	16.49	1.14	2.02	0.88	1.67	1.74	1.82	1.90	3.09	3.16	3.24	3.32
5		9.5	20.8	4.99	3.92	6.31	20.02	1.12	2.00	0.87	1.68	1.76	1.83	1.91	3.11	3.19	3.27	3.35
6		9.9	21.2	5.91	4.64	7.29	23.36	1.11	1.98	0.86	1.70	1.78	1.86	1.94	3.13	3.21	3.29	3.37
7		10.3	21.5	6.80	5.34	8.24	26.53	1.10	1.96	0.86	1.73	1.80	1.88	1.97	3.15	3.23	3.30	3.39
70×45×4	7.5	10.2	22.4	4.55	3.57	7.55	23.17	1.29	2.26	0.98	1.84	1.92	1.99	2.07	3.40	3.48	3.56	3.62
5		10.6	22.8	5.61	4.40	9.13	27.95	1.28	2.23	0.98	1.86	1.94	2.01	2.09	3.41	3.49	3.57	3.64
6		10.9	23.2	6.65	5.22	10.62	32.54	1.26	2.21	0.98	1.88	1.95	2.03	2.11	3.43	3.51	3.58	3.66
7		11.3	23.6	7.66	6.01	12.01	37.22	1.25	2.20	0.97	1.90	1.98	2.06	2.14	3.45	3.53	3.61	3.69
75×50×5	8	11.7	24.0	6.13	4.81	12.61	34.86	1.44	2.39	1.10	2.05	2.13	2.20	2.28	3.60	3.68	3.76	3.83
6		12.1	24.4	7.26	5.70	14.70	41.12	1.42	2.38	1.08	2.07	2.15	2.22	2.30	3.63	3.71	3.78	3.86
8		12.9	25.2	9.47	7.43	18.53	52.39	1.40	2.35	1.07	2.12	2.10	2.27	2.35	3.67	3.75	3.83	3.91
10		13.6	26.0	11.6	9.10	21.96	62.71	1.38	2.33	1.06	2.16	2.23	2.31	2.40	3.72	3.80	3.88	3.96

单角钢　　双角钢

续附表 15

型号	圆角 r (mm)	形心距 z_x (mm)	形心距 z_y (mm)	截面面积 (cm²)	质量 (kg/m)	惯性矩 I_x (cm⁴)	惯性矩 I_y (cm⁴)	回转半径 i_x (cm)	回转半径 i_y (cm)	回转半径 i_0	i_{y_1}，当 a 为下列数值 (cm) 6mm	8mm	10mm	12mm	i_{y_2}，当 a 为下列数值 (cm) 6mm	8mm	10mm	12mm
L 80×50×5	8	11.4	26.0	6.38	5.01	12.82	41.96	1.42	2.56	1.10	2.02	2.09	2.17	2.24	3.87	3.95	4.02	4.10
6		11.8	25.5	7.56	5.94	14.95	49.49	1.41	2.55	1.08	2.04	2.12	2.19	2.27	3.90	3.98	4.06	4.14
7		12.1	26.9	8.72	6.85	16.96	56.16	1.39	2.54	1.08	2.06	2.13	2.21	2.28	3.92	4.00	4.08	4.15
8		12.5	27.3	9.87	7.75	18.85	62.83	1.38	2.52	1.07	2.08	2.15	2.23	2.31	3.94	4.02	4.10	4.18
L 90×56×5	9	12.5	29.1	7.21	5.66	18.32	60.45	1.59	2.90	1.23	2.22	2.29	2.37	2.44	4.32	4.40	4.47	4.55
6		12.9	29.5	8.56	6.72	21.42	71.03	1.58	2.88	1.23	2.24	2.32	2.39	2.46	4.34	4.42	4.49	4.57
7		13.3	30.0	9.88	7.76	24.36	81.01	1.57	2.86	1.22	2.26	2.34	2.41	2.49	4.37	4.45	4.52	4.60
8		13.6	30.4	11.18	8.78	27.15	91.03	1.56	2.85	1.21	2.28	2.35	2.43	2.50	4.39	4.47	4.55	4.62
100×63×6	10	14.3	32.4	9.62	7.55	30.94	99.06	1.79	3.21	1.38	2.49	2.56	2.63	2.71	4.78	4.85	4.93	5.00
7		14.7	32.8	11.11	8.72	35.26	113.45	1.78	3.20	1.38	2.51	2.58	2.66	2.73	4.80	4.87	4.95	5.03
8		15.0	33.2	12.58	9.88	39.39	127.37	1.77	3.18	1.37	2.52	2.60	2.67	2.75	4.82	4.89	4.97	5.05
10		15.8	34.0	15.47	12.14	47.12	153.81	1.74	3.15	1.35	2.57	2.64	2.72	2.79	4.86	4.94	5.02	5.09
100×80×6	10	19.7	29.5	10.64	8.35	61.24	107.04	2.40	3.17	1.72	3.30	3.37	3.44	3.52	4.54	4.61	4.69	4.76
7		20.1	30.0	12.30	9.66	70.08	123.73	2.39	3.16	1.72	3.32	3.39	3.46	3.54	4.57	4.64	4.71	4.79
8		20.5	30.4	13.94	10.95	78.58	137.92	2.37	3.14	1.71	3.34	3.41	3.48	3.56	4.59	4.66	4.74	4.81
10		21.3	31.2	17.17	13.48	94.65	166.87	2.35	3.12	1.69	3.38	3.45	3.53	3.60	4.63	4.70	4.78	4.85
110×70×6	10	15.7	35.3	10.64	8.35	42.92	133.37	2.01	3.54	1.54	2.74	2.81	2.88	2.97	5.22	5.29	5.36	5.44
7		16.1	35.7	12.30	9.66	49.01	153.00	2.00	3.53	1.53	2.76	2.83	2.90	2.98	5.24	5.31	5.39	5.46
8		16.5	36.2	13.94	10.95	54.87	172.04	1.98	3.51	1.53	2.78	2.85	2.93	3.00	5.26	5.34	5.41	5.49
10		17.2	37.0	17.17	13.48	65.88	208.39	1.96	3.48	1.51	2.81	2.89	2.96	3.04	5.30	5.38	5.46	5.53
L 125×80×7	11	18.0	40.1	14.10	11.07	74.42	227.98	2.30	4.02	1.76	3.11	3.18	3.25	3.32	5.89	5.97	6.04	6.12
8		18.4	40.6	15.99	12.55	83.49	256.77	2.28	4.01	1.75	3.13	3.20	3.27	3.34	5.92	6.00	6.07	6.15
10		19.2	41.4	19.71	15.47	100.67	312.04	2.26	3.98	1.74	3.17	3.24	3.31	3.38	5.96	6.04	6.11	6.19
12		20.0	42.2	23.35	18.33	116.67	364.41	2.24	3.95	1.72	3.21	3.28	3.35	3.43	6.00	6.08	6.15	6.23

续附表 15

型号	圆角 r (mm)	单角钢 形心距 z_x (mm)	单角钢 形心距 z_y (mm)	截面面积 (cm²)	质量 (kg/m)	惯性矩 I_x (cm⁴)	惯性矩 I_y (cm⁴)	回转半径 i_x (cm)	回转半径 i_y (cm)	回转半径 i_{y_0} (cm)	双角钢 i_{y_1},当a为下列数值 6mm (cm)	8mm	10mm	12mm	双角钢 i_{y_2},当a为下列数值 6mm (cm)	8mm	10mm	12mm
140×90×8	12	20.4	45.0	18.04	14.16	120.69	365.64	2.59	4.50	1.98	3.49	3.56	3.63	3.70	6.58	6.65	6.72	6.79
140×90×10		21.2	45.8	22.26	17.46	146.03	445.50	2.56	4.47	1.96	3.52	3.59	3.66	3.74	6.62	6.69	6.77	6.84
140×90×12		21.9	46.6	26.40	20.72	169.79	521.59	2.54	4.44	1.95	3.55	3.62	3.70	3.77	6.66	6.74	6.81	6.89
140×90×14		22.7	47.4	30.47	23.91	192.10	594.10	2.51	4.42	1.94	3.59	3.67	3.74	3.81	6.70	6.78	6.85	6.93
150×90×8	12	19.7	49.2	18.84	14.79	122.80	442.05	2.55	4.84	1.98	3.42	3.48	3.55	3.62	7.12	7.19	7.27	7.34
150×90×10		20.5	50.1	23.26	18.26	148.62	539.24	2.53	4.81	1.97	3.45	3.52	3.59	3.66	7.17	7.24	7.32	7.39
150×90×12		21.2	50.9	27.60	21.67	172.85	632.08	2.50	4.79	1.95	3.48	3.55	3.62	3.70	7.21	7.28	7.36	7.43
150×90×14		22.0	51.7	31.86	25.01	195.62	720.77	2.48	4.76	1.94	3.52	3.59	3.66	3.74	7.25	7.32	7.40	7.48
150×90×15		22.4	52.1	33.95	26.65	206.50	763.62	2.47	4.74	1.93	3.54	3.61	3.69	3.76	7.27	7.35	7.42	7.50
150×90×16		22.7	52.5	36.03	28.28	217.07	805.51	2.45	4.73	1.93	3.55	3.62	3.70	3.78	7.29	7.37	7.44	7.52
160×100×10	13	22.8	52.4	25.32	19.87	205.03	668.69	2.85	5.14	2.19	3.84	3.91	3.98	4.05	7.56	7.63	7.70	7.78
160×100×12		23.6	53.2	30.05	23.59	239.06	784.91	2.82	5.11	2.17	3.88	3.95	4.02	4.09	7.60	7.67	7.75	7.82
160×100×14		24.3	54.0	34.71	27.25	271.20	896.30	2.80	5.08	2.16	3.91	3.98	4.05	4.12	7.64	7.71	7.79	7.86
160×100×16		25.1	54.8	39.28	30.84	301.60	1003.04	2.77	5.05	2.16	3.95	4.02	4.09	4.17	7.68	7.75	7.83	7.91
180×110×10	14	24.4	58.9	28.37	22.27	278.11	956.25	3.13	5.80	2.42	4.16	4.23	4.29	4.36	8.47	8.56	8.63	8.71
180×110×12		25.2	59.8	33.71	26.46	325.03	1124.72	3.10	5.78	2.40	4.19	4.26	4.33	4.40	8.53	8.61	8.68	8.76
180×110×14		25.9	60.6	38.97	30.59	369.55	1286.91	3.08	5.75	2.39	4.22	4.29	4.36	4.43	8.57	8.65	8.72	8.80
180×110×16		26.7	61.4	44.14	34.65	411.85	1443.06	3.06	5.72	2.38	4.26	4.33	4.40	4.47	8.61	8.69	8.76	8.84
200×125×12	14	28.3	65.4	37.91	29.76	483.16	1570.90	3.57	6.44	2.74	4.75	4.81	4.88	4.95	9.39	9.47	9.54	9.61
200×125×14		29.1	66.2	43.87	34.44	550.83	1800.97	3.54	6.41	2.73	4.78	4.85	4.92	4.99	9.43	9.50	9.58	9.65
200×125×16		29.9	67.0	49.74	39.05	615.44	2023.35	3.52	6.38	2.71	4.82	4.89	4.96	5.03	9.47	9.54	9.62	9.69
200×125×18		30.6	67.8	55.53	43.59	677.19	2238.30	3.49	6.35	2.70	4.85	4.92	4.99	5.07	9.51	9.58	9.66	9.74

附表 16　各种截面回转半径的近似值

各种截面回转半径的近似值			附表 16
$i_x=0.30h$ $i_y=0.30b$ $i_{x_0}=0.385$ $i_{y_0}=0.195h$	$i_x=0.40h$ $i_y=0.21b$	$i_x=0.38h$ $i_y=0.60b$	$i_x=0.41h$ $i_y=0.22b$
$i_x=0.32h$ $i_y=0.28b$ $i_{y_0}=0.18\dfrac{h+b}{2}$	$i_x=0.45h$ $i_y=0.235b$	$i_x=0.38h$ $i_y=0.44b$	$i_x=0.32h$ $i_y=0.49b$
$i_x=0.305h$ $i_y=0.215b$	$i_x=0.29h$ $i_y=0.29b$	$i_x=0.32h$ $i_y=0.58b$	$i_x=0.29h$ $i_y=0.50b$
$i_x=0.32h$ $i_y=0.20b$	$i_x=0.43h$ $i_y=0.43b$	$i_x=0.32h$ $i_y=0.40b$	$i_x=0.29h$ $i_y=0.45b$
$i_x=0.28h$ $i_y=0.24b$	$i_x=0.39h$ $i_y=0.20b$	$i_x=0.38h$ $i_y=0.12b$	$i_x=0.29h$ $i_y=0.29b$
$i_x=0.27h$ $i_y=0.23b$	$i_x=0.42h$ $i_y=0.22b$	$i_x=0.44h$ $i_y=0.32b$	$i_x=0.41h_{平}$ $i_y=0.41b_{平}$
$i_x=0.40h$ $i_y=0.40b$	$i_x=0.43h$ $i_y=0.24b$	$i_x=0.44h$ $i_y=0.38b$	$i=0.25d$
$i_x=0.21h$ $i_y=0.21b$ $i_{x_0}=0.185h$	$i_x=0.365h$ $i_y=0.275b$	$i_x=0.37h$ $i_y=0.54b$	$i=0.35d_{平}$
$i_x=0.21h$ $i_y=0.21b$	$i_x=0.35h$ $i_y=0.56b$	$i_x=0.37h$ $i_y=0.45b$	$i_x=0.39h$ $i_y=0.53b$
$i_x=0.45h$ $i_y=0.24b$	$i_x=0.39h$ $i_y=0.29b$	$i_x=0.40h$ $i_y=0.24b$	$i_x=0.40h$ $i_y=0.50b$

附表 17　锚 栓 规 格

	锚栓规格	附表 17		
		Ⅰ	Ⅱ	Ⅲ
型式				

锚栓直径 d（mm）		20	24	30	36	42	48	56	64	72	80	90
锚栓有效截面面积（cm²）		2.45	3.53	5.61	8.17	11.20	14.70	20.30	26.80	34.60	43.44	55.91
锚栓拉力设计值（kN）（Q235钢）		34.3	49.4	78.5	114.4	156.9	206.2	284.2	375.2	484.4	608.2	782.7
Ⅲ型锚栓	锚板宽度 c（mm）					140	200	200	240	280	350	400
	锚板厚度 t（mm）					20	20	20	25	30	40	40

附表 18　螺栓的有效截面面积

螺栓的有效截面面积				附表 18			
螺栓直径 d（mm）	16	18	20	22	24	27	30
螺距 p（mm）	2	2.5	2.5	2.5	3	3	3.5
螺栓有效直径 d_c（mm）	14.1236	15.6545	17.6545	19.6545	21.1854	24.1854	26.7163
螺栓有效截面面积 A_e（mm²）	156.7	192.5	244.8	303.4	352.5	459.4	560.6

注：表中的螺栓有效截面面积 A_e 值系下式算得

$$A_e = \frac{\pi}{4}\left(d - \frac{13}{24}\sqrt{3}p\right)^2$$

参 考 文 献

1. 中华人民共和国国家标准. 建筑结构可靠性设计统一标准（GB 50068—2018）. 北京：中国建筑工业出版社，2018.
2. 中华人民共和国国家标准. 钢结构设计标准（GB 50017—2017）. 北京：中国建筑工业出版社，2018.
3. 中华人民共和国国家标准，钢结构工程施工规范（GB 50755—2012）. 北京：中国建筑工业出版社. 2012.
4. 中华人民共和国国家标准. 钢结构工程施工质量验收规范（GB 50205—2001）. 北京：中国计划出版社，2001.
5. 中国工程建设标准化协会标准. 门式刚架轻型房屋钢结构技术规范（GB 51022—2015）. 北京：中国计划出版社，2015.
6. 中华人民共和国行业标准. 空间网格结构技术规程（JGJ 7—2010）. 北京：中国建筑工业出版社.
7. 中华人民共和国国家标准. 钢结构焊接规范（GB 50661—2011）. 北京：中国建筑工业出版社，2011.
8. 中华人民共和国行业标准. 钢结构高强度螺栓连接技术规程（JGJ 82—2011）. 北京：中国建筑工业出版社，2011.
9. 中华人民共和国国家标准. 工程结构设计基本术语和符号标准（GB/T 50083—2014）. 北京：中国建筑工业出版社，2014.
10. 陈绍蕃. 钢结构设计原理（第三版）. 北京：科学出版社，2005.
11. 吕烈武，沈世钊，沈祖炎，胡学仁. 钢结构构件稳定理论. 北京：中国建筑工业出版社，1983.
12. 夏志斌，姚谏主编. 钢结构原理与设计. 北京：中国建筑工业出版社，2004.
13. 王国周、瞿履谦主编. 钢结构——原理与设计. 北京：清华大学出版社，1993.
14. Alexander Newman 著. 余洲亮译. 金属建筑系统设计与规范. 北京：清华大学出版社，2001.
15. 轻型钢结构设计指南编写组. 轻型钢结构设计指南. 北京：中国建筑工业出版社，2002.
16. 编委会. 简明钢结构工程施工验收技术手册. 北京：地震出版社，2005.
17. 刘声扬编著. 钢结构疑难释义——附解题指导. 第 3 版. 北京：中国建筑工业出版社，2004.
18. 刘声扬主编. 钢结构——原理与设计（精编本）. 第 3 版. 武汉：武汉理工大学出版社，2019.